RUSSIAN MILITARY DICTIONARY

RUSSIAN MILITARY DICTIONARY

ENGLISH-RUSSIAN
RUSSIAN-ENGLISH

TM 30-544

GOVERNMENT REPRINTS PRESS.
Washington, D.C.

Printed in The United States of America
Ross & Perry, Inc. Publishers
717 Second St., N.E., Suite 200
Washington, D.C. 20002
Telephone (202) 675-8300
Facsimile (202) 675-8400
info@RossPerry.com

SAN 253-8555

Government Reprints Press Edition 2001

Government Reprints Press is an Imprint of Ross & Perry, Inc.

Library of Congress Control Number: 2001098749
http://www.GPOreprints.com

ISBN 1-931839-18-2

Image on cover provided by www.redstone.army.mil

⊗ The paper used in this publication meets the requirements for permanence established by
the American National Standard for Information Sciences "Permanence of Paper for Printed
Library Materials" (ANSI Z39.48-1984).

FOREWORD

THE purpose of this dictionary is to provide Russian equivalents for American military terms and the American equivalents of Russian terms. As far as possible, true equivalents based on current practice and usage have been given, rather than literal translations.

The scope of the dictionary has been quite closely limited to military subject matter and terminology from directly related fields. Terms have been selected for inclusion mainly according to their relative importance for military purposes and the availability of authentic Russian sources of information.

In the arrangement of terms the single-entry method has been used. A term like **advance guard** will be found only under **advance** and not under **guard**.

A straight alphabetical sequence is followed, regardless of whether any given entry consists of one word or more, thus:

> **direct current**
>
> **direction**
>
> **directional**
>
> **direction board**
>
> **direct observation**

Among various equivalents for a given term, synonyms are separated by commas, different meanings by semicolons.

Explanatory glosses in parentheses have frequently been given in abbreviated form. For the most part, the abbreviations have been taken from the authorized lists in AR 850–150 and FM 21–30. The abbreviations that are not from these lists are listed on page vi.

In the Russian-English part the genders of Russian nouns that do not follow the most usual rules for gender are marked *m, f,* and *n,* respectively. Not marked are: masculines ending in a consonant or **й**; feminines in **а, я,** or **ь**; and neuters in **о** and **e**.

Where a Russian plural form is given as the equivalent of an English singular, the Russian word is marked *mpl, fpl,* or *npl,* as the case may be.

The Russian verbs are given in the form of the durative aspect. However, where the punctual aspect is so different as to make the correlation not easily discernible, this form is generally also given and cross reference is made, thus:

взять *See* **брать.**

замкну́ть *See* **замыка́ть.**

The punctual aspect is omitted where both forms would alphabetically follow each other.

In both parts of the dictionary the stress accent is shown on Russian words of more than one syllable.

English nouns are not marked as such. Other parts of speech are indicated when the same term appears as two or more separate entries, and otherwise only where necessary to avoid ambiguity.

CONTENTS

ABBREVIATIONS USED IN THIS DICTIONARY

IN ADDITION TO ABBREVIATIONS LISTED IN FM 21–30,

AR 850–150, AND W.D. TRAINING CIRCULAR NO. 48

A	army	*Geog*	geography, geographic
Aerophoto	aerophotography	*Geom*	geometry, geometric
Anat	anatomy, anatomical	*Gym*	gymnastics
Colloq	colloquial	*Math*	mathematics, mathematical
Eng	engine	*Mech*	mechanics, mechanical
Engr	engineering	*Nav*	naval
Fish	fishing	*Opt*	optics, optical
Ft	fortification	*Telev*	television
Genl	general (*meaning*)		
adj	adjective	*m*	masculine
adv	adverb	*mpl*	masculine plural
f	feminine	*n*	neuter
fpl	feminine plural	*npl*	neuter plural
indecl	indeclinable	*tr*	transitive
intr	intransitive	*v*	verb

PART I

ENGLISH-RUSSIAN

A

abandon оставля́ть, покида́ть.

abandonment покида́ние, оставле́ние.

abandonment of post оставле́ние поста́.

abandonment of post before the enemy оставле́ние поста́ в виду́ проти́вника.

abatage постано́вка ору́дия на башмаки́ колёсного то́рмоза (Arty).

abatis за́сека.

A-battery батаре́я нака́ла (Rad).

aberration абера́ция, отклоне́ние.

aberration of the needle отклоне́ние магни́тной стре́лки.

abnormal spin непра́вильный што́пор (Avn).

about-face поворо́т круго́м.

abreast ря́дом (side by side); голова́ в го́лову (equally advanced).

abscissa абсци́сса.

absence отсу́тствие.

absence without leave самово́льная отлу́чка.

absentee самово́льно отсу́тствующий.

absent without leave находя́щийся в самово́льной отлу́чке, самово́льно отлучи́вшийся.

absolute абсолю́тный, соверше́нный, безусло́вный.

absolute altitude абсолю́тная высота́.

absolute ceiling теорети́ческий потоло́к, потоло́к самолёта.

absolute deviation отклоне́ние сре́дней то́чки попада́ния от це́ли (Arty).

absolute error отклоне́ние попада́ния от це́нтра рассе́ивания (Arty).

absolute humidity абсолю́тная вла́жность.

absolute inclinometer горизонта́льный инклино́метр, авиагоризо́нт (Avn).

absolute quarantine по́лный каранти́н.

absolute temperature абсолю́тная температу́ра.

absolute zero абсолю́тный нуль.

absorb абсорби́ровать, поглоща́ть.

absorbent поглоща́ющее вещество́, впи́тывающее вещество́.

absorbent adj поглоща́ющий, впи́тывающий.

absorbent cotton гигроскопи́ческая ва́та.

absorber поглоти́тель m; амортиза́тор (shock absorber).

absorbing charcoal поглоти́тель (у́голь).

absorbing unit поглоща́ющий ко́нтур (Rad).

absorption абсо́рбция, поглоще́ние, впи́тывание.

abutment опо́ра, упо́р; берегова́я опо́ра моста́ (Bdg).

abutment balk берегово́й лёжень.

abutment bay берегово́й пролёт.

abutment section кома́нда сапёр для постро́йки берегово́й опо́ры моста́.

abutment span берегово́й пролёт.

accelerate v ускоря́ть.

accelerating force си́ла ускоре́ния.

acceleration ускоре́ние.

acceleration of gravity ускоре́ние си́лы тя́жести.

accelerator многока́мерное ору́дие (Arty); ускори́тель m (MG); акселера́тор (MT).

accelerator pin ось ускори́теля (MG).

accelerometer акселеро́метр; перегру́зочный прибо́р (Avn).

accept принима́ть, соглаша́ться.

acceptance test приёмное испыта́ние, приёмочная пове́рка.

accept combat v приня́ть бой.

access до́ступ, подхо́д.

accessible доступный.

accessories принадлежности *fpl.*

accessory defenses вспомогательные оборонительные сооружения.

accessory drive передаточный механизм.

accident несчастный случай, поломка, авария.

accidental случайный.

accidental cover укрытие предоставляемое местностью.

accidental error случайная ошибка, непредвиденная ошибка.

accidental line of operations непредусмотренная операционная линия.

accidental objective непредусмотренный объект действий, случайная цель.

accident of terrain складка местности.

accompany сопровождать.

accompanying artillery артиллерия сопровождения.

accompanying fire огневое сопровождение.

accompanying tanks танки сопровождения.

accompanying weapons огневые средства сопровождения.

account счёт (record); отчёт (statement); описание (narrative).

accountability подотчётность.

accountable обязанный отчётностью.

accountable officer офицер обязанный отчётностью.

accountant счетовод.

account for *v* отсчитываться, отдавать отчёт, объяснять (to give account); уничтожать, ликвидировать (to destroy).

accouterments личное снаряжение.

accredit аккредитовывать, уполномочивать (to authorize); признавать (to recognize).

accredited correspondent аккредитованный корреспондент.

accrued leave выслуженный отпуск (USA).

accumulated leave неиспользованный годичный отпуск (USA).

accuracy тщательность, аккуратность, точность.

accuracy life срок службы ствола орудия.

accuracy of fire кучность стрельбы.

accuracy of practice меткость стрельбы.

accuracy of the shoot меткость стрельбы.

accuracy table таблица вероятности попаданий (Arty).

accurate точный, меткий.

ace ас (Avn); туз (in cards); очко (point won).

acetone ацетон.

acetylene ацетилен.

acetylene lamp ацетиленовый фонарь, карбидная лампа.

acetylene torch ацетиленовая сварочная горелка.

acetylene welder ацетиленовая сварочная горелка.

achievement достижение.

acid кислота.

acidimeter кислотный ареометр.

acidity кислотность.

acknowledge *v* признавать (to recognize); уведомлять о получении (to report receipt).

acknowledgement признание (recognition); уведомление о получении (report of receipt).

acoustic correction поправка на отставание звука.

acoustic corrector акустический корректор звукоулавливателя.

acoustics акустика.

acoustic signal слуховой сигнал.

acoustic wind теоретический постоянный ветер.

acre акр.

acrobatics акробатика; фигурный пилотаж.

across поперёк.

act действие, поступок (deed, action); акт, закон (decree, law).

act *v* действовать.

acting исполняющий обязанности, временно замещающий.

acting commander временно командующий.

actinograph актинограф.

action действие; дело, бой (Mil).

activate зачислять часть в состав армии (a unit of the army); придавать радиоактивность (to render radioactive); активировать (to make active).

activated charcoal активизированный уголь.

activated mine мина с ввинченным взрывателем.

active air defense активная воздушная оборона.

active defense активная оборона.

active duty действительная служба.

active list список командного состава состоящего на действительной службе.

active service действительная служба.

activity действия.

act of bravery подвиг.

actual действительный, фактический.

actuate приводить в действие.

actuating lever пусковой рычаг (Mech).

actuator инерционный стержень замедлителя (MG).

actuator spring пружина замедлителя (MG).

actuator tube трубка замедлителя (MG).

acute angle острый угол.

adamsite адамсит.

adaptation приспособление, применение.

adaptation to the ground применение к местности.

adapter адаптер, втулка, вкладыш, наращиватель; кассета (Photo).

adapter-booster запальный стакан (Arty).

adapter plug снарядная втулка (Arty).

add слагать, складывать (Mathematics); прибавлять, присоединять (to supplement).

addition сложение (Mathematics); добавление, дополнение (supplement).

additional добавочный, дополнительный.

address адрес (for mailing); речь (speech).

address v адресовать (to address a message); обращаться с речью (to deliver an address); обращаться (to accost).

addressee адресат.

adhesive tape пластырь m (Med); липкая изоляционная лента (Elec).

adiabat адиабата.

adjacent смежный, соседний.

adjacent angle смежный угол.

adjoining примыкающий, смежный.

adjust пристреливать огонь, корректировать огонь (Arty); регулировать (to regulate); прилаживать, приспособлять, пригонять (to adapt).

adjustable регулируемый.

adjustable-pitch propeller пропеллер с изменяемым шагом, винт с переставляемыми лопастями.

adjustable ring установочное кольцо дистанционной трубки (Arty).

adjustable screw wrench раздвижной гаечный ключ.

adjustable spanner раздвижной ключ.

adjusted data пристрелянные данные, пристрелянные установки (Arty).

adjusted elevation пристрелянный угол возвышения (Arty).

adjusted fire пристрелянный огонь (Arty); точный огонь.

adjusted range пристрелянная дальность (Arty).

adjusting a traverse смычка невязки (Surv).

adjusting device регулировочное приспособление.

adjusting lath выверочная рейка дальномера.

adjusting point точка пристрелки (Arty).

adjusting ring установочное кольцо прибора для установки трубок.

adjusting screw установочный винт.

adjustment пристрелка, корректирование стрельбы (Arty); регулирование, выверка (act of regulating); приспособление, пригонка (adaptation).

adjustment chart огневой планшет.

adjustment correction поправка полученная пристрелкой, корректура (Arty).

adjustment fire пристрелка, пристрелочный огонь.

adjustment in direction пристрелка направления (Arty).

adjustment in range пристрелка дальности (Arty).

adjustment of distribution пристрелка веера (Arty).

adjustment of fire корректирование огня, корректура; пристрелка (fire for adjustment).

adjutant адъютант.

adjutant general начальник административной и строевой части штаба крупного войскового соединения.

adjutant general's department административно-строевое управление армии (USA).

Adjutant General (The) начальник административно-строевого управления армии (USA).

administration администрация, административно-хозяйственная часть; управление тылом (administrative services of the rear).

administrative административный.

administrative march походное движение вне сферы влияния противника.

administrative order приказ по тылу.

administrative plan план организации тыла и снабжения.

administrative rallying point место расположения танковой части после боя (Tk).

administrative services административно-хозяйственные службы.

administrative unit во́инская часть име́ющая своё хозя́йство, хозя́йственная едини́ца.

administrative vehicles хозя́йственные пово́зки, хозя́йственные автомаши́ны.

admiral адмира́л.

admiralty морско́е пра́во (maritime law); адмира́льское зва́ние (rank of admiral).

admiralty court морско́й суд.

admission до́пуск, допуще́ние (admittance); прием (reception); призна́ние (acknowledgment).

admonition замеча́ние, напомина́ние.

adrift по тече́нию, по ве́тру.

adulterant флегматиза́тор.

advance наступле́ние (Tac); продвиже́ние (forward movement); успе́х (progress); ава́нс (money).

advance v наступа́ть, вести́ наступле́ние (Tac); продвига́ться (to move forward); успева́ть (to make progress); дава́ть ава́нс (to advance money).

advance base передова́я ба́за.

advance by bounds продвиже́ние скачка́ми.

advance by rushes продвиже́ние перебе́жками.

advance cavalry ко́нная похо́дная заста́ва.

advance command post передово́й кома́ндный пункт.

advanced airdrome передово́й аэродро́м.

advance depot передово́й склад.

advanced ignition опереже́ние зажига́ния.

advanced works передовы́е укрепле́ния, передовы́е оборони́тельные сооруже́ния.

advance guard аванга́рд.

advance guard adj аванга́рдный.

advance guard action бой аванга́рдов.

advance guard point дозо́р головно́й заста́вы аванга́рда.

advance guard reserve ядро́ аванга́рда.

advance guard support головно́й отря́д аванга́рда.

advance landing field передова́я поса́дочная площа́дка.

advancement продвиже́ние по слу́жбе.

advance on v наступа́ть в направле́нии на . . .

advance party головна́я заста́ва аванга́рда.

advance position передова́я пози́ция.

advance post передово́й пост.

advance section передова́я полоса́ фронтово́го ты́ла (USA).

advance to v продви́нуться к . . .

advancing the attack разви́тие наступле́ния.

advantage преиму́щество, вы́года, переве́с.

advantageous situation вы́годное положе́ние.

advection адве́кция (Met).

advectional currents горизонта́льные возду́шные пото́ки.

advection fog адвекти́вный тума́н.

adversary проти́вник.

adviser докла́дчик (Mil); сове́тчик.

adz тесло́, де́ксель m

aerial adj возду́шный.

aerial acrobatics сло́жный фигу́рный пилота́ж.

aerial bomb авиабо́мба, аэробо́мба.

aerial camera аэрофотоаппара́т.

aerial combat возду́шный бой.

aerial delivery container грузова́я та́ра.

aerial gunner авиапулеме́тчик (MG); наво́дчик авиапу́шки (cannon gunner).

aerial gunnery стрельба́ с самолётов.

aerial machine gun авиапулемёт.

aerial mine авиами́на, аэробо́мба с парашю́тным приспособле́нием.

aerial navigation аэронавига́ция, авига́ция.

aerial observation возду́шное наблюде́ние, бли́жняя возду́шная разве́дка.

aerial observer возду́шный наблюда́тель.

aerial perspective вид с пти́чьего полёта, возду́шная перспекти́ва.

aerial photograph аэрофотосни́мок.

aerial photographer аэрофото́граф, аэрофотосъёмщик.

aerial photograph identification распознава́ние ме́стных предме́тов на аэрофотосни́мке.

aerial photograph interpretation интерпрета́ция аэросни́мка.

aerial photography аэрофотосъёмка, аэрофотогра́фия.

aerial reconnaissance возду́шная разве́дка.

aerial review возду́шный смотр.

aerial sound ranging определе́ние положе́ния самолётов при по́мощи звукоме́трии.

aerial spotting корректи́рование стрельбы́ возду́шным наблюде́нием.

aerial target возду́шная цель.

aerial torpedo авиаторпе́да, возду́шная ми́на.

aerobatics сло́жный фигу́рный пило-
та́ж.

aeroboat ло́дочный гидросамолёт.

aerocartograph аэрокарто́граф.

aerodonetics тео́рия паре́ния.

aerodrome аэродро́м.

aerodynamic аэродинами́ческий.

aerodynamic chord аэродинами́ческая
. хо́рда.

aerodynamic design аэродинами́ческий
расчёт.

aerodynamic efficiency аэродинами́че-
ское ка́чество.

aerodynamics аэродина́мика.

aerodyne лета́тельный аппара́т тяже-
ле́е во́здуха.

aeroembolism аэроэмболи́я, кессо́нная
боле́знь (Med).

aerographer аэрографи́ст, метеоро́лог.

aerologist аэроло́г, метеоро́лог.

aerology аэроло́гия.

aerometeorograph аэрометеогра́ф.

aerometer аэро́метр.

aeronaut аэрона́вт, воздухопла́ватель
m.

aeronautical аэронавигацио́нный, возду-
хопла́вательный.

aeronautical chart аэронавигацио́нная
ка́рта.

aeronautical mile авиацио́нная ми́ля.

aeronautics аэрона́втика, воздухопла́-
вание.

aerophone переговóрная труба́.

aero smoke bomb возду́шная дымова́я
бо́мба.

aerostat аэроста́т, дирижа́бль m, воз-
ду́шный шар.

aerostatics аэроста́тика.

aerostation воздухопла́вание, аэроста́-
тика.

affair де́ло, сты́чка.

affidavit пи́сьменное заявле́ние под
прися́гой.

affirmation утвержде́ние (assertion);
торже́ственное обеща́ние заменя́ю-
щее прися́гу (Law).

afford cover v дава́ть укры́тие, слу-
жи́ть укры́тием.

afloat на воде́, на пове́рхности воды́
(on the water); вплавь (by swimming).

afoot пешко́м.

after strut за́дняя сто́йка шасси́, за́д-
ний раско́с (Avn).

age-in-grade соотноше́ние во́зраста и
чи́на.

age limit преде́льный во́зраст.

agency аге́нтство, агенту́ра; о́рган (Mil).

agent связно́й (liaison man); посы́льный
(messenger); фа́ктор, хими́ческое ве-
щество́ (Cml).

agent officer уполномо́ченный вое́н-
ного казначе́я (USA).

aggregate strength о́бщий чи́сленный
соста́в.

aggression агре́ссия, нападе́ние.

aggressor агре́ссор, напада́ющая сто-
рона́.

agonic line изого́на нулево́го магни́т-
ного склоне́ния.

agreement соглаше́ние.

aground на мель, на мели́ (Nav).

ahead вперёд.

aid по́мощь.

aide ли́чный адъюта́нт, поручене́ц.

aide-de-camp ли́чный адъюта́нт, пору-
чене́ц.

aid man санита́р.

aid station пункт медици́нской по́мо-
щи, пункт медпо́мощи.

aiguillette аксельба́нт.

aileron элеро́н.

aileron angle у́гол отклоне́ния элеро́-
на.

aileron balance cable компенси́рующий
трос элеро́на.

aileron control управле́ние элеро́нами.

aileron linkage arrangement систе́ма
управле́ния элеро́нами.

aileron roll заме́дленная бо́чка (Avn).

aim цель (target, object); прице́лива-
ние, наво́дка (act of aiming); ли́ния
прице́ливания (line of aim).

aim v це́литься, прице́ливаться (to
take aim); наце́ливать, наводи́ть (to
point a gun); име́ть це́лью (to intend).

aiming прице́ливание, наво́дка.

aiming circle артиллери́йская буссо́ль.

aiming device ортоско́п.

aiming disk ручна́я ука́зка.

aiming drill обуче́ние прикла́дке и
прице́ливанию.

aiming off вы́нос то́чки прице́ливания.

aiming point то́чка прице́ливания, то́ч-
ка наво́дки.

aiming point offset попра́вка на сме-
ще́ние (Arty).

aiming post прице́льная ве́ха.

aiming post light фона́рь слу́жащий
то́чкой наво́дки.

aiming rule визи́рная лине́йка (Arty).

aiming rule sight опти́ческая труба́ ви-
зи́рной лине́йки.

aiming silhouette фигу́рная мише́нь.

aiming stake прице́льная ве́ха.

aiming stand прицéльный станóк.

air вóздух.

air *adj* воздýшный.

air adviser доклáдчик по воздýшным вопрóсам.

air alert сигнáл воздýшной тревóги.

air alert method противовоздýшная оборóна дозóрными истребѝтелями управляемыми с землѝ (USA).

air alert warning сигнáл воздýшной тревóги.

air ambulance санитáрный самолёт.

air area сéктор воздýшного наблюдéния.

air attack воздýшное нападéние.

air barrage воздýшное заграждéние.

air base авиабáза.

air base service area райóн расположéния учреждéний авиабáзы.

air beacon авиамаяк.

air bombardment авиациóнная бомбардирóвка, воздýшная бомбардирóвка.

air borne воздýшно-десáнтный.

airborne troops войскá перевозѝмые по вóздуху.

air brakes воздýшные тормозá (Avn).

airbraking аэродинамѝческое торможéние.

air burst разрýв снаряда в вóздухе, воздýшный разрýв.

air burst ranging пристрéлка воздýшными разрýвами.

air cleaner воздухоочистѝтель *m* (Mtr).

air command communication радиосвязь мéжду самолётами однóй грýппы на полéте.

air commander авиациóнный начáльник, авиациóнный командѝр.

air command net сеть радиосвязи для управлéния самолётами однóй грýппы на полéте.

air controls óрганы управлéния самолёта.

air cooled engine мотóр воздýшного охлаждéния.

air-cooled gun пулемёт с воздýшным охлаждéнием.

air cooling воздýшное охлаждéние.

aircraft летáтельный аппарáт (flying craft); самолёт (airplane); самолёты *mpl* (collectively).

aircraft *adj* авиациóнный.

aircraft accident лётное происшéствие.

aircraft bomb авиабóмба.

aircraft camera аэрофотоаппарáт (aerial camera); фотопулемёт (camera gun).

aircraft carrier авианóсец.

aircraft clearance разрешéние на выñлет; полётный лист (document).

aircraft compass авиациóнный кóмпас.

aircraft construction пострóйка самолётов.

aircraft crew экипáж самолёта.

aircraft depot авиациóнный парк, авиапáрк.

aircraft engine авиамотóр, авиациóнный мотóр.

aircraft gun авиапýшка (cannon); авиапулемёт (machine gun).

aircraft identification опознавáние самолётов.

aircraft log формуляр самолёта.

aircraft observer лётчик-наблюдáтель *m*, воздýшный наблюдáтель.

aircraft plotter планшéт для нанесéния местонахождéния самолётов.

aircraft signal сигнáл движéнием самолёта.

aircraft tender гидроавиатрáнспорт (Nav).

aircraft warning воздýшное оповещéние.

aircraft warning net сеть воздýшного наблюдéния, оповещéния и связи.

aircraft warning post пост воздýшного наблюдéния, оповещéния и связи, пост ВНОС.

aircraft warning service слýжба воздýшного наблюдéния, оповещéния и связи.

air current воздýшное течéние.

air cylinder воздýшный компрéссор, цилѝндр воздýшного тóрмоза откáта (Arty).

air defense противовоздýшная оборóна.

air defense area сéктор противовоздýшной оборóны.

air defense region райóн противовоздýшной оборóны.

air density плóтность вóздуха.

air depot авиапáрк.

air dispatch service аэропосыñлочная слýжба.

air distance воздýшное расстояние, расстояние птѝчьего полёта, расстояние по прямóй лѝнии.

airdrome аэродрóм.

air duct воздухопровóд, вентиляциóнная трубá, воздýшный канáл.

air eddy завихрéние вóздуха (Avn).

air field лётное пóле, аэродрóм.

air fight воздýшный бой.

air filter воздýшый фильтр.

air fleet воздýшный флот.

air flow воздушный поток.
airfoil несущая поверхность (Avn).
airfoil profile профиль крыла.
airfoil section сечение крыла.
air force крупнейшее соединение военно-воздушных сил; военно-воздушные силы (USA).
air force depot авиапарк фронта.
air formation лётный строй.
air frame коробка крыльев, фюзеляж с крыльями (Avn).
air gauge манометр.
air-ground code авиасигнальный код.
air-ground communication связь с авиацией.
air-ground liaison code авиасигнальный код.
air-ground liaison panel авиасигнальное полотнище.
air-ground net сеть связи с авиацией.
air guard наблюдатель, наблюдатель за воздухом.
air gun духовое ружьё (weapon); пневматическая клепальная машина (riveter).
air gust порыв ветра.
air heater подогреватель воздуха, калорифер.
air hole воздушная яма (Avn); прорубь, полынья (in the ice).
air intake приток воздуха.
air intake tube всасывающая воздушная труба, труба для притока воздуха.
air jacket кожух воздушного охлаждения (MG); надувной спасательный жилет (Nav).
air lag воздушное отставание бомбы (lag of a bomb).
air landing operation воздушно-десантная операция.
air-landing troops войска для воздушного десанта, воздушно-десантные части.
air line ортодромия, дуга большого круга (Air Navigation); линия птичьего полёта (beeline); воздушный провод (Tg, Tp).
airline авиалиния.
air liner пассажирский аэроплан.
air lock тамбур газоубежища (CWS); воздушная пробка (Avn).
air log аэролаг (Inst).
air mail воздушная почта, авиапочта.
air map аэронавигационная карта.
air mass воздушная масса (Met).
air mechanic бортмеханик.
air mile авиационная миля.

air navigation аэронавигация; самолетовождение.
air navigation map аэронавигационная карта.
air navigator аэронавигатор.
air objective воздушный объект, объект воздушного нападения (target); воздушная задача (mission).
air observation воздушное наблюдение; ближняя воздушная разведка (reconnaissance of near objective).
air observation mission задача воздушного наблюдения.
air observer воздушный наблюдатель (aerial observer).
air offensive воздушное наступление.
air officer начальник авиачасти приданной наземному войсковому соединению (air support unit commander).
air operations officer офицер заведующий оперативным отделом воздушного штаба.
air patrol воздушный патруль.
airplane самолёт, аэроплан.
airplane ambulance санитарный самолёт.
airplane carrier авианосец.
airplane defense area зона истребительной авиации.
airplane dope аэролак.
airplane exhaust smoke signal выхлопной дымовой сигнал самолёта.
airplane flare ракета с самолёта.
airplane flight chief старший механик звена.
airplane identification распознавание самолётов.
airplane messenger communication связь самолётами.
airplane signal сигнал движением самолёта.
airplane spotter зенитный наблюдатель.
airplane tank самолётный бак для разбрызгивания химических веществ.
airplane tow буксировка самолётом.
airplane trim динамическая уравновешенность самолёта в полёте.
airport аэропорт, аэродром.
air power воздушная мощь, могущество в воздухе.
air pressure воздушное давление.
air pump воздушный насос.
air raft надувной плотик.
air raid воздушный налёт.
air raid drill учебная воздушная тревога.
air raid shelter бомбоубежище.

air raid warden граждáнский уполномóченный противовоздýшной оборóны.

air raid warning сигнáл воздýшной тревóги.

air-raid warning system слýжба воздýшного наблюдéния, оповещéния и свя́зи.

air reconnaissance дáльняя воздýшная развéдка.

air recuperator пневмати́ческий накáтник (Arty).

air resistance сопротивлéние вóздуха.

airscoop воздухоприёмник.

air scout наблюдáтель за вóздухом.

air sentinel противовоздýшный наблюдáтель, наблюдáтель за вóздухом.

Air Service Command отдéл обслýживания воéнно-воздýшных сил (USA).

airship дирижáбль m.

airship shed э́ллинг.

airship trim дифферéнт дирижáбля.

airsickness воздýшная болéзнь.

air space прострáнство над учáстком противовоздýшной оборóны (Avn); зазóр (clearance).

air speed воздýшная скóрость (Avn).

air-speed indicator указáтель воздýшной скóрости самолёта.

air squadron авиаотря́д.

Air Staff штаб воéнно-воздýшных сил áрмии (USA).

air staff штаб крýпного соединéния воéнно-воздýшных сил (USA).

air striking force операти́вное соединéние бомбарди́ровочной авиáции, воздýшная удáрная грýппа.

air strip прирóдная посáдочная площáдка мáлых размéров.

air superiority превосхóдство в вóздухе, перевéс в воздýшных си́лах.

air supply подáча вóздуха, притóк вóздуха; снабжéние по вóздуху (supply by air).

air support command чáсти боевóй авиáции фрóнта рабóтающие с назéмными войскáми (USA).

air support officer авиациóнный предстáвитель.

air supremacy госпóдство в вóздухе.

air target воздýшная цель.

air task force авиациóнная грýппа.

air temperature температýра вóздуха.

airtight воздухонепроницáемый, гермет́ический.

air torpedo авиаторпéда.

air transport авиациóнный трáнспорт.

air transportation воздýшный трáнспорт, воздýшная перевóзка, перевóзка по вóздуху.

Air Transport Command отдéл воéнно-воздýшных перевóзок (USA).

air transport net систéма радиосвя́зи мéжду отдéлом воéнно-воздýшных перевóзок и частя́ми воздýшного трáнспорта.

air transport service слýжба воздýшных перевóзок.

air umpire воздýшный посрéдник.

air unit авиациóнная часть.

air valve вéнтиль m.

air warfare войнá в вóздухе.

air warning net сеть радиосвя́зи для противовоздýшной тревóги.

air warning service слýжба противовоздýшного оповещéния.

airway воздýшная трáсса.

airworthy пригóдный к полёту.

air zone воздýшная полосá, воздýшная зóна.

alarm боевáя тревóга.

alarm blast тревóжный свистóк, тревóжный гудóк.

alarm post мéсто сбóра по тревóге.

alcohol спирт, алкогóль m.

alert боевáя готóвность, состоя́ние готóвности (preparedness); бди́тельность (watchfulness); тревóга (alarm); сигнáл тревóги (alarm signal).

alert v подня́ть по тревóге, привести́ в состоя́ние боевóй готóвности.

alert adj бди́тельный, расторóпный.

alertness расторóпность (agility); бди́тельность (watchfulness).

alfalfa люцéрна.

algebra áлгебра.

algebraic алгебраи́ческий.

alidade алидáда.

alien инострáнный пóдданный.

alien enemy пóдданный неприя́тельской страны́.

align выстрáивать в шерéнгу (to form into a line); вырáвнивать (to straighten).

alignment построéние в шерéнгу (formation in line); вырáвнивание (straightening).

aliquot part charge составнóй заря́д.

alkali щёлочь.

alkaline щелочнóй.

all-around defense круговáя оборóна.

all-around fire trench окóп с круговы́м обстрéлом.

all-around security круговóе охранéние.

all-around traverse круговóй обстрéл.

all-clear signal сигна́л отбо́я по́сле возду́шной трево́ги.
allegiance ве́рность, пре́данность.
alliance сою́з.
allies сою́зники *mpl.*
allocate назнача́ть, отпуска́ть (to assign); распределя́ть (to apportion).
allocation назначе́ние, о́тпуск (assignment); распределе́ние (apportionment).
allot распределя́ть (to apportion); отпуска́ть (to issue); ассигно́вывать (to appropriate).
allotment распределе́ние, развёрстка (apportionment); ассигнова́ние (appropriation).
allotment of pay вы́плата ча́сти жа́лованья семье́.
allotment of quarters отво́д помеще́ний.
allow позволя́ть, разреша́ть (to permit); отпуска́ть (to grant); учи́тывать (to allow for).
allowable stress допусти́мая нагру́зка.
allowance попра́вка, до́пуск (allowance for); де́нежный о́тпуск (monetary allowance); о́тпуск (allotment).
allowance for wind попра́вка на ве́тер.
allowance in kind о́тпуск нату́рой.
allowance of ammunition боево́й компле́кт.
alloy сплав.
alloy steel леги́рованная сталь.
allways fuze взрыва́тель де́йствующий при любо́м угле́ паде́ния.
all-weather road доро́га прое́зжая в любу́ю пого́ду.
ally сою́зник.
alphabet code flag флаг алфави́тно-сигна́льного ко́да.
alternate *v* чередова́ть, чередова́ться.
alternate *adj* переме́нный, поочерёдный; запасно́й (reserve).
alternate airdrome запасно́й аэродро́м.
alternate fire position запасна́я огнева́я пози́ция.
alternate position запасна́я пози́ция.
alternating current переме́нный ток (Elec).
alternative альтернати́ва.
altigraph высотопи́сец.
altimeter высотоме́р, альтиме́тр.
altimeter setting устано́вка высотоме́ра.
altitude высота́.
altitude chamber барока́мера (Avn).
altitude control управле́ние рулём высоты́ (Avn).
altitude flight высо́тный полёт.
altitude zone зо́на высоты́.

alto-cumulus высококу́чевые облака́ (Met).
alto-stratus высокосло́йстые облака́ (Met).
aluminum алюми́ний.
ambassador посо́л.
ambient noise шум препя́тствующий ула́вливанию зву́ка.
amble и́ноходь.
amble *v* итти́ и́ноходью.
ambulance санита́рный автомоби́ль (Mil); каре́та ско́рой по́мощи.
ambulance battalion санита́рно-тра́нспортный батальо́н.
ambulance cart сандвуко́лка.
ambulance company санита́рно-тра́нспортная ро́та, санита́рная ро́та.
ambulance control point контро́льный эвакуацио́нный пункт.
ambulance dog санита́рная соба́ка.
ambulance driver води́тель санита́рной маши́ны.
ambulance insert ра́ма для устано́вки носи́лок в санита́рной автомаши́не.
ambulance loading post пункт погру́зки в санита́рные автомаши́ны.
ambulance orderly санита́р при санита́рной автомаши́не.
ambulance pack санита́рный вьюк.
ambulance relay post переда́точный санита́рный пункт.
ambulance station пункт сосредото́чения санита́рных автомаши́н.
ambulance train санита́рный по́езд.
ambulant case ходя́чий пострада́вший.
ambuscade заса́да.
ambush заса́да.
ambush *v* устра́ивать заса́ду, напада́ть из заса́ды, зама́нивать в заса́ду.
ammeter ампермéтр.
ammonal аммона́л.
ammonia аммиа́к.
ammonium аммо́ний.
ammonium nitrate азотноки́слый аммо́ний, аммони́йная сели́тра.
ammonium picrate пикри́ново-ки́слый аммо́ний.
ammunition боевы́е припа́сы, боеприпа́сы (munitions); патро́ны *mpl* (cartridges).
ammunition bearer подно́счик патро́нов.
ammunition belt пулемётная ле́нта.
ammunition box патро́нный я́щик (SA); коро́бка для пулемётной ле́нты (MG).
ammunition carried on the man носи́мый запа́с патро́нов.

ammunition carrier транспортёр боеприпа́сов.

ammunition cart патро́нная двуко́лка.

ammunition chest патро́нный я́щик (SA); снаря́дный я́щик (Arty).

ammunition clip патро́нная обо́йма.

ammunition company ро́та боево́го пита́ния (USA).

ammunition depot склад боеприпа́сов, артиллери́йский склад.

ammunition detail наря́д для подно́ски снаря́дов.

ammunition distributing point полково́й патро́нный пункт.

ammunition dump полево́й склад боеприпа́сов.

ammunition lot па́ртия боеприпа́сов.

ammunition lot number но́мер па́ртии боеприпа́сов.

ammunition pack вьюк с боеприпа́сами, патро́нный вьюк.

ammunition pit я́ма-склад боеприпа́сов.

ammunition point ро́тный патро́нный пункт (Inf); пункт боево́го пита́ния, головно́й взвод артиллери́йского па́рка (Arty).

ammunition recess ни́ша для боеприпа́сов.

ammunition section отделе́ние боево́го пита́ния (Arty).

ammunition sling су́мка с боеприпа́сами для сбро́са на парашю́те с самолёта (Avn).

ammunition squad звено́ снабже́ния ору́дия боеприпа́сами (CAC).

ammunition supply снабже́ние боеприпа́сами, боево́е пита́ние.

ammunition supply point дивизио́нный пункт снабже́ния боеприпа́сами.

ammunition train артиллери́йский парк (Arty); дивизио́нный тра́нспорт боево́го пита́ния (division ammunition train); обо́з боево́го пита́ния ча́сти (unit ammunition train).

ammunition truck теле́жка для подво́за тяжёлых снаря́дов к ору́дию.

amnesty амни́стия.

amperage ампера́ж.

ampere ампе́р.

ampere hour ампе́р-час.

amphibian самолёт-амфи́бия (plane); танк-амфи́бия (tank); земново́дное (animal).

amphibian adj земново́дный.

amphibian airplane самолёт-амфи́бия m.

amphibian tank танк-амфи́бия m.

amphibian truck грузо́вик-амфи́бия m.

amphibious forces комбини́рованные сухопу́тно-морски́е си́лы для деса́нтной опера́ции.

amphibious tank танк-амфи́бия, плову́чий танк.

amplification усиле́ние, увеличе́ние.

amplification of gauge ушире́ние колей (RR).

amplifier усили́тель m (Rad).

amplitude амплиту́да.

amplitude modulation амплиту́дная модуля́ция.

amputate ампути́ровать, отнима́ть (Med)

amputation ампута́ция.

anabatic breeze доли́нный бриз (mountain breeze).

analysis ана́лиз.

analyze анализи́ровать.

anchor я́корь m; опо́рный пункт оборо́ны (key point).

anchorage постано́вка на я́корь, стоя́нка на я́коре, я́корная стоя́нка (Nav); а́нкерное крепле́ние (Engr).

anemogram анемогра́ма, ветроме́рная отме́тка.

anemograph анемогра́ф, самопи́шущий ветроме́р.

anemometer анемо́метр, ветроме́р.

anemoscope анемоско́п.

aneroid баро́метр-анеро́ид.

aneroid barometer баро́метр-анеро́ид.

angle у́гол.

angle bar углова́я накла́дка (RR).

angle bracket кронште́йн.

angledozer маши́на для прокла́дки доро́г.

angle of approach ка́жущийся курсово́й у́гол (Avn).

angle of ascent у́гол подъёма.

angle of attack у́гол ата́ки (Avn).

angle of bank у́гол кре́на, у́гол виража́ (Avn).

angle of clearance углово́е превыше́ние да́нной траекто́рии над траекто́рией наиме́ньшего прице́ла (Arty).

angle of climb у́гол набо́ра высоты́.

angle of convergence у́гол сведе́ния (Arty).

angle of crab у́гол сно́са (Avn).

angle of dead rise у́гол попере́чной килева́тости (Avn).

angle of deflection у́гол горизонта́льной наво́дки (Arty).

angle of departure у́гол броса́ния (Arty).

angle of depression отрица́тельный у́гол ме́ста це́ли, у́гол склоне́ния (Arty).

angle of descent у́гол спу́ска (Avn).

angle of dip у́гол склоне́ния магни́тной стре́лки, магни́тная широта́.

angle of dispersion у́гол разлёта (Arty).

angle of distribution *see* angle of divergence.

angle of dive у́гол пики́рования (Avn).

angle of divergence у́гол растворе́ния ве́ера, у́гол разделе́ния огня́ (Arty).

angle of drift у́гол сно́са (Avn); у́гол дерива́ции (Arty).

angle of elevation у́гол прице́ливания.

angle of fall у́гол паде́ния (Arty).

angle of glide у́гол плани́рования (Avn).

angle of heel у́гол кре́на (Avn).

angle of impact у́гол встре́чи (Arty).

angle of incidence дополни́тельный у́гол угла́ встре́чи (Arty); устано́вочный у́гол.

angle of intersection у́гол засе́чки (Surv).

angle of jump у́гол вы́лета (Arty).

angle of landing у́гол о́си фюзеля́жа с горизо́нтом при стоя́нке (Avn).

angle of lead упреждённый у́гол прице́ливания (Arty).

angle of opening у́гол разлёта пуль шрапне́ли.

angle of parallax параллакти́ческий у́гол; у́гол смеще́ния (Arty).

angle of pitch у́гол танга́жа (of airplane); у́гол килево́й ка́чки (Nav).

angle of pitch of a propeller у́гол накло́на ло́пасти винта́.

angle of position у́гол ме́ста це́ли (Arty).

angle of rifling крутизна́ наре́зов.

angle of roll у́гол кре́на, у́гол боково́й ка́чки (Avn, Nav).

angle of safety у́гол безопа́сности (Arty).

angle of shift у́гол перено́са огня́ (Arty).

angle of site у́гол ме́ста це́ли (Arty).

angle of site instrument ситогонио́метр, прибо́р для измере́ния угло́в ме́ста це́ли (Arty).

angle of site mechanism приспособле́ние для устано́вки угло́в ме́ста це́ли (Arty).

angle of slope у́гол накло́на (Top).

angle of spiral крутизна́ наре́зов.

angle of splash у́гол встре́чи при попада́нии снаря́да в во́ду (Arty).

angle of splay у́гол растворе́ния амбразу́ры (Ft).

angle of superelevation дополни́тельная попра́вка угла́ прице́ливания на у́гол ме́ста це́ли, попра́вка на влия́ние значи́тельных угло́в ме́ста це́ли.

angle of torque у́гол круче́ния.

angle of traction у́гол тя́ги.

angle of train у́гол горизонта́льной наво́дки (Arty).

angle of trim у́гол диффере́нта (Avn).

angle of wing setting устано́вочный у́гол крыла́ (Avn).

angle of yaw у́гол ры́сканья (Avn); у́гол нута́ции (Ballistics).

angle of zoom у́гол круто́го подъёма (Avn).

angletube коле́нчатая тру́бка противога́за.

angular углово́й.

angular acceleration углово́е ускоре́ние.

angular distance углово́е расстоя́ние.

angular height углова́я высота́; у́гол ме́ста це́ли (AA).

angular speed углова́я ско́рость.

angular travel углово́е движе́ние; углово́е перемеще́ние це́ли (AA).

angular travel computer указа́тель углово́го перемеще́ния це́ли. (AAA).

angular travel method ме́тод определе́ния углово́го перемеще́ния це́ли (AA).

angular velocity углова́я ско́рость.

animal живо́тное.

animal transport тра́нспорт живо́тной тя́ги, гужево́й тра́нспорт.

ankle лоды́жка ноги́.

annealing отжи́г (Tech).

annex дополне́ние, прибавле́ние, приложе́ние (supplement); пристро́йка (of a building).

annexation присоедине́ние, анне́ксия.

annihilate уничтожа́ть.

announce объявля́ть; докла́дывать (a visitor).

announcement объявле́ние.

annular parachute кольцево́й парашю́т.

anode ано́д.

antenna анте́нна.

antenna circuit анте́нный ко́нтур.

antenna insulator анте́нный изоля́тор.

antenna mast ма́чта анте́нны.

antenna switch анте́нный переключа́тель.

antenna voltage напряже́ние анте́нны.

antenna wire анте́нный про́вод.

antiaircraft противовозду́шный, зени́тный.

antiaircraft artillery зени́тная артилле́рия.

antiaircraft automatic weapon зени́тное автомати́ческое ору́жие.

antiaircraft barrage зени́тный загради́тельный ого́нь.

antiaircraft battery зени́тная батаре́я.

antiaircraft defense противовозду́шная оборо́на, авиазени́тная оборо́на.

antiaircraft director прибо́р управле́ния артиллери́йским зени́тным огнём, ПУАЗО.

antiaircraft fire зени́тный ого́нь.

antiaircraft gun зени́тная пу́шка.

antiaircraft gunner зени́тчик.

antiaircraft lookout наблюда́тель за во́здухом, противовозду́шный наблюда́тель.

antiaircraft machine gun зени́тный пулемёт.

antiaircraft officer офице́р противовозду́шной слу́жбы при шта́бе войско́вого соедине́ния.

antiaircraft searchlight зени́тный проже́ктор.

antiaircraft warning system систе́ма возду́шного наблюде́ния оповеще́ния и свя́зи.

antiaircraft weapon зени́тное ору́жие.

anticorrosive *adj* антикоррози́йный, предохраня́ющий от ржавле́ния.

anticyclone антицикло́н (Met).

antidim compound противозапотева́ющий соста́в.

antidim eyepiece незапотева́ющие очки́ противога́за.

antidote противоя́дие.

antifreeze solution противозамерза́ющий раство́р, антифри́з.

antifriction device ца́пфенный подве́с с подши́пниками (Arty).

antigas противога́зовый, противохими́ческий.

antigas defense противохими́ческая оборо́на.

antigas equipment противога́зовое иму́щество (organizational); противога́зовое снаряже́ние (individual).

antigas training обуче́ние приёмам противохими́ческой оборо́ны.

anti-icer антиобледени́тель.

anti-icer fluid антифри́з.

antiknock противодетонацио́нный соста́в (Mtr).

antilift wires обра́тные растя́жки, контррастя́жки *fpl* (Avn).

antimechanized противота́нковый.

antimechanized defense противота́нковая оборо́на.

antimechanized security противота́нковые ме́ры охране́ния.

antimechanized weapon противота́нковое ору́жие.

antimony сурьма́.

antimony sulphide сульфи́д сурьмы́.

antipersonnel bomb оско́лочная бо́мба.

antipersonnel mine противопехо́тная ми́на.

antipersonnel obstacle противопехо́тное препя́тствие.

antiseptic *adj* антисепти́ческий.

antiskid device предохрани́тель про́тив скольже́ния.

antitank противота́нковый.

antitank artillery противота́нковая артилле́рия.

antitank bomb противота́нковая бо́мба.

antitank company противота́нковая ро́та.

antitank defense противота́нковая защи́та.

antitank ditch противота́нковый ров.

antitank grenade противота́нковая ручна́я грана́та.

antitank gun противота́нковая пу́шка.

antitank lookout противота́нковый наблюда́тель.

antitank mine противота́нковая ми́на.

antitank minefield противота́нковое ми́нное по́ле.

antitank obstacle противота́нковое препя́тствие.

antitank rifle grenade противота́нковая руже́йная грана́та.

antitank rocket противота́нковый раке́тный снаря́д.

antitank rocket launcher противота́нковая раке́тная морти́ра.

antitank security противота́нковые ме́ры охране́ния.

antitank warning service противота́нковая слу́жба предупрежде́ния.

antitank weapon противота́нковое ору́жие.

antitetanus serum противостолбня́чная сы́воротка.

antitoxin антитокси́н, противоя́дие.

antityphoid serum сы́воротка про́тив брюшно́го ти́фа.

anvil накова́льня.

aparejo вью́чное седло́ (USA).

aperiodic compass апериоди́ческий ко́мпас.

aperture отве́рстие.

aperture sight прице́л с дио́птром.

apparatus аппара́т, прибо́р.

apparent azimuth ка́жущийся а́зимут це́ли (AAA).

apparent elevation ка́жущаяся высота́ це́ли (AAA).

apparent position ка́жущееся положе́ние це́ли (AAA).

apparent speed кажущаяся скорость цели (AAA).

apparent time солнечное время, истинное время.

appeal призыв, воззвание (call); апелляция (review of law and fact); кассация (review of law).

appendage придаток; придаточная часть (of weapon, equipment).

appendicitis апендицит.

appendix приложение, добавление, придаток (supplement, appendage); отросток слепой кишки (Med); апендикс (Bln).

appliance приспособление, принадлежность, прибор.

applicant подавший прошение, проситель *m*, кандидат.

application письменное прошение (request); применение (use).

application of fire применение артиллерийского огня.

applied tactics прикладная тактика.

apply применять (to impose, to bring into effect); относиться (to be relevant); обращаться с ходатайством (to make request).

appoint назначать.

appointing authority инстанция назначающая военный суд (USA).

appointing order приказ о назначении военного суда (court-martial USA); приказ о назначении комиссии (board USA).

appointment назначение (designation to hold an office); деловое свидание (arrangement for a meeting).

appreciation of the terrain оценка местности.

apprehend арестовывать, задерживать (to arrest); схватывать, обнимать (to grasp); ожидать (to anticipate); опасаться (to fear).

approach подступ (Mil); подход; подход к цели (bombing approach).

approach *v* ꞏ приближаться, подходить (to come closer); обращаться (to accost).

approach chart карта района цели (Avn).

approaching target приближающаяся цель.

approach light входной пограничный огонь аэродрома (Avn).

approach march подход к полю сражения, марш сближения.

approach march formation предбоевой порядок.

approach trench ход сообщения в глубину, поперечная траншея.

appropriate *v* ассигновывать (to assign); присваивать (to take exclusive possession).

appropriation ассигнование (assignment); присвоение, (taking exclusive possession).

approval одобрение; утверждение (Law).

approval of sentence утверждение приговора.

approve одобрять; утверждать (Law).

approving authority инстанция утверждающая приговор военного суда (USA).

approximate aiming грубая наводка.

April апрель *m*.

apron передник, фартук; оттяжка проволочного заграждения (barbed wire); камуфляж орудия (camouflage).

aptitude test испытание на звание или должность.

aqueduct акведук.

arbitrary correction корректура (Arty).

arc дуга (part of circle); вольтова дуга (Elec); сектор (Mech).

arch дуга, арка.

arched bridge арочный мост.

arc-lamp projector дуговой прожектор.

arc of trajectory дуга траекткории.

Arctic *adj* арктический, полярный.

Arctic air mass арктическая воздушная масса.

Arctic Circle северный полярный круг.

arc welding дуговая сварка.

area площадь (surface); район (district); область (zone); пространство (space).

area bombing площадное бомбардирование.

area contamination химическое заражение местности.

area depot районный склад.

area of dispersion площадь рассеивания (Arty).

area of high pressure зона высокого давления (Met).

area of low pressure зона низкого давления (Met).

area sketch кроки местности.

area target цель большой площади.

areometer ареометр.

arithmetic арифметика.

arm оружие (weapon); род оружия (branch of the army); рука, плечо (limb); рукав (of a river); ручка (of a chair).

arm *v* вооружа́ть, вооружа́ться; ста́вить на разры́в, взводи́ть (to arm a fuze).

armament вооруже́ние.

armament error рассе́ивание ору́жия.

arm-and-hand signal усло́вный знак руко́й.

armature армату́ра, я́корь *m* (Elec).

arm band нарука́вная повя́зка.

arm chest оруже́йный я́щик.

arm depot склад боеприпа́сов и вооруже́ния.

arme blanche холо́дное ору́жие.

armed forces вооружённые си́лы.

armed merchantman вооружённое торго́вое су́дно.

armed neutrality вооружённый нейтралите́т.

armed services а́рмия, флот и ко́рпус морско́й пехо́ты (USA).

arming pin предохрани́тельная чека́ взрыва́теля бо́мбы (bomb).

arming vane ветря́нка взрыва́теля (bomb).

arming vane stops сто́пор ветря́нки взрыва́теля (bomb).

armistice переми́рие.

arm locker оруже́йный я́щик, оруже́йный шкаф.

armor броня́.

armor attack стрельба́ по броне́, стрельба́ по бронено́сным суда́м (CAC).

armor belt бронево́й по́яс.

armored брониро́ванный, бронено́сный.

armored attack та́нковая ата́ка.

armored car бронево́й автомоби́ль.

armored command бронета́нковые войска́ (USA).

armored division бронета́нковая диви́зия, механизи́рованная диви́зия.

armored handcar бронедрези́на (RR).

armored reconnaissance car полугу́сеничная автомаши́на для разве́дки.

armored train бронепо́езд.

armored turret бронеба́шня.

armored unit бронеча́сть.

armored vehicle бронемаши́на.

armorer оруже́йный ма́стер, оруже́йник.

armorer-artificer оруже́йник-подру́чный.

armor-penetrating ability бронебо́йность.

armor-piercing *adj* бронебо́йный.

armor-piercing ammunition бронебо́йные снаря́ды.

armor-piercing bomb бронебо́йная бо́мба.

armor-piercing bullet бронебо́йная пу́ля.

armor-piercing projectile бронебо́йный снаря́д.

armor-piercing shell бронебо́йный снаря́д, бронебо́йная грана́та.

armor plate бронеплита́, броня́.

armory арсена́л; оруже́йный заво́д (factory); пе́ший мане́ж (drill hall).

arm rack пирами́да для винто́вок.

arm setter устано́вщик лине́ек на планше́те-постро́ителе (CAC).

arm signal усло́вный знак руко́й.

arm signaling пода́ча зна́ков руко́й, ручно́й семафо́р, ручна́я сигнализа́ция.

Army сухопу́тная а́рмия (USA).

army а́рмия.

army *adj* арме́йский.

Army Air Forces ча́сти и учрежде́ния военно-возду́шных сил а́рмии (USA).

army area райо́н а́рмии.

army artillery арме́йская артилле́рия, артилле́рия а́рмии не входя́щая в соста́в ко́рпусов и диви́зий.

army depot арме́йский склад.

Army Directory спра́вочник ли́чного соста́ва а́рмии (USA).

army dog вое́нная соба́ка.

army engineer нача́льник инжене́ров а́рмии.

Army Ground Forces ча́сти и учрежде́ния сухопу́тных войск а́рмии (USA).

army group гру́ппа а́рмий.

army mail clerk солда́т-почтови́к (USA).

Army Mine Planter Service слу́жба ми́нных заграждде́ний (USA).

army nurse военно-медици́нская сестра́.

Army Nurse Corps ко́рпус вое́нных медици́нских сестёр и сиде́лок.

army of occupation оккупацио́нная а́рмия.

army postal service военно-полева́я по́чта.

Army Post Office полева́я почто́вая конто́ра.

Army Register ежего́дник кома́ндного соста́ва а́рмии (USA).

Army Regulations прика́зы по вое́нному ве́домству (USA).

army saddle строево́е седло́.

army serial number ли́чный но́мер военнослу́жащего (USA).

army service area райо́н арме́йского ты́ла.

Army Service Forces ча́сти и учрежде́ния территориа́льных и вспомага́тельных войск; слу́жбы комплекто́вания, расквартирова́ния, снабжения и тра́нспорта; вое́нно-уче́бные заведе́ния (USA).

Army Transport Service отде́л во́дных перево́зок (USA).

army troops арме́йские ча́сти, ча́сти не входя́щие в соста́в корпусо́в.

arraign *v* предъявля́ть обвине́ние на суде́.

arraignment акт предъявле́ния обвине́ния на суде́.

arrest аре́ст, задержа́ние (taking into custody); заде́ржка, остано́вка (stoppage); ограниче́ние свобо́ды (moral restraint, Mil Law).

arrest *v* остана́вливать (to stop); заде́рживать, аресто́вывать (to take into custody).

arresting gear тормозя́щее приспособле́ние (Avn).

arresting hook крюк на самоле́те для зацепле́ния тормозя́щим приспособле́нием (Avn).

arrest in quarters дома́шний аре́ст, каза́рменный аре́ст.

arsenal арсена́л.

arsenic мышья́к.

arsine арси́н.

artery арте́рия.

articles of war вое́нно-уголо́вный ко́декс (USA).

articulated joint шарни́рное соедине́ние.

artificer ма́стер, те́хник.

artificial иску́сственный.

artificial horizon иску́сственный горизо́нт, авиагоризо́нт; уклономе́р.

artificial obstacle иску́сственное препя́тствие.

artillery артилле́рия.

artillery *adj* артиллери́йский.

artillery ammunition артиллери́йские боеприпа́сы.

artillery duel артиллери́йская дуэ́ль.

artillery fire артиллери́йский ого́нь.

artillery fire-directing plane самоле́т-корректиро́вщик.

artillery group артгру́ппа.

artilleryman артиллери́ст.

artillery map артиллери́йская ка́рта.

artillery mil ты́сячная (Arty).

artillery mission зада́ча по обслу́живанию артилле́рии (Avn).

artillery mount артиллери́йская устано́вка, оруди́йная устано́вка.

artillery observer артиллери́йский наблюда́тель.

artillery officer артиллери́йский офице́р; нача́льник артилле́рии (USA).

artillery of position артилле́рия на неподви́жных устано́вках.

artillery position артиллери́йская пози́ция.

artillery preparation артиллери́йская подгото́вка.

artillery support артиллери́йская подде́ржка.

artillery survey топографи́ческая разве́дка артилле́рии.

artillery with the corps артилле́рия ко́рпуса, артилле́рия входя́щая в соста́в ко́рпуса.

art of war вое́нное иску́сство.

asbestos асбе́ст.

asbestos mittens асбе́стовые рукави́цы.

ascend *v* подыма́ться.

ascending branch восходя́щая ветвь траекто́рии (Arty).

ascent подъе́м, восхожде́ние.

ashore на берегу́ (on the shore); на́ берег (to the shore).

asparagus спа́ржа; антита́нковые на́долбы (antitank obstacle).

aspect ratio удлине́ние крыла́, относи́тельный разма́х (Avn).

asphyxiant удуша́ющее отравля́ющее вещество́.

assault ата́ка, штурм (Mil); нападе́ние (onslaught); угро́за физи́ческим наси́лием (Law).

assault *v* атакова́ть, штурмова́ть (to attack); напада́ть (to assail); угрожа́ть физи́ческим наси́лием (Law).

assault and battery оскорбле́ние де́йствием (Law).

assault aviation штурмова́я авиа́ция.

assault boat штурмова́я ло́дка.

assault echelon пе́рвый эшело́н.

assault fire ого́нь с после́днего рубежа́ пе́ред ата́кой.

assault gun противота́нковая самохо́дная пу́шка.

assaulting distance диста́нция ата́ки, диста́нция после́днего броска́.

assault position после́дний рубе́ж пе́ред ата́кой, исхо́дное положе́ние для ата́ки.

assault wave атаку́ющая цепь, атаку́ющая волна́.

assemble собира́ть, собира́ться.

assembly сбор (Mil); сигна́л сбо́ра (signal, call); собра́ние (gathering).

assembly area райо́н сосредото́чения.

assembly point сбо́рный пункт.

assembly position исхо́дная пози́ция для наступле́ния; выжида́тельная та́нковая пози́ция (Tac).

assign назначáть (to appoint); давáть, отводить (to allot); приписывать (to ascribe).

assignment назначéние (appointment, allotment); поручéние, задáча (mission, duty).

assist помогáть, окáзывать пóмощь, содéйствовать (to help); присýтствовать (to be present).

Assistant Chief of Staff начáльник отдéла глáвного управлéния генерáльного штáба (USA).

assistant chief of staff начáльник отдéла штáба крýпного войсковóго соединéния (USA).

Assistant Secretary of War помóщник воéнного минúстра (USA).

Assistant Secretary of War for Air помóщник воéнного минúстра по авиáции (USA).

astern за кормóй, позадú (Nav).

astigmatizer ночнóй дальномéр, астигматизáтор.

astronomical астрономúческий.

astronomical navigation астрономúческая ориентирóвка, навигáция по небéсным светúлам.

astronomical triangle астрономúческий треугóльник (Air Navigation).

athlete's foot стригýщий лишáй (Med).

athletics атлéтика, физкультýра.

atmosphere атмосфéра, вóздух.

atmospheric атмосфéрный.

atmospheric absorption атмосферúческое поглощéние (Rad).

atmospheric conditions атмосфéрные услóвия.

atmospheric density плóтность вóздуха.

atmospheric pressure атмосфéрное давлéние.

atomizer распылúтель *m*, пульверизáтор.

attach привязывать, прикреплять (to tie); придавáть, прикомандирóвывать (to attach to an organization).

attaché атташé *m*.

attached прикреплённый, привязанный (tied); прúданный, прикомандирóванный (attached to an organization).

attached unit прúданная часть.

attack наступлéние, атáка.

attack *v* атаковáть, наступáть.

attack airplane штурмовóй самолёт, штурмовúк.

attack bomber штурмовúк.

attack echelon пéрвый эшелóн при наступлéнии.

attacker наступáющий, атакýющий.

attack formation построéние для атáки.

attack frontage ширинá фрóнта наступлéния, ширинá полосы наступлéния.

attack in force атáка крýпными сúлами.

attack order прикáз о наступлéнии.

attack position исхóдная позúция (Tk).

attention внимáние, внимáтельность; положéние "смúрно" (Mil).

attenuation затухáние в прострáнстве (Rad).

attitude положéние, поведéние, отношéние; положéние самолёта (Avn).

attitude of flight положéние самолёта в прострáнстве.

attrition истощéние, изнурéние, измóр.

audibility слышимость.

audio-amplification усилéние звуковóй частоты (Rad).

audio frequency звуковáя частотá (Rad).

audio signal звуковóй сигнáл.

auger бурáв, сверлó, бур.

August áвгуст.

aural reception приём на слух (Tg, Tp, Rad).

aural signal акустúческий сигнáл.

aurora borealis сéверное сияние.

authenticate удостоверять пóдлинность, свидéтельствовать.

authentication засвидéтельствование.

authenticator лицó удостоверяющее пóдпись (certifying person); секрéтное назвáние радиостáнции (code designation of a radio station).

authorities влáсти *fpl*.

authority власть, правомóчный óрган, начáльник (legal power); полномóчие (authorization).

authorized abbreviation устанóвленное сокращéние.

autogyro автожúр.

auto-ignition самовозгорáние.

automatic автоматúческий, самодéйствующий.

automatic antiaircraft gun автоматúческое зенитное орýдие (cannon); зенúтный пулемёт (MG).

automatic circuit breaker автоматúческий прерывáтель.

automatic feed mechanism автоматúческий подаáющий механúзм.

automatic fire автоматúческая стрельбá.

automatic gun автоматúческое орýжие.

automatic pilot автопилóт, автоматúческий пилóт.

automatic pistol автоматúческий пистолéт.

automatic pitch propeller пропе́ллер с автомати́ческим измене́нием хо́да винта́.

automatic rifle автомати́ческая винто́вка.

automatic rifleman автома́тчик, ручно́й пулемётчик.

automatic rifle team звено́ автома́тчиков.

automatic volume control автомати́ческая регулиро́вка усиле́ния (action); автомати́ческий регуля́тор усиле́ния (device).

automatic weapons автомати́ческое ору́жие.

automobile автомаши́на, автомоби́ль m.

automobile body ку́зов автомаши́ны.

automotive самодви́жущийся, автомоби́льный.

autotransformer автотрансформа́тор (Elec).

autumn о́сень.

auxiliary adj. вспомога́тельный.

auxiliary aiming point вспомога́тельная то́чка наво́дки.

auxiliary arm вспомога́тельный род войск.

auxiliary cruiser вспомога́тельный кре́йсер.

auxiliary engine сервомото́р, вспомога́тельный дви́гатель.

auxiliary landing field запасно́й аэродро́м.

auxiliary landing gear вспомога́тельное поса́дочное приспособле́ние.

auxiliary target репе́р (Arty).

available нали́чный, име́ющийся в распоряже́нии, свобо́дный.

avalanche лави́на, обва́л.

avenue of approach по́дступ.

average сре́дняя величина́.

average error среди́нная оши́бка.

aviation авиа́ция.

aviation adj авиацио́нный.

aviation badge авиацио́нный значо́к, авиа́торский значо́к.

aviation cadet курса́нт авиашко́лы, курса́нт-лётчик.

aviation gasoline авиацио́нный бензи́н.

aviation pay приба́вка к жа́лованию за полёты (USA).

aviator лётчик, авиа́тор.

aviator's helmet пило́тский шлем, авиацио́нный шлем.

aviatrix лётчица.

avigation аэронавига́ция, авига́ция.

award награжде́ние, пожа́лование.

awl ши́ло.

ax топо́р.

axial cable осева́я расча́лка (Ash).

axial cone осево́й ко́нусный наконе́чник (Ash).

axial eddy осево́й вихрь (Avn).

axial flow осево́й пото́к (Avn).

axial observation наблюде́ние при незначи́тельном смеще́нии (Arty).

axial road сквозна́я доро́га.

axial-type engine мото́р с цили́ндрами располо́женными паралле́льно коле́нчатому ва́лу.

axis ось.

axis of advance ось наступле́ния.

axis of movement ось движе́ния.

axis of pitch ось продо́льной усто́йчивости (Avn).

axis of roll ось боково́го кре́на (Avn).

axis of signal communication ось свя́зи.

axis of supply ось подво́за.

axis of supply and evacuation ось снабже́ния и эвакуа́ции.

axis of symmetry ось симметри́и.

axis of the bore ось кана́ла ствола́.

axis of trunnions ось цапф.

axis of yaw ось ры́скания (Avn).

axle ось.

axle bearing бу́кса.

axle bed осева́я вту́лка.

axle journal осева́я ше́йка, осева́я ца́пфа.

axle pin осева́я чека́.

axle traverse горизонта́льная наво́дка де́йствием поворо́тного механи́зма (Arty).

axletree боева́я ось (Arty); ло́пасть оси́.

azimuth а́зимут.

azimuth circle азимута́льный круг, кольцо́ угломе́ра (Arty).

azimuth compass пелько́мпас.

azimuth deviation боково́е отклоне́ние (Arty).

azimuth difference паралла́кс.

azimuth difference chart гра́фик паралла́ксов (Arty).

azimuth finder авиацио́нный пеленга́тор (Avn).

azimuth instrument а́зимутный прибо́р.

azimuth mechanism угломе́р.

azimuth micrometer кольцо́ бараба́на угломе́ра.

azimuth plateau угломе́рный круг.

azimuth point а́зимутный пункт.

azote азо́т.

B

babbit баббит.

baby tank танкетка.

back задняя сторона (back side); тыл (rear); обратная сторона (reverse); спина (part of the body).

back *v* осаживать (to move back); давать задний ход, итти задним ходом (to reverse the motion); поддерживать (to support).

back *adj.* задний.

back azimuth обратное направление (Surv).

back-azimuth method метод обратных засечек (Surv).

backfire обратная вспышка.

background задний план, фон.

backing поддержка; осаживание (moving back).

backlash мёртвый ход, игра.

back pack parachute наспинный парашют.

back plate затыльник (MG).

backplate dowel шпонка затыльника (MG).

backsight обратное визирование (Surv).

back step шаг назад.

backwash завихрение воздуха за самолётом (Avn).

badge значок, знак.

baffle отражательная стенка, перегородка, преграда; акустический экран (Rad).

baffle *v* сбивать с толку, вводить в заблуждение (to delude); препятствовать (to balk); сводить на нет (to frustrate, to bring to nothing).

baffle grease trap пластинчатый жироуловитель.

bag мешок; добыча (game bagged).

bag *v* класть в мешок; захватить (to capture); сбить (to bag a plane).

baggage багаж; возимое имущество (Mil).

baggage master начальник вещевого обоза.

baggage train вещевой обоз.

bail *v* вычёрпывать, отливать.

bail out выбрасываться на парашюте.

bake печь; обжигать (bricks).

bakelite бакелит.

baker булочник, пекарь *m*; хлебопёк (Mil).

bakery булочная; хлебопекарня (Mil).

balance равновесие (equilibrium); противовес (counterweight); чашечные

весы (scales); остаток (remainder); баланс (in bookkeeping).

balanced уравновешенный.

balanced rudder уравновешенный руль, компенсированный руль (Avn).

balanced stock типовой комплект снабжения.

balanced surface компенсатор (Avn).

balancing flap элерон (Avn).

balancing plane стабилизатор (Avn).

balk препятствие (hindrance); бревно (timber); прогон моста (Pon).

balk *v* воспрепятствовать (to hinder); предупредить, расстроить (to frustrate).

balk carriers подносчики прогонов (Pon).

ball шар (sphere); мяч (playing ball); ядро (solid shot).

ball ammunition боевые патроны.

ball-and-socket joint шаровой шарнир.

ballast балласт.

ball bearing шариковый подшипник (Mech).

ball cage шариковая обойма (Mech).

ball cartridge боевой патрон.

ball float сферический поплавок.

ballistic балистический.

ballistic area полоса поражения между перелётным и недолётным залпами (CAC).

ballistic cap балистический наконечник (Am).

ballistic coefficient балистический коэфициент (Arty).

ballistic correction балистическая поправка (Arty).

ballistic correction chart схема балистических поправок (Arty).

ballistic density балистическая плотность воздуха.

ballistic efficiency способность снаряда преодолевать сопротивление воздуха.

ballistic function балистическая функция.

ballistics балистика.

ballistic wave балистическая волна, снарядная волна.

ballistic wind балистический ветер (Arty).

ballistite балистит.

ball journal шаровая пята (Mech).

ball mounting шаровая установка (MG).

ballonet баллонет, воздушный мешок (Avn).

ballonet ceiling потоло́к баллоне́та.
balloon возду́шный шар, аэроста́т.
balloon barrage возду́шное загражде́ние.
balloon bed стоя́нка аэроста́та.
balloon car гондо́ла аэроста́та.
balloon envelope оболо́чка аэроста́та.
ballooning взмыва́ние (Ap).
balloon pilot аэрона́вт, пило́т аэроста́та.
balloon shed э́ллинг, анга́р для аэроста́тов.
balloon site местоположе́ние аэроста́та.
balloon winch лебёдка привязно́го аэроста́та.
balloon wing воздухопла́вательный полк.
ball race ша́риковая вту́лка (Mech).
ball turret оруди́йная ба́шня самолёта.
band ле́нта, полоса́ (strip); око́лыш (of a cap); духово́й орке́стр (orchestra); гру́ппа (group); полоса́, диапазо́н (Rad).
bandage перевя́зка, повя́зка, бинт.
bandage *v* перевя́зывать, бинтова́ть.
band brake ле́нточный то́рмоз.
band leader *See* bandmaster.
bandmaster капельме́йстер.
band of fire полоса́ огня́, по́яс огня́.
bandoleer нагру́дная патро́нная ле́нта.
band-pass filter пропуска́ющий полосово́й фильтр (Rad).
band seat паз для веду́щего пояска́ (Arty).
Bangalore torpedo удлинённый заря́д.
bank крен (Avn); бе́рег реки́ (of a river); о́тмель (sand bank), на́сыпь (embankment); банк (Fin).
bank *v* крени́ть, крени́ться (Avn).
bank-and-turn indicator комбини́рованный указа́тель поворо́та (Avn).
bank indicator указа́тель кре́на.
banking крен на вира́же (Avn).
banking angle у́гол кре́на (Avn).
banner зна́мя *n*, штанда́рт, флаг.
banquette стрелко́вая ступе́нь.
bar брус, сте́ржень *m*; наши́вка (insignia); пря́жка на о́рденской ле́нте (decoration); сосло́вие адвока́тов (lawyers' organization); прегра́да, препя́тствие (obstacle); бар (drinking counter).
bar *v* прегражда́ть (to put obstacles); исключа́ть (to exclude).
barbed wire колю́чая про́волока.
barbed wire entanglement про́волочное загражде́ние.

barber парикма́хер.
barbette барбе́т (Ft).
barbette battery барбе́тная батаре́я (Arty).
barbette carriage барбе́тная устано́вка (Arty).
barbette gun барбе́тное ору́дие.
barge ба́ржа.
bar iron бруско́вое желе́зо.
barium ба́рий.
barley ячме́нь *m*.
barogram барогра́мма (Met).
barograph баро́граф.
barometer баро́метр.
barometric pressure барометри́ческое давле́ние.
barracks каза́рма.
barracks bag мешо́к для ли́чных веще́й солда́та.
barrage загражде́ние (obstacle); загради́тельный ого́нь (barrage fire).
barrage balloon аэроста́т загражде́ния.
barrage fire загради́тельный ого́нь.
barrel бо́чка (cask); ствол (of a firearm); цили́ндр, вал, бараба́н (Mech).
barrel assembly гру́ппа ствола́, агрега́т ствола́.
barrel burst разры́в в кана́ле ствола́ (Arty).
barrel casing ство́льный кожу́х (Arty).
barrel erosion разгора́ние кана́ла ствола́.
barrel extension ство́льная коро́бка, ра́ма ствола́ (MG).
barrel group *See* barrel assembly.
barrel hoop скрепля́ющая му́фта (Arty).
barrel jacket *See* barrel casing.
barrel locking spring пружи́нка защёлки ствола́ (MG).
barrel of monobloc construction ствол-моноблóк.
barrel plunger плу́нжер ствола́ (MG).
barrel plunger spring пружи́на плу́нжера (MG).
barrel port га́зовое отве́рстие ствола́ (MG).
barrel raft плот из бо́чек.
barrel receiver ство́льная коро́бка (SA).
barrel roll бо́чка (Avn).
barrel sleeve ство́льный кожу́х (MG).
barricade баррика́да, загражде́ние.
barricade *v* баррикади́ровать, прегражда́ть, загроможда́ть.
barrier прегра́да, препя́тствие, заста́ва.
barrier fort форт-заста́ва.
barrier light загради́тельный проже́ктор.

barrier tactics тактика использования оборонительных рубежей.

base база; базис (Surv); орудийная платформа (gun base); дно (of a shell); основа (foundation); основание, щёлочь (Cml).

base angle дирекционный угол основного направления (Arty).

base burster донный вышибной заряд (Arty).

base charge донный заряд (Arty).

base cover донный диск снаряда (Am).

base deflection основная буссоль, основной угломер (Arty).

base depot склад-база *m*.

base detonating fuze донный ударно-детонаторный взрыватель (Am).

base element направляющее подразделение (drill); опора манёвра (Tac).

base fuze донный взрыватель, донная трубка.

base hospital главный госпиталь фронтового тыла.

base line основное направление (Arty); базис, базисная линия (Surv).

base of fire рубеж огневого сопровождения пехоты.

base of operations операционная база.

base of the trajectory база траектории.

base pay основной оклад содержания.

base piece основное орудие (Arty).

base plate плита основания, опорная плита.

base plug доньевая втулка (Am).

base point основной ориентир (Arty).

base repair ремонт производимый в мастерских авиабазы.

base ring установочный круг (CAC).

base section тыловой участок фронтового тыла (USA).

base spray задний сноп осколков (Arty).

base taper обтекаемая форма запоясковой части снаряда (Am).

base unit *See* base element.

base vehicle орудие равнения (Arty formation).

basic основной.

basic arm основной род войск, пехота.

basic data входные данные (Arty).

basic fire unit основная огневая единица.

basic load статическая нагрузка (Avn); возимый запас (of ammunition and supplies).

basic private рядовой-неспециалист (USA).

basic tactical unit основная тактическая единица.

basic training основная военная подготовка.

basin бассейн (river basin); водоём (reservoir); котловина (basinlike depression); таз (utensil).

basket гондола аэростата (Bln); корзина (container).

bastion бастион.

bath купанье (act of bathing); баня (bathhouse); ванна (bathtub).

bathe *v* купаться, принимать ванну.

baton жезл (of a field marshal); дирижёрская палочка (of a bandmaster).

battalion батальон (Inf); артиллерийский дивизион (Arty).

battalion *adj* батальонный (Inf); дивизионный, относящийся к артиллерийскому дивизиону (Arty).

battalion adjutant батальонный адъютант.

battalion aid station батальонный пункт медицинской помощи, батальонный медпункт.

battalion combat train боевой обоз батальона.

battalion commander командир батальона (Inf); командир артиллерийского дивизиона (Arty).

battalion defense area батальонный оборонительный район.

battalion headquarters штаб батальона (Inf); штаб артиллерийского дивизиона (Arty).

battalion reserve батальонный резерв.

battalion reserve line линия батальонных резервов.

battering стрельба на разрушение (Arty).

battering battery кинжальная батарея (CAC).

battery батарея (Arty); батарея, батарейка, элемент (Elec).

battery angle of convergence батарейный угол сведения (Arty).

battery angle of divergence батарейный угол растворения веера, батарейный угол разделения огня (Arty).

battery charger зарядное устройство.

battery commander командир батареи, комбат.

battery commander's party командирский разъезд.

battery commander's telescope стереотруба (Arty).

battery detail взвод управления батареи.

battery executive старший офицер батареи.

battery fire батарейный огонь.
battery headquarters штаб батареи.
battery position огневая позиция батареи.
battery salvo батарейная очередь.
battery target line линия цели основного орудия.
battle бой, сражение.
battle area район боя, поле сражения.
battle casualties потери в бою.
battle casualty report донесение о потерях.
battlefield поле боя.
battle fleet линейный флот.
battle formation боевой порядок.
battle honors боевые отличия части.
battle injury ранение в бою.
battle map тактическая карта.
battle position основная оборонительная полоса, тактическая оборонительная полоса.
battle reconnaissance боевая разведка.
battleship линейный корабль.
battle sight постоянный прицел.
bauxite боксит.
bay пролёт, отсек (Avn); мостовой пролёт (Pon); бухта, залив (inlet of sea).
bay adj гнедой (H).
bayonet штык.
bayonet assault штыковая атака.
bayonet charge See bayonet assault.
bayonet fighting штыковой бой.
bayonet practice обучение штыковому бою.
bayonet scabbard штыковые ножны.
bayonet thrust штыковой удар, укол штыком.
bayonet training See bayonet practice.
bazooka ручной антитанковый ракетомёт.
B-battery анодная батерея (Rad).
beach берег, береговая полоса (Mil); пляж.
beach defense оборона береговой линии.
beachhead позиция прикрывающая высадку десанта, десантный плацдарм.
beaching gear колёсное шасси для гидросамолёта.
beach party команда помогающая при высадке.
beacon авиамаяк, бакен, буёк (Avn, Nav).
bead sight шарикообразная мушка.
beam лонжерон (Avn); бимс (Nav); луч,

пучок (ray); балка (timber); балансир весов (bar of a balance).
beam compass штангенциркуль m.
bearer предъявитель m, податель m (possessor); носильщик (carrier).
bearing выправка (carriage); азимут, пеленг, направление (angle of direction); отношение (relationship); подшипник (Mech).
bearing area опорная поверхность (Mech).
bearing carrier опора подшипника (Mech).
bearing plate азимутальный круг (Avn).
bearing pressure давление на подшипник (Mech).
bearings румбы mpl, пеленги mpl; положение (Avn, Nav).
beat путь дозора, район патрулирования (patrol's beat); барабанный бой (beat of drum); биение сердца (beat of the heart); такт (in music).
beat v бить; разбивать, побеждать (Mil).
beaten битый, побитый, разбитый, побеждённый (defeated); поражаемый, обстреливаемый (Arty).
beaten zone поражаемая площадь.
beat frequency частота биений (Rad).
Beaufort scale шкала Бофорта.
bed постель, кровать (for sleeping); ложе, русло (of a stream); основание, подставка, фундамент (base).
bedding постельные принадлежности (materials for a bed); подстилка (litter).
bedding roll скатанная постель.
bed down v пришвартовать (Ash).
beef говядина.
begin начинать.
beginning начало.
beleaguer осаждать, осадить.
bell колокол, звонок; склянка (Nav).
belligerent воюющая сторона, воюющий.
bell mare мул-вожак вьючного транспорта.
bellows кузнечный мех.
belly брюхо, живот (abdomen); нижняя поверхность аэростата (Ash).
belt боевой ремень, пояс, поясной ремень, поясная портупея (Equip); приводной ремень (Mech); полоса, зона (zone, area).
belt-fed ленточного питания, ленточный (SA).
belt feed ленточное питание (MG).
belt feed lever рычаг подающего механизма приёмника (MG).

belt feed mechanism подаю́щий механи́зм приёмника (MG).

belt feed pawl па́лец ползуна́ приёмника (MG).

belt feed slide ползу́н приёмника (MG).

belt filling machine See belt loading machine.

belt loading снаряже́ние пулемётной ле́нты.

belt loading machine маши́нка для наби́вки патро́нной ле́нты.

belt road рока́дная доро́га.

belt saw ле́нточная пила́.

bench mark пункт госуда́рственной триангуля́ции, тригонометри́ческий пункт.

bend изги́б, изви́лина (curve); излучи́на (of river); у́зел (Nav).

bend v гнуть, гну́ться, сгиба́ть, сгиба́ться.

bending moment изгиба́ющий моме́нт, моме́нт изги́ба.

bends See aeroembolism.

berm бе́рма.

berth ко́йка (in a cabin); спа́льное ме́сто (in a railroad car); я́корное ме́сто (Nav).

besiege осажда́ть.

Bessemer steel Бессеме́ровская сталь.

bevel скос, ма́лка.

bevel v ска́шивать.

beveled saw разведённая пила́.

bevel gear кони́ческая зубча́тка, кони́ческая переда́ча (Mech).

bichloride of mercury сулема́, двухло́ристая ртуть.

Bickford fuze Бикфо́рдов шнур.

biconcave двояково́гнутый (Optics).

biconvex двояковы́пуклый (Optics).

bicycle самока́т, велосипе́д.

bicycle messenger самока́тчик свя́зи.

bifurcation раздвое́ние, развили́на; доро́жная ви́лка (of roads); разветвле́ние путе́й (RR).

bilateral двусторо́нний.

bilateral observation сопряжённое наблюде́ние (Arty).

bilateral spotting See bilateral observation.

bill счёт (account); бума́жный де́нежный знак, бума́жка (bank note); прое́кт зако́на (draft of a law).

billet v располага́ть по кварти́рам.

billeting расположе́ние по кварти́рам, посто́й.

billeting area райо́н кварти́рного расположе́ния.

billeting detail See billeting party.

billeting officer офице́р квартирье́р.

billeting party кома́нда квартирье́ров.

billeting without subsistence посто́й без дово́льствия.

billeting with subsistence посто́й с дово́льствием.

billets кварти́ры fpl, кварти́рное расположе́ние.

bill of fare меню́, ка́рта ку́шаний.

bill of health каранти́нное свиде́тельство.

bill of lading накладна́я, коносаме́нт.

bimotored двухмото́рный.

binaural бинаура́льный (Acoustics).

binocular бино́кль m.

biplace plane двухме́стный самолёт.

biplane бипла́н.

bipod со́шка (MG).

birch берёза.

birthmark роди́мое пятно́, ро́динка.

biscuits сухари́ mpl.

bit удило́ (part of bridle); сверло́ (tool); кусо́чек (small piece).

bite уку́с.

bite v куса́ть.

biting angle преде́льный у́гол пробива́ния брони́.

bitumen биту́м, асфа́льт.

bituminous road асфальтиро́ванная доро́га.

bivouac бива́к.

bivouac v располага́ться бива́ком, стоя́ть бива́ком.

bivouac area бива́чный райо́н, райо́н бива́чного расположе́ния.

bivouac site ме́сто бива́ка.

black чёрный; вороно́й (of a horse).

blackboard чёрная доска́, кла́ссная доска́.

black lead графи́т.

blackout затемне́ние.

black powder чёрный по́рох.

blacksmith кузне́ц.

blade ло́пасть винта́ (Avn); клино́к (of a weapon); бри́твенный но́жик (of a safety razor); сте́бель m (of a plant).

blade angle у́гол накло́на ло́пасти винта́ (Avn).

blank бланк (form); пусто́е ме́сто, пробе́л (void space); я́блоко мише́ни (bull's-eye).

blank adj холосто́й (of a shot); незапо́лненный, пусто́й (empty).

blank ammunition холосты́е патро́ны.

blank cartridge холосто́й патро́н.

blank charge холосто́й заря́д.

blanket одея́ло; потни́к (saddle blanket); попо́на (horse blanket).

blanket door газонепроница́емая дверь.

blanketing smoke маскиру́ющий дым, задымле́ние.

blanket roll ска́тка посте́льных принадле́жностей.

blank file глухо́й ряд.

blank fire powder по́рох для холосты́х заря́дов.

blank firing attachment приспособле́ние для стрельбы́ холосты́ми патро́нами (MG).

blank form See blank.

blank shot холосто́й вы́стрел.

blast взрыв (explosion); ду́льное пла́мя (blast of a gun); поры́в ве́тра (gust of wind); гудо́к, звук духово́го инструме́нта (sound).

blast v взрыва́ть, подрыва́ть.

blast effect фуга́сное де́йствие.

blasting cap подрывно́й ка́псуль.

blasting cartridge подрывна́я ша́шка.

blasting gelatine грему́чий сту́день.

blasting machine подрывна́я маши́на.

blasting mark заду́льный ко́нус.

blaze пла́мя n, блеск; лы́сина (of a horse).

bleaching powder хло́рная и́звесть в порошке́.

bleed кровоточи́ть (to emit blood); обескро́вливать (to let blood from); выпуска́ть во́здух (to bleed off air pockets).

bleeding кровотече́ние; вы́пуск во́здуха (bleeding off air pockets).

blend смесь; камуфля́жная окра́ска (camouflage blend).

blend v сме́шивать, сме́шиваться; слива́ться с окружа́ющим фо́ном (Cam).

blending мимикри́я (Cam).

blimp небольшо́й дирижа́бль.

blind што́ра (on a window); ста́вень m (shutter); ма́ска (screen, mask).

blind adj слепо́й.

blindage блинда́ж.

blind flying слепо́й полёт, полёт по прибо́рам.

blind landing поса́дка при плохо́й ви́димости, поса́дка по прибо́рам.

blindness слепота́.

blind spot зо́на молча́ния (Rad); сосо́чек зри́тельного не́рва (Med).

blinker нагла́зник (part of bridle); бли́нкер, светосигна́льный аппара́т (blinker light).

blinker light See blinker.

blister пузы́рь m, волды́рь m; вы́ступ на фюзеля́же для пулемётной устано́вки (Avn).

blister gas отравля́ющее вещество́ нарывно́го де́йствия.

blitzkrieg молниено́сная война́.

blizzard сне́жная бу́ря, мете́ль.

blob stick фехтова́льная па́лка.

block коло́да (bulky piece of wood); блок (Mech); кварта́л (between two streets); препя́тствие (obstacle); зато́р (jam).

blockade блока́да.

blockade v блоки́ровать.

blockade runner прорыва́тель блока́ды (Nav).

block brake коло́дочный то́рмоз.

block carrier затво́рная ра́ма (Arty).

block control регули́рование движе́ния по при́нципу блокиро́вочной систе́мы.

blockhouse блокга́уз.

block station блокпо́ст (RR).

block system блокиро́вочная систе́ма (RR).

blood кровь.

blood test ана́лиз кро́ви.

blood transfusion перелива́ние кро́ви.

blouse френч (Mil); блу́за, ку́ртка.

blow уда́р (stroke, sudden calamity); дутьё (forcing air from the mouth); поры́в ве́тра (violent blowing of the wind).

blow v дуть; взрыва́ть (to destroy by an explosion).

blowback давле́ние га́зов на затво́р, проры́в га́зов.

blown tire ло́пнувшая ши́на.

blowtorch пая́льная ла́мпа.

blow up v подрыва́ть, взрыва́ть tr., взрыва́ться intr.

blue adj голубо́й, си́ний.

blue discharge увольне́ние из а́рмии без хоро́шего о́тзыва (USA).

blueprint си́нька, светопи́сная си́няя ко́пия.

blueprinting apparatus светокопирова́льный аппара́т.

bluff обры́вистый бе́рег (Top); блёф (pretense).

bluff v блефова́ть.

blunder про́мах.

blunt adj тупо́й (dull); гру́бо открове́нный (tactlessly frank).

blunt calk тупо́й шип.

board доска́ (plank); комите́т (committee); стол (food).

boat лóдка, шлю́пка, су́дно.

boattail обтекáемая запояскóвая часть снаря́да (Am).

boattailed projectile снаря́д с обтекáемой запояскóвой чáстью.

bobbing target появля́ющаяся мишéнь.

bodily harm телéсное поврежде́ние.

body тéло, ту́ловище (trunk); глáвная часть (main part); мáсса (mass); коллекти́в (collective whole); геометри́ческое тéло (Geometry).

body contour очертáние фюзеля́жа (Avn).

bodyguard телохрани́тель m.

body of shell кóрпус снаря́да.

body of the field order текст операти́вного прикáза.

body of troops отря́д войск.

body of water вóдное прострáнство.

bogie теле́жка, каре́тка.

bogie wheel опóрный катóк (Tk).

boil v кипяти́ть, вари́ть.

boiled water кипячёная водá.

boiler паровóй котёл.

boiling water кипятóк.

bold смéлый, отвáжный.

boldness смéлость, отвáга.

bolt болт; засóв (sliding bar); затвóр (bolt group); стéбель затвóра (bolt proper, R).

bolt assembly затвóр (bolt group, MG); стéбель затвóра с боевóй личи́нкой (R).

bolt group затвóр.

bolt handle рукоя́тка затвóра (R); рукоя́тка перезаряжáния (MG).

bolthead боевáя личи́нка (SA).

bolt mechanism затвóрный механи́зм.

boltway канáл ствóльной корóбки (SA).

bomb бóмба, авиабóмба.

bomb v бомбарди́ровать, бомби́ть (Avn).

bombardier бомбардирóвщик.

bombardment бомбардирóвка; бомбёжка (Avn).

bombardment airplane See bomber.

bombardment aviation бомбардирóвочная авиáция.

bombardment formation бомбардирóвочная гру́ппа (unit); бомбардирóвочный строй (order).

bombardment photography бомбардирóвочная аэрофотогрáфия.

bomb bay бóмбовый отсéк.

bomb case кóрпус бóмбы, оболóчка бóмбы.

bomb cell кассéтный бомбодержáтель.

bomb control See bomb release mechanism.

bomb disposal обезврéживание бомб.

bomb door бомболю́к.

bomber самолёт-бомбардирóвщик, бомбардирóвщик, бомбовóз.

bomber-fighter истреби́тель-бомбардирóвщик.

bomber floatplane поплавкóвый гидробомбовóз.

bomb hoist лебёдка для нагру́зки бомб.

bombing бомбардирóвка, бомбардирóвка с вóздуха (Avn); бомбометáние (technique) .

bomb load бомбовáя нагру́зка.

bombproof непробивáемый бóмбами.

bombproof shelter бомбоубéжище.

bomb rack бомбодержáтель m.

bomb release бомбометáние.

bomb release assembly бомбосбрáсыватель.

bomb release line исхóдная ли́ния сбрáсывания бомб.

bomb release mechanism спусковóй механи́зм бомбосбрáсывателя.

bomb release point пункт сбрáсывания бóмбы.

bomb safety line ли́ния безопáсности от свои́х бомб.

bomb shelter бомбоубéжище.

bombsight бомбоприцéл, прицéл для бомбометáния.

bone кость.

booby trap ми́на-сюрпри́з.

boom лонжерóн хвостовóй фéрмы (Avn); бон, бóновое заграждéние (floating barrier).

booster усили́тель m; усили́тель детонáтора, промежу́точный детонáтор (Am).

booster charge усили́тель детонáтора, промежу́точный детонáтор (Am).

booster magneto пусковóе магнéто.

boot сапóг, боти́нок (footgear); кобурá для винтóвки (sheath).

booty добы́ча.

border грани́ца.

bore канáл стволá (bore of a gun); кали́бр (caliber); вну́тренний диáметр (Mech); буровáя сквáжина (hole made by boring).

bore v сверли́ть; надоедáть (to annoy).

borehole буровáя сквáжина.

borer бурáв, сверлó (tool).

bore rest подстáвка для у́ровня (Arty).

boresafe fuze взрывáтель исключáющий возможность преждевременного разрыва (USA); взрыватель с холостой каморой (USSR).

bore sight контрольный диск для проверки нулевой линии прицеливания (Arty).

boresight *v* наводить через канал ствола, проверять нулевую линию прицеливания (Arty).

bore sighting выверка прицельной линии (Arty).

boring machine сверлильный станок, буровая машина.

bottle бутылка.

bottleneck узкое место, затор, закупорка.

bottom дно, днище, русло (of a river).

bottom carriage нижний лафет.

bottom dead center нижняя мёртвая точка (Mtr).

bottom plate дно коробки пулемёта.

bounce *v* отскакивать, рикошетировать; "козлить" при посадке (Avn).

boundaries in attack границы полос наступления.

boundary граница, разграничительная линия.

boundary lights пограничные огни аэродрома (Avn).

bourrelet центрующее утолщение (Am).

bow нос, носовая часть (Nav, Avn).

bow cap носовая чашка (Ash).

bow compass кронциркуль *m*.

bow gun носовое орудие, погонное орудие.

bow-heavy перетяжелённый на нос.

bow wave *See* ballistic wave.

box коробка, ящик; денник (in a stable); будка (booth); козлы *fpl* (driver's seat); ложа (in a theater); букса (RR).

box barrage огневое окаймление.

box car крытый товарный вагон.

box in *v* окаймлять.

box magazine магазин-обойма *m*.

brace тяга, связь, скрепа (connecting bar); подпорка (prop); коловорот (tool).

bracing расчалка, крепление.

bracket подставка, подпорка, кронштейн (support); вилка (Arty).

bracket adjustment пристрелка вилки (Arty).

bracketing захват цели в вилку (Arty).

bracketing method of adjustment пристрелка по наблюдению знаков разрывов.

bracketing salvo накрывающая очередь, очередь давшая нулевую вилку (Arty).

brake тормоз (stopping device); чаща, заросли *fpl* (brushwood).

brake *v* тормозить.

brakeman тормозной кондуктор.

branch ветка, ветвь (of a tree); отделение, отдел, отрасль (section); рукав, приток (of a river).

branch depot склад предметов снабжения одного вида (USA).

branch of the army род войск, род службы, род оружия.

branch of the service *See* branch of the army.

brass латунь.

brassard нарукавная повязка.

bravery храбрость.

breach прорыв, пролом, брешь (gap); нарушение (infraction).

breach of arrest самовольный уход из-под ареста.

breach of discipline нарушение дисциплины, дисциплинарный проступок.

bread хлеб.

breadth ширина.

break *v* ломать, ломаться, разрушать, разрушаться; разжаловать (to reduce in rank); нарушать (to violate); побивать (to break a record); рвать (to break relations); обуздывать (to reduce to subjection).

break camp *v* сниматься с лагеря, сниматься с бивака.

break contact оторваться, выйти из соприкосновения.

breakdown поломка, авария; перебой (temporary).

break down *v* поломаться, потерпеть аварию.

breakfast утренний завтрак.

break in *v* вторгаться, врываться (to enter by force); приучать (to train).

break in a horse *v* выезжать лошадь.

breaking stress разрывающее усилие.

break off *v* оторваться от противника.

break off combat *v* выйти из боя.

break out *v* разразиться, вспыхнуть.

break ranks *v* разойтись.

break step *v* перейти на походный шаг.

break-through прорыв.

break through *v* прорвать фронт.

break up an attack *v* расстроить атаку, отбить атаку, сорвать атаку.

breastwork бруствер.

breech казённая часть.

breechblock затвóр орýдия; пóршень затвóра орýдия (sliding block).

breechblock carrier рáма затвóра (Arty).

breechblock lever рукоя́тка затвóра (Arty).

breech bore sight зáдний контрóльный диск (Arty).

breech face казённый срез (Arty).

breechloader орýжие заряжáющееся s казённой чáсти.

breech lock замыкáтель затвóра.

breech mechanism затвóрный механи́зм (Arty).

breech recess затвóрное гнездó (Arty).

breech screw поршневóй затвóр (Arty).

brick кирпи́ч.

bricklayer кáменщик.

bridge мост.

bridge circuit схéма мостá (Elec).

bridgehead предмóстное укреплéние, тет-де-пóн.

bridgehead position предмóстная пози́ция, предмóстный плацдáрм.

bridge of boats мост на судáх.

bridge site мéсто навóдки мостá.

bridge span пролёт мостá.

bridge train понтóнный парк.

bridge unit мостовóе звенó.

bridging навóдка мостá.

bridle уздá, уздéчка (of a horse); скобá (Mech).

bridle path верховáя дорóжка, верховáя тропá.

brief предполётные инстрýкции (Avn); крáткое изложéние дéла (Law).

brigade бригáда.

brigade adj бригáдный.

brigade commander команди́р бригáды, комбри́г.

brigade headquarters полевóе управлéние бригáды, комáндный пункт бригáды, штаб бригáды.

brigadier general бригáдный генерáл.

bring down сбить, подстрели́ть (Avn).

bring into action вводи́ть в бой.

bring up подвози́ть (supplies); подтя́гивать (troops).

brisance бризáнтность.

brisant бризáнтный, дробя́щий.

bristle scourer щети́нная проти́рка к шóмполу.

broadcast n радиовещáние.

broadcast v передавáть по рáдио, радиовещáть.

broadcasting радиопередáча, радиовещáние, широковещáние.

broadcasting station радиостáнция, радиопóст.

broad gage ширóкая колея́ (RR).

broadside бортовóй залп (Nav).

broiled жáреный.

broken ground See broken terrain.

broken stone щéбень m.

broken terrain пересечённая мéстность.

brombenzylcyanide бромбензилцианú́д (CWS).

bromide of silver брóмистое серебрó (Photo).

bronchitis бронхи́т (Med).

bronze брóнза.

brook ручéй, ключ.

brown кори́чневый.

Browning automatic rifle ручнóй пулемёт Брáунинга.

Browning machine gun станкóвый пулемёт Брáунинга.

brush щётка (Elec); кисть, щётка.

brushwood кустáрник; хвóрост.

brushwood hurdle заграждéние из хвóроста.

bucket ведрó.

buckle пря́жка.

buckling расстрóйство колóнны вы́званное затóром (traffic incident); продóльный изги́б, перекáшивание (Avn).

buck private рядовóй.

bucksaw лучкóвая пилá.

budget бюджéт, смéта.

budget credit смéтные сýммы fpl, смéтные креди́ты mpl.

budget item смéтная статья́.

buffer бýфер (RR); тóрмоз откáта (Arty); амортизáтор.

buffer cylinder цили́ндр тóрмоза откáта (Arty).

buffer disk диск амортизáтора (MG).

buffer stop упóр тóрмоза откáта (Arty).

buffeting бáфтинг (Avn).

bugle call сигнáл на гóрне.

bugler горни́ст, трубáч.

building здáние, строéние (house); пострóйка (act of construction).

bulb электролáмпа, электри́ческая грýша (Elec).

bulkhead перебóрка, перегорóдка; шпангóут (Avn).

bulky объёмистый, громóздкий.

bulldozer бульдóзер.

bullet пýля.

bullet cone кóнус разлёта шрапнéли.

bullet density плóтность снопá пуль шрапнéли.

bullet drop нормáльный склон полёта пýли (Ballistics); люк для стрельбы (Avn).

bulletin бюллетéнь *m*; официáльное сообщéние (communication).

bulletin board доскá объявлéний.

bullet jacket оболóчка пýли, рубáшка пýли.

bulletproof пуленепроницáемый, пулестóйкий.

bullet wound пулевáя рáна.

bull's-eye центр мишéни; попадáние в центр мишéни (hit).

bull's-eye powder крупнозернúстый пóрох.

bump болтáнка (Avn).

bumper бýфер.

bumpiness болтáнка (Avn).

bunk кóйка.

bunker ýгольная яма, бýнкер (Nav); ДОТ (Mil).

buoy буй, буёк, томбýй, причáльная бóчка (Nav).

buoyancy пловýчесть.

buoyant mine пловýчая мúна.

burble срыв струú (Avn).

bureau управлéние, отдéл, бюрó.

burgee вымпел, треугóльный флажóк.

burglary кража со взлóмом (Law).

burial party наряд на погребéние.

burlap дерюга, мешóчный холст.

burn ожóг.

burn *v* горéть; жечь, сжигáть (to cause to burn).

burst разрыв (of a shell); шквал огня (Arty); óчередь пулемётного огня (MG).

burst center центр эллипсóида рассéивания (Arty).

burst effect эффéкт разрыва, сфéра поражéния оскóлками.

burster вышибнóй заряд.

burster course противоудáрный слой.

bursting charge разрывнóй заряд (of a shell or grenade); вышибнóй заряд (of a shrapnel).

bursting cone кóнус разлёта оскóлков снаряда.

bursting height высотá разрыва.

bursting layer слой твёрдого покрытия.

burst interval интервáл разрыва (Arty).

burst range дистáнция разрыва (Arty).

burst wave волнá разрыва.

bush кустáрник (shrubby vegetation); куст (shrub).

bushing втýлка, вклáдыш.

butt приклáд винтóвки (R); стык (Ap); головá сваи (Eng); мишéнный вал (Range).

butterfly дрóссельная заслóнка (Mtr).

butterfly valve дрóссель.

button кнóпка (push button); пýговица (part of clothing).

button hole пéтля.

button stick дощéчка для чúстки пýговиц.

butt plate окóвка затылка приклáда.

buttress контрфóрс (Engr).

buzzer зýммер, пúщик (Tp, Tg).

buzzerphone телефóн с фонúческим вызовом.

by-pass обхóдный путь.

by-pass condenser шунтúрующий конденсáтор.

C

cabane кабáн, фéрма для растяжки крыльев (Avn).

cabbage капýста.

cabin кабúна самолёта (Avn); каюта (Nav); хúжина (hut).

cabinetmaker столяр, столяр-краснодерéвец.

cable кáбель *m*, прóвод (Elec); трос (wire rope); каблогрáмма (Tg).

cable anchorage закреплéние канáта.

cable ferry канáтный парóм.

cablegram каблогрáмма.

cable line кáбельная лúния.

cable pulley канáтный шкив.

cable system прóволочная сеть.

cable trench кáбельная траншéя.

cadence движéние в нóгу (movement in step); темп движéния шáгом (steps per minute); мéрный шаг (measured step); ритм (rhythm).

cadet курсáнт, слýшатель воéнного учúлища.

cadre кадр, кáдры.

cadreman кáдровый военнослýжащий, кáдровый воéнный.

caduceus кадуцéй, значóк медперсонáла (USA).

cage aerial решётчатая антéнна, цилиндрическая антéнна (Rad).

caisson заря́дный я́щик (Arty); кессóн (Bdg).

caisson chest кóроб заря́дного я́щика.

caisson limber передóк заря́дного я́щика (Arty).

caisson personnel расчёт заря́дного я́щика (Arty).

calcium ка́льций.

calcium hypochlorite хлóрная и́звесть, бели́льная и́звесть.

calculate счита́ть, подсчи́тывать, вычисля́ть (to compute); рассчи́тывать на (to estimate).

calculated range исчи́сленная да́льность.

calculation вычислéние, исчислéние, расчёт.

calculus математи́ческий ана́лиз (Math); ка́мень *m* (Med).

caliber кали́бр (Mil); диа́метр (diameter).

calibration определéние разнобóйности ору́дий (Arty); отстрéлка (SA); калибрóвка (precise measuring).

calibration correction попра́вка на разнобóйность (Arty).

calibration error величина́ разнобóйности (Arty).

calibration fire стрельба́ для определéния разнобóйности ору́дий (Arty).

caliper кронци́ркуль *m*, штангенци́ркуль *m* (drawing); калибромéр (for diameter measurement).

calisthenics физкульту́ра.

call перекли́чка (roll call); сигна́л (signal); призы́в (appeal); крик (cry); посещéние (visit); вы́зов (Tp, Rad).

call *v* звать (to summon); созыва́ть (to a meeting); называ́ть (to name); призыва́ть (to appeal); посеща́ть (to visit).

calling signal *See* call sign.

call letter позывна́я бу́ква (Rad).

call off *v* отмени́ть, отста́вить.

call sign позывнóй сигна́л (Rad).

call the shot *v* ука́зывать тóчку прицéливания.

call "to quarters" сигна́л "по пала́ткам."

call-up перекли́чка радиоста́нций (Rad).

calm штиль (Beaufort scale); безвéтрие (lack of wind).

calory калóрия.

cam кулачóк, вы́ступ на ва́ле (Mech).

camber изóгнутость крыла́ (Avn).

camber line ли́ния вóгнутости (Avn).

cam drive кулачкóвый привóд (Mech).

camel corps кавалéрия на верблю́дах.

camera фотоаппара́т, фотока́мера.

camera gun фотопулемёт (Avn).

camera spotting фотографи́ческое определéние величины́ отклонéния (Arty).

camouflage камуфля́ж, маскирóвка; маскирóвочные срéдства (materials).

camouflage discipline маскирóвочная дисципли́на.

camouflage lighting маскирóвочное освещéние.

camouflage net маскирóвочная сéтка, масксéть.

camouflage painting краскомаскирóвка, камуфля́ж.

camouflet камуфлéт.

camoufleur маскирóвщик.

camp ла́герь *m*, пала́точный ла́герь (tents).

camp *v* располага́ться ла́герем, разбива́ть ла́герь.

campaign кампа́ния, похóд.

campaign badge *See* service medal.

campaign medal *See* service medal.

campaign ribbon *See* service ribbon.

campfire костёр.

camp hospital *See* station hospital.

camp service ла́герная слу́жба.

camp site ла́герное расположéние, расположéние ла́геря.

cam ring кулачкóвое кольцó (Mech).

camshaft кулачкóвый вал (Mech).

can жестяна́я ба́нка, жестяна́я корóбка.

canal кана́л, прохóд.

canalize направля́ть (to direct); регули́ровать (to regulate); подводи́ть на жела́тельное направлéние (Tac); проводи́ть кана́лы (to construct canals).

canal lock шлюз.

cancel аннули́ровать (to annul), отменя́ть (to set aside); погаша́ть (a stamp).

cancellation аннули́рование (annulment), отмéна (setting aside); погашéние (of stamps).

candidate кандида́т, аспира́нт.

candle дымова́я свеча́ (smoke candle); освети́тельная бóмба (flare).

candle bomb освети́тельная бóмба (Avn).

canister картéчь (Arty); противога́зовая корóбка (CWS).

canned goods консéрвы *mpl*.

cannelure зата́чка ги́льзы; нарéзка, насéчка.

cannibalization ремóнтное использование частéй повреждённой тéхники.

cannon пу́шка, ору́дие.

cannoneer канони́р (Arty).

cannon fodder пу́шечное мя́со.

cannon salute оруди́йный салю́т.

canopy ку́пол парашю́та (Prcht); застекле́ние (of a flyer's cabin); центропла́н (wing canopy).

cant перекос о́си лафе́та, накло́н цапф (Arty); накло́н, скос.

canteen войскова́я ла́вка, канти́на (store); фля́га (flask); солда́тский клуб-столо́вая (USA).

canteen cup похо́дная кру́жка.

canter сокращённый гало́п, мане́жный гало́п.

cantilever консо́ль, уко́сина, консо́льная ба́лка; свободнонесу́щее опере́ние (Ap).

cantilever adj свободнонесу́щий (Avn); консо́льный.

cantilever beam консо́льная ба́лка.

cantilever bridge консо́льный мост.

cantilever empennage свободнонесу́щее хвостово́е опере́ние (Avn).

cantilever monoplane свободнонесу́щий моноплан.

cantilever wing консо́льное крыло́ (Avn).

cantle за́дняя лука́ седла́ (Cav).

cantonment ла́герь m; бара́чный ла́герь.

cantonment building бара́к, каза́рма.

canvas паруси́на, холст.

canvas folding bucket брезе́нтовое ведро́.

cap наконе́чник снаря́да (Arty); ка́псюль m, писто́н (Am); колпачо́к; ша́пка (headgear).

capable спосо́бный.

capacitance электроёмкость (Elec).

capacitor конденса́тор (Elec).

capacity объём, ёмкость (volume); спосо́бность (ability).

cap crimper обжи́м для ка́псюля.

cape мыс (Geography); наки́дка (dress).

capital столи́ца (principal city); капита́л (money).

capital ship лине́йный кора́бль.

capitulate капитули́ровать.

capitulation капитуля́ция.

capsize опроки́нуться, переверну́ться.

captain капита́н; команди́р корабля́ (Nav).

captive balloon змейко́вый аэроста́т.

captivity плен.

capture захва́т; добы́ча (booty).

car пово́зка; автомаши́на (motor vehicle); ваго́н (RR); гондо́ла (Avn).

carbine караби́н.

carbine scabbard чехо́л для караби́на.

carbolic acid карбо́ловая кислота́.

carbon углеро́д; электро́дный у́голь (Elec); копирова́льная бума́га (paper).

carbon dioxide углекислота́.

carbonization обу́гливание.

carbon monoxide о́кись углеро́да, уга́рный газ.

carbon paper копирова́льная бума́га, карбо́н, у́гольная бума́га.

carbon steel углеро́дистая сталь.

carbonyl chloride See phosgene.

carburetor карбюра́тор.

carburetor choke диффу́зор карбюра́тора.

carburetor float поплаво́к карбюра́тора.

carburetor jet жиклёр.

carburetor needle игла́ карбюра́тора.

car commander команди́р бронемаши́ны.

car crew экипа́ж бронемаши́ны.

cardan карда́н (Mech).

cardan gear карда́нная переда́ча (Mech).

cardan joint карда́нное сочлене́ние (Mech).

cardan shaft карда́нный вал (Mech).

cardinal point страна́ све́та.

care ухо́д (Med, maintenance); осторо́жность (caution).

cargador обо́зный вью́чного тра́нспорта.

cargo груз.

cargo airplane грузово́й самолёт.

cargo carrier гу́сеничный тра́нспорт (vehicle).

cargo glider грузово́й планёр.

cargo parachute грузово́й парашю́т.

cargoship грузово́е су́дно.

cargo steamer грузово́й парохо́д.

carpenter пло́тник.

carriage лафе́т, оруди́йный стано́к (Arty); шасси́ самолёта (Avn).

carrier лото́к, подста́вка (bearing mount); транспортёр (vehicle); ля́мка (harness); перено́счик зара́зы (Med).

carrier block затво́рная ра́ма (MG).

carrier-borne aircraft самолёты авиано́сца.

carrier current несу́щий ток (Rad).

carrier pigeon почто́вый го́лубь.

carry нести́ (in hands or on the back); везти́, перевози́ть (on wheels); захва́тывать (to capture).

carry by storm брать шту́рмом.

carrying concealed weapon недозво́ленное ноше́ние ору́жия.

carrying surface несу́щая пове́рхность (Avn).

carry out выполня́ть.

cart двуко́лка, пово́зка.

cartage перево́зка (transportation); доста́вка (delivery); сто́имость перево́зки (cost).

cartel соглаше́ние по обме́ну пле́нными.

cartographer карто́граф.

cartography картогра́фия.

cartridge патро́н.

cartridge-bag заря́дный карту́з (Arty).

cartridge-base шля́пка ги́льзы.

cartridge belt патронта́ш.

cartridge box патро́нный я́щик.

cartridge case патро́нная ги́льза.

cartridge chamber патро́нник (MG, Arty).

cartridge clip патро́нная обо́йма.

cartridge drum ди́сковый магази́н пулемёта.

cartridge ejector отража́тель m.

cartridge extractor экстра́ктор ги́льзы, выбра́сыватель m.

cartridge head дно ги́льзы.

cartridge loading machine патроноснаряжа́тельная маши́на (MG).

cartridge neck ше́йка ги́льзы.

cartridge rim закра́ина ги́льзы.

cartridge stop упо́р патро́на (MG).

case я́щик, футля́р (box); кожу́х (cowl); чехо́л (covering); слу́чай (circumstance); де́ло (Law); пацие́нт (Med).

case v упако́вывать в я́щик, укла́дывать в футля́р (to encase); покрыва́ть кожухо́м (to cowl).

case colors v покрыва́ть зна́мя чехло́м.

cased colors зна́мя в чехле́.

casemate казема́т.

cashier касси́р.

cashier v исключа́ть со слу́жбы.

case I pointing прямая наво́дка.

case II pointing полупрямая наво́дка.

case III pointing непрямая наво́дка.

caster накло́н передне́й оси (position of axle); ро́лик (roller).

cast iron чугу́н.

cast trotyl пла́вленый троти́л.

casual военнослу́жащий ожида́ющий назначе́ния.

casual detachment сбо́рный отря́д ожида́ющий назначе́ния.

casual officer офице́р ожида́ющий назначе́ния.

casualties поте́ри (losses); у́быль в ли́чном соста́ве (loss in numbers). See also battle casualties.

casualty вы́бывший из стро́я.

casualty agent боево́е хими́ческое вещество́ (chemical agent).

casualty effect убо́йность.

casualty list спи́сок ра́неных и уби́тых.

casualty report донесе́ние о боевы́х поте́рях.

catapult катапу́льта (Avn).

catapult a plane выбра́сывать самолёт катапу́льтой.

caterpillar гу́сеница, гу́сеничный ход (caterpillar tread).

caterpillar band вездехо́дная цепь.

caterpillar landing gear гу́сеничное шасси́ (Avn).

caterpillar tread гу́сеничный ход.

caterpillar truck грузови́к на гу́сеничном ходу́.

cathead катба́лка, крамба́л (Nav).

cathode като́д (Elec).

causeway да́мба, насыпна́я доро́га.

caustic е́дкий, разъеда́ющий.

caustic soda каусти́ческая со́да, неочи́щенный на́трий.

caution осторо́жность, предосторо́жность.

cavalry кавале́рия, ко́нница.

cavalry charge кавалери́йская ата́ка.

cavalry corps кавалери́йский ко́рпус.

cavalry division кавалери́йская диви́зия, кавдиви́зия.

cavalryman кавалери́ст, боец-кавалери́ст.

cavalry raid рейд, кавалери́йский налёт, набе́г ко́нницы.

cavalry screen кавалери́йская заве́са.

cave пеще́ра.

cave shelter ли́сья нора́. See also foxhole.

cavity по́лость снаря́да.

C-battery се́точная батаре́я (Elec).

cease v прекраща́ть (to discontinue); прекраща́ться (to come to an end).

"Cease firing!" "Прекрати́ть ого́нь!"

ceiling потоло́к. See also ceiling of clouds.

ceiling light прожеќтор для определе́ния высоты́ потолка́ (Met).

ceiling of clouds высота́ о́блачности.

celestial navigation астроориентиро́вка.

celestial sphere небе́сная сфе́ра.

cell коро́бка кры́льев (Avn); отсе́к (Ash); элеме́нт (Elec); одино́чная ка́мера (prison); кле́точка (Biology).

cellule коро́бка кры́льев самолёта.

cement цемент.

censor цензор.

censorship цензура.

center-fire cartridge патрон центрального бой.

centering slope опорный конус каморы (Arty).

center of burst центр эллипсоида рассеивания, средняя точка разрывов (Arty).

center of dispersion центр рассеивания.

center of gravity центр тяжести.

center of impact центр эллипса рассеивания, средняя точка попадания.

center of pressure центр давления.

center of pressure travel перемещение центра давления (Avn).

center of resistance очаг сопротивления, опорный пункт обороны.

center of thrust центр тяги (Avn).

center section центральный план, центроплан (Ap).

Centigrade thermometer десятичный термометр.

central control центральное управление огнём (Arty).

central tracer control центральное управление огнём при помощи трассирующих снарядов.

central tube центральная трубка (Am).

centrifugal blower центробежный нагнетатель (Avn).

centrifugal force центробежная сила.

centrifugal nozzle центробежная форсунка (Avn).

centripetal force центростремительная сила.

cereal крупа (raw), каша (cooked).

ceremony церемония.

certificate удостоверение, свидетельство.

certificate of discharge свидетельство об увольнении со службы.

certificate of service свидетельство о прохождении службы.

certify удостоверять, засвидетельствовать; подтверждать (to confirm).

cessation of hostilities прекращение военных действий.

chain цепь, цепочка.

chain block таль (Nav); подъёмный цепной блок.

chain drive цепная передача (Mech).

chain of command порядок подчинённости, порядок постепенности.

chain of evacuation этапы эвакуации.

chain pipe wrench цепной ключ для трубок.

chain pump цепная водочерпалка.

challenge вызов; оклик часового, окрик (guard); отвод (Law).

chamber камора (Arty), патронник (R, MG); камора барабана револьвера (part of pistol).

chamber capacity объём зарядной каморы (G).

chamber cone конический скат каморы (Arty).

chamber mouth устье каморы (Arty).

chamber pressure форсирующее давление, давление в каморе (Arty).

chamfer скошенная кромка.

chandelle свечка (Avn).

change перемена, изменение.

change v меняться intr; менять tr.

change hands переходить из рук в руки.

change lever переводчик (MG).

change lever shank выступ переводчика (MG).

change lever spring пружина переводчика (MG).

change of control function перемена рулей (Ap).

change of station перемена стоянки.

"Change step!" "Перемени ногу!"

channel русло (of a river); канал (passage); канал связи (Rad).

chaplain военный служитель религиозного культа (USA).

characteristics характеристика, свойство.

charcoal древесный уголь.

charge атака (attack); заряд (Am, Elec); нагрузка (load); обязанность (duty); обвинение (Law); цена (price); гонорар (fee); занесение на счёт (debit).

charge v атаковать (to attack); заряжать (to load); предъявлять обвинение (to accuse); ставить в счёт (to debit); поручать (to entrust); назначать цену (to set price).

charge section частичный заряд (Arty).

charge sheet обвинительный акт (Mil Law); бланк обвинительного акта (form).

charging handle рукоятка для заряжания (MG).

charging pace карьер (Cav).

chart карта (map), диаграмма (diagram), график (graph), схема (scheme); авиационная карта, топографическая карта, морская карта.

chart room вычисли́тельный центр (Arty); шту́рманская ру́бка (Nav).

chase пого́ня, пресле́дование; ду́льная часть ору́дия (Arty).

chase *v* пресле́довать, гнать.

chase ring ду́льное скрепля́ющее кольцо́ (Arty).

chassis шасси́ *n* (Avn, Mtr); стано́к (Arty); ра́ма (framework).

chauffeur шофёр, води́тель *m*.

check прове́рка, контро́ль *m*, осмо́тр (control); пресече́ние (barring); чек (Banking).

check *v* дать отпо́р (to repulse); проверя́ть (to control).

check action fuze инерцио́нный взрыва́тель (Arty).

check flight контро́льный полёт.

check point репе́р (Arty).

check valve сто́порный кла́пан (Mech).

cheddite шедди́т.

cheese сыр.

chemical хими́ческое вещество́ (agent).

chemical *adj* хими́ческий.

chemical absorber хими́ческий поглоти́тель.

chemical agent отравля́ющее вещество (OB), боево́е отравля́ющее вещество́.

chemical aid packet индивидуа́льный противохими́ческий паке́т (CWS).

chemical attack хими́ческое нападе́ние, га́зовое нападе́ние.

chemical bomb авиахимбо́мба.

chemical cloud attack газобалло́нная ата́ка.

chemical compound хими́ческое соедине́ние.

chemical cylinder газобалло́н (CWS).

chemical filling хими́ческий заполни́тель.

chemical grenade хими́ческая грана́та.

chemical land mine хими́ческий фуга́с.

chemical mortar хими́ческая морти́ра, хими́ческий миномёт.

chemical officer офице́р военно-хими́ческой слу́жбы.

chemical projectile хими́ческий снаря́д.

chemical projector газомёт.

chemical reconnaissance хими́ческая разве́дка.

chemical security противохими́ческая защи́та (ПХЗ).

chemical shell снаря́д специа́льного назначе́ния; хими́ческий снаря́д (gas shell).

chemical spray поли́вка отравля́ющими вещества́ми с самолёта, дождь отравля́ющих веще́ств.

chemical troops хими́ческие войска́, хими́ческие ча́сти.

chemical warfare хими́ческая война́.

chemical warfare service военно-хими́ческая слу́жба.

chemist хи́мик.

chest грудь, грудна́я кле́тка (part of body); я́щик (box); казна́ (fund).

chest pack parachute нагру́дный парашю́т.

cheval-de-frise рога́тка.

chevron шевро́н, наши́вка угло́м.

chicken wire колю́чая про́волока.

chief нача́льник, глава́ *m*, ста́рший.

chief engineer нача́льник инжене́рной слу́жбы (USA); ста́рший меха́ник (Nav).

chief medical officer нача́льник санита́рной слу́жбы войсково́го соедине́ния.

chief nurse ста́ршая медици́нская сестра́.

chief of breech сержа́нт-замко́вый (CA).

Chief of Coast Artillery нача́льник берегово́й артилле́рии (USA).

Chief of Engineers нача́льник инжене́рных войск (USA).

Chief of Finance нача́льник военно-фина́нсового управле́ния (USA).

Chief of Naval Operations нача́льник морско́го генера́льного шта́ба (USA).

Chief of Ordnance нача́льник артилле́рийского и военнотехни́ческого снабже́ния (USA).

chief of staff нача́льник шта́ба.

Chief of Staff of the Army нача́льник генера́льного шта́ба (USA).

Chief of the Veterinary Service нача́льник ветерина́рной слу́жбы (USA).

Chief of Transportation нача́льник тра́нспортного управле́ния (USA).

chief quartermaster нача́льник военнохозя́йственного управле́ния верхо́вного кома́ндования (USA).

chief surgeon нача́льник санита́рного управле́ния верхо́вного кома́ндования (USA).

chief warrant officer гла́вный старшина́ (Nav); ста́рший зауря́д-офице́р (USA).

chin подборо́док.

chin strap подборо́дный реме́нь.

chisel долото́.

chloracetophenone хлорацетофено́н.

chloramine-T хлорамин.
chloric acid соляная кислота.
chloride of lime хлористая известь.
chlorinated lime хлорированная известь.
chlorination хлоринация.
chlorine хлор.
chlorine gas хлор, хлористый газ.
chlorpicrin хлорпикрин.
chlorsulphonic acid хлорсульфоновая кислота.
chock колодка.
chocolate шоколад.
choice выбор; отбор (selection).
choke удушать (to cause to choke); задыхаться (to suffocate); заглушать (to muffle); дросселировать (to throttle).
choking gases удушающие отравляющие вещества.
cholera холера.
chopwood дрова *npl.*
chord хорда (line); пояс составной балки (Bdg); струна (string).
chromatic aberration хроматическая аберрация (Photo).
chrome хром.
chrome-molybdenum steel хромо-молибденовая сталь.
chrome-nickel steel хромоникелевая сталь.
chrome steel хромовая сталь.
chromium хром.
chronograph хронограф.
chronometer хронометр.
church церковь.
cigarette папироса.
cincha подпруга.
cipher шифр.
cipher device шифровальная машина.
cipher key ключ к шифру.
cipher text зашифрованный текст.
circle круг; окружность (circumference).
circle *v* кружить.
circle marker опознавательный круг, посадочный круг (Avn).
circuit круговой полёт (Avn); цепь (Elec).
circuit breaker выключатель *m*, разъединитель *m*, автоматический выключатель тока (Elec).
circuit diagram схема проволочной связи.
circular циркуляр.
circular *adj* круговой, кольцевой (ring-shaped).
circular front sight кольцевая мушка (MG).

circular saw круглая пила.
circulation циркуляция.
circulation map дорожная карта с указанием маршрутов.
circumference окружность.
circumscribed triangle описанный треугольник.
circumstance обстоятельство.
circumstantial evidence косвенная улика.
cirro-cumulus перисто-кучевые облака (Met).
cirro-stratus перисто-слоистые облака (Met).
cirrus перистые облака (Met).
citadel цитадель.
citation упоминание в приказе за воинские заслуги (mention); выражение благодарности перед фронтом (commendation); награждение орденом в строю (decoration); ссылка (reference).
citizen гражданин.
citizenship гражданство (status); права гражданства (rights).
city большой город.
civil *adj* гражданский (civic), штатский (nonmilitary).
civil authorities гражданские власти.
civil court обще-гражданский суд.
civilian штатский.
civilian *adj* штатский, гражданский.
civilian employee гражданский служащий.
civilian internee гражданский пленный.
civil offense общеуголовное преступление (Law).
civil officer государственный служащий.
civil time гражданское время.
civil war гражданская война.
claim притязание, претензия (demand); требование возмещения (demand for compensation).
claim *v* утверждать (to assert); претендовать, заявлять претензию (to demand).
claims officer военный следователь по денежным претензиям к армии (USA).
clamp зажим (Mech).
clamp collar зажимное кольцо (Mech).
clamping bolt зажимный болт.
clamp screw зажимный винт.
clash столкновение, стычка.
clash *v* столкнуться, схватиться.
clasp застёжка, пряжка.
classification классификация.

class I supplies продфуражное довольствие (USA).

class II supplies предметы табельного
снабжения (USA).

class III supplies горючее и смазочное
довольствие (USA).

class III (A) supplies горючее и смазочное довольствие для авиации (USA).

class IV supplies специальное довольствие (USA).

class IV (A) supplies предметы довольствия материальной части авиации
(USA).

class V supplies огнеприпасы и химическое довольствие (USA).

clay глина.

clean v чистить (to cleanse); зализы-
вать (Avn).

clean adj чистый (unsoiled); зализан-
ный (Avn).

cleaning patch ветошка.

cleaning rod шомпол; банник (Arty).

clean-up party команда для очистки
стоянки.

clear v пройти (to pass); миновать (to
leave behind); незашифровать сообщение (to send in clear); прочистить

clear adj ясный (bright); свободный
(free); незанятый (unoccupied); неза-
шифрованный текст (plain text).

clearance просвет, зазор (space); кли-
ренс (of a vehicle); габаритные во-
рота (RR); разрешение на отплытие
(Nav); разрешение старта (Avn);
утверждение счетов (discharge slip).

clearance angle угол наименьшего прицела (Arty).

clearance for aircraft свободное пространство между самолётами в полёте.

clearance time время прохода хвоста
колонны через определённый пункт.

clear ice гололёд (Avn).

clearing поляна, просека; расчищение,
вырубка.

clearing block деревянная болванка
вставляемая в затвор при осмотре
оружия.

clearing of mine fields разграждение.

clearing station распределительный эвакуационный пункт.

clear text открытый текст, незашифро-
ванный текст.

clear up выяснять (to ascertain); прояс-
няться (Met).

clear weather ясная погода.

cleat клемма, зажим.

clemency снисхождение (act); смягчение участи подсудимого (mitigation
of punishment).

clerk канцелярский служащий (office
worker); писарь m (army clerk); дело-
производитель m (chief clerk).

clevis вильчатый рычаг (forked lever);
вилка (fork); соединительная скоба,
вилообразный соединитель (towing
fork).

clevis pin шарнирный палец (Mech).

cliff скала, утёс.

climate климат.

climatic conditions климатические условия.

climax of the battle кульминационная
фаза боя.

climb набор высоты (Avn); подъём
(ascent).

climb v набирать высоту (Avn); взбираться, подниматься, подыматься (to
ascend).

climb-and-dive indicator вариометр (Avn).

climbing angle угол подъёма.

climbing power скороподъёмность, способность набирать высоту (Avn);
способность брать уклон (Тк).

climbing speed вертикальная скорость,
скороподъёмность (Avn).

climbing turn вираж с набором высоты (Avn).

climb knob кнопка подъёма (Avn).

clinometer уклономер, орудийный квад-
рант, уровень m (Arty); клиномётр
(Nav).

clinometer rest подставка для уровня
(Arty).

clip патронная обойма (magazine); зажим (cleat); направляющий захват,
передовое кольцо с захватами (Arty).

clip fire стрельба пачками.

clip loading machine машина для снаряжения обойм.

clippers кусачки.

clock-face method See clock method.

clockmaker часовщик.

clock method способ целеуказания при
помощи часового циферблата (Arty).

clock system See clock method.

clockwise по часовой стрелке, по ходу
часовой стрелки.

clockwork часовой механизм.

clog v закупоривать.

clogging загрязнение, закупорка.

close v смыкать (to bring together); заканчивать (to finish); закрывать (to

close attack

shut); заключа́ть (to conclude); пре-
краща́ть (to stop).

close attack наступле́ние с бли́жней дistáнции, наступле́ние с рубежа́ непосре́дственного соприкоснове́ния.

close billets кварти́ро-бива́к.

close column со́мкнутая коло́нна.

close combat бой с рубежа́ непосре́дственного соприкоснове́ния, бли́жний бой; рукопа́шный бой (hand-to-hand combat).

close contact непосре́дственное соприкоснове́ние, те́сный конта́кт, те́сная связь.

closed cockpit закры́тая каби́на.

close defense бли́жняя оборо́на.

closed session закры́тое заседа́ние.

closed traverse со́мкнутый полигона́льный ход, за́мкнутый ход (Surv).

close envelopment охва́т неприя́тельского фла́нга.

close formation со́мкнутое построе́ние, со́мкнутый строй.

close in подойти́ вплотну́ю, надви́нуться, войти́ в непосре́дственное соприкоснове́ние.

close-in defense оборо́на с рубежа́ непосре́дственного соприкоснове́ния.

close march движе́ние в со́мкнутом строю́.

close order со́мкнутый строй.

close order drill обуче́ние со́мкнутому строю́.

close range бли́жняя дistáнция.

close ranks v сомкну́ть шере́нги.

close reconnaissance бли́жняя разве́дка.

close support непосре́дственная подде́ржка, сопровожде́ние.

close terrain закры́тая ме́стность.

close the gap затяну́ть брешь.

close with войти́ в соприкоснове́ние с, войти́ в конта́кт с, установи́ть конта́кт с.

cloth мате́рия (fabric); полотно́ (linen fabric); поло́тнище (piece of cloth).

cloth adj полотня́ный.

cloth bag заря́дный карту́з (Arty).

clothe одева́ть.

clothes оде́жда

clothing оде́жда; обмундирова́ние (Mil).

clothing allowance обмундиро́вочные де́ньги.

cloud о́блако; ту́ча (rain cloud).

cloud attack See chemical cloud attack.

cloud gap окно́ в облака́х (Met).

cloud gas attack газобалло́нная ата́ка.

cloudiness о́блачность.

cloud mirror нефоско́п (Met).

cloud soaring паре́ние на восходя́щем пото́ке во́здуха (Avn).

clover кле́вер.

cluster гроздева́я раке́та (rocket); бо́мбовый залп (Avn).

cluster adapter кассе́тный бомбодержа́тель (Avn).

clutch сцепле́ние, ко́нус, фрикцио́н (Mech).

clutch casing ка́ртер сцепле́ния.

clutch pedal педа́ль сцепле́ния.

clutch sleeve соедини́тельная му́фта (Mech).

clutch spindle вал сцепле́ния.

CN candle хлорацетофено́нная свеча́.

CN capsule хлорацетофено́нный капсю́ль.

coach-and-pupil method ме́тод попа́рного взаи́много обуче́ния.

coal ка́менный у́голь.

coalition коали́ция.

coal-tar каменноуго́льный дёготь, гудро́н.

coarse sight гру́бая наво́дка, приблизи́тельная наво́дка.

coast побере́жье, морско́й бе́рег.

coastal zone берегова́я зо́на, зо́на кабота́жного пла́вания.

coast artillery берегова́я артилле́рия.

coast defense берегова́я оборо́на.

coast guard берегова́я стра́жа, тамо́женная·берегова́я стра́жа.

coaxial mounting спа́ренная устано́вка (MG).

cobalt ко́бальт.

cobalt-chromium steel хро́мо-ко́бальтовая сталь.

cobalt steel ко́бальтовая сталь.

cobelligerent сою́зник в войне́, совою́ющая сторона́.

cock куро́к (hammer), уда́рник (firing pin); кран (tap); флю́гер (weathercock).

cock v взводи́ть (hammer or firing pin).

cocking cam боево́й вы́ступ затво́ра (MG).

cocking lever лоды́жка (MG).

cocking lever pin ось лоды́шки (MG).

cock notch боево́й вы́ступ (Arty).

cockpit откры́тая каби́на, кокпи́т (Avn).

cockpit cowling обтека́тель каби́ны (Avn).

cockpit enclosure фона́рь каби́ны пило́та.

code код, шифр (cipher); ко́декс (Law).

code beacon сигнальный маяк.
code group группа кодовых сигналов.
code map кодированная карта.
code panel сигнальное полотнище.
coding шифровка, кодировка.
coefficient коэфициент.
coffee кофе.
cog зубец.
cog wheel шестерня.
coherer когерер (Rad).
coil обмотка, катушка (Elec); спираль, виток (spiral).
coil spring спиральная пружина.
coincidence adjustment наводка совпадающих изображений на дальномере.
coincidence range finder дальномер дающий разрезанное изображение, дальномер "коинциданс", монокулярный дальномер.
cold холод.
cold adj холодный.
cold riveting холодная клёпка.
cold shoeing холодная ковка.
cold-working process самоскрепление, автофретаж (Arty); холодная обработка.
collapse падение (downfall); развал (deterioration); крушение (breakdown); упадок сил (physical breakdown).
collapsible складной, разборный.
collar воротник (part of clothing); ошейник (for dogs); хомут (H); фланец (Mech).
collecting post передовой пункт сбора раненых.
collecting station полевой эвакуационный пункт.
collective chemical protection коллективная противохимическая оборона.
collier угольщик (Nav).
collimating mark See fiduciary mark.
collimating sight прицел с коллиматором (Arty).
collimating telescope прицельный телескоп (Arty).
collimator коллиматор (Arty).
collision столкновение.
colonel полковник.
color знамя n (flag); краска (pigment); цвет (hue).
color bearer знаменщик.
color-blindness цветослепота.
color guard знаменщик с ассистентами (USA).
color photography цветная фотография.

colors знамя n; утренний и вечерний салют при подъёме и опускании национального флага в армии и флоте (ceremony).
color salute салютование знаменем.
color sentinel часовой у знамени.
colt молодой жеребец.
column колонна; строй кильватера (Nav).
columnar tactics тактика глубоких боевых порядков, перпендикулярная тактика.
column of battalions линия батальонных колонн.
column of companies линия ротных колонн.
column of files колонна по одному.
column of fours колонна по четыре.
column of masses линия колонн войсковых частей.
column of platoons линия взводных колонн.
column of threes колонна по-три.
column of twos колонна по-два.
combat n бой, сражение.
combat adj боевой.
combat airplane боевой самолёт.
combatant n боец.
combat area зона военных действий (place of combat operations); боевая полоса (area assigned to large units), боевой район (small units).
combat aviation боевая авиация.
combat car лёгкая бронемашина.
combat command дивизионное автобронесоединение (USA).
combat crew экипаж боевого самолёта; экипаж боевой автобронемашины.
combat deployment боевой разворот (Avn).
combat echelon первый эшелон.
combat firing practice боевая стрельба на манёвренном поле.
combat formation боевой порядок, боевое построение.
combat intelligence боевая разведка.
combat mission боевая задача.
combat operations боевые действия.
combat order боевой приказ, оперативный приказ.
combat outpost боевое охранение.
combat patrol боевой дозор.
combat reconnaissance боевая разведка.
combat sweep оперативный вылет.
combat team общевойсковое тактическое соединение.

combat train боевой обоз.
combat troops линейные войска.
combat unit боевая единица, боевое подразделение.
combat vehicle боевая автомашина.
combat zone фронтовая полоса, боевая полоса.
combination fuze трубка двойного действия (Arty).
combination tool универсальный гаечный ключ-отвёртка.
combined observation комбинированное наблюдение, сопряжённое наблюдение (Arty).
combined operations общевойсковые операции; совместные действия сухопутных и морских сил (joint operations); согласованные союзные действия (cooperation of the allies).
combined sights метод стрельбы шкалой (Arty).
combustion сгорание, горение.
combustion chamber камера сгорания (Mtr).
command командование (authority); команда, приказ (order); войсковое соединение под единоличным командованием (body of troops); управление военного округа (area administration); авиакрыло (Avn); административное подразделение сухопутно-воздушных сил (USA).
command v командовать (to exercise authority); отдавать приказ, командовать (to give orders); доминировать (to predominate).
commandant командир (commander); комендант (of a fortress); начальник военно-учебного заведения (of a military school).
command car командирская автомашина, штабная автомашина (staff car).
command echelon группа управления.
commandeer v реквизировать (to requisition).
command element See command echelon.
commander командир, начальник; старший помощник капитана (Nav).
Commander-in-Chief верховный главнокомандующий.
commander of the guard караульный начальник.
commander of troops командующий войсками.
command group оперативная группа штаба.

commanding feature командующий местный предмет.
commanding general командующий генерал.
commanding ground командующая высота.
commanding officer командир.
command liaison командная связь.
commando командо.
command of execution исполнительная команда.
command pilot старший лётчик (Avn).
command plane командирский самолёт.
command post командный пункт.
command post exercise оперативные занятия штаба.
"Commence firing!" "огонь!"
commendation похвала.
commissary интендантская лавка.
commission комиссия (board); патент на офицерский чин (USA); совершение (Law).
commissioned officer офицер (USA).
commission pennant вымпел-сигнал боевой готовности (Nav).
commit совершать (to perform); заключать (to imprison); вводить (reserves).
common cold простуда.
communicable disease заразная болезнь.
communicating files цепочка связи на марше.
communication письменное обращение (correspondence); коммуникация, сообщение (intercourse, also message); связь (liaison); организация связи (means of communication).
communication officer начальник связи.
communication platoon взвод связи.
communications военные сообщения, коммуникации (lines of communications); пути сообщения (routes); военные дороги (specified military roads); средства связи (means of communication).
communication service служба связи.
communications zone фронтовой тыл.
communications zone troops части фронтового тыла.
communication trench ход сообщения.
communiqué оперативная сводка, сводка.
commutation условное помилование (conditional pardon USA); смягчение наказания (mitigation of punishment); деньги взамен выдачи натурой (money allowance).

commutation of quarters квартирные деньги.

commutation of rations замена натурального довольствия денежным.

commutation value установленный денежный эквивалент довольствия и квартиры натурой.

commutator коллектор (Elec).

company рота.

company area район расположения роты.

company clerk ротный писарь.

company commander ротный командир.

company council административно-хозяйственный совет роты (USA).

company defense area оборонительный район роты.

company fund артельный фонд роты.

company headquarters взвод управления роты.

comparator компаратор (AA).

compartment of terrain естественный отсек местности.

compass компас, буссоль; циркуль *m* (compasses).

compass azimuth компасный азимут.

compass bearing направление по компасу, компасный пеленг.

compass compensation поправка на компас.

compass course компасный курс.

compasses циркуль *m*.

compass heading компасный курс (Avn).

compass needle компасная стрелка, игла компаса.

compass north магнитный север.

compass rose картушка компаса.

compel заставлять, принуждать.

compensating gear диференциал (Mech).

compensating jet компенсационный жиклёр (Mtr).

compilation компиляция, составление; выборка (of materials).

complement штатный состав части; дополнение (supplement).

complementary angle дополнительный угол.

complete *v* завершать, заканчивать.

complete *adj* полный, цельный (no part lacking); законченный (concluded); в полном составе (in full strength).

complete combustion полное сгорание.

complete trench окоп полного профиля.

component составная часть.

composite *See* composite photograph.

composite photograph составной фотоснимок.

compound временный лагерь для военнопленных (prisoner camp); состав (mixture).

compound gun орудие со скреплённым стволом.

compressed air сжатый воздух.

compression chamber камера сжатия (Mech).

compression ratio степень сжатия.

compression rib нервюра крыла.

compression stroke ход сжатия (Mtr).

compressive stress сжимающее усилие.

Comptroller General управляющий государственным контролем (USA).

compulsory обязательный.

compulsory military service обязательная воинская повинность.

computation расчёт; вычисление (calculation).

compute подсчитывать, исчислять (to calculate); вырабатывать (to work out).

computed correction расчитанная поправка (Arty).

computed range исчисленная дальность (Arty).

computer вычислитель (person); счётчик (device); построитель (board).

computing device вычислительный прибор.

computing section вычислительное отделение.

concave вогнутый.

concave mirror вогнутое зеркало.

concave slope вогнутый скат.

concavo-convex вогнуто-выпуклый.

conceal прятать, укрывать.

concealment укрытие от взоров (defilade), сокрытие (hiding); маскировка (camouflage).

concentrate *v* сосредоточиваться *intr*, сосредоточивать *tr*.

concentrated fire сосредоточенный огонь, массированный огонь.

concentration сосредоточение сил (troops in number); сосредоточение огня, массирование огня (powerful fire); степень насыщенности отравляющего вещества (CWS); концентрация (Cml).

concentration area район сосредоточения войск (troops); район сосредоточения огня (fire).

concentration camp концентрационный лагерь.

concentration march марш для сосредоточения; марш к району сосредоточения.

concentration of fire сосредоточение огня.

concerted action согласованные действия.

concertina переносное проволочное заграждение.

concrete бетон.

concrete blockhouse бетонный блокгауз, бетонированный ДОТ.

concrete mixer бетоно-мешалка.

concrete-piercing bomb бетонобойная бомба.

concrete-piercing shell бетонобойный снаряд.

concurrent jurisdiction совпадающая юрисдикция.

concussion сотрясение.

condemn отчуждать (Law); браковать (to refuse defective supplies).

condemned property забракованное имущество (property declared unfit); принудительно отчуждённая собственность (Law).

condensation конденсация, сгущение.

condenser конденсатор (Elec).

condenser capacity электроёмкость.

condition условие (prerequisite); состояние (state); положение (situation).

condition *v* обусловливать (to limit by condition); приводить в годное состояние (to put into proper state).

conditioning приведение в годное состояние.

conduct поведение (behavior); ведение (carrying on); сопровождение (guidance).

conducting wire провод.

conduction проводимость (Elec).

conduct of fire ведение огня.

conduct of operations ведение операций.

conduct of war ведение войны.

conductor кондуктор, проводник; провод (Elec).

cone конус.

cone clutch конусное сцепление.

cone of burst конус разлёта.

cone of dispersion конус разлёта (cone of burst); сноп траекторий (sheaf of fire).

cone of fire *See* cone of dispersion.

cone of light луч прожектора, световой конус.

cone of silence конус молчания (Rad).

cone of spread *See* cone of dispersion.

confer совещаться (to consult); награждать (to bestow).

conference совещание, конференция.

conference call групповой телефонный вызов (demand for communication); групповой телефонный разговор (conversation).

confess сознаваться.

confession сознание.

confidential доверительный, конфиденциальный, не подлежащий оглашению.

configuration of ground рельеф местности.

confinement заключение (imprisonment); арест (custody).

confirmation of sentence подтверждение утверждённого приговора (USA).

confirming authority инстанция подтверждающая утверждённый приговор (USA).

confluent приток (river).

conformal projection конформная проекция, проекция Меркатора, меркаторская проекция (Cartography).

confuse *v* запутывать (to mix up); приводить в замешательство (to cause confusion).

confusion замешательство (disorder).

congested road перегруженная дорога.

congestion затор (of traffic); закупорка (corking).

conic конический, конусообразный.

conical конусообразный, конусовидный.

conic projection коническая проекция (Cartography).

conk перебой, неисправная работа мотора, отказ.

connecting bolt соединительный болт.

connecting cable соединительный трос.

connecting file цепочка связи.

connecting group связное соединение.

connecting hose соединительная трубка (CWS).

connecting rod шатун (Mech).

connecting screw соединительный винт.

connecting trench соединительный окоп.

connection схема (graph); соединение, связь.

connector соединительная муфта (Mech).

connect to подать, присоединить, связать.

conning tower боевая рубка, рубка подводной лодки (Nav).

conquer завоёвывать.

conquest завоевáние, покорéние.

conscientious objector лицó откáзывающееся от воéнной слýжбы по идеологи́ческим соображéниям.

conscript при́званный на воéнную слýжбу, призывни́к.

conscript *v* призывáть на воéнную слýжбу.

conscription во́инская пови́нность.

consignee адресáт, получáтель грýза.

consignor отправи́тель грýза.

consolidate консолиди́ровать, закреплЯть.

consolidated return сво́дный рáпорт, сво́дный отчёт.

consolidation of position закреплéние захвáченной пози́ции.

conspicuous gallantry выдаю́щаяся отвáга.

conspiracy зáговор (plot); престýпное соглашéние.

conspire входи́ть в престýпное соглашéние.

constant констáнта, постоя́нная величинá.

constant *adj* постоя́нный.

constant pitch постоя́нный шаг винтá (Avn).

constipation запóр.

constitute учреждáть.

construct сооружáть, стрóить.

construction пострóйка, сооружéние.

construction zone строи́тельно-хозя́йственная зóна.

consul кóнсул.

contact связь (liaison); соприкосновéние, контáкт.

contact *v* установи́ть связь (to establish contact), входи́ть в сношéние (to communicate); включи́ть (Elec).

contact flight полёт с визуáльной ориентирóвкой (Avn).

contact light посáдочный аэродрóмный огóнь.

contact mine самовзрывнóй фугáс (land mine); контáктная ми́на (Nav).

contact mission системати́ческое авианаблюдéние.

contact patrol дозóр свЯзи.

contact plunger контáктная щётка (Elec).

contact print контáктное печáтание (Photo).

contact ring контáктное кольцó (Elec).

contact weather погóда для полётов с визуáльной ориентирóвкой.

contain скóвывать (to pin down); задéрживать (to hold); останáвливать (to stop); окружáть (to surround); сдéрживать (to restrain); содержáть (to include).

container сосýд.

containing attack *See* holding attack.

contaminated area райóн заражéния.

contaminated zone заражённая зóна.

contamination заражéние.

contempt of court проявлéние неуважéния к судý, нанесéние оскорблéния судý (Law).

contents содержáние.

continent матери́к, континéнт.

continental polar air mass поля́рная континентáльная воздýшная мáсса (Met).

continental tropical air mass тропи́ческая континентáльная воздýшная мáсса (Met).

contingent контингéнт.

contingent barrage дополни́тельный загради́тельный огóнь, загради́тельный огóнь дополни́тельного плáна.

contingent zone дополни́тельный сéктор обстрéла.

continuance продолжéние; откла́дывание дéла слýшанием (Law).

continue продолжáть; откла́дывать дéло слýшанием (Law).

continuous fire методи́ческий огóнь.

continuously pointed fire методи́ческий огóнь на однóм прицéле.

continuous observation постоя́нное наблюдéние.

continuous waves незатухáющие колебáния (Rad).

contour кóнтур, áбрис (silhouette); горизонтáль (Top).

contour flying брéющий полёт.

contour interval высотá сечéния, расстоя́ние мéжду горизонтáлями (Top).

contour map кáрта в горизонтáлях.

contraband of war воéнная контрабáнда.

contracting officer воéнный закýпщик.

contract surgeon вольнонаёмный врач.

contradiction противорéчие (inconsistency); нулевáя ви́лка (Arty).

control управлéние (direction); власть (authority); óрганы управлéния (devices); сеть опóрных пýнктов (Surv).

control *v* управля́ть (to direct); регули́ровать (to regulate); контроли́ровать (to supervise).

control airport аэродро́м с регули́руемым возду́шным движе́нием.

control board контро́льная коми́ссия (USA).

control cabin каби́на управле́ния (Avn).

control cable трос управле́ния (Avn).

control car гондо́ла управле́ния (Avn); маши́на нача́льника движе́ния похо́дной коло́нны.

controllability управля́емость (Avn).

controllable-pitch propeller винт с изменя́емым в полёте ша́гом (Avn).

controlled items See controlled supplies.

controlled mine обсервацио́нная ми́на (Nav).

controlled mosaic монта́ж фотосъёмок пло́щади приведённый к еди́ному масшта́бу (Air Photo).

controlled spin произво́льный што́пор (Avn).

controlled supplies предме́ты дово́льствия находя́щиеся под осо́бым контро́лем соотве́тствующих нача́льников снабже́ния (USA).

controlled tower парашю́тная вы́шка с подвесно́й систе́мой.

controller нача́льник райо́на противовозду́шной оборо́ны (AA commander); контролёр, пусково́й реоста́т (device); наво́дчик прожёктора (Slt); контролёр (superviser).

control lever рыча́г управле́ния, ру́чка управле́ния, перекидно́й рыча́г; рыча́г переме́ны скоросте́й (speed gearbox lever).

control officer офице́р во главе́ похо́дной коло́нны.

control of fire управле́ние огнём.

control panel прибо́рный щит, распредели́тель m (Elec).

control point опо́рная то́чка (Top); контро́льная то́чка (Aerial Photo); пост регули́рования движе́ния (traffic control).

control post ма́як.

controls рычаги́ управле́ния (Avn).

control servo сервоуправле́ние, се́рворуль.

control shaft ва́лик управле́ния (Avn).

control station прибо́р для дистанцио́нного управле́ния прожёкторами.

control stick ру́чка управле́ния (Avn).

control surface пло́скость управле́ния (Avn).

control-surface area пло́щадь пло́скости управле́ния (Avn).

control tower диспе́тчерская вы́шка (Avn).

control wheel штурва́л (Avn).

control wires тя́ги управле́ния.

control zone аэрото́рий, аэродро́мная зо́на безопа́сности (Avn).

contusion конту́зия.

convalescent hospital го́спиталь для выздора́вливающих.

convene созыва́ть суд (Mil Law); собира́ться (to come together).

convention конве́нция.

conventional sign усло́вный знак.

converge сходи́ться (to tend to one point); своди́ть (to cause to converge).

converged sheaf сходя́щийся ве́ер.

convergence соедине́ние в одно́й то́чке (state); движе́ние по сходя́щимся направле́ниям (action).

converging attack концентри́ческое наступле́ние (Tac); звёздный налёт (Avn).

converging fire перекрёстный ого́нь.

converging rays сходя́щиеся лучи́.

conversion chart переводна́я табли́ца величи́н.

conversion table See conversion chart.

convert превраща́ть (to turn into); переде́лывать (to transform).

converter трансформа́тор, преобразова́тель m; прибо́р для бы́строй зашифро́вки и расшифро́вки (cryptograph).

convertible vehicle колёсно-гу́сеничная автомаши́на, вездехо́д.

convex вы́пуклый.

convex mirror вы́пуклое зе́ркало.

convex slope вы́пуклый скат.

convoy конвои́руемый карава́н судо́в (Nav); конвои́руемый обо́з (escorted army train).

convoy v конвои́ровать (to escort); сопровожда́ть (to accompany).

convoy discipline дисципли́на конво́я.

convoyer сопровожда́ющий; конво́йр (armed escort).

convoy guard конво́й, конвои́р (Nav).

convoy unit loading погру́зка на конво́й це́лыми частя́ми.

cook кашева́р (Mil); куха́рка (woman).

cookies пече́нье.

cool v охлажда́ть.

cool adj прохла́дный.

coolant охлажда́ющая жи́дкость.

cooling охлажде́ние.

cooling air jacket кожу́х возду́шного охлажде́ния (MG).

cooling fan вентиля́тор.
cooling fin охлажда́ющее ребро́.
cooling jacket охлажда́ющая руба́шка.
cooling rib ребро́ охлажде́ния.
cooling system систе́ма охлажде́ния.
cooling water jacket кожу́х водяно́го охлажде́ния, охлажда́ющая во́дная руба́шка.
cooperate соде́йствовать (to assist); сотру́дничать (to collaborate).
cooperation соде́йствие (assistance), сотру́дничество (collaboration).
coordinate координа́та.
coordinate v согласо́вывать, координи́ровать.
coordinate code шифр координа́т (on map).
coordinated attack согласо́ванное наступле́ние.
coordination координи́рование; координа́ция, согласова́ние.
co-pilot второ́й пило́т.
copper медь, кра́сная медь.
copy ко́пия (reproduction); экземпля́р (one of a number).
cordeau детони́рующий шнур.
cordite корди́т.
cordon кордо́н.
corduroy road бреве́нчатая доро́га.
core серде́чник (Elec).
cork про́бка.
corkscrewing полёт спира́лью.
corkscrew spin спуск што́пором (Avn).
cork stem про́бка кожуха́ (MG).
corn кукуру́за, майс.
corned beef солони́на.
coronary band ве́нчик копы́та.
corporal капра́л.
corporal of the guard разводя́щий.
corps арме́йский ко́рпус (army corps); ко́рпус (branch of service).
corps artillery ко́рпусная артилле́рия.
corps cavalry ко́рпусная ко́нница, ко́рпусная кавале́рия.
corpse труп.
corps engineer ко́рпусный инжене́р.
Corps Headquarters штаб ко́рпуса.
corps medical battalion ко́рпусный санита́рный батальо́н.
corps of engineers инжене́рные войска́.
corps troops отде́льные ко́рпусные ча́сти.
corral заго́н для лошаде́й.
corrected azimuth исчи́сленный а́зимут.
corrected deflection исчи́сленный угломе́р, исчи́сленная устано́вка угломе́ра.

corrected elevation исчи́сленный у́гол возвыше́ния, у́гол возвыше́ния с попра́вкой на исчи́сленную да́льность.
corrected firing data исхо́дные да́нные.
corrected range исчи́сленная да́льность (Arty).
correction попра́вка, исправле́ние.
correction for air density попра́вка на давле́ние во́здуха.
correction for deflection difference попра́вка на усту́пное положе́ние ору́дий (Arty).
correction for wind See wind correction.
corrector корре́ктор дистанцио́нной тру́бки (Am). See also acoustic corrector.
corridor of terrain продо́льный отсе́к ме́стности.
corrosive корози́йный, е́дкий, разъеда́ющий.
corrugated гофриро́ванный, волни́стый.
corrugated iron волни́стое желе́зо.
corrugated steel волни́стая сталь.
corvette корве́т, конво́йный истреби́тель подло́док.
cosine ко́синус.
cossack каза́к.
cottage cheese творо́г.
cotter pin шпи́лька (pin); разводна́я чека́ (of a hand grenade).
coulomb куло́н (Elec).
counteraction противоде́йствие.
counterattack контрата́ка.
counterbalance противове́с.
counterbalance v уравнове́шивать (to equilibrate); противопоставля́ть (to countervail).
counterbattery fire ого́нь на подавле́ние артилле́рии проти́вника.
counterclockwise про́тив хо́да часово́й стре́лки.
counterespionage контрразве́дка.
counterintelligence контрразве́дка.
countermand v дава́ть контрприка́з (to give counterorder); отменя́ть приказ (to cancel order).
countermeasure противоме́ра.
countermine контрми́на (Nav); контрми́нная галлере́я (Land Mine Warfare).
countermine v контрмини́ровать.
counteroffensive контрнаступле́ние.
counterpoise противове́с, уравнове́шивающий механи́зм.
counterpreparation контрартиллери́йская подгото́вка.

counterpreparation fire *See* counterpreparation.

counterrecoil накат (Arty).

counterrecoil mechanism накатник (Arty).

counterrecoil rod шток накатника (Arty).

counterrecoil spring пружина накатника (Arty); возвратная пружина (MG).

counterreconnaissance обеспечение против неприятельской разведки (protection); подавление неприятельской разведки (suppression).

countersign секретное слово.

countersign *v* контрасигновать, скреплять подписью.

counterweight противовес.

count off рассчитываться.

"Count off!" "По порядку — рассчитайсь!"

couple пара сил.

couple *v* брать в передки (Motor-drawn Arty); сцеплять.

coupling bar *See* draw bar.

coupling bolt соединительный болт.

courier курьер, посыльный, порученец.

courier mail почта доставляемая нарочными.

course ход (development); маршрут (itinerary); курс (direction); течение (current).

course angle курсовой угол, пеленг (Avn, Nav).

course light курсовой огонь (Avn).

court-martial военный суд (institution); слушание дела в военном суде (trial).

court-martial *v* судить военным судом (to try); предавать военному суду (to refer to court-martial).

court-martial order приказ объявляющий утверждённый приговор военного суда (USA).

court of inquiry следственная комиссия.

cover убежище (shelter), прикрытие (protection); крышка (lid); чехол (case).

cover *v* равняться в затылок (to cover off); прикрывать (to protect); покрывать (to spread over).

coverage покрытие (Photo); прикрытие (protection).

covered approach укрытый подступ (route). *See also* covered approach march.

covered approach march сближение под обеспечением других войск (covered by troops).

covered trench перекрытый окоп.

cover extractor spring пластинчатая пружина подавателя (MG).

covering detachment заслон, прикрытие.

covering fire огневая поддержка.

covering force войска прикрытия, заслон, прикрытие (covering detachment).

covering mask прикрывающий гребень.

covering sheaf веер сплошного поражения.

covering troops *See* covering force.

cover pin шплинт крышки (MG).

cover position укрытие в тылу огневой позиции.

cover trench окоп-убежище.

cowl кожух (Mtr); колпак, капюшон (hood); покрышка (cover).

cowling капот, кожух (Mtr); обтекатель *m* (Avn).

cowling tip наконечник обтекателя (Avn).

coxswain старшина шлюпки; рулевой шлюпки (Nav).

crab рыскание (Avn); смещение аэрофотоснимка (Aerophoto).

crab *v* рыскать на курсе (Avn).

crackers галеты *fpl*, сухари *mpl*.

crack unit отборная часть.

cradle люлька (Arty); вертлюг (MG); гнездо (Mech).

cradle clamping handle зажимная ручка вертлюга (MG).

cradle pintle штырь вертлюга, ось вертлюга (MG).

cradle pintle clamp зажим вертлюга (MG).

cradle trunnion цапфа вертлюга (MG); цапфа люльки (Arty).

cradle trunnion stud выступ цапфы люльки (Arty).

crane подъёмный кран.

crank кривошип, коленчатый рычаг (cranked lever); заводная рукоятка (crank handle).

crank arm плечо кривошипа.

crankcase картер, кривошипная камера (Mech).

crank cheek плечо кривошипа.

cranking motor электрический стартер.

crankshaft коленчатый вал.

crank starter ручной заводной механизм (Mtr).

crash авария (wreck); падение (fall of a plane); сбивание (action of causing an airplane to fall).

crash *v* упа́сть (to fall); разби́ться (to be wrecked); сбива́ть (to cause an airplane to crash); ста́лкиваться (to collide).

crash boat спаса́тельная ло́дка.

crash helmet шлем лётчика, авиа́торский шлем.

crash landing поса́дка с ри́ском поло́мки (Avn).

crash truck авари́йный грузови́к (Avn).

crater воро́нка от снаря́да, ми́нная воро́нка.

crawl *v* переполза́ть по-пласту́нски.

cream сли́вки *fpl*.

creep игра́ (Mech); трал для подло́док (Nav).

creep *v* переполза́ть на получетверёньках (Inf).

creeping barrage подвижно́й загради́тельный ого́нь.

creeping method пристре́лка приближе́нием к це́ли непреры́вным огнём.

crest гре́бень.

crew кома́нда, брига́да (team); расчёт (Arty, MG); экипа́ж (Nav, Avn, Tk).

cribber прику́сочная ло́шадь (Vet).

cribbing прику́ска (Vet).

Crichlow slide rule логарифми́ческая лине́йка систе́мы Кри́члова.

crime преступле́ние.

crimped pipe (of a gas mask) гофриро́ванная тру́бка противога́за.

crimper обжи́м (tool).

cripple *v* кале́чить (a living being); подбива́ть (to disable).

critical altitude крити́ческая высота́, расчётная высота́ (Avn).

critical angle of attack крити́ческий у́гол ата́ки (Avn).

critical item дефици́тная статья́ снабже́ния, дефици́тный материа́л.

critical line рубе́ж.

critical point ключево́й пункт (Tac); ориентиро́вочный пункт (reference point); то́чка переги́ба (Top).

critical speed минима́льная ско́рость, крити́ческая ско́рость (Avn).

critique разбо́р (Mil).

cross *v* переправля́ться.

cross a river форси́ровать ре́ку.

crossbar попере́чина; распо́рка.

cross bearing засе́чка (Top).

cross compartment попере́чный отсе́к ме́стности.

cross-corridor *See* cross compartment.

cross-country ability повы́шенная проходи́мость (Mtr).

cross-country flight маршру́тный полёт.

cross-country movement движе́ние по цели́не, движе́ние по ме́стности.

cross-country riding полева́я езда́, езда́ по ме́стности.

crosscut saw попере́чная пила́.

crossed sheaf крестя́щий ве́ер (Arty).

cross fire перекрёстный ого́нь.

crosshairs перекре́стье опти́ческого прибо́ра.

crossing перепра́ва (over a stream); пересече́ние (intersection); перее́зд (RR).

crossing target цель пересека́ющая направле́ние стрельбы́.

crossroads перекрёсток, скреще́ние доро́г.

cross section попере́чное сече́ние; разре́з.

cross wind боково́й ве́тер.

crouching trench неглубо́кий ход сообще́ния.

crowbar лом.

crude oil нефть.

crude rubber каучу́к.

cruiser кре́йсер (Nav).

cruising radius ра́диус де́йствия (Nav, Avn).

cruising speed кре́йсерская ско́рость, экономи́ческий ход.

crusher gage кре́шер.

crutch упо́р, опо́рный сте́ржень; прави́ло та́нковой пу́шки (Tk).

cryptanalysis иску́сство расшифро́вки.

cryptanalyst расшифро́вщик.

cryptogram криптогра́мма, шифро́ванная за́пись.

cryptograph *v* зашифро́вывать.

cryptographer дешифро́вщик.

cryptographic security ме́ры препя́тствующие расшифро́вке.

cryptography шифрова́льное де́ло, криптогра́фия.

cube куб.

cube root ко́рень тре́тьей сте́пени, куби́ческий ко́рень.

cubic куби́ческий.

cultural features сооруже́ния, постро́йки и иску́сственные насажде́ния (Top).

culvert доро́жная труба́, ку́льверт.

cumulo-nimbus кучевы́е дождевы́е облака́ (Met).

cumulus кучевы́е облака́ (Met).

cup ча́шка, кру́жка.

cupola враща́ющийся броnево́й ку́пол (Tk); враща́ющаяся туре́ль (Avn).

cup valve чашечный клапан.

curb мундштук (of bridle); край тротуа́ра (of sidewalk); стеснение (restriction).

curb *v* обуздывать, ограничивать.

curb bit мундштучное удило, мундштучное железо.

curb bridle мундштучная узда́.

current течение; ток (Elec).

current series текущий номер.

current supplies запа́сы для текущего снабжения.

currycomb скребница.

curtain куртина (Ft); завеса.

curtain of fire огневая завеса.

curve кривая; вира́ж (Roads).

curved trajectory навесная траектория.

curvilinear triangle криволинейный треугольник.

custodial officer хранитель личного имущества военнослужащих.

customs of the service обычное право а́рмии.

cut порез (wound); разрез (section); сокращение (reduction); выемка (RR).

cut-and-cover shelter котлова́нное убежище.

cutter ка́тер (Nav); теса́к (blade).

cyanogen chloride хлористый циа́н.

cyclic rate mechanism регулятор скорострельности (MG).

cyclic rate of fire техническая скорострельность (automatic weapons).

cyclist самока́тчик, велосипедист.

cyclone циклон.

cylinder цилиндр; барабан (of a revolver).

cylinder barrel цилиндрическая букса.

cylinder sleeve трубчатая муфта.

cylindrical цилидрический.

D

dagger кинжа́л; кортик (Nav).

daily *adj* ежедневный, суточный.

daily *adv* ежедневно.

daily allowance суточная да́ча.

daily automatic supply суточный автоматический отпуск довольствия.

daily delivery ежедневная доста́вка.

daily telegram ежедневная телеграфная заявка на продфура́ж (USA).

daily train ежедневный поезд снабжения (USA).

Daltonism дальтонизм, цветослепота́.

dam да́мба, плотина.

damage повреждение, ущерб.

damages убытки *mpl*.

damped oscillations затуха́ющие колебания.

damper глушитель *m* (Mtr); регулятор тя́ги (regulator of draught); амортиза́тор (shock absorber); гаситель колебаний, да́мпфер (Rad).

damping mechanism *See* damper.

danger опа́сность.

danger range да́льность прямо́го выстрела.

danger signal сигна́л опа́сности.

danger space поража́емое простра́нство; о́бласть опа́сных разрывов (AAA).

danger zone зо́на опа́сности; поража́емое простра́нство с попра́вкой на рассе́ивание.

dark *adj* тёмный.

dark bay кара́ковый.

darkness темнота́; затемнение (blackout).

darkroom тёмная комната (Photo).

darkroom tent похо́дная фотографическая лаборато́рия (Photo).

dart *v* передвига́ться броско́м, бросаться стремгла́в.

data да́нные *npl*.

data card па́мятная ка́рточка (reference card); спецификацио́нная ка́рточка (Am).

data computer прибо́р управления зенитным огнём.

data for effect устано́вки для поражения.

data receiver прибо́р для приёма исхо́дных да́нных (AAA).

data transmission system система передачи исхо́дных да́нных (AAA).

data transmitter прибо́р для передачи исхо́дных да́нных (AAA).

date да́та; число месяца (day of month).

date *v* датировать.

datum *See* data.

datum level нулева́я поверхность при отсчёте высо́т.

datum line ба́за, ось координа́т (Surv): нулева́я линия прицеливания (Arty).

datum plane *See* datum level.

datum point исхо́дный ориентир (Surv).

dawn рассвёт, заря.

day-and-night duty сýточное дежýрство.

day blindness курúная слепотá.

day bomber дневнóй бомбардирóвщик.

day flight дневнóй полёт (Avn).

daylight дневнóй свет; свётлое врéмя (daylight hours).

daylight hours *See* daylight.

daylight raid дневнóй налёт (Avn).

daylight saving time лéтнее врéмя.

day of absence день отсýтствия.

day of duty день слýжбы.

day of fire *See* unit of fire.

day of supply сýточная нóрма довóльствия.

day's march перехóд, сýточный переxóд.

dead abatis мёртвая зáсека.

dead angle мёртвый ýгол.

dead area мёртвое прострáнство.

dead center мёртвая тóчка.

dead file дéло сдáнное в архúв.

deadline запрéтная чертá (in a prison); предéльный срок (time limit).

dead load мёртвый груз, сóбственный вес (Avn); тáра (empty container); постоянная нагрýзка (permanent load).

deadman áнкерный лёжень.

dead reckoning числéние путú.

dead space мёртвая ворóнка (AAA). *See also* dead area.

dead time рабóтное врéмя (Arty).

death смерть.

death sentence смéртный приговóр.

debarkation вы́грузка (Mil); вы́садка (of individuals).

debarkation officer офицéр наблюдáющий за вы́грузкой.

debouch *v* дебушúровать, выходúть из теснúны; выводúть из теснúны (cause to debouch).

debouchment дебушúрование, вы́ход из теснúны.

debt долг.

decalage ýгол заклинéния кры́льев (Avn).

decalage stagger вы́нос кры́льев (Avn).

deceased person покóйник.

deceleration замедлéние, падéние скóрости.

December декабрь *m*.

decentralization децентрализáция.

deception обмáн.

decibel децибéл.

decide принимáть решéние, решáть.

decimal fraction десятúчная дробь.

decipher расшифрóвывать.

decision решéние.

decisive решúтельный, решáющий.

decisive action решúтельные дéйствия.

decisive attack глáвный удáр.

decisive battle решúтельный бой.

decisive direction направлéние глáвного удáра.

decisive victory решúтельная побéда.

deck настúл мостá (Bdg); пáлуба (Nav).

decking настúл мостá.

deck landing посáдка на пáлубу (Avn).

declaration of war объявлéние войны́.

declinate определять склонéние магнúтной стрéлки.

declining station тóчка отвечáющая срéднему склонéнию магнúтной стрéлки.

declination склонéние магнúтной стрéлки.

declination constant попрáвка бусóли.

declinator ориентúр-бусóль *m*.

decode расшифрóвывать.

decontaminant дегазúрующее срéдство (CWS).

decontaminate дегазúровать (CWS).

decontaminated air дегазúрованный вóздух (CWS).

decontaminating agent дегазúрующее срéдство (CWS).

decontaminating apparatus дегазúрующий аппарáт (CWS).

decontaminating equipment снаряжéние для дегазáции (CWS).

decontamination дегазáция (CWS).

decopper уничтожáть омеднéние.

decorate награждáть óрденом.

decoration знак отлúчия, óрден.

decoy маскирóвочная примáнка, ловýшка.

decoy *adj* лóжный.

decoy camouflage примáнивающая маскирóвка.

decoy observation post лóжный наблюдáтельный пункт.

decrease уменьшéние; сокращéние (curtailment).

decrease *v* уменьшáть, уменьшáться; сокращáть, сокращáться (to curtail).

decryptograph расшифрóвывать.

deep глубóкий.

defeat поражéние.

defeat *v* наносúть поражéние, разбивáть.

defect неиспрáвность, недостáток.

defective неиспрáвный.

defend обороня́ть, защищáть *tr*; обороня́ться, защищáться *intr*.

defender защитник, обороняющийся.
defending force группа обороны.
defense оборона, защита (protection).
defense area сектор обороны; оборонительный район (regimental and lower), оборонительная полоса (divisional and higher).
defense command военно-оборонительный округ (USA).
defense plan план обороны.
defense tactics тактика обороны.
defensible пригодный для обороны, защитимый.
defensive оборона.
defensive *adj* оборонительный.
defensive action оборонительный бой.
defensive area *See* defense area.
defensive coastal area район береговой обороны.
defensive-offensive *adj* оборонительно-наступательный.
defensive position оборонительное расположение, полоса обороны, оборонительный рубеж.
defensive screen оборонительный заслон.
defensive sector сектор обороны.
defensive weapons оборонительное оружие.
defensive zone укреплённая оборонительная полоса.
defer отсрочивать, откладывать.
deferment отсрочка.
deferred message сообщение с замедленной доставкой.
defiance отказ повиноваться.
deficiency нехватка, недочёт, неисправность (defect).
deficient неполный (lacking); неисправный (having a defect).
defilade дефилада, укрытие.
defilade *v* укрывать дефиладой.
defile дефиле, теснина, узость.
defile *v* продвигаться в колонне по одному.
deflagration дефлаграция.
deflated tire спущенная шина.
deflection отклонение (Aerial Gunnery); угол горизонтальной наводки, угломер основного направления (Arty); упреждение (AAA).
deflection board построитель параллаксов.
deflection change изменение угломера (Arty).
deflection constant установка угломера при нулевой линии прицеливания.

deflection correction поправка в направлении, боковая поправка.
deflection difference ступень (Arty).
deflection drum барабан угломера.
deflection probable error вероятное боковое отклонение.
deflection scale шкала угломера (Arty).
deflection setting установка угломера.
deformation деформация.
de-froster *See* de-icer.
degas *See* decontaminate.
degassing *See* decontamination.
degree градус, степень (grade).
degree of fitness степень годности.
degree of latitude градус широты.
degree of longitude градус долготы.
de-icer противообледенитель *m.*
delay задержка, запоздание, замедление; продление срока явки (extension of absence).
delay *v* задерживать, замедлять.
delayed action fuze *See* delay fuze.
delayed action mine мина замедленного действия.
delay fuze взрыватель замедленного действия.
delaying action бой за выигрыш времени.
delegation of powers делегирование полномочий (Law).
deliberate намеренный, умышленный.
deliberate field fortification полевое укрепление временного типа.
deliberate fire методический огонь.
deliberate mine field заранее подготовленное минное поле.
delinquency report рапорт о проступках военнослужащих (USA).
delinquent account просроченный счёт.
deliver доставлять, вручать, передавать (to hand); избавлять (to free).
deliver the assault нанести удар.
delivery pump нагнетательный насос.
delousing дезинсекция.
delta дельта, устье.
demarcation line демаркационная линия.
demilitarize демилитаризовать.
demobilization демобилизация.
demobilize демобилизовать.
demolition разрушение, сломка.
demolition bomb авиабомба фугасного действия.
demolition party подрывная команда.
demolition work подрывная работа.
demonstration демонстрация; ложная атака (feint); наглядное обучение

(object lesson); показ боевой выучки (demonstration of military skill).

demoralization деморализация, разложение (disintegration).

demoralize деморализировать.

demotion понижение в чине, разжалование.

denatured alcohol денатурированный спирт, денатурат.

denial by destruction уничтожение имущества при отступлении.

denial by removal эвакуация имущества при отступлении.

denial operation эвакуация и уничтожение имущества при отступлении.

density плотность.

density of fire плотность огня.

density of loading плотность заряжания (Arty).

Dental Corps военно-зубоврачебный корпус (USA).

dental surgeon военный зубной врач.

dental technician зубной техник.

dentist дантист, зубной врач.

deny воспретить, лишить; отказать (refuse).

department департамент, ведомство, управление (office), отдел (division); министерство (central federal agency USA). *See also* **territorial department.**

departure отбытие, отправление, отъезд; отклонение (deviation).

dependable надёжный.

dependent материально зависящий, иждивенец.

deplane выгружать из самолёта *tr*, выгружаться из самолёта *intr* (Mil).

deplanement выгрузка из самолёта.

deploy развёртывать, развёртываться.

deployed defense оборона на спешно оборудованной позиции.

deployment развёртывание.

deployment in depth эшелонирование в глубину, развёртывание в глубину.

depose *v* давать свидетельское показание в письменной форме (Law).

deposition свидетельское показание в письменной форме (Law).

depot склад, депо.

depot stocks запасы на складе.

depress опускать (to lower), придавать орудию угол склонения (Arty).

depression низменность, низина, лощина (lowland); впадина (hollow); упадок (decline); подавленность, депрессия (of spirit); склонение орудия (Arty); циклон (Met).

depression angle угол склонения, отрицательный угол местности (Arty).

depth глубина; возвышение залёгшего стрелка над поверхностью земли (depth of man); длина (of a column).

depth of formation глубина построения, глубина эшелонирования.

depth of penetration глубина прорыва.

Deputy Chief of Staff заместитель начальника генерального штаба (USA).

derail производить крушение (to cause derailment); сходить с рельс (to leave the rails); потерпеть крушение (to be wrecked).

derrick подъёмный кран, дéррик.

derrick-boat пловучий кран.

descend спускаться.

descending branch нисходящая ветвь траектории (Arty).

descent спуск, снижение (Avn).

desert пустыня.

desert *v* дезертировать; перебегать (to go over to enemy); покидать, оставлять (to abandon).

deserter дезертир; перебежчик (the one going over to enemy).

desertion дезертирство.

designate назначать (to appoint); обозначать (to specify); указывать (to point out); присваивать имя (to name).

designer конструктор.

design load расчётная нагрузка (Tech).

desired speed заданная скорость (Avn).

destroy разрушать, уничтожать (to annihilate).

destroyer эскадренный миноносец, истребитель *m*. See also **tank destroyer.**

destroyer commander командир танко-истребителя.

destruction разрушение.

destruction fire огонь на уничтожение, огонь на разрушение (Arty).

destructive разрушительный.

detach командировать.

detachable разборный, разъёмный.

detached battalion отдельный батальон.

detached duty командировка.

detached post отдельный полевой караул.

detached service *See* **detached duty.**

detached unit выделенная часть.

detachment отряд (unit); выделенное подразделение (detached unit).

detail наряд, команда, (party); подробность (minute point), деталь (minute point or part).

detail *v* наряжать (Mil).

detain *v* задерживать (delay); арестовать (arrest); задерживаться, быть задержанным (to be delayed); удерживать (to withhold); задерживать (to arrest).

detect обнаруживать.

detector детектор, определитель *m*.

detector crayon реактивный карандаш (CWS).

detector paint реактивная краска (CWS).

detector-searchlight section распознавательно-прожекторная часть (AA).

detention арест, задержание (taking into custody); удержание (withholding).

detention camp карантин.

detention of pay удержание жалования военнослужащих (Mil Law USA).

detention room гауптвахта.

deteriorating supplies скоропортящиеся припасы.

determinate error исчислимая ошибка.

determination определение; решимость (resoluteness); решение (decision).

determine определять.

deterrent запугивающая мера (measure of prevention); инертный поглотитель (Am).

detonate детонировать, производить детонацию (to cause detonation), взрывать (to cause explosion).

detonating agent детонирующее вещество.

detonating cord детонирующий шнур, детонирующий огнепровод.

detonating explosive детонирующее взрывчатое вещество.

detonating fuze минный запал (mine fuze); детонатор.

detonating net детонирующая сеть (Mine Warfare).

detonating slab детонирующая плита.

detonation детонация.

detonation wave *See* burst wave.

detonator детонатор (Am); электродетонатор (electrical device).

detour кружный путь, объезд.

detraining point железнодорожный пункт выгрузки.

detraining station станция выгрузки.

detrucking point автотранспортный район выгрузки.

devastation опустошение, разорение.

develop расчленять (Tac); выяснять, выявлять (to make clear); развивать (to cause development); проявлять (Photo).

developer проявитель *m* (Photo).

development расчленение (Tac); организация позиции (organization of terrain); проявление (Photo); ход событий (course of events).

development order приказ на расчленение (Tac).

deviation отклонение (Arty); девиация, склонение (magnetic).

device прибор, приспособление.

dew роса.

diagnosis диагноз.

diagonal диагональ.

diagonal *adj* диагональный.

diagonal strut диагональная стойка (Avn).

diagonal wire диагональная растяжка, расчалка (Avn).

diagram диаграмма, график.

diagrammatic drawing схематический чертёж.

dial циферблат; номеронабиратель *m* (Tp).

diameter диаметр.

diametral wire радиальная расчалка (Avn).

diamond formation строй ромба (Tk, Cav).

diaphragm диафрагма; мембрана (membrane).

diaphragm gas-mask противогаз с микрофонной мембраной.

diaphragm shell диафрагменная шрапнель.

diarrhea понос.

diary дневник.

dictatorship диктатура.

Diesel engine дизель *m*.

Diesel oil газойль.

difference различие; разность (Math).

difference chart таблица для трансформирования данных (Arty).

different различный, разный.

differential диференциал.

differential aileron linkage arrangement диференциальное управление элеронами.

differential effects табличные данные для поправок на атмосферные условия (Arty).

differential engine биротативный двигатель (Avn).

differential gearing диференциал (Mech).

diffuser рассеиватель (SL).

diffusion of gas диффузия газа.

digger землекоп.

digging in самоокапывание.

dig in окáпываться.

dihedral поперéчное V (Avn).

dihedral angle ýгол попеpéчного V (Avn).

dimension размéр, измерéние.

diminution *See* decrease.

dim-out затемнéние.

diopter scale шкáла окуляра.

dip вертикáльный наклóн магнúтной стрéлки (magnetic dip); ныряние самолёта (dive); наклóн подóшвы амбразýры (Ft); понижéние горизóнта (Avn).

diphenylaminechlorarsine дифениламинхлорарсúн, адамсúт.

diphenylchlorarsine дифенилхлорарсúн.

diphenylcyanarsine дифенилцианарсúн.

diphosgene дифосгéн, хлорóкись углерóда.

direct communication непосрéдственная связь; прямóе сообщéние (Rad).

direct current постоянный ток (Elec).

direct drive прямáя передáча (Mech).

directed net радиосéть периодúческих передáч.

direct evidence прямы́е улúки.

direct fire стрельбá прямóй навóдкой (Arty).

direct hit прямóе попадáние.

directing gun основнóе орýдие (Arty).

directing point тóчка стояния основнóго орýдия, тóчка стояния бусóли.

directing vehicle орýдие равнéния (Arty).

direction направлéние; распоряжéние (directive); сторонá (side).

direction adjustment корректýра направлéния (Arty).

directional antenna напрáвленная антéнна.

directional gyro жирополукóмпас, курсовóй жироскóп (Avn).

directional stability устóйчивость путú.

direction angle дирекциóнный ýгол (Surv).

direction board указáтель направлéния звýка.

direction dial стол вертлюгá (MG).

direction finder пеленгáтор, радиопеленгáтор.

direction finding пеленгáция.

direction finding station пеленгáторная радиостáнция.

direction of approach направлéние подхóда к цéли (Avn).

direction of attack направлéние удáра.

direction probable error боковóе средúнное отклонéние (Arty).

directive указáние, распоряжéние, директúва.

direct laying прямáя навóдка (Arty).

direct laying position открытая позúция (Arty).

direct observation непосрéдственное наблюдéние.

director дирéктор, начáльник (chief); прибóр управлéния огнём (Arty); капитáн (ANC).

direct pointing прямáя навóдка (Arty).

direct pressure непосрéдственное давлéние; преслéдование по фрóнту (frontal pursuit).

direct pursuit *See* direct pressure.

directrix директрúса стрельбы́ (Arty).

direct support непосрéдственная поддéржка; непосрéдственная огневáя поддéржка (Arty); непосрéдственная авиаподдéржка (Avn).

direct vision slot смотровáя щель (Tk).

dirigible дирижáбль *m*, управляемый аэростáт.

dirigible airship управляемый аэростáт, дирижáбль *m*.

dirt road грунтовáя дорóга.

disability непригóдность (unfitness); инвалúдность, увéчность (physical defectiveness).

disappearing carriage скрывáющийся лафéт.

disappearing gun carriage *See* disappearing carriage.

disappearing target скрывáющаяся мишéнь (Range).

disarm обезорýживать (to take away arms); разоружáть (to cause to disarm); разоружáться (to disarm oneself).

disarmament разоружéние.

disarm mines обезврéживать мúны.

disassemble разбирáть на чáсти.

disband расформирóвывать.

disbursing agent казначéй.

discharge выстрел, разряд (shot); освобождéние (release); увольнéние (dismissal); удостоверéние об увольнéнии (certificate); разгрýзка (unloading).

discharge *v* разряжáть, выстрéливать (to discharge weapon); освобождáть, выпускáть на свобóду (to release); увольнять (to dismiss); разгружáть (to unload).

discharge certificate удостоверéние об увольнéнии с воéнной слýжбы.

disciplinary action дисциплинáрное взыскáние.

disciplinary barracks воéнная тюрьмá.

disciplinary report See delinquency report.

discipline дисциплúна.

disconnecting switch выключáтель.

discontinue прекращáть, прерывáть.

disease болéзнь.

disembark высáживать, высáживаться (of men); выгружáть, выгружáться (of things).

disembarkation выcадка с судóв.

disengage отрывáться от протúвника (to break off contact); выводúть из бóя (to lead out of an engagement); выходúть из бóя (to break off engagement).

disengagement отрыв от протúвника (breaking off contact); выход из бóя (breaking off battle).

dishonorable discharge исключéние со слýжбы.

disinfectant дезинфицúрующее срéдство.

disinfecting chamber дезинфекциóнная кáмера.

disinfector дезинфекциóнный прибóр.

disinfestation дезинсéкция.

disintegration разложéние, распáд.

disk диск.

disk-type clutch дисковóй фрикциóн.

disk valve пластúнчатый клáпан.

dislocation вы́вих.

dislodge вытеснять, выбивáть.

dismantle демонтúровать, разобрáть на чáсти.

dismiss увольнять (to discharge), исключáть (to exclude); отпускáть (to let go), распускáть (to disband).

dismissal исключéние со слýжбы (from service).

"Dismissed!" "Разойдúсь!"

dismount спéшиваться (Cav); слезáть (to come down); снимáть с устанóвки (Arty); демонтúровать (to disassemble).

dismounted action пéший бой.

dismounted defilade укры́тие в рост.

dismounted drill учéние в пéшем строю (Cav).

dismounted patrol спéшенный разъéзд (Cav).

disobedience неповиновéние (to a person), неподчинéние (to an order).

disorder беспорядок.

disorganization дезорганизáция.

dispatch депéша (message); отпрáвка (sending); быстротá (swiftness).

dispatch v посылáть, отправлять (to send); двúгать войскá (to send troops); посылáть сообщéние (to send a message).

dispatcher диспéтчер.

dispatch station стáнция отправлéния.

dispensary амбулатóрный пункт.

dispersal area зóна рассредотóчения.

disperse v рассéивать; рассредотóчивать (to spread widely).

dispersed airdrome рассредотóченный аэродрóм.

dispersion рассéивание (Arty); рассредотóчение (dispersal).

dispersion diagram плóщадь распределéния тóчек попадáния.

dispersion ladder шкалá рассéивания.

dispersion zone плóщадь рассéивания (Arty).

displacement передвижéние (movement); смещéние (distance); перемéна огневóй позúции (change of position, Arty); водоизмещéние (tonnage); бáза (distance between reference points).

disposition распределéние сил (distribution of forces); распределéние боевы́х задáний (distribution of tasks).

disposition of enemy forces расположéние сил протúвника.

disrate лишáть квалификáции сержáнта-тéхника (USA).

disregard пренебрежéние.

disrespect непочтúтельное отношéние (Law); непочтéние.

dissemination of information распространéние свéдений.

dissolution See disintegration.

distance расстояние, дистáнция (Mil); удалéние (state of being distant).

distant electrical control управлéние прожéктором на расстоянии при посрéдстве электрúческого прибóра (AA).

distant reconnaissance дáльняя развéдка, оперáтивная развéдка.

distilled water дистиллúрованная водá.

distinctive mark отличúтельный знак; осóбая примéта (of a person).

Distinguished Flying Cross медáль за боевы́е пóдвиги в вóздухе (USA).

Distinguished Service Cross медáль за боевы́е пóдвиги (USA).

Distinguished Service Medal медáль за отлúчную слýжбу (USA).

distress signal сигнáл бéдствия.

distribute располагáть, эшелонúровать (Mil); разделя́ть (of fire); распределя́ть.

distributing point распределúтельный пункт.

distribution распределéние; расположéние (of troops); рассéивание (of projectiles); вы́дача (of supplies); разделéние (of fire).

distribution in depth эшелонúрование в глубину́.

distribution of artillery тактúческое распределéние артиллéрии.

distribution of load распределéние гру́зов.

distribution of strain распределéние напряжéния.

distributor распределúтель *m* (Elec).

district райóн, учáсток (smaller division); учáсток воéнного óкруга (military district).

ditch канáва, ров.

dither искýсственная вибрáция (vibration); прибóр для вибрúрования (device).

dive пикúрование, пикé (Avn).

dive *v* ныря́ть (in water); пикúровать (Avn).

dive angle у́гол пикúрования.

dive bomber пикúрующий бомбардиро́вщик.

dive bombing бомбометáние с пикúрования; бомбометáние с планúрования (glider).

diver водолáз.

divergence расхождéние.

divergent расходя́щийся.

divergent retreat отступлéние по расходя́щимся направлéниям, эксцентрúческий отхóд.

diverging rays расходя́щиеся лучú.

diversion лóжная атáка, дивéрсия.

divert отвлекáть.

divide водораздéл.

dividers делúтельный цúркуль.

diving angle у́гол пикúрования (Avn).

diving attack пикúрующая атáка (Avn).

diving bell водолáзный кóлокол.

diving speed скóрость пикúрования (Avn).

diving turn пикúрующий вирáж (Avn).

division дивúзия (A); дивизиóн (Nav); учáсток (RR); отдéл (department).

division artillery дивизиóнная артиллéрия.

division artillery commander начáльник дивизиóнной артиллéрии.

division defense area оборонúтельная полосá дивúзии.

division engineer дивизиóнный военинженéр (senior engineer of division); начáльник воéнно-инженéрного райóна (USA).

division medical battalion санитáрный батальóн дивúзии.

division superintendent начáльник железнодорóжной дистáнции состоя́щей в воéнной эксплоатáции (US Army Railway Service).

dock портовóй бассéйн, док.

doctor дóктор, врач.

doctrine of surprise прúнцип внезáпности.

document докумéнт.

documentary evidence пúсьменные доказáтельства.

dodge behind clouds укрывáться за облакáми (Avn).

dog собáка.

dogfight воздýшный поедúнок (Avn).

dog tag лúчный знак.

dog team упря́жка собáк.

door дверь, двéрца, люк.

dope аэролáк.

dorsal turret зáдняя бáшня (Avn).

dot тóчка.

double неумы́шленный вторóй вы́стрел полý-автоматúческого орýжия.

double *v* удвáивать, сдвáивать.

double *adj* двойнóй.

double-apron fence прóволочный забóр с оття́жками в óбе стóроны.

double-bank method развéдка двумя́ грýппами самолётов.

double-base powder пóрох из нитроклетчáтки и нитроглицерúна.

double bracing двойнóй раскóс (Avn).

double envelopment двойнóй охвáт (Tac).

double magneto сдвóенное магнéто (Mtr).

double sentries пáрные часовы́е.

double time бег (step).

double time *adv* бегóм.

double-track line двухколéйная лúния (RR).

double-track railroad двухколéйная желéзная дорóга.

dove prism повора́чивающаяся прúзма (panoramic telescope).

down *v* сбить самолёт (Avn); снижáть, спускáть.

down *adv* вниз (direction); внизу́ (location).

downhill *adv* под го́ру.

downstream вниз по тече́нию.

down time погру́зочное вре́мя (loading time); поста́вочное вре́мя (request-delivery time); ремо́нтное вре́мя (repair time).

downward *adj* понижа́ющийся.

downward *adv* вниз, внизу́.

downwash скос пото́ка (Avn).

downwash angle у́гол ско́са (Avn).

downwind по ве́тру, под ве́тром.

downwind *adj* подве́тренный.

downwind landing поса́дка по ве́тру.

draft призы́в (military service); чернови́к (outline); набро́сок (sketch); тя́га (traction); управле́ние лошадьми́ в упря́жке (driving animals).

draft *v* призыва́ть (military service); черти́ть (sketch); де́лать черновик (outline).

draft animal упря́жное живо́тное.

draftee призы́вник.

drafting set готова́льня.

draftsman чертёжник, рисова́льщик.

drag лобово́е сопротивле́ние (Avn); заме́дленное движе́ние (Mech); низово́е распростране́ние волны́ отравля́ющих веще́ств (CWS).

drag *v* тащи́ть (pull); тащи́ться *intr*.

drag area пло́щадь лобово́го сопротивле́ния (Avn).

drag bracing расча́лка.

drag coefficient коэфицие́нт лобово́го сопротивле́ния.

drag flap тормозно́й закры́лок (Avn).

drag force си́ла лобово́го сопротивле́ния (Avn).

drag rope гэйдро́п.

drag strut распо́рка крыла́.

drainage дрена́ж, осуше́ние.

drain valve спускно́й кран.

draw лощи́на (valley).

draw *v* тащи́ть, тяну́ть (to drag); получа́ть (to obtain); выпи́сывать (check); обнажа́ть (sword); черти́ть, рисова́ть (to sketch).

draw bar стрела́ (Arty).

drawbridge разводно́й мост.

drawers испо́дние брю́ки.

drawing чертёж, рису́нок.

drawing board чертёжная доска́.

drawing pen рейсфе́дер.

drawing set готова́льня.

drawn battle бой в ничью́.

dray horse ломова́я ло́шадь.

dress оде́жда (clothing); по́днятые фла́ги и вы́мпелы (Nav).

dress *v* перевя́зывать (wounds); одева́ть, одева́ться (clothe); равня́ться (Drill).

dress uniform повседне́вная фо́рма оде́жды.

drift дерива́ция (Ballistics); дрейф, снос (Nav, Avn); тече́ние (flow); движе́ние о́блака отравля́ющего вещества́ (CWS); вы́колотка (tool); движе́ние ра́неных в тыл (movement of wounded toward rear).

drift *v* плыть по тече́нию (float); итти́ по ве́тру (wind); течь (to flow); дрейфова́ть (to deviate from course).

drift computer бортово́й визи́р, прибо́р для измере́ния угло́в сно́са (Avn).

drift float *See* drift signal.

drift indicator измери́тель сно́са, бортово́й визи́р (Avn).

drifting snow мете́ль.

drift meter бортово́й навигацио́нный визи́р.

drift signal буёк ука́зывающий си́лу и направле́ние тече́ния (Nav).

drill строево́е уче́ние (Mil); сверло́, дрель, бура́вчик (bore).

drill *v* обуча́ть стро́ю (Mil); сверли́ть, бури́ть (bore).

drill ammunition уче́бные патро́ны *mpl*.

drill field *See* drill ground.

drill ground уче́бное по́ле.

drink питьё, напи́ток.

drinking water питьева́я вода́.

drip flap каплеприёмник (Ash).

drive пое́здка; уда́р (blow); наступле́ние (offensive); ата́ка (attack); приво́д (Mech); доро́га (road).

drive *v* вести́, пра́вить, управля́ть (a vehicle); дви́гаться (move toward); гнать (urge).

drive a wedge вклиня́ться, вбива́ть клин.

drive back отбра́сывать; оттесня́ть (to press back).

drive calk ввинтно́й шип.

drive cam веду́щий кулачо́к, эксце́нтрик.

driven disk ведо́мый диск (Tech).

driven part ведо́мая дета́ль (Tech).

drive out выбива́ть, выгоня́ть.

drive pulley веду́щий шкив.

driver води́тель *m*, шофёр (motor vehicle); ку́чер, возни́ца *m* (animal-driven vehicle); ездово́й (horse-drawn artillery); вагоновожа́тый (trolley).

driver's slit смотрова́я щель танководи́теля (Tk).

driver's trip ticket шофёрная путёвка.

drive shaft веду́щий вал.

drive sprocket веду́щее колесо́ (Tk).

driving axle веду́щая ось.

driving belt приводно́й реме́нь.

driving compartment отделе́ние управле́ния (Tk).

driving edge of land боева́я грань наре́за (G).

driving part веду́щая дета́ль (Mech).

driving plate веду́щий диск (Mech).

driving shaft приводно́й вал.

driving spring возвра́тная пружи́на.

driving spring rod направля́ющий сте́ржень возвра́тной пружи́ны (MG).

driving sprocket веду́щее колесо́ гу́сеницы (Tk).

droop опуска́ние ду́ла ору́дия (Arty).

drop ка́пля (liquid); паде́ние (decrease); поте́ря высоты́ (Avn).

drop v ка́пать; па́дать (to decrease); сбра́сывать (Avn); роня́ть (lose); броса́ть (throw).

drop-message container вы́мпел.

drop of pressure паде́ние давле́ния.

dropped message сбро́шенное донесе́ние, вы́мпел (Avn).

dropping angle у́гол прице́ливания (air bombardment). *See also* range angle.

dropping ground площа́дка авиасигна́льного поста́ для приёма вы́мпелов (Avn).

drop test о́пытное сбра́сывание парашю́тов с манеке́нами.

drug лека́рство, медикаме́нт.

druggist апте́карь *m.*

drum бараба́н; устано́вочный бараба́н (adjusting device).

drum-fed *adj* бараба́нного пита́ния, бараба́нный.

drunkenness опьяне́ние.

dry *adj* сухо́й.

dry cell сухо́й элеме́нт (Elec).

dry fog сухо́й тума́н.

dual control двойно́е управле́ние.

dual ignition двойно́е зажига́ние (Mtr).

dubbin жир для сма́зывания ко́жаного снаряже́ния.

dud неразры́в.

dugout земля́нка.

dumdum bullet пу́ля дум-дум.

dummy маке́т (model); чу́чело (figure); манеке́н (mannequin); уче́бный патро́н (cartridge); уче́бный снаря́д (shell).

dummy *adj* ло́жный (false); фикти́вный (fictitious).

dummy airdrome ло́жный аэродро́м.

dummy battery ло́жная батаре́я.

dummy cartridge уче́бный патро́н.

dummy gun маке́т ору́дия.

dummy installation ло́жная устано́вка, ло́жный предме́т.

dummy mine ло́жная ми́на.

dummy position ло́жная пози́ция, ло́жная огнева́я пози́ция.

dummy site *See* dummy position.

dummy trench ло́жный око́п.

dummy works ло́жные укрепле́ния.

dump полево́й склад (storage); сва́лка (dumping place); сбра́сывание балла́ста (Ash); опора́жнивание га́за (discharge of gas, Ash).

dump car опроки́дывающаяся ваго́нетка.

dump truck грузови́к-самосва́лка *m.*

dune дю́на.

duplex communication дупле́ксная связь.

duplicate дублика́т.

duplicating machine мно́жительный аппара́т, мно́житель *m.*

durability про́чность.

duralumin дюралюми́ний.

duration дли́тельность, продолжи́тельность.

duration of service дли́тельность слу́жбы (equipment).

dusk су́мерки *fpl.*

dust пыль.

dust respirator противопылева́я ма́ска.

duty долг (moral obligation), обя́занность (obligation); дежу́рство (tour of duty); слу́жба (service); пови́нность (compulsory service).

duty officer дежу́рный офице́р.

duty roster именно́й спи́сок дежу́рств и наря́дов.

duty status состоя́ние на действи́тельной слу́жбе.

dye кра́ска.

dynamic factor коэфицие́нт перегру́зки.

dynamic load динами́ческая нагру́зка.

dynamics дина́мика.

dynamic stability динами́ческая усто́йчивость (Avn).

dynamite динами́т.

dynamite v подрыва́ть динами́том.

dynamo динамомаши́на, дина́мо.

dysentery крова́вый поно́с, дизенте́рия.

E

ear ýxo.

early *adj* рáнний.

early *adv* рáно.

earphones наýшники (Тр).

earth земля́; грунт (soil).

earth-bleach method сухáя дегазáция хлóрной и́звестью.

earth-bleach mixture сухáя смесь хлóрной и́звести с землёй.

earthwork земляно́е укрепле́ние.

east восто́к.

east *adj* восто́чный.

eastern восто́чный.

easy *adj* лёгкий.

easy *adv* легко́.

easy slope поло́гий скат.

eat есть.

ebonite эбони́т.

eccentric эксце́нтрик (Mech).

eccentric *adj* эксцентри́ческий.

eccentric-screw breechblock эксцентри́ческий поршнево́й затво́р.

echelon эшело́н; соедине́ние (unit); звено́ подво́за (supply); отделе́ние боево́го пита́ния (ammunition supply).

echelon *v* эшелони́ровать, стро́ить в глубину́.

echelon maintenance ремо́нт классифици́рованный по сте́пени серьёзности.

echelonment эшелони́рование.

echelonment in depth эшелони́рование в глубину́.

echelonment of supplies эшелони́рование снабже́ния.

echelon of attack эшело́н уда́рной гру́ппы.

economic speed экономи́ческая ско́рость.

economizer экономáйзер (Mtr).

economy of force эконо́мия сил.

eddy завихре́ние (Met).

edge грань, край; кро́мка (of airfoil, etc); острие́ ле́звия (of blade); опу́шка (of forest).

educational training общеобразова́тельная подгото́вка.

eduction tube выпускна́я тру́бка.

effect эффе́кт; огнево́е де́йствие (of fire); убо́йность (casualty effect).

effective *adj* эффекти́вный, действи́тельный; го́дный к слу́жбе (fit for service).

effective beaten zone зо́на сплошно́го пораже́ния.

effective depth глубина́ пораже́ния.

effective fire действи́тельный ого́нь.

effective forces нали́чный боево́й соста́в (available forces); вооружённые си́лы (total available forces of a nation).

effective pattern *See* effective beaten zone.

effective pitch поле́зный шаг винта́ (propeller).

effective power эффекти́вная мо́щность.

effective range да́льность действи́тельного огня́ (firearms).

effectives боево́й соста́в (troops).

effective wind исчи́сленный ве́тер.

effect of impact уда́рное де́йствие.

efficiency factor коэфицие́нт поле́зного де́йствия.

effort уси́лие, напряже́ние.

egg яйцо́.

eighty-five percent zone *See* effective beaten zone.

eject выбра́сывать.

ejector отсе́чка-отража́тель *m*; выбра́сыватель *m* (G).

elastic axis амортизи́рующая ось (of airfoil).

elastic deformation упру́гая деформа́ция.

elasticity упру́гость.

elasticity correction попра́вка на пло́тность во́здуха (Ballistics).

elasticity effect влия́ние температу́ры на полёт снаря́да (Ballistics).

elastic limit преде́л упру́гости (stress).

elbow ло́коть *m* (Anat); коле́но (Mech).

elbow joint коле́нчатое соедине́ние.

elbow rest бе́рма стрелко́вого око́па.

elbow telescope перископи́ческая опти́ческая труба́.

electric электри́ческий.

electrical электри́ческий.

electrically heated flying clothing электрообогрева́тельное обмундирова́ние.

electrical means of signal communication электри́ческие сре́дства свя́зи.

electric blasting cap электродетона́тор.

electric bulb электри́ческая ла́мпочка.

electric cranking motor электри́ческий ста́ртер.

electric current электри́ческий ток.

electric fuze гальвани́ческий запа́л, электри́ческий запа́л (primer).

electrician электроте́хник.

electricity электри́чество.

electric primer *See* electric fuze.

electric steel электросталь.

electric traction электрическая тяга.

electric welding электрическая сварка, электросварка.

electric wire электрический провод.

electrode электрод.

electromagnet электромагнит.

electron bomb термитовая бомба с магниевой гильзой, электронная бомба.

electron tube радиолампа, катодная лампа (Rad).

element элемент; стихия (a force of nature); составная часть воинской единицы (component part of military unit).

element of surprise момент внезапности.

elephant steel shelter убежище из сводчатой волнистой стали.

elevate придавать угол возвышения (Arty); поднимать (raise).

elevating arc зубчатый сектор подъёмного механизма (G).

elevating handwheel маховичок подъёмного механизма.

elevating mechanism подъёмный механизм.

elevating rack See elevating arc.

elevating screw подъёмный винт.

elevating segment See elevating arc.

elevation вертикальная наводка (vertical laying, Arty); угол прицеливания (angle of elevation); высота (height); возвышенность (hill).

elevation board доска для исчисления углов возвышения (Arty).

elevation controller установщик прожектора в вертикальной плоскости •(SL).

elevation difference поправка на разность горизонтов (Arty).

elevation drum дистанционный барабан прицела.

elevation scale шкала вертикальной наводки (G) See also range scale.

elevation setter вертикальный наводчик, установщик прицела (G).

elevation setting установка угла возвышения, установка прицела.

elevation stop стопор вертикальной наводки (G).

elevation table таблица углов возвышения (Arty).

elevator руль высоты (Ap); подъёмник, элеватор (lifting device).

elevator angle угол отклонения руля высоты (Avn).

elevator indicator указатель углов возвышения на центральном приборе управления огнём (СЛ).

ellipsoidal error эллипсоидальная ошибка (Math, Ballistics).

elliptic эллиптический.

elliptical эллиптический.

elliptical error эллиптическая ошибка (Math, Ballistics).

elongation of column растяжка колонны.

embarkation посадка на суда, погрузка на суда.

embrasure амбразура, бойница.

emergency крайняя необходимость, непредвиденный случай, исключительное обстоятельство.

emergency barrage дополнительный заградительный огонь.

emergency brake запасной тормоз.

emergency landing вынужденная посадка (Avn).

emergency medical tag санитарная карточка.

emergency treatment неотложная помощь (Med).

emery cloth наждачный холст.

empennage хвостовое оперение.

emplacement оборудованная огневая позиция (fire position); установка орудия на позицию (act of emplacing a gun).

employment применение (Mil); занятие, служба, работа.

employment reconnaissance танковая разведка для выяснения условий введения танков в бой.

empty пустой, порожний.

encampment (camp) лагерь m; лагерная стоянка; разбивка лагеря (act of pitching a camp).

encipher зашифровывать.

encirclement окружение.

encircling force группа параллельного преследования (pursuit).

encircling maneuver манёвр окружения; параллельное преследование (parallel pursuit).

enclosure огороженное место; загон (corral); приложение (in a letter).

encode кодировать.

encounter стычка, столкновение.

encrypt зашифровывать.

endanger подвергать опасности.

endless belt бесконечный ремень.

endurance выносливость (of men),

про́чность (of things); продолжи́тельность беспоса́дочного полёта (Avn).
enemy враг, неприя́тель *m*, проти́вник.
enemy alien иностра́нец граждани́н неприя́тельского госуда́рства.
energy эне́ргия.
enfilade *See* enfilade fire.
enfilade *v* обстре́ливать продо́льным огнём.
enfilade fire продо́льный ого́нь, анфила́дный ого́нь.
engage *v* завя́зывать бой (join battle); открыва́ть ого́нь (open fire).
engagement бой (combat); схва́тка, сты́чка (skirmish).
engine дви́гатель *m*, мото́р; парово́з (locomotive).
engine compartment мото́рное отделе́ние (Tk).
engine cowling кожу́х мото́ра.
engine displacement литра́ж мото́ра.
engineer инжене́р (graduate of an engineering school); нача́льник инжене́рной слу́жбы (senior officer of engineer troops); бое́ц инжене́рных войск (engineer soldier); сапёр (sapper); маши́ни́ст (RR); меха́ник (mechanic); инжене́р-меха́ник (Nav).
engineer reconnaissance инжене́рная разве́дка.
engineer's scale топографи́ческая лине́йка.
engineer troops инжене́рные войска́.
engine trouble неиспра́вность мото́ра.
enlist поступа́ть на вое́нную слу́жбу (join); зачисля́ть на вое́нную слу́жбу (recruit).
enlisted man солда́т.
enroll зачисля́ть (someone else); зачисля́ться (oneself).
en route в пути́.
entanglement загражде́ние.
entraining поса́дка на по́езд, погру́зка на по́езд.
entraining officer коменда́нт поса́дки на по́езд, коменда́нт погру́зки на по́езд.
entraining point погру́зочный пункт, поса́дочный пункт.
entraining station ста́нция погру́зки.
entraining table пла́новая табли́ца погру́зки на по́езд.
entrance вход.
entrench *See* intrench.
entrenchment *See* intrenchment.
entruck сажа́ть на грузовики́ (seat); грузи́ть на грузовики́ (load); сади́ть-

ся на грузовики́, грузи́ться на грузовики́ (board trucks).
entrucking поса́дка на грузовики́.
entrucking point автотра́нспортный поса́дочный пункт.
entrucking table пла́новая табли́ца погру́зки на грузовики́.
enumeration пе́речень *m*.
envelop охва́тывать.
envelope конве́рт; оболо́чка, газовмести́лище (Ash).
enveloping attack охва́тывающий уда́р.
enveloping maneuver охва́тывающий манёвр, охва́тывающее движе́ние; паралле́льное пресле́дование (parallel pursuit).
envelopment охва́т.
environs окре́стности.
epidemic эпиде́мия.
epidemic *adj* эпидеми́ческий.
epidemic disease эпидеми́ческая боле́знь.
equal *adj* ра́вный.
equal *v* явля́ться ра́вным (be equal); сра́вниваться (become equal); отвеча́ть (be equivalent to).
equal section propelling charge составно́й заря́д.
equation уравне́ние.
equilateral triangle равносторо́нний треуго́льник.
equilibrator уравнове́шивающий механи́зм, эквилибра́тор (G).
equilibrium равнове́сие.
equip снаряжа́ть.
equipage экипиро́вка, снаряже́ние.
equipment снаряже́ние, обору́дование, оснаще́ние.
equivalent эквивале́нт.
equivalent *adj* эквивале́нтный, равноце́нный.
equivalent drag area уравнове́шивающая пло́щадь лобово́го сопротивле́ния (Avn).
eraser рези́нка для стира́ния.
erosion разгора́ние кана́ла ствола́ (G); выве́тривание, эро́зия (Geol).
error оши́бка, погре́шность; отклоне́ние (Arty).
escape hatch выходно́й люк (Tk).
escarpment эска́рп.
escort эско́рт; конво́й (convoy); прикры́тие (cover).
escort *v* эскорти́ровать; конвои́ровать (convoy).
escort aircraft самолёты сопровожде́ния.

escort of the color принóс и отнóс знáмени.

escort of the standard *See* escort of the color.

espionage шпионáж.

esprit de corps чýвство товáрищества, корпоратѝвный дух.

establish устанáвливать; учреждáть, развворáчивать (constitute).

establishment учреждéние (installation); установлéние.

estimate смéта (statement of valuation); оцéнка (appraisal, appraisement).

estimate *v* составлять смéту (prepare a statement of valuation); оцéнивать (appraise).

estimate of terrain оцéнка мéстности.

estimate of the situation оцéнка обстанóвки.

estuary ýстье, дéльта.

ethyldichlorarsine этилдихлорарсѝн.

evacuation эвакуáция.

evacuation hospital эвакуациóнный гóспиталь.

evacuation lag задéржка в эвакуáции.

evacue *See* evacuee.

evacuee эвакуѝрованный (one moved to the rear); эвакуѝруемый (one being moved to the rear).

evade избéгнуть; ускользнýть (elude).

evaluation of information анáлиз и оцéнка дáнных развéдки.

evening вéчер.

evidence судéбные доказáтельства *npl*.

evolution перестроéние (change of formation); перегруппирóвка (regroupment); манёвр (maneuver); эволюция (gradual transformation).

exact *adj* тóчный.

exactitude тóчность.

examination испытáние (test); провéрка (check), осмóтр (inspection); освидéтельствование (Med).

excavation вы́емка (Rd, Building); отры́вка (digging).

exceed превосходѝть.

exception исключéние.

excess stock излѝшки *mpl*.

excess weight перегрýзка (overloading); излѝшек вéса (surplus weight).

exchange воéнно-потребѝтельская лáвка (post exchange); обмéн (barter); бѝржа (stock exchange).

exchange officer завéдующий воéнно-потребѝтельской лáвки.

excrement кал, экскремéнты.

excuse объяснѝтелья причѝна (reason); извинéние (apology).

excuse *v* извинять (pardon); освобождáть (release).

excuse from duty освобождáть от исполнéния обязанностей.

execute выполнять (perform); казнѝть (put to death); подпѝсывать (sign).

execution of sentence приведéние пригóвора в исполнéние.

executive управляющий (manager); отвéтственный рабóтник (responsible worker); *See also* executive officer.

executive officer начáльник штáба, помóщник командѝра (in brigades and regiments); адъютáнт (in units smaller than regiment). *See also* battery executive.

exercise упражнéние; учéние (drill).

exercise *v* упражняться (drill); осуществлять (a prerogative); пóльзоваться (rights).

exhaust pipe выхлопнáя трубá (Mtr); вытяжнáя трубá (aeration device).

exhaust valve выхлопнóй клáпан.

expectancy curve кривáя вероятности.

expeditionary force экспедициóнные войскá *npl*.

expendable property расхóдуемое имýщество.

expenditure credit расхóдный кредѝт.

expenditure record расхóдная вéдомость.

experience tables оперативные статистѝческие таблѝцы.

experimental aviation óпытная авиáция.

expert gunner навóдчик вы́сшей квалификáции, навóдчик-снáйпер.

expiration of term of service истечéние срóка слýжбы.

expiration valve выдыхáтельный клáпан.

exploder детонáтор, запáл, взрывáтель *m*.

exploitation эксплоатáция; использование (use).

explosion взрыв.

explosion period перѝод вспы́шки (Mtr).

explosive взры́вчатое веществó.

explosive *adj* взры́вчатый; разрывнóй (bursting).

explosive bullet разрывнáя пýля.

explosive D даннѝт.

expose разоблачáть (reveal); подвергáть (subject to); подставлять (Tac).

exposed flank обнажённый фланг.

exposed position обнажённая позѝция.

exposure вы́держка (Photo).

extend размыка́ть, размыка́ться (be extended in width); растя́гивать, растя́гиваться (be extended in depth), рассыпа́ться цёпью (assume dispersed order).

extended distance увели́ченная диста́нция.

extended formation расчленённый строй.

extended interval увели́ченный интерва́л.

extended order расчленённый строй.

extension in depth построе́ние коло́нной.

exterior ballistics вне́шняя балли́стика.

exterior guard нару́жный карау́л.

exterior lines вне́шние операцио́нные ли́нии (Strategy).

external aileron пла́вающий элеро́н.

extinguisher огнетуши́тель m.

extract вы́писка (excerpt); экстра́кт.

extractor выбра́сыватель m, экстра́ктор (MG, Arty).

extreme range преде́л досяга́емости.

extricate извлека́ть; выпу́тывать, выводи́ть из тру́дного положе́ния (disentangle).

eyepiece окуля́р; очки́ противога́за (of gas mask).

"Eyes, left!" "Глаза́ нале́во!"

"Eyes, right!" "Глаза́ напра́во!"

F

fabric covering матёрчатое покры́тие.

face about поверну́ться круго́м.

face of blade брюшко́ ло́пасти (propeller).

face of the breechlock пере́дний срез затво́ра.

face of the muzzle See face of the piece.

face of the piece ду́льный срез.

facepiece ма́ска противога́за.

faceted mirror фаце́тное зе́ркало (SL).

facing поворо́т на ме́сте (drill); облицо́вка (revetment).

facing distance диста́нция ме́жду шере́нгами.

factor фа́ктор; коэфицие́нт (coefficient).

factor of safety коэфицие́нт безопа́сности, коэфицие́нт про́чности (Mech); наиме́ньший прице́л при стрельбе́ че́рез свои́ войска́ (Arty).

factory фа́брика, заво́д, предприя́тие.

fading замира́ние (Rad).

failure неуда́ча; упуще́ние (omission).

fairing обтека́тель m, обтека́емая обши́вка.

fair wind благоприя́тный ве́тер, попу́тный ве́тер.

fall паде́ние; о́сень (season).

fall back отходи́ть, отступа́ть.

fall in станови́ться в строй, стро́иться (drill).

"Fall in!" "Станови́сь!"

falling leaf паде́ние листо́м (Avn).

fall into a spin войти́ в што́пор (Avn).

fall out расходи́ться (drill); выпада́ть (drop).

"Fall out!" "Разойди́сь!"

false alarm ло́жная трево́га.

false ogive баллисти́ческий наконе́чник (Arty).

false rib вспомога́тельная нервю́ра, ло́жная нервю́ра (Ap).

false trail приставно́й упо́р лафе́та (G).

fan ве́ер; вентиля́тор (Mech).

fan marker веерообра́зный радиопереда́тчик (Rad).

fan out развёртываться ве́ером, рассыпа́ться ве́ером.

far bank противополо́жный бе́рег.

farm фе́рма, мы́за.

farrier ко́вочный кузне́ц.

farrier's knife нож для расчи́стки копы́та.

farrier's tongs кузне́чные клещи́.

farsightedness дальнозо́ркость (vision).

far shore противополо́жный бе́рег.

fascine фаши́на.

fasten прикрепля́ть; привя́зывать (tie).

fast-moving target быстродви́жущаяся цель.

fat жир; са́ло (suet).

fatality сме́ртный исхо́д, сме́ртный слу́чай.

fatigue нестроевы́е обя́занности f pl (manual labor); рабо́чая оде́жда (Clo); уста́лость (tiredness), See also fatigue duty; fatigue uniform.

fatigue dress See fatigue uniform.

fatigue duty хозя́йственные рабо́ты f pl (USA).

fatigue party кома́нда наряжённая на хозя́йственную рабо́ту (USA).

fatigue test for material испытáние материáлов.

fatigue uniform рабóчая одéжда (work dress); спецóвка (special clothing); комбинезóн (overalls).

fault недочёт; ошибка (mistake).

favorable благоприятный.

feathering постанóвка пропéллера на флюгер (Avn).

feathering propeller пропéллер с лопастями допускáющими постанóвку на флюгер.

feather the propeller постáвить пропéллер на флюгер.

feature чертá, осóбенность (characteristic); мéстный предмéт, подрóбность рельéфа мéстности (terrain feature).

February феврáль *m.*

feces кал.

feed корм; подáча патрóнов (MG).

feed *v* кормить; подавáть патрóны (MG).

feedback обрáтная связь (Rad).

feed belt патрóнная лéнта, пулемётная лéнта (MG).

feed box загрýзочная ворóнка (Mech); кормýшка (for animals).

feed lever подавáтель *m.*

feed mechanism подаю́щий механизм (MG, G).

feed rack решётка для сéна.

feed valve питáтельный клáпан.

feedway окнó подавáтеля (MG).

feeler gage щуп (Ap).

feigned attack *See* **feint.**

feint лóжная атáка; демонстрáция (demonstration).

feint transfer of fire лóжный перенóс огня́.

felling вы́рубка.

female screw винт с внýтренней нарéзкой.

fence ограждéние, забóр, частокóл, изгородь.

fencing фехтовáние.

fender крылó автомобиля (MT).

ferrule металлический наконéчник (tip); окóвка (brace).

ferry парóм.

ferry *v* переправля́ть, переправля́ться.

ferrying перепрáва.

Ferrying Command *See* **Air Transport Command.**

fiduciary mark координáтная отмéтка (Aerial Photo).

field пóле; теáтр воéнных дéйствий (theater of operations); учéбное пóле (training ground); лётная площáдка (Avn); пóле зрéния (in optical instruments).

field *adj* полевóй.

field army дéйствующая áрмия, полевáя áрмия, оперативное соединéние.

field artillery полевáя артиллéрия.

field artillery group грýппа полевóй артиллéрии.

field artillery survey топографическая артиллерийская развéдка.

field artillery trainer артиллерийский тренажёр.

field bag полевáя сýмка.

field bakery полевáя хлебопекáрня.

field cap *See* **garrison cap.**

field control основнáя опóрная сеть, основнáя сеть (Surv).

field desk похóдный канцеля́рский стол.

field duty слýжба в дéйствующей áрмии, полевáя слýжба.

field equipment похóдное снаряжéние.

field firing боевáя стрельбá.

field forces дéйствующая áрмия.

field fortification полевóе укреплéние.

field frame магнитный óстов (Elec).

field glass полевóй бинóкль.

field grade штаб-офицéрское звáние (USA).

field gun полевóе орýдие.

field hat рабóчая шля́па (USA).

field jacket похóдная кýртка (USA).

field kitchen похóдная кýхня, полевáя кýхня.

field laboratory похóдная лаборатóрия.

field magazine полевóй артиллерийский склад.

field maneuvers манёвры *mpl.*

field manual вóинский устáв.

field mess похóдная столóвая.

field message book полевáя книжка.

field officer штаб-офицéр (USA).

field of fire обстрéл.

field of view обзóр.

field of vision пóле зрéния.

field order оперативный прикáз.

field prism призма-отражáтель панорáмы (panoramic telescope).

field radio полевáя радиостáнция.

field range перенóсная плитá, похóдная плитá.

field ration полевáя дáча.

field service полевáя слýжба.

field service regulations полевóй устáв.

field shop похóдная мастерскáя.

field sketching крокировка.

field stripping полевая разборка оружия.

field target фигурная мишень.

field telegraph полевой телеграф.

field telephone полевой телефон.

field training боевая подготовка в поле.

field wire полевой кабель.

fifth-echelon maintenance ремонт пятого разряда, ремонт средствами мастерских глубокого тыла (USA).

fifty-percent zone полоса пятидесятипроцентного попадания, зона действительного поражения.

fight бой, борьба.

fighter истребитель *m* (Avn).

fighter *adj* истребительный (Avn).

fighter airdrome аэродром истребителей.

fighter airplane самолёт-истребитель *m*, истребитель *m*.

fighter aviation истребительная авиация.

fighter command дивизия истребительной авиации.

fighter plane самолёт-истребитель *m*, истребитель *m*.

fighter wing истребительный авиационный полк.

fighting compartment боевое отделение (Tk).

fighting efficiency боеспособность.

fighting strength боевая сила.

figure цифра (number); фигура (shape).

figure eight восьмёрка (Avn).

filament нить накала (Elec).

filament battery анодная батарея, батарея накала.

file напильник (tool); папка для бумаг (folder); дело (papers pertaining to one subject); ряд (drill).

file *v* итти гуськом (to move in file); подшивать к делу (to place papers); сдавать в архив (to store files).

file closer замыкающий.

file leader головной ряд.

filings металлические опилки.

fill насыпь (RR).

filler заряд снаряда (Arty).

filler replacement укомплектование (Mil).

filling химическая начинка снаряда (CWS); заряд снаряда (Arty).

filling plug холостая пробка (Ord).

filly молодая кобыла.

film фильм, плёнка; картина (motion picture).

film holder кассета (Photo).

film strip монтажный учебный фильм.

filter фильтр; светофильтр (Optics).

filter board планшет центра воздушного наблюдения оповещения и связи.

filter box патрон противогаза (CWS).

filter center центр воздушного наблюдения оповещения и связи (AWS).

filterer связист центра воздушного наблюдения оповещения и связи (AWS).

filtering подготовка и распространение данных воздушного оповещения (AWS).

filtering gas mask фильтрующий противогаз.

fin киль *m*, киль самолёта, вертикальный стабилизатор (Avn); ребро (Mtr); стабилизатор (Aircraft bomb); плавник (Fish).

final assembly area распределительный пункт при переправе (in river crossing operation).

final drive assembly ходовая часть (Mech).

final protective fire огневая завеса переднего края обороны.

final protective line основной оборонительный рубеж.

final velocity окончательная скорость.

finance officer начальник военно-финансовой единицы (USA).

findings вывод на основании данных судебного следствия (Law, USA); заключение.

fine setting точная установка.

fine sight мелкая мушка (SA).

fine tuning точная настройка (Rad).

fir ель.

fire огонь *m* (shooting; flame); стрельба (shooting); пожар (conflagration).

fire *v* стрелять (shoot); зажигать (set afire); увольнять (dismiss).

"Fire!" "Огонь!"

fire action *See* fire fight.

fire adjustment корректура, корректирование огня, пристрелка (Arty).

fire adjustment board огневой планшет-построитель для пристрелки по измеренным отклонениям (Arty).

fire alarm пожарная тревога.

fire alarm signal пожарный сигнал.

fire and maneuver *See* fire and movement.

fire and movement огонь и манёвр.

fire area сектор обстрела, зона досягаемости (Arty).

firearms огнестрельное оружие.

fire assault огнево́й налёт.

fire at will одино́чный ого́нь.

fire bay *See* firing bay.

fire command гру́ппа берегово́й артиллери́и (CA); кома́нда для стрельбы́ (fire order).

fire control управле́ние огнём.

fire control car ваго́н огнево́го управле́ния железнодоро́жной батаре́и (RR, Arty).

fire control code код управле́ния огнём, систе́ма сигна́лов для управле́ния огнём (Arty).

fire control equipment прибо́ры управле́ния огнём, артиллери́йские прибо́ры (Arty).

fire control grid координа́тная се́тка артиллери́йской ка́рты.

fire control instrument прибо́р управле́ния огнём, артиллери́йский прибо́р.

fire control lever гаше́тка (MG).

fire control map артиллери́йская ка́рта.

fire control net радиосе́ть для управле́ния огнём (Arty).

fire coordination согласова́ние огня́.

fire crest стрелко́вый гре́бень.

fire curtain огнева́я заве́са.

fire detector пожа́рный сигнализа́тор (fire alarm device).

fire direction такти́ческое управле́ние огнём (Arty).

fire direction net радиосе́ть такти́ческого управле́ния огнём (Arty).

fire discipline огнева́я дисципли́на, дисципли́на стрельбы́.

fire distribution распределе́ние огня́, разделе́ние огня́ (Arty).

fire effect огнево́е де́йствие (Tac); результа́ты огня́.

fire extinguisher огнетуши́тель *m*.

fire fight огнево́й бой.

fire-fighting огнетуше́ние, туше́ние.

fire for adjustment пристре́лка.

fire for effect ого́нь на пораже́ние.

fire hazard пожа́рная опа́сность.

fire hose пожа́рная кишка́.

fire hose nozzle брандспо́йт.

fire hydrant пожа́рный гидра́нт.

fire lane про́сека для артиллери́йского огня́ (Arty).

fireman кочега́р (stoker); пожа́рный (firefighter).

fire mission огнева́я зада́ча (Arty).

fire order прика́з на ого́нь.

fire plan план огня́ (Arty); пра́вила противопожа́рного обеспе́чения (rules for fire prevention).

fire position огнева́я пози́ция.

fire power огнева́я си́ла, мо́щность огня́.

fire problem уче́бная огнева́я зада́ча.

fireproof огнесто́йкий.

fireproof substance огнезащи́тное вещество́.

fire-reporting system пожа́рная сигнализа́ция (fire alarm system).

fire step стрелко́вая ступе́нь.

fire superiority огнево́е превосхо́дство.

fire support огнева́я подде́ржка.

fire tactics та́ктика огня́, огнева́я та́ктика.

fire trench стрелко́вый око́п.

fire unit огнева́я едини́ца.

fire wall противопожа́рная перегоро́дка, брандма́уер.

firewood дрова́ *n pl.*

fireworks пиротехни́ческие сре́дства.

firing angle у́гол горизонта́льной наво́дки.

firing azimuth а́зимут направле́ния це́ли бусо́ль це́ли.

firing battery огнево́й взвод.

firing bay стрелко́вый отсе́к око́па.

firing button спускова́я кно́пка (Tk).

firing chart огнево́й планше́т (Arty).

firing data да́нные для стрельбы́ (Arty).

firing device взрыва́тель *m* (Mine); уда́рный механи́зм (Arty).

firing interval оруди́йное вре́мя (Arty).

firing jack опо́рный домкра́т оруди́йной устано́вки (G).

firing leaf упо́рная пласти́нка вытяжно́го шнура́ (G).

firing lever спусково́й рыча́г.

firing line ли́ния огня́; передова́я стрелко́вая цепь (forward skirmish line).

firing lock уда́рный механи́зм оруди́йного затво́ра (G).

firing mechanism уда́рно-спусково́й механи́зм, уда́рный механи́зм, стреля́ющий механи́зм.

firing party кома́нда для руже́йного салю́та (salute); кома́нда для расстре́ла (execution squad).

firing pin уда́рник.

firing pin spring *See* firing spring.

firing position положе́ние для стрельбы́ (of men); боево́е положе́ние ору́дия (of gun). *See also* fire position.

firing range да́льность стрельбы́.

firing regulations наставле́ние для стрельбы́.

firing spring боева́я пружи́на.

firing squad *See* firing party.

firing tables таблицы стрельбы (Arty).
first aid первая помощь.
first-aid packet индивидуальный пакет, индивидуальный санитарный пакет.
first-aid station *See* **aid station.**
first call утренняя заря, сигнал подъёма.
first-echelon maintenance ремонт первого разряда, ремонт производимый самой частью.
first lietenant (USA) старший лейтенант (USSR).
first name имя *n.*
first objective ближайшая цель (Tac).
first sergeant старшина *m* в должности заведующего личным составом (USA).
firth лиман, устье.
fish рыба.
fishbone mine system система поперечных минных галлерей с ответвлениями.
fish net маскировочная сеть (Cam); рыболовная сеть.
fishplate стыковая накладка (RR).
fishtail виляние хвостом (Avn).
fishtailing торможение самолёта рулём при посадке (Avn).
fishtail wind переменный ветер.
fit *v* подгонять, пригонять (adjust); подходить (Mech); сидеть (Clo).
fitness пригодность (suitability); натренированность (state of training).
fitting подгонка, пригонка (adjustment); установка, монтаж (fixing in place); деталь (item of equipment); узел крепления (joint).
fix засечка, засечка пеленга.
fix *v* связывать, сковывать (pin down); закреплять (fasten); исправлять (put in order).
fix bayonets примкнуть штыки.
fixed ammunition унитарные патроны (Arty).
fixed antenna жёсткая антенна.
fixed armament орудия на неподвижных установках (CA).
fixed bridge мост на постоянных устоях.
fixed camouflage долговременная маскировка.
fixed fire закреплённый огонь в точку.
fixed ground radio set станционарная радиостанция.
fixed gun неподвижный пулемёт (MG); орудие на неподвижной установке (G).

fixed landing gear неубирающееся шасси.
fixed loft постоянная военноголубиная станция (Pigeon Com).
fixed machine gun неподвижный пулемёт.
fixed objective неподвижная цель.
fixed obstacle неподвижное заграждение, неподвижное препятствие.
fixed pivot неподвижная ось захождения (axis of movement); фланговый неподвижного фланга (man).
fixed power plant weight вес винто-моторной группы (Ap).
fixed round унитарный патрон.
fixed seacoast artillery береговая артиллерия на неподвижных установках.
fixed target неподвижная мишень (on a range); неподвижная цель.
flag флаг; флажок (signal flag); знамя *n* (color, standard).
flag of truce белый парламентёрский флаг.
flag signal флажной сигнал.
flag target флагообразная мишень буксируемая самолётом.
flame пламя *n.*
flame thrower огнемёт.
flame thrower gun брандспойт огнемёта (part of a flame thrower).
flame-throwing tank огнемётный танк.
flaming mixture огнемётная смесь.
flange закраина, фланец.
flange facing фланцевая поверхность.
flange joint фланцевое соединение.
flank фланг.
flank *v* фланкировать, брать во фланг.
flank attack *See* **flanking attack.**
flank detachment боковой отряд.
flank fire *See* **flanking fire.**
flank guard боковой отряд.
flanking action действие во фланг.
flanking attack наступление во фланг, боковой удар.
flanking fire фланкирующий огонь, продольный огонь.
flank march фланговый марш.
flank observation боковое одностороннее наблюдение при смещении превышающем 1,300 тысячных (Arty).
flank patrol боковой дозор.
flank protective fire огонь для прикрытия фланга.
flank security обеспечение флангов.
flank spotting *See* **flank observation.**
flank wind боковой ветер.

flap закры́лок (wing flap); элеро́н (aileron).

flap valve ство́рчатый кла́пан (Mech).

flare освети́тельный патро́н; освети́тельная раке́та; сигна́льная раке́та (signaling).

flareback выбра́сывание пла́мени при открыва́нии затво́ра (Arty).

flare bomb освети́тельная бо́мба.

flare parachute освети́тельный парашю́т.

flare pistol раке́тный пистоле́т.

flare up вспы́хивать.

flash ду́льное пла́мя (Arty); вспы́шка.

flash bomb навигацио́нная бо́мба.

flash central station центра́льная ста́нция опти́ческой разве́дки.

flash defilade укры́тие скрыва́ющее ду́льное пла́мя (Arty).

flash hider надду́льник-пламегаси́тель, пламегаси́тель m (MG).

flash hole запа́льное отве́рстие (Arty).

flashing beacon проблеско́вый сигна́л.

flashing light светосигнализа́ция, световая́ сигнализа́ция.

flashless-nonhygroscopic powder беспла́менный несыре́ющий по́рох.

flashlight карма́нный фона́рь.

flashlight battery батаре́йка.

flash message светогра́мма.

flash point температу́ра вспы́шки (Cml).

flash ranging светометри́я, засе́чка по бле́ску вы́стрелов, опти́ческая разве́дка (Arty).

flash-ranging adjustment пристре́лка по вспы́шкам разры́вов (Arty).

flash-ranging location светометри́ческое определе́ние неприя́тельских огневы́х пози́ций (Arty).

flash-ranging observation post светопо́ст.

flash-ranging platoon взвод опти́ческой разве́дки.

flash-ranging station светопо́ст, пост светометри́ческой разве́дки (Arty).

flash reconnaissance опти́ческая разве́дка (Arty).

flash tube центра́льная тру́бка (Am).

flask фля́га (canteen); стани́на лафе́та (G).

flat adj ро́вный, пло́ский, насти́льный.

flat car платфо́рма (RR).

flat fire See flat trajectory fire.

flat ground ро́вная ме́стность.

flat spin пло́ский што́пор (Avn).

flatten out выра́внивать самолёт (Avn); выра́внивать.

flat trajectory насти́льная траекто́рия.

flat-trajectory fire насти́льный ого́нь.

flat-trajectory weapon ору́жие насти́льного огня́.

flee бежа́ть, спаса́ться бе́гством.

fleet флот.

fleeting target бы́стро появля́ющаяся и исчеза́ющая цель.

flesh wound пове́рхностная ра́на.

Flettner controls се́рво-руль Фле́ттнера (Ap).

flexibility ги́бкость, эласти́чность, подви́жность.

flexibility of maneuver ги́бкость манёвра.

flexible ги́бкий, эласти́чный, подвижно́й.

flexible defense подвижна́я оборо́на, манёвренная оборо́на. See also mobile defense.

flexible gun подвижно́й пулемёт, туре́льный пулемёт, пулемёт на враща́ющейся устано́вке (MG); ору́дие на враща́ющейся устано́вке (Arty).

flexible shaft ги́бкий вал (Mech).

flick кратковре́менное освеще́ние це́ли прожектором, освеще́ние вспы́шкой прожектора (SL).

flick v захва́тывать лучо́м прожектора (SL).

flier лётчик.

flight полёт (flying); авиазвено́, звено́ (AAF unit); бе́гство (fleeing).

flight at lower altitude вид самолёта све́рху.

flight conditions усло́вия полёта.

flight control linkage тя́ги управле́ния.

flight control surface пло́щадь руле́й.

flight course лётный курс (Avn).

flight deck взлётная па́луба (aircraft carrier).

flight diagram схе́ма маршру́тов при аэрофотосъёмке.

flight during the hours of darkness ночно́й полёт.

flight during the hours of daylight дневно́й полёт.

flight formation лётный строй, полётный строй.

flight indicator указа́тель поворо́та и кре́на.

flight instruments пилота́жные прибо́ры.

flight line ли́ния маршру́тной фотосъёмки на ка́рте (Avn).

flight log журна́л полёта.

flight map авиацио́нная ка́рта.

flight method метод захода на цель отдельными звеньями с разных направлений (Avn).

flight officer младший заурядофицер лётчик (USA).

flight path траектория полёта.

flight path angle угол самолёта.

flight pay *See* flying pay.

flight personnel лётный состав.

flight position проекция самолёта в полёте.

flight range радиус действия.

flight report донесение о полёте.

flight strip посадочная площадка.

flight surgeon военный врач специалист по авиамедицине (USA).

flight test контрольный полёт.

flight training лётное обучение.

flinching дёргание плечом при выстреле.

float поплавок (Ap); пловучий устой (of bridge); плот (raft); опорный башмак (RR Arty).

float *v* держаться на воде, плавать.

float chamber поплавковая камера (Mtr).

floating aileron плавающий элерон.

floating aileron linkage arrangement плавающая система управления элеронами.

floating bridge пловучий мост, наплавной мост.

floating dock пловучий док.

floating mine пловучая мина.

floating piston свободный поршень (Mech).

floatplane поплавковый гидросамолёт.

flood наводнение (inundation); затопление (flooding); половодье (overflow of a river).

flood *v* наводнять, заливать, затоплять.

flooding затопление.

floodlight прожектор заливающего света; заливающий свет (illumination).

flooring настил.

flotation equipment поплавковое имущество.

flotilla флотилия.

flour мука.

flow поток, течение. *See also* airflow.

fluctuate колебаться, меняться (change).

fluctuating battle бой с переменным успехом.

fluid *adj* жидкий, текучий.

fluid front быстро меняющийся фронт, подвижной фронт (Tac).

fluorine флор.

flush rivet заклёпка с утопленной головкой, потайная заклёпка.

flutter вибрация, флаттер (Avn).

fly полотнище флага (of flag); откидное полотнище палатки (of tent).

fly *v* летать, лететь, совершать полёт.

fly a plane управлять самолётом.

fly a sortie производить самолётовылет, совершать самолётовылет.

flyer лётчик.

flying boat летающая лодка, лодочный гидросамолёт, гидролодка.

flying bridge временный мост; летучий паром (ferry); верхний мостик (Nav).

flying conditions *See* flight conditions.

flying ferry летучий паром.

flying field лётное поле. *See also* airdrome, flight strip, air field.

Flying Fortress "Летающая Крепость," бомбовоз типа В-17 (USA).

flying line стартовая линия (Avn).

flying pay лётные деньги.

flying position горизонтальное положение.

flying safety безопасность полёта.

flying school лётная школа, авиашкола.

flying senses лётные качества лётчика.

flying suit полётное обмундирование, полётная одежда.

flying technique техника полёта.

flying time часы налёта, налёт.

flying weather лётная погода.

flying wire несущий трос.

fly the beam лететь по радиолучу.

flywheel маховое колесо, маховик.

foal жеребёнок.

focal center фокус (Optics); информационная станция по радиопередаче (Rad); радиопост воздушного оповещения (AA).

focal point фокус лампы (SL).

focus фокус.

focus *v* ставить на фокус, фокусировать (Optics); направлять внимание.

fodder корм, фураж.

foe враг, неприятель *m* (enemy); противник (adversary).

foehn wind фен.

fog туман, влажный туман.

folder папка (binder).

folding *adj* складной.

folding rule складной метр.

folding seat откидное сидение.

folding wing складывающееся крыло (Ap).

foliage листва.

follow следовать, двигаться за.

follower последователь *m*; подаватель *m* (SA).

following wind попутный ветер.

follow-the-pointer laying наводка при помощи синхронной передачи данных (AAA).

follow up *v* развивать успех (Tac).

food провизия, пища, еда.

foodstuffs съестные продукты, продукты.

food supplies съестные припасы.

foot ступня; подножье (base); фут (measure).

foot brake педальный тормоз, ножной тормоз.

footbridge пешеходный мост.

foot-firing mechanism педальный стреляющий механизм (Arty).

footgear обувь.

foothill отрог горы, предгорье.

foothold точка опоры (Tac).

footpath пешеходная тропа.

forage фураж, корм.

forage *v* фуражировать.

forage ration фуражная дача.

foragers разомкнутый строй конницы, лава (Cav).

foraging фуражировка.

foraging party команда фуражиров.

foray набег, налёт.

forbid воспрещать.

force сила; вооружённая сила, войско (Mil); отряд (unit).

force *v* заставлять, принуждать; форсировать (an obstacle).

forced crossing форсирование водной преграды.

forced issue усиленный отпуск скоропортящихся припасов.

forced landing вынужденная посадка (Avn); производство десанта с боем (Tac).

forced march усиленный марш, форсированный марш.

force pump нагнетательный насос.

forcing cone снарядный конус каморы.

ford брод.

ford *v* переходить вброд, переправляться вброд.

fordable проходимый вброд.

fording переправа вброд, переход вброд.

forearm ствольная накладка (SA); предплечье.

foreground передний план, первый план; впередилежащая местность (Mil).

foreign иностранный, заграничный.

foreigner иностранец.

foreign service служба заграницей.

foresight прямое визирование (Surv); предусмотрительность.

forest лес.

forestall упреждать, предупреждать.

forfeiture of pay вычет из жалованья по суду.

forge кузница.

forge *v* ковать (shape); подделывать (falsify).

forge bellows кузнечные мехи *mpl*.

forged кованый; подделанный (falsified).

forge hammer кузнечный молот.

forge hearth кузнечный горн.

forge tongs кузнечные щипцы.

fork вилка (table utensil); вилы *fpl* (pitchfork); разветвление (bifurcation); изменение прицела соответствующее четырём вероятным отклонениям (Arty).

form форма, очертание; печатный бланк (blank).

form *v* образовывать, формировать, составлять.

formal официальный, формальный.

formation построение, строй, порядок (Mil); формация.

formation bombing групповое бомбометание, бомбометание строем.

formation in depth построение в глубину.

formation in width построение в ширину.

formation of ice лёдообразование.

formidable грозный (redoubtable); трудно преодолимый (difficult to overcome).

formula формула.

fort форт; стоянка частей береговой обороны (CA); гарнизонная стоянка (permanent post, USA).

fortification фортификация, укрепление.

fortified укреплённый.

fortified locality укреплённый район; укреплённый пункт (strong point).

fortified zone укреплённая полоса.

fortify укреплять.

fortress крепость.

forward *adv* вперёд.

forward area sight передний визир зенитного прицела (AAA).

forward echelon первый эшелон, головной эшелон (Tac); первый эшелон штаба (of a HQ).

forward impetus устремление вперёд.

"Forward, march!" "Шагом, марш!"

forward movement движение вперёд.

forward observation post передовой наблюдательный пункт.

forward observer передовой наблюдатель.

forward slope передний скат (Top; Ft).

fougasse фугас, фугас-камнемёт.

fouling пороховой нагар.

fouling shot выстрел для прочистки ствола (Arty).

foul wind противный ветер.

foundry чугунолитейный завод.

four-barreled machine gun счетверённый пулемёт.

four-cycle engine четырехтактный двигатель.

foxhole стрелковая ячейка, одиночный окоп. *See also* cave shelter.

fraction дробь (Math); доля.

fractional дробный, частичный.

fractostratus разорванно-слойстые облака.

fracture перелом (Med); трещина (crack).

fragment фрагмент, осколок, обломок.

fragmentary orders частные приказы.

fragmentation bomb авиабомба осколочного действия.

fragmentation grenade осколочная граната.

fragmentation shell осколочный снаряд.

frame рама; остов (framework).

framework ферма, остов, каркас.

frangible grenade противотанковая ручная зажигательная граната.

fraudulent обманный, мошеннический.

fraudulent enlistment добровольное поступление на службу с дачей ложных сведений.

free *v* освобождать.

free *adj* свободный; бесплатный (free of charge).

free balloon аэростат для свободных полётов.

freedom свобода.

free jump свободный прыжок (Prcht).

free net свободная радиосеть (Rad).

free recoil свободный откат.

free tower парашютная вышка без подвесной системы.

free wheeling свободная передача.

freeze *v* морозить; замораживать *tr,* мёрзнуть *intr.*

freezing замерзание.

freezing point точка замерзания.

freight фрахт, груз.

freight car товарный вагон (RR).

freighter barge грузовая баржа.

freight station товарная станция.

freight train товарный поезд.

frequency частота.

frequency coverage диапазон радиоволн (Rad).

frequency meter частотомер (Rad).

frequency modulation частотная модуляция.

frequency range *See* frequency coverage.

fresh свежий.

fresh breeze свежий ветер (Beaufort scale).

fresh gale очень крепкий ветер (Beaufort scale).

fresh water пресная вода.

fret saw лобзик, прорезная пила.

friction трение.

friction brake фрикционный тормоз.

friction clutch фрикционное сцепление.

friction primer вытяжная трубка, тёрочный воспламенитель (Am).

Friday пятница.

friendly troops свои войска *n pl.*

fringe опушка (of forest, wood, grove); бахрома.

Frise aileron элерон Фриза.

frog стрелка копыта (H); крестовина стрелки (RR); крючок ружейного ремня (of rifle sling).

front фронт (Mil); лицевая часть (front side); фасад (of a building); главный фронт (Met).

frontage протяжение по фронту, ширина фронта.

frontal *adj* фронтальный.

frontal attack фронтальное наступление, лобовая атака.

frontal direction фронтальное направление.

frontal fire фронтальный огонь.

frontal resistance лобовое сопротивление.

frontal security фронтальное охранение.

front drive переднее управление (MT).

frontier граница.

front line линия фронта, передовая линия.

frontogenesis фронтогенез.
frontolysis фронтолиз.
front rank пе́рвая шере́нга.
front sight му́шка.
front sign большо́й отма́х (Semaphore Com).
front spar пере́дний лонжеро́н крыла́ (Ap).
frost моро́з.
frostbite обморо́женное ме́сто.
frostbitten обморо́женный.
frozen моро́женый, замёрзший.
frustrate расстро́ить, свести́ на нет, сорва́ть.
fuel то́пливо, горю́чее.
fuel base ба́за горю́чего.
fuel cake брике́т.
fuel consumption расхо́д горю́чего (Mtr).
fuel filling запра́вка горю́чим.
fuel gage бензоме́р.
fuel line трубопрово́д горю́чего.
fuel oil мазу́т.
fuel pipe See fuel tube.
fuel pressure gage мано́метр для горю́чего.
fuel pump насо́с для пода́чи горю́чего, бензопо́мпа.
fuel strainer бензофи́льтр.
fuel system систе́ма пита́ния горю́чим.
fuel tank бензи́новый бак, бензоба́к.
fuel tube бензопрово́д.
fugitive бегле́ц.
full по́лный.
full charge по́лный заря́д.
full dress пара́дная фо́рма.
full load по́лная нагру́зка, по́лный груз.
full pack по́лная укла́дка, по́лное похо́дное снаряже́ние.

full sight ро́вная му́шка.
full speed по́лный ход.
full step по́лный шаг.
full-track vehicle гу́сеничная маши́на, маши́на на гу́сеничном ходу́.
fulminate of mercury грему́чая ртуть.
function фу́нкция; назначе́ние (purpose); обя́занность (duty).
function v функциони́ровать, де́йствовать.
fund фонд, су́ммы f pl.
funeral escort наря́д для отда́ния после́дних во́инских по́честей.
funeral honors отда́ние после́дних во́инских по́честей.
funnel воро́нка; дымова́я труба́ (stack).
furlough о́тпуск.
furnish снабжа́ть; доставля́ть (deliver).
fuse пла́вкий предохрани́тель (Elec).
fuse box предохрани́тельная коро́бка (Elec).
fuselage фюзеля́ж.
future position упреждённая то́чка (Art). See also set forward point.
fuze снаря́дная тру́бка, взрыва́тель m; запа́л ручно́й грана́ты.
fuze adapter вту́лка очка́ снаря́да (Am).
fuze composition тру́бочный соста́в (Am).
fuzed shell снаря́д с вви́нченной тру́бкой (Am).
fuze range тру́бочная да́льность.
fuze setter устано́вщик дистанцио́нной тру́бки (man); прибо́р для устано́вки дистанцио́нной тру́бки (device).
fuze setting устано́вка тру́бки.
fuze wrench ключ для устано́вки дистанцио́нных тру́бок.

G

G-1 строево́й отде́л шта́ба (USA).
G-2 разве́дывательный отде́л (USA).
G-3 операти́вный отде́л общевойсково́го шта́ба (USA).
G-4 отде́л ты́ла шта́ба (USA).
gabion тур (Ft).
gage измери́тельный прибо́р (instrument); ме́ра (measure); кали́бр (caliber); масшта́б (scale); ширина́ коле́й (RR).
gage v измеря́ть (measure); калиброва́ть (calibrate).
gain n успе́х.

gain altitude v набира́ть высоту́ (Avn).
gain contact входи́ть в соприкоснове́ние, входи́ть в связь.
gain ground выи́грывать простра́нство, продвига́ться вперёд.
gain information добыва́ть све́дения.
gain time выи́грывать вре́мя.
gait аллю́р.
gait of march ма́ршевая ско́рость (Cav).
gale шторм, бу́ря.
gallery галлере́я; кры́тый тир (enclosed range).
gallery practice стрельба́ в кры́том ти́ре.

gallop галóп (Cav).
gallows вѝселица.
galvanometer гальваномéтр.
gap промежýток (interval); расстоя́ние (distance); брешь, разры́в (breach); высотá корóбки биплáна (Avn).
Garand rifle винтóвка Гарáнда.
garnished net маскирóвочная сеть с вплетённым маскирóвочным материáлом (Cam).
garrison гарнизóн.
garrison cap пилóтка.
garrison duty гарнизóнная слýжба.
garrison prisoner арестóванный приговорённый к лишéнию свобóды без исключéния со слýжбы (Mil Law, USA).
garrison ration дáча мѝрного врéмени.
gas газ (gaseous substance); отравля́ющее веществó (chemical agent); горю́чее (fuel); бензѝн (gasoline).
gas v поразѝть отравля́ющим веществóм.
gas absorber химпоглотѝтель m (absorbing substance, CWS).
gas alarm химѝческая тревóга; сигнáл химѝческой тревóги (signal).
gas alert химѝческая готóвность.
gas attack химѝческая атáка, химѝческое нападéние.
gas barrier химѝческое заграждéние.
gas bomb химѝческая бóмба.
gas candle ядовитоды́мная свечá.
gas casualty поражённый отравля́ющим веществóм.
gas cell гáзовый баллóн (Ash).
gas chamber кáмера испытáния противогáзов (CWS).
gas check обтюрѝрующее приспособлéние.
gas cloud гáзовая волнá (CWS).
gas curtain зáнавес газоубéжища (CWS).
gas cylinder гáзовая кáмора (MG); газобаллóн (CWS).
gas defense противохимѝческая оборóна.
gas defense training обучéние противохимѝческой оборóне.
gas discipline гáзовая дисциплѝна.
gas engine гáзовый мотóр.
gas identification set учéбный комплéкт для опознавáния отравля́ющих вещéств.
gas mask противогáз.
gas mask carrier сýмка противогáза.
gas-mask filter фильтр противогáза.

gas mixture карбюрáторная смесь (Mtr); смесь отравля́ющих вещéств (CWS).
gas officer начáльник химѝческой слýжбы полкá (in regiment); химѝческий инстрýктор рóты (in a company).
gasoline бензѝн.
gasoline engine карбюрáторный двѝгатель.
gasoline filter бензѝновый фильтр.
gasoline tank бензѝновый бак, бензобáк.
gas-operated дéйствующий отвóдом гáзов (MG).
gas piston гáзовый пóршень (MG).
gas port отвéрстие для гáзов в стволé пулемёта.
gas pressure давлéние гáзов.
gas projectile See gas shell.
gasproof газонепроницáемый.
gasproof shelter газоубéжище.
gas protective equipment противохимѝческое оборýдование.
gas regulator гáзовый регуля́тор (MG).
gassed поражённый отравля́ющим веществóм (person); заражённый отравля́ющим веществóм (contaminated).
gassed area учáсток заражéния (CWS).
gas sentry противохимѝческий наблюдáтель.
gas shell химѝческий снаря́д.
gas shelter See gasproof shelter.
gas spraying разбры́згивание отравля́ющих вещéств с самолёта.
gas tank See gasoline tank.
gas valve гáзовый клáпан (Mech).
gas warfare химѝческая войнá.
gas warning химѝческое оповещéние.
gather собирáть.
gauge See gage.
gauze кисея́; мáрля (Med); лёгкая ды́мка (Met).
gear шестерня́ (Mech).
gear box корóбка передáч.
gear drive зубчáтый привóд.
gear ratio передáточное числó.
gear shifting переключéние скоростéй.
gearshift lever рычáг переключéния передáч.
gear wheel зубчáтая шестерня́.
gelding мéрин.
general генерáл, пóлный генерáл.
general adj óбщий.
general assault óбщая атáка.
general counterattack óбщая контратáка.
general counterpreparation óбщая контрподготóвка.

general court-martial общий военный суд (Mil Law, USA).

general data основны́е да́нные.

general depot склад всех ви́дов снабже́ния (USA).

general dispensary внегарнизо́нная амбулато́рия.

general engineer troops сапёрные ча́сти *fpl*; инжене́рные войска́ *npl*.

general headquarters штаб верхо́вного главнокома́ндующего, ста́вка гла́вного кома́ндования.

general headquarters Air Force авиа́ция резе́рва гла́вного кома́ндования.

general headquarters artillery артилле́рия резе́рва гла́вного кома́ндования.

general headquarters reserve резе́рв гла́вного кома́ндования.

general headquarters tank units та́нки резе́рва гла́вного кома́ндования.

general hospital клини́ческий вое́нный го́спиталь (USA).

general inspection годи́чный инспе́кторский смотр.

general map о́бщая ка́рта.

general military service вое́нная слу́жба в любо́й строево́й до́лжности.

general officer лицо́ вы́сшего кома́ндного соста́ва, генера́л.

general orders администрати́вно-строевы́е прика́зы; о́бщая инстру́кция часовы́м (instructions for sentinels USA).

general outpost сторожево́е охране́ние.

general prisoner аресто́ванный приговорённый к лише́нию свобо́ды и исключе́нию со слу́жбы (Mil Law, USA).

general-purpose bomb фуга́сная бо́мба.

general-purpose vehicle пово́зка о́бщего назначе́ния, пово́зка неспециализо́ванная.

general reserve о́бщий резе́рв.

general service *See* general military service.

general situation о́бщая обстано́вка.

general staff генера́льный штаб.

General Staff Corps ко́рпус офице́ров генера́льного шта́ба (USA).

general staff group операти́вная гру́ппа кру́пного общевойсково́го шта́ба.

general staff with troops офице́ры генера́льного шта́ба при кру́пных общевойсковы́х штаба́х.

general supplies о́бщее вое́нно-хозя́йственное дово́льствие.

general support подде́ржка артилле́рией да́льнего де́йствия.

generator генера́тор (Elec).

gentle breeze сла́бый ве́тер.

gentle slope отло́гий спуск, поло́гий склон.

geodesy геоде́зия.

geodetic control геодези́ческая опо́рная сеть.

geodetic point то́чка опо́рной геодези́ческой се́ти.

geodetic survey геодези́ческая съёмка.

geodetic triangulation госуда́рственная триангуля́ция.

geographic coordinates географи́ческие координа́ты *fpl*.

geographic map географи́ческая ка́рта.

geometric projection геометри́ческая прое́кция (Top).

geophone геофо́н, прибо́р для подслу́шивания.

germicide дезинфекцио́нное сре́дство.

getaway speed ско́рость отры́ва (Seaplane).

get out of control потеря́ть спосо́бность управля́ться (to lose maneuverability); вы́йти из рук (Mil).

G H Q *See* general headquarters.

girder ба́лка, фе́рма.

girth подпру́га (H).

girth strap пристру́га.

give ground отойти́, пода́ться наза́д (Tac).

give quarter дава́ть поща́ду.

give way не вы́держать; уступа́ть (to yield); пода́ться наза́д (to yield ground).

glacier ледни́к, гле́тчер.

glacis гла́сис.

glade прога́лина, лесна́я поля́на.

gland нажимна́я вту́лка (Mech); железа́ (Med).

glanders сап (Vet).

glare ослепи́тельный свет, сия́ние.

glass стекло́; стака́н (container).

glaze гололёд (clear ice).

glide плани́рование, плани́рующий спуск (Avn); скольже́ние.

glide *v* скользи́ть, плани́ровать (Avn).

glide bombing бомбомета́ние с плани́рования (Avn).

glide formation bombing сери́йное бомбарди́рование с плани́рования.

glide landing поса́дка с плани́рования (Avn).

glider планёр (Avn); глиссёр, го́ночная ло́дка (Nav).

glider train возду́шный по́езд.

gliding angle у́гол плани́рования (Avn).

gliding descent плани́рующий спуск (Avn).

gliding flight плани́рующий полёт (Avn).

gliding range да́льность плани́рования (Avn).

gliding speed ско́рость плани́рования (Avn).

gliding turn плани́рующий разворо́т (Avn).

glissade скольже́ние на крыло́ (Avn).

glove перча́тка.

gnomonic projection гномони́ческая прое́кция.

go итти́; уходи́ть (to go away); отправля́ться (to take off).

goggles лётные очки́ (Avn); защи́тные очки́.

going around again ухо́д на второ́й круг (Avn).

gondola гондо́ла (Ash).

goniometer гониоме́тр.

go off взорва́ться (to explode); вы́стрелить (of a firearm); оторва́ться (Avn).

gore продо́льное полотни́ще оболо́чки дирижа́бля (Ash).

gorge уще́лье; го́ржа (Ft).

gorge trench го́ржевая транше́я (Ft).

governor губерна́тор; регуля́тор (Mech).

grade сте́пень; зва́ние чино́в мла́дшего кома́ндующего соста́ва (Mil); продо́льный укло́н (RR).

grade chevron знак разли́чия сержа́нтского соста́ва (USA).

grade crossing железнодоро́жный перее́зд (RR).

grader гре́йдер (Engr).

gradient градие́нт (Met).

gradient of a slope отноше́ние высоты́ к заложе́нию ска́та.

gradient wind градие́нтный ве́тер (Avn).

grading профили́рование (Engr).

gradual постепе́нный.

graduated разделённый на сте́пени, градуи́рованный.

graduated elevation drum дистанцио́нный бараба́н прице́ла (Arty).

graduated time train ring ни́жнее дистанцио́нное кольцо́.

grain зерно́; волокно́ (of wood); структу́ра (structure).

grain ration да́ча зерново́го фуража́.

grand maneuvers больши́е манёвры.

grand strategy вы́сшая страте́гия.

grand tactics та́ктика кру́пных войсковы́х соедине́ний.

granulation грануля́ция, зерни́стость.

grape карте́чь (canister); виногра́д (fruit).

graph гра́фик, диагра́мма.

graphic графи́ческий.

graphic method графи́ческий ме́тод (Surv).

graphic scale графи́ческий масшта́б.

graphite grease графи́тная сма́зка (Arty).

graph paper миллиметро́вка.

grapnel ко́шка (claws).

grass трава́.

grave моги́ла.

gravel гра́вий; мочево́й песо́к (Med).

Graves Registration Service слу́жба погребе́ния и моги́л (USA).

gravimetric density гравиметри́ческая пло́тность.

gravity си́ла тя́жести.

gravity feed пода́ча самотёком.

gravity tank бак для пода́чи самотёком.

gray се́рый.

graze клево́к (Arty).

grazing fire ого́нь не превыша́ющий высоты́ живо́й це́ли.

grazing trajectory траекто́рия огня́ не превыша́ющего высоты́ живо́й це́ли.

grease жир, са́ло; сма́зка (lubricant).

grease cup маслёнка, таво́тница.

grease gun таво́тный шприц (Mech).

great circle большо́й круг.

great-circle chart ка́рта большо́го кру́га, ка́рта в гномони́ческой прое́кции.

green зелёный.

green fodder зелёный корм.

Greenwich hour angle гри́нвический часово́й у́гол.

Greenwich time гри́нвическое вре́мя.

grenade грана́та.

grenade launcher руже́йный гранатомёт, руже́йная морти́рка.

grenade launcher sight угломе́р-квадра́нт руже́йного гранатомёта.

grenade net противограна́тная се́тка.

grenade thrower гранатомётное приспособле́ние.

grenade throwing мета́ние ручны́х грана́т.

grenadier гранатомётчик.

grid радиосе́тка (Rad); координа́тная се́тка (Surv); решётка (net).

grid azimuth дирекцио́нный у́гол.

grid condenser конденса́тор се́тки (Rad).

grid current се́точный ток (Rad).

grid declination у́гол сближе́ния меридиа́нов.

gridded map ка́рта с координа́тной се́ткой.

grid lines ли́нии координа́тной се́тки.

grid north се́вер координа́тной се́тки (Surv).

grid paper *See* graph paper.

grid sheet постро́итель для пристре́лки по изме́ренным отклоне́ниям.

grid system, систе́ма координа́т.

grip хва́тка, захва́т; рукоя́тка (handle); эфе́с (of saber); ру́чка управле́ния огнём (MG).

grooming убо́рка (H).

groove наре́з (rifling); паз, желобо́к.

gross load по́лная нагру́зка.

gross weight полётный вес (Avn).

ground земля́, грунт (soil); ме́стность (terrain).

ground *v* заземли́ть (Elec).

ground-air panel авиасигна́льное полотни́ще.

ground alert гото́вность истреби́телей к вы́лету по трево́ге.

ground angle поса́дочный у́гол (Avn).

ground burst *See* graze.

ground clearance кли́ренс (MT).

ground connection заземле́ние (Elec).

ground crew назе́мный соста́в авиасоедине́ния.

grounding воспреще́ние полёта (Avn); заземле́ние (Elec).

ground installations назе́мное обору́дование.

ground light machine gun станко́вый пулемёт.

ground loop капота́ж (Avn).

ground network сеть заземле́ния (Rad).

ground object назе́мный ориенти́р (feature); назе́мный предме́т.

ground observation назе́мное наблюде́ние, земно́е наблюде́ние.

ground observation post пост назе́много наблюде́ния.

ground observer назе́мный наблюда́тель.

ground organization назе́мный соста́в и назе́мное обору́дование возду́шных сил (Avn).

ground projector *See* ground signal projector.

ground reconnaissance назе́мная разве́дка.

ground signal назе́мный сигна́л раке́той (Sig C).

ground signal projector раке́тница (Sig C).

ground speed путева́я ско́рость (Avn).

ground strafing пулемётный обстре́л с самолётов.

ground training назе́мная трениро́вка (Avn).

ground troops назе́мные войска́.

group гру́ппа; эскадри́лья (Avn); у́зел (Mech).

group commander команди́р гру́ппы; команди́р эскадри́льи (Avn).

group firing группова́я уче́бная стрельба́ (Inf).

group formation полётный строй эскадри́лий (Avn).

grouping группиро́вка.

group ment артиллери́йская гру́ппа(Arty); гру́ппа батаре́й берегово́й артилле́рии (CAC).

group of armies гру́ппа а́рмий, фронт.

grouser· шпо́ра башмака́ гу́сеницы (Tk).

grouser bar брусо́к башмака́ гу́сеницы (Tk).

grove ро́ща.

grummet оплётка предохраня́ющая веду́щий поясо́к (Arty).

guard карау́л (Mil); часово́й, карау́льный (sentinel); сто́рож (watchman); охра́на, защи́та (protection); спускова́я скоба́ (trigger guard); га́рда (of sword).

guard *v* охраня́ть, сторожи́ть.

guard detail карау́льный наря́д.

guard duty карау́льная слу́жба.

guardhouse карау́льное помеще́ние, гауптва́хта.

guard mount разво́д карау́лов, сме́на карау́ла.

guard of honor почётный карау́л.

guardrail контрре́льс.

guardroom карау́льное помеще́ние.

guardsman гварде́ец (member of an elite unit); карау́льный (watchman).

gudgeon ше́йка кривоши́па, крейцко́пфный болт (Mech).

guerrilla партиза́н.

guerrilla warfare партиза́нская война́.

guide направля́ющая часть (leading unit); веду́щий (leader); проводни́к, мая́к.

guide flag ориентиро́вочный флажо́к.

guide rope га́йдроп, кана́т девиа́тор (Avn).

guidon флажо́к, значо́к; значко́вый (man).

gully у́зкий овра́г, водосто́к.

gun пу́шка, ору́дие (Arty); пулемёт (MG); огнестре́льное ору́жие (a firearm).

gun barrel руже́йный ствол (R); оруди́йный ствол (Arty).

gun battery пу́шечная батаре́я.
gunboat каноне́рская ло́дка.
gun book формуля́р ору́дия.
gun bunker оруди́йный ДОТ.
gun carriage лафе́т, оруди́йный стано́к.
gun chamber ка́мора ору́дия, патро́н-ник.
gun commander команди́р оруди́йного расчёта.
guncotton пироксили́н.
gun cover оруди́йный чехо́л.
gun cradle лю́лька.
gun crew оруди́йный расчёт.
gun deflection board планше́т-построи́-тель боковы́х попра́вок (Arty).
gun difference разнобо́йность ору́дий.
gun displacement смеще́ние ору́дия, па-ралла́кс ору́дия.
gun emplacement оруди́йный око́п.
gunfire артиллери́йский ого́нь.
gun hoist подъёмный кран для заря-жа́ния (Arty).
gun in position боево́е положе́ние ору́-дия.
gun lever подъёмный рыча́г скрыва́ю-щегося лафе́та.
gun mount оруди́йная устано́вка, ору-ди́йный стано́к; пулемётный стано́к (MG).
gunner наво́дчик (Arty); пулемётчик (MG).
gunner's quadrant квадра́нт (Arty).
gunnery тео́рия и пра́ктика стрельбы́.
gun parallax See gun displacement.
gun park оруди́йный парк.
gun pit оруди́йный око́п.
gun platform оруди́йная платфо́рма.

gun pointer оруди́йный наво́дчик (САС).
gun port амбразу́ра пу́шки, амбразу́ра пулемёта (Tk).
gunpowder чёрный по́рох, ды́мный по́-рох.
gunrack сто́йка для винто́вок, пирами́-да для винто́вок.
gun rail направля́ющий рельс станка́ пулемёта на бронемаши́не.
gun section ору́дие как боева́я едини́-ца.
gun shelter ста́вень амбразу́ры.
gun shield оруди́йный щит.
gunshot диста́нция прямо́го вы́стрела.
gun slides сала́зки fpl (G).
gun sling руже́йный реме́нь (R); ору-ди́йный строп (Arty).
gunsmith оруже́йный ма́стер.
gun-target line ли́ния це́ли (Arty).
gun wave ду́льная волна́.
gust поры́в ве́тра.
guy rope оття́жка (Ash).
gyrocompass See gyroscopic compass.
gyro horizon авиагоризо́нт, иску́сствен-ный горизо́нт.
gyropilot автопило́т.
gyroplane автожи́р, жиропла́н.
gyroscope гироско́п, жироско́п.
gyroscopic compass жироскопи́ческий ко́мпас.
gyroscopic instrument жироскопи́ческий прибо́р.
gyro stabilizer жироскопи́ческий стаби-лиза́тор.
gyro turn indicator жироскопи́ческий указа́тель поворо́та (Avn).

H

hachure изображе́ние рельефа штри-ха́ми, штрихи́ m pl.
hachure v штрихова́ть.
hack saw пила́-ножёвка для мета́лла.
hail град.
hair hygrometer волосно́й гигро́метр.
hair trigger чувстви́тельный спусково́й крючо́к.
"Half left, face!" "Полуоборо́т нале́во!"
half-masted flag приспу́щенный флаг.
"Half right, face!" "Полуоборо́т напра́-во!"
half roll полубо́чка, переворо́т че́рез крыло́ (Avn).
half step пол-шага́.

half-track tank полугу́сеничный танк, колёсно-гу́сеничный танк.
half-track vehicle полугу́сеничная ма-ши́на.
halt остано́вка, прива́л.
halt v остана́вливать tr; остана́вли-ваться intr; де́лать прива́л (to stop for rest during a march).
"Halt!" "Стой!"
halter недоу́здок.
halt order прика́з о расположе́нии на о́тдых.
halve v дели́ть попола́м, полови́нить (divide); уменьша́ть вдво́е (reduce); соединя́ть вполде́рева (Carpentry).

halving and coincidence adjustment выверка дальномера по направлению и дальности.

hammer курок (SA); ударник (G); молоток, молот (tool).

hammer *v* бить молотком (strike with a hammer); заколачивать (drive in); долбить (Arty).

hammer pin ось курка.

hamper *v* тормозить, препятствовать.

hand рука; стрелка (of a watch).

hand brake ручной тормоз.

hand control ручное управление.

hand crank заводная рукоятка.

hand flag флажок, сигнальный флажок.

hand grenade ручная граната.

handguard ствольная накладка (R).

handkerchief носовой платок.

handle ручка, рукоятка.

Handley Page slot щелевой элерон типа Хендлей Пейдж.

hand-operated действующий вручную.

hand pump ручной насос.

handrail поручень *m*, перила *n pl.*

hand salute военное приветствие рукой.

handset микротелефонная трубка (Tp).

handspike правило.

hand starter ручной заводной механизм.

hand throttle ручной дроссель.

hand-to-hand combat рукопашный бой, рукопашная схватка.

handwheel маховик, маховичок.

handy подручный (ready at hand); удобный в обращении (convenient), ловкий (deft).

hangar ангар.

hangfire затяжной выстрел.

hangwire шнур ставящий авиабомбу на разрыв.

harass изматывать (Tac), беспокоить, не давать покоя.

harassing agent изматывающее отравляющее вещество.

harassing fire изматывающий огонь, беспокоящий огонь.

harassing tactics тактика изматывания.

harbor гавань (Nav); приют, пристанище.

harbor defense участок береговой обороны.

hard твёрдый, жёсткий; сухой (bread).

hardened steel закалённая сталь.

harmonization пристрелка оружия (SA); согласование, координация.

harness подвесная система парашюта (Prcht); амуниция (H).

harness *v* заамуничивать.

harness straps лямки подвесной системы (Prcht).

hasty crossing поспешная переправа, переправа при помощи подручных средств.

hasty defense оборона на поспешно оборудованной местности.

hasty field fortification поспешное полевое укрепление.

hasty intrenching самоокапывание, поспешное сооружение окопов.

hasty intrenchments поспешные полевые укрепления.

hasty mine field поспешно заложенное минное поле.

hasty profile набросок профиля местности с карты.

hasty sling adjustment перекидывание ружейного ремня через руку для упора (USA).

hasty trench окоп поспешного профиля.

hatch люк.

hatchet топорик.

haul *v* тащить, тянуть.

haversack ранец.

hay сено.

hazard риск.

haze лёгкий туман, дымка.

HC smoke mixture гексахлорэтан.

head голова (Anat); головная часть (forward element); глава, начальник (chief); головка снаряда (of projectile).

head *v* возглавлять; вести (to lead); направляться (move toward).

headgear головной убор.

headlight фара.

head nurse старшая медицинская сестра.

head of column голова колонны.

headpad назатыльник (gas mask).

headphones наушники телефона.

headquarters штаб.

headquarters and service company штабная и хозяйственная рота (USA).

headquarters battery штабная батарея (USA).

headquarters company штабная рота.

head resistance лобовое сопротивление (Ballistics).

headset головной телефон (Tp).

head space зазор между затвором и казённым срезом ствола (MG).

headway расстояние во времени ме-

жду голова́ми двух после́дователь-
ных часте́й коло́нны (motor march);
продвиже́ние вперёд (progress).
head wind встре́чный ве́тер.
health здоро́вье.
heat теплота́, жара́.
heating отопле́ние, нагрева́ние; на-
ка́л (Rad).
heat-resisting жароусто́йчивый.
heavier-than-air aircraft лета́тельный ап-
пара́т тяжеле́е во́здуха.
heavy тяжёлый; си́льный (strong).
heavy armament тяжёлое вооруже́ние.
heavy artillery тяжёлая артилле́рия.
heavy bomber тяжёлый бомбардиро́в-
щик.
heavy machine gun станко́вый пулемёт.
heavy machine gun emplacement ячейка
для станко́вого пулемёта.
heavy maintenance большо́й ремо́нт.
heavy marching order по́лное похо́дное
снаряже́ние.
heavy ponton battalion тяжёлый понто́н-
ный батальо́н.
heavy shellproof shelter убе́жище от тяжёлых снаря́дов всех кали́бров.
heavy tank тяжёлый танк.
heavy weapons company пулемётно-ми-
номётная ро́та.
hedge и́згородь.
hedgehog ёж, перено́сное колю́чее пре-
пя́тствие (obstacle).
hedge hop v лета́ть бре́ющим полётом
(Avn).
hedge-hop bombing бомбомета́ние с
бре́ющего полёта.
hedge hopping бре́ющий полёт (Avn).
heel пя́тка (Anat; socks); каблу́к (shoe);
тупо́й у́гол прикла́да (R).
heel calk за́дний шип (H).
height высота́, вышина́; возвы́шен-
ность (elevation); рост (of a man or
animal).
height correction попра́вка на высоту́
(AA).
height finder высотоме́р (AA).
height of burst высота́ разры́ва (Arty).
height-of-image adjustment вы́верка сте-
реодальноме́ра по высоте́ (AA).
helicopter геликоптер.
heliograph гелиогра́ф.
heliotrope гелиотро́п.
helium ге́лий.
helix angle у́гол ло́пасти винта́ (Avn).
helmet шлем; стально́й шлем (steel
helmet).
helmet liner подшле́мник.

hemisphere полуша́рие.
hemorrhage кровоизлия́ние.
hermetical partition гермети́ческая пе-
регоро́дка (CWS).
hero геро́й.
heterogeneous разноро́дный.
hexachlorethane гексахлорэта́н.
H-hour час ата́ки.
hidden скры́тый, прикры́тый.
hide v пря́тать, скрыва́ть (conceal).
high-alloy steel высокоспла́вная сталь.
high-altitude bombing бомбомета́ние с
больши́х высо́т.
high-altitude engine высо́тный мото́р.
high-altitude flying высо́тный полёт.
high-angle fire ого́нь при угле́ возвы-
ше́ния превосходя́щем у́гол наи-
бо́льшей да́льности (Arty).
high-burst ranging пристре́лка на вы-
со́ких разры́вах.
high-burst registration пристре́лка по
возду́шному репе́ру.
high-burst registration point возду́шный
репе́р.
high explosive дробя́щее взры́вчатое
вещество́.
high-explosive bomb фуга́сная бо́мба.
high-explosive shell бриза́нтный снаря́д
(antipersonnel); фуга́сный снаря́д
(against matériel).
high frequency высо́кая частота́ (Rad).
high oblique перспекти́вный аэрофо-
тосни́мок включа́ющий горизо́нт
(Photo).
high-order detonation по́лная детона́ция,
по́лный взрыв.
high pitch большо́й шаг винта́ (Avn).
high-speed быстрохо́дный, скоростно́й.
high-speed aircraft скоростно́й самолёт.
high-tension cable ка́бель высо́кого на-
пряже́ния.
high-tension current ток высо́кого на-
пряже́ния.
high vacuum высо́кий ва́куум (Rad).
highway больша́я доро́га, шоссе́.
high-wing monoplane монопла́н с высо-
ко́ располо́женным крыло́м.
high wire entanglement про́волочное за-
гражде́ние на высо́ких ко́льях.
hill холм, высота́.
hillside склон холма́, косого́р.
hilltop верши́на холма́.
hilt рукоя́тка, эфе́с.
hinder препя́тствовать, меша́ть, тормо-
зи́ть.
hindrance поме́ха.
hinge шарни́р.

H-iron двутавровая балка.

hit попадание, удар в цель.

hit v ударять (strike); попадать (a target).

hit-and-run tactics тактика коротких ударов без ввязывания в серьёзный бой.

hitch v прицеплять (couple); запрягать (harness); привязывать (tie).

hoarfrost изморозь.

hock скакательный сустав (H).

hoist подъёмник, лебёдка (Mech).

hoist v поднимать.

hoist the flag поднять флаг.

hold v держать, держаться; удерживать, удерживаться (position, terrain); полагать, считать (think).

hold a commission иметь офицерский чин.

holdfast анкерный кол, анкерный брус; точка опоры, точка закрепления (point of support).

holding and reconsignment point распределительный пункт подвоза.

holding attack сковывающий удар.

holding force сковывающая группа.

holding garrison части занимающие передний край обороны.

hold out продержаться.

hollow ложбина.

hollow shaft пустотелый вал (Mech).

holster кобур.

home station место постоянной стоянки.

homing pigeon почтовый голубь.

homogeneous однородный.

honeycomb coil сотовая катушка (Rad).

honeycomb radiator сотовый радиатор.

honor честь; почесть (Mil).

honorable discharge увольнение со службы с благоприятным отзывом (USA).

hood капот (MT); башлык, капюшон (headgear).

hoof копыто.

hoof hook крючок для расчистки копыта.

hook крючок, крюк.

horizon горизонт, видимый горизонт.

horizontal adj горизонтальный.

horizontal angle горизонтальный угол.

horizontal-base method горизонтально-базисная система определения места цели (CAC).

horizontal bombing бомбометание с горизонтального полёта.

horizontal clock system применение горизонтального часового циферблата для целеуказания и корректировки стрельбы (Arty).

horizontal control система опорных точек в горизонтальном плане (Surv).

horizontal fire горизонтальный огонь, огонь при угле местности не превышающем 10°, See also terrestrial fire.

horizontal projection горизонтальная проекция.

horizontal range горизонтальная дальность, топографическая дальность.

horn звукоприёмник (of sound locator); кабанчик плоскости управления (Avn); рупор (Rad); валторна (musical instrument); автомобильный гудок (MT); рог.

horn balance роговой компенсатор.

horn collector приёмник звукоулавливателя.

horse лошадь, конь m.

horse artillery конная артиллерия.

horse blanket попона.

horse cavalry немеханизированная конница.

horse-drawn artillery артиллерия конной тяги.

horse driver возница m; ездовой (Arty).

horse gas mask конский противогаз.

horseholder коновод (Cav).

horse length видимый размер корпуса лошади.

horsemanship искусство езды и управления лошадью.

horsepower лошадиная сила.

horseshoe подкова.

horseshoer ковочный кузнец.

horseshoeing ковка.

horseshoeing rasp кузнечный рашпиль.

horseshoe nail подковный гвоздь.

horse traction конная тяга.

horsewhip хлыст.

hose кишка, шланг (flexible pipe).

hose nozzle наконечник рукава, брандспойт.

hospital госпиталь m.

hospital flag госпитальный флаг.

hospitalization госпитализация, госпитальное лечение.

hospital ship госпитальное судно, санитарное судно.

hospital train санитарный поезд.

hospital transport санитарный транспорт.

hostage заложник.

hostile adj неприятельский, вражеский (enemy); враждебный (unsympathetic).

hostile aviation авиáция протúвника.
hostilities воéнные дéйствия *n pl.*
hour час.
hour angle часовóй ýгол (Astronomy).
hourly halt мáлый привáл.
hours flown часы́ налёта.
house дом.
house-to-house fighting борьбá за кáждый дом.
housing гнездó, вместúлище (container); футля́р (case); кáртер (cowling).
howitzer гáубица.
howitzer battery гáубичная батарéя.
howitzer fire гáубичный огóнь.
howitzer section гáубица как подразделéние.
howitzer squad гáубичный расчёт.
howler электрúческий сигнализациóнный рýпор (Arty) .
hub ступúца, втýлка; ýзел (Com).
hug the bursts *v* прижимáться к разры́вам.
hull кóрпус сýдна (Nav); кóрпус тáнка (Tk); óстов аэростáта (Ash).
hull defilade укры́тое положéние кóрпуса тáнка.
humidity влáжность, сы́рость.
hung bomb бóмба застря́вшая в бомбодержáтеле, заéвшая бóмба.
hung striker заéвший удáрник ручнóй гранáты.
hunt охóта, лóвля. *See also* yaw.
hunt *v* охóтиться, гоня́ться.
hunter гýнтер (H); охóтник.
hurdle перенóсный плетéнь (Engr); барьéр для прыжкóв (jumping).

hurricane урагáн.
hut барáк (Mil); хúжина.
hydraulic гидравлúческий.
hydraulic brake гидравлúческий тóрмоз (Mech).
hydraulic pressure гидравлúческое давлéние.
hydraulic pump гидравлúческий насóс.
hydraulic shock absorber гидравлúческий амортизáтор.
hydraulic system гидравлúческая амортизациóнная систéма (Avn).
hydrocyanic acid синúльная кислотá.
hydroelectric power plant гидроэлектростáнция.
hydrogen водорóд.
hydrogen sulfide сернúстый водорóд.
hydrographic map гидрографúческая кáрта.
hydrometer гидрометр, прибóр для определéния удéльного вéса жúдкостей.
hydroquinone гидрохинóн.
hydrostatic bomb fuze гидростатúческий бомбовзрывáтель.
hygiene гигиéна.
hygrograph гигрогрáф.
hygrometer гигрóметр.
hygroscope гигроскóп.
hygroscopic гигроскопúческий.
hyperbola гипéрбола.
hypodermic needle иглá для подкóжного впры́скивания.
hyposulphite гипосульфúт (Photo).
hypsometry гипсомéтрия.

I

I-beam двутаврóвая бáлка.
ice лёд.
identification установлéние лúчности (of person); опознáние (recognition); определéние (of unit).
identification card удостоверéние лúчности.
identification group опознавáтельное сочетáние сигнáльных полóтнищ (USA).
identification lights опознавáтельные огнú (Avn).
identification mark опознавáтельный знак.

identification panel опознавáтельное полóтнище.
identification panel code код сигнализáции полóтнищами.
identification papers удостоверéние лúчности, лúчные бумáги.
identification tag лúчный знак.
identify опознавáть, распознавáть (recognize); устанáвливать лúчность (a person); определя́ть часть (a unit).
identity идентúчность, тождéственность; рáвенство (Math).
idle *adj* порóжний (a vehicle); нерабó-

тающий, холостой (Tech); праздный, праздношатающийся (inactive).

idle *v* работать на холостом ходу (of engine); не иметь занятия (to be unoccupied); слоняться (to be inactive).

idler направляющее колесо гусеницы, ленивец (Tk); холостое колесо (Tech).

idle running холостой ход.

idler wheel направляющее колесо (Tk).

idling *n* холостой ход (motor).

igloo куполообразное бетонированное хранилище боеприпасов (Mil).

ignite воспламенять, зажигать (set fire); зажигаться (take fire).

igniter воспламенитель, запал (Am); запальная смесь (mixture); воспламеняющий механизм (device).

igniting charge воспламеняющий заряд; запальная смесь (mixture).

igniting composition зажигательный состав.

igniting fuze запал ручной гранаты (for hand grenade).

igniting powder запальная смесь.

igniting primer промежуточный заряд.

ignition воспламенение; зажигание (Mtr).

ignition coil катушка зажигания (Mtr).

ignition system система зажигания.

ignition wire магнетный провод.

illegal нелегальный, незаконный.

illegible неразборчивый.

ill-timed несвоевременный.

illuminating airplane самолёт-осветитель.

illuminating flare осветительный патрон.

illuminating light прожектор-сопроводитель (searchlight).

illuminating rocket осветительная ракета.

illuminating shell осветительный снаряд.

illumination иллюминация, освещение (lighting).

immediate непосредственный, немедленный.

immediate action немедленное исполнение.

immediately немедленно, непосредственно.

Immelman turn разворот Иммельмана, иммельман.

imminent предстоящий, непосредственный.

immobilize связывать.

immune свободный от (free from); неподверженный (not subject to); иммунный (Med).

immunity иммунитет.

immunization иммунизация.

immunize иммунизировать.

impact попадание (Ballistics); удар (stroke); столкновение (collision).

impact area зона разрывов.

impact fuze ударный взрыватель, ударная трубка.

impact pressure аэродинамическое давление.

impact stress напряжение от переменной нагрузки (Bdg).

impassable непроходимый, недоступный.

impasse безвыходное положение, тупик.

impedimenta обозы; войсковое имущество.

impeller рабочее колесо турбины, импеллер (supercharger).

impending предстоящий; непосредственно угрожающий (threat).

impenetrable непроницаемый.

imperil подвергать опасности, ставить в опасное положение.

impermeable protective clothing защитная одежда против капельножидких отравляющих веществ (CWS).

impetus устремление, стремительность, сила (momentum); толчок, импульс (impulse).

implement инструмент (instrument); орудие (tool); принадлежность (an accessory).

important важный.

impregnable неприступный.

impregnate пропитывать, насыщать.

impregnated protective clothing защитная одежда против газообразных отравляющих веществ (CWS).

impress реквизировать (property); насильственно вербовать (men); накладывать штамп (imprint).

imprison заключать в тюрьму.

improved road улучшенная дорога.

improvise импровизировать.

improvised импровизированный, подручный.

improvised float самоплав (stream-crossing).

impulse generator прерыватель *m*.

inaccessible недоступный.

inaccuracy неточность.

inaccurate неточный.

inaction бездействие.

inactivate расформировать (Mil).

inactive состоящий в резерве (in reserve); предусмотренный мобилизационным планом, но не сформированный (awaiting activation); бездеятельный (idle); инертный (inert).

inactive list список начальствующего состава запаса (USA).

inadequate недостаточный, несоразмерный.

incandescent калильный; накалённый добела (glowing).

incandescent lamp лампочка накаливания.

incapable неспособный.

incapacitate вывести из строя (Mil).

incendiary боевое зажигательное средство, зажигательное средство (Mil); зажигательное вещество (substance); возбудитель пожара (fire producer).

incendiary adj зажигательный.

incendiary agent зажигательное вещество.

incendiary ammunition зажигательные боеприпасы mpl.

incendiary bomb зажигательная бомба.

incendiary bullet зажигательная пуля.

incendiary cartridge зажигательный патрон.

incendiary composition зажигательный состав.

incendiary effect зажигательное действие.

incendiary grenade зажигательная ручная граната.

incendiary rifle grenade зажигательная ружейная граната.

incendiary scatter bomb зажигательная бомба рассеивающего действия.

incendiary shell зажигательный снаряд.

incendiary trench mortar shell зажигательная мина.

incidence наклон (tilt), See also angle of incidence.

incision надрез.

incite подстрекать.

inclination наклон (slope).

inclination of the trajectory угол наклона касательной.

incline v наклоняться, склоняться (to slope).

inclined sights сваливание винтовки при прицеливании.

inclinometer уклономер.

inclosure приложение (correspondence); огороженное место.

increase v увеличивать, прибавлять tr; увеличиваться, возрастать intr.

increase of gage уширение колеи (RR).

increase the gait прибавить аллюр.

increasing twist прогрессивная крутизна нарезов.

increment добавочный заряд (Am); увеличение, прирост, приращение (increase).

indecision нерешительность.

indefinite неопределённый.

indelible ink химические чернила.

indelible pencil чернильный карандаш.

indemnify возмещать.

indemnity возмещение.

independent line of sight независимая линия прицеливания.

indeterminate error неопределимая погрешность.

index указатель m, индекс; деление шкалы (of a scale); показатель m (Math).

index arm алидада квадранта (Arty).

index error ошибка вызванная неточностью прибора.

index map сборная таблица, сборный лист.

india ink тушь.

Indian file колонна по одному.

indicate указывать (to point out); измерять индикатором (to measure with an indicator).

indicated air speed индикаторная воздушная скорость.

indicated altitude приборная высота.

indicated horsepower индикаторная мощность, номинальная мощность.

indicated speed техническая скорость.

indication указание; показание (Med).

indicator индикатор.

indirect косвенный.

indirect communication непрямая связь; трасляционная радиосвязь (Rad).

indirect drag индуктивное сопротивление (Avn).

indirect fire стрельба непрямой наводкой, стрельба по невидимой цели.

indirect laying непрямая наводка.

indirect laying position закрытая позиция.

indirect observation аэрофотографическое наблюдение (Photo).

indirect pointing See indirect laying.

indirect support авиаподдержка путём нападения на ближний тыл противника (Avn).

individual airplane одиночный самолёт.

individual airplane salvo за́лповое бомбомета́ние по-самолётно.

individual bomb одино́чная бо́мба.

individual bombing бомбомета́ние по-самолётно.

individual clothing and equipment record армату́рная ка́рточка.

individual equipment ли́чное снаряже́ние .

individual firing одино́чная стрельба́, одино́чный ого́нь (Range).

individual intrenching tools носи́мый ша́нцевый инструме́нт.

individual protection сре́дства ли́чной защи́ты.

individual protective cover защи́тная наки́дка (CWS).

individual release одино́чное бомбомета́ние (aerial bombardment).

individual reserves неприкоснове́нный носи́мый запа́с (Supplies).

individual rushes перебе́жки по одному́.

individual trench одино́чный око́п.

indoctrinate внедря́ть.

indoor training кла́ссовое обуче́ние.

indorsement переда́точная на́дпись (banking); на́дпись (Mil Correspondence).

induced angle of attack индукти́вный у́гол ата́ки.

induced detonation детона́ция на расстоя́нии.

induced drag индукти́вное сопротивле́ние (Avn).

induct призыва́ть на вое́нную слу́жбу (Mil).

inductance индукти́вность (Elec).

inductee при́званный на вое́нную слу́жбу.

induction зачисле́ние на вое́нную слу́жбу (Mil); инду́кция (Elec).

induction coil индукцио́нная кату́шка.

industrial mobilization мобилиза́ция промы́шленности.

industry промы́шленность, инду́стрия.

ineffective безрезульта́тный, недействи́тельный.

inefficient неспосо́бный, недоста́точный, пло́хо де́йствующий.

inert ине́ртный, безде́йственный; незаряжённый (Am).

inert bomb незаряжённая бо́мба.

inert cell незаряжённый элеме́нт (Elec).

inertia ине́рция.

inertia starter инерцио́нный ста́ртер (MT).

inert material нейтра́льная при́месь.

infantry пехо́та.

infantry division пехо́тная диви́зия, стрелко́вая диви́зия.

infantry equipment пехо́тное снаряже́ние.

infantryman пехоти́нец.

infantry regiment пехо́тный полк, стрелко́вый полк.

infantry tactics та́ктика пехо́ты.

infection зараже́ние, инфе́кция (Med).

infectious disease See communicable disease.

inferior ни́зший (lower); ме́ньший (in size); бо́лее сла́бый (in strength).

inferior in numbers чи́сленно бо́лее сла́бый.

infiltrate проса́чиваться.

infiltration проса́чивание.

infinity method ме́тод визи́рования на бесконе́чность (bore sighting).

inflammable воспламеня́емый, воспламеня́ющийся, огнеопа́сный.

inflammation воспламене́ние (ignition); воспале́ние (Med).

inflate надува́ть; надува́ться (to become distended); наполня́ть га́зом (Ash, Bln).

inflict a defeat нанести́ пораже́ние.

inflow подса́сывание во́здуха винто́м, вса́сывание, прито́к (Avn).

in force значи́тельными си́лами, в значи́тельных си́лах. See also reconnaissance in force.

inform информи́ровать, осведомля́ть (enlighten); сообща́ть (to communicate).

information све́дения npl (Mil); информа́ция, спра́вка.

information center центр возду́шного наблюде́ния оповеще́ния и свя́зи (AA).

infrared rays инфракра́сные лучи́.

inhabitant обита́тель m; жи́тель m.

inhabitants населе́ние.

inhabited locality населённый пункт.

inhalation ингаля́ция (Med); вдыха́ние.

inhale ингали́ровать (Med); вдыха́ть.

inherent instability есте́ственная неусто́йчивость.

inherent stability есте́ственная усто́йчивость.

initial adj исхо́дный.

initial advantage первонача́льное преиму́щество.

initial air space заснаря́дное простра́нство (G).

initial assembly area исхо́дный пункт при

перепра́ве (in river-crossing operations).

initial deployment нача́льная фа́за развёртывания.

initial firing data исхо́дные да́нные, исхо́дные устано́вки (Arty).

initial firing point *See* initial firing position.

initial firing position пе́рвая огнева́я пози́ция.

initial point исхо́дный пункт; исхо́дный пункт маршру́та (Avn); нача́льная то́чка (origin, Surv).

initial reconnaissance разве́дка непосре́дственно предше́ствующая та́нковой ата́ке.

initial velocity нача́льная ско́рость *See also* muzzle velocity.

initiative инициати́ва.

initiator иницийи́рующее взры́вчатое вещество́, воспламени́тель *m* (Am); инициа́тор.

injection впры́скивание, инъе́кция (Med).

injection nozzle форсу́нка (Mtr).

injection-type engine дви́гатель с впры́скиванием горю́чего, ди́зель *m*.

injector инже́ктор (Avn); форсу́нка (Tech).

injure поврежда́ть; ра́нить (to wound); вреди́ть (to cause harm).

injury ране́ние (wounding); поврежде́ние (Med).

ink черни́ла *npl*.

in kind нату́рой.

inland waters вну́тренние во́ды; вну́тренние во́дные пути́ (inland waterways).

inland waterways вну́тренние во́дные пути́.

inlet впуск, входно́е отве́рстие; бу́хта (Geog).

inlet valve впускно́й кла́пан (Mtr); вдыха́тельный кла́пан (Gas Mask).

in-line engine рядно́й мото́р.

inner flank вну́тренний фланг.

inner tube ка́мера ши́ны (tire).

innocent невино́вный, неви́нный.

inoculation приви́вка (Med).

in parallel соединённые паралле́льно (Elec).

inquiry запро́с.

in readiness нагото́ве.

inroad вторже́ние.

inscribed triangle впи́санный у́гол.

insecticide инсектиси́д.

insecure необеспе́ченный.

in series после́довательно, в рассе́чку (Elec).

inside внутри́.

inside calipers нутроме́р.

insignia зна́ки разли́чия родо́в ору́жия (arms and services); зна́ки разли́чия вое́нных чино́в (grade); опознава́тельные зна́ки (aircraft, tanks, etc).

insignia of grade зна́ки разли́чия вое́нных чино́в.

inspect инспекти́ровать, производи́ть инспе́кторский смотр (Mil); осма́тривать.

inspection инспекти́рование, инспе́кторский смотр (Mil); инспе́кция (examination); осмо́тр (of arms).

"Inspection, arms!" "Ору́жие к осмо́тру!"

inspection report отчёт об инспе́кторском смо́тре.

Inspector General, the генера́л-инспе́ктор (USA).

instability неусто́йчивость.

installation водворе́ние (installing); обору́дование, устано́вка (equipment).

instantaneous fuze взрыва́тель мгнове́нного де́йствия.

instruction наставле́ние (manual); инстру́кция; директи́ва (directive); обуче́ние (teaching).

instruction firing уче́бная стрельба́.

instructions распоряже́ния *npl*.

instructor инстру́ктор, руководи́тель *m*.

instrument инструме́нт, прибо́р.

instrumental error оши́бка вы́званная нето́чностью прибо́ра.

instrumental observation инструмента́льная разве́дка (Arty); наблюде́ние при по́мощи прибо́ров.

instrument board panel *See* instrument panel.

instrument flying слепо́й полёт.

instrument landing слепа́я поса́дка, поса́дка по прибо́рам.

instrument panel прибо́рная доска́.

insubordination неповинове́ние, ослуша́ние; наруше́ние дисципли́ны (violation of discipline).

insufficient недоста́точный.

insulate изоли́ровать (Tech).

insulated wire изоли́рованный про́вод.

insulating tape изоляцио́нная ле́нта.

insulation изоля́ция (Elec).

insulator изоля́тор (Elec).

insure застрахова́ть; обеспе́чить (to secure).

insurgent повста́нец, инсурге́нт.

insurrection восста́ние, инсурре́кция.

intact нетро́нутый, невреди́мый.

intake manifold вса́сывающий трубопрово́д.

intake tube вса́сывающая труба́.

intake valve впускно́й кла́пан.

integral интегра́л (Math).

integral *adj* неотъе́млемый, прису́щий; це́льный (whole).

integral part составна́я часть.

integrate включа́ть, пополня́ть; интегри́ровать (Math).

intelligence разве́дывание, разве́дывательная слу́жба (intelligence service); материа́л добы́тый разве́дкой (information obtained).

intelligence annex инстру́кция по разве́дке прило́женная к операти́вному прика́зу.

intelligence map ка́рта с нанесёнными да́нными разве́дки.

intelligence net сеть свя́зи о́рганов разве́дки.

intelligence photography разве́дывательная аэрофотосъёмка.

intelligence plan план разве́дывательной рабо́ты.

intelligence report отчёт по разве́дывательной рабо́те.

intelligence section *See* military intelligence section.

intelligence service разве́дывательная слу́жба.

intelligence situation map *See* intelligence map.

intelligence test прове́рка о́бщего у́мственного разви́тия.

intense интенси́вный.

intensification усиле́ние (Photo); интенсифика́ция.

interaircraft communication радиосвя́зь ме́жду самолётами.

intercept перехва́тывать (Sig C, Avn).

interception перехва́тывание, перехва́т (Sig C, Avn).

interceptor перехва́тчик, самолёт-перехва́тчик (Avn).

intercept station перехва́тывающая радиоста́нция (Rad).

interdiction fire ого́нь на воспреще́ние, отсе́чный ого́нь.

interference поме́ха (Rad); вмеша́тельство.

interfering station глуша́щая ста́нция.

interior *adj* вну́тренний.

interior ballistics вну́тренняя балисти́ка.

interior guard вну́тренний карау́л.

interior guard duty вну́тренняя карау́льная слу́жба.

interior lines вну́тренние операцио́нные ли́нии (strategy).

interior pressure gage кре́шер.

interior slope вну́тренний скат (Ft).

intermediate *adj* промежу́точный, сре́дний.

intermediate base промежу́точная ба́за.

intermediate depot промежу́точный склад.

intermediate objective промежу́точный объе́кт, промежу́точная цель.

intermediate position промежу́точная пози́ция; выжида́тельная пози́ция та́нковых часте́й (Tk).

intermediate section промежу́точный райо́н ты́ла (of communication zone).

intermediate trench промежу́точный око́п.

intern интерни́ровать.

internal вну́тренний.

internal combustion engine дви́гатель вну́треннего сгора́ния.

international law междунаро́дное пра́во.

International Morse Code междунаро́дный код Морзе́.

International Red Cross Междунаро́дный кра́сный крест.

internee интерни́рованный.

internment интерни́рование.

internment camp ла́герь для интерни́рованных, концентрацио́нный ла́герь (concentration camp).

interphone телефо́н вну́треннего обслу́живания, переговорная тру́бка.

interpretation толкова́ние; разъясне́ние (official explanation); расшифро́вка аэрофотосни́мков (Photo); перево́д (translation).

interpreter перево́дчик, толма́ч.

interrogation опро́с; опро́с пле́нных (of prisoners).

interrogation technique те́хника опро́са пле́нных (Mil).

interrupt прерыва́ть.

interrupted fire пулемётный ого́нь коро́ткими очередя́ми.

interrupted screw затво́рный по́ршень с нарезны́ми и гла́дкими се́кторами (Arty).

interrupter прерыва́тель то́ка (Elec).

intersection прямáя засéчка (Surv); пересечéние.
interval интервáл, промежýток.
intervehicular communication связь мéжду автомашѝнами.
intervention интервéнция, вмешáтельство.
in the clear открытым тéкстом.
intrench окáпываться.
intrenching shovel шáнцевая лопáта.
intrenching tools шáнцевый инструмéнт.
intrenchment окóп, траншéя.
invade вторгáться.
invalid инвалѝд, нетрудоспосóбный.
invalid adj недействѝтельный.
invasion вторжéние, нашéствие.
inventory инвентáрь m, инвентáрный спѝсок.
inverted flight полёт вверх колёсами, перевёрнутый полёт, полёт на спинé.
inverted loop обрáтная пéтля, мёртвая пéтля (Avn).
inverted normal loop нормáльная обрáтная пéтля (Avn).
inverted outside loop обрáтная перевёрнутая пéтля (Avn).
inverted spin перевёрнутый штóпор (Avn).
inverted wedge formation обрáтный строй клѝна.
invest обложѝть, окружѝть (Mil); помещáть дéньги (of funds).
investigate производѝть дознáние, производѝть слéдствие.

investigating officer офицéр производящий дознáние; воéнный слéдователь (Court-Martial).
investigation дознáние, слéдствие.
invisible невѝдимый.
iodine йод.
iridium steel ирѝдиевая сталь.
iron желéзо.
iron alloy ферросплáв.
irregular неравномéрный (uneven); непрáвильный (incorrect); иррегулярный (troops); не по прáвилам (not according to rules).
irritant agent раздражáющее отравляющее вещество (CWS).
irritant candle дымовáя свечá раздражáющего дéйствия (CWS).
irritant smoke раздражáющий дым, раздражáющее отравляющее веществó.
island óстров.
island of resistance очáг сопротивлéния.
isobar изобáра (Met).
isolate изолѝровать.
isolated изолѝрованный; отдéльный (single).
isolation изолѝрование (isolating); изоляция.
isolead curve лѝния рáзных упреждéний (AAA).
isosceles triangle равнобéдренный треугóльник.
isotherm изотéрма (Met).
issue óтпуск, выдача (Mil); пóднятый вопрóс (problem).
isthmus перешéек.
item of issue предмéт довóльствия.
itinerary маршрýт.

J

jack домкрáт (Mech); гюйс (Nav).
jacket оболóчка (Am); кожýх (Arty, MG, Mech); кýртка (Clo).
jail тюрьмá.
jam заедáние, заклинéние (of firearm); задéржка (MG, Mech); затóр (traffic); варéнье (jelly).
jam v заклѝнивать; забивáть (a road); заедáть (firearm); создавáть радиопомéху мешáющим передáтчиком (Rad).
jamming радиопомéха вызывáемая мешáющим передáтчиком (Rad).
January январь m.

javelin formation колóнна звéньев (Avn).
jaws тискѝ m pl, клещѝ f pl.
jeep джип, лёгкая автомашѝна для ездý по мéстности.
jet рожóк, сóпло (nozzle); струя (flow); жиклёр (Mtr).
jet carburetor карбюрáтор с форсýнкой (Mtr).
jettison выбрáсывать за борт (Nav); сбрáсывать (Avn).
jettison valve слив для быстрого опорожнéния бáка с горючим.
jiu-jitsu джѝу-джѝтсу.

join соединять; соединяться (come together); быть смежным (be contiguous).

join battle вступать в бой.

joint соединение, стык (Mech); сустав (Anat).

joint *adj* соединённый, объединённый, совместный.

jointed cleaning rod составной шомпол.

joint operations совместные действия сухопутных войск с морским флотом.

joint plan план совместных операций сухопутных войск с морским флотом.

journal журнал боевых действий (Mil); шейка вала (Mech).

journal bearing фрикционный подшипник.

judge судья *m.*

judge *v* судить, оценивать.

judge advocate военный прокурор.

Judge Advocate General начальник военно-судебного ведомства (USA).

Judge Advocate General's Department военно-судебное ведомство (USA).

judo род джиу-джитсу.

jump *v* прыгать.

jump area район приземления парашютистов.

jumpmaster руководитель парашютных прыжков и сбрасывания грузов.

jump-off line исходный рубеж для атаки.

jump-off point точка парашютного прыжка (Prcht).

junction соединение, встреча; узловая станция, железнодорожный узел (RR).

June июнь *m.*

July июль *m.*

jurisdiction юрисдикция, подведомственность.

jury strut раскос.

К

katabatic breeze горный бриз (mountain breeze).

keel киль *m.*

keep *v* хранить, держать; содержать; поддерживать; оставаться.

keep alert *v* быть насторожé.

keep contact *v* поддерживать соприкосновение.

keep on the run *v* не давать останавливаться, не давать передышки.

kerosene керосин.

key ключ; манипулятор (Tg); ключ к шифру (of cipher); клавиша (of a piano or typewriter).

keying манипуляция (Rad).

key point тактически важный пункт, ключ позиции (Tac).

key position тактически важный пункт (Tac); переход к планированию перед посадкой (Avn); ответственная должность (responsible job).

key terrain тактически важная местность.

khaki хаки; ткань защитного цвета (khaki cloth).

kick отдача винтовки (R); удар ногой.

kick *v* отдавать (R); ударять ногой; лягаться (H).

kicker подвесной лодочный мотор (outboard motor); лодочный винт (boat screw).

kick-starter педальный стартер (Mtr).

kill *v* убивать, убить.

killed убитый.

killed in action павший в бою.

kilo bomb лёгкая зажигательная бомба.

kilometer километр.

kilometers per hour километров в час.

kilowatt киловатт.

kinetic energy живая сила, кинетическая энергия.

kit ранец, сумка; набор мелких предметов снаряжения.

kitchen кухня.

kitchen police наряд на кухню.

kitchen truck грузовик с горячей пищей; походная автокухня.

kite воздушный змей.

kite balloon змейковый аэростат.

knapsack ранец.

knee колено.

kneeling position п о л о ж é н и е для стрельбы с колена.

kneeling trench окоп для стрельбы с колена.

knee mortar гранатомёт.

knife нож.

knob кру́глая ру́чка; голо́вка.
knock перебо́й (Mech); стук.
knock out выводи́ть из стро́я.
knoll буго́р, хо́лмик.
knot у́зел.

known-distance firing стрельба́ на зара́-
   нее изве́стную диста́нцию.
K ration неприкоснове́нный паёк.
K-transfer перено́с огня́ ме́тодом коэ-
   фицие́нта "К."

L

laboratory лаборато́рия.
labor detail наря́д на рабо́ты.
lacerated wound рва́ная ра́на.
lack недоста́точность, недоста́ток.
lack v не име́ть.
lacking недостаю́щий.
lacrimator слезоточи́вое отравля́ющее
   вещество́.
ladder приставна́я ле́стница.
ladder fire ступе́нчатый ого́нь (Arty).
lag отстава́ние; запа́здывание.
lag v отстава́ть, запа́здывать.
lake о́зеро.
lamb бара́нина (meat); ягнёнок.
Lambert projection прое́кция Ламбе́рта.
lame хромо́й.
laminar flow ламина́рный пото́к (Avn).
lamp ла́мпа, фона́рь m.
lamp communication светосигна́льная
   связь.
lance пи́ка.
lance sling темля́к пи́ки.
lancet ланце́т.
land по́ле наре́за (of rifling); су́ша, зем-
   ля́ (ground); страна́ (country).
land v выса́живаться на бе́рег (Nav);
   приземля́ться (Avn); сади́ться (of
   seaplane); выса́живать деса́нт.
land by means of parachutes выбра́сы-
   вать на парашю́тах.
land forces назе́мные войска́.
landing приземле́ние, поса́дка (Avn);
   деса́нт, вы́садка (Nav); при́стань
   (landing place).
landing angle поса́дочный у́гол (Avn).
landing area райо́н деса́нтной опера́ции,
   райо́н вы́садки (Nav); поса́дочная
   площа́дка (Avn).
landing attack вы́садка с бо́ем, деса́нт
   с бо́ем.
landing barge деса́нтная ба́ржа.
landing beam глисса́да (Avn).
landing boat деса́нтная ло́дка.
landing cable поса́дочный ка́бель (Avn).
landing craft деса́нтные плову́чие сре́д-
   ства.
landing crew назе́мная кома́нда для
   приёма дирижа́бля.

landing deck поса́дочная па́луба авиа-
   но́сца.
landing direction light направля́ющий
   поса́дочный прожёктор (Avn).
landing distance длина́ пробе́га при по-
   са́дке.
landing field поса́дочная площа́дка,
   лётное по́ле (Avn).
landing gear шасси́ n, теле́жка (Ap).
landing in force вы́садка кру́пных сил.
landing lights поса́дочные фа́ры.
landing operation деса́нтная опера́ция.
landing party деса́нтный отря́д.
landing projector поса́дочный прожёктор (Avn).
landing ramp схо́дни деса́нтной ба́ржи.
landing ski лы́жа шасси́ (Avn).
landing speed поса́дочная ско́рость.
landing stage при́стань.
landing strip поса́дочная площа́дка;
   поса́дочная полоса́ (runway for landing).
landing T поса́дочное Т.
landing trainer уче́бная парашю́тная
   вы́шка (Prcht).
landing troops деса́нтные войска́.
landing wheel поса́дочное колесо́ (Avn).
landing wires обра́тные растя́жки fpl
   (Avn).
landmark ориентиро́вочный пункт,
   земно́й ориенти́р; выдаю́щийся ме́-
   стный предме́т.
land mine фуга́с, ми́на.
landplane сухопу́тный самолёт.
landscape ландша́фт.
landscape sketch перспекти́вное кроки́.
landscape target панора́мная мише́нь.
land transport сухопу́тный тра́нспорт,
   назе́мный тра́нспорт.
land warfare сухопу́тная война́, война́
   на су́ше.
lane про́сека; переу́лок (street); полоса́
   путе́й (Mil).
lantern фона́рь m.
lanyard вытяжно́й шнур (Arty); стро́п-
   ка (Nav); боево́й шнур револьве́ра.
lapel отворо́т.

lapel insignia знáки разли́чия на отворо́тах мунди́ра.

lap joint соедине́ние внакро́й (Mech).

lap pack parachute нагру́дный парашю́т.

lapse condition паде́ние температу́ры с увеличе́нием высоты́ (Met).

lard свино́е сáло.

large-caliber weapon крупнокали́берное ору́жие.

large-scale map крупномасштáбная кáрта.

large unit кру́пное войсково́е соедине́ние; стратеги́ческое соедине́ние.

lash v привя́зывать, найто́вать (Nav).

last name фами́лия.

latch защёлка, щеко́лда.

latch spring пружи́на защёлки (SA).

latent heat скры́тая теплотá.

lateral axis попере́чная ось.

lateral communication локтевáя связь.

lateral conduct of fire боково́е управле́ние огнём (Arty).

lateral deflection боково́е упрежде́ние (AAA).

lateral deviation боково́е отклоне́ние (Arty).

lateral inclinometer креноме́р.

lateral jump горизонтáльный у́гол вы́лета, горизонтáльное отклоне́ние ору́дия при вы́стреле.

lateral lead боково́е упрежде́ние (AAA).

lateral mine system систе́ма попере́чных ми́нных галлере́й с ответвле́ниями.

lateral observation боково́е наблюде́ние при значи́тельном смеще́нии наблюдáтеля (Arty).

lateral pitch попере́чный крен (Avn).

lateral road рокáдная доро́га.

lateral stability попере́чная усто́йчивость (Avn).

lateral wind боково́й ве́тер.

latitude географи́ческая широтá (Geography); свобо́да де́йствий.

latrine отхо́жее ме́сто.

launch баркáс, кáтер.

launch v спускáть на во́ду (Nav); бросáть, пускáть.

launch an attack v произвести́ атáку.

launcher морти́рка.

laundry прáчечная.

law of errors закóн оши́бок.

laws of war закóны войны́.

laxity распу́щенность; слáбость.

lay наводи́ть (Arty); проклáдывать, класть (wire).

lay a smoke screen v стáвить дымову́ю завéсу.

lay down arms v положи́ть ору́жие.

layer слой (stratum).

laying навóдка (Arty).

laying for direction горизонтáльная навóдка (Arty).

laying for elevation вертикáльная навóдка (Arty).

laying for range вертикáльная навóдка (Arty).

layout план; разби́вка.

lay siege осади́ть, осаждáть.

lead свине́ц (metal).

lead вы́нос тóчки прице́ливания, упрежде́ние (AA, AT, CAC); движе́ние в поводу́ (Cav).

lead v выноси́ть тóчку прице́ливания по ли́нии движе́ния це́ли (AA, AT, CAC); вести́ в поводу́ (Cav); руководи́ть, вести́.

lead azide ази́д свинцá (Cml).

lead computer счисли́тель упрежде́ний (AAA).

lead curve кривáя упрежде́ний (AAA).

lead down v уме́ньшить упрежде́ние (AAA).

leader вождь m, команди́р (Mil); ездово́й пере́днего унóса, лóшадь пере́днего унóса (Arty); веду́щий самолёт (leading plane).

leadership руководи́тельство; уме́нье быть вождём.

lead ethyl эти́ловый свине́ц.

leading company головнáя рóта.

leading echelon пе́рвый эшелóн.

leading edge пере́дняя крóмка (Ap).

leading elements головны́е чáсти fpl.

leading file головнóй ряд; головнóй в колóнне по одному́.

leading fire огóнь с попрáвкой на упрежде́ние (AA).

leading plane веду́щий, самолёт-ли́дер, веду́щий самолёт.

lead mark отме́тка в окуля́ре телескóпа для определе́ния попрáвки на упрежде́ние (AA).

lead pair пере́дний унóс (Arty).

lead tables табли́цы зени́тной стрельбы́ (AAA).

lead up v увели́чить упрежде́ние (AAA).

leaf прице́льная рáмка (SA); лист.

leaf sight откиднóй прице́л.

leaf slide прице́льный хому́тик.

leak течь.

leak v протекáть, просáчиваться.

leakage уте́чка; просáчивание (infiltration).

lean *v* прислоняться, опираться, наклоняться.
lean mixture бедная смесь (Mtr).
leapfrog *v* двигаться перекатами (Tac).
leather кожа.
leave отпуск (leave of absence).
leave *v* оставлять, покидать (abandon, leave behind); уходить, уезжать (go away).
leave of absence отпуск.
lecher wires система лехера.
led horse заводная лошадь, лошадь в поводу.
leeward под ветер; подветренный.
leeway угол сноса ветром (Avn); дрейф под ветер (Nav).
left *adj* левый.
left *adv* налево.
leg нога, голень; штанина (of a garment); ножка (of a table or a pair of compasses); подставка (support); сторона (of an angle); катет (of a right triangle).
legend легенда (of a map).
leggings обмотки.
leg straps ножные лямки *fpl* (Prcht).
lend-lease ленд-лиз, политика взаимной помощи вооружением и военными материалами между союзниками.
length длина.
length of free recoil путь свободного отката.
length of march длина перехода.
length of recoil длина отката.
length of service продолжительность службы.
length of wave длина волны.
lens линза, чечевицеобразное стекло.
lesion повреждение (Med).
lethal chemical agent смертельное химическое вещество.
lethal concentration смертоносная концентрация отравляющего вещества (CWS).
letter of instruction директива.
letter of transmittal препроводительная бумага.
letter order предписание.
levee насыпь; дамба.
level уровень *m*, горизонтальная плоскость; уровень *m*, ватерпас (Inst); нивелир (Surv).
level *v* приводить в горизонтальное положение, нивелировать; выравнивать.
level *adj* горизонтальный, ровный.
level crossing железнодорожный переезд (RR).

level flight горизонтальный полёт.
level flight bombardment бомбометание при горизонтальном полёте.
level gauge указатель уровня.
leveling нивелировка (Surv); установка в гориизонтальном положении.
leveling mechanism установочный механизм (Surv, Arty).
level off *v* выравнивать самолёт (Avn).
level point точка падения.
level speed горизонтальная скорость (Avn).
level vial стеклянная трубка уровня (Arty).
lever рычаг.
lever arm плечо рычага (Mech).
levy сбор ополчения; насильственная реквизиция.
lewisite люизит, хлорвинилдихлорарсин.
liaison связь.
liaison airplane самолёт связи.
liaison detachment отряд связистов; отряд службы связи.
liaison net сеть взаимодействия.
liaison officer офицер для связи; делегат связи.
liaison party группа связи.
librarian библиотекарь *m*.
library библиотека.
lid крышка; покрышка.
lieutenant старший лейтенант (Nav).
lieutenant colonel подполковник.
lieutenant commander капитан третьего ранга (Nav).
lieutenant general генерал-лейтенант.
lieutenant (junior grade) лейтенант (Nav).
life belt спасательный пояс.
lifeboat спасательная лодка.
life of a piece долговечность орудия.
life preserver спасательный пояс.
lift перенос огня (Arty); подъёмная сила (Avn).
lift coefficient коэфициент подъёмной силы.
lift fire *v* удлинить огонь (Arty).
lift force подъёмная сила.
lifting jack домкрат (Mech).
lifting power подъёмная сила.
lifting surface несущая поверхность (Avn).
lift the siege снять осаду.
lift wire несущий трос (Avn).
light свет; огонь, *m*.
light *v* зажигать; освещать.
light *adj* лёгкий (weight); светлый (color).

light air ти́хий ве́тер (Beaufort scale).
light artillery лёгкая артилле́рия.
light bombardment aviation лёгкая бом-
бардиро́вочная авиа́ция.
light bomber лёгкий бомбово́з.
light case bomb фуга́сная бо́мба.
light cone светово́й ко́нус.
lighter ли́хтер, шала́нда (Nav); зажи-
га́лка (for cigarettes).
lighter-than-air aircraft лета́тельный ап-
пара́т ле́гче во́здуха.
lighthouse мая́к.
lighting освеще́ние.
light line грани́ца затемнённого райо́-
на.
light machine gun лёгкий пулемёт.
light maintenance unit подвижна́я ма-
стерска́я для лёгкого ремо́нта на
похо́де.
light marching order облегчённое по-
хо́дное снаряже́ние.
lightning мо́лния.
lightning arrester громоотво́д.
light pack облегчённое снаряже́ние
(Inf); облегчённый вьюк.
light railway полева́я желе́зная доро́га.
light shellproof shelter убе́жище от 6-ти-
дюймо́вых снаря́дов.
light shelter убе́жище от лёгких сна-
ря́дов.
lightship плову́чий мая́к.
light signal светово́й сигна́л.
light tank лёгкий танк (не свы́ше 25
тонн).
limber передо́к (Arty).
limber front v взять в передки́ (Arty).
limber hook передко́вый крюк (Arty).
limbering надева́ние ору́дия на передо́к
(Arty).
limber pintle передко́вый шво́рень
(Arty).
limber rear v взять на задки́ (Arty).
limber up наде́ть ору́дие на передо́к
(Arty).
lime и́звесть.
limit преде́л, грани́ца.
limited attack наступле́ние с ограни́-
ченной це́лью.
limited traverse emplacement оруди́йный
око́п с ограни́ченным по́лем об-
стре́ла.
limiting point стык; грани́ца боево́го
уча́стка (Tac).
limiting range преде́льная да́льность
(Arty).
limit load преде́льная нагру́зка.
line развёрнутый строй, расположе́ние
в одну́ ли́нию (formation in line);

цепь (deployed line); верёвка (rope);
коне́ц (Nav); ли́ния, черта́.
lineal promotion произво́дство по стар-
шинству́.
linear лине́йный.
linear amplifier лине́йный усили́тель
(Rad).
linear defense лине́йная оборо́на.
linear detector лине́йный дете́ктор
(Rad).
linear dimension лине́йный разме́р.
linear formation лине́йное построе́ние,
лине́йный поря́док, построе́ние в
ли́нию коло́нн.
linear height of burst лине́йная высота́
разры́ва.
linear scale лине́йный масшта́б.
linear speed лине́йная ско́рость.
linear speed method ме́тод попра́вок
по лине́йной ско́рости це́ли (Arty).
linear tactics лине́йная та́ктика.
line formation лине́йное построе́ние,
лине́йный поря́док.
line maintenance полево́е обслу́жива-
ние материа́льной ча́сти.
lineman лине́йный монтёр.
line of action о́браз де́йствий.
line of aim ли́ния прице́ливания.
line of battalions ли́ния батальо́нных
коло́нн.
line of battle боево́й фронт.
line of collimation ли́ния коллима́ции
(Arty).
line of columns ли́ния коло́нн.
line of communication коммуникаци-
о́нная ли́ния.
line of companies ли́ния ро́тных ко-
ло́нн.
line of defense ли́ния оборо́ны.
line of demarcation демаркацио́нная
ли́ния.
line of departure исхо́дная ли́ния ата́-
ки (Tac); ли́ния броса́ния (Arty); ис-
хо́дная та́нковая пози́ция (Tk).
line of duty исполне́ние служе́бных
обя́занностей.
line of elevation ли́ния возвыше́ния
(Arty).
line of fall каса́тельная к траекто́рии
при то́чке паде́ния.
line officer строево́й офице́р.
line of fire направле́ние стрельбы́, ли́-
ния це́ли (Arty).
line of future position упрежде́нная ли́-
ния це́ли.
line of impact ли́ния встре́чи, каса́-

тельная к траектории в точке встречи (Arty).

line of interception линия перехватывания (Avn).

line of least resistance линия наименьшего сопротивления.

line of march направление движения, путь движения.

line of masses линия резервных колонн.

line of observation линия полевых караулов (outpost); линия наблюдения.

line of operations операционное направление, операционная линия.

line of platoons линия взводных колонн.

line of position линия цели (Arty).

line of resistance рубеж сопротивления.

line of retirement путь отхода, направление отхода.

line of retreat путь отступления, направление отступления.

line of return предельная линия воздушной разведки (Avn).

line of sections линия полувзводных колонн.

line of sight ось оптического прибора (Optics); прицельная линия (of a firearm); линия визирования.

line of sighting линия визирования, линия прицеливания (Arty).

line of site линия цели (Arty).

line of skirmishers стрелковая цепь.

line of squads строй по отделениям в одну линию.

line of supply линия подвоза.

line of withdrawal путь отхода, направление отхода.

liner внутренняя труба орудия (Arty); океанский пароход.

line route путь наводки линии.

line route map рабочая карта связи.

line shot разрыв на линии наблюдения (Arty).

line troops строевые войска.

line wire линейный провод.

lining подкладка; подшивка.

lining in придание орудию направления на глаз (Arty).

link звено.

link v соединять; включать, включаться; батовать (horses).

link belt звенчатая пулемётная лента.

link bolt шарнирный болт (Mech).

linking station трансляционная радиостанция (Rad).

link-loading machine прибор для снаряжения металлических лент.

Link trainer самолёт на штыре.

liquid жидкость.

liquid adj жидкий.

liquid chemical agent капельно-жидкое отравляющее вещество.

liquid coolant охлаждающая жидкость.

liquid-cooled engine мотор жидкостного охлаждения.

liquid fire огненная струя выбрасываемая из огнемёта.

liquid fuel жидкое топливо.

liquid vesicant detector paint краска обнаруживающая газы нарывного действия.

list перечень m, список; крен (Nav).

list v вносить в список; крениться (Nav).

listening подслушивание.

listening gallery слуховая галлерея (Mine Warfare).

listening post пост подслушивания, (AAAIS); секрет.

list of casualties список потерь.

litmus paper лакмусовая бумага.

litter носилки (Med); подстилка (bedding for horses); мусор (rubbish).

litter bearer санитар-носильщик.

litter carrier носилки на колёсном ходу.

litter relay point носилочно-санитарный перегрузочный пункт.

litter squad отделение санитаров-носилочных.

live adj живой.

live abatis живая засека.

live ammunition боевые патроны mpl.

Livens projector газомёт Ливенса (CWS).

live wire живой провод.

load заряд (of firearm); груз, нагрузка.

load adj грузовой.

load v заряжать (a firearm); грузить, нагружать.

load-carrying capacity грузоподъёмность.

loader заряжающий орудие (man); прибор для снаряжения гильз (device).

load factor коэфициент перегрузки.

loading barrow тележка для заряжания (Arty).

loading capacity грузоподъёмность, грузовая вместимость, предел нагрузки.

loading coil катушка нагрузки (Elec).

loading detail погрузочная команда.

loading officer офицер заведующий погрузкой.

loading point пункт погрузки.

loading position положе́ние для заряжа́ния (Arty).

loading ramp погру́зочные схо́дни *fpl.*

loading table табли́ца нагру́зок.

loading tray заря́дный лото́к (Arty).

lobe стабилиза́тор, рулево́й мешо́к змейково́го аэроста́та (Avn); мо́чка (of the ear).

local ме́стный, ча́стный.

local board уча́стковая призывна́я коми́ссия.

local counterattack ча́стная контрата́ка.

local counterpreparation ча́стная контрподгото́вка (Arty).

local defense непосре́дственная оборо́на.

local engagement бой ме́стного значе́ния, ча́стное столкнове́ние.

local hour angle ме́стный часово́й у́гол.

locality ме́сто, ме́стность, райо́н; населённый пункт (inhabited place).

local mobilization ча́стная мобилиза́ция.

local oscillator ме́стный гетероди́н.

local penetration ме́стный проры́в (Tac).

local procurement снабже́ние из ме́стных средств.

local reserves ча́стные резе́рвы *mpl.*

local sector наиме́ньшее подразделе́ние уча́стка берегово́й оборо́ны (USA).

local security непосре́дственное охране́ние.

locate располага́ть (place); определя́ть местонахожде́ние (determine location).

location местонахожде́ние, местоположе́ние; засе́чка (sound).

lock замо́к (stop); сто́пор, шлюз (in canal).

lock *v* запира́ть, замыка́ть; сцепля́ться.

locker шка́фчик; рунду́к (Nav).

lock frame затво́рная ра́ма (of firearm).

lock gate шлю́зные воро́та.

locking clamp зажи́м.

locking lever запо́рный рыча́г, блоки́рующий рыча́г (Mech).

locking screw зажи́мный винт (Mech).

lockjaw столбня́к (Med).

locksmith сле́сарь *m.*

locomotive парово́з.

loft военноголуби́ная ста́нция (pigeon communication); черда́чное помеще́ние.

log лаг (device for measuring speed of a ship); ва́хтенный журна́л (Nav); формуля́р (of aircraft, G, Tk); бревно́, поле́но (piece of wood).

logarithm логари́фм.

logbook ва́хтенный журна́л (Nav); бортжурна́л (Avn).

logistics расчёты ты́лов, те́хника перево́зок и снабже́ния.

long-base method длиннобази́сный ме́тод (Arty).

long bracket широ́кая ви́лка (Arty).

long-delay fuze взрыва́тель с больши́м замедле́нием (Arty).

long-distance flight да́льний полёт.

longe ко́рда.

longeron лонжеро́н, лонжеро́н фюзеля́жа.

longevity pay доба́вочное жа́лование за вы́слугу определённого числа́ лет.

long halt большо́й прива́л.

long-handle shovel сапёрная лопа́та.

longhorn звукопеленга́тор с дли́нным ру́пором (AA).

longitude географи́ческая долгота́.

longitudinal deviation отклоне́ние по да́льности (Arty).

longitudinal section продо́льный разре́з.

longitudinal stability продо́льная усто́йчивость.

longitudinal stress продо́льное напряже́ние.

long range да́льняя диста́нция.

long-range *adj* дальнобо́йный.

long-range fighter истреби́тель большо́го ра́диуса де́йствия.

long-range fire да́льний ого́нь; стрельба́ на да́льнюю диста́нцию.

long-range gun дальнобо́йное ору́дие.

longshoreman портово́й гру́зчик.

long thrust основно́й уко́л.

long wave дли́нная волна́ (Rad).

lookout наблюда́тельный пост (observation post); наблюда́тель *m.*

lookout slit смотрова́я щель (Tk).

loom up *v* мая́чить; обрисо́вываться.

loop пе́тля; мёртвая пе́тля (Avn).

loop *v* де́лать мёртвую пе́тлю (Avn).

loop antenna ра́мочная анте́нна, ра́мка.

loop sling пе́тля руже́йного ремня́ для упо́ра (USA).

loop sling adjustment приго́нка пе́тли руже́йного ремня́ для упо́ра (USA).

loose *adj* свобо́дный (of garment); незакреплённый, осла́бленный.

loose connection непро́чное соедине́ние.

loose round пу́ля непло́тно держа́щаяся в ги́льзе.

loss поте́ря.

loss of altitude поте́ря высоты́ (Avn).

loss replacement пополне́ние поте́рь.

lot па́ртия (of ammunition); до́ля; уча́сток (of land).

loudspeaker громкоговори́тель *m* (Rad).

louver жалюзи́.

low-angle fire ого́нь под угло́м не до-
стига́ющим угла́ наибо́льшей да́ль--
ности.

low clouds ни́жний я́рус облако́в.

lower time train ring ни́жнее дистан-
цио́нное кольцо́.

low explosive ме́дленно горя́щее взры́в-
чатое вещество́; мета́тельное взры́в-
чатое вещество́.

low frequency ни́зкая частота́ (Rad).

lowland ни́зменность.

low level skip bombing бомбомета́ние
с бре́ющего полёта.

low oblique косо́й аэрофотосни́мок не
включа́ющий горизо́нта (Photo).

low order burst непо́лный взрыв.

low order detonation непо́лная детона́-
ция, непо́лный взрыв.

low-pass filter фильтр ни́жних часто́т
(Rad).

low pitch ма́лый шаг винта́ (Avn); ни́з-
кий тон (music).

low position ни́зкое положе́ние пулемёта (of machine gun).

low speed ма́лая ско́рость.

low tension current ток ни́зкого напря-
же́ния.

low visibility пони́женная ви́димость.

low wing monoplane моноплан с ни́з-
ким расположе́нием кры́льев.

low wire entanglement про́волочное за-
гражде́ние на ни́зких ко́льях.

loyalty ве́рность; пре́данность, лой-
я́льность.

lubber line курсова́я черта́ (Avn).

lubricant сма́зка.

luck уда́ча (success).

lull зати́шье.

lumber лесоматериа́лы *mpl.*

lunette шворнева́я воро́нка (Arty).

lunge вы́пад.

lunge *v* де́лать вы́пад, коло́ть.

lung irritant газ раздража́ющий лёгкие.

lyddite лидди́т.

lye щёлок.

Lyster bag брезе́нтовый мешо́к для
стерилизо́ванной воды́.

M

machete теса́к.

machine маши́на.

machine gun пулемёт.

machine-gun *v* обстре́ливать пулемётным огнём.

machine-gun barrage загради́тельный
пулемётный ого́нь.

machine-gun carrier пулемётово́з.

machine-gun company пулемётная ро́та.

machine-gun crew пулемётный расчёт.

machine-gun emplacement пулемётное
гнездо́, ячейка для пулемёта.

machine-gun fire пулемётный ого́нь.

machine gunner пулемётчик.

machine-gun nest пулемётное гнездо́.

machine-gun pit пулемётная ячейка.

machine-gun section отделе́ние станко́-
вых пулемётов.

machine-gun squad пулемётное отде-
ле́ние.

machine-gun synchronizer синхрониза́-
тор авиапулемёта.

machine-gun troop пулемётный эскад-
ро́н.

machine oil маши́нное ма́сло.

machine rifle автомати́ческая винто́вка,
ручно́й пулемёт.

macrometer макроме́тр, прибо́р для
определе́ния расстоя́ния до отдалён-
ных предме́тов.

magazine магази́н (SA); пистоле́тная
обо́йма (of pistol); артиллери́йский
по́греб; склад (for supplies); магази́н
для пласти́нок (Photo).

magazine belt патро́нная ле́нта, по́яс
с патро́нами.

magazine catch защёлка магази́на (SA).

magazine catch pin ось защёлки мага-
зи́на (SA).

magazine catch spring пружи́на. защёлки магази́на (SA).

magazine chamber магази́нная коро́бка
(SA).

magazine-fed заряжа́емый из обо́ймы-
магази́на, с магази́нной пода́чей.

magazine feed магази́нное пита́ние
(SA).

magazine fire стрельба́ па́чками.

magazine platoon взвод обслу́живания
скла́да боеприпа́сов.

magazine pocket су́мка для обо́йм.

magazine release магази́нная защёлка
(SA).

magazine rifle магази́нная винто́вка.

magazine section отделе́ние обслу́живания патро́нного пу́нкта.

magazine spring пружи́на подава́теля (SA).

magazine weapon ору́жие с автомати́ческой пода́чей.

magnaflux inspection электромагни́тное иссле́дование, прове́рка "магнафлу́кс" (Avn).

magnesium ма́гний.

magnesium alloy электро́н.

magnesium bomb ма́гниевая зажига́тельная бо́мба.

magnesium flare вспы́шка ма́гния, ма́гниевый фа́кел.

magnesium powder ма́гниевый порошо́к.

magnet магни́т.

magnet cradle магнитодержа́тель *m.*

magnetic azimuth магни́тный а́зимут.

magnetic bearing магни́тный пе́ленг, магни́тное направле́ние.

magnetic compass магни́тный ко́мпас.

magnetic course магни́тный курс (Avn).

magnetic declination магни́тное склоне́ние.

magnetic deviation магни́тное отклоне́ние.

magnetic disturbances магни́тные возмуще́ния *npl.*

magnetic equator магни́тный эква́тор, изого́на нулево́го магни́тного склоне́ния.

magnetic field магни́тное по́ле.

magnetic flux магни́тный пото́к, пото́к магни́тных силовы́х ли́ний.

magnetic intensity магни́тное напряже́ние.

magnetic meridian магни́тный меридиа́н.

magnetic mine магни́тная ми́на.

magnetic needle магни́тная стре́лка.

magnetic north магни́тный се́вер.

magnetic pole магни́тный по́люс.

magnetic storm магни́тная бу́ря.

magnetic tachometer магни́тный тахо́метр.

magnetic variation магни́тное склоне́ние.

magneto магне́то.

magneto drive приво́д магне́то.

magneto exploder магне́то-электри́ческая подрывна́я маши́нка.

magnifying glass лу́па, увеличи́тельное стекло́.

magnitude величина́.

maiden flight пе́рвый полёт самолёта.

mail по́чта.

mail clerk ро́тный почта́рь (Mil); почтови́к.

main *adj* гла́вный, важне́йший.

main attack гла́вная ата́ка, гла́вный уда́р.

main body гла́вные си́лы (*fpl*).

main clutch гла́вный фрикцио́н (Tk).

main effort гла́вный уда́р (Tac).

main guard гла́вный карау́л.

main line of resistance пере́дний край оборо́ны, пере́дний край.

main longitudinal гла́вный стри́нгер (Avn).

mainspring спускова́я пружи́на, боева́я пружи́на.

main supply road гла́вный путь подво́за.

maintain contact *v* подде́рживать связь.

maintenance содержа́ние в испра́вности; ремо́нт.

maintenance company ремо́нтная ро́та, ро́та обслу́живания ремо́нтных мастерски́х.

maintenance crew аэродро́мная обслу́живающая кома́нда (Avn); ремо́нтная кома́нда.

maintenance officer офице́р наблюда́ющий за состоя́нием материа́льной ча́сти.

maintenance park ремо́нтный парк.

maintenance party ремо́нтная кома́нда.

maintenance personnel обслу́живающий персона́л.

maintenance plan план распределе́ния и испо́льзования ремо́нтных средств.

maintenance section ремо́нтное отделе́ние; обо́зно-техни́ческое отделе́ние.

maintenance unit ремо́нтная яче́йка ча́сти.

maintenance vehicle лёгкая подвижна́я ремо́нтная мастерска́я.

maintenance year отчётный год по содержа́нию и ремо́нту материа́льной ча́сти.

major майо́р.

major *adj* ста́рший, гла́вный; кру́пный.

major armament артиллери́йское вооруже́ние кру́пных кали́бров (САС).

major general генера́л-майо́р.

major operation кру́пная опера́ция (Tac).

major repair кру́пный ремо́нт.

make *v* де́лать, производи́ть, изготовля́ть, устра́ивать.

make a decision *v* приня́ть реше́ние.

make a stand *v* ока́зывать сопротивле́ние.

make headway *v* продвига́ться вперёд.

malanders мокрёц (Vet).

malaria малярия.

male screw винт с наружной нарёзкой.

malfunction неисправность, неисправное дёйствие.

malingerer симулянт,

malingering симуляция болёзни.

malleable кóвкий.

man человёк.

man *v* укомплектóвывать личным состáвом.

manager управляющий, завёдующий.

maneuver манёвр, движёние.

maneuverability манёвренность.

maneuvering area райóн манёвра, райóн маневрирования.

maneuvering element манёвренная группа (Tac).

maneuvering flight фигурный полёт.

maneuvering force манёвренная группа (Tac).

maneuvering target подвижная мишёнь, движущаяся цель.

maneuver march марш-манёвр.

maneuver of fire power огневóй манёвр, маневрирование огнём.

maneuver space манёвренное прострáнство.

maneuver tactics тáктика манёвра.

maneuver unit манёвренная единица.

manganese мáрганец.

manhandle перевозить на людях, переносить на рукáх.

manhole люк, лаз, узкий прохóд.

manipulation манипулирование, умёлое обращёние.

manning detail орудийный расчёт (Arty).

manning table таблица распределёния личного состáва (CAC).

man-of-war воённый корáбль.

manometer манóметр.

manpower рабóчая сила.

manta брезёнт для вьюка.

man the defense *v* занять оборонительные сооружёния людьми.

manual наставлёние, руковóдство, устáв.

manual for courts-martial устáв воённого судопроизвóдства (USA).

manual of arms ружёйные приёмы *mpl*.

manual of the color and standard приёмы знáменем.

manual of the pistol приёмы пистолётом.

map географическая кáрта; план (Mil).

map *v* составлять кáрту, составлять план; наносить на кáрту, наносить на план (to plot).

map case палётка.

map code код кáрты.

map compilation составлёние кáрты по разнорóдным компилированным материáлам.

map coordinate code код координáт кáрты.

map course курс по кáрте.

map data картографические дáнные.

map distance расстояние по кáрте; горизонтáльная дáльность (Arty); горизонтáльное заложёние (Top).

map exercise тактическое занятие на кáрте.

map firing стрельбá с подготóвкой дáнных по кáрте.

map in colors иллюминóванный план.

map maneuver тактическое занятие на кáрте, воённая игрá.

map measurer кюрвимётр.

mapping camera фотограмметрический аппарáт.

mapping photography фотограммётрия.

mapping platoon фотограмметрический взвод.

mapping squadron съёмочная эскадрилья (Avn).

map problem задáча на кáрте.

map projection картографическая проёкция.

map range горизонтáльная дáльность, топографическая дáльность (Arty).

map reading чтёние карт.

map reconnaissance развёдка по кáрте.

map reference ссылка на кáрту.

map reproduction печáтание карт.

map scale масштáб кáрты.

map section картографическое отделёние.

map storage and distribution section отделёние хранёния и распределёния карт.

map substitute пóднятый аэрофотоснимок заменяющий кáрту.

marauder мародёр.

March март.

march марш; похóдное движёние (Tac).

march *v* маршировáть, двигаться похóдным порядком.

march collecting point пункт сбóра больных и отстáлых на похóде.

march column похóдная колóнна.

march discipline похóдная дисциплина.

march formation похóдный порядок.

march graph гра́фик похо́дного движе́-
ния.
marching fire стрельба́ на ходу́, стрель-
ба́ во вре́мя ата́ки.
marching flank заходя́щий фланг.
march in review церемониа́льный марш.
march maintenance ремо́нт на похо́де.
march order прика́з на марш.
march outpost охране́ние выставля́е-
мое на прива́ле.
march past v проходи́ть церемониа́ль-
ным ма́ршем.
march schedule расчёт похо́дного дви-
же́ния.
march security похо́дное охране́ние.
march table табли́ца похо́дного дви-
же́ния.
march unit похо́дная гру́ппа.
mare кобы́ла, кобыли́ца.
margin по́ле (blank space).
margin of safety коэфицие́нт безопа́с-
ности, запа́с про́чности.
marine солда́т морско́й пехо́ты (USA).
marine corps ко́рпус морско́й пехо́ты
(USA).
marines морска́я пехо́та (USA).
maritime морско́й, примо́рский.
maritime navigation морска́я навига́ция.
mark знак, при́знак; отме́тка (annotation).
mark v отмеча́ть, обознача́ть; нано-
си́ть на ка́рту (on a map).
marker ука́зчик, маха́льный (in range
practice); флажо́к (in map exercises);
ориентиро́вочный знак (flag or stake);
мая́к (route guide).
marker beacon радиоотме́тчик (Rad).
marker lights поса́дочные огни́.
marking отмеча́ние; отме́тка (annotation); клеймо́ (imprint).
marking disk ука́зка.
marking panels сигна́льные поло́тнища
для обозначе́ния фро́нта ча́сти.
marking pennant опознава́тельный фла-
жо́к.
markings опознава́тельные зна́ки (Avn).
marksman ме́ткий стрело́к.
marksmanship иску́сство стрельбы́.
marksmanship training обуче́ние стрел-
ко́вому де́лу; боева́я подгото́вка
стрелка́.
mark time v обознача́ть шаг на ме́сте.
marsh боло́то.
marshalling yard манёвровый парк (RR).
martial law вое́нное положе́ние.
mask ма́ска, укры́тие от взо́ров.
mask v маскирова́ть, скрыва́ть.

masked battery замаскиро́ванная бата-
ре́я.
mass ма́сса; резе́рвный поря́док (formation).
mass v сосредото́чивать, масси́ровать,
сосредото́чиваться.
mass athletics ма́ссовые гимнасти́че-
ские упражне́ния.
mass formation резе́рвный поря́док.
mass of maneuver манёвренный кула́к,
уда́рная гру́ппа, манёвренная ма́сса.
mast ма́чта.
master капита́н су́дна; ма́стер (expert);
нача́льник.
master at arms у́нтер-офице́р корабе́ль-
ной поли́ции (ATS).
master electrician ста́рший эле́ктрик.
master lines ли́нии водоразде́лов и
та́львегов (Top).
master oscillator задаю́щий генера́тор.
master sergeant вы́сшее зва́ние мла́д-
шего нача́льствующего соста́ва
(USA).
master switch центра́льный переключа́-
тель (Elec).
mastery of the air госпо́дство в во́здухе.
match спи́чка; фити́ль m, огнепрово́д
(igniting cord); па́ра (an equal match);
матч (Sport).
mate помо́щник шки́пера (ATS); по-
мо́щник бо́цмана (Nav); това́рищ
(comrade).
material материа́л.
matériel те́хника, материа́льная часть.
mattock моты́га.
maul v потрепа́ть (Mil); изуве́чить.
maximum ма́ксимум.
maximum adj максима́льный, преде́ль-
ный.
maximum elevation наибо́льший при-
це́л, преде́льный у́гол возвыше́ния,
у́гол вертика́льного обстре́ла.
maximum ordinate высота́ траекто́рии.
maximum range преде́льная да́льность
(of a firearm); да́льность полёта на
нагру́зку горю́чего (Avn).
maximum rate of fire максима́льная
скоростре́льность.
maximum speed максима́льная ско́-
рость.
maximum traverse у́гол горизонта́ль-
ного обстре́ла.
maximum usable rate of fire максима́ль-
ный практи́ческий режи́м огня́.
May май.
McClellan saddle строево́е седло́ аме-
рика́нской а́рмии.
M-day пе́рвый день мобилиза́ции.

mean сре́днее, сре́дняя величина́ (Mathematics).

mean *adj* сре́дний (average); по́длый (ill-natured).

mean deviation отклоне́ние сре́дней то́чки попада́ния от це́нтра це́ли (Arty).

mean error отклоне́ние сре́дней то́чки попада́ния от це́нтра рассе́ивания (Arty).

mean height of burst сре́дняя высота́ разры́вов (Arty).

mean impact point сре́дняя то́чка попада́ния (Arty).

mean lateral deviation сре́днее боково́е отклоне́ние от це́нтра це́ли (Arty).

mean lateral error сре́днее боково́е отклоне́ние от це́нтра рассе́ивания (Arty).

mean longitudinal deviation сре́днее отклоне́ние по да́льности от це́нтра це́ли (Arty).

mean longitudinal error сре́днее отклоне́ние по да́льности от це́нтра рассе́ивания (Arty).

mean point of burst сре́дняя то́чка разры́вов (Arty).

mean range да́льность сре́дней то́чки попада́ния (Arty).

mean temperature сре́дняя температу́ра.

mean trajectory сре́дняя траекто́рия (Arty).

measure ме́ра.

measure *v* ме́рить, измеря́ть.

measured angle у́гол по угломе́ру с наблюда́тельного пу́нкта (Arty).

measuring rule складно́й метр.

measuring tape руле́тка.

meat мя́со.

meat can кры́шка солда́тского котелка́ слу́жащая сковоро́дкой.

mechanic меха́ник.

mechanical механи́ческий.

mechanical draftsman техни́ческий чертёжник.

mechanical efficiency механи́ческий коэфицие́нт поле́зного де́йствия.

mechanical engineering машинострое́ние.

mechanical filter фильтр, фильтр противога́за.

mechanical maneuvers рабо́ты по устано́вке тяжёлых ору́дий (CAC).

mechanical pilot автопило́т.

mechanical time fuze механи́ческая тру́бка.

mechanical traction механи́ческая тя́га.

mechanical training техни́ческая подгото́вка, техни́ческое обуче́ние.

mechanics меха́ника.

mechanism механи́зм.

mechanization механиза́ция.

mechanize механизи́ровать.

mechanized механизи́рованный, бронета́нковый.

mechanized attack ата́ка бронеси́л.

mechanized cavalry механизи́рованная кавале́рия.

mechanized troops механизи́рованные войска́.

mechanized unit механизи́рованная часть.

medal о́рден, знак отли́чия (Mil); меда́ль.

mediation посре́дничество.

medical медици́нский, враче́бный.

medical battalion ме́дико-санита́рный батальо́н.

medical corps медици́нский отде́л вое́нно-санита́рного ве́домства.

medical department вое́нно-санита́рное управле́ние, вое́нно-санита́рное ве́домство.

medical depot вое́нно-санита́рный склад.

medical detachment санита́рная гру́ппа полка́ и отде́льного батальо́на (USA).

medical equipment ме́дико-санита́рное иму́щество.

medical examination медици́нское освиде́тельствование, медици́нский осмо́тр.

medical inspection санита́рный осмо́тр.

medical inspector помо́щник ста́ршего врача́ по санита́рной ча́сти.

medical laboratory медици́нская лаборато́рия.

medical officer вое́нный врач, военвра́ч.

medical regulator ста́рший врач распоряди́тельной ста́нции а́рмии (USA).

medical service вое́нно-санита́рная слу́жба.

medical supply officer нача́льник вое́нно-санита́рного снабже́ния.

medical supply section отде́л вое́нно-санита́рного снабже́ния.

medical troops ме́дико-санита́рные ча́сти (USA).

medicine лека́рство; медици́на (medical science).

medium *n* среда́.

medium *adj* сре́дний.

medium fire сре́дняя ско́рость огня́.

medium-scale map среднемасшта́бная ка́рта.

medium tank сре́дний танк.

meet *v* встречáть, встречáться; удовлетворя́ть (a requirement).

meeting engagement встрéчный бой.

megaphone ру́пор.

melinite мелинúт, францу́зский пикрúновый пóрох.

memorandum докладнáя запúска.

men рядовы́е бойцы́ *mpl* (Mil); лю́ди *mpl.*

Mercator projection Меркáторская проéкция.

merchantman торгóвое сýдно.

merchant marine торгóвый флот.

mercury ртуть.

mercury bichloride сулемá.

mercury fulminate грему́чая ртуть.

meridian меридиáн.

mess артéльное хозя́йство (organization); столóвая (place).

mess *v* довóльствоваться с котлá, быть на артéльном довóльствии.

mess account отчётность по артéльному хозя́йству.

message донесéние (to a superior); сообщéние.

message book полевáя кнúжка.

message center канцеля́рия узлá свя́зи (USA).

message dropping ground площáдка для сбрáсывания донесéний (Avn).

message relay point промежу́точный пункт свя́зи.

message serial number исходя́щий нóмер донесéния.

message shell снаря́д свя́зи.

mess attendant вестовóй при ку́хне.

mess call сигнáл "к столу́."

mess council столóвая комúссия чáсти (USA).

messenger ординáрец, посы́льный.

messenger team собáчья запря́жка для бы́строго сообщéния в снегáх.

mess hall столóвая (Mil).

mess kit похóдный столóвый прибóр.

mess sergeant сержáнт завéдующий рóтным довóльствием.

mess tin котелóк, манéрка.

metal метáлл; щéбень *m* (for roads).

metal fouling отложéние метáлла в стволé ору́дия.

metallic circuit двухпровóдная лúния (two-wire line; Тр, Тg).

metallic-circuit line двухпровóдная лúния.

meteorograph метеорогрáф, аэрогрáф.

meteorological data метеорологúческие дáнные.

meteorological message аэрологúческий бюллетéнь (Arty).

meteorologist метеоролóг.

meteorology метеоролóгия.

method приём.

metro correction аэрологúческая попрáвка (Arty).

metro message метеорологúческая свóдка.

mica слюдá.

microfilm микрофúльм.

micrometer микромéтр, микрометрúческий винт.

microphone микрофóн.

midrange срéдняя дáльность.

midshipman воспúтанник морскóго учúлища (USA).

mil ты́сячная, делéние угломéра (Arty).

mile мúля.

mileage числó миль.

mileage allowance путевóе довóльствие соглáсно числу́ миль.

mil formula фóрмула завúсимости угловóй ширины́ цéли от дистáнции (Arty).

military *adj* воéнный, вóинский.

military academy воéнное учúлище.

military age призывнóй вóзраст.

military attaché воéнный атташé, воéнный агéнт.

military authorities воéнные влáсти *fpl.*

military aviation воéнная авиáция.

military band воéнный оркéстр; хор трубачéй (Cav).

military bearing воéнная вы́правка.

military bridge воéнный мост.

military channels путь сношéний по комáнде.

military commission воéнно-судéбная комúссия.

military correspondence воéнная перепúска.

military correspondent военкóр, воéнный корреспондéнт.

military court воéнный суд, воéнный трибунáл.

military courtesy прáвила вóинской вéжливости.

military crest воéнный грéбень.

military discipline вóинская дисциплúна.

military education воéнное образовáние.

military engineering воéнно-инженéрное дéло.

military government воéнное управлéние оккупúрованными областя́ми.

military hierarchy военная иерархия, военная подчинённость.

military hospital военный госпиталь.

military hygiene военная гигиена.

military information сведения военного характера.

military instructor военный руководитель.

military intelligence разведывательная служба, военная разведка.

Military Intelligence Division разведывательный отдел главного управления генерального штаба (USA).

military intelligence section разведывательный отдел штаба (G-2); разведывательное отделение штаба (S-2).

military jurisdiction военная юрисдикция.

military justice военное судопроизводство.

military law военное право.

military map военная карта.

military mission военная миссия.

military necessity военная необходимость.

military objective объект военного значения.

military occupation военная оккупация.

military offense воинское преступление.

military order военный приказ.

military police военная полиция, полевая жандармерия.

military post гарнизон, место постоянного расквартирования войск.

military railway военная железная дорога.

military rank военное звание, военный чин.

military reservation земельный участок принадлежащий военному ведомству.

military road военная дорога.

military sanitation военно-санитарные мероприятия npl.

military science военная наука.

military service военная служба.

military sketch кроки n, отчётная карточка.

military sketching крокировка, составление отчётной карточки.

military specialist военный специалист, военспец.

military stores военные запасы mpl, военное имущество.

military symbol условный знак.

military training военное обучение, военная подготовка.

military tribunal военный суд.

militia милиция, ополчение.

milk молоко.

mill мельница.

millibar миллибар.

mil scale шкала в тысячных.

mils error погрешность в тысячных.

mine мина (Mil); рудник.

mine v минировать (to place mines); подрывать (to undermine); рыть минную галлерею (Mine Warfare).

mine battery минная батарея.

mine buoy минный буёк.

mine case оболочка мины, корпус мины.

mine casemate минная станция.

mine chamber минная камера, минный горн.

mine clearing party группа разграждения.

mine command район береговой минной обороны.

mine defense минная оборона.

mine detecting crew отряд миноискателей.

mine detector миноискатель m.

mine dragging траление мин.

mine dredger минный тральщик.

mine field минное поле (land mines); минное заграждение (submarine mines).

mine group тактическое подразделение береговой минной обороны (USA).

mine planter минный заградитель.

mine planting flotilla мино-заградительная флотилия.

mine road block заминированный участок дороги.

mine sweeper минный тральщик (Nav); противоминный дорожный каток (AT mines).

mine tank минно-испытательный бассейн.

mine warfare минная война.

mine yawl минный ялик.

miniature range миниатюр-полигон.

miniature range practice практическая стрельба на миниатюр-полигоне.

minimum altitude bombing бомбометание с малых высот.

minimum clearance наименьшее превышение траектории над своими войсками (Arty).

minimum elevation наименьший прицел (Arty).

minimum flying speed минимальная скорость потребная для горизонтального полёта.

minimum range наименьший прицел (Arty).

minimum turning radius páдиус поворóта (of a vehicle).

mining минирование (mining operations); минное дéло (branch of knowledge).

mining system систéма минных галлерéй.

minor repairs мéлкий ремóнт.

minor tactics элементáрная тáктика.

minor warfare мáлая войнá.

minute минýта.

miscalculation непрáвильный расчёт, просчёт.

misconduct дурнóе поведéние.

misfeed неиспрáвная подáча патрóнов.

misfire осéчка.

misfire v дать осéчку.

mislead вводить в заблуждéние.

miss прóмах.

miss v дать прóмах, промахнýться (Mil); пропустить, опоздáть (a train); упустить (an opportunity); чýвствовать отсýтствие (a person).

missile метáтельный снарáд.

missing без вéсти пропáвший (Mil); недостающий, отсýтствующий (deficient).

missing in action без вéсти пропáвший в бою.

mission задáча (task); миссия.

mist лёгкий тумáн, дымка.

mistake ошибка.

mittens вáрежки fpl.

mixed fire крóющий огóнь (Arty).

mixed force отрáд из рáзных родóв войск.

mixed salvo óчередь с неравномéрным распределéнием перелётов и недолётов (Arty).

mixture смесь.

mobile подвижнóй, мобильный.

mobile antiaircraft artillery подвижнáя зенитная артиллéрия.

mobile armament береговáя артиллéрия на подвижных устанóвках (CAC).

mobile artillery подвижнáя артиллéрия.

mobile decontamination platform дегазациóнная площáдка.

mobile defense подвижнáя оборóна, активная оборóна.

mobile depot подвижнóй склад.

mobile hospital подвижнóй гóспиталь.

mobile loft подвижнáя голубиная стáнция.

mobile reserves подвижные запáсы mpl.

mobile seacoast artillery подвижнáя береговáя артиллéрия.

mobile shower unit полевáя дýшевая устанóвка.

mobile surgical unit летýчий мéдико-хирургический отрáд (Med).

mobile warfare манёвренная войнá.

mobility подвижность.

mobilization мобилизáция.

mobilization camp сбóрный лáгерь мобилизýемых частéй (USA).

mobilization center центр сбóра призывных и запасных по мобилизáции (USA).

mobilization concentration мобилизациóнное сосредотóчение (USA).

mobilization order объявлéние мобилизáции, прикáз о мобилизáции.

mobilization plan мобилизациóнный план.

mobilization point мéсто мобилизáции чáсти (USA).

mobilization rate скóрость мобилизáции; срок мобилизациóнной готóвности.

mobilization regulations наставлéние для мобилизáции.

mobilize мобилизовáть, мобилизировать.

mock combat примéрный бой, показнóй бой.

mock-up модéль в натурáльную величинý.

moderate breeze умéренный вéтер.

moderate gale крéпкий вéтер.

modulated continuous waves модулированные незатухáющие вóлны.

modulation модулáция.

modulator модулáтор.

moist сырóй, влáжный.

moisture влáга.

Molotov cocktail See frangible grenade.

moment момéнт.

momentum инéрция движéния (tendency to remain in motion); живáя сила (impetus).

momentum of the attack стремительность и сила атáки.

Monday понедéльник.

money allowance дéнежное ассигновáние, óтпуск дéнег.

monitor v включáться в радиосéть для повéрки приёмника (Rad).

monkey wrench раздвижнóй гáечный ключ.

monobloc See barrel of monobloc construction.

monobloc gun орýдие с цельнолитным стволóм.

monocoque fuselage фюзелáж монокóк.

monoplane моноплáн.

monostatic rangefinder внутреннебáзный дальномéр.

monthly ежемéсячный.

moor стáвить на мёртвый я́корь (to anchor); пришвартóвывать.

mooring line причáльный трос.

mooring mast причáльная мáчта.

mooring rope швáртов.

mooring tower причáльная мáчта.

mopping up очищéние от протѝвника.

mop up очищáть от протѝвника.

moral adj морáльный, духóвный.

morale морáльное состоя́ние, дух.

moral effect морáльное дéйствие.

morning ýтро.

morning gun пýшечный вы́стрел при побýдке.

morning report мéсячный журнáл внýтреннего состоя́ния рóты по дням (USA).

Morse code áзбука Мóрзе.

mortar мортѝра (Arty); миномёт (Hv Wpn); цемéнтный раствóр (mixture).

mortar pit котловáн для миномёта.

mortar range board постройтель для автоматѝческого определéния попрáвок по дáльности для береговóй мортѝры (CAC).

mortar section полувзвóд миномётов.

mortar shell мортѝрный снаря́д (Arty); мѝна (fired by a smooth-bore mortar).

mortar squad миномётное отделéние.

mosaic сбóрный фотоплáн из аэрофотоснѝмков нéскольких смéжных учáстков (Photo).

mosaic assembly сбóрный монтáж аэрофотоснѝмков для составлéния óбщего фотоплáна (Photo).

mosaic mountant коленкóр для аэрофотомонтирóвки.

mosquito комáр.

mosquito bar противомоскѝтная сéтка, мустикёрка.

mosquito boat быстрохóдный торпéдный кáтер "москѝто".

mosquito bomber быстрохóдный лёгкий бомбовóз "москѝто".

moss мох.

mother ship пловýчая бáза, мáтка (Nav).

motion движéние (movement); предложéние (proposal).

motionless неподвѝжный.

motor мотóр, двѝгатель m.

motorcycle мотоцѝкл.

motorcycle scout развéдчик-мотоциклѝст.

motorcycle troop мотоциклéтный эскадрóн.

motor dispatch service слýжба моторизóванной свя́зи.

motor generator мотóр-генерáтор.

motorization моторизáция.

motorized artillery моторизóванная артиллéрия.

motorized division моторизóванная дивѝзия.

motorized gun трáкторное орýдие.

motorized infantry моторизóванная пехóта.

motorized march перебрóска войск на автомашѝнах.

motorized troops моторизóванные войскá.

motorized unit моторизóванная часть.

motor launch мотóрный кáтер.

motor maintenance officer офицéр имéющий технѝческий надзóр за автомашѝнами рóты.

motor officer офицéр завéдующий автомашѝнами чáсти.

motor park автопáрк.

motor patrol дозóр на автомашѝнах.

motor pool резéрв автомашѝн.

motor repair park автомобѝльный парк с ремóнтными мастерскѝми при автоуправлéнии фрóнта.

motor road автострáда.

motor transport автотрáнспорт.

motor vehicle · автомашѝна, автомобѝль m.

mount станóк, устанóвка (Arty, MG); верховáя лóшадь (H); возвы́шенность (Top).

mount v садѝться на коня́, садѝться в седлó (Cav); садѝться в машѝну (MT); устанáвливать (a gun).

mount a gun v устанáвливать орýдие на лафéт.

mountain горá.

mountain artillery гóрная артиллéрия.

mountain battery гóрная батарéя.

mountain carriage гóрный лафéт.

mountain combat бой в горáх.

mountain division гóрная дивѝзия.

mountain gun гóрное орýдие, гóрная пýшка.

mountain pass перевáл, прохóд в горáх.

mountain troops гóрные войскá.

mountain warfare гóрная войнá.

mount a map наклéивать кáрту на коленкóр.

mounted attack кóнная атáка.

mounted combat бой в кóнном строю́, кóнный бой.

mounted defilade укры́тие достáточное для всáдника.

mounted drill ко́нное уче́ние.

mounted infantry е́здящая пехо́та.

mounted messenger ко́нный ордина́рец.

mounted officer офице́р кото́рому по шта́ту полага́ется верхова́я ло́шадь.

mounted orderly ко́нный ордина́рец, ко́нный связно́й.

mounted patrol ко́нный дозо́р (security); разъе́зд (reconnaissance).

mounted point ко́нный головно́й дозо́р (of advance guard); ко́нный ты́льный дозо́р (of rear guard).

mounted reconnaissance ко́нная разве́дка.

mounted rifleman ко́нный стрело́к.

mounting устано́вка, монта́ж.

mouth у́стье (of a river); ду́ло (of a firearm); рот (of a person).

move движе́ние (movement); шаг (step); ход (in a game).

move v дви́гать, дви́гаться; переме ща́ть, перемеща́ться (to change place): ходи́ть (in games); вноси́ть предложе́ние (to recommend); тро́гать (to affect with emotion); переез жа́ть (to change residence).

movement движе́ние, передвиже́ние.

movement order прика́з для движе́ния.

movies кино́.

moving barrage подвижно́й загради́тельный ого́нь.

moving pivot подвижна́я ось захожде́ния.

moving screen подвижна́я заве́са.

moving target подвижна́я цель.

mudcapping подрыва́ние нару́жным заря́дом присы́панным землёй.

mud-lime slurry course жи́дко-гли́нистая грязева́я доро́га для дегаза́ции пово́зок.

muffler глуши́тель m, мя́гкая прокла́дка (Mech); ше́йный шарф (scarf).

multibarreled gun многоство́льное ору́дие.

multi-charge gun многока́морное ору́дие.

multi-engined airplane многомото́рный самолёт.

multiplace fighter многоме́стный истреби́тель.

multiplane многопла́н.

multiple многокра́тный, многочи́сленный.

multiple antiaircraft gun многоство́льное зени́тное ору́дие.

multiple gun mounting многооруди́йная устано́вка (Arty); многопулемётная устано́вка (MG).

multiple-lens camera многообъекти́вный аэрофотоаппара́т.

multiple mounting компле́ксная уста но́вка.

multiple penetration проры́в в не́скольких места́х (Tac).

multiple station rack многогнёздный бомбодержа́тель (Avn).

multiplex equipment обору́дование для многокра́тной переда́чи (Sig C).

multipurpose gun универса́льное ору́дие.

multiseater многоме́стный самолёт (Avn)

multisection charge составно́й заря́д.

multispar wing многолонжеро́нное крыло́.

multivibrator мультивибра́тор (Rad).

munitions вое́нные запа́сы mpl (military stores); боевы́е припа́сы, боеприпа́сы mpl (ammunition).

munitions officer нача́льник боево́го пита́ния.

musette bag су́мка.

mushroom bullet пу́ля с мя́гкой голо́вкой.

musketry стрелко́вое де́ло.

mustard gas горчи́чный газ, ипри́т.

muster сбор для пове́рки ли́чного соста́ва.

muster v собира́ть для пове́рки; зачисля́ть на слу́жбу, ста́вить в строй (to enroll).

muster roll спи́сок ли́чного соста́ва.

mutiny вое́нный мяте́ж, бунт.

mutton бара́нина.

mutual взаи́мный, обою́дный.

mutual fire support взаи́мная огнева́я подде́ржка.

mutual support взаи́мная подде́ржка.

muzzle ду́ло (of a firearm); мо́рда (of an animal); намо́рдник (device for the mouth of an animal).

muzzle attachment наду́льник.

muzzle bell ду́льное утолще́ние (Arty).

muzzle blast га́зы вырыва́ющиеся из ду́ла; заду́льный ко́нус.

muzzle bore sight пере́дний визи́р для наво́дки че́рез кана́л ствола́ (Arty).

muzzle brake ду́льный то́рмоз (Arty).

muzzle cover наду́льный чехо́л (Arty).

muzzle face ду́льный срез (Arty).

muzzle flash ду́льное пла́мя.

muzzle loader ору́жие заряжа́ющееся с ду́ла.

muzzle ring ду́льное кольцо́ (Arty).

muzzle velocity нача́льная ско́рость, ско́рость у ду́ла.

muzzle wave ду́льная волна́.

N

nacelle гондо́ла, корзи́на аэроста́та.

nadir нади́р, то́чка противополо́жная зени́ту.

nail гвоздь *m* (for fastening something); но́готь *m* (of a finger).

nail *v* прибива́ть гвоздя́ми, прикрепля́ть гвоздя́ми.

naked wire обнажённый про́вод (Elec).

narrow у́зкий.

narrow curve вира́ж ма́лого ра́диуса (Avn); круто́й изги́б.

narrow-gauge у́зкая колея́ (RR).

narrow-gauge railroad узкоколе́йная желе́зная доро́га.

narrow sheaf сходя́щийся ве́ер (Arty).

national anthem национа́льный гимн.

national flag госуда́рственный флаг.

national salute салю́т на́ции (USA).

natural есте́ственный, приро́дный.

natural cover есте́ственное укры́тие; есте́ственная ма́ска (Cam).

natural fortifications приро́дные укрепле́ния *npl*.

natural frequency со́бственная частота́.

natural obstacle есте́ственное препя́тствие, есте́ственная прегра́да.

natural wave length со́бственная длина́ волны́ (Rad).

nautical морско́й.

nautical mile морска́я ми́ля.

naval вое́нно-морско́й.

naval academy вое́нно-морско́е учи́лище.

naval attaché вое́нно-морско́й атташе́.

naval aviation морска́я авиа́ция.

naval base вое́нно-морска́я ба́за; ба́за морски́х сил.

naval district вое́нно-морско́й райо́н (USA).

naval forces морски́е си́лы *fpl*.

naval warfare морска́я война́.

navigable судохо́дный, досту́пный для навига́ции.

navigation навига́ция.

navigational chart навигацио́нная ка́рта.

navigation head при́стань снабже́ния.

navigation lights навигацио́нные огни́ *mpl* (of lighthouses, buoys, etc); отличи́тельные огни́, путевы́е огни́ (on ships and aircraft).

navigation officer шту́рман.

navigation set авианавигацио́нный радиоаппара́т (Avn).

navigator навига́тор (Avn); шту́рман (Nav).

navy морско́е ве́домство (Navy as opposed to Army); вое́нно-морски́е си́лы *fpl* (naval forces).

Navy Department морско́е министе́рство (USA).

navy yard вое́нная верфь, морско́й арсена́л.

near *adj* бли́зкий, бли́жний; ле́вый (of animals, vehicles).

near bank свой бе́рег.

near horse подседе́льная ло́шадь.

needle игла́; стре́лка ко́мпаса (of a compass).

negative негати́в (Photo); отрица́тельная величина́ (Mathematics).

negative *adj* отрица́тельный.

negative decalage смеще́ние крыла́ наза́д (Ap).

negative feedback отрица́тельная обра́тная связь (Elec).

negative stagger вы́нос крыла́ наза́д (Avn).

negotiations перегово́ры *mpl*.

neighbor сосе́д.

nest гнездо́.

nest of resistance у́зел сопротивле́ния.

net сеть, се́тка; радиосе́ть (Rad).

net call sign позывно́й сигна́л радиосе́ти.

net control station контро́льно-приёмная ста́нция.

net weight чи́стый вес, вес не́тто.

network сеть радиоста́нций (Rad); сеть (Sig C, RR).

neutral нейтра́льный.

neutrality нейтралите́т.

neutralization нейтрализа́ция.

neutralization fire нейтрализу́ющий ого́нь, ого́нь на подавле́ние.

neutralize нейтрализова́ть; подавля́ть огнём (Arty).

new guard заступа́ющий карау́л.

nickel ни́кель *m*.

night ночь; ве́чер (evening).

night assault ночна́я ата́ка.

night attack ночна́я ата́ка.

night bombing ночна́я бомбардиро́вка.

night combat ночно́й бой.

nightfall наступле́ние но́чи.

night fighter ночно́й истреби́тель (Avn).

night firing ночна́я стрельба́.

night flying chart ка́рта для ночно́го полёта.

night glasses ночно́й бино́кль.

night halt остановка на ночлег.

night landing ночно́е приземле́ние, ночна́я поса́дка (Avn); ночна́я вы́садка, ночно́й деса́нт (Nav).

night march ночно́й перехо́д, похо́дное движе́ние но́чью.

night operations боевы́е де́йствия но́чью.

night reconnaissance ночна́я разве́дка.

night signaling ночна́я сигнализа́ция.

night traffic line преде́льная грани́ца движе́ния но́чью.

nimbus дождева́я ту́ча.

nippers щипцы́ mpl; острогу́бцы mpl (cutting nippers).

nitric acid азо́тная кислота́.

nitrocellulose нитроклетча́тка.

nitrocellulose powder пироксили́новый по́рох.

nitrogen азо́т.

nitroglycerin нитроглицери́н.

nitrostarch нитрокрахма́л.

noise шум, звук.

noiseless бесшу́мный.

no man's land полоса́ ме́жду око́пами обо́их проти́вников.

nomenclature номенклату́ра.

noncombatant нестроево́й (member of an administrative or service unit); несража́ющийся, некомбата́нт.

noncommissioned officer чин мла́дшего нача́льствующего соста́ва.

noncorrosive decontaminating agent нее́дкое дегазацио́нное вещество́.

nondelay fuze взрыва́тель без замедли́теля.

noneffective rate пропо́рция отсу́тствующих по боле́зни.

nonexpendable supplies нерасхо́дуемые запа́сы mpl.

nonferrous metals цветны́е мета́ллы.

nonhygroscopic powder несыре́ющий по́рох.

nonintervention невмеша́тельство.

nonmagnetic диамагни́тный.

nonoverhead target возду́шная цель проходя́щая поперёк пло́скости стрельбы́.

nonpersistent agent несто́йкое отравля́ющее вещество́.

nonrigid airship дирижа́бль мя́гкой систе́мы.

nonstandard supplies предме́ты дово́льствия неустано́вленного образца́.

nonstop flight беспоса́дочный полёт.

nontoxic agent несмерте́льное отравля́ющее вещество́.

nontransportable не могу́щий вы́держать перево́зки.

nontransportable casualty ра́неный не могу́щий быть эвакуи́рованным, ра́неный не могу́щий вы́держать перево́зки.

noon по́лдень.

normal barrage пла́новый загради́тельный ого́нь.

normal charge норма́льный заря́д (Arty).

normal height of burst норма́льная высота́ разры́ва.

normal impact попада́ние под прямы́м угло́м.

normal landing поса́дка на три то́чки (Avn).

normal load норма́льная нагру́зка.

normal loop обыкнове́нная мёртвая пе́тля.

normal zone отве́тственная полоса́ обстре́ла (Arty).

north се́вер, норд.

northeast северовосто́к, нордо́ст.

northwest североза́пад, нордве́ст.

nose нос; головна́я часть, пере́дняя часть (forward end).

nose bag то́рба (Cav).

nose dive пики́рование (Avn).

nose down v опуска́ть нос, зарыва́ться (Avn).

nose fuze головна́я тру́бка, головно́й взрыва́тель (Arty, Mort, Bomb).

nose gun головно́й пулемёт, головна́я пу́шка (Avn).

nose irritant чиха́тельное отравля́ющее вещество́.

nose over v капоти́ровать (Avn).

nose spray пере́дний сноп оско́лков (Arty).

nose up v подыма́ть нос, задира́ться (Avn).

notch зару́бка, зазу́брина.

notice объявле́ние.

notify уведомля́ть; извеща́ть.

no vehicle-light line зо́на по́лного затемне́ния автомаши́н.

November ноя́брь m.

nozzle но́сик (of a vessel); форсу́нка (of an oil cup); наконе́чник (of a hose).

nuisance raid налёт для деморализа́ции проти́вника.

null гру́ппа зна́ков вводи́мая в шифро́ванный текст для воспрепя́тствования расшифро́вке проти́вником.

number но́мер; число́ (quantity).

nurse медици́нская сестра́, медсестра́ (trained nurse); сиде́лка.

nut га́йка (Mech); оре́х.

O

oak дуб.
oakum пакля (raw hemp); очёски *mpl.*
oar весло.
oarlock уключина.
oarsman гребец.
oath присяга, клятва.
oath of enlistment присяга при поступлении на службу.
oats овёс.
object предмёт, объёкт.
objective предмёт дёйствий, объёкт (Tac); цель; объектив (Photo).
objective folder журнал цёлей.
objective lens объектив (Optics).
objective plane плоскость мёста цёли (Arty).
objective point точка встрёчи (Arty).
objective zone сёктор обстрёла.
oblique перспективный аэрофотоснимок.
oblique *adj* облический, косой; косоприцёльный (of fire).
oblique aerial photograph перспективный аэрофотоснимок.
oblique fire косоприцёльный огонь.
oblique percussion косое попадание.
oblique photograph перспективный аэрофотоснимок.
obscuration затемнёние.
obscuring smoke маскирующий дым.
obscurity темнота; неясность (lack of clearness).
observation наблюдёние; замечание (remark); ближняя развёдка (Avn).
observation airplane развёдчик (Avn); самолёт-корректировщик (fire directing plane); самолёт службы наблюдёния, самолёт службы ближней развёдки.
observation aviation развёдывательная авиация.
observation balloon привязной наблюдательный аэростат.
observation battalion дивизион развёдывательной службы (Arty).
observation camp карантинный лагерь для новобранцев.
observation data данные наблюдёния.
observation group развёдывательный авиационный отряд (USA).
observation mine обсервационная мина (Nav).
observation mission задача по наблюдёнию (Tac); задача по ближней развёдке (Avn).

observation of fire наблюдёние за стрельбой (Arty).
observation point наблюдательный пункт.
observation post наблюдательный пост.
observation slit наблюдательная щель (Tk).
observation station наблюдательный пункт.
observe наблюдать.
observed fire стрельба с наблюдёнием (Arty).
observer наблюдатель *m.*
observer displacement угол при цёли (Arty).
observer pilot лётчик-наблюдатель *m.*
observer's cockpit кабина наблюдателя (Avn).
observing angle *See* observer displacement.
observing detail звено наблюдателей (AAA).
observing interval наблюдательное врёмя (AAA).
observing line линия наблюдёния.
observing point точка наблюдёния.
observing sector сёктор наблюдёния.
obsolete устарёлый, вышедший из употреблёния.
obsolete type устарёлый образёц.
obstacle препятствие, преграда.
obstacle-clearing detachment группа разграждёния.
obstacle course учёбная дорожка с препятствиями.
obstacle-crossing ability способность преодолевать препятствия (Tk).
obstruction преграда (obstacle); загромождёние, закупорка (jamming); обструкция.
obstruction lights заградительные огни.
obturation обтюрация (Arty).
obturator обтюратор (Arty).
occlusive dressing герметическая перевязка (Med).
occulter затемнитель прожёктора.
occulting light прерывистый огонь маяка.
occupation занятие; оккупация (Mil).
occupational specialist технический специалист.
occupation of position занятие позиции.
occupied area занятый район, оккупированный район.
occupy занимать, оккупировать.
ocean океан.

octane октан.

octane rating октановое число.

octant октант (Inst); восьмая часть круга (an eighth of a circle).

October октябрь *m*.

ocular окуляр.

odd parts разрозненные части *fpl*.

odometer мерное колесо, путемер, одометр.

off-carrier position место снятия огневых средств с транспортёров.

off-course correction поправка на отклонение от пути (Avn).

off duty вне службы, не при исполнении служебных обязанностей.

offense наступление (Mil); правонарушение, проступок (law breaking); оскорбление, обида (insult).

offensive наступление; наступательный образ действия.

offensive *adj* наступательный (Mil); неприятный, противный.

offensive combat наступательный бой.

offensive defense активная оборона, стратегическая оборона.

offensive-defensive временная оборона с последующим переходом в наступление (temporary defensive); стратегическая оборона (defensive by offensive means).

offensive grenade штурмовая ручная граната.

offensive mission наступательная задача.

offensive tactics тактика наступления, наступательная тактика.

offensive war наступательная война.

off horse подручная лошадь (Arty).

officer офицер (Mil), должностное лицо (civil).

officer candidate кандидат в офицеры (USA).

officer candidate school школа для подготовки кандидатов в офицеры (USA).

officer courier офицер-курьер.

officer of the day дежурный по караулам.

officer of the guard начальник офицерского караула.

officer of the line строевой офицер.

officers' mess офицерская столовая.

Officers' Reserve Corps корпус офицеров запаса (USA).

official *adj* официальный, служебный.

official correspondence служебная переписка.

official distance официально установ-

ленное расстояние для исчисления прогонных денег (USA).

official envelope конверт для служебной переписки.

official mileage table таблица установленных расстояний для исчисления прогонных денег (USA).

off limits запретный район.

offset method обозначение пунктов по их координатам от секретной оси ординат и нижнего края карты (USA).

offshore patrol прибрежный дозор (Nav).

ogive оживальная часть снаряда (Arty).

ohm ом.

ohmmeter омметр.

oil растительное масло (vegetable oil); минеральное масло (mineral oil); нефть (crude oil); смазочное масло (lubricant).

oil bath масляная ванна (Tech).

oil bomb масляная зажигательная бомба.

oil buffer масляный тормоз, масляный амортизатор (Mech); замедлитель *m* (MG).

oil cake жмых.

oil can бидон для масла (container); маслёнка (lubricator).

oil circuit breaker масляный прерыватель.

oilcloth клеёнка.

oil cooler маслоохладитель *m*.

oil cup маслёнка (Tech).

oiler нефтеналивное судно (Nav); смазчик.

oil fuel жидкое топливо.

oil gauge масляный манометр.

oiling system система смазки.

oil pipe нефтепровод.

oil plug заглушка (Mech).

oil pressure gage масляный манометр.

oil pump масляный насос.

oil sprayer форсунка для жидкого топлива.

oil tank масляный бак.

oil temperature gauge масляный термометр.

old guard сменяемый караул.

oleo gear шасси с масляной амортизацией (Avn).

oleopneumatic shock absorber масляно-пневматический амортизатор.

oleo strut стойка шасси с масляным амортизатором, масляная стойка (Avn).

olive drab оливковосёрый защитный цвет (USA).

omnidirectional antenna ненаправленная антённа.

one-pounder 37-мм пушка (Arty).

one-track road дорога в одну повозку шириной.

one-way road дорога с движёнием в одну сторону.

onrush нападёние, атака, натиск.

onslaught нападёние, атака, натиск.

onward вперёд.

open v открывать, начинать.

open adj открытый; разомкнутый (extended).

open circuit разомкнутая цепь.

open cockpit открытая кабина.

open column разомкнутая колонна.

open country открытая мёстность.

open fire v открыть огонь.

open flank открытый фланг.

open formation разомкнутый порядок.

open position открытая позиция.

open ranks v разомкнуть шерёнги.

open route дорога без регулирования движёния.

open sheaf расходящийся вёер (Arty).

open sight открытый прицёл (Arty).

open terrain открытая мёстность.

open time врёмя предназначенное для внепрограммных занятий.

open traverse разомкнутый ход (Surv).

open work несомкнутое укреплёние (Ft).

operating ceiling практический потолок (Avn).

operating handle ручка управлёния (Avn); ручка рукоятки затвора (Arty).

operating lever рукоятка затвора, плечо рукоятки затвора (Arty).

operating maintenance ремонт материальной части техническим персоналом на походе.

operating slide ползун ствольной коробки (MG).

operating speed крёйсерская скорость (Avn); нормальная скорость (Mtr).

operation операция.

operational flight оперативный полёт.

operational priority порядок срочности, боевая срочность (Sig C).

operations воённые дёйствия npl, операции fpl.

operations and training section отдёл оперативный и по подготовке войск (USA).

Operations Division оперативный от-

дёл главного управлёния генерального штаба (USA).

operations map оперативная карта, карта воённых дёйствий.

operations officer офицёр завёдующий оперативной частью (USA); руководитель полётов (Avn).

opponent противник (Mil); оппонёнт.

opposition сопротивлёние, противодёйствие (Mil), оппозиция.

optical altimeter оптический высотомёр (Avn).

optical range расстояние прямой видимости, оптическая дальность (Slt).

optical sight оптический прицёл.

oral test устное испытание.

orange adj оранжевый.

order порядок (arrangement); строй (formation); приказ, распоряжёние (command); орден (decoration).

order in battery батарёя в боевом положёнии.

order in line развёрнутый строй.

orderly вестовой, ординарец.

orderly room ротная канцелярия (Inf); батарёйная канцелярия (Arty); эскадронная канцелярия (Cav).

order of battle боевое расписание.

order of march порядок походного движёния.

order of seniority порядок по старшинству.

order of the day приказ по части.

ordinate ордината.

ordnance артиллерийское снабжёние.

Ordnance Department управлёние артиллерийского и технического снабжёния (USA); артиллерийское управлёние (USSR).

ordnance depot артиллерийский склад.

ordnance matériel предмёты артиллерийского снабжёния.

ordnance officer офицёр службы артиллерийского снабжёния.

ordnance property артиллерийско-техническое имущество.

ordnance service служба артиллерийского снабжёния.

ordnance staff officer офицёр завёдующий артиллерийским снабжёнием части.

ordnance supplies предмёты артиллерийского снабжёния.

ordnance troops личный состав завёдений и учреждёний артиллерийского снабжёния.

ore руда.

organic органический, входящий в постоянный состав.

organic transport штатные перевозочные средства части.

organization организация, устройство (establishment); воинская часть (military unit).

organizational equipment вооружение, снаряжение и имущество части.

organizational maintenance содержание в исправности имущества собственными силами части.

organizational unit loading погрузка на транспорты целыми единицами.

Organization and Training Division отдел организации и боевой подготовки главного управления генерального штаба (USA).

organization of a position подготовка позиции, оборудование позиции.

organization of the ground оборудование местности.

organize v организовывать, оборудовать.

organized position заранее подготовленная позиция.

Organized Reserves обученный запас армии (USA).

orient v ориентировать.

orientation ориентировка, ориентация; горизонтальная наводка (CAC).

orientation camera аппарат для разведывательной аэрофотосъёмки.

orienting point ориентир, ориентировочный пункт; ориентировочный предмет.

origin исходная точка (reference point on map); происхождение.

origin line исходное направление, основное направление.

origin of coordinates начало координат.

origin of fire точка вылета, начало траектории.

origin of the trajectory начало траектории.

oscillation damper затухатель колебаний.

oscillator генератор колебаний (Rad).

oscillator tube генераторная лампа (Rad).

oscillogram осциллограмма.

oscillograph осциллограф.

oscilloscope осциллоскоп.

osnaburg мешковина.

outbalance v перевешивать, превосходить.

outbreak вспышка, взрыв: начало (beginning).

outbreak of war начало войны.

outdistance v перегнать, обогнать.

outdoors adv на дворе, на открытом воздухе.

outer harbor area район внешнего рейда.

outfit обмундирование (clothing); снаряжение, оборудование (equipment); часть, соединение (organization).

outflank v охватить, выиграть фланг.

outflanking maneuver охватывающий манёвр, движение в охват.

outgeneral v оказаться лучшим полководцем.

outguard полевой караул.

outlet выходное отверстие, выход.

outline контур, набросок; очерк, конспект (summary).

outline v начертить, набросать (draw an outline); описать (describe); обозначить (the enemy).

outlined enemy обозначенный противник.

outmaneuver v добиться преимущества искусным маневрированием.

outnumber v превосходить численно.

out of phase сдвинутый по фазе, смещённый по фазе.

outpost сторожевое охранение, сторожевой отряд.

outpost area район сторожевого охранения.

outpost cavalry конница приданная сторожевому отряду.

outpost commander начальник сторожевого охранения.

outpost duty служба сторожевого охранения.

outpost line линия сторожевого охранения.

outpost line of observation линия полевых караулов.

outpost line of resistance линия сопротивления частей сторожевого охранения, линия сторожевых застав.

outpost patrol сторожевой дозор.

outpost position позиция сторожевого охранения.

outpost reserve сторожевой резерв.

outpost sector сторожевой участок.

outpost set слухач (SR).

outpost sketch отчётная карточка сторожевого расположения.

outpost support сторожевая застава.

outpost system полоса сторожевого охранения.

outpost troops части сторожевого охранения.

outpost wire лёгкий полевой провод (Sig C).

outrange *v* стрелять на бо́льшую дистанцию, иметь бо́льшую досягаемость; опереди́ть (outstrip).

outrigger раско́с пере́днего крыла́, вынесённый раско́с (Avn); выступа́ющая ба́лка, уко́сина.

over перелёт (Arty); избыток, изли́шек (surplus).

over-all dimensions габари́тные размеры *mpl.*

over-all length о́бщая длина́, длина́ с упако́вкой.

overalls комбинезо́н.

overdue запозда́вший.

overexposure переде́ржка (Photo).

overhang свес; свес крыла́ (Avn).

overhaul по́лная перебо́рка для осмо́тра и ремо́нта.

overhaul *v* разбира́ть для осмо́тра и ремо́нта, перебира́ть.

overhead администрати́вный аппара́т (Adm); накладны́е расхо́ды (costs).

overhead *adj* надзе́мный; зени́тный, находя́щийся над голово́й.

overhead fire стрельба́ че́рез свои́ войска́.

overhead personnel администрати́вный ли́чный соста́в.

overhead target цель проходя́щая над голово́й.

overheating перегре́в.

overlap перекры́тие (Photo).

overlap *v* перекрыва́ть, захва́тывать края́ми.

overlapping photographs перекрыва́ющиеся фотосни́мки *mpl.*

overlay схе́ма на ка́льке.

overprinting поднима́ние ка́рты (upon a map).

overseas cap пило́тка.

overseas operations вое́нные де́йствия вне метропо́лии, опера́ции на заграни́чном теа́тре.

overshoot *v* залете́ть да́льше чем сле́дует при попы́тке к поса́дке (Avn); дава́ть перелёты (Arty).

overtake *v* догна́ть (catch up); засти́гнуть врасплóх (take by surprise).

overtax *v* перегружа́ть, дава́ть непоси́льную зада́чу (Mil); облага́ть чрезме́рным нало́гом.

overwhelm преодоле́ть, подави́ть, разби́ть.

overwhelming forces подавля́ющие си́лы *fpl.*

oxen волы́ *mpl.*

oxygen кислоро́д.

oxygen respirator кислоро́дный прибо́р для дыха́ния.

P

pace шаг; аллю́р (gait); темп (tempo); ско́рость (speed).

pacifist пацифи́ст.

pack похо́дное снаряже́ние (Inf); вьюк (Cav, Arty); коло́да (of cards); па́чка (of cigarettes); ста́я (of wolves); тюк, паке́т.

package паке́т, свёрток.

pack animal вьючное живо́тное.

pack artillery вьючная артилле́рия.

pack assembly сбо́рка парашю́та.

pack driver вожа́тый вьючного живо́тного.

pack equipment вьючное снаряже́ние.

packer упако́вщик, укла́дчик вьюка.

pack horse вьючная ло́шадь.

pack howitzer вьючная га́убица (Arty).

packing укла́дка, навьючивание; намо́тка са́льника (MG); наби́вка (stuffing).

packmaster инстру́ктор по упако́вке парашю́тов.

pack radio set вьючная радиоста́нция.

packsaddle вьючное седло́.

pack train вьючный обо́з.

pack transport вьючный тра́нспорт, вьючные перево́зочные сре́дства *npl.*

pack transportation вьючная перево́зка, вьючная доста́вка.

pack unit индивидуа́льный вьюк.

pail ведро́.

paint кра́ска.

paint *v* кра́сить, окра́шивать.

paint sprayer краскомёт, краскораспыли́тель *m.*

pair па́ра; унóс (Arty).

pancake *v* сади́ться "блино́м", плю́хаться (Avn).

pancake landing пло́ская поса́дка (Avn).

panel полотни́ще, полоса́; доска́, фи́ленка (board).

panel code код сигнализа́ции полотни́щами.

panel display ground площа́дка для сигнализа́ции поло́тнищами.

panel signal сигна́л поло́тнищами.

panel station авиасигна́льный пост (USA).

panic па́ника.

panoramic sight панора́мный прице́л, артиллери́йская панора́ма (Arty).

panoramic sketch перспекти́вное кроки́.

panoramic telescope прице́льная панора́ма (Arty).

pantograph пантогра́ф.

paper бума́га.

paper work канцеля́рская рабо́та.

parachute парашю́т.

parachute v парашюти́ровать, спуска́ться на парашю́те.

parachute assembly сбо́рка парашю́та.

parachute battalion батальо́н парашюти́стов.

parachute canopy ку́пол парашю́та.

parachute dummy манеке́н для испыта́ния парашю́та.

parachute flare парашю́тная раке́та.

parachute harness подвесна́я систе́ма парашю́та.

parachute jump прыжо́к с парашю́том.

parachute landing приземле́ние с парашю́том.

parachute light парашю́тная раке́та.

parachute pack ра́нец парашю́та.

parachute ration паёк парашюти́ста.

parachute record формуля́р парашю́та.

parachute shroud lines ля́мки парашю́та.

parachute target парашю́т-мише́нь m.

parachute tower парашю́тная вы́шка, вы́шка для парашю́тных прыжко́в.

parachute troops парашю́тные войска́, npl.

parachute vent по́люсное отве́рстие парашю́та.

parachutist парашюти́ст.

parade пара́д; церемо́ния (ceremony).

parade ground уче́бный плац.

parados ты́льный траве́рс.

paraffin парафи́н.

parallax паралла́кс; смеще́ние (Arty).

parallax correction попра́вка на смеще́ние (Arty).

parallax error паралла́кти́ческая погре́шность; погре́шность вы́званная смеще́нием (Arty).

parallax offset mechanism механи́зм компенса́ции смеще́ния в звукоула́вливателе (AA).

parallel паралле́ль.

parallel adj паралле́льный.

parallel pursuit паралле́льное пресле́дование.

parallel sheaf паралле́льный ве́ер.

parallel trench продо́льный око́п.

paralyzing gas отравля́ющее вещество́ причиня́ющее парали́ч.

parapet бру́ствер. .

parasite парази́т.

parasite drag вре́дное сопротивле́ние, лобово́е сопротивле́ние (Avn).

parasol monoplane монопла́н "парасо́ль", монопла́н с высо́ким расположе́нием кры́льев.

paratroop landing парашю́тный деса́нт.

paratroops парашю́тные войска́, npl.

paravane параван, приспособле́ние для обезвре́жения ми́нных загражде́ний (Nav).

parent unit часть в соста́в кото́рой вхо́дит да́нное подразделе́ние.

park парк; склад (depot); ме́сто стоя́нки автомаши́н (parking place).

park v располага́ть па́рком (Arty, MT, Tk); ста́вить (a vehicle).

parka бе́лый хала́т для де́йствий в снегу́.

parking brake предохрани́тельный то́рмоз, сто́пор (of a car).

parking place ме́сто стоя́нки (of a vehicle).

parlamentaire парламентёр.

parley перегово́ры mpl.

parole освобожде́ние на че́стное сло́во (Law); обяза́тельство не уча́ствовать в вое́нных де́йствиях дава́емое пле́нными (Mil).

parole v отпуска́ть на че́стное сло́во.

parry отби́в, пари́рование.

parry v отбива́ть уда́р, пари́ровать.

part часть; до́ля (share); роль (role); дета́ль (Mech).

participate принима́ть уча́стие.

partisan партиза́н (guerilla); сторо́нник.

partisan warfare партиза́нская война́.

partition перегоро́дка (interior wall); разделе́ние, разде́л (division).

party кома́нда, гру́ппа, па́ртия (detail); па́ртия (political party); сторона́, лицо́ (Law); ве́чер, вечери́нка (social party).

pass разреше́ние отлучи́ться со двора́ (Mil); про́пуск (permit to pass); перева́л, го́рный прохо́д (Top); вы́пад (fencing) .

pass v проходи́ть; передава́ть (hand over).

passability проходи́мость (of road).

passable road проходи́мая доро́га.

passage прохожде́ние (passing); прохо́д (way); принима́ние (on horseback).

passage of defiles прохожде́ние тесни́н.

passage of lines движе́ние вперёд че́рез фронт друго́й ча́сти.

passage of obstacles преодоле́ние препя́тствий.

passing flight полёт самолётов в боково́й перспекти́ве.

pass in review проходи́ть церемониа́льным ма́ршем.

passive defense пасси́вная оборо́на.

password паро́ль m, про́пуск.

paste клей, кле́йстер.

patch запла́та; оболо́чка пу́ли (jacket of a bullet).

path тропи́нка; путь m (way).

patrol дозо́р, патру́ль m (security); разъе́зд (Cav reconnaissance).

patrol v патрули́ровать, обходи́ть дозо́ром.

patrol boat патру́льная ло́дка (Nav).

patrol bomber дозо́рный бомбардиро́вочный самолёт, дозо́рный бомбово́з.

patrol leader нача́льник дозо́ра, нача́льник разъе́зда.

patrol plane дозо́рный самолёт.

patrol vessel патру́льное су́дно.

pattern пло́щадь рассе́ивания (Arty); пло́щадь бомбёжки (Avn); шабло́н, образе́ц (model).

pattern bombing бомбомета́ние по пло́щади.

pattern of dispersion пло́щадь рассе́ивания.

pattern painting краскомаскиро́вка.

paulin брезе́нт.

paved road мощёная доро́га.

pawl па́лец приёмника (MG); защёлка (clamp); кулачо́к (cam).

pay пла́та, жа́лованье, де́нежное содержа́ние.

pay v плати́ть, упла́чивать; окупа́ться (to be worth while).

pay and allowances жа́лованье и доба́вочные.

pay day день вы́платы жа́лованья.

pay load поле́зный груз.

pay period срок слу́жбы даю́щий пра́во на увели́ченное содержа́ние (USA).

pay roll разда́точная ве́домость на содержа́ние.

peace мир.

peace negotiations ми́рные перегово́ры mpl.

peace strength чи́сленность ми́рного вре́мени.

peak верши́на.

pedal педа́ль.

pedestal ту́мба ору́дия (Arty); пьедеста́л, основа́ние (base).

pedestal mount вертлю́жная устано́вка (Arty).

peep v смотре́ть в щёлку.

peephole смотрова́я щель (Tk).

peep sight щелево́й прице́л, диоптри́ческий прице́л.

peg ко́лышек, прико́лыш.

pelorus прокла́дчик ку́рса, бортово́й пеленга́тор (Avn).

penalty envelope конве́рт для беспла́тной пересы́лки официа́льной корреспонде́нции (USA).

pencil of light сходя́щийся пучо́к луче́й.

pendulum ма́ятник.

penetration проникнове́ние, проника́ние; проры́в (break-through).

penetration of bullet пробивна́я си́ла пу́ли.

peninsula полуо́стров.

pennant вы́мпел.

pension пе́нсия.

pension v дава́ть пе́нсию, увольня́ть на пе́нсию.

people наро́д (nation); лю́ди mpl (men).

percentage corrector прибо́р выраба́тывающий попра́вки в проце́нтах да́льности (Arty).

perchloron хлорнова́тистая кислота́.

percussion уда́р, толчо́к, сотрясе́ние.

percussion action уда́рное де́йствие.

percussion bullet разрывна́я пу́ля.

percussion cap ка́псюль m.

percussion composition уда́рный соста́в (Arty).

percussion detonator взрыва́тель уда́рного де́йствия.

percussion fire стрельба́ уда́рными снаря́дами.

percussion fuze уда́рная тру́бка, уда́рный взрыва́тель.

percussion mechanism уда́рный механи́зм.

percussion primer оруди́йная уда́рная тру́бка.

percussion shell уда́рный снаря́д.

per diem allowance кормовы́е де́ньги fpl.

perfect combustion по́лное сгора́ние.

perforate *v* протыка́ть, прока́лывать, пробива́ть.

perforation пробива́ние, проко́л, перфора́ция.

perform выполня́ть.

performance рабо́та, поле́зная рабо́та (of a motor, engine, machine); характери́стика (of an airplane); достиже́ние (achievement).

peril опа́сность.

perilous опа́сный, риско́ванный.

perimeter defense кругова́я оборо́на.

period пери́од.

periscope периско́п.

periscopic sight перископи́ческий прице́л.

permanent постоя́нный.

permanent defenses долговре́менные укрепле́ния *npl*.

permanent emplacement неподви́жное основа́ние (Arty).

permanent fortification долговре́менное укрепле́ние (work); долговре́менная фортифика́ция (science).

permanent grade постоя́нный чин, постоя́нное зва́ние.

permanent position постоя́нная до́лжность.

permanent post постоя́нная стоя́нка, ме́сто постоя́нной слу́жбы.

permanent rank постоя́нный чин.

permanent staff постоя́нный соста́в.

permanent station постоя́нная стоя́нка.

permeable protective clothing лёгкая защи́тная оде́жда (CWS).

permissible load допуска́емая нагру́зка.

permissible pressure наибо́льшее допуска́емое давле́ние.

permit пи́сьменное разреше́ние.

permit *v* позволя́ть; допуска́ть (to let).

permutation table табли́ца комбина́ций (of a code); табли́ца переключе́ний (Elec).

perpendicular перпендикуля́р, норма́ль.

perpendicular *adj* перпендикуля́рный, норма́льный.

persistent насто́йчивый; сто́йкий (of a gas).

persistent agent сто́йкое отравля́ющее вещество́.

persistent gas сто́йкий газ.

personal equipment индивидуа́льное вооруже́ние и снаряже́ние.

personal report ли́чная я́вка.

personal staff ли́чный штаб, ли́чные адъюта́нты *mpl* (USA).

personal weapons ли́чное ору́жие.

personnel ли́чный соста́в, персона́л.

personnel carrier транспортёр для ли́чного соста́ва.

personnel error отклоне́ние зави́сящее от ли́чных ка́честв наво́дчика (Arty).

personnel mine оско́лочная ми́на.

personnel officer помо́щник полково́го адъюта́нта по дела́м ли́чного соста́ва (USA).

personnel section строево́й отде́л шта́ба (G-1); строево́е отделе́ние шта́ба (S-1).

perspective перспекти́ва.

perspective spatial model перспекти́вное изображе́ние уча́стка ме́стности.

petty officer старшина́ *m* (Nav).

pharmacist фармаце́вт.

phase фа́за, пери́од.

phase angle фа́зный у́гол (Rad).

phase difference ра́зность фаз (Rad).

phase line промежу́точный рубе́ж при наступле́нии.

phases of the attack после́довательные фа́зы наступа́тельного бо́я.

phonetic alphabet обозначе́ние бу́квы ссы́лкой на сло́во при телефо́нной переда́че.

phosgene фосге́н, хло́рокись углеро́да.

phosphorous bomb фо́сфорная зажига́тельная бо́мба.

phosphorus фо́сфор.

photo-charting приготовле́ние фотопла́нов по аэрофотосни́мкам.

photo-electric gun фотоэлектри́ческое ору́дие (Arty).

photoflash bomb освети́тельная бо́мба для аэрофотосъёмки.

photogrammetry фотограмме́трия, топографи́ческая фотогра́фия.

photograph фотосни́мок.

photographic aviation фотоавиа́ция.

photographic control распознава́ние ме́стности и ориенти́ровка по аэрофотосни́мкам.

photographic intelligence разве́дывательная рабо́та по да́нным фоторазве́дки.

photographic interpretation интерпрета́ция фотографи́ческого материа́ла.

photographic laboratory фотографи́ческая лаборато́рия, фотолаборато́рия.

photographic mapping фототопогра́фия, изготовле́ние фотопла́нов.

photographic officer нача́льник фотолаборато́рии.

photographic reconnaissance фотографи́ческая разве́дка, фоторазве́дка.

photographic strip маршрутная фото-съёмка с самолёта.

photographic unit фотографическое войсковое подразделение.

photography фотография.

photomail service почтовое сообщение путём микрофильм.

photomap фотоплан.

photometer фотометр.

photophone transmitter фотофон.

photo squadron фотографический авиа-отряд.

phototopography фотосъёмка.

physical examination медицинский ос-мотр.

physical laboratory физическая лабора-тория.

physical training подготовка по физ-культуре, физическая подготовка.

pibal донесение о верхних атмосфер-ных ветрах (Met).

pick кирка.

picked troops отборные части.

picket кол (peg); застава (detachment).

picket guard дежурная часть.

picket line коновязь.

pick-mattock кирка-мотыга.

pick-up field площадка для подхваты-ванья донесений кошкой.

pick-up light прожектор-искатель.

pick-up message донесение подхваты-ваемое кошкой.

picric acid пикриновая кислота.

picture points главные ориентиры на аэрофотоснимке.

piece орудие (Arty); кусок, штука.

piecemeal action ввод войск в бой по частям (piecemeal use of forces); несо-гласованность действий (uncoordina-ted efforts).

piecemeal attack атака пакетами.

piece section орудие с зарядным ящи-ком.

pier мол, пристань (landing place); бык (of a bridge).

pierce пробивать, прорывать, прон-зать.

pierced primer пробитый капсюль (Arty).

pier mount неподвижная установка углоизмерительного прибора.

pig болванка (metal block).

pigeon голубь m.

pigeon communication голубиная связь.

pigeon company рота голубиной связи.

pigeoneer заведующий почтовыми го-лубями.

pigeon loft голубятня.

pigeon message голубеграмма.

pigeon post пост голубиной связи.

pigeon service голубиная почта, служ-ба голубиной связи.

pig iron чугун.

pike древко (of a flag); пика (lance).

pile свая (Cons); сухой элемент (Elec); куча, груда (heap) .

pile bridge мост на сваях.

pile-trestle bridge бревенчатый подкос-ный мост.

pillage грабёж, мародёрство.

pillbox бетонное пулемётное гнездо, ДОТ.

pilot лётчик, пилот (Avn); лоцман (Nav).

pilotage пилотаж, пилотирование.

pilotage chart аэронавигационная кар-та крупного масштаба.

pilot balloon шар-пилот.

pilot chart аэрологическая карта лёт-чика.

pilot light прожектор-искатель m.

pilot-navigator лётчик-штурман (Avn).

pilot parachute вытяжной парашют.

pilot time часы налёта.

pin шпилька, булавка; стержень, ось (axle).

pincer movement двойной охват, за-хват в клещи.

pincers щипцы mpl, клещи fpl.

pinch bar рычаг-аншпуг (Arty).

pine сосна.

pinion шестерня (Mech).

pinning attack сковывающее наступле-ние.

pin point аэрофотоснимок отдельного объекта (Photo); остриё булавки.

pinpoint v наколоть на карте; точно определить.

pinpoint photograph аэрофотоснимок отдельного объекта.

pintle вертикальная ось, штырь m, шворень m.

pintle and trunnion mount установка на цапфенном вертлюге со штырём.

pintle plate шворневая лапа (Arty).

pintle socket шворневая воронка (Arty); гнездо цапфы вертлюга (MG).

pintle washer шворневое кольцо (Arty).

pioneer сапёр-землекоп (Mil); пионёр.

pioneer and demolition platoon сапёр-ноподрывной взвод.

pioneer shovel малая пехотная лопата.

pioneer tools шанцевый инструмент.

pioneer work землекопная сапёрная работа.

pipe труба́.

pipe cutter труборе́з (Tech).

pipe line трубопрово́д.

pistol пистоле́т; часть уда́рного механи́зма глуби́нной бо́мбы (Nav).

pistol belt боево́й реме́нь.

pistol course курс стрельбы́ из пистоле́та; пистоле́тное стре́льбище (range).

pistol grip пистоле́тная рукоя́ть.

pistol holster пистоле́тный кобу́р.

pistol marksman ме́ткий стрело́к из пистоле́та.

pistol sharpshooter отли́чный стрело́к из пистоле́та.

piston по́ршень *m*.

piston connecting rod шату́н.

piston displacement литра́ж цили́ндра.

piston pin па́лец по́ршня.

piston ring поршнево́е кольцо́.

piston rod шток по́ршня.

piston stroke ход по́ршня.

piston valve поршнево́й золотни́к, поршнево́й кла́пан.

pit одино́чный око́п (fox hole); я́ма (hollow); ша́хта дирижа́бля (Ash); коло́дец (well).

pitch накло́н, пока́тость (slope); шаг (of a screw); смола́ (resin); килева́я ка́чка (Nav); высота́ то́на (Music).

pitch camp *v* стать бива́ком.

pitched battle реши́тельный бой, реши́тельное сраже́ние.

pitch indicator указа́тель движе́ния винта́; указа́тель кабри́рования, указа́тель углово́го перемеще́ния по попере́чной о́си (Avn).

pitching кабри́рование, клева́ние (Avn).

pitch of rifling длина́ хо́да наре́зов.

pitch of the tone высота́ то́на (Rad).

pitch of turns шаг обмо́тки (Rad).

pitch ratio относи́тельный шаг винта́.

pit detail кома́нда указчиков.

Pitot tube тру́бка Пито́ (Avn).

pitted bore разъе́денный кана́л ствола́.

pitted points вы́горевшие конта́кты *mpl* (Elec).

pivot ось захожде́ния (Mil); вертика́льная ось враще́ния (vertical axle); штырь *m* (Mech).

pivot flank вну́тренний фланг при захожде́нии.

pivoting flank заходя́щий фланг.

pivot of maneuver ось мане́вра, опо́рная то́чка опера́ции.

pivot pin вертика́льная ца́пфа (Mcch).

place ме́сто; населённый пункт, го́род (town).

place *v* ста́вить, класть, располага́ть, помеща́ть.

place mark нача́льная то́чка хо́да (Surv).

place sketch перспекти́вный чертёж; кроки́ сня́тое с одно́й то́чки стоя́ния.

plain равни́на.

plain clothes шта́тское пла́тье.

plain text незашифро́ванный текст.

plan план, прое́кт.

plan *v* плани́ровать, проекти́ровать.

plane пло́скость; руба́нок (tool); самолёт (airplane).

plane *v* плани́ровать (Avn); идти́ на реда́не (of a seaplane); строга́ть (to make smooth).

plane of defilade пло́скость дефила́ды.

plane of departure пло́скость броса́ния (Arty).

plane of fire пло́скость стрельбы́, пло́скость вы́стрела.

plane of position пло́скость це́ли (Arty).

plane of sighting пло́скость прице́ливания.

plane of site пло́скость ме́ста це́ли (Arty); ситуацио́нная пло́скость (Top).

plane of symmetry пло́скость симметри́и.

plane table ме́нзула, планше́т.

plane-table alidade кипре́гель.

planet gear планета́рная переда́ча (Mech).

planimeter планиме́тр.

planimetric map планиметри́ческая ка́рта, ка́рта без обозначе́ния релье́фа.

planimetry планиме́трия, геоме́трия на пло́скости.

plan of action план де́йствия.

plan of attack план наступле́ния, план ата́ки.

plan of campaign план кампа́нии.

plan of fire план огня́.

plan of maneuver план манёвра.

plan of operations план вое́нных де́йствий.

plaster of Paris гипс.

plate пласти́нка (Photo); плита́ (Metallurgy); таре́лка (dish); ано́д (Rad).

plateau плоского́рье (Top); угломе́рный круг (Arty).

platform платфо́рма, площа́дка.

platinum пла́тина.

platoon взвод.

platoon defense area взводный боевой участок.

platoon formation строй взвода.

platoon leader командир взвода.

platoon line взводная линия.

play игра, люфт, зазор (Mech); пьеса (theatrical) .

pliers плоскогубцы *mpl.*

plot *v* наносить на карту (to map); строить кривую (to plot a curve); составлять заговор.

plotted point нанесённая точка, зафиксированная точка.

plotter начальник вычислительного отделения (CAC, AAA); съёмщик, планшетист (Surv); прибор для решения треугольников (Mathematics); заговорщик.

plotting нанесение на планшет, нанесение на карту.

plotting and relocating board планшет-построитель *m* (CAC).

plotting board планшет, планшет-построитель *m.*

plotting scale масштабная линейка.

plug втулка (bushing); пробка (stopper); штепсельная вилка (Elec); свеча (Mtr).

plug socket штепсельная розетка (Elec).

plumb line отвес, отвесная линия.

plumb point точка отвеса.

plunder грабёж.

plunder *v* грабить.

plunger инерционный ударник (Arty); плунжер, нырало, скальчатый поршень (Mech).

plunging fire стрельба под большими углами встречи, навесный огонь.

plywood фанера.

pneumatic boat надувная лодка.

pneumatic brake пневматический тормоз.

pneumatic drill пневматическая дрель (Tech).

pneumatic ponton надувной понтон.

pneumatic power plant компрессорная станция.

pneumatic raft надувной плотик.

pneumatic shock absorber пневматический амортизатор.

pneumatic tire пневматическая шина.

pocket battleship "карманный" броненосец.

point головной дозор (of advance guard); тыльный дозор (of rear guard); остриё (of a bayonet); румб (Nav);

пункт (spot); суть (of a story); статья (of an animal); точка (dot, period).

point *v* наводить, нацеливать (a gun); указывать (to indicate); заострять (to supply with a point).

point-blank *adv* в упор.

point-blank range дистанция прямого выстрела.

point detonating fuze взрыватель осколочного действия; ударно-детонаторная трубка.

pointed fire прицельный огонь.

pointer указательная стрелка (on a dial); наводчик (gunner); пойнтер (dog).

pointer arm линейка с указателем.

point fire стрельба в точку.

point fuze головной взрыватель, головная трубка.

pointing наводка (Arty); прицеливание (SA, MG).

point of aim точка прицеливания.

point of attack пункт атаки.

point of burst точка разрыва.

point of destination место назначения.

point of fall точка падения (Arty).

point of impact точка встречи (Arty).

point of origin точка вылета (Arty).

point of release точка сбрасывания бомбы (Avn).

point system система регулирования движения постоянными постами (Traffic).

point target точечная цель.

poison яд.

poison gas ядовитый газ, отравляющее вещество.

poisoning отравление.

polar coordinates полярные координаты *fpl.*

polder польдер .

pole шест, веха (rod, post); полюс.

pole strap нашильник.

police полиция (security service).

police *v* поддерживать общественный порядок (to maintain public security); убирать, приводить в чистый вид (to clean).

policeman полицейский, милицейский.

policy политика, установленная система; страховой полис (insurance policy).

polyconic projection поликоническая проекция.

pompom многоствольная зенитная автоматическая пушка.

poncho пончо, непромокаемая накидка (USA).

ponton понтóн.

ponton bridge понтóнный мост.

ponton equipment понтóнные срéдства.

ponton ferry понтóнный парóм.

pontonier понтонёр.

ponton section полувзвóд понтонёров (USA).

ponton train понтóнный парк.

ponton unit звенó понтóнного мостá.

pontoon поплавóк гидросамолёта (Avn).

pool водоём, бассéйн (water pool); óбщий резéрв имýщества (of equipment).

pool *v* сливáть вмéсте, объединя́ть.

pooling слия́ние, объединéние, создáние óбщего фóнда.

poor mixture тóщая смесь (of fuel).

poor visibility плохáя ви́димость.

population населéние.

port порт, гáвань (Nav); отвéрстие, люк (opening); лéвый борт (side of ship).

portable bridge перенóсный мост.

portable flame thrower рáнцевый огнемёт.

portable forge похóдная кýзница.

portable ground station перенóсная назéмная радиостáнция.

portable obstacle перенóсное препя́тствие.

port authority портóвая администрáция.

port commander начáльник пóрта.

portée cavalry кавалéрия перевози́мая на грузовикáх.

porthole иллюминáтор (Nav); амбразýра (for a gun).

port of debarkation порт вы́грузки.

port of embarkation порт погрýзки.

port wing лéвое крылó.

position пози́ция (Tac); положéние (situation); расположéние (location); состоя́ние (condition).

position and aiming drill обучéние приклáдке и прицéливанию.

position area райóн боевóго расположéния.

position defense оборóна на зарáнее подготóвленной пози́ции.

position defilade укры́тие за грéбнем (Arty).

position finder угломéрный прибóр для определéния положéния цéли (AA).

position finding определéние положéния цéли (Arty); решéние задáчи встрéчи (AA).

position-finding station пеленгáторная радиостáнция.

position in observation наблюдáтельное положéние батарéи (Arty).

position in readiness положéние в готóвности (Tac); выжидáтельное положéние батарéи (Arty).

position lights я́корные огни́ *mpl* (Nav); аэронавигациóнные огни́ *mpl* (Avn).

position of guard положéние "нá-руку".

position of order arms положéние "к ногé".

position of resistance оборони́тельная пози́ция.

position of the target положéние цéли.

position report рáпорт по рáдио о местоположéнии самолёта (Avn).

position sketch крокú пози́ции.

position warfare позициóнная войнá.

positive moment положи́тельный момéнт.

positive value положи́тельная величинá.

post пост (of a sentinel); гарнизóн (military station); вéха (pillar); дóлжность, пост (office, duty).

post *v* объявля́ть, уведомля́ть (to announce); стáвить на пост (a sentinel).

postage почтóвая оплáта.

postage stamp почтóвая мáрка.

postal concentration center глáвная полевáя почтóвая контóра на теáтре воéнных дéйствий.

postal officer офицéр завéдующий почтóвой слýжбой в чáсти.

postal service слýжба полевóй пóчты.

post a sentry вы́ставить часовóго.

post commander начáльник гарнизóна.

post engineer гарнизóнный инженéр.

post exchange гарнизóнная лáвка, гарнизóнный кооперати́в (USA).

post flag гарнизóнный флаг.

post headquarters управлéние начáльника гарнизóна.

post hospital гарнизóнный лазарéт.

posthumous посмéртный.

post quartermaster гарнизóнный интендáнт.

postwar послевоéнный.

potable water питьевáя водá.

potassium кáлий.

potential потенциáл (Elec).

pouch kit санитáрная сýмка (Med).

pound фунт.

pound *v* долби́ть, колоти́ть, уси́ленно обстрéливать.

pour *v* лить, наливáть.

pour point точка застывания смазочного масла.

powder порох (Am); порошок (fine particles); пудра (face powder).

powder bag зарядный картуз (Arty).

powder blast газы вырывающиеся из дула (gases); задульный конус (scorched area at the muzzle).

powder chamber зарядная камора.

powder charge пороховой заряд, метательный заряд.

powder fouling пороховой нагар .

powder magazine пороховой погреб.

powder silk ткань из шёлковых очёсков для зарядных картузов.

powder train система последовательного воспламенения разрывного заряда (explosive train); дистанционный состав воспламенителя (time train of a fuze).

powder-train fuze пороховая дистанционная трубка.

powder tray картузный лоток.

power сила, мощь; механическая энергия (mechanical energy); власть (authority); держава (state).

power dive пикирование со включённым мотором.

power landing посадка со включённым мотором.

power loading удельная нагрузка на лошадиную силу (Avn).

power operated механический, моторный.

power plant винтомоторная группа (Avn); силовая установка.

power shovel механическая лопата.

power station силовая станция.

power train система силовой передачи.

power transmission силовая передача.

power traverse механический поворот орудия в горизонтальной плоскости.

practice практика, упражнение; учебная стрельба (practice firing).

practice ammunition учебные боеприпасы mpl.

practice bomb учебная бомба.

practice dummy учебный патрон.

practice fire учебная стрельба.

practice grenade учебная ручная граната.

practice mine учебная мина.

practice season период учебных стрельб.

practice shell учебный снаряд.

prairie hay луговое сено.

prearranged fire плановый огонь.

precaution предосторожность.

precedence старшинство; внеочерёдность сообщений (message priority).

precipitation осадки mpl (Met).

precise точный.

precision точность.

precision adjustment точная пристрелка (Arty).

precision bombing точное бомбометание.

precision fire меткий огонь, точный огонь.

predicted point точка выстрела (Arty).

predicted position упреждённое положение цели, упреждённая точка (Arty).

predicting определение упреждённого места цели (Arty).

predicting interval наблюдательное время (Arty).

prediction data данные для определения упреждения (Arty).

prediction scale скоростная шкала (Arty).

predictor линейка зенитного планшета, указатель направления и скорости приближающегося самолёта (AAA).

pre-flight training предполётное обучение.

premature burst преждевременный разрыв.

premature explosion преждевременный взрыв.

preparation подготовка, приготовление.

preparation fire огневая подготовка.

preparatory command предварительная команда.

preparatory signal предварительный знак.

preparedness готовность, подготовленность.

preponderance перевес, преобладание.

prescribed uniform указанная форма одежды.

present position положение цели в момент выстрела, точка выстрела (Arty).

president президент; председатель m (chairman).

press-to-talk switch разговорный клапан (Tp).

pressure давление.

pressure curve кривая давления.

pressure cylinder нагнетательный цилиндр (Mech).

pressure firing device прибóр для взрыва фугáса давлéнием тя́жести.
pressure gage манóметр.
pressure gradient градиéнт атмосфéрного давлéния (Met).
pressure test испытáние давлéнием (Tech).
pressure valve нагнетáтельный клáпан (Mech).
prevention предупреждéние.
pre-war довоéнный, довоéнного врéмени.
primacord детонúрующий шнур.
primacord Bickford Бúкфордов шнур.
primary armament береговáя артиллéрия крýпных калúбров.
primary fire position основнáя огневáя позúция.
primary fire sector отвéтственный сéктор обстрéла.
primary mission основнáя задáча.
primary position основнáя позúция.
primary target основнáя цель, основнóй объéкт.
primary target area отвéтственный сéктор обстрéла.
primary trainer учéбный самолёт для начинáющего (Avn).
primary weapon главное орýжие.
primary winding первúчная обмóтка.
prime *v* заливáть (Mtr); вставля́ть запáл, вставля́ть взрывáтель (Arty).
prime mover двúгатель *m* (motor); тягáч (Arty).
primer кáпсуль *m* (Arty); запáльная шáшка (for demolitions); маслёнка (Mtr).
primer charge воспламеня́ющий заря́д.
primer mixture удáрный состáв.
primer pouch сýмка с капсю́лями (Arty).
primer seat гнездó для вытяжнóй трýбки (in the breech); очкó для капсю́льной втýлки (in a cartridge).
primer sleeve капсю́льная втýлка.
priming charge воспламеня́ющий заря́д.
priming composition удáрный состáв.
priming rod запáльный стéржень.
principal chief nurse глáвная медсестрá.
principles of war прúнципы воéнного искýсства.
priority message внеочереднóе донесéние, спéшное первоочереднóе сообщéние.
prism прúзма.
prismatic compass призматúческий кóмпас, бусóль Шмалькáльдера.

prismatic field glass призматúческий бинóкль.
prisoner плéнный (captured enemy); арестóванный, заключённый (in a prison).
prisoner guard конвóй при плéнных.
prisoner of war военноплéнный, плéнный.
prisoner of war camp лáгерь военноплéнных.
prisoner of war collecting point сбóрный пункт военноплéнных.
prison guard тюрéмный караýл, караýл при арестóванных.
prison officer офицéр тюрéмной охрáны.
private рядовóй.
private, first class ефрéйтор.
prize приз, захвáченное неприя́тельское имýщество.
prize court призовóй суд.
probability вероя́тность; теóрия вероя́тностей (Mathematics).
probability factor коэфициéнт вероя́тности (Arty).
probability of hitting вероя́тность попадáния (Arty).
probability table таблúца вероя́тностей (Arty).
probable error вероя́тное отклонéние (Arty).
problem задáча, проблéма.
procedure процедýра, поря́док дéйствий.
procedure signal служéбный радиосигнáл.
processing поря́док приёма и зачислéния на слýжбу.
procure заготовля́ть.
procurement набóр (of personnel); заготóвка (of supplies).
products продýкты *mpl*.
proficiency óпытность, искýсство, снорóвка.
proficiency rating аттестáция.
profile прóфиль *m*; поперéчное сечéние, прóфиль *f* (Ft).
profile drag прóфильное сопротивлéние (Avn).
profile line лúния поперéчного сечéния.
profiling составлéние прóфиля, профилúрование.
profitable target вы́годная цель.
progressive fire огневáя поддéржка наступлéния с перенóсом огня́ вперёд.
prohibit воспретúть.
projectile снаря́д, пýля.

projection проекция, проектирование (on a surface); выступ (salient); бросание (act of throwing).

projector газомёт (gas thrower) (CWS); огнемёт (fire thrower); прожектор, прожекторный фонарь (searchlight).

projector casing кожух прожектора.

projector fork вилка прожектора.

projector lens линза прожектора.

projector light свет прожектора.

prolonge канат для ручной тяги орудия (Arty).

prominent feature заметный местный предмет, важный пункт.

promotion производство в чин, повышение, продвижение по службе; содействие (assistance).

promotion list список кандидатов к производству.

prone position положение для стрельбы лёжа.

prone trench окоп для стрельбы лёжа.

prong ножка.

propaganda пропаганда, агитация.

propagate распространять tr, распространяться intr.

propellant метательное взрывчатое вещество.

propellent метательный.

propellent explosive метательное взрывчатое вещество.

propeller пропеллер, воздушный винт (Avn); гребной винт (Nav).

propeller area площадь лопастей пропеллера, площадь лопастей винта.

propeller blade лопасть пропеллера, лопасть винта.

propeller blast винтовой вихрь.

propeller disk area ометаемая воздушным винтом площадь.

propeller efficiency коэфициент полезного действия винта.

propeller hub втулка воздушного винта.

propeller pitch шаг винта.

propeller pitch indicator указатель наклона винта.

propeller radius радиус лопасти винта.

propeller root корень лопасти винта.

propeller shaft вал винта, гребной вал.

propeller thrust тяга винта.

propelling charge метательный заряд.

property собственность, имущество (thing owned); свойство (quality).

property accountability имущественная подотчётность.

property book инвентарная книга.

prophylactic профилактический.

prophylaxis профилактика.

proportion пропорция, соотношение.

proportional compasses пропорциональный циркуль.

propulsion приведение в движение.

prosecute v вести, преследовать; возбуждать судебное преследование (Law).

prosecution ведение; судебное преследование (Law).

prosecution of the war ведение войны.

protect v защищать, охранять, обеспечивать.

protected flank обеспеченный фланг.

protection обеспечение, охранение, охрана, защита.

protective clothing защитная одежда (CWS).

protective fire прикрывающий огонь.

protective obstacle искусственное препятствие пассивного характера.

protective ointment защитная мазь.

protective paint защитная окраска, предохранительная окраска.

protective screen прикрывающая завеса.

protectoscope протектоскоп, перископ (Tk).

protractor транспортир.

province область.

proving ground испытательное поле, испытательный полигон.

provisional force сводный отряд.

provisional organization временная организация.

provost court военный трибунал для гражданского населения театра военных действий.

provost marshal начальник военной полиции.

provost marshal general, GHQ главный начальник военной полиции при штабе главнокомандующего.

provost marshal general, theater of operations главный начальник военной полиции фронта.

Provost Marshal General, War Department главный начальник военной полиции при военном министерстве.

proximity близость.

psychrometer психрометр.

PT boat быстроходный торпедный катер.

public property государственная собственность.

public relations officer офицер осведомительного отдела.

pull *v* взять ру́чку на себя́ (Avn); грести́ (Nav); тяну́ть, тащи́ть.

pulley блок, шкив.

pulley block полиспа́ст, сло́жный блок.

pull-out вы́вод из фигу́ры (of a maneuver); вы́ход из пики́рования (of a dive).

pull out *v* выходи́ть из фигу́ры; выходи́ть из пики́рования.

pull ring вытяжно́е кольцо́ (Prcht).

pull-up перехо́д к набо́ру высоты́.

pull up *v* переходи́ть к набо́ру высоты́.

pulmonary irritant отравля́ющее вещество́ поража́ющее лёгкие.

pump насо́с.

punishment наказа́ние, взыска́ние (penalty); экзеку́ция, распра́ва (rough treatment).

punishment book штрафно́й журна́л.

punitive expedition кара́тельная экспеди́ция.

pup tent похо́дная пала́тка.

purification unit водоочисти́тельный грузови́к-цисте́рна.

purple лило́вый.

pursue *v* пресле́довать (the enemy); сле́довать (to proceed along); продолжа́ть (to carry on).

pursuit пресле́дование.

pursuit airplane самолёт-истреби́тель.

pursuit aviation истреби́тельная авиа́ция.

push толчо́к; уда́р, ата́ка (Mil).

push *v* толка́ть.

push back *v* оттесня́ть.

pusher propeller толка́ющий пропе́ллер.

push home *v* досыла́ть (Arty, Mech); довести́ до конца́ (an attack).

push rod толка́тель (Mech).

put to flight обрати́ть в бе́гство.

put to sea вы́йти в мо́ре.

pyramidal tent шатёр.

pyrocellulose нитроклетча́тка ни́зкой сте́пени нитра́ции.

pyrocotton пироксили́н.

pyro powder пироксили́новый по́рох.

pyrotechnic pistol раке́тный пистоле́т.

pyrotechnic projector раке́тница.

pyrotechnics пироте́хника; пиротехни́ческие сре́дства *npl* (pyrotechnic means).

pyrotechnic signal раке́тный сигна́л, пиротехни́ческий сигна́л.

Q

Q-factor доброка́чественность.

quadrant че́тверть кру́га (arc of 90°); квадра́нт (Arty).

quadrant angle любо́й вертика́льный у́гол отсчи́тываемый от горизо́нта ору́дия (Arty).

quadrant angle of departure у́гол броса́ния (Arty).

quadrant angle of elevation у́гол возвыше́ния (Arty).

quadrant bracket кронште́йн квадра́нта (Arty).

quadrant elevation у́гол возвыше́ния (Arty).

quadrant mount опра́ва для квадра́нта (Arty).

quadrant sight прице́л с квадра́нтом (Arty).

quagmire тряси́на, боло́то.

qualification card послужна́я ка́рточка.

qualification course отчётный курс стрельбы́.

qualification in arms квалифика́ция стрелка́ по сте́пени иску́сства во владе́нии ору́жием.

qualification pay доба́вочное жа́лованье квалифици́рованного стрелка́.

qualified aircraft observer квалифици́рованный возду́шный наблюда́тель.

qualified aircraft pilot квалифици́рованный лётчик, квалифици́рованный пило́т.

quantity коли́чество, величина́.

quarantine каранти́н.

quarantine *v* подверга́ть каранти́ну.

quarter *v* расквартиро́вывать, помеща́ть на кварти́ры (to billet); располага́ть на о́тдых (to shelter).

quartering расквартирова́ние, размеще́ние по кварти́рам (billeting); расположе́ние на о́тдых (sheltering).

quartering officer ста́рший квартирье́р, нача́льник кома́нды квартирье́ров.

quartering party кома́нда квартирье́ров.

quartering wind косо́й ве́тер.

quartermaster интенда́нт.

quartermaster corps интенда́нтство, интенда́нтское ве́домство.

quartermaster depot интенда́нтский склад.

quartermaster field order оперативный приказ по интендантской части.

quartermaster general главный интендант, начальник военно-хозяйственного снабжения армии.

quartermaster plan план интендантского снабжения.

quartermaster salvage depot интендантский склад собранных трофеев и военного утиля.

quartermaster unit интендантское войсковое подразделение.

quarters расквартирование; помещение, квартиры fpl.

quarters in kind квартирное довольствие натурой.

quick-burning powder быстрогорящий порох.

quick fire частый огонь.

quick-fire artillery скорострельная артиллерия.

quick fuze осколочный взрыватель.

quicklime негашёная известь.

quick-loading mechanism механизм для быстрого приведения ствола в положение для заряжания (Arty).

quickmatch быстрогорящий огнепровод.

quick-release attachment быстро-отстёгивающаяся пряжка (Prcht).

quick-release strap быстро отстёгивающийся ремень (Prcht).

quicksand зыбучий песок, плывун.

quicksilver ртуть.

quick time скорый шаг.

quinine хина, хинин.

R

rabies водобоязнь.

race течение, поток (course, current); скачка, гонка, бега mpl, состязание на скорость (Sport); раса (Ethnology); обойма шарикоподшипника (Mech).

race v гнать, мчаться .

race of the propeller круг вращения винта.

racer поворотная платформа, поворотная рама лафета на неподвижном основании (Arty).

race the engine пустить мотор полным ходом.

racing boat гоночная лодка, глиссёр (Nav).

rack бомбодержатель m (Avn); зубчатая рейка (Mech); фуражная решётка (for fodder); вешалка (for clothes).

rack-and-pinion кремальера.

radar радар, радиодетектор.

radar officer офицер заведующий радиодетектором.

radar report показание радиодетектора.

radar station радар-установка.

radial brace wire радиальная расчалка (Avn).

radial engine звездообразный мотор, радиальный мотор.

radian радиан.

radiating fin охлаждающее ребро.

radiation радиация, излучение.

radiator радиатор (Mtr); излучатель m (Rad).

radiator casing кожух радиатора (Mtr); рама радиатора (Avn).

radiator core соты радиатора.

radio радио.

radio beacon радиомаяк, радиофара.

radio beam радиолуч.

radio bearing радиопеленг.

radio channel радиоканал.

radio communication радиосвязь .

radio compass радиокомпас.

radio day радиодень m.

radio detector радиодетектор, радар.

radio direction finder радиопеленгатор.

radio direction finding засечка радиостанций.

radio direction finding station станция радиопеленгирования.

radio discipline радиодисциплина.

radio engineer инженер-радист.

radio equipment радиоаппаратура.

radio facility chart схема воздушных путей и станций радиопеленгирования.

radio frequency радиочастота.

radio goniometer радиогониометр, радиопеленгатор.

radiogoniometry радиопеленгация.

radiogram радиограмма.

radio installation радиоустановка.

radio intelligence радиоразведка.

radio intercept перехватывание радиосообщений, радиоподслушивание.

radio intercept station станция для перехватывания радиосообщений.

radio jamming глушéние радиопередáч.

radio landing beam посáдочный радиолуч.

radio log рáдио-журнáл.

radio marker beacon радиомаркировочный маяк.

radio mast мáчта антéнны.

radio mechanic радиомехáник.

radio message радиосообщéние.

radio meteorograph рáдио-метеорóграф, радиозóнд.

radio navigation аэронавигáция при пóмощи рáдио, навигáция при пóмощи рáдио.

radio net радиосéть.

radio operator радúст, радиооперáтор.

radiophone радиотелефóн.

radio position finding определéние местоположéния неприятельской радиоустанóвки.

radio procedure устанóвленный порядок рабóты радиосвязи.

radio range напрáвленный радиомаяк.

radio range beacon напрáвленный радиомаяк.

radio range station радиопеленгáторная стáнция.

radio receiver радиоприёмник.

radio set радиостáнция (station); радиоаппарáт (apparatus).

radiosonde радиозóнд, радиометеорóграф.

radio station радиостáнция.

radio station team персонáл радиостáнции.

radio-tank "жук", радиотáнк.

radiotelegraphy радиотелегрáфия.

radio telephone радиотелефóн.

radiotelephony радиотелефония.

radio traffic радиообмéн, радиотрáфик.

radio transmitter радиоперадáтчик.

radio wave радиоволнá.

radius рáдиус.

radius of action рáдиус дéйствия; продолжúтельность полёта без запрáвки, диапазóн (Avn); автонóмность (Nav).

radius of destruction рáдиус сфéры разрушéния.

radius of visibility рáдиус вúдимости, вúдимый горизóнт.

rafale урагáнный огóнь.

raft плот.

raft bridge мост на плотáх.

rafter стропúло, бáлка.

rag тряпка.

raid пóиск (Tac); налёт (Avn); набéг, рейд (Cav, Nav).

raider самолёт-налётчик (Avn); рéйдер, истребúтель торгóвых судóв (Nav).

raiding party отряд для пóиска.

rail рельс (RR); перúла npl (railing).

rail center железнодорóжный ýзел.

railhead головнáя железнодорóжная стáнция, стáнция снабжéния, выгрузочная стáнция.

railhead distribution непосрéдственная раздáча запáсов с головнóй железнодорóжной стáнции.

railhead officer комендáнт стáнции снабжéния.

railhead reserves запáсы сосредотóченные на стáнции снабжéния.

railholding and reconsignment point распределúтельный пункт подвижнóго состáва и воéнных грýзов (USA).

rail hub железнодорóжный ýзел.

rail junction железнодорóжный ýзел.

rail loading gauge габарúт нагрýзки (RR).

railroad желéзная дорóга.

railroad car вагóн.

railroad crossing железнодорóжный переéзд.

railroad junction железнодорóжный ýзел.

railroad station железнодорóжная стáнция, вокзáл.

railroad tie шпáла.

railroad yard железнодорóжный парк, сортирóвочная стáнция, товáрная стáнция.

rail shipment отпрáвка по желéзной дорóге.

rail terminal конéчный пункт желéзной дорóги.

rail track железнодорóжный путь.

rail tractor железнодорóжный трáктор, тягáч, рéльсовый трáктор.

railway желéзная дорóга.

railway artillery крупнокалúберная артиллéрия на железнодорóжных устанóвках.

railway battalion железнодорóжный батальóн.

railway bridge железнодорóжный мост.

railway clearance железнодорóжный габарúт.

railway company железнодорóжная рóта.

railway cutting железнодорожная выемка.

railway division основная военно-административная единица по управлению фронтовой железнодорожной сетью, железнодорожная дистанция.

railway grand division железнодорожный район объединяющий несколько дистанций.

railway gun тяжёлое орудие на железнодорожной установке.

railway howitzer тяжёлая гаубица на железнодорожной установке.

railway mortar тяжёлая мортира на железнодорожной установке.

railway mounting железнодорожная установка.

railway operating battalion железнодорожный эксплоатационный батальон.

railway shop battalion батальон железнодорожных мастерских.

railway traffic officer военный представитель службы движения при коменданте станции снабжения.

rain дождь m.

raincoat дождевик, непромокаемый плащ.

rain gauge дождемер.

rainproof непромокаемый, непроницаемый для дождя.

rainy дождливый.

raise v поднимать (to lift); собирать (money); разводить (cattle).

raise a blockade снять блокаду.

rake v обстреливать продольным огнём.

raking fire продольный огонь.

rally сбор после боя, приведение в порядок расстроенных частей (Mil); митинг (gathering).

rally v собраться после боя (to assemble); собраться с силами (to recover one's forces); привестись в порядок (to come back to order).

rallying point сборный пункт.

ram v досылать (Arty); таранить (Nav).

rammer шомпол (SA); прибойник (Arty).

rammer and sponge прибойник с банником.

ramp аппарель, наклонная плоскость.

rampart вал.

random shot выстрел наудачу.

range дальность стрельбы, дистанция до цели (SA, MG, Arty); дальность боя, досягаемость (maximum range); стрельбище (Inf practice ground); полигон (Arty practice ground); радиус действия (Avn, Nav); диапазон (of a plane); автономность (of a submarine); дальность передачи (Rad); относ (of a bomb); плита (cooking range).

range adjustment корректирование дальности (Arty).

range adjustment board планшет-построитель поправок по дальности (Arty).

range adjustment correction поправка по дальности (Arty).

range-and-height finder дальномер-высотомер.

range angle угол прицеливания (Bomb).

range ballistic correction баллистическая поправка по дальности.

range calibration наводка радара.

range card схема ориентиров (Arty); пулемётная карточка (MG); стрелковая карточка (Inf).

range chart графическая таблица стрельбы (Arty).

range correction поправка по дальности (Arty).

range correction board планшет-построитель поправок по дальности (Arty).

range-deflection fan угловой план (Arty).

range determination определение дистанции до цели.

range deviation отклонение по дальности (Arty).

range dial дистанционный лимб (Arty).

range difference секторная поправка (Arty).

range disk дистанционный диск (Arty).

range drum дистанционный барабан (Arty).

range dummy cartridge учебный патрон.

range error отклонение по дальности от центра рассеивания (Arty).

range estimation определение расстояния на глаз.

range finder дальномер.

range firing стрельба на стрельбище (Inf); полигонная стрельба (Arty).

range flag стрельбищный флажок.

range guard оцепление стрельбища, оцепление полигона.

range of altitude диапазо́н высоты́ (Avn).

range officer нача́льник стре́льбища, офице́р заве́дующий полиго́ном; команди́р отделе́ния управле́ния огнём (САС).

range of speeds диапазо́н скоросте́й.

range pole ство́рная ве́ха.

range practice уче́бная стрельба́ на стре́льбище, практи́ческая стрельба́ на полиго́не.

range probable error вероя́тное отклоне́ние в да́льности (Arty).

range quadrant квадра́нт.

ranger уда́рник, солда́т отбо́рного отря́да предназна́ченного для сме́лых по́исков и разве́док.

range rake приспособле́ние для подсчёта перелётов и недолётов (Arty).

range scale дистанцио́нная шкала́ (Arty).

range section дальноме́рно - вычисли́тельное отделе́ние батаре́и, отделе́ние управле́ния огнём (САС).

range sensing определе́ние зна́ка разры́ва (Arty).

range setter устано́вщик прице́ла, прице́льный но́мер (Arty).

range setting устано́вка прице́ла.

range spotting определе́ние положе́ния разры́вов по да́льности (Arty).

range table табли́ца стрельбы́.

ranging определе́ние пристре́лкой, пристре́лка по да́льности (Arty); возду́шная разве́дка в широ́ком масшта́бе (Avn).

ranging fire пристре́лочный ого́нь.

ranging salvo пристре́лочная о́чередь (Arty).

ranging shot пристре́лочный вы́стрел (Arty).

ranging shot method пристре́лка путём определе́ния отклоне́ния це́нтра рассе́ивания гру́ппы вы́стрелов (Arty).

rank шере́нга (line); чин, ранг (grade).

rank v стро́ить в шере́нгу (to aline); име́ть чин (to have a rank); быть ста́рше в чи́не (to rank somebody); классифици́ровать (to class).

rank and file рядово́й соста́в.

ranking ста́рший в чи́не.

rapid fire ча́стый ого́нь.

rapid-fire weapon скоростре́льное ору́жие.

rapidity ско́рость, быстрота́.

rapid preparation of fire сокращённая подгото́вка к стрельбе́.

rapid-setting concrete быстросхва́тывающийся бето́н.

ratchet хранови́к, хранрово́й механи́зм (Mech).

ratchet gear хранрово́й механи́зм.

ratchet lever хранрово́й рыча́г.

ratchet wheel хранрово́е колесо́.

ratchet wrench торцо́вый ключ.

rate но́рма (norm); соотноше́ние (ratio); ста́вка (rating); сто́имость (cost); ско́рость (velocity).

rate v классифици́ровать, оце́нивать.

rated engine speed номина́льное число́ оборо́тов в мину́ту.

rated horsepower номина́льная мо́щность.

rated men рядовы́е специали́сты mpl.

rate of climb быстрота́ подъёма (Avn).

rate of climb indicator высотоме́р самолёта.

rate of fire ско́рость стрельбы́, режи́м огня́.

rate of march ско́рость похо́дного движе́ния.

rate of pay окла́д жа́лования, ста́вка.

ratify ратифици́ровать, утвержда́ть.

rating оце́нка (evaluation); зва́ние (grade, class).

ratio соотноше́ние, пропо́рция.

ratioing приведе́ние се́рии аэрофотосни́мков к одному́ масшта́бу.

ratio method ме́тод приведе́ния аэрофотосни́мков к одному́ масшта́бу для составле́ния о́бщего фотопла́на.

ration паёк, су́точная да́ча.

ration allowance кормовы́е де́ньги fpl.

ration and savings account отчёт по дово́льствию.

ration articles предме́ты дово́льствия.

ration computation table табли́ца расчёта дово́льствия.

ration party наря́д подно́счиков продово́льствия.

ration savings эконо́мия от продово́льственных сумм.

rations in kind дово́льствие нату́рой.

ration strength число́ состоя́щих на дово́льствии.

ravine овра́г, ба́лка.

raw сыро́й, необрабо́танный.

raw hide сыромя́тная ко́жа.

raw material сырьё.

raw troops малообу́ченные войска́ npl.

ray луч.

ray filter светофи́льтр (Photo).

raze сноси́ть до основа́ния.

razor бри́тва.

razor blade бритвенный ножик; бритвенный клинок.

reach v достигать, доставать.

reach a conclusion прийти к заключению.

reach a decision добиться решения.

reaction реакция, противодействие.

reader наблюдатель показаний приборов (Arty).

readiness готовность.

reading чтение; отсчёт, показание (of an instrument).

ready готовый.

ready position положение "на изготовку".

ready signal сигнал готовности.

rear тыл.

rear v становиться на дыбы (of a horse); выращивать (to breed).

rear adj тыловой, задний.

rear admiral контр-адмирал.

rear area тыловой район.

rear axle задняя ось.

rear boundary задняя граница, тыловая граница.

rear drive заднее управление.

rear drive sprocket заднее ведущее колесо гусеницы.

rear echelon эшелон тыловых служб, (of a headquarters); тыловой эшелон.

rear guard арьергард.

rear guard artillery артиллерия арьергарда.

rearmost самый задний, последний.

rear party тыльная походная застава.

rear point тыльный дозор.

rear position тыловая оборонительная полоса, тыловая позиция.

rear rank задняя шеренга.

rear sight прицел.

rear-sight slide прицельный хомутик.

rear slope обратный скат, тыльная крутость.

rear spar задний лонжерон (Avn).

rear traverse тыльный траверс.

rearward zone тыловая полоса.

rear wind попутный ветер.

reassignment назначение на другую должность.

rebellion восстание, мятеж.

rebound v отскакивать, рикошетировать.

rebounding cock самовзводящийся курок.

rebuild перестраивать.

recall v отзывать.

recapture v отбить, захватить обратно.

receding target удаляющаяся цель, отходящая мишень.

receipt расписка, квитанция (written acknowledgement); получение (fact of receiving).

receive v получать, принимать.

receiver ствольная коробка (MG); рамка (of a pistol); радиоприёмник (Rad); телефонная трубка (Tp).

receiving set радиоприёмник.

receiving station приёмная радиостанция, радиоприёмный центр.

reception приём, приёмка.

reception center пункт сбора призывных.

rechamber a gun заменить камору орудия.

reciprocal laying взаимное отмечание, построение параллельного веера путём взаимного отмечания (Arty).

reclaim v исправлять, починять, восстановлять.

reclaimable исправимый, могущий быть восстановленным.

reclassification переклассификация, перевод в другую категорию.

reclassify v переклассифицировать, переводить в другую категорию.

recognition признание, опознание.

recognition signal опознавательный сигнал.

recoil откат (Arty); отдача (MG, SA).

recoil v откатываться (Arty); отдавать (MG, SA).

recoil absorber амортизатор отката.

recoil cylinder цилиндр тормоза отката.

recoil mechanism противооткатный механизм.

recoil oil масло для откатного механизма.

recoil-operated действующий силой отдачи.

recoil pit яма для отката орудия.

recoil rollers ролики верхнего станка лафета.

recoil spring возвратная пружина.

recoil system противооткатный механизм.

recommend представлять, рекомендовать.

recommendation представление, рекомендация, предложение.

recommend for discharge представлять к увольнению.

recommend for promotion представлять к производству.

recondition починять, приводить в исправное состояние.

reconnaissance разведка, рекогносцировка.

reconnaissance airplane разведывательный самолёт, самолёт для дальней разведки.

reconnaissance aviation разведывательная авиация, авиация дальнего разведывания.

reconnaissance bombardment бомбёжка связанная с разведывательной задачей.

reconnaissance by fire огневая разведка.

reconnaissance camera аппарат для разведочных фотосъёмок.

reconnaissance car разведочная автомашина.

reconnaissance cavalry patrol разъезд.

reconnaissance detachment разведывательный отряд, команда разведчиков.

reconnaissance echelon разведывательный броневой эшелон (Tk).

reconnaissance elements разведывательные части fpl.

reconnaissance flare осветительная ракета.

reconnaissance flight разведочный полёт.

reconnaissance in force разведка с боем, усиленная разведка.

reconnaissance mission задача по разведке, разведывательная задача.

reconnaissance net радиосеть разведки.

reconnaissance officer офицер заведующий разведывательной работой в части, начальник разведки.

reconnaissance of position разведка позиции.

reconnaissance party разведывательная партия.

reconnaissance patrol разведывательный дозор (Inf); разъезд (Cav).

reconnaissance photography фотография для целей разведки.

reconnaissance plane разведчик.

reconnaissance scout разведчик.

reconnaissance strip фотоплан воздушного маршрута.

reconnaissance tank танк-разведчик, разведывательный танк.

reconnaissance troop разведывательный эскадрон.

reconnoiter разведывать, рекогносцировать.

reconsignment point переотправочный пункт, пересылочный пункт.

reconstitute восстанавливать.

record запись, протокол, отчёт (written evidence); рекорд (achievement); репутация (character); грамофонная пластинка (phonograph).

record adjustment пристрелка по реперу (Arty).

recorder sergeant звукотехник.

record of fire отмечание данных стрельбы по реперу (Arty).

record practice зачётная стрельба.

record range пристрелянная дальность по реперу (Arty).

records дела npl.

record service practice практическая стрельба (Arty).

records section регистрационный отдел канцелярии.

record transfer перенос огня по отметкам (Arty).

recoupment денежное возмещение.

recover получать обратно (to get back); выздоравливать (to recover health).

recovery выход из штопора (Avn); восстановление (reconstruction); выздоровление (recovery of health).

recreation camp лагерь для отдыха.

recreation officer офицер заведующий спортивными играми и развлечениями (USA).

recruit призывной, новобранец.

recruit depot распределительный пункт призывных.

recruiting призыв, набор.

recruiting officer офицер заведующий набором.

recruiting station призывной пункт.

rectangle of dispersion прямоугольник рассеивания.

rectangular coordinates прямоугольные координаты fpl.

rectification исправление; выпрямление (Rad).

rectifier выпрямитель m (Rad).

rectify исправлять, поправлять; выпрямлять (Rad).

rectify the alignment подравнять, подравняться.

recumbent лежачий (Med).

recuperation восстановление сил; накат (Arty).

recuperator накатник (Arty).

recuperator cylinder цилиндр накатника (Arty).

recuperator mechanism накатный механизм (Arty).

red красный.

Red Cross Красный крест.

redesignate переименовать.

redoubt редут.

red tape канцелярская волокита.

reduce подавлять, ликвидировать (a resistance); разжаловать (to the ranks); понизить в чине (in rank); сокращать (a fraction); уменьшать, понижать, сокращать (to curtail).

reduced charge уменьшенный заряд (Arty).

reduced scale уменьшенный масштаб.

reduced visibility пониженная видимость.

reduction подавление, ликвидация (of a resistance); уменьшение, понижение, сокращение (lowering, curtailment); скидка (of a price).

reduction coefficient коэфициент удаления (Arty).

reduction in rank понижение в чине.

reduction to the ranks разжалование в рядовые.

reel катушка.

reel cart телефонная двуколка.

reenlistment поступление на сверхсрочную службу.

reentrant входящий угол (angle); вклинение (wedge-shaped penetration).

refer отмечать орудие, отмечаться (Arty); ссылаться (to make reference); справляться (to consult); направлять (to direct); относиться (to relate).

reference ссылка (reference to a book); отношение (relation); упоминание (allusion); справка (consultation); рекомендация (recommendation).

reference line нулевая линия, линия начала отсчёта углов.

reference numbers условные цифровые обозначения (on certain scales); отметки высот (Surv).

reference piece основное орудие при определении разнобойности (Arty).

reference point ориентировочный пункт, репер (Arty).

referring point точка отметки (Arty).

reflect отражать.

reflight повторный полёт для аэрофотосъёмки.

refresher instruction повторительный курс.

refrigerant охлаждающий состав.

refrigeration охлаждение.

refuel пополняться горючим.

refueling пополнение горючим, заправка горючим.

refugee беженец.

refugee evacuation center эвакуационный центр для беженцев.

refuse v отказывать, отказываться.

refuse a flank v оттянуть фланг; загнуть фланг.

regain снова завладеть, снова захватить.

regain contact v восстановить соприкосновение.

regiment полк.

regimental полковой.

regimental adjutant полковой адъютант.

regimental aid station полковой перевязочный пункт, полковой пункт медпомощи.

regimental ammunition officer начальник боевого питания полка.

regimental cannon company полковая гаубичная рота.

regimental color полковое знамя.

regimental commander командир полка, полковой командир.

regimental communication officer начальник связи полка.

regimental defense area боевой участок полка, полковой участок.

regimental executive помощник командира полка.

regimental flag полковое знамя.

regimental headquarters штаб полка, полковая канцелярия.

regimental intelligence officer начальник разведки полка.

regimental order приказ по полку, полковой приказ.

regimental plans and training officer начальник оперативной части и боевой подготовки полка.

regimental reserve line линия полковых резервов.

regimental reserve position позиция полкового резерва.

regimental sergeant major старшина штабной роты (USA).

regimental staff личный состав полкового штаба.

regimental standard полковой штандарт.

regimental supply officer начальник снабжения полка.

regimental surgeon старший врач полка.

regimental train полковой обоз.

regiment artillery полковая артиллерия.
region область, округ, район.
register *v* пристреливаться по реперу (Arty); регистрировать, записывать, отмечать.
register card регистрационная карточка.
registered letter заказное письмо.
registration пристрелка по реперу (Arty); запись, регистрация, отметка.
registration fire пристрелочный огонь по реперу (Arty).
registration mark репер (Arty).
regroup перегруппировывать, перегруппировываться.
regular army регулярная армия, постоянная армия.
regular army officer кадровый офицер.
regular army reserve запас армии.
regulars регулярные войска.
regulating officer комендант распорядительной станции (USA).
regulating point пункт распределения частей автотранспорта.
regulating station распорядительная станция.
regulation положение, правило.
regulation distance уставная дистанция.
regulations устав, приказ по военному ведомству.
regulation saddle строевое седло установленного образца.
rehabilitation восстановление, реабилитация.
rein повод, вожжа.
reinforce утолщённая казённая часть ствола (Arty).
reinforce *v* усиливать, подкреплять.
reinforced concrete железобетон.
reinforcement усиление, подкрепление.
reinforcements подкрепления *npl*.
reinstate восстанавливать в должности.
reinstatement восстановление в должности.
reject отвергать, отклонять (to decline); забраковывать (to discard).
relative humidity относительная влажность.
relative points пункты для выравнивания голов походных колонн.
relative rank старшинство в чине (seniority in the same rank); соответствующий чин (comparative rank).
relaxation ослабление, послабление (slackening); отдых (rest).

relay подстава, смена, пост летучей почты (Sig C); реле (Elec).
relay *v* передавать (a message); транслировать (Rad).
relay message передаточное донесение.
relay point перегрузочный пункт, обменный пункт.
relay post пост летучей почты (Sig C); промежуточный пост санитарных автомашин (Med).
relay station трансляционная радиостанция (Rad).
release освобождение (deliverance, discharge); оправдательный документ (document); разобщающее приспособление (Mech); бомбометание, сбрасывание (of a bomb).
release *v* отпускать, освобождать (from duty); сбрасывать (bombs).
release line линия сбрасывания бомб.
release mechanism спусковой механизм.
release point точка сбрасывания.
relentless неустанный, неотступный.
reliability надёжность (of a person, of an instrument); достоверность (of information).
reliable надёжный (of a man, of an instrument); достоверный (of information).
relief смена (Mil); помощь (help); рельеф, профиль *m* (Top).
relief map рельефная карта.
relief order приказ о смене.
relief valve предохранительный клапан (Mech).
relieve сменять (Mil); помогать (to help); облегчать (to mitigate).
relieve from duty отрешать от должности, смещать.
relieving unit сменяющая часть.
relocation трансформирование данных (CAC).
relocation clock шкала для трансформирования данных (CAC).
relocation of a target определение положения цели путём трансформирования данных (CAC).
remain *v* оставаться.
remaining velocity скорость снаряда в данной точке траектории, остаточная скорость (Arty).
remission снятие наказания (total); смягчение наказания (partial).
remote дальний, удалённый.
remote control управление на расстоянии.

remote control system прибóр управлéния на расстоя́нии.

remount ремонти́рование (furnishing of new horses); ремóнтная лóшадь (new horse).

remount v ремонти́ровать лошадьми́.

remount area ремóнтный райóн.

remount depot депó кóнского запа́са.

Remount Division управлéние по ремонти́рованию áрмии.

remount officer офицéр-ремонтёр.

removable liner свобóдный ла́йнер (Arty).

removal of mines разграждéние.

remove mines разграждáть.

rendezvous мéсто сбóра, мéсто встрéчи.

rental allowance кварти́рные дéньги.

reoccupy снóва заня́ть.

reorganization реорганизáция, приведéние в поря́док (of a unit); преобразовáние (reconstruction).

reorganize реорганизовáть.

repair почи́нка, ремóнт.

repair v чини́ть, исправля́ть.

repair shop ремóнтная мастерска́я.

repatriation репатриáция, возвращéние на рóдину.

repeater магази́нное ору́жие (weapon); магази́нная винтóвка (R).

repeating rifle магази́нная винтóвка.

repel дать отпóр, отбрóсить.

replace пополня́ть, восстанáвливать (to replenish, to restore); заменя́ть (to supply an equivalent for, to supplant); класть на мéсто (to restore to a former place).

replacement пополнéние (Mil); замещéние, замéна (substitute).

replacement center пункт подготóвки пополнéний.

replacement depot распредели́тельный пункт пополнéний.

replacement pool запа́с подготóвленных пополнéний.

replacement training center пункт подготóвки пополнéний.

replacement transfer order прика́з об отпра́вке пополнéний.

replenisher компенса́тор противооткáтных приспособлéний (Arty).

replenishment (of supplies) пополнéние запа́сов.

reply óтзыв (Mil); отвéт (answer).

report донесéние, ра́порт; звук вы́стрела (of a gun).

report v доноси́ть, докла́дывать, ра-портовáть; явля́ться (to present oneself).

report of survey свéдения о потéрянном и поврежнёном иму́ществе.

representative fraction числовóй масшта́б

representative scale графи́ческий масшта́б.

reprimand замечáние, вы́говор.

reprisal репресса́лия, отпла́та.

repulse an attack отби́ть ата́ку.

request прóсьба.

request v проси́ть, хода́тайствовать.

require трéбовать, прика́зывать.

requirement трéбование (demand); потрéбность (need).

requisition трéбование (formal application for supplies or personnel); реквизи́ция (from the population of an occupied territory).

requisition v реквизи́ровать (things); привлекáть в принуди́тельном поря́дке (men).

rescue boat спаса́тельная лóдка, спаса́тельное су́дно.

rescue officer начáльник спаса́тельного отря́да.

rescue vehicle авари́йный грузови́к.

resection обра́тная засéчка.

reservation земéльный учáсток при надлежáщий вóенному вéдомству (USA).

reserve резéрв (Tac); ядрó авангáрда (of an advance guard); ядрó арьергáрда (of a rear guard); запáс (organized reserves); сдéржанность (self-restraint).

reserve battle position тыловáя оборони́тельная пози́ция.

reserved road дорóга предназнáченная для определённых частéй и́ли ви́дов движéния.

reserve echelon óбщий резéрв.

reserve line ли́ния резéрвов.

reserve nurse медици́нская сестра́ запáса, сидéлка запáса.

reserve officer офицéр запáса.

Reserve Officers' Training Corps кóрпус подготóвки офицéров запáса (USA).

reserve ration неприкоснове́нная да́ча продовóльствия.

reserves запа́сы снабжéния.

reserve supplies запа́сы снабжéния.

reservist чин запáса, запаснóй.

reservoir водоём.

reshoe v перекóвывать.

resign уходи́ть в отстáвку.

resignation отстáвка, ухóд в отстáвку.

resin смола́.

resistance сопротивле́ние (Mil); противоде́йствие (opposition).

resolution реше́ние (decision); резолю́ция (motion); реши́тельность, реши́мость (spirit of decision).

resourceful нахо́дчивый, изобрета́тельный.

respirator противога́з, респира́тор (CWS).

responsibility отве́тственность; обя́занность (duty).

responsible отве́тственный, обя́занный.

rest поко́й (absence of motion); о́тдых (repose); упо́р (support); оста́ток (remainder).

rest v отдыха́ть (to relax); стоя́ть "во́льно" (to assume position of rest); опира́ться (to rest upon something).

rest area райо́н расположе́ния на о́тдых.

rest camp ла́герь для о́тдыха.

restitution исправле́ние ка́рты по да́нным возду́шной фоторазве́дки (mapping); возвраще́ние (restoration).

restive непоко́рный; норови́стый (of a horse).

rest period прива́л, о́тдых.

restricted ограни́ченный (limited); предназна́ченный исключи́тельно для служе́бного по́льзования (of a document).

restricted area райо́н в исключи́тельном распоряже́нии вое́нных власте́й.

restricted traffic ограни́ченное движе́ние, сокращённое движе́ние.

restricted visibility ограни́ченная ви́димость.

result результа́т, исхо́д.

result v вытека́ть (to result from); име́ть результа́том, приводи́ть к чему́-либо (to lead to).

resultant равноде́йствующая.

resume firing возобновля́ть ого́нь.

retainer уде́рживатель пружи́ны (Mech).

retainer ring сто́порное кольцо́ (MG).

retaliation рева́нш, отпла́та.

retaliation fire отве́тный ого́нь.

retard задержа́ть.

retardation поте́ря ско́рости снаря́да (Arty); запа́здывание (delay).

retarded action заме́дленное де́йствие.

retarded recoil тормо́женный отка́т.

reticle се́тка опти́ческого прибо́ра.

reticle pattern угломе́рная се́тка.

retire v отходи́ть (Tac); уходи́ть в от-

ста́вку (to retire from service); уходи́ть на поко́й (to go to bed).

retired flank за́гнутый фланг.

retired list спи́сок отставны́х офице́ров.

retired officer отставно́й офице́р.

retirement отхо́д (Tac); ухо́д в отста́вку (from service).

retiring board аттестацио́нная коми́ссия.

retractable landing gear убира́ющееся шасси́.

retracting mechanism механи́зм для приведе́ния скрыва́ющегося лафе́та в положе́ние для заряжа́ния (CAC).

retraction иску́сственный отка́т, приведе́ние ору́дия в положе́ние для заряжа́ния (Arty); втя́гивание (of landing gear); оття́гивание (act of drawing back).

retreat отступле́ние (Tac); вече́рняя заря́ (ceremony); убе́жище (hiding place).

retreat v отступа́ть.

retreat gun пу́шечный вы́стрел при вече́рней заре́.

retriever boat спаса́тельная ло́дка.

retrograde defensive отступле́ние с бо́ем, отступа́тельный марш-мане́вр.

retrograde movement отступа́тельное движе́ние.

return возвраще́ние (coming back, giving back); обра́тный путь (way home); ве́домость (written statement); встре́чный уда́р (Fencing).

return v вкла́дывать в но́жны (a saber); вкла́дывать в кобу́р (a pistol); возвраща́ть (to restore).

return spring возвра́тная пружи́на.

reveille у́тренняя заря́, побу́дка.

reveille gun пу́шечный вы́стрел при побу́дке.

revenge месть, рева́нш.

reverse неуда́ча (Mil); обра́тная сторона́ (reverse side); за́дний ход (reverse movement).

reverse v перевёртывать, повора́чивать в обра́тную сто́рону (to turn back); дава́ть за́дний ход (to reverse an engine); отменя́ть (to rescind).

reverse fire ты́льный ого́нь.

reverse slope обра́тный скат.

reverse slope position пози́ция на обра́тном ска́те.

revet одева́ть (Engr).

revetment оде́жда крутосте́й.

revetment material материа́л для оде́жды крутосте́й.

review смотр, пара́д (Mil); пересмо́тр (revision); обзо́р, обозре́ние (digest).
review *v* принима́ть пара́д, де́лать смотр (Mil); пересма́тривать (to revise).
reviewing authority власть утвержда́ющая пригово́р (Law).
reviewing ground смотрово́й плац.
reviewing officer нача́льник принима́ющий пара́д, нача́льник производя́щий смотр.
revision реви́зия, пересмо́тр.
revolt восста́ние, возмуще́ние.
revolution оборо́т (Mech); револю́ция (political revolution).
revolution counter счётчик оборо́тов.
revolutions per minute число́ оборо́тов в мину́ту.
revolver револьве́р.
revolver belt боево́й реме́нь.
revolving target враща́ющаяся мише́нь.
reward награ́да.
rhumb румб.
rib ребро́; нервю́ра (Avn).
ribbon о́рденская ле́нточка (decoration); ле́нта.
rich mixture бога́тая смесь.
ricochet рикоше́т.
ricochet *v* рикошети́ровать.
ricochet burst рикоше́тный разры́в, рызры́в по́сле клевка́ (Arty).
ricochet fire рикоше́тный ого́нь.
ride пое́здка; пое́здка верхо́м, про́ездка (on horseback); верхова́я доро́жка (bridle path); про́сека (forest road).
ride *v* е́хать (to drive); е́хать верхо́м (on horseback); стоя́ть на я́коре (at anchor).
rider вса́дник, ездо́к.
ridge гре́бень *m*, кряж, хребе́т.
riding езда́ верхо́м.
riding breeches рейту́зы *mpl*.
riding hall мане́ж.
riding horse верхова́я ло́шадь.
riding instructor инстру́ктор верхово́й езды́.
rifle винто́вка.
rifle battalion стрелко́вый батальо́н.
rifle bolt затво́р винто́вки.
rifle bullet руже́йная пу́ля.
rifle cartridge руже́йный патро́н.
rifle company стрелко́вая ро́та.
rifle exercises гимнасти́ческие упражне́ния с винто́вкой.
rifle fire руже́йный ого́нь.
rifle grenade руже́йная грана́та.

rifle grenade discharger руже́йная морти́рка.
rifleman стрело́к, рядово́й стрелко́вой ча́сти.
rifle match состяза́ние в стрельбе́ из винто́вок.
rifle oil руже́йное ма́сло.
rifle pit стрелко́вая яче́йка, одино́чный око́п.
rifle platoon стрелко́вый взвод.
rifle practice уче́бная стрельба́ из винто́вок.
rifle range тир, стре́льбище.
rifle regiment стрелко́вый полк.
rifle rest прице́льный стано́к (stand); упо́р для стрельбы́ (support for a rifle).
rifle salute отда́ние че́сти винто́вкой.
rifle scabbard кобу́р для винто́вки.
rifle shot вы́стрел из винто́вки; да́льность руже́йного вы́стрела (range); стрело́к из винто́вки (rifleman).
rifle squad стрелко́вое отделе́ние.
rifle squadron ко́нный дивизио́н.
rifle stock руже́йная ло́жа.
rifle strength число́ штыко́в, чи́сленность пехо́ты.
rifle troop эскадро́н.
rifle unit стрелко́вая часть.
rifling наре́зка.
rigger укла́дчик (Prcht); сбо́рщик (Avn); такела́жник (Nav); монтёр, меха́ник (repairman).
right *adj* пра́вый; пра́вильный (correct).
rightabout поворо́т напра́во круго́м.
right angle прямо́й у́гол.
right flank пра́вый фланг.
right-handed rifling пра́вая наре́зка.
rigid airship дирижа́бль жёсткой систе́мы.
rigidity жёсткость.
rimbase упо́рный запле́чик ло́жи (R); утолщённое основа́ние ца́пфы(Arty).
rime и́зморозь (Met).
rim-fire cartridge патро́н боково́го бо́я.
ring кольцо́.
ring and bead sight кольцево́й прице́л и ша́риковая му́шка.
ring cowling кольцево́й обтека́тель (Avn).
ring sight кольцево́й прице́л.
riot бунт, мяте́ж.
riot gun ружьё употребля́емое при подавле́нии бу́нта (USA).
rip cord вытяжно́й трос, вытяжна́я верёвка (Prcht); разрывна́я вожжа́, разрывна́я верёвка (Bln).

rip-cord pull ring вытяжнóе кольцó (Prcht).

rip panel разрывнóе полóтнище (Bln).

ripsaw продóльная разрезнáя пилá.

rise of pressure рост давлéния.

rising ground повышáющаяся мéстность, возвы́шенность.

risk риск.

rival forces си́лы обóих проти́вников.

river рекá.

river bank бéрег реки́.

river barrier речнáя прегрáда.

river bend излу́чина.

river crossing речнáя перепрáва, перепрáва чéрез рéку.

river-crossing equipment перепрáвочное иму́щество.

riverhead при́стань снабжéния.

river line речнóй рубéж.

river mouth у́стье реки́.

rivet заклёпка.

rivet v заклёпывать.

riveter клепáльщик (the person); клепáльная маши́на (the device).

riveting клёпка.

riveting hammer клепáльный молотóк.

road дорóга, путь m.

roadability проходи́мость.

roadbed дорóжное полотнó.

road block дорóжная баррикáда, заграждéние на дорóге.

road capacity пропускнáя спосóбность дорóги.

road crossing пересечéние дорóг.

road discipline дисциплинá дорóжного движéния.

road junction стык дорóг, дорóжный у́зел.

road map дорóжная кáрта.

road net дорóжная сеть, сеть дорóг.

road priority пéрвенство пóльзования дорóгой.

road reconnaissance развéдка дорóг.

road roller дорóжный катóк.

road screen дорóжная мáска.

roadside придорóжная полосá.

road space глубинá похóдной колóнны.

road time врéмя прохождéния колóнны.

roadway проéзжая часть дорóги.

robot pilot автопилóт.

rock скалá; гóрная порóда (Geology); кáмень m (stony material).

rocker промежу́точная рáма подъёмного механи́зма, баланси́р (Arty); коромы́сло, кули́са, шату́н (Mech).

rocket ракéта.

rocket bomb ракéтная бóмба.

rocket launcher приспособлéние для пускáния ракéт.

rocket post ракéтный сигнáльный пост.

rocket projector ракéтница.

rocket sentinel наблюдáтель ракéтных сигнáлов.

rocket signal сигнáл ракéтой.

rocket target ракéтная мишéнь.

rod прут, стéржень m; шток (of a piston); рéйка (Surv).

rodman рéечник.

role роль, фу́нкция (function); задáча (mission).

roll именнóй спи́сок (list); барабáнная дробь (of a drum); бóчка, двойнóй переворóт чéрез крылó (Avn); скáтка (of a soldier's pack); бортовáя кáчка (Nav); рóлик (roller); свёрток (package); кру́глая бу́лочка, рóзан (bread).

roll v кати́ть, катáть (to impart a rolling movement); кати́ться (to move by rotation); скáтывать (to wrap round on itself); раскáчиваться (to swing); гремéть (to make a rumbling noise).

roll call перекли́чка.

roller скáтанный бинт (Med); катóк, рóлик (Tech).

rolling barrage подвижнóй заградáтельный огóнь.

rolling ground волни́стая мéстность.

rolling kitchen похóдная ку́хня.

rolling recoil откáт по рéльсам (Arty).

rolling reserves вози́мые запáсы.

rolling stock подвижнóй состáв.

roll of honor спи́сок пáвших в бою́.

roll up v сбить, смять (Mil); сверну́ть.

roof кры́ша.

root кóрень m.

rooting корчевáние пнéй.

root of blade кóрень лóпасти (Avn).

rope верёвка (cord); канáт (heavy rope).

rope bridge мост на канáтах.

rope ferry канáтный парóм.

rope ladder верёвочная лéстница.

roster лист наря́дов.

rotary engine ротати́вный мотóр.

rotate вращáть.

rotating band веду́щий поясóк.

rotating crank рукоя́тка поршневóго затвóра (Arty).

rotor ротóр, вращáющийся я́корь (Elec); колесó турби́ны (of a turbine); ротóр автожи́ра (of a gyroplane).

rotor plane автожи́р.

rough adj шероховáтый (surface); гру́-

бый (coarse, unrefined); необработанный (unfinished); приблизительный (approximate).

rough copy черновик.

rough ground неровная местность.

rough laying грубая наводка.

roughshod подкованный на острых шипах.

round круг, окружность (circle); выстрел, патрон (Am); поверка караулов (guard inspection); поверочный патруль (patrol).

round *adj* круглый.

roundhouse паровозное депо.

round pliers круглогубцы *mpl.*

rout беспорядочное бегство (flight); разгром (debacle).

rout *v* обратить в бегство (to put to flight); разбить на-голову (to inflict an utter defeat).

route маршрут (itinerary); путь *m* (way); направление (direction); курс (course).

route *v* направлять.

route column походная колонна.

route formation походный порядок (Tac); построение для полёта вне сферы влияния противника (Avn).

route map маршрутная карта.

route march походное движение.

route marker маяк.

route order порядок движения на походе.

route reconnaissance рекогносцировка маршрута.

routes of communication пути сообщения.

route step походный шаг.

routine повседневный порядок, рутина.

routine duty внутренняя служба.

routine message донесение неспешного характера.

routine order строевой приказ.

routine work повседневная работа.

roving artillery кочующая артиллерия.

roving gun кочующее орудие.

row *v* грести.

rowboat весельная лодка.

rowing гребля.

rowing party команда гребцов.

rowlock уключина.

rubber каучук, резина.

rubber boat каучуковая лодка.

rubber cement резиновый клей.

rubber gloves резиновые перчатки.

rubberized прорезиненный.

rubberized cloth прорезиненная ткань.

rucksack ранец, рюкзак.

rudder руль *m* (steering device); руль поворота, руль направления (Avn).

rudder bar рычаг управления рулём поворота.

rudder pedal педаль руля поворота.

ruffles and flourishes игра барабанщиков и горнистов.

rule линейка (ruler); правило (regulations).

ruled paper графлёная бумага.

rule of three тройное правило.

rule of thumb метод приближённого подсчёта.

rules of land warfare законы и обычаи войны.

ruling графление.

run бег (gait); пробег (contest); течение (of time); ход (of a machine); проток (stream); заложение (of a slope); горизонтальный полёт над целью для бомбёжки (Avn).

run *v* бежать, итти бегом (to move at a run); течь (to flow, to leak); действовать (to function); работать (to work); управлять, вести (to manage); становиться (to become).

run a blockade прорывать блокаду.

run aground *v* сесть на мель (to touch the bottom); выброситься на берег (to be beached).

runaway беглец.

runaway gun неисправный пулемёт продолжающий стрелять после того как спуск отпущен.

run down *v* истощать (to exhaust); опрокидывать (to knock down).

run in присрабатываться (Mech).

run into натыкаться.

run low иссякать.

runner пеший посыльный, связной, бегун (Mil); ролик, каток (roller); полоз (of a sledge); продольная балка (Cons).

runner post пост связных.

runner tackle двушкивные тали.

running board автомобильная подножка.

running fight отход с боем (Tac); бой на параллельных курсах (Nav).

running gear ходовая часть, шасси с колёсами, движитель.

running-in приработка (Mech).

running water проточная вода; водопровод.

run out *v* истекать.

run out of ammunition *v* израсходовать все боеприпасы.

runway взлётно-посáдочная площáдка, стáртовая дорóжка.
rupture перелóм (fracture); пролóм (breach); разрыв (severance of relations); грыжа (Med).
ruptured cartridge case разорвáвшаяся гильза.
ruptured cartridge extractor прибóр для извлечéния патрóнов с разорвáвшимися гильзами, извлекáтель.
ruse воéнная хитрость.

rush перебéжка (Mil); стремительная атáка, нáтиск (attack); быстрое движéние, порыв (violent motion) .
rush v бросáться в атáку (in attack); устремляться (to dash); захвáтывать с налёта (to carry by assault); гнать вперёд (to urge forward); торопить, торопиться (to hurry).
rust ржáвчина.
rusty заржáвленный, ржáвый.
rut колея.

S

S-1 батальóнный адъютáнт (battalion adjutant); полковóй адъютáнт (regimental adjutant).
S-2 начáльник развéдки батальóна (battalion intelligence officer); начáльник развéдки полкá (regimental intelligence officer).
S-3 начáльник оперативной чáсти и боевóй подготóвки батальóна (battalion operations officer); начáльник оперативной чáсти и боевóй подготóвки полкá (regimental plans and training officer).
S-4 начáльник снабжéния батальóна (battalion supply officer); начáльник снабжéния полкá (regimental supply officer).
saber шáшка, сáбля.
saber belt поясная портупéя.
saber exercises шáшечные приёмы.
saber knot темляк.
sabotage саботáж.
sack грабёж, разграблéние (looting); мешóк, куль m (bag).
sack v грáбить.
sacrifice жéртва.
saddle седлó (Cav); седловина (Top); вертлюг (Arty).
saddle v седлáть.
saddlebag перемётная сумá, седéльный вьюк.
saddle blanket потник.
saddlebow седéльная лукá.
saddlecloth чепрáк, вальтрáп.
saddle girth седéльная подпрýга.
saddle horse верховáя лóшадь.
saddler шóрник, седéльный мáстер.
saddle soap седéльное мыло.
saddletree лéнчик.
saddling седлóвка.
safe безопáсный, надёжный (sure); невредимый (unhurt).

safe-conduct охрáнная грáмота.
safeguard охрáна, обеспéчение (protection); охрáнная грáмота (safe-conduct); предосторóжность (precaution).
safeguard v обеспéчивать.
safe load допустимая нагрýзка.
safety безопáсность (security); надёжность (reliability).
safety angle ýгол безопáсности, наимéньший ýгол возвышéния при стрельбé чéрез свои войскá.
safety belt спасáтельный пóяс (Nav); привязнóй пóяс (Avn).
safety cotter pin предохранительная чекá.
safety device предохранитель m, предохранительное приспособлéние.
safety factor коэфициéнт безопáсности (Arty); запáс прóчности (Tech).
safety fork предохранитель взрывáтеля фугáса.
safety fuze мéдленно горящий огнепровóд, бикфóрдов шнур.
safety limit граница безопáсной полосы при стрельбé чéрез свои войскá.
safety lock предохранитель m.
safety nut контргáйка.
safety officer офицéр отвéтственный за безопáсность при учéбной стрельбé.
safety pin предохранительная чекá (Am); англййская булáвка.
safety rules прáвила предосторóжности.
safety sear предохранительный спуск (MG).
safety stop предохранитель m.
safety valve предохранительный клáпан.
safety wire контрóвая прóволока.
sag провéс, оседáние.
sag v провисáть, оседáть; дрейфовáть (Nav).

sagging провисание, оседание, прогиб; дрейф (Nav).

sag paste противоипритная мазь.

sail парус (Nav); парус змейкового аэростата (Avn).

sail v плыть, итти (of a ship); отплывать, отправляться (to depart).

sailboat парусная лодка.

sailcloth парусина.

sailing управление судном (managing a vessel); навигация (navigation); отплытие, отправление (departure); плавание (voyage); руление на воде (Avn).

sailing flight парящий полёт.

sailing orders письменное распоряжение об отплытии.

sailor матрос; моряк (seaman).

sailplane планёр.

salary жалованье, содержание.

sales commissary походная войсковая лавка.

sales officer заведующий войсковой лавкой.

sales store войсковая лавка.

salient выступ; клин (wedge).

salient angle исходящий угол.

sally вылазка, внезапный переход в наступление.

salt соль.

salted солёный.

saltpeter селитра.

salute отдание чести (hand salute); воинское приветствие (military greeting); салютование (with sword); салют (with cannon).

salute v отдавать честь (with the hand); салютовать (with sword, with cannon).

salute to the color отдание чести знамени.

saluting distance расстояние при котором отдание чести обязательно.

saluting gun орудие для салюта.

salvage сбор оружия, трофеев и боевого утиля (salvaging); подобранное оружие, трофеи и боевой утиль (salvaged property); спасение (Nav); спасённое имущество (Nav).

salvage v собирать брошенное оружие, трофеи и боевой утиль (Mil); спасать (Nav).

salvage-and-repair crew аварийно-восстановительная команда.

salvage depot склад собранных трофеев и имущества.

salvage dump полевой склад собранных трофеев и имущества.

salvage officer офицер заведующий сбором брошенного оружия, трофеев и боевого утиля.

salvage service служба по сбору брошенного оружия, трофеев и боевого утиля.

salvo батарейная очередь (Arty).

salvo bombing бомбёжка залпами (Avn).

salvo fire огонь очередями (Arty).

salvo interval промежуток времени между выстрелами батарейной очереди.

salvo point точка сосредоточения огня очередями (Arty).

salvo train bombing серийное залповое бомбометание.

Sam Browne belt офицерское походное кожаное снаряжение (USA).

sand песок.

sandbag земляной мешок.

sandbag revetment одежда из земляных мешков.

sandbank отмель, песчаная банка.

sandpaper наждачная бумага.

sand table учебный ящик с песком.

sandy soil песчаный грунт.

sanitary санитарный, гигиенический.

Sanitary Corps санитарно - гигиенический отдел военно - медицинского управления.

sanitary discipline соблюдение санитарно-гигиенических распоряжений.

sanitary order приказ по санитарной части.

sanitary report рапорт о санитарном состоянии части.

sanitary service санитарная служба.

sanitary squad санитарно-профилактическая команда.

sanitary survey обследование района в санитарном отношении.

sanitation санитарная профилактика, ассенизация.

sap сапа (Ft); сок (juice).

sap v продвигаться сапой (Mil); подкапывать, подрывать (to undermine).

saphead голова сапы.

sapper сапёр.

sapping продвижение сапой.

satellite field вспомогательный аэродром (Avn); район вторичного циклона (Met).

saturation насыщение.

saturation air-raid массированный налёт.

saturation bombing бомбардировка до насыщения.

Saturday суббота.

sauerkraut квашеная капуста.

sausage колбаса.

save *v* спасáть (to rescue); сберегáть (to lay by); сохранять (to keep from being wasted).
saw пилá.
sawmill лесопилка.
saw set развóдка для пилы.
scabbard нóжны *fpl*.
scabies чесóтка.
scale масштáб; шкалá (graduated rule, graduated system); весы *mpl* (weighing machine); лéстница (ladder); гáмма (in music); чешуя (of a fish).
scale of slopes шкалá крутостéй.
scale representation масштáбное изображéние.
scales весы *mpl*.
scar шрам.
scarp эскáрп.
scatter рассéивать, рассéиваться (to disperse); разбрáсывать (to strew widely); разбегáться (to scamper away).
scatter bomb зажигáтельная бóмба разбрáсывающего типа.
scattering of forces разбрóска сил.
schedule расписáние.
scheduled fire огóнь предусмóтренный плáном.
scheduled flight рéйсовый полёт, полёт по расписáнию.
scheduled maintenance плáновый ремóнт.
scheduled messenger service летучая пóчта.
schedule system дорóжное движéние по расписáнию.
scheme схéма; план, проéкт (plan).
scheme of command схéма командования и связи.
scheme of fire план огня.
scheme of maneuver план манёвра.
school шкóла.
schoolhouse здáние шкóлы.
school of the soldier одинóчное обучéние.
schooner шхуна.
science of war воéнная наýка.
scissors нóжницы *fpl*.
scope объём, компетéнция (province).
scorched earth сожжённая земля.
score счёт очкóв (in a contest); отмéтка (rating); двáдцать (twenty); партитýра (in music).
score *v* запúсывать очки, заносúть в счёт.
score a hit *v* попáсть в цель.
score a success *v* имéть успéх.
score card зачётная кáрточка стрельбы.

scout развéдчик; развéдывательный морскóй самолёт (Avn).
scout *v* развéдывать.
scout bomber развéдчик-бомбардирóвщик с авианóсца.
scout car развéдывательная автобронемашúна.
scout dog собáка-развéдчик.
scout fighter развéдчик-истребúтель *m*.
scouting развéдывание, развéдка.
scouting course маршрýт воздýшной развéдки.
scouting distance расстояние мéжду двумя развéдывательными самолётами дéйствующими совмéстно.
scouting front фронт воздýшной развéдки.
scouting line лúния самолётов ведýщих развéдку.
scouting-observation plane самолёт блúжней развéдки и наблюдéния.
scouting patrol развéдывательный дозóр.
scout plane развéдывательный самолёт.
scrap лом (metallic); клочóк (of paper).
scrap iron желéзный лом.
scratch царáпина.
screaming bomb вóющая бóмба.
screen завéса (Mil); прикрытие (cover); экрáн, шúрма (piece of furniture).
screen *v* прикрывáть, маскировáть.
screening agent дымообразýющее вещество.
screening force завéса (Tac).
screening smoke маскирýющий дым.
screw винт.
screw *adj* винтовóй.
screwdriver отвёртка.
screw in *v* ввúнчивать.
screw jack винтовóй домкрáт.
screw off *v* отвúнчивать.
screw picket металлúческий ввинтнóй кол для прóволочных заграждéний.
screw thread винтовáя нарéзка.
scurvy цынгá, скорбýт.
scuttle затопúть сýдно.
sea мóре.
sea base морскáя бáза.
sea-borne перевозúмый мóрем.
seacoast морскóе побéрежье.
seacoast artillery береговáя артиллéрия.
seacoast fortifications береговые укреплéния.
seacoast gun береговáя пýшка.
seacoast mortar береговáя мортúра.
sea duty морскáя слýжба.
sea fight морскóй бой.

seal печа́ть (device, impression); тюле́нь *m* (animal).

seal *v* запеча́тывать; затя́гивать (a penetration).

sea lane морско́й путь.

sealed orders прика́з в запеча́танном паке́те.

sea level у́ровень мо́ря.

seam стык (joint); шов.

seaman моря́к.

seaman 1st class ста́рший краснофло́тец (USSR); матро́с пе́рвого кла́сса (USA).

seaman 2nd class краснофло́тец (USSR); матро́с второ́го кла́сса (USA).

seaman 3rd class краснофло́тец (USSR); матро́с тре́тьего кла́сса (USA).

sea mile морска́я ми́ля.

sea passage морско́й перехо́д.

seaplane гидросамолёт, гидроплáн.

seaplane base гидроавиаба́за.

seaplane carrier гидроавиатра́нспорт.

seaplane tender гидропла́новая ма́тка.

sea power морска́я мощь.

sear спусково́й рыча́г.

search о́быск, по́иски *mpl*.

search *v* иска́ть (to look for); обы́скивать (to subject to an inspection); разве́дывать (to explore); стреля́ть с рассе́иванием в глубину́ (to distribute fire in depth).

searching стрельба́ с иску́сственным рассе́иванием в глубину́.

searching control прибо́р автомати́чески регули́рующий колеба́ние луча́ прожéктора (Slt).

searching fire ого́нь с пораже́нием в глубину́, обстре́л в глубину́.

searching light прожéктор-иска́тель *m*.

searching sector се́ктор противовозду́шной разве́дки (АА).

searchlight прожéктор.

searchlight battalion прожéкторный дивизио́н.

searchlight battery прожéкторная батаре́я.

searchlight beam луч прожéктора.

searchlight comparator компара́тор, прибо́р для попра́вок на смеще́ние ме́жду звукоула́вливателем и прожéктором.

searchlight defense оборо́на с примене́нием прожéкторов.

searchlight direction управле́ние гру́ппой прожéкторов.

searchlight lamp прожéкторная ла́мпа.

searchlight officer нача́льник прожéкторной ча́сти.

searchlight platoon прожéкторный взвод.

searchlight reflector рефле́ктор прожéктора.

searchlight unit прожéкторная часть (tactical unit); аппарату́ра одного́ прожéктора (equipment needed to operate one searchlight).

searchlight vehicle грузови́к с прожéктором.

search patrol method ме́тод системати́ческого возду́шного патрули́рования.

sear nose шептало́ спусково́й пружи́ны.

sear notch боево́й взвод.

sear spring спускова́я пружи́на.

seashore морско́й бе́рег.

seasickness морска́я боле́знь.

season вре́мя го́да, сезо́н.

season *v* приправля́ть (to add a condiment); выде́рживать (to cure); закаля́ть (to harden).

seasoned troops закалённые войска́, втя́нутые войска́.

sea supremacy госпо́дство на мо́ре.

seat поса́дка (posture on horseback); ме́сто (place); сиде́нье (part of a chair).

seat *v* сажа́ть, посади́ть (to place on a seat); помеща́ть (to install); устана́вливать (to fix).

seating distance глубина́ досыла́ния снаря́да (Arty).

seat pack parachute парашю́т-сиде́нье *m*.

sea transport морско́й тра́нспорт.

seaworthy мореходный.

second секу́нда.

second *adj* второ́й.

secondary второстепе́нный.

secondary armament берегова́я артилле́рия кали́бров ни́же 12 дю́ймов.

secondary attack наступле́ние на второстепе́нном направле́нии, ата́ка для иммобилиза́ции проти́вника, демонстрати́вная ата́ка.

secondary base промежу́точная ба́за.

secondary crossing вспомога́тельная перепра́ва, демонстрати́вная перепра́ва.

secondary fire sector се́ктор второстепе́нного огнево́го зада́ния.

secondary front второстепе́нный фронт.

secondary mission второстепе́нная зада́ча.

secondary target побо́чная цель.

secondary target area дополнительный район обстрела.

secondary winding вторичная обмотка.

second echelon maintenance ремонт производимый в ближайшем тылу части.

second-in-command заместитель командира.

second lieutenant лейтенант.

secret тайна, секрет.

secret *adj* секретный, тайный.

secretary секретарь *m*.

Secretary of State министр иностранных дел (USA).

Secretary of the Navy морской министр (USA).

Secretary of War военный министр (USA).

secret language зашифрованный текст.

secret text зашифрованный текст.

secret weapon секретное боевое средство, секретное оружие.

section полувзвод (Hv Wpn); отдел штаба (of a general staff); этапный участок (of a communications zone); сечение (graphical representation); раздел (of a manual); секция.

sectional density поперечная нагрузка снаряда (Am).

section column батарейная походная колонна, колонна в одно орудие (Arty).

sector боевой участок (defense area); сектор береговой обороны (USA coast defense); сектор.

sector boundary граница боевого участка; граница участка береговой обороны (USA).

sector command post командный пункт начальника участка береговой обороны (USA).

sector of attack участок наступления.

sector of fire сектор обстрела.

sector reserve участковый резерв.

secure *v* обеспечивать (to make safe); добывать (to get); привязывать (to fix); закреплять (to make fast).

secure *adj* безопасный (safe); надёжный, прочный (reliable); уверенный (confident).

security охранение (protection); безопасность (safety); обеспечение (Law).

security at the halt сторожевое охранение.

security detachment охраняющая часть.

security measures меры обеспечения, меры охранения.

security mission задача по обеспечению безопасности.

security on the march походное охранение.

security patrol охраняющий дозор, сторожевой дозор.

see *v* видеть.

segment shell сегментный снаряд.

seize захватывать, схватывать, овладевать.

seizure захват, конфискация, овладение.

selectee призывник (USA).

selection выбор, отбор.

Selective Service воинская повинность по набору (USA).

selectivity селективность.

selector механизм для взрывания обсервационных мин с берега (CAC).

selector box оболочка подводного механизма для взрывания обсервационных мин (CAC); коробка приёмника (Mech).

self-command самообладание.

self-confidence уверенность в себе (self-reliance); самоуверенность (overconfidence).

self-contained самодовлеющий, самостоятельный.

self-contained range finder оптический дальномер.

self-defense самозащита, самооборона.

self-ignition самовоспламенение.

self-induction самоиндукция (Elec).

self-loader самозаряжающееся оружие, полуавтоматическое оружие.

self-loading самозаряжающийся.

self-lubrication автоматическая смазка.

self maiming нанесение себе повреждений.

self-propelled artillery самоходная артиллерия.

self-propelled gun самоходное орудие.

self-propelled mount самоходная установка.

self-propelled ponton самоходный понтон.

self-starter автоматический стартер, самопуск.

self-synchronous transmission system автоматическая синхронная система передачи данных на орудия (AAA, Nav).

semaphore сигнализация флажками (method); флажной сигнал (signal); семафор (RR).

semaphore alphabet семафорная азбука.

semi-armor-piercing bomb полубронебойная авиабомба.

semiautomatic fire полуавтоматический огонь.

semiautomatic rifle полуавтоматическая винтовка, самозаряжающаяся винтовка.

semiautomatic weapon полуавтоматическое оружие, самозаряжающееся оружие.

semideployed полуразвёрнутый.

semifixed ammunition патроны с составными зарядами в металлических гильзах.

semiflexible belt звенчатая пулемётная лента.

semimobile полуподвижной.

semipermanent fortifications укрепления полудолговременного типа.

semipersistent agent полустойкое отравляющее вещество.

semirigid airship дирижабль полужёсткой системы.

semiskilled rating звание полуквалифицированного специалиста.

semi-steel shell сталечугунный снаряд.

semitrailer полуприцеп, двухколёсный прицеп.

sender отправитель m; передатчик (Rad).

senior старший.

seniority старшинство.

senior officer штаб-офицер во флоте, чин старшего командного состава во флоте (Nav).

senior pilot старший лётчик (USA).

sense знак и направление разрыва (Arty); внешнее чувство (one of the five senses); сознание (realization); чувство (sensation); смысл (sound reasoning); значение (meaning).

sensing определение знаков и направлений разрывов (Arty); определение направления принимаемого радиолуча (Rad).

sensitive point уязвимая точка (Tac).

sensitivity чувствительность.

sensitized paper светочувствительная бумага.

sentence приговор (Law); предложение, фраза.

sentinel часовой.

sentinel at the gun часовой при орудии.

sentinel dog сторожевая собака.

sentinel post сторожевой пост.

sentry часовой.

sentry box караульная будка.

sentry duty служба часового, служба на посту.

sentry post пост часового, караульный пост.

sentry squad полевой караул в составе отделения.

separate battalion отдельный батальон.

separate battery отдельная батарея.

separate company отдельная рота.

separate group отдельная авиационная эскадрилья (Avn).

separate loading раздельное заряжание.

separate-loading ammunition огнеприпасы для раздельного заряжания.

separate regiment отдельный полк, полк не входящий в состав дивизии.

separation from military service увольнение со службы, исключение из списков.

September сентябрь m.

Serbian barrel дезинфекционный куб.

sergeant сержант.

sergeant major полковой старшина (regimental sergeant major); батальонный старшина (battalion sergeant major) (USA).

sergeant of the guard помощник начальника офицерского караула (assistant to the officer of the guard); начальник унтер-офицерского караула (commander of the guard).

serial эшелон походной колонны.

serial number порядковый номер.

series серия, группа, ряд.

series of bursts веер разрывов.

series of volleys серия беглого огня.

serum сыворотка (Med).

serve служить, обслуживать; подавать (something to somebody).

service служба, ведомство снабжения (a noncombatant branch of the army).

service v обслуживать, ремонтировать, содержать.

serviceable property исправное имущество.

service ammunition боевые патроны.

service area тыловой район.

service battery батарея обслуживания.

service call уставной сигнал.

service cap форменная фуражка.

service ceiling практический потолок (Avn).

service center центр обслуживания (Avn).

service chevron нашивка за выслугу шести месяцев на войне (USA).

service club гарнизонный клуб для чинов рядового и младшего командующего составов.

service coat форменная куртка.

service command военный округ (USA).

service commander командующий военным округом (USA).

service company обслуживающая рота, хозяйственно-транспортная рота (USA).

service depot склад запасов одного вида снабжения.

service echelon административно - хозяйственный отдел части.

service element административный отдел части.

service flag флажок с обозначением числа членов семьи находящихся на военной службе (USA).

service gas mask противогаз установленного образца.

service hat форменная шляпа (USA).

service maintenance обслуживание органами тыла.

service man военнослужащий.

service marking служебные отметки на казённом имуществе.

service medal орден, знак отличия.

service of supply служба снабжения.

service of the piece действия при орудии (Arty); действия при пулемёте (MG).

service of the rear служба тыла.

service park эшелон обслуживания бронечасти.

service pilot лётчик вспомогательного назначения.

service practice учебная стрельба.

service record послужной список.

service ribbon ленточка носимая взамен знака отличия.

service shoe форменная обувь.

service stripe нашивка за трёхлетнюю службу (USA).

service test техническое испытание пригодности военного снаряжения.

service train хозяйственный обоз.

service troop обслуживающий эскадрон (USA).

service troops служебно-вспомогательные части, нестроевые части.

service uniform походная форма.

service unit служебно-вспомогательная часть.

service with troops служба при войсках.

servicing обслуживание; заправка и смазывание (Mtr).

servo-control сервоуправление (Avn).

servo-motor вспомогательный электродвигатель, сервомотор (Avn).

servo-rudder вспомогательный руль направления, серворуль m (Avn).

servo-trailing edge сервозакрылок (Avn).

sesquiplane полутороплан.

set комплект, набор, прибор.

set v ставить, устанавливать.

set afire вызывать пожар, зажигать.

setback оседание инерционной части взрывателя (in a fuze); задержка (delay); препятствие (obstacle); неуспех (failure).

set-forward chart таблица упреждений. (CAC).

set-forward device прибор для определения упреждений (CAC).

set-forward point упреждённая точка.

set-forward rule упредительная линейка (CAC).

set-forward scale упредительная шкала (CAC).

set in motion привести в движение.

set in order привести в порядок.

set off a charge взорвать заряд.

set on fire поджигать, зажигать.

set out отправляться, выступать.

setscrew зажимной винт.

set the fuze установить трубку.

set the pace регулировать скорость.

setting установка (fixing); затвердевание (hardening); схватывание бетона (of concrete); оправа (of a gem).

setting index установочный указатель.

setting point точка утверждения.

setting ring установочное кольцо прибора для установки трубок.

setting up exercises физзарядка, предварительные гимнастические упражнения.

settlement селение, посёлок.

settling shot выстрел для закапывания сошника (Arty).

setup выправка (Mil); установка, монтаж (Mech).

set up level нивелировать.

sewing machine швейная машина.

sextant секстант.

shadow тень.

shadow v выслеживать.

shadow shading камуфляжная окраска самолётов.

shaft вал (Mech); оглобля (thill); дышло (pole of a vehicle); древко (flagstaff); шахта (vertical opening).

shallow мелкий, неглубокий.

shallow trench мелкий ход сообщения.

sham battle показной бой.

shank брус автосцепки (Mtz); веретенó якоря (Nav); стéржень *m* (rod); черенóк инструмéнта (handle); цáпфа (pinion); шéнкель *m* (Horsemanship).

shape фóрма.

sharp óстрый (cutting); пронзи́тельный (piercing); зóркий (of eye).

sharpen точи́ть.

sharpshooter мéткий стрелóк (crack shot); стрелóк пéрвого клáсса (USA); вороши́ловский стрелóк (USSR).

shatter *v* разбивáть (to break into pieces); разрушáть (to destroy).

shattering effect дробя́щий эффéкт (Arty).

shave бритьё.

shave *v* брить, бри́ться.

shaving soap мы́ло для бритья́.

sheaf• сноп, вéер (Arty).

sheaf of bursts вéер разры́вов.

sheaf of fire сноп траектóрий, батарéйный вéер.

shearing срéзывание, сдвиг.

shearing machine механи́ческие нóжницы.

shearing strength сопротивлéние срéзыванию, сопротивлéние сдви́гу (Mech).

shearing stress срéзывающее уси́лие, сдвигáющее уси́лие (Mech).

shears больши́е нóжницы *fpl* (cutting tool); врéменная подъёмная стрелá (hoisting apparatus).

sheath нóжны *fpl* (scabbard); чехóл.

sheathing обши́вка, кожýх.

shed ангáр (hangar); навéс (hovel); сарáй (barn).

sheepskin coat кожýх.

sheet лист (of paper); простыня́ (bed sheet); обши́рная повéрхность (large surface).

sheeting обши́вка из листовóго желéза.

sheet iron листовóе желéзо.

shell гранáта (75 mm); снаря́д (projectile); патрóн дробовóго ружья́ (shotgun shell); скорлупá (outer covering).

shell *v* обстрéливать артиллери́йским огнём.

shell bag гильзоулáвливатель *m*.

shell burst разры́в снаря́да.

shell cap наконéчник снаря́да.

shell case патрóнная ги́льза.

shell crater ворóнка от снаря́да.

shell extractor выбрáсыватель *m*.

shell filler веществó наполня́ющее снаря́д.

shellfire артиллери́йский огóнь.

shell fragment оскóлок снаря́да.

shell hit попадáние цéлым снаря́дом.

shell hole ворóнка (crater); пробóина (through hole).

shelling артиллери́йский обстрéл.

shellproof непробивáемый снаря́дом.

shell shock контýзия.

shell shocked контýженный.

shell splinter оскóлок снаря́да.

shell tracer трасси́рующий состáв снаря́да.

shell wave балисти́ческая волнá.

shell wing крылó с рабóтающей обши́вкой.

shelter расположéние на óтдых (Tac); убéжище (cover); блиндáж (overhead cover).

shelter *v* располагáть на óтдых (Tac); укрывáть (to keep protected).

shelter area райóн расположéния на óтдых.

shelter half полóтнище похóдной палáтки.

shelter pit одинóчный окóп.

shelter tent похóдная палáтка.

shelter trench поспéшно отры́тый окóп для стрельбы́ лёжа.

shield щит (of a gun); щитóк (escutcheon); бля́ха (badge).

shield *v* прикрывáть (to cover); заслоня́ть (to screen); защищáть (to protect).

shift перенóс огня́ (Arty); перемéна (change); перемещéние (displacement); смéна (of workmen).

shift *v* перемещáть, перемещáться (to change emplacement); передвигáть (to move); переноси́ть (fire).

shift of fire перенóс огня́.

ship корáбль *m*, сýдно.

shipbuilding судострóение.

shipbuilding yard судострои́тельная верфь (dockyard); судострои́тельный завóд (plant).

ship loading погрýзка сýдна.

shipment отпрáвка (shipping); отправля́емый груз (freight shipped).

shipping торгóвый тоннáж (collective body of ships); отпрáвка грýза (shipping goods).

shipping ticket накладнáя, коносамéнт.

ship's cargo корабéльный груз.

ship transportation officer начáльник администрати́вной и продовóльственной чáсти на бортý воéнного трáнспорта.

shipwreck кораблекрушéние.

shipyard верфь, судостройтельный завод.

shirker уклоняющийся от работы, ловчйло *m* (Slang).

shirt рубаха, гимнастёрка.

shoal мелководье, мелкое место (shallow place); песчаная отмель (sand bank); стая рыбы (of fish).

shock удар (blow); сотрясение (concussion); испуг (fright); шок (surgical).

shock absorber амортизатор (Mech).

shock action ударное действие (Tac).

shock power сила удара.

shock strut амортизйрующая стойка шасси (Avn).

shock tactics ударная тактика.

shock troops ударные части.

shock unit ударная часть.

shoe башмак (footwear); подкова (horseshoe); покрышка шйны (tire); тормозная колодка (of brake).

shoe *v* подковывать.

shoeing ковка.

shoeing record ковочная ведомость.

shoeing stocks станок для ковки.

shoemaker сапожник.

shoot *v* стрелять; застрелйть (to kill); расстрелять (to execute).

shooting стрельба.

shooting gallery тир.

shop мастерская (workshop); лавка (store).

shore берег (coast); подпорка (prop).

shore cable кабель мйнной станции (CAC).

shore commander командйр десантного отряда.

shore leave отпуск на берег (Nav).

shore patrol береговой дозор.

short недолёт (Arty); короткое замыкание (Elec).

short *adj* короткий.

shortage нехватка, недостаток, некомплект.

short base method короткобазисный метод определения дистанции (Surv, Arty).

short blast дульная волна.

short circuit короткое замыкание.

short delay fuze взрыватель с малым замедлением.

shorten укорачивать, сокращать, сократйть.

short flash короткий свет.

shorthand стенография.

short lunge короткий выпад.

short range блйжняя дистанция.

short range gun недальнобойное орудие.

short recoil короткий откат.

short round патрон с глубоко посаженной пулей.

shorts короткие штаны, трусы *mpl*.

short-term forecast краткосрочное предсказание погоды.

short thrust короткий выпад.

short title условное обозначение секретного документа.

short wave короткая волна (Rad).

short-wave radio station коротковолновая радиостанция.

shot сплошной снаряд (nonexplosive shell); дробь (small shot); дальность выстрела (range); выстрел (discharge); стрелок (one who shoots); вспрыскивание, инъекция (injection).

shot group эллипс рассеивания (Arty); группа из трёх отмеченных точек на учебной мишени (exercise on uniformity of sighting).

shotgun дробовое ружьё, гладкоствольное ружьё.

shotgun shell патрон гладкоствольного ружья.

shot hoist подъёмник для снарядов (CAC); элеватор (Nav).

shot-in пристрелявшийся (Arty).

shot pattern эллипс рассеивания (Arty).

shot shell патрон гладкоствольного ружья.

shot tray зарядный лоток.

shot truck кокор-телёжка.

shoulder плечо (part of the body); обочина (edge of a road); выступ, заплечик (Mech).

shoulder *v* брать на плечо (arms); толкать плечом, проталкиваться плечом (to jostle); брать на себя бремя (to assume the burden of).

shoulder belt плечевая портупея.

shoulder guard боковой предохранйтельный щит (Arty).

shouldering process наступление с продвижением смежных частей перекатами.

shoulder loop погон.

shoulder patch нарукавная эмблема части йли рода службы (USA).

shoulder sleeve insignia нарукавная эмблема части йли рода службы (USA).

shoulder weapon стрелковое оружие с прикладом.

shovel лопата (tool); землечерпалка (excavator).

shovel dredger однокóвшевый экскавáтор, механи́ческая лопáта.
shower ли́вень *m* (rain); душ (shower bath).
shrapnel шрапнéль.
shrapnel body шрапнéльный стакáн.
shrapnel cone кóнус разлёта пуль.
shroud lines стрóпы парашю́та (Prcht).
shutter затвóр (Photo); стáвень *m* (window blind).
shuttle челнóк (Mech); передáточный пóезд (train).
shuttle *v* передвигáть взад и вперёд (to move forward and backward); перевози́ть поочерёдно, перевози́ть по частя́м (Mil).
shuttle bombing двойнáя бомбёжка на полёте тудá и обрáтно (bombing between two bases).
shuttling перевóзка чáсти по-эшелóнно срéдствами разгру́женного обóза.
sick больнóй.
sick bay корабéльный лазарéт.
sick call я́вка больны́х к врачу́ (reporting of sick to the medical officer); сигнáл к врачéбному осмóтру (bugle call); дóкторский обхóд (in hospital wards).
sick leave óтпуск по болéзни.
sick rate заболевáемость, процéнт больны́х.
sick report кни́га для зáписи больны́х.
side сторонá, бок; край (edge).
side arms ору́жие носи́мое на поясно́м ремнé.
side band боковáя полосá (Rad).
side by side ря́дом.
sidecar коля́сочка мотоци́кла (Mtr); боковáя гондóла (Ash).
side clutch бортовóй фрикциóн (Tk).
side-cutting pliers клещи́-острогу́бцы *mpl.*
side ditch боковáя канáва, придорóжная канáва.
side drive бортовáя передáча.
side gun боковóй пулемёт (Avn).
sidelap перекры́тие краёв сни́мков сосéдних маршру́тов (Photo).
sideslip боковóе скольжéние, скольжéние на крылó (Avn).
side spray боковóй разлёт оскóлков, боковóй сноп оскóлков (Arty).
side step шаг в стóрону (one step); принимáние в стóрону (drill movement).
side-step *v* приня́ть в стóрону.
sidetrack запаснóй путь.
sidetrack *v* стáвить на запаснóй путь

(RR); отклáдывать в стóрону (to put aside).
side transmission бортовáя передáча.
sideways сбóку.
side wind боковóй вéтер.
siding запаснóй путь.
siege осáда.
siege artillery осáдная артиллéрия.
siege gun осáдная пу́шка.
siege howitzer осáдная гáубица.
siege mortar осáдная морти́ра.
siege train осáдный парк.
siege warfare осáдная войнá, крепостнáя войнá.
sight прицéл, прицéльное приспособлéние, визи́р (aiming device); зрéние (sense of sight); вид (view).
sight *v* прицéливаться, наводи́ть (to aim, to point); визи́ровать (to look through a sighting device); замечáть (to notice).
sight adjustment устанóвка прицéла.
sight base колóдка прицéла.
sight bracket кронштéйн прицéла.
sight cover покры́шка прицéла.
sight defilade укры́тие от прицéльного огня́ (Arty); укры́тие от. взóров.
sight extension нарáщивание прицéла.
sight extension bar стéржень прицéла.
sighting визи́рование, прицéливание.
sighting bar рéйка для обучéния прицéливанию.
sighting device прицéльное приспособлéние.
sighting disk ручнáя укáзка.
sighting equipment прицéльное приспособлéние.
sighting notch прóрезь прицéла.
sighting plane плóскость прицéливания.
sighting platform площáдка для навóдчика.
sighting point тóчка визи́рования.
sighting range прицéльная дáльность.
sighting shot прóбный вы́стрел, повéрочный вы́стрел.
sighting slit смотровáя щель.
sighting triangle треугóльник из трёх отмéченных тóчек на учéбной мишéни.
sight leaf плáнка прицéла.
sight radius длинá прицéльной ли́нии.
sight rule визи́рная линéйка.
sights прицéльные приспособлéния, прицéл и му́шка.
sight setting устанóвка прицéла.
sight shank стéбель прицéла.
sight shield щитóк прицéла.

sign знак, при́знак; вы́веска (signboard).
sign *v* подпи́сывать.
signal сигна́л, знак.
signal *v* сигнализи́ровать, подава́ть сигна́л.
signal annex приложе́ние к прика́зу по организа́ции свя́зи.
signal bomb сигна́льная бо́мба, сигна́льная раке́та.
signal book сигна́льный код, сигна́льная кни́га.
signal center центр свя́зи.
signal code сигна́льный код, сигна́льная кни́га.
signal communication связь.
signal communication agency о́рган свя́зи.
signal communications сре́дства свя́зи.
signal company ро́та свя́зи (USA).
Signal Corps слу́жба свя́зи (service); войска́ свя́зи (troops) (USA).
signal equipment иму́щество свя́зи.
signaler сигна́льщик.
signal flag сигна́льный флаг, сигна́льный флажо́к.
signal flare сигна́льная раке́та.
signal frequency частота́ сигна́ла (Rad).
signaling сигнализа́ция, сигнализи́рование.
signaling panel сигна́льное полотни́ще.
signal intelligence разве́дывательный материа́л добыва́емый че́рез о́рганы свя́зи.
signal intelligence service разве́дывательная слу́жба о́рганов свя́зи.
signal lamp сигна́льная ла́мпа, светосигна́льный аппара́т.
signal lamp station светосигна́льная ста́нция.
signal light сигна́льный ого́нь.
signalman сигна́льщик.
signal means сре́дства свя́зи.
signal. of execution исполни́тельный знак.
signal officer нача́льник свя́зи.
signal operation instruction инстру́кция по организа́ции и рабо́те свя́зи.
signal pistol раке́тный пистоле́т.
signal rocket сигна́льная раке́та.
signal security обеспе́чение рабо́ты о́рганов свя́зи от посяга́тельств проти́вника.
signal service слу́жба свя́зи.
signal system сеть свя́зи (communication net); прибо́р для автомати́ческой переда́чи (apparatus).
signal troops войска́ свя́зи.

signature по́дпись.
silence молча́ние (forbearance from speech); тишина́ (absence of noise).
silence *v* заста́вить замолча́ть, привести́ к молча́нию.
silencer глуши́тель *m*.
silent station контро́льный радиоприёмник (Rad).
silhouette силуэ́т; фигу́рная мише́нь (target).
silhouette target фигу́рная мише́нь.
silicate-treated macadam силикати́рованный макада́м.
sill поро́г; ле́жень *m* (Bdg).
silver серебро́ (metal); ме́лочь (silver coins).
simple просто́й (plain); элемента́рный (elementary); одноро́дный (unmixed); недалёкий (feebleminded).
simulate симули́ровать, принима́ть вид; притворя́ться (to pretend).
simulated agent отравля́ющее вещество́ употребля́емое для уче́бных це́лей.
simultaneous одновре́менный.
sine си́нус.
single еди́нственный (only); оди́н (alone); одино́кий, холосто́й (unmarried).
single-engine airplane одномото́рный самолёт.
single file коло́нна по одному́.
single loader однозаря́дное ору́жие.
single-place fighter одноме́стный истреби́тель.
single rank одношере́ножный строй.
single-seater одноме́стный самолёт.
single-seater fighter одноме́стный истреби́тель.
single-section charge одноро́дный заря́д (Am).
single shot fire стрельба́ одино́чными вы́стрелами.
single-station method ме́тод определе́ния положе́ния це́ли с одного́ пу́нкта наблюде́ния.
single-station spotting корректи́рование стрельбы́ с одного́ наблюда́тельного пу́нкта.
single track одноколе́йный путь (RR).
single-track railroad одноколе́йная желе́зная доро́га.
singletree валёк.
sink *v* тону́ть, затону́ть (to go down); топи́ть, потопи́ть (a ship); ослабева́ть, слабе́ть (of a sick person).
sinking speed вертика́льная составля́ющая ско́рости опуска́ния самолёта при ти́хой пого́де.

siren сирéна.

sit сидéть (to be sitting); быть располó-
женным (to be located).

sit down садúться, сесть.

site ýгол мéста цéли, мéсто цéли (Arty);
расположéние, местонахождéние.

site scale шкáла мéста цéли (Arty).

sitting position положéние для стрель-
бы́ сúдя.

situation обстанóвка, положéние.

situation map кáрта обстанóвки.

situation report свéдения об обстанóвке,
донесéние об обстанóвке; оперáтивная свóдка (general statement on operations).

sizable крýпный.

size размéр, величинá.

skate mount скользя́щая устанóвка на
рáме (MG).

skeleton crew сокращённый лúчный состáв.

sketch крокú n (Mil); чертёж, набрóсок.

sketching board планшéт.

sketching case я́щик с принадлéжностя-
ми для крокирóвки.

skew bridge косóй мост.

ski лы́жа.

ski v ходúть на лы́жах, бéгать на лы́-
жах.

ski bindings креплéния лыж.

ski company лы́жная рóта.

skid косты́ль m (of a landing gear); под-
клáдка под колесó (chock under a
wheel); пóлоз (runner); занóс (sideslip).

skid v скользúть (to slip); буксовáть (to
slide without rotation); заносúть (Avn,
MT).

skidding скольжéние (slipping); буксо-
вáние (sliding without rotation); занóс,
забрáсывание (Avn, MT).

ski detachment лы́жная комáнда.

skier лы́жник.

skiing ходьбá на лы́жах; лы́жный спорт
(sport).

skill мастерствó (mastery); искýсство
(Arty); лóвкость (dexterity); спосóбность (ability).

skilled искýсный (artful); квалифицúро-
ванный (expert).

skilled rating звáние солдáта-специалú-
ста.

skin кóжа.

ski operations боевы́е дéйствия на лы́-
жах.

ski patrol лы́жный дозóр.

skip bombing горизонтáльная бомбёжка с мáлой высоты́.

ski plane самолёт с лы́жным шассú.

skirmish перестрéлка, сты́чка.

skirmish v перестрéливаться.

skirmisher стрелóк в цепú.

skirmisher's trench ячéйка для стрéль-
бы́ лёжа.

skirmish line стрелкóвая цепь.

skirt юбка; крылó седлá (of a saddle);
крóмка кýпола (of a parachute canopy);
край, окрáина (edge).

skirt v двúгаться вдоль крáя, огибáть.

ski soldier лы́жник.

ski training лы́жная подготóвка.

ski troops лы́жные войскá.

ski unit лы́жная часть.

skull чéреп.

sky нéбо.

sky cover óблачный покрóв.

sky line лúния горизóнта, вúдимый горизóнт.

slack расшáтанность, люфт, игрá
(Mech).

slack adj слáбый, ненатя́нутый, распý-
щенный.

slacken ослабля́ть, распускáть; осла-
бевáть (to get slack).

slain убúтый.

slant adj косóй, наклóнный.

slant plane наклóнная плóскость; плóскость наблюдéния мéста цéли
(AAA).

slant range наклóнная дáльность (AAA).

slash разрéз (cut); рéжущий удáр (with
bayonet); рýбящий удáр (with saber);
рéзаная рáна (wound).

slash v рéзать (to cut); рубúть.

slat плáнка (lath); предкры́лок (Avn).

slaughter убóй (butchering); избиéние
(massacre).

slay убивáть.

sled сáни fpl; салáзки fpl (small sled).

sledge сáни fpl (sled); кузнéчный мóлот
(tool).

sledge hammer кузнéчный мóлот.

sled target мишéнь на салáзках.

sleep сон.

sleep v спать.

sleeper шпáла (RR); спáльный вагóн
(RR car); поперéчина (Cons).

sleeping bag спáльный мешóк.

sleet мóкрый снег (rain and snow); голо-
лéдица (coating of ice).

sleeve рукáв (of a garment); мýфта, кожýх (Mech).

sleeve emblem отличúтельный знак
на рукавé.

sleeve target воздýшная мишéнь-кóнус.

sleigh сáни *fpl*, салáзки *fpl*; медвéдка (Arty).

slew поворóт (Arty, MG).

slew *v* повора́чивать.

slicker непромока́емый плащ.

slide скольжéние (sliding motion); осыпáние (descent of a mass of earth); хомýтик прицéла (slide of a sight); затвóрная рáма (MG); кожýх-затвóр (of automatic pistol); стекля́нная пластúнка (plate of glass); ползýн (Mech).

slide *v* скользи́ть.

slide rule счётная линéйка, логарифми́ческая линéйка.

slide valve золотни́к (Mech).

sliding canopy раздвижнóй колпáк (Ap).

sliding recoil скользя́щий откáт (Arty).

sliding-wedge breechblock клиновóй затвóр.

slight breeze лёгкий вéтер.

sling ружéйный ремéнь (R); пéревязь (Med); строп (Nav); прáща (for throwing stones).

sling *v* бросáть (to throw); подвéшивать (to suspend); надевáть на ремéнь (R).

sling adjustment пригóнка ружéйного ремня́.

slip скольжéние (sliding); сдвиг (sideways movement); слип (Nav); обмóлвка (of tongue); прóмах (false step).

slip *v* поскользнýться.

slip joint скользя́щее соединéние (Mech).

slippery скóльзкий.

slipstream воздýшный потóк создавáемый винтóм (Avn).

slip tank сбрáсываемый бензи́новый бак (Avn).

slit щель, разрéз.

slit trench окóп для укры́тия, щелевóй окóп.

slogan лóзунг, боевóй клич.

slope скат, откóс, склон, покáтость, косогóр.

slope of fall наклóн траектóрии в тóчке падéния, тáнгенс углá падéния (Arty).

slot щель; щель крылá, разрéз крылá (Avn).

slotted aileron разрезнóй элерóн (Avn).

slotted screw затвóрный пóршень с нарезны́ми и глáдкими сéкторами (Arty); винт с непóлной нарéзкой (Mech).

slotted sector глáдкий сéктор пóршня (Arty).

slotted wing разрезнóе крылó.

slough (pronounced sloo) лимáн (inlet from a river); затопля́емый морскóй бéрег (tide fiat).

slough (pronounced slou) тряси́на.

slough (pronounced sluff) струп (Med).

slow мéдленный.

slow down *v* уменьши́ть ход, замéдлить движéние.

slow fire рéдкий огóнь, мéдленный огóнь.

slow roll мéдленная бóчка (Avn).

slow trot мéлкая рысь.

sluggish вя́лый, слáбый, мéдленный.

sluice шлюз.

sluice gate шлю́зные ворóта.

slurry дегазациóнный раствóр.

slush тáлый снег (watery snow); сля́коть (soft mud); ружéйное мáсло (rifle oil).

small arms стрелкóвое орýжие.

small arms ammunition стрелкóвые боеприпáсы, ружéйные и пулемётные патрóны.

small-bore practice учéбная стрельбá из малокали́берных винтóвок.

small of the stock шéйка лóжи винтóвки.

smallpox óспа.

small scale map кáрта мéлкого маштáба.

smart *adj* живóй (brisk); сообрази́тельный (shrewd); растороńпный (alert and dexterous); наря́дный (elegant).

smartly жи́во, провóрно, бы́стро.

smash разби́ть, рагроми́ть (to shatter); удáрить (to hit).

smell обоня́ние (sense); зáпах (odor).

smith кузнéц.

smoke дым.

smoke *v* дыми́ть, дыми́ться (to emit smoke); кури́ть (tobacco); копти́ть (to cure with smoke).

smoke agent дымовóе хими́ческое вещество, дымообразовáтель *m*.

smoke ammunition дымовы́е снаря́ды.

smoke and flash defilade закры́тие скрывáющее вспы́шки вы́стрелов.

smoke blanket горизонтáльная дымовáя завéса.

smoke bomb дымовáя бóмба.

smoke candle дымовáя свечá.

smoke cartridge дымовóй патрóн.

smoke cloud дымовóе óблако, дымовáя завéса.

smoke filter противоды́мный фильтр.

smoke generator дымовóй прибóр.

smoke grenade дымовáя ручнáя гранáта (hand grenade); дымовáя ружéйная гранáта (rifle grenade).
smokeless powder бездымный пóрох.
smoke pot дымовáя шáшка.
smoke producer дымовóй состáв.
smoke projectile дымовóй снарáд.
smoke puff клуб дыма.
smoke puff charge взрывпакéт.
smoke screen дымовáя завéса.
smoke shell дымовóй снарáд.
smooth глáдкий, рóвный.
smoothbore gun гладкоствóльное орýжие.
smoulder тлéющий огóнь.
smoulder v тлеть.
snaffle трéнзель m.
snaffle bit трéнзельное удило.
snaffle rein трéнзельный пóвод.
snap кнóпка (fastener).
snap roll быстрая бóчка, двойнóй переворóт (Avn).
snap shooting стрельбá на вскидку.
snapshot выстрел на вскидку (shot); моментáльный снимок (Photo).
sneeze gas чихáтельное отравляющее веществó, стернутáтор.
sniff bottle флакóн с прóбой химического веществá.
sniper снáйпер.
sniping стрельбá по одинóчным людям, снáйперская стрельбá.
sniping post снáйперское гнездó, закрытие для снáйпера.
snow снег.
snowdrift снéжный занóс, сугрóб.
snowfall снегопáд.
snow fence снегозащитное огражде́ние.
snow line линия снегóв.
snowplow снегоочиститель m.
snow screen снегозадержáтель, снéжный щит.
snowshoe канáдская лыжа.
snowstorm вьюга, мятéль, снéжная бýря.
snow trenches окóпы из снéга.
soakage pit яма для кýхонных отбрóсов.
soap мыло.
soar парить, планировать.
socket гнездó (Mech); патрóн для лáмпочки (Elec).
socket joint шаровóй шарнир (Mech).
socks носки.
sod v обклáдывать дёрном.
sod дёрн.

sodium нáтрий.
sodium hypochlorite хлорноватистокислый нáтрий.
sodium sulfide сернистый нáтрий.
sodium sulfite сернистокислый нáтрий.
sod revetment одéжда дёрном.
soften up v размягчáть, ослаблять, расшáтывать.
soft ground мягкий грунт.
soft-nosed bullet пýля с наконéчником из мягкого метáлла.
soft spot tactics тáктика удáра по слáбым пýнктам.
soil грунт, пóчва.
solder припóй.
solder v паять.
soldering пáйка.
soldier солдáт, военнослýжащий (military man); вóин (warrior).
soldierly солдáтский, вóинский, подобáющий воéнному.
soldier's individual pay record красноармéйская книжка.
solenoid соленóид (Elec).
solid adj твёрдый, прóчный; сплошнóй (not hollow); основáтельный (of persons).
solid ground твёрдая пóчва.
solid shot сплошнóй снарáд.
solitary confinement одинóчное заключéние.
solo flight самостоятельный полёт.
solution решéние.
soot сáжа, кóпоть.
sorrel adj гнедóй (H).
sortie вылазка (from a besieged place); вылет (Avn).
sound звук; зонд (Inst).
sound v звучáть, (to produce a sound); зондировать (to feel out).
sound adj здорóвый (healthy); здрáвый (intelligent).
sound camouflage звукомаскирóвка.
sound central station центрáльный пост звукометрической развéдки.
sound communication звуковáя связь (communication); акустическая сигнализáция (signaling).
sound detector звукоулáвливатель m.
sound discipline звуковáя дисциплина.
sounding зондирование, измерéние глубины.
sounding balloon шар-зонд.
sound lag запáздывание звýка.
sound lag correction попрáвка на запáздывание звýка.

sound location звукопеленга́ция, определе́ние ме́ста эми́ссии (Rad).

sound locator звукоула́вливатель *m*, звукопеленга́тор, шумопеленга́тор.

sound observer слуха́ч.

sound-powered telephone зу́ммерный телефо́н.

soundproof звуконепроница́емый.

sound ranging звукоме́трия, звукова́я разве́дка (Arty).

sound ranging adjustment корректиро́вка стрельбы́ приёмами звукоме́трии.

sound-ranging observation post акусти́ческая ба́за, пост звукометри́ческой разве́дки.

sound-ranging platoon взвод звуково́й разве́дки.

sound ranging plotting board звукометри́ческий планше́т-постро́итель.

sound signaling звукова́я сигнализа́ция.

sound wave звукова́я волна́.

soup суп.

source исто́чник.

south юг.

southeast юговосто́к.

southwest югоза́пад.

Soviet сове́т (USSR).

Soviet *adj* сове́тский.

space простра́нство, промежу́ток, ме́сто; зазо́р.

space allowances расчёт пло́щади и куба́туры помеще́ний.

spacer прокла́дка, промежу́точное кольцо́ (Mech); ре́йка анте́нны (Rad).

spade сошни́к (Arty); за́ступ (tool).

span проле́т (of a bridge); разма́х кры́льев (Avn); промежу́ток вре́мени (space of time).

spanner раздвижно́й га́ечный ключ.

spanning ability спосо́бность преодоле́ния рвов (Tk).

spanning tray промежу́точный заря́дный лото́к (Arty).

spar лонжеро́н крыла́ (Avn); кру́глый брус (round beam); сто́йка (strut).

spar bridge бреве́нчатый мост.

spare *adj* ли́шний (surplus); запасно́й (held in reserve); ску́дный (scanty); худо́й (lean).

spare part запасна́я часть.

spare tire запасна́я ши́на.

spare wheel запасно́е колесо́.

spar flange по́лка лонжеро́на (Avn).

spark и́скра.

spark advance опереже́ние зажига́ния (Mtr).

spark coil индукцио́нная кату́шка (Elec).

spark gap искрово́й разря́дник (Rad).

spark ignition искрово́е зажига́ние (Mtr).

spark plug зажига́лка (Flame Thrower), свеча́.

spearhead острие́ копья́; голова́, головны́е ча́сти (Tac).

special court-martial ни́зший вое́нный трибуна́л (USA).

special engineer troops военинжене́рные ча́сти специа́льного назначе́ния.

special guard осо́бый карау́л.

specialist спец, специали́ст.

special map специа́льная ка́рта.

special order ча́стный прика́з, осо́бое распоряже́ние.

special orders осо́бая инстру́кция часово́му.

special purpose map специа́льная ка́рта.

special purpose vehicle пово́зка специа́льного назначе́ния.

special service schools прикладны́е вое́нные шко́лы.

special staff нача́льники родо́в войск и служб общевойсково́го соедине́ния.

special troops ча́сти осо́бого назначе́ния.

specification of charges специфика́ция обвине́ний (Law).

specifications специфика́ции *fpl*, техни́ческие да́нные.

specific gravity уде́льный вес.

specified altitude за́данная высота́.

specify *v* то́чно ука́зывать, специфици́ровать.

speed ско́рость, быстрота́.

speed indicator спидо́метр, указа́тель ско́рости.

speed limit преде́льная ско́рость.

spend тра́тить, расхо́довать.

spent bullet пу́ля на излёте.

sphere шар (ball), сфе́ра.

spherical сфери́ческий, шарообра́зный.

spider пау́к; крестови́на колеса́ (of a wheel); пере́дний диск ротати́вного мото́ра (Avn).

spider wire entanglement многоря́дное про́волочное загражде́ние.

spike кру́пный гвоздь (big nail); косты́ль *m* (RR).

spin што́пор (Avn); враще́ние (rotation).

spinal cord спинно́й мозг.

spindle веретено́, ось, шпи́ндель *m* (Mech).

spine спинной хребет, позвоночный столб.

spinner обтекатель воздушного винта (Avn).

spiral спиральный спуск (Avn); спираль.

spiral spring цилиндрическая винтовая пружина.

spirit дух, моральное состояние.

spirited воодушевлённый, бодрый, оживлённый.

spirit level спиртовой уровень.

spirits настроение (mood); спиртной напиток (drink).

splash всплеск, точка падения снаряда в воду (Arty).

splay растворение амбразуры (Ft).

splice сплесень m, сросток.

splice v сплесневать, сращивать.

splint чека; лубок (Med); накостник (Vet).

splinter осколок (Arty); заноза.

splinter effect осколочное действие.

splinterproof shelter блиндаж непроницаемый для осколков.

split bullet трещина в пуле.

split case треснувшая гильза.

split trail хобот лафета с раздвижными станинами (Arty).

split-trail carriage лафет с раздвижными станинами.

spoil вынутая земля (Engr).

spoils военная добыча.

spoke спица (of a wheel); ступенька приставной лестницы (of a ladder).

sponge губка; поршень банника (Arty).

sponge and staff банник (Arty).

sponging solution мыльная вода для промывания канала ствола (Arty).

sponson спонсон (Tk); выступающий бортовой орудийный каземат (Nav).

spontaneous combustion самовоспламенение, самовозгорание.

spool катушка.

spoon ложка.

sport спорт.

spot место (place); точка (point); пятно (stain).

spot v пятнить (to stain, to blemish); ставить на место (to place on the desired spot); наблюдать за попаданиями, корректировать стрельбу (Arty).

spot bombing прицельная бомбёжка.

spot check проверка на выборку.

spot elevation отметка высоты.

spot landing точная посадка.

spotlight фара.

spotter указка (small marker); указчик (person who spots); наблюдатель за разрывами (Arty); самолёт-корректировщик (Avn).

spotting наблюдение за разрывами, корректировка стрельбы (Arty).

spotting board огневой планшет-построитель (Arty).

spotting charge пристрелочный разрывной заряд (Arty).

spotting detail звено наблюдателей (Arty).

spotting station наблюдательный пункт (Arty).

sprain растяжение связок.

spray сноп осколков, разлёт осколков (Arty); дождь отравляющих веществ (CWS); брызги fpl, разбрызгиваемая жидкость (of liquid).

spray apparatus авиахимприбор.

spray attack ядовито-дождевая атака.

sprayer распылитель m, разбрызгиватель m, пульверизатор.

spray tank выливной авиационный прибор.

spread величина рассеивания (Arty); размах, распространение, протяжение.

spread v распространять, распространяться; рассредоточивать (a searchlight beam); расстилать.

spring пружина (Mech); рессора (of a vehicle); весна (season); ключ, родник (source of water).

springboard трамплин.

spring mechanism пружинный механизм.

sprinkler гидропульт.

sprocket зубчатое колесо (wheel); зуб колеса (cog).

sprocket wheel зубчатое колесо (cogged wheel); ведущее колесо танка (Tk).

spruce ель.

spur шпора (Cav); отрог (Top); подъездной путь (RR).

spur gear цилиндрическое зубчатое колесо.

spy шпион.

spy v шпионить, выведывать.

spyglass подзорная труба.

squad отделение (Mil); орудийный расчёт (Arty).

squad column колонна по одному, змейка (Inf).

squad leader командир отделения.

squadron кавалерийский дивизион (Cav); эскадра (Nav); эскадрилья, авиаотряд (Avn).

squadron commander командир дивизиона (Cav); командир эскадрильи (Avn).

squad room казарменное помещение на одно отделение.

square квадрат (Geometry); наугольник (tool); площадь (open place).

square adj квадратный.

square-base projectile снаряд с необтекаемой запоясковой частью.

square division дивизия четырехполкового состава (USA).

square measures меры поверхности.

square root квадратный корень.

squib запал.

stability устойчивость, равновесие; остойчивость (Avn, Nav).

stabilize стабилизировать, упрочнять.

stabilized front стабилизированный фронт, установившийся фронт.

stabilized road мощёная дорога.

stabilized warfare позиционная война.

stabilizer стабилизатор.

stabilizing fin стабилизатор мины.

stable конюшня.

stable adj стойкий, устойчивый, прочный.

stable duty служба на конюшне.

stable equilibrium устойчивое равновесие.

stable guard дневальный по конюшне.

stable police наряд на конюшню.

stable routine конюшенный распорядок.

stables уборка лошадей.

stable sergeant конюшенный сержант.

stack arms v составлять ружья в козлы.

stacking swivel вертлюжная антабка для составления винтовок в козлы.

stadia дальномер с окулярной сеткой.

stadia rod дальномерная рейка, нивелирная рейка.

staff штаб (headquarters); личный состав штаба (headquarters personnel); персонал (personnel); рейка (Surv); древко (of a flag).

staff car штабная автомашина.

staff duty штабная служба.

staff officer штабной офицер, офицер штаба.

staff ride полевая поездка.

staff sergeant штаб-сержант (USA).

staff walk тактический выход в поле.

stage помост (scaffold); подмостки mpl, сцена (scene); этап (station, progressive step).

stagger вынос крыла (Avn); эшелонирование (Mil); шатание (reeling).

stagger v располагать уступами (Mil); колебать, колебаться (to sway); шататься (to totter).

stagger formation уступное построение, уступной строй.

staggers оглум (Vet).

staging area этапный лагерь.

stain пятно.

stainless незапятнанный.

stainless steel нержавеющая сталь.

stake кол, веха; ставка (wager).

staking out разбивка кольями, провешивание.

stall потеря скорости (Avn); заглухание мотора (Mtr); стойло (in a stable).

stall v потерять скорость (Avn); заглохнуть (Mtr); остановиться, застрять.

stalling angle критический угол атаки (Avn).

stalling speed критическая скорость (Avn).

stallion жеребец.

stamina моральная стойкость (morale), запас жизненных сил (vitality), выносливость (endurance).

stamp клеймо, штемпель m (impression); почтовая марка (postage stamp).

stampede паническое бегство.

stand остановка (stop); позиция, положение (position); сопротивление (resistance); подставка, станок (support); эстрада (platform); киоск (stall for business).

stand v стоять, занимать положение (to hold a place); оставаться в силе (to remain in force); выдерживать (to endure); сопротивляться (to resist).

standard знамя (Cav, Arty); стандарт, норма, мера (measure); подставка, упор (support).

standard atmosphere стандартная атмосфера.

standard ballistics conditions нормальные балистические условия, табличные условия.

standard bearer знаменщик.

standard charge нормальный заряд.

standard conditions табличные условия (Arty); нормальные условия.

standard gauge railway железная дорога нормальной колеи.

standard muzzle velocity теоретическая начальная скорость.

standard nomenclature стандартная номенклатура.

standard supplies устано́вленные предме́ты снабже́ния.

standard train типово́й во́инский по́езд, во́инский по́езд типово́го соста́ва.

standard trajectory теорети́ческая траекто́рия.

stand at attention *v* стоя́ть "сми́рно".

stand at ease *v* стоя́ть "во́льно".

stand by *v* быть нагото́ве, стоя́ть в гото́вности; подде́рживать (to support).

stand fire *v* держа́ться под огнём.

standing army постоя́нная а́рмия.

standing barrage неподви́жный загради́тельный ого́нь.

standing operating procedure устано́вленный поря́док де́йствия, устано́вленная процеду́ра.

standing orders распоряже́ние постоя́нного хара́ктера.

standing position положе́ние для стрельбы́ сто́я.

standing trench око́п для стрельбы́ сто́я.

stand one's ground *v* отстоя́ть свой пози́ции.

standstill зати́шье (lull); неподви́жность (immobility); остано́вка (halt); безде́йствие (inactivity).

stand to horse *v* стнов싃ться по коня́м.

stand up *v* встава́ть.

star освети́тельный снаря́д (Arty); звезда́.

starboard пра́вый борт (Nav).

starboard *v* положи́ть ле́во руля́ (Nav).

starboard wing пра́вое крыло́ (Avn).

star gage звёздка (Arty, Mech).

star-gage *v* измеря́ть звёздкой.

star shell освети́тельный снаря́д (Arty).

start нача́ло (beginning); отправле́ние (departure); старт (in sports).

start *v* начина́ть (to begin); тро́гаться, отправля́ться (to move); вздра́гивать (to startle).

start an engine *v* запуска́ть мото́р.

starter ста́ртер, пусково́й механи́зм.

starter switch пусково́й выключа́тель.

starting crank заводна́я рукоя́тка.

starting motor электри́ческий ста́ртер.

starting point исхо́дный пункт, отправна́я то́чка.

state состоя́ние (status); госуда́рство (sovereign state); штат (USA).

statement заявле́ние, сообще́ние; отчёт, ве́домость (financial statement).

statement of charges ве́домость повреждённому и уте́рянному иму́ществу подлежа́щему пополне́нию путём удержа́ния из жа́лованья солда́та.

statement of service све́дения о прохожде́нии слу́жбы, послужно́й спи́сок.

state of siege оса́дное положе́ние.

state of war состоя́ние войны́.

statics атмосфе́рные поме́хи (Rad); ста́тика (branch of mechanics).

static stability стати́ческая усто́йчивость (Avn).

static weapon позицио́нная вое́нно-хими́ческая устано́вка (CWS).

station стоя́нка, пункт расквартиро́вания, гарнизо́н (Mil); то́чка стоя́ния (Surv); ста́нция (RR, Rad, Tg, Tp); вокза́л (RR).

stationary неподви́жный, постоя́нный, станциона́рный.

stationary gun mount постоя́нная оруди́йная устано́вка.

stationary hospital постоя́нный го́спиталь.

stationary screen неподви́жная заве́са (Tac).

stationary target неподви́жная цель; неподви́жная мише́нь (Range).

station complement постоя́нный соста́в управле́ния гарнизо́на.

station designator позывны́е радиоста́нции.

station dispensary гарнизо́нный приёмный поко́й.

stationed расквартиро́ванный, располо́женный.

station hospital гарнизо́нный го́спиталь.

station list кварти́рное расписа́ние часте́й и подразделе́ний.

station log журна́л радиоста́нции.

stationmaster нача́льник ста́нции (RR).

station surgeon гарнизо́нный врач.

station veterinarian гарнизо́нный ветвра́ч.

statoscope статоско́п, вариоме́тр.

status положе́ние, ста́тус.

statute of limitations зако́н о да́вности, да́вность, срок да́вности (Law).

statutory limitation зако́нная да́вность (Law).

stave off *v* предотвраща́ть.

stay пребыва́ние (sojourn); приостано́вка (suspension); штаг, галс (Nav).

stay *v* остава́ться, пребыва́ть (to remain, to dwell); приостана́вливать (to suspend); укрепля́ть шта́гами (Nav).

steady *adj* усто́йчивый, постоя́нный, ро́вный.

steal *v* красть, похищать.

steam пар.

steam *v* итти под парами (Nav); дымиться, выпускать пар (to emit steam).

steamboat пароход, паровое судно.

steam engine паровая машина.

steamer пароход, паровое судно.

steam locomotive паровоз.

steam pressure давление пара.

steamship пароход.

steam shovel паровая лопата, землечерпалка, экскаватор.

steam tube пароотводная трубка (MG).

steel сталь.

steel *adj* стальной.

steel casting стальная отливка.

steel helmet стальной шлем.

steel mat стальной решётчатый настил.

steep *adj* крутой.

steeple колокольня.

steeplechase стипльчез, скачка с препятствиями.

steep turn крутой вираж.

steer *v* управлять рулём, править.

steering clutch бортовой фрикцион (Tk).

steering column рулевая колонна (MT).

steering gear рулевой механизм (MT).

steering wheel рулевой штурвал, руль *m* (MT); колесо штурвала (Nav).

steersman рулевой.

stencil трафарет, шаблон, восковка для множительного аппарата.

stenographer стенографист, стенографистка.

step шаг; редан гидросамолёта (Avn); ступенька (of stairs); подножка (of a vehicle); ступень (progressive measure).

step *v* шагать, ступать.

stepladder стремянка.

step off *v* выступать.

step out *v* прибавить шагу.

steppe степь.

stereocomparograph стереокомпарограф.

stereogram стереоснимок.

stereo-pair два вертикальных аэроснимка частично перекрывающих друг друга, стереоскопическая пара.

stereo-photogrammetry стереофотограмметрия.

stereoscope стереоскоп.

stereoscopic height finder стереовысотомер.

stereoscopic model стереоскопическое изображение.

stereoscopic observer наблюдатель в стереотрубу.

stereoscopic pair стереоскопическая пара.

stereoscopic range finder стереодальномер.

stereoscopic trainer учебный стереовысотомер-дальномер.

stereoscopy стереоскопия.

stereo-triplet сочетание трёх перекрывающихся аэроснимков.

stern корма (Nav).

sternutator чихательное отравляющее вещество.

stevedore портовой грузчик.

stick ручка управления (Avn); палка.

stick of grenades связка ручных гранат.

stiff жёсткий, крепкий, упорный.

stiffen делаться более жёстким, становиться упорнее, крепнуть.

stirrup стремя *n*.

stirrup leather путлище.

stock ложа винтовки (R); запас (store of goods); скот (livestock); порода (lineage); акционерный капитал (holdings).

stockade частокол, палисад.

stock record account отчёт о наличности имущества.

stocks стапели *mpl* (shipbuilding); станок для ковки лошадей (for horse shoeing).

stoker кочегар.

stomach желудок.

stomach-ache боль в желудке.

stone камень *m*.

stony каменистый.

stop остановка (halt); упор, ограничитель *m* (Mech); задержка (check); точка (punctuation).

stop *v* останавливать, останавливаться (to halt); затыкать, закупоривать (to obstruct); задерживать (to hold back, to check); отбить (to parry).

stoppage задержка, заедание (jam); засорение, затор (obstruction); приостановка (suspension).

stoppage of pay приостановка уплаты жалования.

stopping distance путь торможения.

stop signal сигнал остановки, знак остановки.

stop watch секундомер.

storage battery аккумулятор.

storage park автомашинный парк.

store магазин, лавка.

storeroom цейхгауз (Mil); кладовая.

stores запасы *mpl*.

storm штурм (Mil); бу́ря, шторм (tempest); гроза́ (thunderstorm).

storm *v* брать при́ступом, штурмова́ть (to assault); бушева́ть.

stoveman печни́к.

straddle крою́щая о́чередь (Arty).

straddle *v* захва́тывать цель в ви́лку (Arty); сиде́ть верхо́м.

straddle trench отхо́жий ро́вик.

strafe *v* обстре́ливать пулемётным огнём с самолёта.

strafing обстре́ливание пулемётным огнём с самолёта.

straggle итти́ вразбро́д, отстава́ть, от свое́й ча́сти.

straggler отста́вший.

straggler collecting point пункт сбо́ра отста́вших.

straggler line ли́ния посто́в для перехва́тывания отста́вших.

straggler post пост для перехва́тывания отста́вших.

straight прямо́й.

straight angle 180-тиградусный у́гол.

straight flight прямо́й полёт (Avn).

straight line пряма́я ли́ния, пряма́я.

strain напряже́ние.

strain *v* напряга́ть, напряга́ться (to exert, to stretch); фильтрова́ть, процеживать (to filter).

strainer цеди́лка, фильтр.

strait проли́в.

strangles мыт (Vet).

strap реме́нь *m*; ля́мка.

stratagem вое́нная хи́трость, уло́вка.

strategic стратеги́ческий.

strategic advance guard стратеги́ческий аванга́рд.

strategical стратеги́ческий.

strategical deployment стратеги́ческое развёртывание.

strategical march марш-манёвр.

strategical plan операти́вный план.

strategical reserve стратеги́ческий резе́рв.

strategical situation стратеги́ческая обстано́вка.

strategic break-through стратеги́ческий прорыв.

strategic concentration стратеги́ческое сосредото́чение .

strategic defensive стратеги́ческая оборо́на.

strategic map операти́вная ка́рта.

strategic offensive стратеги́ческое наступле́ние.

strategic point стратеги́чески ва́жный пункт.

strategic raw material стратеги́ческое сырьё.

strategic reconnaissance стратеги́ческая разве́дка.

strategic withdrawal стратеги́ческий отхо́д.

strategist страте́г.

strategy страте́гия.

stratocumulus слои́сто-кучевы́е облака́.

stratosphere стратосфе́ра.

stratus слои́стые облака́.

straw соло́ма.

stray bullet шальна́я пу́ля.

stream пото́к, руче́й (watercourse), тече́ние (flow).

stream crossing перепра́ва.

stream-crossing equipment перепра́вочное иму́щество.

streamer вы́мпел.

streamline *v* придава́ть обтека́емую фо́рму, придава́ть подви́жность и ги́бкость.

streamlined обтека́емый, име́ющий обтека́емую фо́рму.

streamlined division мотомеханизи́рованная трёхполко́вая диви́зия.

streamline form обтека́емая фо́рма.

street у́лица.

street barricade у́личная баррика́да, у́личное загражде́ние.

street fighting у́личный бой.

strength си́ла (force); чи́сленность, чи́сленный состав (number); про́чность (sturdiness).

strength for duty число́ люде́й состоя́щих налицо́.

strength for rations число́ люде́й состоя́щих на дово́льствии.

strength report су́точная ве́домость о чи́сленном соста́ве ча́сти.

strength return ме́сячный отчёт о чи́сленном соста́ве ча́сти.

stress напряже́ние (strain); уси́лие, си́ла (effort).

stretch натяже́ние (act of stretching); промежу́ток вре́мени (space of time); протяже́ние (length, distance).

stretcher носи́лки *fpl*.

stretcher-bearer санита́р-носи́льщик.

strike уда́р (blow); забасто́вка (walkout).

strike *v* ударя́ть, бить, поража́ть (to hit); бастова́ть (to quit work).

strike back нанести́ отве́тный уда́р.

strike camp сня́ться с бива́ка.

striker боёк уда́рника (SA); забасто́вщик (one who is on strike).

striker pin боёк уда́рника.

strike the flag спусти́ть флаг.

strike the tents свернуть палатки.

striking distance расстояние возможного удара, досягаемость.

striking echelon ударная группа броневой дивизии.

striking power ударная сила.

striking velocity окончательная скорость при ударе (Arty).

string построение по одному с эшелонированием вверх (Avn); серия (series); бичёвка (twine); струна (cord).

strip полоса, лента.

stripe полоса (strip); нашивка (on the sleeve); лампас (on the trousers).

strip map авиационная маршрутная карта.

strip mosaic рваный монтаж.

stripped center of impact средняя точка попадания приведённая к табличным данным (Arty).

stripped deviation отклонение приведённое к табличным данным (Arty).

stripping разборка.

strip powder ленточный порох.

stroke ход поршня.

stronghold укреплённый пункт (strong point); оплот, твердыня.

strong point опорный пункт.

structure структура; сооружение (building).

struggle борьба.

struggle v бороться, сражаться.

strut стойка, подпорка, подкос; нога шасси (Avn).

studded projectile снаряд с постоянными выступами.

student студент, слушатель m, обучающийся, ученик.

stud farm конский завод.

stumble v спотыкаться.

stunt flying фигурные полёты, высший пилотаж.

subaqueous подводный.

subaqueous ranging подводная звуковая разведка.

subcaliber ammunition патроны для стрельбы из учебных стволов.

subcaliber barrel вкладной ствол, учебный ствол.

subcaliber equipment принадлежности для стрельбы из учебных стволов.

subcaliber firing стрельба из учебных стволов.

subcaliber mount приспособление для установки учебного ствола.

subcaliber projectile снаряд для стрельбы из учебных стволов.

subcaliber range полигон для стрельбы из учебных стволов.

subcaliber tube вкладной учебный ствол (Arty).

subchaser истребитель подводных лодок, истребитель подлодок.

subdivision подразделение.

subgrade земляное полотно.

subject подданный (national of a country); подчинённый (subordinate); предмет, тема (theme).

subject v подвергать (to submit); подчинять (to subjugate).

subjugation подчинение, покорение.

submachine gun пистолет-пулемёт.

submachine gunner автоматчик.

submarine подводная лодка, подлодка, субмарина.

submarine adj подводный.

submarine base база подводных лодок.

submarine chaser истребитель подводных лодок.

submarine detector гидрофон, шумопеленгатор, аппарат для обнаружения подводных лодок (device); гидрофонщик (operator of the device).

submarine mine подводная мина, мина заграждения.

submarine mine control system система управления подводными минами.

submarine mine field подводное минное поле, минное заграждение.

submarine mine planter минный заградитель.

submarine mining постановка подводных мин.

submarine net сеть для защиты от подлодок.

submarine plotting board минный планшет-построитель.

submerge затоплять, погружать, погружаться.

submerged speed скорость под водой, скорость в погружённом состоянии (Sub).

submine учебный заряд мины заграждения.

subordinate подчинённый.

subordination подчинение, подчинённость; повиновение (obedience).

subsector подсектор береговой обороны (USA).

subsector reserve резерв подсектора (USA).

subsistence продовольствие (provisions); средства к существованию (livelihood).

subsistence allowance продовольствен-
ные де́ньги, столо́вые де́ньги.
subsistence charge расхо́ды по содер-
жа́нию в го́спитале.
subsistence stores продово́льствие и
предме́ты пе́рвой необходи́мости
входя́щие в дово́льствие солда́та.
substitute замести́тель *m* (a person);
заме́на, суррога́т (a thing).
substitution заме́на, замеще́ние, под-
стано́вка.
substitution cipher шифр осно́ванный
на систе́ме подстано́вок.
subterranean *adj* подзе́мный.
suburb при́город.
success успе́х.
successful успе́шный, уда́чный.
succession после́довательность.
succession of command цепь кома́ндо-
вания, кома́ндная постепе́нность.
successive attack постепе́нно развива́-
ющееся наступле́ние.
successive concentrations сосредото́чение
огня́ по после́довательным рубежа́м
и райо́нам.
successive formation построе́ние с по-
сле́довательным выдвиже́нием ча-
сте́й на места́.
sudden внеза́пный, неожи́данный.
suffer терпе́ть, переноси́ть, страда́ть.
sufficient доста́точный.
suffocant уду́шливое отравля́ющее
вещество́, уду́шливый газ.
suffocate задыха́ться, души́ть.
sugar са́хар.
suggestion предложе́ние.
sullage pit помо́йная я́ма.
sulphur се́ра.
sulphuric acid се́рная кислота́.
sum су́мма.
summary сво́дка, сво́дные да́нные.
summary *adj* сокращённый, упрощённый, сумма́рный.
summary court-martial вое́нный трибу-
на́л ни́зшей инста́нции, дисципли-
на́рный суд (USA).
summer ле́то.
summit верши́на.
summit of trajectory верши́на траек-
то́рии.
Sunday воскресе́нье.
sunstroke со́лнечный уда́р.
supercharge уси́ленный заря́д (Arty);
надду́в (Avn); перегру́зка (Mech).
supercharger нагнета́тель *m*, сюперча́р-
жер (Avn).
superelevation дополни́тельная попра́в-

ка угла́ прице́ливания на у́гол ме́ста
це́ли.
superheated steam перегре́тый пар.
superintendent заве́дующий, нача́льник.
superintendent, Army Nurse Corps заве́-
дующая ко́рпусом вое́нных меди-
ци́нских сестёр (USA).
superintendent, Army Transport Service
заве́дующий тра́нспортной слу́жбой
в порту́ (USA).
superior нача́льник.
superior provost court вое́нный суд для
гражда́нского населе́ния в оккупи́-
рованной террито́рии.
superior slope ве́рхний скат бру́стве-
ра.
supernumerary сверхшта́тный, сверх-
компле́ктный.
superquick fuze взрыва́тель мгнове́н-
ного де́йствия.
supersensitive fuze сверхчувстви́тель-
ный взрыва́тель.
supervised route доро́га с контроли́ру-
емым по ней движе́нием.
supplementary fire position дополни́-
тельная огнева́я пози́ция.
supplies предме́ты дово́льствия, пред-
ме́ты снабже́ния.
supply снабже́ние, подво́з (act of supplying); запа́с (quantity, amount).
supply *v* доставля́ть, снабжа́ть.
supply and evacuation section (G-4) от-
де́л ты́ла шта́ба (USA).
supply arms and services войска́ и слу́ж-
бы снабже́ния.
supply by air снабже́ние по во́здуху.
Supply Division (G-4) отде́л снабже́ния
гла́вного управле́ния генера́льного
шта́ба (USA).
supply dump полево́й склад.
supply establishment о́рган снабже́ния.
supply line ли́ния подво́за, ли́ния снаб-
же́ния.
supply officer нача́льник снабже́ния, на-
ча́льник хозя́йственной ча́сти.
supply point пункт снабже́ния.
supply road путь подво́за.
supply service слу́жба снабже́ния.
supply system систе́ма снабже́ния.
supply train продово́льственный обо́з.
support подде́ржка; ро́тная подде́ржка
(Tac); сторожева́я заста́ва (outpost
support); головно́й отря́д (support
of the advance guard); ты́льный отря́д
(support of the rear guard); подпо́рка,
кронште́йн, сто́йка (prop).
support aviation авиа́ция подде́ржки
назе́мных войск.

support echelon части непосредственной поддержки.

supported flank обеспеченный фланг.

supporting artillery артиллерия поддержки.

supporting distance удаление допускающее огневую поддержку.

supporting fire огневая поддержка, поддерживающие огневые средства.

supporting force войска поддержки, поддерживающие части.

supporting weapon оружие поддержки.

support line линия ротных поддержек.

support of the advance guard головной отряд.

support of the rear guard тыльный отряд.

support trench окоп для поддержек, окоп 2-ой линии.

suppression подавление.

supremacy господство.

supreme высший, верховный.

surcingle трок.

surface поверхность.

surface line полевая телефонная линия, полевой кабель.

surface of rupture поверхность разрыва; сфера разрушения.

surface shelter котлованное убежище.

surface ship надводный корабль.

surface wind наземный ветер.

surgeon военный врач, военврач.

Surgeon General's Office главное военно-санитарное управление (USA).

Surgeon General, The начальник военно-санитарного управления (USA).

surgical hospital хирургический госпиталь.

surgical service хирургический отдел госпиталя.

surgical technician военный фельдшер.

surmount преодолевать, превозмогать.

surname фамилия.

surplus stock излишек запасов.

surprise внезапность, неожиданность.

surprise attack внезапная атака.

surrender сдача.

surrender v сдавать, сдаваться.

surround окружать.

surroundings окружающая местность, окружающая обстановка.

surveillance наблюдение.

surveillance of fire огневое наблюдение (Arty).

survey съёмка (Surv); промер (measurement); осмотр, обзор (examination), обследование для установления

ущерба казённому имуществу (inspection of damaged property).

survey v снимать, производить съёмку (Surv); обмерять (to measure); осматривать, обозревать (to examine); производить обследование для установления ущерба казённому имуществу (to inspect damaged property).

survey adj топографический.

survey company топографическая рота.

surveying производство съёмок, топографическое определение места.

surveying officer офицер производящий обследование ущерба нанесённого казённому имуществу (USA).

surveyor съёмщик.

surveyor's chain мерная цепь.

surveyor's compass геодезическая буссоль.

survey platoon топографический взвод.

suspect v подозревать.

suspend v отстранять от должности (to relieve from duty); приостанавливать (to stop).

suspenders подтяжки fpl, помочи fpl.

suspension отстранение от должности (debarment from office); подвешивание (act of hanging); подвесное приспособление (suspension device); прекращение, приостановка (stoppage)· отсрочка (delay).

suspension bridge висячий мост.

suspension cableway канатная дорога, подвесная дорога.

suspension line подвесная стропа (Prcht); подвесной трос.

suspension of arms приостановка военных действий, короткое перемирие.

sustain v поддерживать (to support); выдерживать (to maintain); выносить (to endure).

sustained длительный, непрерывный.

sustained defense упорная оборона.

sustained fire непрерывный огонь.

sustaining power способность длительного усилия.

swamp болото, топь.

swampy болотистый, топкий.

swear in v приводить к присяге (USA).

sweater фуфайка.

sweating потение (of a person), запотевание (of an object).

sweep рейд (Avn).

sweep v мести, подметать (to clean by brushing); стрелять с рассеиванием по фронту (to use traversing fire); тралить (to sweep mines).

sweepback стреловидность крыльев (Avn).
sweeping искусственное рассеивание по фронту (MG); траление (of mines).
sweeping *adj* широкий, огульный.
sweeping fire стрельба с боковым рассеиванием.
swing bridge поворотный мост, разводной мост.
swing driver ездовой среднего уноса (Arty).
swing horse лошадь среднего уноса.
swinging the compass проверка компаса.
swinging traverse непрерывное искусственное рассеивание по фронту (MG).
swingletree валёк.
swing pair средний унос (Arty).
switch стрелка (RR); выключатель *m*, переключатель *m*, рубильник (Elec).
switchboard распределительная доска, коммутатор (Elec).
switchboard operator телефонист у коммутатора.
switch fire переносить огонь (Arty).
switch position косая отсечная позиция.
switch trench косой отсечный окоп.
swivel шарнирная антабка; вертлюг (Mech).
swivel *v* поворачиваться на шарнире.
swivel gun пушка на вертлюжной установке.

swoop налёт, внезапная атака.
swoop down *v* пикировать (Avn).
sword шашка, сабля.
sword bayonet штык-тесак.
sword belt поясная портупея.
swordsmanship искусство владения холодным оружием.
symbol символ, эмблема; условный знак (symbol on maps).
sympathetic detonation детонация через влияние.
synchronization синхронизация.
synchronize синхронизировать.
synchronized gun синхронизированный пулемёт.
synchronizer прибор для синхронизации, синхронизатор.
synchronizing system синхронизующий механизм.
synchronous синхронный.
synchroscope синхронизатор зажигания (Mtr).
synchrotransformer синхронизатор-трансформатор (AAA).
synoptic chart синоптическая карта метеорологических условий в данном районе.
systematic error систематическая ошибка (Arty).
systemic poison отравляющее вещество непосредственно поражающее кровеносную или нервную систему.
system indicator группа букв обозначающая систему шифра.

T

tab триммер, флётнер (Avn); клапан (C & E); ярлык.
tabard флажок на трубе.
table стол (piece of furniture); таблица, табель (systematic list).
tableland возвышенное плато.
table of contents оглавление.
tables of organization штаты *mpl*.
tablespoon столовая ложка.
tablespoonful полная столовая ложка.
tableware столовая посуда.
tabulate сводить в таблицу.
tabulation сведение в таблицу, составление таблиц.
tachometer тахометр, счётчик оборотов, указатель скорости.
tackle тали *fpl*, лебёдка (lifting device); такелаж, снасти *fpl* (Nav).
tactical тактический.

tactical control тактическое управление, боевое управление.
tactical defensive тактическая оборона.
tactical element тактическое подразделение, тактическая единица.
tactical employment тактическое использование, тактическое применение.
tactical exercise тактические занятия, тактическое учение.
tactical function боевая задача.
tactical grouping тактическая группировка.
tactical inspection смотр боевой подготовки.
tactical locality тактически важный пункт.
tactical maneuver тактический манёвр.

tactical map топографи́ческая ка́рта кру́пного масшта́ба.

tactical march похо́дное движе́ние в сфе́ре влия́ния проти́вника.

tactical mobility такти́ческая подви́жность.

tactical net полева́я сеть свя́зи.

tactical obstacle иску́сственное препя́тствие находя́щееся под огнём оборо́ны.

tactical offensive такти́ческое наступле́ние.

tactical plan план бо́я.

tactical point такти́чески ва́жный пункт.

tactical purpose боева́я цель.

tactical rallying point сбо́рный пункт по́сле ата́ки (Tk).

tactical ride полева́я пое́здка.

tactical training боева́я подгото́вка.

tactical unit такти́ческая едини́ца.

tactical vehicles боевы́е и тра́нспортные автомаши́ны применя́емые на по́ле бо́я (USA).

tactical walk вы́ход в по́ле, такти́ческие заня́тия в по́ле пешко́м.

tactical wire про́волочное загражде́ние находя́щееся под огнём оборо́ны.

tactician та́ктик.

tactics та́ктика.

tactics of fire огнева́я та́ктика.

taiga тайга́.

tail хвост.

tail assembly хвостово́е опере́ние (Avn).

tail boom лонжеро́н хвостово́й фе́рмы (Avn).

tail fuze до́нный взрыва́тель (Bomb).

tail group хвостово́е опере́ние (Avn).

tail gun за́дний пулемёт (Avn).

tail gunner стрело́к за́днего пулемёта.

tailheavy кабри́рующий, задира́ющий, перетяжелённый на хвост, перегру́женный с хвоста́.

tail landing поса́дка на хвост (Avn).

tail light хвостово́й ого́нь (Avn).

tailor портно́й.

tailplane хвостова́я пове́рхность, стабилиза́тор (Avn).

tail skid костьı́ль *m*, сошнико́вый костьı́ль, хвостово́й костьı́ль (Avn).

tail slide скольже́ние на хвост (Avn).

tail spin што́пор на хвост, норма́льный што́пор (Avn).

tail surface хвостово́е опере́ние (Avn).

tail turret хвостова́я туре́ль (Avn).

tail unit хвостово́е опере́ние (Avn).

tail wheel хвостово́е колесо́ (Avn).

tail wind ве́тер сза́ди, попу́тный ве́тер.

take брать, взять, принима́ть.

take aim прице́ливаться.

take by surprise захвати́ть враспло́х.

take-off взлёт, подъём, отры́в (Avn).

take off *v* взлете́ть, оторва́ться от земли́ (Avn).

take-off crew ста́ртовый наря́д (Avn).

take-off distance длина́ разбе́га при взлёте, длина́ ста́рта (Avn).

take-off line исхо́дная ли́ния, исхо́дный рубе́ж (Tac).

take-off point то́чка взлёта, то́чка отры́ва (Avn).

take-off runway взлётная доро́жка, взлётная полоса́ (Avn).

take-off speed ско́рость взлёта (Avn).

take-off zone пилота́жная зо́на (Avn).

take the field вы́ступить в похо́д.

take the offensive перейти́ в наступле́ние.

take up a position заня́ть пози́цию.

take up arms взя́ться за ору́жие, нача́ть войну́.

tallow жир, са́ло, коло́мазь.

tally-in приёмочно-амуни́чная ве́домость (USA).

tally-out сопроводи́тельно-амуни́чная ве́домость (USA).

tangent та́нгенс (Trigonometry); каса́тельная (Geometry).

tangential stress уси́лие напра́вленное по каса́тельной.

T-angle у́гол при це́ли (FA).

tank танк (combat vehicle); резервуа́р, бак (cistern).

tank arsenal та́нковый арсена́л.

tank barrier противота́нковая оборони́тельная полоса́, противота́нковый барье́р.

tank battalion та́нковый батальо́н.

tank car ваго́н-цисте́рна (RR).

tank carrier танково́з, грузови́к для перево́зки та́нка.

tank commander команди́р та́нка.

tank company та́нковая ро́та.

tank crew экипа́ж та́нка.

tank defile та́нковый коридо́р.

tank destroyer танкоистреби́тель *m*, противота́нковое ору́дие на самохо́дной устано́вке.

tank destroyer battalion танкоистреби́тельный батальо́н.

tank destroyer company танкоистреби́тельная ро́та.

tank destroyer group танкоистреби́тельная гру́ппа.

tank destroyer platoon танкоистреби́тельный взвод.

tank destroyer squad танкоистреби́тельное отделе́ние.

tank destroyer troops танкоистреби́тельные ча́сти.

tank destroyer unit танкоистреби́тельная часть.

tank ditch противота́нковый ров.

tank driver танки́ст-води́тель *m.*

tank engine та́нковый дви́гатель, та́нковый мото́р.

tanker наливно́е су́дно (ship); самолёт-запра́вщик (airplane); танки́ст (member of tank crew).

tanker barge наливна́я ба́ржа.

tankette танке́тка.

tank gun та́нковое ору́дие (G); та́нковый пулемёт (MG).

tank gunner танки́ст-артиллери́ст.

tank gunnery стрельба́ из та́нка.

tank hunter спе́шенный противотанки́ст.

tank hunting ро́зыск и истребле́ние та́нков спе́шенными противотанки́стами.

tank mine противота́нковая ми́на.

tank obstacle противота́нковое препя́тствие.

tank park та́нковый парк, та́нковая ба́за.

tank platoon та́нковый взвод.

tankproof area танконедосту́пный райо́н.

tankproof cover танконедосту́пное укры́тие.

tank recovery vehicle авари́йный танк.

tank supporting gun ору́дие та́нковой подде́ржки.

tank trap лову́шка для та́нков.

tank truck грузови́к-цисте́рна, автоцисте́рна.

tank unit та́нковая часть.

tank units of General Headquarters Reserve та́нки резе́рва гла́вного кома́ндования.

tank warning net сеть противота́нкового оповеще́ния.

tap *v* слегка́ ударя́ть (to rap); проде́лывать отве́рстие (to pierce); отводи́ть ток, перехва́тывать сообще́ние по про́воду (Tp, Tg).

tap a wire подслу́шивать телефо́нный разгово́р.

tape тесьма́, ле́нта.

tapeline руле́тка.

taper *v* су́живать, придава́ть конусообра́зную фо́рму (to give a tapering shape); получа́ть конусообра́зную фо́рму (to become tapered).

tapered конусообра́зный, су́живающийся, трапециеви́дный.

tapered wing трапецеви́дное крыло́.

tapped coil секциони́рованная кату́шка, кату́шка с отво́дами (Rad).

taps сигна́л для туше́ния огне́й.

tar дёготь *m*, гудро́н.

targ отме́тка, указа́тель *m*.

target мише́нь (range target); цель, объе́кт (objective); визи́рка (Surv).

target *v* приводи́ть к норма́льному бо́ю, пристре́ливать.

target angle у́гол засе́чки (CA); курсово́й у́гол це́ли (CA, AAA).

target area се́ктор обстре́ла.

target butt мише́нный вал, стре́льбищный вал.

target chart ка́рта объе́ктов бомбёжки (Avn).

target course курс дви́жущейся це́ли.

target designation целеуказа́ние.

target detail мише́нный наря́д.

target disk ука́зка.

target frame ра́ма мише́ни.

target length фигу́ра, едини́ца измере́ния упрежде́ния (AAA, Tk).

target offset попра́вка на смеще́ние, у́гол при це́ли (Arty).

target of opportunity неожи́данная вы́годная цель.

target practice уче́бная стрельба́ (Inf); практи́ческая стрельба́ (Arty).

target range стре́льбище (Inf); полиго́н (Arty).

target ship су́дно-мише́нь *n.*

target sled сала́зки для дви́жущейся мише́ни.

tar paper толь *m.*

tarpaulin брезе́нт.

task зада́ние, зада́ча, рабо́та.

task air force возду́шный отря́д осо́бого назначе́ния.

task force гру́ппа сформиро́ванная для определённой стратеги́ческой зада́чи.

tattoo пове́стка пе́ред сигна́лом туше́ния огне́й.

taxi *v* рули́ть (Avn).

taxi in зару́ливать (Avn).

taxiing рулёжка, руле́ние (Avn).

taxi out *v* выводи́ть самолёт (Avn).

taxiway путь руле́ния (Avn).

tea чай.

team звено́ (Mil); кома́нда (crew); запря́жка (team of draft animals).

teamplay тесное взаимодействие, слаженность.

teamster обозный, погонщик.

teamwork слаженность, сработанность, дружная работа.

teapot чайник.

tear and wear нормальный износ.

tear gas лакриматор, слёзоточивый газ.

tear gas grenade ручная граната с лакриматором.

technical characteristics технические свойства.

technical equipment техническое имущество.

technical inspection технический осмотр.

technical sergeant старший сержант (USA).

technical supplies техническое снабжение.

technical troops технические войска.

technician сержант технической службы (Mil, USA); техник, специалист.

technique техника.

technique of fire техника ведения огня.

telecommunication электросвязь.

telegram телеграмма, депеша.

telegraph телеграф.

telegraph operator телеграфист m, телеграфистка f.

telegraph printer печатающий телеграфный аппарат.

telemeter дальномер, телеметр.

telephone телефон.

telephone buzzer телефонный зуммер.

telephone call телефонный вызов, вызов по телефону.

telephone exchange центральная телефонная станция.

telephone gas mask противогаз снабжённый телефонными наушниками и микрофоном.

telephone headset телефонный шлем.

telephone line телефонная линия.

telephone message сообщение по телефону, телефонограмма.

telephone operator телефонист m, телефонистка f.

telephone terminal телефонная станция.

telephone wire телефонный провод.

telescope оптический прицел (sight); подзорная труба, телескоп.

telescope mount гнездо оптического прицела.

telescopic alidade кипрегель m.

telescopic sight оптический прицел.

teletype телетайп.

teletypewriter буквопечатающий телеграфный аппарат, аппарат системы "телетайп".

teller оповеститель m (AA); кассир (in a bank).

temperature температура.

temperature gradient температурный градиент (Met).

temperature variation колебание температуры.

templet шаблон, лекало.

temporary rank временный чин.

temporary shelter временное расположение на отдых, временная стоянка.

tender тендер (RR, Nav); судно-матка n (submarine or seaplane tender).

tenon шип (carpentry).

tent палатка, шатёр.

tentage палаточное имущество, палатки fpl.

tent camp палаточный лагерь.

tent fly наружное полотнище двуслойной палатки.

tent pin палаточный приколыш.

tent pole палаточная стойка.

tent rope палаточная верёвка.

term срок (extent of time); термин (of a science or art); семестр (in schools).

terminal конечный пункт (RR); клемма, полюсный зажим (Elec); зажим (Mech).

terminal adj конечный.

terminal velocity окончательная скорость (Arty); критическая скорость, предельная скорость (Avn).

terms условия npl (of an agreement).

terrace терраса, уступ.

terrain местность.

terrain appreciation оценка местности.

terrain compartment естественный отсек местности.

terrain corridor естественный коридор.

terrain exercise занятия на местности.

terrain feature местный предмет.

terrain line рубеж.

terrain problem тактическая задача на местности.

terrestrial fire горизонтальный огонь.

terrestrial observation наземное наблюдение.

territorial department военный округ вне метрополии (USA).

territorial waters территориальные воды.

territory территория.

test испытание, проба.

test v испытывать, пробовать, проверять.

test flight испытáтельный полёт.

testing tank мúнно-испытáтельный бассéйн.

testing target мишéнь для провéрки прицéльной лúнии (Arty).

test piece орýдие испы́тываемое на разнобóйность (Arty).

test pilot лётчик-испытáтель, пилóт производя́щий испытáние самолётов.

test run испытáтельный пробéг (MT).

test speed скóрость при испытáнии.

tetanus столбня́к.

tetrahedron пирамидáльное четырехгрáнное противотáнковое препя́тствие из стáли.

tetryl тетрúл, тетранитрометиланилúн.

texture структýра, строéние.

thaw óттепель, тáяние снегóв.

theater теáтр.

theater commander главнокомáндующий фрóнтом.

theater officer завéдующий воéнным кинематóграфом.

theater of operations теáтр воéнных дéйствий, фронт.

theater of war теáтр воéнных дéйствий, теáтр войны́.

theater reserve резéрв главнокомáндующего фрóнтом.

theodolite теодолúт.

thermite термúт.

thermite block термúтная шáшка.

thermite bomb термúтная бóмба.

thermite grenade термúтная ручнáя гранáта.

thermite stick термúтная шáшка.

thermocouple термопáра.

thermograph регистрúрующий термóметр, самопúшущий термóметр.

thermometer грáдусник, термóметр.

thickened gasoline сгущённый бензúн.

thicket зáросль, чáща.

thickness ratio отношéние высоты́ прóфиля к глубинé крылá (Avn).

thin тóнкий, рéдкий, жúдкий.

third echelon maintenance ремóнт материáльной чáсти срéдствами похóдных мастерскúх.

thirst жáжда.

Thompson submachine gun пистолéт-пулемёт Тóмпсона.

thorough тщáтельный, обстоя́тельный.

thoroughbred чистокрóвная лóшадь.

thoroughbred *adj* чистокрóвный.

thread винтовáя нарéзка (screw thread); нить, нúтка.

threat угрóза.

three-dimensional трёхразмéрный, в трёх измерéниях.

three-numeral code group трёхзнáчная грýппа шúфра (Sig C).

three-phase current трёхфáзный ток.

three-point landing посáдка на три тóчки (Avn).

throttle дрóссель *m* (Mtr).

throttle down *v* сбáвить газ.

throttle lever рычáг дрóсселя, рычáг управлéния гáзом.

throttle valve дрóссельный клáпан.

throw *v* бросáть, кидáть, метáть.

throwing pit я́ма для метáния ручны́х гранáт.

throwing range дáльность броскá.

throwing trench окóп для метáния ручны́х гранáт.

thrust укóл, кóлющий удáр (of a weapon); тя́га винтá (Avn).

thrust *v* колóть (to stab); толкáть (to push).

thrust bearing упóрный подшúпник (Mech).

thrust line ось тя́ги винтá (Avn).

thumb большóй пáлец рукú.

thumbscrew барáшек.

thumbtack чертёжная кнóпка.

thumps запáл (Vet).

thundercloud грозовóе óблако.

thunderstorm грозá.

Thursday четвéрг.

tide прилúв.

tideland земля́ затопля́емая прилúвом.

tide station приливомéрный пост.

tie шпáла (RR); поперéчина (Cons); прúвязь (attach); гáлстук (necktie); игрá в ничью́, рóзыгрыш (equal score).

tie *v* завя́зывать (to make a knot); свя́зывать, привя́зывать (to attach); сыгрáть в ничью́ (to make an equal score).

tight тугóй (taut); плóтный (close-in structure); крéпкий (fixed securely); тéсный (close-fitting).

tighten закрепля́ть (to fasten); натя́гивать (to stretch); уплотня́ть (to make dense); зажимáть (a screw).

tight turn крутóй разворóт (Avn).

tilt крен, наклóн (slope); атáка с пúкой на конé (encounter on horseback with lances); турнúр (joust).

tilt *v* наклоня́ться, кренúться (to slope); атаковáть с пúкой на конé (to engage in a tilt); состязáться в турнúре (to joust).

timber лесной материал, строительный лес.

time время *n*; срок (fixed time); продолжительность (duration).

time *v* выбирать время, рассчитывать время (to schedule); хронометрировать (to record the time).

time and percussion fuze трубка двойного действия.

time bomb бомба замедленного действия, бомба с часовым механизмом, адская машина.

time distance расстояние во времени.

time element элемент времени.

time fire дистанционная стрельба (Arty).

time fuze дистанционная трубка (Arty); огнепровод, бикфордов шнур (demolitions).

time interval интервал во времени; промежуток между двумя последовательными отметками положения движущейся цели (AAA).

time interval recorder секундомер.

timekeeper хронометр (Inst); хронометрист (man).

time lag отставание во времени, промежуток времени между последовательными действиями.

time length время прохождения колонны.

time of flight время полёта снаряда.

timer прерыватель *m* (Elec); хронометр-секундомер (timepiece).

time ring дистанционное кольцо (Arty).

time shell дистанционная граната, дистанционный снаряд.

timetable расписание.

time train дистанционный состав (Arty).

timing расчёт времени, согласование во времени.

timothy hay тимофеевка.

tin олово.

tin can жестяная коробка, жестянка.

tinplate жесть.

tip конец, наконечник (end piece); наклон (tilt); толчок (tap); секретная информация (hint); чаевые *fpl* (gratuity).

tip radius радиус винта (Avn).

tire колёсная шина.

tire puncture прокол шины.

T-iron тавровое железо.

TNT тринитротолуол.

tobacco табак.

toe палец ноги.

toe calk передний шип подковы.

toe of hoof зацеп копыта.

tolerance допустимое отклонение.

tolite толит, тринитротолуол.

toluene толуол, тол.

tomato помидор.

tompion дульная пробка (Arty).

ton тонна.

tone тон, звук (sound); оттёнок (Photo).

tongs щипцы *mpl*, клещи *fpl*.

tongue язык.

tonnage вместимость, тоннаж.

tool инструмент, орудие.

tool kit набор инструментов.

tooth зуб; зубец (Mech).

toothache зубная боль.

toothbrush зубная щётка.

toothed wheel зубчатое колесо.

tooth paste зубная паста.

tooth powder зубной порошок.

top верх, верхняя часть (upper part); вершина (summit); крышка (lid).

top carriage верхний станок лафёта (Arty).

topographer топограф.

topographical топографический.

topographical crest топографический гребень.

topographical identification распознавание местных предметов по аэрофотоснимкам.

topographical interpretation чтение аэрофотоснимков.

topographical map топографическая карта, топографический план.

topographical survey топографическая съёмка.

topographic map топографическая карта.

topographic platoon полевой измерительный взвод (Arty).

topographic plot топографическое изображение стереоскопического снимка.

topographic section полевое измерительное отделение (Arty).

topographic survey топосъёмка, топографическая съёмка.

topographic troops топографические части.

topography топография.

top turret верхняя башня (Avn, Tk).

tornado вихрь *m*, ураган, торнадо.

torpedo торпеда.

torpedo *v* подорвать торпёдой.

torpedo boat миноносец.

torpedo bomber бомбардиро́вщик-торпедоно́сец.

torpedo net противоторпе́дная сеть.

torpedo plane самолёт-торпедоно́сец.

torpedo release slip торпедосбра́сыватель *m.*

torpedo tube торпе́дный аппара́т.

torque скру́чивающее уси́лие, моме́нт скру́чивания (Mech).

torrent пото́к.

torsion круче́ние, скру́чивание.

tortuous изви́листый.

total ито́г, о́бщая су́мма.

total *adj* по́лный, о́бщий.

total war тота́льная война́.

to the color сигна́л "под зна́мя" (USA).

touch signal переда́ча приказа́ний прикосновéнием (Tk, Avn).

tough кре́пкий (vigorous); жёсткий (coriaceous); тру́дный (difficult); упо́рный (stubborn).

tourniquet турнике́т.

tour of duty дежу́рство, о́чередь.

tow букси́р; букси́рование (action of towing).

tow *v* букси́ровать, тащи́ть на букси́ре.

towboat букси́рный парохо́д, букси́р.

towed sleeve target букси́руемая мишéнь-мешо́к.

towed-target firing стрельба́ по букси́руемой мише́ни.

tower вы́шка, ба́шня.

towing букси́рование, буксиро́вка.

towing equipment тя́говые приспособле́ния.

towing hook букси́рный крюк.

towline букси́рный кана́т, букси́р.

town го́род (large town); село́, слобода́, месте́чко (small town, village).

tow target букси́рная мише́нь.

toxic *adj* ядови́тый, отравля́ющий, токси́ческий.

toxic chemical agent отравля́ющее вещество́.

toxic smoke ядови́тый дым.

trace след (mark, track, trail); начерта́ние, тра́сса (drawing); постро́мка (of a harness).

trace *v* выслéживать (to track down); прослéживать (to study out); черти́ть, трасси́ровать (to draw).

tracer трасси́рующий соста́в (substance).

tracer ammunition трасси́рующие боеприпа́сы.

tracer bullet трасси́рующая пу́ля.

tracer composition трасси́рующий соста́в.

tracer control управле́ние огнём при по́мощи трасси́рующих пуль и снаря́дов.

tracer stream сноп следо́в трасси́рующих пуль.

tracing трассиро́вка (delineating); чертёж на ка́льке (drawing through transparent paper).

track путь *m*, курс (course); рéльсовый путь (RR); гу́сеничная лéнта (Tk); доро́жка, трэк (Sport); след, колея́ (mark, trail).

track *v* выслéживать (to trail); следи́ть за цéлью (to track a target).

track angle путево́й у́гол (Avn).

track assembly гу́сеничная лéнта (Tk).

tracker но́мер следя́щий за цéлью (AAA).

tracking слежéние за дви́жущейся цéлью (Arty); слéжка, выслéживание.

tracklaying vehicle гу́сеничная маши́на.

track roller поддéрживающий като́к гу́сеницы (Tk).

track shoe башма́к гу́сеницы (Tk).

traction тя́га.

tractor тра́ктор, тяга́ч.

tractor airplane самолёт с тя́нущим винто́м.

tractor-drawn artillery артилле́рия тра́кторной тя́ги.

tractor grouser шпо́ра башмака́ тра́ктора.

tractor propeller тя́нущий пропе́ллер.

trade test испыта́ние по ремéсленной специа́льности.

trade wind пасса́т (Met).

traffic движéние (flow of vehicles); торго́вля (trade).

traffic capacity пропускна́я спосо́бность.

traffic control регули́рование движéния.

traffic control post пост регули́рования доро́жного движéния.

traffic escort колонновожа́тый.

traffic jam затор в движéнии.

traffic map ка́рта доро́жного движéния.

traffic patrol дозо́р регули́рующий движéние.

trail хо́бот (Arty); линéйное отстава́ние бо́мбы (Bomb); тропа́ (path); след (track).

trail angle у́гол отстава́ния бо́мбы (Bomb).

trailer прицеп.

trail ferry паром-самолёт.

trail handspike правило (Arty).

trailing edge задняя кромка, ребро схода (Avn).

trailing edge flap закрылок (Avn).

trailing wire · выпускная антенна, свисающая антенна (Avn, Rad).

trail officer офицер следующий в замке колонны.

trail plate шворневая лапа (Arty).

trail rope гайдроп, буксирный канат (Avn).

trail spade сошник (Arty).

train обоз (Mil); состав, поезд (RR); последовательность (sequence); вереница (procession).

train *v* обучать (to instruct); подготовлять, тренировать (to form by discipline, drill, dieting); наводить (to train a gun).

train bivouac бивак обоза.

train bombing серийное бомбометание.

train crew поездная бригада.

trained nurse медицинская сестра.

trainee новобранец проходящий элементарное военное обучение.

trainer прибор для обучения управлению самолётом (Avn); инструктор, тренёр.

train formation bombing групповое бомбометание сериями.

training подготовка, обучение, тренировка.

training airplane учебный самолёт.

training aviation учебная авиация.

training camp учебный лагерь.

training canister учебный патрон противогаза (CWS).

training center центр военного обучения, центр военной подготовки.

training circulars циркуляры по обучению войск.

training equipment учебное снаряжение.

training film фильм служащий пособием при обучении.

training grenade учебная ручная граната.

training ground учебное поле.

training manual руководство по боевой подготовке.

training map учебная карта, карта для тактических занятий.

training march тренировочный марш, военная прогулка.

training mask учебный противогаз.

training plane учебный самолёт.

training program программа обучения.

training schedule расписание занятий.

training ship учебное судно.

training stick палка для штыковых упражнений.

training unit учебная часть, учебное подразделение.

train release серийное бомбометание, серийное бомбометание по-самолётно.

traitor предатель *m*, изменник.

trajectory траектория.

trajectory chart график траекторий, графическая таблица стрельбы (Arty).

trajectory in a vacuum траектория в безвоздушном пространстве.

transfer перенос огня (Arty); перевод (from one organization to another); передача.

transfer *v* переводить (from one organization to another); передавать.

transfer of fire перенос огня.

transformer трансформатор (Elec).

transfusion переливание крови (of blood).

transient agent нестойкое отравляющее вещество (CWS).

transient target быстро проходящая цель, мгновенная цель.

transit геодезическая бусоль с оптической трубой.

translate передвигать по прямой линии, придавать прямолинейное движение (Mech); передавать (Tg); переводить (into another language).

translating crank рукоятка затвора (Arty).

translation поступательное движение (Mech); передача (Tg); перевод (into another language).

transmission передача; коробка скоростей (Mech).

transmission case картер коробки скоростей.

transmission gear передаточная шестерня передачи.

transmission ratio передаточное число.

transmit *v* передавать.

transmitter радиопередатчик (Rad); передаточный механизм (Mech); передатчик (Elec); переговорная трубка, микрофон (Tp).

transmitting aerial передающая антенна.

transmitting set радиопередатчик.

transmitting station передаточная радиостанция.

transparent прозра́чный.

transport тра́нспорт.

transport *v* перевози́ть, транспорти́ровать.

transport airplane тра́нспортный самолёт.

transportation перево́зка, транспортиро́вка (act of transporting); перево́зочные сре́дства (means of transporting).

Transportation Corps управле́ние вое́нных сообще́ний (USA).

transportation officer заве́дующий административно-хозя́йственной ча́стью на вое́нном тра́нспорте (USA).

transportation order прика́з о перево́зке.

transportation request тре́бование на перево́зку.

transport aviation тра́нспортная авиа́ция.

transport master капита́н вое́нного тра́нспорта.

transport officer нача́льник тра́нспортной ча́сти полка́, команди́р обо́зного взво́да хозя́йственно-тра́нспортной ро́ты (USA).

transport surgeon военвра́ч на борту́ вое́нного тра́нспорта.

transport vehicles тра́нспортные и грузовы́е маши́ны.

transship *v* перегружа́ть.

transshipment перегру́зка.

trap опускна́я две́рца (trap door); лову́шка, западня́, капка́н (snare).

trap mine подрывна́я лову́шка.

trappings ко́нское снаряже́ние, сбру́я.

travel путеше́ствие (trip); движе́ние (movement); перемеще́ние це́ли (Arty).

travel *v* путеше́ствовать (to journey); передвига́ться, перемеща́ться, дви́гаться (to move).

travel allowance путево́е дово́льствие, прого́нные де́ньги.

traveling position похо́дное положе́ние.

travel order путёвка.

travel ration путево́й паёк, кормово́е дово́льствие.

travel status нахожде́ние в пути́, сле́дование одино́чным поря́дком.

traverse тра́верс (Ft); поворо́т в горизонта́льной пло́скости (Arty, MG); у́гол горизонта́льной наво́дки (angle of traverse); полигона́льный ход, ко́нтур (Surv).

traverse *v* производи́ть боковую наво́дку (Arty, MG); прокла́дывать ход, обходи́ть ко́нтур (Surv); повора́чи-

вать в горизонта́льной пло́скости (to turn laterally).

traverse line ход, ходово́е направле́ние (Surv); попере́чная ли́ния.

traverse method ме́тод со́мкнутых ходо́в (Surv).

traversing горизонта́льная наво́дка.

traversing and searching fire стрельба́ с иску́сственным рассе́иванием по фро́нту и в глубину́.

traversing dial кольцева́я шкала́.

traversing fire стрельба́ с иску́сственным рассе́иванием по фро́нту.

traversing handwheel махови́к поворо́тного механи́зма (Arty).

traversing mechanism поворо́тный механи́зм (Arty).

traversing pinion шестерня́ поворо́тного механи́зма (Arty).

traversing range горизонта́льный обстре́л.

trawler тра́льщик.

tray лото́к, подно́с.

tread стрелко́вая ступе́нь (fire step); о́бод колеса́ (rim); ширина́ хо́да (distance between the wheels on the same axle); протекто́р ши́ны (tread of a tire); ве́рхняя пове́рхность ре́льса (tread of a rail); подо́шва (sole).

tread road коле́йная доро́га.

treadway bridge коле́йный мост.

treason изме́на, преда́тельство.

treatment лече́ние, ухо́д (medical care); обрабо́тка (Tech); обраще́ние (way of treating).

treaty догово́р.

tree де́рево.

treetop flying стригу́щий полёт.

trench око́п, транше́я.

trench board око́пная насти́лочная доска́.

trench coat непромока́емое пальто́ вое́нного образца́.

trench flame thrower транше́йный огнемёт.

trench knife око́пный нож.

trench mortar транше́йная морти́ра, миномёт.

trench pump око́пный насо́с.

trench shelter око́пный блинда́ж (blindage); земля́нка (dugout).

trench system сеть око́пов, систе́ма око́пов; укреплённая полева́я пози́ция (fortified position).

trench trace начерта́ние око́па.

trench warfare око́пная война́, позицио́нная война́.

trestle козёл; козло́вая опо́ра (Bdg).

trestle bay козло́вый пролёт.

trestle bridge мост на ко́злах, решётчатый раско́сный мост, мост на ра́мных опо́рах.

trestle span пролёт на козло́вых опо́рах.

trial `суде́бное разбира́тельство (in court); о́пыт, испыта́ние (test).

trial balloon шар для испыта́ний, про́бный шар.

trial elevation у́гол возвыше́ния соотве́тствующий нулево́й ви́лке (Arty).

trial fire контро́ль на нулево́й ви́лке (Arty).

trial flight облёт, про́бный полёт.

trial salvo пристре́лочная о́чередь.

trial shot пристре́лочный вы́стрел.

trial shot correction попра́вка полу́ченная пристре́лкой по репе́ру.

trial shot point пристре́лочный репе́р (Arty).

triangle треуго́льник.

triangle of errors треуго́льник невя́зки (Surv).

triangle of velocities треуго́льник скоросте́й (Air Navigation).

triangular треуго́льный.

triangular division диви́зия трёхполково́го соста́ва (USA).

triangulation триангуля́ция.

tribunal трибуна́л.

tributary прито́к.

tricycle landing gear трёхколёсное шасси́.

trigger спусково́й крючо́к, соба́чка.

trigger guard спускова́я скоба́.

trigger motor отры́вчик, спусково́й механи́зм.

trigger pin ось спусково́го крючка́.

trigger pull уси́лие на спуск.

trigger squeeze нажа́тие на спусково́й крючо́к.

trim трим, диффере́нт, продо́льный накло́н (Avn); поря́док (order).

trim v приводи́ть в поря́док (to put in order); уравнове́шивать (Avn); обтёсывать (of timber).

trim angle у́гол продо́льного накло́на (Avn).

trimetrogon charting изготовле́ние карт при по́мощи трёх аэрофотосни́мков.

trimmer три́ммер (Avn).

trim tab три́ммер (Avn).

trinitrophenol тринитрофено́л, пикри́новая кислота́.

trinitrotoluene (TNT) тринитротолуо́л, троти́л.

trinitrotoluol тринитротолуо́л, троти́л.

triode трио́д, трёхэлектро́дная электро́нная ла́мпа (Rad).

trip защёлка; соба́чка (Mech); пое́здка (journey); рейс (voyage).

trip v расцепля́ть (to release); выключа́ть (to switch out); опроки́дывать (to cause to fall).

tripod трено́га (MG, Inst); штати́в (stand for a camera).

tripod mount лафе́т-трено́га, пулемётная трено́га (MG).

tripping расцепле́ние, выключе́ние; отцепле́ние противове́са скрыва́ющегося лафе́та (Arty).

troop эскадро́н.

troop carrier автомаши́на для перево́зки войск (MT); тра́нспортный самолёт (Avn).

troop carrier aviation тра́нспортная авиа́ция.

troop commander команди́р эскадро́на, эскадро́нный команди́р.

troop convoy конво́йруемый карава́н вое́нных тра́нспортов.

trooper кавалери́ст, бое́ц-кавалери́ст, вса́дник.

troop movement передвиже́ние войск.

troop movement by air передвиже́ние войск по во́здуху.

troop movement by marching передвиже́ние войск похо́дным поря́дком.

troop movement by motor transport передвиже́ние войск на автомаши́нах.

troop movement by rail передвиже́ние войск по желе́зной доро́ге.

troop movement by water передвиже́ние войск по воде́.

troops войска́ npl.

troop school полкова́я шко́ла.

troopship вое́нный тра́нспорт.

troop train во́инский по́езд, во́инский эшело́н.

troop training боева́я подгото́вка войск.

troop transport вое́нный тра́нспорт.

troop unit во́инская часть.

trophy трофе́й, добы́ча.

troposphere тропосфе́ра (Met).

trot рысь.

trot v итти́ ры́сью.

trotter рыса́к.

trouble неиспра́вность (disturbance); беда́ (misfortune); волне́ние (unrest); беспоко́йство (annoyance).

trouble v беспоко́ить (to disturb); волнова́ть (to worry).

troublesome беспоко́йный.

trouble truck авари́йный грузови́к.

trough ложбина (Top); корыто (for water or fodder).

trousers брюки *mpl*.

truce перемирие.

truck грузовик (lorry); тележка (RR).

truck-drawn artillery артиллерия с тягой грузовиками.

truckhead головной пункт выгрузки автотранспорта.

truckhead distribution раздача припасов непосредственно с пунктов выгрузки автотранспорта.

trucking автоперевозка.

truckmaster начальник автообоза.

truck-tractor тягач.

true air speed истинная воздушная скорость.

true altitude истинная воздушная высота.

true azimuth истинный азимут.

true copy заверенная копия.

true course истинный курс (Avn).

true distance расстояние до цели по линии цели (Arty).

true north истинный север, географический север.

truncated cone усечённый конус.

trunk корпус (Anat); ствол (of a tree); магистраль (trunk line); дорожный сундук (luggage); хобот (of an elephant).

trunk circuit магистральная сеть (Tg, Tp).

trunk line магистральная линия, магистраль (RR).

trunk railway железнодорожная магистраль.

trunks трусики *mpl*.

trunnion цапфа.

trunnion band цапфенное кольцо.

truss балка (girder); стропильная ферма (framework); бандаж (Med); охапка (of hay or straw).

truss bridge стропильный мост.

T-square рейсшина.

tube ствол, внутренняя труба (Arty); лампа (Rad); подземная железная дорога (subway); труба, трубка (pipe).

tuberculosis туберкулёз.

tubular трубчатый.

Tuesday вторник.

tug буксир, буксирный пароход (tugboat); постромка (trace); тянущее усилие, рывок (effort).

tugboat буксир, буксирный пароход.

tumble *v* опрокидываться, кувыркаться.

tumulus курган.

tundra тундра.

tune *v* настраивать на длину волны (Rad).

tungsten вольфрам, тунгстен.

tungsten steel вольфрамовая сталь.

tuning настройка (Rad).

tuning scale шкала настройки (Rad).

tunnel туннель *m*.

turbine турбина.

turbulence турбулентность (Met).

turf дёрн.

turmoil волнение, смятение.

turn разворот (Avn); поворот (turning movement); оборот (trend, aspect); очередь (one's place in a scheduled order); перемена (change).

turn *v* обходить (the enemy's flank); поворачивать, поворачиваться (to change direction); вертеть, вертеться (to revolve, to rotate); переворачивать (to reverse the sides); делаться, становиться (to become); обтачивать (to form with a lathe).

turn-and-bank indicator комбинированный указатель поворота.

turn indicator указатель поворотов, курсоуказатель *m* (Avn).

turning обход (Mil); поворачивание, поворот (act of turning); обточка (forming with a lathe).

turning movement обход, обходное движение (Mil).

turnip репа.

turnmeter указатель скорости поворота (Avn).

turn-out ответвление (RR).

turntable поворотный круг.

turret бронебашня (Tk, Avn, Nav).

turret defilade укрытие скрывающее танковую башню.

turret gun турельный пулемёт (Avn); орудие в башенной установке (Nav, Tk).

turret mount башенная установка (Nav, Tk); турельная установка (Avn).

turret traversing mechanism башенный поворотный механизм.

tussock кочка.

twin-engined plane двухмоторный самолёт.

twin tail двухкилевый хвост (Ap).

twist крутизна нарезов (twist of rifling); ход винта (Mech); кручёная верёвка (cord); скручивание (act of twisting).

two-cycle engine двухта́ктный дви́га-тель.

two-seater двухме́стный самолёт (Avn); двухме́стный автомоби́ль (MT).

two seat fighter двухме́стный истреби́-тель.

two-station spotting system определе́ние ме́ста це́ли сопряжённым наблюде́-нием.

two-track road доро́га в две пово́зки ширино́й.

two-way air-ground communication дву-сторо́нняя связь.

two-way road доро́га с движе́нием в о́бе сто́роны.

two-way traffic движе́ние в двух направ-ле́ниях.

typewriter пи́шущая маши́на.

typhoid fever брюшно́й тиф.

typhus сыпно́й тиф.

typist маши́нистка (woman); перепи́с-чик на маши́нке (man).

U

U-boat герма́нская подво́дная ло́дка.

U-iron коро́бчатое желе́зо.

ultimate load преде́льная нагру́зка (Mech).

ultimatum ультима́тум.

ultra-high frequencies ультравысо́кие часто́ты (Rad).

ultra-short wave ультракоро́ткая волна́ (Rad). See also ultra-high frequencies.

ultra-violet rays ультрафиоле́товые лу-чи́.

umbrella antenna зо́нтичная анте́нна (Rad).

umpire посре́дник (Mil); арби́тр.

unarmed невооружённый; непоста́влен-ный на разры́в (Am).

unbalanced неуравнове́шенный.

uncase распакова́ть; вынима́ть из чех-ла́ (colors).

unchecked беспрепя́тственный.

unconditional surrender безусло́вная ка-питуля́ция.

uncontrolled mosaic накидно́й монта́ж аэрофотосни́мков.

uncover снима́ть головно́й убо́р (headgear); открыва́ть, обнажа́ть (expose); принима́ть в сто́рону (drill).

undercarriage теле́жка, шасси́ n (Avn); ни́жняя часть лафе́та (Arty).

underexposure недоде́ржка (Photo).

underground adj подзе́мный; подпо́ль-ный (secret).

underground cable подзе́мный ка́бель.

Undersecretary of War замести́тель во-е́нного мини́стра (USA).

undershirt нате́льная руба́ха.

undertake предпринима́ть.

underwear нате́льное бельё.

underweight недове́с; вес ни́же стан-да́ртного (Med).

undisciplined недисциплини́рованный.

undulating line волни́стая ли́ния.

unequal section charge заря́д из нера́в-ных часте́й (Arty).

unevacuable неэвакуи́руемый.

unfolding раскры́тие (Prcht).

unfordable непроходи́мый вброд.

unhitch распряга́ть.

uniform фо́рма, фо́рменная оде́жда.

uniform adj однообра́зный, равноме́р-ный.

uniform acceleration равноме́рное уско-ре́ние.

uniform allowance обмундиро́вочные де́ньги.

uniform load равноме́рная нагру́зка.

uniform pitch равноме́рный шаг винта́ (propeller).

uniform twist постоя́нная крутизна́ на-ре́за (rifling).

unilateral method See unilateral observa-tion.

unilateral observation односторо́ннее бо-ково́е наблюде́ние при смеще́нии от 100 до 1,300 ты́сячных.

unilateral spotting See unilateral observa-tion.

unit едини́ца (Mil; Genl); во́инская часть, соедине́ние, подразделе́ние (Mil).

unit assemblage компле́кт снаряже́ния, компле́кт обору́дования.

unit commander команди́р ча́сти.

unit distribution подво́з дово́льствия частя́м тра́нспортом вышестоя́щих соедине́ний.

United Nations объединённые на́ции.

United States Army а́рмия Се́веро-Аме-рика́нских Соединённых Шта́тов ми́рного соста́ва.

United States Navy вое́нный флот Се́ве-

ро-Америка́нских Соединённых Шта́-
тов.

unit engineer нача́льник инжене́рной
слу́жбы ча́сти.

unit loading погру́зка це́лыми частя́ми.

unit mile горю́чее и сма́зочное расхо́-
дуемые автотра́нспортом ча́сти на
ми́лю.

unit of error едини́ца погре́шности
дальноме́ра (range finder).

unit of fire боекомпле́кт.

unit plan план боевы́х де́йствий ча́сти.

unit replacement заме́на це́лыми узла́-
ми (Mech).

unit reserves вози́мый запа́с (Supplies).

unit staff штаб ча́сти.

unit train обо́з ча́сти.

unit veterinarian нача́льник ветерина́р-
ной слу́жбы ча́сти.

unity of command еди́нство кома́ндо-
вания.

unity of effort целеустремлённость
(Mil).

universal joint карда́нное сочлене́ние.

universal theodolite универса́льный ин-
струме́нт (Surv).

unlimber снима́ть с передка́ (Arty).

unload выгружа́ть, разгружа́ть; разря-
жа́ть (a weapon).

unmask демаски́ровать (Tac).

unmilitary нево́инский; несоотве́тству-
ющий вое́нным тради́циям (contrary
to military custom); наруша́ющий по-
ря́док вое́нной слу́жбы (contrary to
military rules).

unobserved fire стрельба́ по ненаблю-
да́емым це́лям.

unobserved target ненаблюда́емая цель.

unpack распако́вывать; развью́чивать
(an animal).

unprotected незащищённый; откры́тый
(open).

unqualified неквалифици́рованный; не
сда́вший зачётных стрельб (SA).

unsatisfactory report ве́домость дефе́к-
тов (Avn).

unserviceable непригод́ный, него́дный к
употребле́нию (not fit for use); при-
ше́дший в него́дность (worn).

unskilled неквалифици́рованный.

unstable неусто́йчивый.

unstable airplane неусто́йчивый самолёт.

unsuccessful неуда́чный; безуспе́шный
(without result).

untenable position незащити́мая пози́-
ция.

untrained необу́ченный.

unwieldy громо́здкий.

up current восходя́щий пото́к во́здуха.

up draft восходя́щий пото́к во́здуха.

uphill в го́ру.

upper time train ring ве́рхнее дистан-
цио́нное кольцо́ (Avn).

upper wing ве́рхнее крыло́ (Ap).

uprising восста́ние.

upstream вверх по тече́нию.

up wind про́тив ве́тра.

upwind *adj* наве́тренный.

urgent неотло́жный, спе́шный, сро́ч-
ный.

urgent message чрезвыча́йно сро́чная
переда́ча (Com).

urgent signal сигна́л сро́чной переда́чи
(Com).

usable rate of fire практи́ческая скоро-
стре́льность.

use *v* употребля́ть, испо́льзовать, рас-
хо́довать.

useful load поле́зная нагру́зка.

useful work поле́зная рабо́та (Mech).

utilities коммуна́льные учрежде́ния.

utility powerboat мотопонто́н.

utilization of terrain features испо́льзо-
вание ме́стности.

V

vaccine вакци́на.

vacuum безвозду́шное простра́нство.

vacuum photocell ва́куумный фотоэле-
ме́нт.

vacuum trajectory траекто́рия в безвоз-
ду́шном простра́нстве.

vacuum tube электро́нная ла́мпа; ва́ку-
умная ла́мпа.

valley доли́на.

valley breeze доли́нный бриз.

value це́нность; величина́ (Math).

valve кла́пан.

valve box кла́панная коро́бка (Mtr).

valve disk кла́панная таре́лка (Mtr).

valve flap засло́нка кла́пана (Mtr).

valve gear кла́панное распределе́ние
(Mtr).

valve lifter толка́тель *m* (Mtr).

valve plunger толка́тель кла́пана (Mtr).
valve rocker кла́панное коромы́сло (Mtr).
valve spring кла́панная пружи́на (Mtr).
valve stem сте́ржень кла́пана (Mtr).
vanadium steel вана́диевая сталь.
vane верту́шка, флю́гер (Met); дио́птр алида́ды (Surv); ветря́нка авиабо́мбы (aerial bomb).
vaporization испаре́ние.
variable lead method ме́тод перемéнного упрежде́ния (ААА).
variable-pitch propeller пропе́ллер с перемéнным ша́гом в полёте.
variation вариа́ция. See also declination.
variometer варио́метр (Avn).
vector ве́ктор.
veer дви́гаться по часово́й стре́лке (wind); отклоня́ться.
vegetables о́вощи.
vehicle пово́зка, перево́зочное сре́дство; автомаши́на (motor vehicle); теле́га (peasant wagon).
vehicle park автомоби́льный парк.
vehicle tools вози́мый ша́нцевый инструме́нт.
vehicular firing стрельба́ с автомаши́н; стрельба́ с та́нков (Tk).
vehicular mount подвижна́я устано́вка.
vehicular radio set автомоби́льная радиоста́нция.
vehicular radio station автомоби́льная радиоста́нция.
velocity ско́рость, быстрота́.
velocity adjustment попра́вка в да́льности на измене́ние нача́льной ско́рости (Arty).
velocity curve крива́я скоросте́й.
velocity of counterrecoil ско́рость наката.
velocity of free recoil ско́рость свобо́дного отка́та.
velocity of the projectile in bore абсолю́тная ско́рость снаря́да.
venereal disease венери́ческая боле́знь.
vent отду́шина, выпускно́е отве́рстие; запа́льный кана́л (Arty).
ventilating slit вентиляцио́нная щель (Tk).
ventilation вентиля́ция, прове́тривание.
Venturi tube тру́бка Венту́ри (Avn).
verbal order слове́сное приказа́ние.
verification пове́рка, прове́рка.
verification fire пове́рочный ого́нь.
verify проверя́ть.
vernier верньéр, но́ниус.
vernier scale шкала́ верньéра, но́ниус.

vertical вертика́льный; отве́сный See also vertical aerial photograph.
vertical aerial photograph пла́новый аэрофотосни́мок.
vertical angle вертика́льный у́гол.
vertical axis вертика́льная ось.
vertical bank вира́ж с кре́ном.
vertical base system вертика́льно-ба́зисная систе́ма (СА).
vertical circle вертика́льный круг (Theodolite).
vertical cut вертика́льный срез (Engr).
vertical deflection See vertical lead.
vertical deflection angle у́гол вертика́льного упрежде́ния (ААА).
vertical deviation вертика́льное отклоне́ние.
vertical envelopment охва́т с во́здуха.
vertical face вертика́льный срез (G).
vertical field of fire вертика́льный обстре́л.
vertical gradient вертика́льный гради́ент (Met).
vertical hair вертика́льная нить (crosshairs).
vertical interval высота́ сече́ния (Surv).
vertical jump вертика́льный у́гол вылета (Arty).
vertical lead вертика́льное упрежде́ние (ААА).
vertical photograph See vertical aerial photograph.
vertical pointing correction вертика́льная попра́вка на атмосфéрные и балисти́ческие усло́вия (ААА).
vertical probable error среди́нное отклоне́ние по высоте́.
vertical shot group вертика́льная пло́щадь рассе́ивания (Arty).
vertical speed indicator варио́метр (Avn).
vertical stabilizer киль m (Ap).
vertical target вертика́льная мише́нь для мета́ния грана́т (grenade practice).
vertical velocity вертика́льная ско́рость.
Very light сигна́льный патро́н Ве́ри.
Very pistol сигна́льный пистоле́т Ве́ри.
Very signal light See Very light.
vesicant agent нарывно́е отравля́ющее вещество́.
veteran ветера́н.
veterinary aid station ветерина́рный пост.
veterinary clearing station вре́менный пункт сбо́ра больны́х и ра́ненных лошаде́й.
Veterinary Corps ко́рпус вое́нных ветерина́ров (USA).

veterinary dispensary ветеринáрно-фéльд-шерский пункт.

veterinary evacuation hospital ветеринáр-ный эвакуациóнный лазарéт.

veterinary general hospital окружнóй ве-теринáрный лазарéт (USA).

Veterinary Laboratory Service ветеринáр-но-лаборатóрная слýжба.

veterinary service воéнно-ветеринáрная слýжба.

veterinary sick call ветеринáрный приём.

veterinary station hospital гарнизóнный ветеринáрный лазарéт.

veterinary surgeon воéнно-ветеринáрный врач, военветврáч.

V formation строй клúна.

vibration колебáние, вибрáция, дро-жáние.

vice-admiral вúце-адмирáл.

vicinity окрéстность; окрéстности *fpl* (environs).

victory побéда.

victuals съестнýе припáсы *mpl*, про-дýкты *mpl*.

vigilance бдúтельность.

village дерéвня, селó.

viscosity вя́зкость.

vise тискú *mpl*.

visibility вúдимость.

visibility chart схéма вúдимости.

visible horizon вúдимый горизóнт.

vision зрéние.

vision slit наблюдáтельная щель (Tk).

visor козырёк.

visual communication зрúтельная связь.

visual contact зрúтельная связь.

visual elevation попрáвка по высотé на снижéние траектóрии (MG, AAA).

visual estimation определéние на глаз.

visual reconnaissance зрúтельное наблю-дéние при развéдке с самолёта, ви-зуáльное наблюдéние при развéдке с самолёта.

visual signal зрúтельный сигнáл.

V-Mail микрофотографúрованная пóч-та (USA).

voice гóлос.

volatile летýчий, испаря́ющийся.

volatility летýчесть, испаря́емость.

volley залп (Inf); óчередь бéглого огня́ (Arty).

volley bombing серúйное бомбометáние (Avn).

volley fire бéглый огóнь (Arty).

volley formation bombing группoвóе бомбометáние одинóчными бóмбами.

voltage напряжéние тóка.

voltmeter вольтмéтр.

volume of fire плóтность огня́, насý-щенность огнём (Arty).

volume of powder chamber объём заря́д-ной кáморы.

volunteer добровóлец, волонтёр.

volute suspension эластúческая подвé-ска (Tk).

volute suspension wheel опóрный катóк (Tk).

vomiting gas рвóтное отравля́ющее веществó (CWS).

vortex вихревóе движéние (Met).

voucher оправдáтельный докумéнт.

vulcanize вулканизúровать.

W

wagon повóзка, фургóн.

wagon train гужевóй обóз.

waist gun подвижнóй пулемёт в срéд-ней чáсти фюзеля́жа (Avn).

wait *v* ждать, ожидáть.

walkie-talkie перенóсный радиотеле-фóн.

walking wounded ходя́чий рáненый.

wallow course дегазúрующий ров (CWS).

war войнá.

War Department воéнное :\министéр-ство (USA).

War Department General Staff управлé-ние генерáльного штáба при воéн-ном министéрстве (USA).

war department reserve artillery артиллé-рия резéрва глáвного комáндования.

war diary журнáл боевы́х дéйствий.

warehouse пакгáуз.

warfare ведéние войны́ (conduct of war); войнá.

war game воéнная игрá.

war industry воéнная промы́шленность.

war material воéнное имýщество, во-éнное снаряжéние, тéхника.

warm front тёплый фронт (Met).

warning district район воздушного оповещéния (AA).

warning frequency волнá оповещéния (Rad).

warning net радиосéть оповещéния (Rad).

warning net frequency волнá оповещéния.

warning order предварительное распоряжéние.

warning signal предупредительный сигнáл.

war of movement манёвренная войнá.

war of position позиционная войнá.

warrant удостоверéние о произвóдстве в сержáнты или заурýд-офицéрский чин (USA); óрдер об арéсте (Law); правомóчие (delegation of power).

warrant officer заурýд-офицéр (USA).

warrant officer, junior grade млáдший заурýд-офицéр (USA).

warship воéнное сýдно, воéнный корáбль.

war strength боевóй состáв, численность по штáтам воéнного врéмени.

wartime воéнное врéмя.

wash спýтная струя́.

washer шáйба.

waste растрáта сил (forces); непроизводительный расхóд (money and material); разорéние (Law).

watch вáхта (Nav); дежýрство (guard); кармáнные часы́ (timepiece).

watch compass кармáнный кóмпас.

water водá.

water-cooled engine двигатель водянóго охлаждéния.

water-cooled machine gun пулемёт водянóго охлаждéния.

water-cooling водянóе охлаждéние.

water discipline дисциплина расхóдования воды́.

water distributing point See **water supply point**.

watering point водопóй.

water jacket водянáя рубáшка (Mech); водянóй кожýх (MG).

waterline ватерлиния (Nav); ýровень воды́.

water obstacle водянáя преграда.

waterproof adj водонепроницáемый, непромокáемый.

waterproof cover колпáк трýбки (Am).

watershed водораздéл.

water-sterilizing bag стерилизациóнный мешóк для воды́.

water supply водоснабжéние.

water supply point водоразбóрочный пункт.

water truck автоцистéрна для воды́.

watt уáтт, ватт.

wattmeter ваттмéтр.

wave атакýющая цепь (Mil); волнá; радиоволнá (Rad).

wave frequency частотá волн (Rad).

wave length длинá волны́.

wave range диапазóн радиоволн (Rad).

way путь m, дорóга; направлéние (direction); спóсоб (means).

way station промежýточная стáнция.

weapon орýжие, боевóе срéдство.

weapon carrier транспортёр для тяжёлого орýжия пехóты.

weather погóда.

weather analysis анáлиз погóды.

weather changes изменéния погóды.

weather code метеорологический код.

weather conditions атмосфéрные услóвия, состояние погóды.

weather correction аэрологическая попрáвка.

weather forecast предсказáние погóды.

weather information свéдения о погóде.

weatherman метеорóлог.

weather map синоптическая кáрта погóды.

weather message метеорологический бюллетéнь.

weather observation метеорологическое наблюдéние.

weather officer начáльник метеорологической стáнции.

weather reconnaissance развéдка погóды.

weather report донесéние о состоянии погóды.

weather station метеорологическая стáнция.

weather vane флю́гер.

web стóйка фéрмы (Avn); ткань.

web ammunition belt патрóнная ткáная лéнта (MG).

web feed belt патрóнная ткáная лéнта.

web waist belt ткáный брю́чный пóяс.

wedge клин. See also **wedge formation**.

wedge formation строй клина.

wedge-type breechblock клиновóй затвóр.

wedge-type breechlock клиновóй затвóр.

Wednesday средá.

week недéля.

weight вес, тяжесть.

weight mark весовой знак (Am).

weight zone категория веса снарядов определённого типа (Am).

welding сварка.

well колодец.

west запад.

west *adj* западный.

western западный.

wet cell водоналивной элемент (Elec).

Wheatstone bridge мост Уистона (Elec).

wheel колесо; захождение (Drill); штурвал (Ap, Nav).

wheel shoe колёсный башмак.

whirl вихрь.

whistle свисток (device); свист (sound).

whistle signal сигнал свистком.

white белый.

white flag белый флаг, парламентёрский флаг.

white frost изморозь.

white phosphorus белый фосфор; жёлтый фосфор (yellow phosphorus).

white phosphorus grenade жёлтофосфорная граната.

whole gale сильный шторм (Beaufort scale).

wide-angle photograph панорамный снимок.

wide sheaf расходящийся веер.

width ширина.

width of sheaf ширина веера.

wigwag сигнализация флажками (flags); сигнализация огоньками (lights).

wild shot падение снаряда вне эллипса рассеивания.

winch ворот, лебёдка.

winch tow буксировка лебёдкой.

winch truck автолебёдка, автомобиль-лебёдка.

wind ветер.

wind *adj* ветряный (wind-operated); ветровой (pertaining to wind).

windage влияние ветра (Ballistics).

windage scale корректор целика (R).

wind and drift chart график ветра и деривации (mortar deflection board).

wind azimuth азимут ветра.

wind chart график ветра.

wind component chart график составляющих ветра.

wind cone ветровой конус, конус ветроуказателя.

wind correction поправка на ветер.

wind corrector прибор для поправок на ветер (Arty).

wind direction направление ветра.

wind direction and velocity indicator ветрочёт, комбинированный ветрочёт.

wind-direction indicator ветрочёт, флюгер.

wind drift смещение звуковой волны ветром (Sound Locator).

wind equation уравнение составляющих ветра.

wind error ошибка смещения звуковой волны ветром (Sound Locator).

wind-fire angle угол ветра.

wind force сила ветра.

wind gage анемометр, ветромер.

wind gage rule практическое правило поправки на ветер (R).

windlass лебёдка.

wind pressure давление ветра.

wind resolving mechanism приспособление для определения составляющих ветра.

windshield козырёк, переднее стекло; балистический наконечник (Am).

windshield armor броня козырька.

wind sock *See* wind cone.

wind tee посадочное Т.

wind tunnel аэродинамическая труба (Avn).

wind vane флюгер.

wind velocity скорость ветра.

windward против ветра.

windward *adj* наветренный.

windy ветреный.

wing авиационный полк (unit); крыло.

wing *adj* крыльевой.

wing area площадь крыла.

wing bay пролёт крыла.

wing bracing расчалка крыла.

wing cantilever консоль крыла.

wing cell коробка крыльев.

wing de-icer крыльевой оттаиватель (Avn).

wing flap закрылок.

wing flutter вибрация крыла, продольно-крутильное колебание крыла.

wing gun крыльевой пулемёт.

wing load нагрузка на крыло.

wing moment момент крыла.

wing-mounted gun *See* wing gun.

wing nut барашек.

wing profile профиль крыла.

wing section сечение крыла.

wing shooting стрельба из крыльевого пулемёта (Avn).

wing signal сигнал колебаниями крыла самолёта.

wing spar лонжерон крыла.

wing strut стойка крыла.

wing surface поверхность крыла.

wing tip конец крыла.

wing truss ферма крыла.

winter зима.

winter clothing тёплое обмундирование.

wire провод (Elec); проволока.

wire communication проволочная связь, проводная связь, телеграфно-телефонная связь.

wire cutter ножницы для резки проволоки.

wire entanglement проволочное заграждение.

wire laying прокладка линии.

wire net See wire system.

wire roll противотанковая проволочная спираль.

wire screen separator сетка противогаза (Gas Mask).

wire system проволочная сеть, проволочная сеть связи.

wire telegraph проволочный телеграф.

wire telephone проволочный телефон.

wire trench кабельная траншея (Sig C).

wiring проволочная сеть (wire system); прокладка проводов (installing).

withdrawal отход, See also withdrawal from action.

withdrawal from action выход из боя.

Women's Army Corps женский корпус (USA).

wood лес (forest); дерево.

wooded terrain лесистая местность.

wooden деревянный.

work укрепление (fortification); работа.

working party рабочая команда.

work order ордер на ремонт.

works укрепления npl.

work sheet рабочий документ штаба.

workshop мастерская.

work train рабочий поезд.

work uniform рабочая одежда.

worm бесконечный винт (Mech); червяк.

worm gear червячная передача.

worm wheel червячное колесо.

worn-out изношенный; истощённый (personnel).

wound рана.

wound chevron шеврон за ранение (USA).

wounded adj раненый.

wreck крушение, авария.

wrecked equipment аварийный материал.

wrecking crew аварийная команда.

wrench гаечный ключ.

writing paper почтовая бумага.

written order письменный приказ.

X

X-coordinate координата иксов, абсцисса.

X-distance расстояние по линии иксов; абсцисса точки.

X-lines горизонтальные линии координатной сетки.

X-ray photography рентгенология.

X-rays рентгеновские лучи.

Y

yard ярд (measure); рея (Nav); склад (area for supplies); парк путей (RR); двор (enclosure).

yards error погрешность в ярдах.

yaw рыскание (Avn); нутация (Arty).

Y-axis ось игреков, ось ординат.

Y-azimuth дирекционный угол.

Y-coordinate координата игреков, ордината.

Y-distance расстояние по линии игреков, ордината точки.

year год.

yearly adj ежегодный.

yearly adv ежегодно.

yellow жёлтый.

yellow phosphorus жёлтый фосфор.

yield уступать (give way); давать результаты (produce).

Y-lines вертикальные линии координатной сетки.

yoke ярмо, коромысло (Tech); дышловой подвес (crossbar at the pole of a vehicle); иго (tie, bond).

yperite иприт, See also mustard gas.

Z

zenith зени́т.

Zenith carburetor карбюра́тор Зени́т.

zero нуль *m*; нуль шка́лы (zero of scale).

zero *v* приводи́ть к норма́льному бо́ю (firearms).

zero hour час ата́ки.

zero reader указа́тель совпаде́ния прожёктора и да́нных звукоула́вливателя (АА).

zero setting нулева́я устано́вка, основна́я устано́вка.

zero shot вы́стрел для прове́рки ли́нии визи́рования.

zigzag trace трассиро́вка зигза́гами (Ft).

zinc цинк.

zone зо́на, о́бласть, полоса́.

zone defense оборо́на укреплённой оборони́тельной полосы́.

zone fire стрельба́ по пло́щади, площадна́я стрельба́.

zone of action полоса́ наступле́ния (in attack); полоса́ отхо́да (in withdrawal).

zone of advance полоса́ продвиже́ния.

zone of defense полоса́ оборо́ны, оборони́тельная полоса́.

zone of demolition полоса́ пла́новых разруше́ний.

zone of dispersion пло́щадь рассе́ивания.

zone of fire отве́тственная огнева́я полоса́.

zone of fire in depth глубина́ отве́тственной огнево́й полосы́.

zone of fire in width ширина́ отве́тственной огнево́й полосы́.

zone of security зо́на возду́шного обеспе́чения.

zone of the interior глубо́кий тыл.

zoom го́рка (Avn).

zoom *v* де́лать го́рку (Avn).

PART II

RUSSIAN-ENGLISH

А

аберра́ция aberration.

абоне́нт subscriber (Tp Com).

абоне́нтская ли́ния subscriber's line (Tp).

абоне́нтский блок subscriber's block, subscriber panel (Tp).

абсолю́тная блокиро́вочная систе́ма ·interlocking (RR).

абсолю́тная вла́жность absolute humidity.

абсолю́тная высота́ altitude above sea level.

абсолю́тная высота́ полёта flight altitude relative to sea level.

абсолю́тная ско́рость снаря́да velocity of the projectile in the bore.

абсолю́тная температу́ра absolute temperature.

абсолю́тный absolute, complete.

абсолю́тный нуль absolute zero.

абсолю́тный путь снаря́да movement of projectile in the bore with reference to the recoiling parts.

абсорби́ровать absorb.

абсорбцио́нный волноме́р absorption wavemeter (Rad).

абсо́рбция absorption.

абсце́сс abscess.

абсци́сса abscissa.

аванга́рд advance guard.

аванга́рдные ча́сти advance-guard elements; forward elements. *See also* передовы́е ча́сти.

аванга́рдный *adj* advance-guard.

аванга́рдный бой advance guard action.

ава́нс advance, advance payment.

ава́нсовая вы́дача advance payment, advance of funds.

авари́йная кома́нда crash crew.

авари́йная маши́на disabled motor vehicle, wrecked motor vehicle; recovery vehicle.

авари́йная слу́жба emergency service, rescue service.

авари́йный аппара́т emergency apparatus (Sig C).

авари́йный конта́кт emergency safety switch (Ap).

авари́йный материа́л wrecked equipment.

ава́рия accident, wreck; crash (Avn).

а́вгуст August.

авиаба́за air base.

авиабо́мба aircraft bomb, bomb.

авиабо́мба оско́лочного де́йствия fragmentation bomb.

авиабомбардиро́вка air bombardment.

авиабо́мба фуга́сного де́йствия demolition bomb.

авиагарнизо́н air base troops.

авиагоризо́нт gyro-horizon, artificial horizon.

авиагра́мма panel signal.

авиагру́ппа air task force.

авиадеса́нт airborne landing; airborne landing force.

авиадеса́нтная гру́ппа airborne task force.

авиадеса́нтный *adj* airborne. *See also* возду́шно-деса́нтный.

авиадиви́зия air division.

авиадиспе́тчерская слу́жба airways traffic control service.

авиазвено́ flight (Avn unit).

авиазени́тная оборо́на active air defense. *See also* акти́вная противовозду́шная оборо́на.

авиазени́тные сре́дства means of active air defense.

авиазени́тный *adj* active-air-defense.
авиама́тка *See* авиано́сец.
авиамото́р *See* авиацио́нный дви́гатель, авиацио́нный мото́р.
авианападе́ние air attack.
авиано́сец aircraft carrier.
авиотря́д squadron (Avn).
авиапа́рк *See* авиацио́нный парк.
авиаплоща́дка landing field; air strip.
авиапо́лк wing (Avn unit).
авиапулемётчик aerial gunner.
авиапу́шка aircraft cannon.
авиаради́ст aircraft radio operator.
авиоразве́дка *See* авиацио́нная разве́дка.
авиасекста́нт *See* авиацио́нный секста́нт.
авиасигнали́ст signal technician (Avn).
авиасигна́льная площа́дка panel display ground.
авиасигна́льное поло́тнище panel, ground-air panel.
авиасигна́льный пост panel station.
авиаснабже́ние *See* авиацио́нное снабже́ние.
авиасоедине́ние *See* авиацио́нное соедине́ние.
авиасъёмка aerial photography.
авиате́хник aircraft mechanic.
авиа́тор aviator, airman, flier.
авиахимбо́мба chemical aircraft bomb, chemical bomb.
авиахимнападе́ние aerial chemical attack.
авиахимприбо́р spray apparatus (Avn, CWS).
авиацио́нная ба́за air base.
авиацио́нная бомбардиро́вка air bombardment, bombing.
авиацио́нная бомбёжка *See* авиацио́нная бомбардиро́вка.
авиацио́нная гру́ппа air task force.
авиацио́нная ка́рта flight map.
авиацио́нная медици́на aviation medicine.
авиацио́нная радиосвя́зь aircraft radio communication.
авиацио́нная разве́дка aerial reconnaissance, air reconnaissance.
авиацио́нная те́хника aviation technique.
авиацио́нная часть air unit, air force unit.
авиацио́нная шко́ла aviation school.
авиацио́нная эскадри́лья group (AAF).
авиацио́нно-воздухопла́вательное иму́щество aviation and aeronautical equipment.

авиацио́нное наблюде́ние aerial observation; air observation.
авиацио́нное нападе́ние air attack.
авиацио́нное наступле́ние air offensive.
авиацио́нное прикры́тие air cover.
авиацио́нное снабже́ние air force supply; air force supplies.
авиацио́нное соедине́ние large air force unit.
авиацио́нный *adj* aviation, aircraft, air.
авиацио́нный гарнизо́н air base troops.
авиацио́нный головно́й мгнове́нный взрыва́тель instantaneous nose fuze (for aircraft bomb).
авиацио́нный дви́гатель aircraft engine.
авиацио́нный деса́нт airborne landing; airborne landing force. *See also* возду́шный деса́нт.
авиацио́нный команди́р air commander.
авиацио́нный ко́мпас aircraft compass.
авиацио́нный мая́к airway beacon. *See also* аэромая́к.
авиацио́нный мото́р aircraft engine.
авиацио́нный нача́льник air commander.
авиацио́нный ого́нь aerial fire, fire delivered from aircraft.
авиацио́нный парк air force supply and replacement depot.
авиацио́нный полк wing (Avn unit).
авиацио́нный представи́тель air officer, air support officer, air liaison officer.
авиацио́нный радиоко́мпас radio compass (Ap); homing device.
авиацио́нный секста́нт sextant (Avn).
авиацио́нный склад air depot.
авиацио́нный те́хник aircraft mechanic.
авиацио́нный тра́нспорт air transport, air transportation (means of transport).
авиацио́нный тыл air force service area.
авиацио́нный штаб air staff; air headquarters.
авиа́ция aviation; aircraft (collective).
авиа́ция да́льнего де́йствия long-range aviation.
авиа́ция нападе́ния fighter aviation.
авиа́ция свя́зи liaison aviation.
авиа́ция сопровожде́ния escort aviation.
авиа́ция фло́та naval aviation.
авиача́сть air unit, air force unit.
авиашко́ла *See* авиацио́нная шко́ла.
авиаэскадри́лья group (Avn unit).
авиэ́тка small low-powered airplane.
автоамбула́нс motor ambulance.
автоблокиро́вка automatic block system (RR).
автобронева́я часть armored car unit, combat car unit (USSR).

автобронезвзвод *See* **автоброневой взвод.**

автоброневой *adj* armored-car; mechanized cavalry.

автоброневой взвод armored car platoon (USSR).

автоброневой дивизион armored car battalion (USSR).

áвто-бронедивизион *See* **автоброневой дивизион.**

автобронемашина armored car, combat car.

автобронепулемётная часть mechanized cavalry machine gun unit (USSR).

автобронетанковые войска armored forces.

автобронетанковые части armored troops.

автобус bus.

автогенная сварка autogenous welding.

автогужевая дорога road for motor- and animal-drawn transport.

автогужевой *adj* motor- and animal-drawn.

автогужевой транспорт motor- and animal-drawn transport; road transport.

автодегазатор power-driven decontaminating apparatus.

автодинный приёмник autodyne receiver.

автодрезина motor track car (RR).

автожир autogiro, gyroplane.

автозенитная батарея motorized antiaircraft battery (USSR).

автоимущество *See* **автомобильное имущество.**

автоколлиматор automatic collimator.

автоколлимация automatic collimation.

автоколонна motor march column, motor column.

автолавка военторга mobile Army exchange store, motorized Army exchange store.

автолафет self-propelled mount (Arty).

автолебёдка winch truck.

автомастерская *See* **автомобильная мастерская.**

автомат slot machine; automatic alarm equipment (Sig C); submachine gun. *See also* **пистолет-пулемёт.**

автоматизм automatism.

автоматическая блокировка *See* **автоблокировка.**

автоматическая винтовка automatic rifle. *See also* **самострельная винтовка.**

автоматическая запись automatic recording.

автоматическая зенитная пушка automatic antiaircraft cannon.

автоматическая регулировка усиления automatic volume control, a. v. c. (Rad).

автоматическая стрельба automatic fire, full automatic fire.

автоматическая сцепка automatic coupling (RR).

автоматическая телефонная станция automatic central office, dial central office (Tp).

автоматическая фотокамера automatically operated camera.

автоматический *adj* automatic; self-.

автоматический вызов dial call, automatic call.

автоматический затвор automatic breech mechanism (G); automatic shutter (Photo).

автоматический карбюратор automatic carburetor.

автоматический огонь automatic fire.

автоматический пистолет automatic pistol.

автоматический прерыватель automatic circuit breaker.

автоматический регулятор усиления automatic volume control, a. v. c. (Rad).

автоматический тормоз automatic brake (RR).

автоматическое действие automatic action.

автоматическое оружие automatic weapons, automatic weapon.

автоматическое смазывание automatic lubrication, automatic oiling; automatic breech oiling (R).

автоматическое стрелковое оружие automatic small arms.

автоматическое торможение automatic braking (RR).

автоматчик submachine gunner.

автомашина truck; motor vehicle.

автомобиль *m* automobile, motorcar, car; motor vehicle.

автомобиль командования command car.

автомобиль-лебёдка *m* winch truck.

автомобиль-мастерская *m* motorized shop truck, shop truck.

автомобильная броневая часть armored car unit (USSR).

автомобильная дорога motor road.

автомобильная колонна motor march column, motor column.

автомобильная мастерская motor repair shop.

автомоби́льная перево́зка troop movement by motor, motor movement, movement by motor transport; movement of supplies by motor transport.

автомоби́льная радиоста́нция vehicular radio station; vehicular radio set.

автомоби́льная устано́вка automotive mount.

автомоби́льная фа́ра headlight (Mtr Vehicle).

автомоби́льная часть motor transportation unit (USSR).

автомоби́льное иму́щество automotive equipment.

автомоби́льные броневы́е войска́ mechanized cavalry forces.

автомоби́льные войска́ motor transportation troops (USSR).

автомоби́льные сре́дства automotive equipment.

автомоби́льный *adj* automotive; motor, automobile.

автомоби́льный манёвр maneuver march by motor transport.

автомоби́льный парк motor park; motor pool.

автомоби́льный склад automotive equipment depot; motor park.

автомоби́льный тра́нспорт motor transport (means of transportation).

автомоби́ль повы́шенной проходи́мости full track-laying vehicle.

автомоби́ль-похо́дная мастерска́я *m* shop truck.

автомоби́ль-прожёктор *m* truck-mounted searchlight.

автомоби́ль-радиоста́нция *m* radio truck.

автомоби́ль-самосва́л *m* dump truck.

автомоби́ль свя́зи liaison car (USSR).

автомоби́ль-снегоочисти́тель *m* truck with a snowplow, tractor with a snowblade.

автомоби́ль с опроки́дывающимся ку́зовом *See* **автомоби́ль-самосва́л.**

автомоби́ль специа́льного назначе́ния special-equipment vehicle.

автомоби́ль-тяга́ч truck tractor. *See also* **тяга́ч.**

автомоби́ль-цисте́рна *m* tank truck.

автомотри́са motor car (RR).

автоно́мный исто́чник све́та self-contained source of light.

автоперево́зка *See* **автомоби́льная перево́зка.**

автопило́т automatic pilot, gyropilot, mechanical pilot, robot pilot.

автопо́езд truck train, road train, trailer train.

автопорожня́к empties (Mtr vehicles).

автопрожёкторная ро́та searchlight company (USSR).

авторемо́нтная мастерска́я motor repair shop.

авторите́т authority (authoritativeness; expert).

авторота́ция autorotation.

автоскре́пленное ору́дие auto-fretted gun.

автосре́дства *See* **автомоби́льные сре́дства.**

автоста́рт auto-tow glider launching.

автоста́ртер self-starter.

автостра́да express highway, superhighway.

автосце́пка *See* **автомати́ческая сце́пка.**

автото́рмоз *See* **автомати́ческий то́рмоз.**

автотра́кторное иму́щество automotive equipment.

автотра́нспорт motor transport (means of transportation).

автотра́нспортная коло́нна motor transport column.

автотра́нспортная маши́на *See* **тра́нспортный автомоби́ль.**

автотра́нспортная часть truck unit (USSR).

автотрансформа́тор autotransformer (Elec).

автофотолаборато́рия trailer photographic laboratory.

авточа́сть *See* **автомоби́льная часть.**

автоэшело́н serial (MT).

а́гент agent; secret agent.

агенту́ра secret agents, secret service.

агенту́рная разве́дка intelligence through secret agents.

агитацио́нная бо́мба leaflet bomb.

агитацио́нный снаря́д leaflet shell.

агита́ция agitation, propaganda; enticement.

агитбо́мба *See* **агитацио́нная бо́мба.**

агитснаря́д *See* **агитацио́нный снаря́д.**

агрега́т aggregate; assembly (Mech). *See also* **у́зел.**

агрега́тный автомоби́ль truck power plant.

агрега́т прожёкторной ста́нции power plant (Slt).

агре́ссия aggression.

агре́ссор aggressor.

ада́мси́т adamsite.

адвекти́вный тума́н advection fog.

адвекция advection.
адиабата adiabat.
адиабатический adiabatic.
административная единица administrative unit.
административная функция administrative function.
административно-мобилизационное управление Organization and Training Division, G-3, WDGCT.
административно-хозяйственная часть headquarters commandant's section (USRR).
административно - хозяйственный состав administrative and supply personnel, service personnel.
административные войска service troops.
административный administrative; service.
административный порядок *See* в административном порядке.
административный состав overhead personnel.
администрация administration.
адрес address.
адресат addressee.
адресат для исполнения action addressee (CCBP).
адресат для осведомления information addressee (CCBP).
адресовать *v* address.
адрес сообщения message address (CCBP).
адъютант adjutant; executive (Bn Hq).
азбука Морзе Morse alphabet, Morse code. *See also* код Морзе.
азид свинца lead azide.
азимут azimuth.
азимутальный *adj* azimuth.
азимутальный круг azimuth circle.
азимут направления стрельбы firing azimuth.
азимутный *adj* azimuth.
азимутный прибор azimuth instrument.
азимутный пункт azimuth point.
азот nitrogen, azote.
азотная кислота nitric acid.
айсберг iceberg.
аквальная атака round-the-clock attack.
акведук aqueduct; conduit.
аккумулятор *See* аккумуляторная батарея.
аккумуляторная батарея storage battery.
аккумуляторный фонарь storage lantern.
аккумуляторный элемент storage cell, secondary cell (Elec).

аккумулятор Эдисона Edison storage cell.
аккуратно accurately, carefully, regularly; neatly; punctually.
аккуратность accuracy, carefulness, regularity; neatness; punctuality, precision.
акрокамера *See* воздушная камера.
акселератор accelerator.
акселерометр accelerometer.
аксельбант aiguillette.
акт act; record; document; attested statement; report of survey.
активизированный уголь activated charcoal.
активная инфекция active infection.
активная мощность real power, active power.
активная оборона active defense, aggressive defense.
активная проводимость conductance (Elec).
активная противовоздушная оборона active air defense.
активная составляющая тока in-phase component, real component, real part, active component (Elec).
активно actively, aggressively, energetically.
активное сопротивление антенны antenna resistance.
активность activeness, activity, aggressiveness, energy.
активные действия active operations.
активные средства active means.
активные средства противотанковой обороны active means of antimechanized defense.
активный active, aggressive, energetic.
актинограф actinograph.
актохранилище record division (of archives).
акт приёмки acceptance report.
акустика acoustics.
акустическая база sound-ranging observation post, sound-ranging base, sound-ranging station.
акустический acoustic.
акустический высотомер sonic altimeter.
акустический пеленгатор sound locator. *See also* звукоулавливатель *m*.
акустический сигнал audible signal.
акустический экран *See* акустический экран громкоговорителя.
акустический экран громкоговорителя baffle (Rad).

акусти́ческое иму́щество sound communication equipment.
алгебраи́ческая су́мма algebraic sum.
алида́да alidade.
алкле́д alclad.
алкого́ль *m* alcohol.
аллю́р gait.
альпини́зм mountaineering.
альпини́ст mountaineer, climber.
альтернати́ва alternative.
альтерна́тор alternator, a. c. generator.
альтигра́ф altigraph. *See also* высото-
пи́сец.
альтиме́тр altimeter. *See also* высото-
ме́р.
алюми́ниевый *adj* aluminum.
алюми́ний aluminum.
амальга́ма amalgam.
амбразу́ра embrasure, port.
амбулато́рия dispensary.
амбулато́рное лече́ние dispensary treatment.
амбулато́рный *adj* dispensary.
амбулато́рный больно́й walking case; out-patient.
амбушу́р mouthpiece (Tp); receiver cap (Tp).
амбушю́р *See* амбушу́р.
америка́нский по́рох multiperforated powder grain, cylindrical grain of seven perforations.
аммиа́чный раство́р ammonia solution.
амнисти́ровать grant amnesty.
амни́стия amnesty.
амортиза́тор shock-absorbing mechanism, shock absorber.
амортизацио́нная нога́ шасси́ *See* амортизацио́нная сто́йка.
амортизацио́нная сто́йка shock strut.
амортизацио́нный шнур shock-absorber cord, shock cord (Ap).
амортиза́ция amortization; shock absorption. *See also* амортиза́тор.
ампе́р ampere.
ампервито́к ampere-turn.
ампермéтр ammeter, amperemeter, amperometer.
амперме́тр переме́нного то́ка alternating-current ammeter, a. c. ammeter.
амплиту́да amplitude.
амплиту́да колеба́ний amplitude of oscillations.
амплиту́дная модуля́ция amplitude modulation.
а́мпула ampule (Med; type of incendiary projectile, USSR).

ампуломёт ampule launcher (USSR). *See also* а́мпула.
ампута́ция amputation.
ампути́ровать amputate.
амуни́ция individual equipment; harness (H). *See also* снаряже́ние and ко́нская амуни́ция.
анагли́ф anaglyph.
ана́лиз analysis.
анализа́тор analyzer (Rad).
анализи́ровать analyze.
ана́лиз кро́ви blood test.
ана́лиз мочи́ urinalysis.
ана́лиз пого́ды weather analysis.
ана́лиз разве́дывательных да́нных evaluation of information (Inf).
ана́лиз сообще́ний traffic analysis (CCBP).
аналити́ческая фототриангуляцио́нная сеть control net of aerial triangulation obtained by analytical method.
аналити́ческий analytical, analytic.
аналити́ческий ме́тод analytic method; computation (Surv).
аналоги́чный analogous, similar.
анастигма́т anastigmat.
анато́мия anatomy.
анга́р hangar.
ангармо́ника *See* ангармони́ческое отноше́ние.
ангармони́ческое отноше́ние anharmonic ratio, double ratio, cross ratio.
ангармони́чное отноше́ние *See* ангармони́ческое отноше́ние.
анга́рная ли́ния hangar line.
анга́рная пло́щадь apron (airdrome).
анга́рное обору́дование hangar equipment.
англи́йское седло́ English hunting saddle, English saddle, flat saddle.
анеми́чный anemic.
анеми́я anemia.
анемогра́мма anemogram.
анемо́граф anemograph.
анемо́метр anemometer.
анемометри́ческая ма́чта wind mast.
анемотахоме́тр air-speed indicator. *See also* измери́тель ско́рости относи́тельно во́здуха.
анеро́ид aneroid.
анеро́идная коро́бка aneroid mechanism case.
анестези́рующее сре́дство anesthetic.
анестези́я anesthesia.
а́нкерный кол anchor picket, picket.
анке́та questionnaire; poll (opinion).
анне́ксия annexation.

аннули́рование сообще́ний canceling messages (CCBP).

ано́д anode; plate (Elec).

ано́дная батаре́я B-battery, plate battery, anode battery.

ано́дная модуля́ция plate modulation.

ано́дное напряже́ние plate voltage.

ано́дное пита́ние plate supply (Elec).

ано́дный ко́нтур plate circuit.

ано́дный ток plate current.

ано́д электро́нной ла́мпы plate (Elec).

анома́лия anomaly.

анони́мный anonymous.

анта́бка swivel (R, MG).

анта́пка See **анта́бка**.

анта́рктика antarctic.

анте́нна antenna.

анте́нна в че́тверть волны́ quarter-wave antenna.

анте́нна на приём и переда́чу receiving-transmitting antenna.

анте́нна противове́с antenna with a counterpoise.

анте́нна уменьша́ющая замира́ние diversity reception antenna, antifading antenna.

анте́нная лебёдка antenna reel.

анте́нная удлини́тельная кату́шка antenna loading coil.

анте́нный *adj* antenna (Rad).

анте́нный изоля́тор antenna insulator.

анте́нный ко́нтур antenna circuit.

анте́нный про́вод antenna wire.

анте́нный ток antenna current.

антималяри́йные мероприя́тия antimalarial measures.

антимо́ний antimony.

антиобледени́тель *m* anti-icer.

антирезона́нсный ко́нтур antiresonant circuit. See *also* **паралле́льный резона́нсный ко́нтур**.

антисе́птика antiseptics; antisepsis.

антисепти́ческий *adj* antiseptic.

антисепти́ческий пла́стырь antiseptic adhesive plaster.

антисепти́ческое сре́дство antiseptic.

антита́нковая мише́нь antitank target (Range).

антицикло́н anticyclone, high-pressure area.

антишо́ковое сре́дство shock therapeutic.

антраци́т anthracite.

апериоди́ческая анте́нна untuned antenna.

аплана́т aplanat lens.

апохрома́т apochromatic lens.

аппара́т apparatus, instrument, device; camera; machinery (organizational); system (functional).

аппара́т для автомати́ческой переда́чи transmitter distributor (CCBP).

аппара́т ле́гче во́здуха lighter-than-air aircraft.

аппара́тная transmission room (Sig Cen).

аппара́т сообще́ний communication apparatus (CCBP).

аппара́т тяжеле́е во́здуха heavier-than-air aircraft.

аппара́т управле́ния command element, organization of command.

аппарату́ра apparatus; appliances, equipment.

аппарату́ра для трениро́вки training apparatus.

аппара́т я́щичного ти́па box camera.

аппаре́ль ramp.

аппендици́т appendicitis.

аппети́т appetite.

апплика́ция application (Med).

апре́ль *m* April.

апте́ка drug store, pharmacy.

апте́чка medical chest.

апте́чный pharmaceutical.

апте́чный склад pharmaceutical depot.

ара́бская ци́фра arabic numeral.

арби́тр arbitrator; referee, umpire.

арбитра́ж arbitration.

арго́н argon.

ареоме́тр areometer.

аре́ст arrest, confinement, detention.

аре́ст на гауптва́хте confinement in guardhouse.

аресто́ванный prisoner (confined).

арифмо́метр calculating machine.

а́рктика arctic.

аркти́ческая возду́шная ма́сса arctic air mass.

армату́ра equipment; armature (Elec).

армату́рная ка́рточка individual clothing and equipment record.

армату́рный спи́сок See **вещево́й атте́ста́т**.

армветвра́ч army veterinarian.

армвра́ч army surgeon.

арме́йская авиа́ция army aviation (attached to an army).

арме́йская ба́за army base.

арме́йская госпита́льная ба́за army hospital center (USSR).

арме́йская гру́ппа Army group.

арме́йская кавале́рия See **арме́йская ко́нница**.

армейская ко́нница army cavalry, strategic cavalry. *See also* **стратеги́ческая ко́нница.**

армейская операти́вная зо́на zone of army reserves (defense in depth USSR).

армейская передова́я оборони́тельная зо́на zone of army outpost positions (defense in depth USSR).

армейская разве́дывательная авиа́ция army observation aviation, army reconnaissance aviation.

армейская тылова́я зо́на *See* **армейская тылова́я оборони́тельная зо́на.**

армейская тылова́я оборони́тельная зо́на army service area (defense in depth USSR).

армейские лече́бные учрежде́ния army medical installations.

армейские сре́дства army means, army reserve means.

армейские эвакуацио́нные учрежде́ния army evacuation installations.

армейский *adj* army.

армейский го́спиталь army general hospital, numbered general hospital of an army (USSR).

армейский обо́з army train.

армейский оборони́тельный рубе́ж army reserve line.

армейский резе́рв army reserve.

армейский тра́нспорт army train (USSR); army transport (means of transportation).

армейский тыл army service area.

армейский тылово́й райо́н *See* **армейский тыл.**

армейский тылово́й рубе́ж forward boundary of army service area (defense in depth USSR).

армейское кома́ндование army command.

армейское медучрежде́ние army medical installation.

арминжене́р army engineer.

арминтенда́нт army quartermaster.

а́рмия Army; army, field army.

а́рмия вторже́ния invasion army.

а́рмия прикры́тия covering army.

а́рочный мост arch bridge.

арсена́л arsenal.

артавиаотря́д *See* **артиллери́йский авиацио́нный отря́д.**

артгру́ппа artillery group.

артдивизио́н artillery battalion.

артезиа́нский коло́дец artesian well.

арте́рия artery.

артиллери́йская авиа́ция artillery observation aviation, observation aircraft assigned to the artillery.

артиллери́йская батаре́я battery (Arty).

артиллери́йская гру́ппа artillery group. *See also* **гру́ппа.**

артиллери́йская диви́зия artillery division.

артиллери́йская заве́са curtain of fire (Arty).

артиллери́йская зажига́тельная шрапне́ль incendiary shrapnel.

артиллери́йская инструмента́льная разве́дка observation battalion operations and procedures.

артиллери́йская ка́рта fire map.

артиллери́йская ко́нская амуни́ция field artillery harness.

артиллери́йская контрподгото́вка counterpreparation, counterpreparation fire.

артиллери́йская ло́шадь artillery horse.

артиллери́йская маскиро́вка artillery camouflage.

артиллери́йская мастерска́я ordnance repair shop.

артиллери́йская о́чередь salvo. *See also* **артиллери́йский ого́нь о́чередями.**

артиллери́йская перестре́лка artillery duel, artillery exchanges.

артиллери́йская подгото́вка artillery preparation.

артиллери́йская подгру́ппа subdivision of an artillery group.

артиллери́йская подде́ржка artillery support.

артиллери́йская пози́ция artillery position.

артиллери́йская разве́дка artillery reconnaissance.

артиллери́йская сеть artillery net (Sig C).

артиллери́йская сигнализа́ция visual signaling in artillery.

артиллери́йская стрельба́ artillery fire.

артиллери́йская топографи́ческая слу́жба artillery survey, artillery topographic service.

артиллери́йская упря́жка field artillery horse team.

артиллери́йские сре́дства artillery means.

артиллери́йские ча́сти усиле́ния reinforcing artillery units.

артиллери́йский *adj* artillery.

артиллери́йский авиацио́нный отря́д air squadron assigned to artillery missions; squadron of artillery spotters.

артиллерийский бюллетень meteorological message, metro message.

артиллерийский взвод artillery platoon (USSR).

артиллерийский воздухоплавательный отряд balloon detachment on artillery mission.

артиллерийский дивизион artillery battalion.

артиллерийский зажигательный снаряд incendiary shell, incendiary projectile.

артиллерийский залп salvo (simultaneous firing, Arty, USSR).

артиллерийский командир artillery commander, commander of an artillery unit.

артиллерийский материал artillery matériel.

артиллерийский металл gun metal.

артиллерийский метеорологический пост metro section (of an Arty unit).

артиллерийский наблюдатель artillery observer.

артиллерийский наблюдательный пункт artillery observation post.

артиллерийский начальник artillery officer; artillery commander.

артиллерийский обменный пункт artillery ammunition distributing point, artillery ammunition relay point.

артиллерийский обоз artillery train.

артиллерийский обстрел shelling, shellfire.

артиллерийский огонь artillery fire.

артиллерийский огонь очередями salvo fire.

артиллерийский парк mobile artillery park (USSR); division ammunition train.

артиллерийский патрон artillery round.

артиллерийский полигон artillery range.

артиллерийский полк artillery regiment.

артиллерийский разъезд artillery reconnaissance party.

артиллерийский расчёт See орудийный расчёт.

артиллерийский резёрв artillery in reserve, reserve artillery.

артиллерийский резёрв главного командования See артиллерия резёрва главного командования.

артиллерийский салют cannon salute.

артиллерийский самолёт observation plane assigned to artillery, airplane on artillery mission.

артиллерийский склад ordnance depot.

артиллерийский снаряд artillery projectile, shell.

артиллерийский танк cannon tank.

артиллерийский техник artillery mechanic.

артиллерийский трактор artillery prime mover.

артиллерийский транспорт artillery ammunition train; artillery transport (means of Trans).

артиллерийский траспортир artillery protractor.

артиллерийский химический обстрел chemical shelling.

артиллерийский химический снаряд chemical shell, chemical projectile.

артиллерийский целлулоидный круг See артиллерийский транспортир.

артиллерийское ведомство Ordnance Department.

артиллерийское вооружение artillery equipment.

артиллерийское дело gunnery.

артиллерийское довольствие ordnance supplies.

артиллерийское имущество artillery equipment, ordnance matériel.

артиллерийское инструментальное разведывание See артиллерийская инструментальная разведка.

артиллерийское наблюдение artillery observation.

артиллерийское нападение artillery onslaught.

артиллерийское наступление attack by means of massed artillery fire.

артиллерийское обеспечение adequate provision of artillery means (Tac).

артиллерийское орудие artillery piece.

артиллерийское оснащение equipping with artillery means.

артиллерийское подразделение any artillery unit smaller than a regiment (USSR).

артиллерийское преследование pursuit by ˙fire.

артиллерийское прикрытие artillery supports, artillery escort.

артиллерийское снабжение ordnance supply.

артиллерийское соединение large artillery unit.

артиллерийское сопровождение accompanying artillery.

Артиллерийское Управление Ordnance Department.

артиллерийское училище artillery school.

артиллерийско - техническое довольствие ordnance and technical supplies.

артиллерист artilleryman.

артиллерист-зенитчик antiaircraft artilleryman.

артиллерист-разведчик artillery scout.

артиллерия artillery.

артиллерия авангарда artillery with the advance guard, advance-guard artillery.

артиллерия автомобильной тяги motor-drawn artillery.

артиллерия большой мощности heavy artillery.

артиллерия вьючной тяги pack artillery.

артиллерия главных сил artillery with the main body of troops.

артиллерия дальнего действия general-support artillery.

артиллерия дивизии artillery with the division.

артиллерия конной тяги horse-drawn artillery.

артиллерия корпуса artillery with the corps.

артиллерия крупных калибров *See* **крупнокалиберная артиллерия.**

артиллерия механизированных соединений armored artillery.

артиллерия механической тяги motorized artillery, motor-drawn artillery.

артиллерия на железнодорожных установках railway artillery.

артиллерия на механической тяге motorized artillery, motor-drawn artillery.

артиллерия на мехтяге *See* **артиллерия на механической тяге.**

артиллерия непосредственной поддержки direct-support artillery.

артиллерия особого назначения special purpose artillery (USSR).

артиллерия поддержки конницы cavalry-supporting artillery, direct support artillery.

артиллерия поддержки пехоты infantry-supporting artillery, direct support artillery.

артиллерия разрушения artillery for destruction.

артиллерия резерва главного командования general headquarters reserve artillery, general headquarters artillery, War Department reserve artillery.

артиллерия самоходной тяги self-propelled artillery, artillery in automotive mounts.

артиллерия сопровождающая пехоту infantry-accompanying weapons.

артиллерия сопровождения accompanying artillery.

артиллерия тракторной тяги tractor-drawn artillery.

артиллерия тяжёлых калибров heavy artillery.

артиллерия усиления reinforcing artillery.

артимущество *See* **артиллерийское имущество.**

артобстрел *See* **артиллерийский обстрел.**

артогонь *m* artillery fire.

арторудие *See* **артиллерийское орудие.**

артпарк mobile artillery park (USSR), division ammunition train.

артподготовка artillery preparation.

артподдержка artillery support.

артпозиция artillery position.

артполк artillery regiment.

артразведка artillery reconnaissance.

артрасчёт *See* **орудийный расчёт.**

артсамолёт observation plane assigned to artillery, airplane on artillery mission.

артсеть artillery net (Sig C).

артсклад artillery depot.

артснаряд artillery projectile, shell.

артсредства artillery means.

арттранспорт artillery ammunition train; artillery transport (means of transportation).

артхимобстрел *See* **артиллерийский химический обстрел.**

артхимснаряд *See* **артиллерийский химический снаряд.**

архив archives; files.

архивариус archivist.

архивный фонд части unit records.

арьергард rear guard.

арьергардные части rear-guard elements.

арьергардный *adj* rear-guard.

арьергардный бой rear-guard action.

ас ace (Avn).

асбест asbestos.

асбестовая подушка gas check pad (obturation).

асбестовый *adj* asbestos.

асимптота asymptote.

асинхронный asynchronous.

аспирин aspirin.

ассенизация sanitation, disposal of excrement and refuse.

ассигновка budget appropriation; budget allocation.

ассистент assistant; member of color guard.

астигматизм astigmatism.

áстма asthma.

астрономúческая ориентирóка celestial orientation.

астрономúческая широтá astronomical latitude.

астрономúческие таблúцы astronomical tables.

астрономúческий astronomical.

астроориентирóвка See астрономúческая ориентирóвка.

асфáльт asphalt.

асфáльто-бетóнная дорóга asphaltic concrete road.

асфáльтовая мостовáя asphaltic pavement.

асфáльтовый макадáм See битýмный макадáм.

атáка assault; attack; charge (Cav).

атáка в кóнном строю́ mounted attack, charge.

атáка в лоб head-on attack, frontal attack.

атáка в обхóд enveloping attack.

атáка во фланг flanking attack.

атáка в тыл attack against the rear.

атáка в хвост attack from the rear (aerial combat).

атáка мéстного значéния local attack.

атáка сзáди attack from the rear. See also атáка в хвост.

атáка с мéста quick mounted dash from line of departure.

атáка с обмáном feint; false attack (Fencing).

атáка с ты́ла attack from the rear.

атáка с флáнга attack from the flank.

атаковáть v attack, launch an attack; assault; charge (Cav).

атаковáть в лоб make a frontal attack, attack frontally.

атаковáть v из засáды ambush, attack from an ambush.

атакýющий attacker.

атакýющий adj attacking, attack, assault.

áтлас atlas.

атмосфéра atmosphere.

атмосфéрная пыль dust particles in the air.

атмосфéрное влия́ние atmospheric influence.

атмосфéрное давлéние atmospheric pressure.

атмосфéрное электрúчество atmospheric electricity.

атмосфéрные помéхи static, natural static, atmospherics (Rad).

атмосфéрные услóвия atmospheric conditions.

атмосфéрные услóвия стрельбы́ See

метеорологúческие услóвия стрельбы́.

атмосфéрный atmospheric.

атмосфéрный вихрь atmospheric whirl.

áтом atom.

атрофúя atrophy.

аттестáт certificate; certificate of service.

аттестáт на дéнежное довóльствие See дéнежный аттестáт.

аттестациóнная комúссия board passing on efficiency reports (USSR).

аттестáция recommendation; certificate of service (Gen'l); efficiency rating; efficiency report.

аттестовáть recommend; give certificate of service (Gen'l); give efficiency rating; render efficiency report.

аукциóнный торг public auction.

аускультáция auscultation (Med).

ацетилéн acetylene.

ацетилéно-кислорóд oxyacetylene.

ацетóн acetone.

аэробóмба aerial bomb.

аэродинáмика aerodynamics.

аэродинамúческая компенсáция balance of control surface (Ap).

аэродинамúческая сúла aerodynamic force.

аэродинамúческая трубá wind tunnel.

аэродинамúческая характерúстика прóфиля крылá airfoil characteristics.

аэродинамúческая хóрда aerodynamic chord.

аэродинамúческие тормозá dive flaps, dive brakes, air brakes.

аэродинамúческий aerodynamic.

аэродинамúческий расчёт aerodynamic design.

аэродинамúческое давлéние aerodynamic pressure, impact pressure.

аэродинамúческое кáчество aerodynamic efficiency.

аэродинамúческое торможéние braking effect of wing flaps.

аэродрóм airdrome, airfield.

аэродрóм истребúтелей fighter airdrome.

аэродрóмная комáнда airdrome squadron.

аэродрóмная мастерскáя airdrome repair shop; repair hangar.

аэродрóмная радиостáнция ground radio equipment, ground radio facilities (airdrome); airdrome radio station.

аэродрóмная сеть airdrome net, net of related airdromes.

аэродрóмная строúтельная комáнда aviation engineer detachment.

аэродромное оборудование airdrome equipment.

аэродромное посадочное освещение runway lighting equipment.

аэродромное сооружение airdrome installation.

аэродромное строительство airdrome construction.

аэродромно - строительный батальон aviation engineer battalion.

аэродромные знаки airdrome markers.

аэродромный двор hangar area, ramp, service apron (Avn).

аэродромный маяк airdrome beacon.

аэродромный наряд alert crew (Avn).

аэродромный полёт local flight (within local flying area).

аэрокарта aeronautical chart.

аэрокартограф aerocartograph.

аэроклиматическое описание aeroclimatic description.

аэролак dope, aircraft dope.

аэрологическая поправка weather correction.

аэрологическая станция aerological station.

аэрологический aerological.

аэрологический код meteorological code.

аэрология aerology.

аэромаяк airway beacon.

аэрометеорограф aerometeorograph.

аэрометр aerometer.

аэрометрическое вычисление поправок metro corrections.

аэронавигационная карта aeronautical chart.

аэронавигационная подготовка air navigation training.

аэронавигационное оборудование air navigation equipment.

аэронавигационные огни position lights, navigation lights, running lights.

аэронавигационный adj aeronautical, air-navigation.

аэронавигационный инструмент See навигационный прибор.

аэронавигационный оптический визир driftmeter.

аэронавигационный прибор navigation instrument (Avn).

аэронавигация air navigation.

аэронавтика See воздухоплавание.

аэронегатив aerial negative.

аэроплан airplane, plane.

аэроплан с толкающим винтом pusher airplane.

аэроплан с тянущим винтом tractor airplane.

аэроплёнка aerial film.

аэропорт airport.

аэропроектор мультиплекс multiplex projector (Aerial Photo).

аэросани fpl aerosleigh (USSR).

аэросанные части aerosleigh troops (USSR).

аэросветофильтр filter (Aerial Photo).

аэроснимок air photo, aerial photograph.

аэростат aerostat.

аэростат заграждения barrage balloon.

аэростатика aerostatics.

аэростат наблюдения observation balloon.

аэросъёмка aerial photography.

аэросъёмочная кабина photographer's compartment (Ap).

аэросъёмочная навигация operation of aircraft for photographic mission.

аэросъёмочный маршрут photographic flight.

аэросъёмочный самолёт See аэрофотосъёмочный самолёт.

аэросъёмщик aerial photographer.

аэротермометр vapor pressure thermometer.

аэроторий air traffic control zone above landing area.

аэрофильм aerial film.

аэрофотоаппарат aerial camera, aircraft camera.

аэрофотограмметрическая служба aerophotogrammetric service.

аэрофотозатвор shutter (aerial camera).

аэрофотозатвор с радиальными заслонками shutter with fanlike leaves radiating from center (aerial camera).

аэрофотокамера See аэрофотоаппарат.

аэрофотолаборатория photographic laboratory (Aerial Photo).

аэрофоторазведка intelligence photography, photographic reconnaissance, aerial photoreconnaissance.

аэрофотоснимок air photo, aerial photograph.

аэрофотоснимок мелкого масштаба small-scale air photo.

аэрофотосъёмка aerial photography.

аэрофотосъёмочный самолёт photographic airplane.

аэрофототопография aerial phototopography, aerosurveying, aerial survey.

аэрофототрансформатор transforming printer (Aerial Photo).

аэрофотофильм See аэроплёнка.

аэроцель aerial target.

Б

баббит Babbitt metal, babbitt.

бабка pastern.

багаж baggage; impedimenta.

багажник baggage compartment (Ap).

багажный вагон baggage car.

база base; base line (Surv); gun-observer line (Arty).

база питания *See* база снабжения.

база с горючим fuel supply point.

база снабжения base of supplies; supply base (Avn).

база фронта army group base.

базирование assignment of supply bases; employment as supply bases; dependence on.

базировать assign as supply bases; employ as supply bases; place dependence on.

базироваться depend for supply; place dependence on.

базис foundation, base; base line (Surv).

базисная сеть triangulation system, triangulation net (Surv).

базис фотографирования photographic base.

базовое лечебное заведение medical installation of an amphibious operation staging area (USSR).

базовый *adj* base (Mil); staging area (Amphibious operation).

базовый госпиталь numbered general hospital of an amphibious operation staging area (USSR).

базовый эвакуационный отряд beach-head evacuation detachment (Amphibious operation USSR).

бак tank (container); fuel tank (Mtr).

бак для бензина gasoline tank; fuel tank.

бак для масла oil tank.

бакелит bakelite.

баклага canteen (flask).

баклажка *See* баклага.

бак с горючим fuel tank.

бак с маслом *See* бак для масла.

бактериологический bacteriological.

бактериологический анализ bacteriological analysis, bacteriological examination.

бактерия bacterium.

балансир rocker arm (Mech).

балансное сопротивление balancing resistance (Tp).

балансный дифференциальный трансформатор hybrid coil (Tp).

балансэ на заду передом rocking the forehand (H).

балансэ на переду бёдрами rocking the haunches (H).

балистика ballistics.

балистит ballistite.

балистическая волна ballistic wave, bow wave, shell wave.

балистическая плотность воздуха ballistic density.

балистическая поправка ballistic correction.

балистическая таблица ballistic table.

балистическая функция ballistic function.

балистические условия стрельбы ballistic conditions.

балистический ballistic.

балистический ветер ballistic wind.

балистический коэфициент ballistic coefficient.

балистический наконечник windshield, ballistic cap, false ogive.

балистическое вычисление ballistic computation.

балистическое качество ballistic characteristics.

балистическое свойство *See* балистическое качество.

балка ravine (Top); beam, girder, rafter (Cons).

балл degree on wind scale.

балласт ballast.

баллон vacuum tube; chemical cylinder.

баллонет ballonet.

балочная система мостов stringer-bridge construction system.

балочный бомбодержатель bomb rack (beam-type).

балочный многопролётный мост multiple-span stringer bridge.

балочный мост stringer bridge.

балочный однопролётный мост simple stringer bridge, single-span stringer bridge.

бальза balsa wood.

банановый штепсель banana plug.

банда band, gang.

бандаж truss (Med).

бандитизм banditry; robbery committed by group or gang (Law, USSR).

банник rammer.

банник-протиральник sponge and staff, rammer and sponge.

банник-разрядник rammer, rammer and sponge, sponge and staff.

ба́нно-пра́чечное обслу́живание bathing and laundry facilities.

ба́ня bathhouse.

бар bar (Met).

бараба́н drum; cylinder (revolver). *See also* бараба́нная перепо́нка.

бараба́н боково́го у́ровня angle of site micrometer; longitudinal knob (on gun sight).

бараба́н ли́мба стереотрубы́ azimuth micrometer of battery commander's telescope.

бараба́нная дробь roll of a drum.

бараба́нная ко́жа batter head (drum).

бараба́нная па́лка drumstick.

бараба́нная перепо́нка eardrum.

бараба́нный бой drumbeat.

бараба́нный магази́н drum magazine, pan type magazine.

бараба́нный то́рмоз drum brake.

бараба́н отража́теля elevation knob, elevating knob (panoramic telescope).

бараба́н панора́мы range drum (Arty).

бараба́н прожéктора drum of the projector (Slt).

бараба́н то́чной наво́дки drum (panoramic telescope).

бараба́н угломе́ра azimuth worm knob, azimuth setting knob, deflection knob.

бараба́н угломе́ра стереотрубы́ azimuth worm knob.

бараба́н у́ровня прице́льного приспособле́ния angle of site micrometer.

бараба́н цепо́чки fusee (Maxim MG).

бараба́нчик расстоя́ний elevation screw (telescopic sight, R). *See also* дистанцио́нный бараба́н.

бараба́нщик drummer; drum bandsman.

бара́к barrack, hut.

бара́нина lamb (meat); mutton.

бара́чный ла́герь cantonment.

бара́шек butterfly nut, wing nut, thumbscrew.

бара́шковый винт wing screw.

барбе́тная устано́вка barbette mount.

ба́ржа barge.

барогра́мма barogram.

барогра́ф barograph.

барока́мера altitude chamber, pressure chamber.

баро́метр-анеро́ид aneroid barometer.

барометри́ческая высота́ полёта altitude measured from sea level (aneroid type altimeter).

барометри́ческая попра́вка barometric correction.

барометри́ческая ступе́нь barometric gradient.

баражи́ровать v fly patrols on air alert mission.

баррика́да barricade, road block.

баррикади́ровать v barricade, block.

барье́р barner; curtain of fire.

баскетбо́л basketball.

бастио́н bastion.

батальо́н battalion (excluding Arty and Cav). *See also* дивизио́н.

батальо́н в ли́нию взво́дных коло́нн battalion in line with platoons in mass formation.

батальо́н в ли́нию ро́тных коло́нн battalion in line with companies in mass formation.

батальо́нная артилле́рия battalion artillery, artillery organic to a rifle batallion.

батальо́нная рекогносциро́вочная гру́ппа battalion reconnaissance party.

батальо́нное ору́дие battalion gun, battalion accompanying gun; infantry cannon.

батальо́нный adj battalion (excluding Arty and Cav). *See also* дивизио́нный.

батальо́нный команди́р battalion commander.

батальо́нный миномёт battalion mortar.

батальо́нный обо́з battalion train.

батальо́нный патро́нный пункт battalion ammunition supply point.

батальо́нный погру́зочный райо́н battalion entrucking area.

батальо́нный пункт медици́нской по́мощи battalion aid station.

батальо́нный пункт медпо́мощи *See* батальо́нный пункт медици́нской по́мощи.

батальо́нный райо́н battalion defense area.

батальо́н свя́зи signal battalion (USSR).

батальо́н та́нков tank battalion (USSR).

батаре́йка battery, flashlight battery.

батаре́йная о́чередь battery salvo.

батаре́йный adj battery.

батаре́йный ве́ер sheaf (Arty).

батаре́йный команди́р battery commander.

батаре́йный команди́рский пункт battery command post.

батаре́йный отсе́к battery compartment (Tk, Ap, Elec).

батаре́йный погребо́к ammunition niche.

батаре́йный приёмник battery operated receiver (Rad).

батарейный участок battery front.
батарея battery.
батарея береговой обороны coast battery, shore battery.
батарея звуковой разведки sound-ranging battery.
батарея звукометрической разведки *See* **батарея звуковой разведки**.
батарея конной тяги horse-drawn battery.
батарея механической тяги motor-drawn battery.
батарея накала A-battery, filament battery.
батарея оптической разведки flash-ranging battery.
батарея светометрической разведки *See* **батарея оптической разведки**.
батарея со смешанной тягой horse- and motor-drawn battery.
батарея топографической разведки topographic battery.
батовать коней *v* link horses.
батовка коней linking of horses.
батут trampoline trainer.
батчлер bomber trainer (Avn).
баффтинг buffeting (Avn).
бачок small tank (container).
башенная пушка turret gun.
башмак shoe.
башмак тормозной колодки brakeshoe.
башмачный пояс wheel shoes (Tech).
башня tower; mast (Rad); turret.
бдительность watchfulness, alertness, vigilance.
бдительный watchful, alert, vigilant.
бег run; double-time march.
бегать run, move at a run. *See also* **бежать**.
беглый огонь volley fire (Arty).
бег на лыжах skiing.
бег на лыжне skiing on a trail.
бегом on the run, at a run; at double time, on the double.
"Бегом марш!" "Double time, march!"
бег по целине cross-country running; skiing on unbroken snow.
бег рывками run in spurts.
бегство flight, hasty disorderly retreat; escape.
бегун *See* **пеший посыльный**.
бедная смесь lean mixture (fuel).
бедро hip; thigh.
бежать run; flee, escape. *See also* **бегать**.
беженец refugee.
безбоязненный fearless, brave.
безветренный *adj* still, calm (Met).

безветрие calm (Met).
безвоздушное пространство vacuum.
бездействие omission, nonfeasance; inaction, inactivity.
бездействие власти nonfeasance in office.
бездорожный roadless.
бездорожье lack of roads; impassability of roads.
бездымный порох smokeless powder.
беззаветное самоотвержение supreme self-abnegation.
безинерционный осциллограф cathode-ray oscillograph.
безоблачный cloudless.
безоговорочная капитуляция unconditional surrender.
безопасная бритва safety razor.
безопасная высота safe altitude.
безопасная зона safety zone in front of friendly troops (overhead fire).
безопасное расстояние safe distance, safe interval (Avn).
безопасность safety, security.
безопасный safe, secure.
безоружный unarmed.
безосное шасси divided axle landing gear, cantilever landing gear, cantilever gear (Ap).
безостановочно without stopping, uninterruptedly, continuously.
безостановочный non-stop, uninterrupted, continuous.
безотказная информация uninterrupted flow of information.
безотказная связь uninterrupted signal communication; uninterrupted contact.
безотказное управление боем uninterrupted control in battle, uninterrupted tactical control.
безотказный smooth, frictionless, uninterrupted; dependable.
безотлагательная врачебная помощь emergency treatment.
безотлагательный *adj* urgent.
без разделений without the numbers (Drill). *See also* **слитное выполнение**.
безразличное равновесие neutral equilibrium, neutral stability.
безукоризненный *See* **безупречный**.
безупречный excellent, perfect.
безуспешный unsuccessful, abortive.
безутечный бензобак leakproof tank.
безъёмкостный non-capacitive.
безымянный палец fourth finger.
бел bel (Elec).
белое шоссе *See* **макадам**.
белый *adj* white.

бе́лый фо́сфор white phosphorus. *See also* жёлтый фо́сфор.

бе́лый хала́т *See* зи́мний маскхала́т.

бельё underwear.

бензи́н gasoline, gas.

бензи́новая цисте́рна gasoline storage tank; gasoline tank truck; gasoline tank car.

бензи́новый бак gasoline tank, fuel tank.

бензи́новый дви́гатель gasoline engine.

бензиноме́р gasoline quantity gage, fuel level gage.

бензоба́к gasoline tank, fuel tank.

бензозапра́вщик fuel servicing truck.

бензо́л benzol.

бензонасо́с fuel pump.

бензопрово́д fuel tube.

бензосме́сь fuel mixture.

бензохрани́лище gasoline reservoir, fuel storage tank.

бензоцисте́рна gasoline storage tank; gasoline tank truck; gasoline tank car.

бе́рег bank, coast, shore.

берегова́я артилле́рия coast artillery.

берегова́я батаре́я coast battery, shore battery.

берегова́я оборо́на coast defense, shore defense; coast guard.

берегово́й coastal, shore, beach; waterside.

берегово́й лёжень abutment sill.

берегово́й форт coastal fort.

бе́режное обраще́ние *See* бе́режное отноше́ние.

бе́режное отноше́ние proper care (of equipment, matériel).

берёза birch.

бере́чь conserve, save; take care of.

бе́рма berm.

бертоле́товая соль potassium chlorate.

бёрце cannon, shank.

берцо́ *See* бёрце.

беспа́мятство unconsciousness.

бесперебо́йная рабо́та smooth operation (Tech).

бесперебо́йная связь continuous signal communication; uninterrupted contact.

бесперебо́йность uninterruptedness, smoothness, continuity, regularity.

бесперебо́йность веде́ния огня́ continuous delivery of fire.

бесперебо́йность движе́ния continuity of movement; uninterrupted passage of traffic.

бесперебо́йность наступле́ния continuity of attack.

бесперебо́йность свя́зи continuity of

signal communication; uninterruptedness of contact.

бесперебо́йный smooth, continuous, uninterrupted, regular.

беспереса́дочная транспортиро́вка through transportation.

беспереса́дочное сообще́ние through service (RR).

беспла́менный заря́д flashless charge.

беспла́новый planless; unplanned.

беспоко́ить disturb, harass, bother; worry.

беспоко́йство disturbance, harassment; uneasiness, worry.

беспоко́ящие де́йствия harassing operations; harassing tactics.

беспоко́ящий ого́нь harassing fire.

беспо́лезный *adj* useless.

беспоря́док disorder.

беспоря́дочное паде́ние самолёта uncontrolled fall (Avn).

беспоря́дочный disorganized, disorderly.

беспоса́дочный деса́нт parachute landing operation, landing of parachute force; parachute landing force.

беспоса́дочный полёт non-stop flight.

беспоща́дный merciless, pitiless, relentless.

беспрепя́тственный unhindered.

беспреры́вная переда́ча не́скольких сообще́ний messages in strings (CCBP).

беспреры́вность continuity, uninterruptedness, unbrokenness, ceaselessness.

беспреры́вный continuous, uninterrupted, unbroken, ceaseless.

беспристра́стность impartiality.

бессозна́тельное состоя́ние unconsciousness.

бессро́чные ве́щи unexpendable items.

бессро́чный о́тпуск leave of absence for unlimited time (USSR), separation from active list.

бесхво́стка tailless airplane, flying wing.

бесцве́тный colorless.

бесшу́мность noiselessness.

бето́н concrete.

бетони́рованная полоса́ concrete strip (Airdrome).

бетони́рованный *adj* reinforced with concrete.

бето́нное перекры́тие concrete overhead cover.

бето́нное сооруже́ние concrete works, concrete construction.

бето́нный *adj* concrete.

бетонобо́йная бо́мба concrete-piercing bomb.

бетонобойная граната concrete-piercing shell.

бетонобойный *adj* concrete-piercing.

бетонобойный снаряд concrete-piercing projectile, concrete-piercing shell.

бетономешалка concrete mixer.

бетоньерка *See* **бетономешалка**.

бивак bivouac.

бивачное расположение bivouac king.

бивачный район bivouac area.

бидон can.

бикфордов шнур Bickford fuze, safety fuze, time fuze.

билет ticket.

биметаллическая проволока bimetallic wire.

бинокль *m* binocular, binoculars.

бинокулярный микроскоп binocular microscope.

бином binomial.

бинт bandage.

биплан biplane.

бипланная коробка cellule, cell (Ap).

бирка tally (measuring device).

биссектриса bisector, bisectrix.

битва battle.

битум bitumen.

битумный макадам bituminous macadam.

бить beat; defeat; fire (at), pound; strike (Mech).

бить в барабан beat a drum.

бить по частям defeat in detail (Tac).

биться *v* fight, battle.

бифилярный *adj* bifilar.

бич whip.

бичёвка twine.

благоприятные метеорологические условия favorable weather conditions.

благоприятный *adj* favorable, advantageous, propitious.

благоприятный ветер fair wind.

бланк form, blank form.

бланковая карта outline map.

бланк требований requisition form.

блестящая бумага glossy paper (Photo).

ближайшая дистанция close range.

ближайшая задача immediate task.

ближайший начальник immediate commander, immediate superior.

ближайший тыл immediate rear.

ближне-бомбардировочный авиационный полк short-range bombardment wing, tactical bombardment wing.

ближний бой close combat.

ближний огонь close fire, close-range fire.

ближний предел вилки short limit of bracket (Arty).

ближний тыл immediate rear.

ближняя веха first stake (Arty).

ближняя воздушная разведка air observation, aerial observation.

ближняя дистанция short range; point-blank range (Arty).

ближняя разведка close reconnaissance, close-in reconnaissance. *See also* **ближняя воздушная разведка**.

близкий near, close, close by; short.

близлежащий near-by, neighboring; adjacent.

близость proximity.

блиндаж blindage, overhead cover.

блиндаж линии мишеней pit (Firing range).

блинкер signal lamp, blinker light, blinker.

блок pulley (Mech); bloc (political).

блокада blockade; investment, encirclement, siege.

блок-аппарат interlocking machine (RR).

блокгауз blockhouse.

блокировать *v* blockade; block, block up, invest, encircle, besiege.

блокировка blockading; blocking.

блокировочная система block system (RR).

блокировочный конденсатор blocking condenser (Elec).

блокирующий выключатель interlocked switch (RR).

блокнот memorandum pad, pad.

блокнот схем sketch pad.

блок питания power pack (Elec).

блок-пост interlocking tower (RR).

блок-сигнал block signal, block (RR).

блок-участок block (RR).

блок фонических линий panel for telephones using voice-frequency signaling.

богатая смесь rich mixture (fuel).

бодрость cheerfulness, courage, vigor.

боевая авиация combat aviation (bombardment combat support and fighter aviation, USSR).

боевая бронированная машина armored combat vehicle.

боевая выучка combat skill.

боевая готовность readiness for combat.

боевая грань нареза driving edge (G).

боевая деятельность combat activity, action.

боевая документация field documentation, field documents.

боевáя единúца combat unit, combat element.

боевáя жизнь army life, military life.

боевáя задáча combat mission; tactical function.

боевáя кáрта battle map.

боевáя лúния *See* боевáя лúния войск *and* боевáя лúния огня́.

боевáя лúния войск front line, line of battle.

боевáя лúния огня́ firing line (Tac).

боевáя личúнка bolt head (R); extractor (Maxim MG).

боевáя машúна combat vehicle; combat car.

боевáя обстанóвка combat situation, tactical situation. *See also* в боевóй обстанóвке.

боевáя операция military operation; tactical operation.

боевáя ось axletree, axle of gun carriage (Arty).

боевáя подготóвка combat training, tactical training.

боевáя пострóйка field construction, field work.

боевáя прáктика combat experience.

боевáя провéрка inspection of readiness for combat, combat testing, tactical inspection.

боевáя пружúна mainspring, firing pin spring, firing spring; striker spring, compression spring (pull fuze).

боевáя пружúна затвóра mainspring, firing spring (G).

боевáя рабóта combat performance (Matériel). *See also* боевáя дéятельность.

боевáя развéдка battle reconnaissance, combat reconnaissance.

боевáя ружéйная гранáта *See* ружéйная гранáта.

боевáя ручнáя гранáта *See* ручнáя гранáта.

боевáя связь combat liaison.

боевáя сúла combat power; combat strength.

боевáя скорострéльность normal rate of fire (Arty); maximum usable rate of fire (MG); maximum rate of accurate fire (SA).

боевáя слýжба field service.

боевáя стрельбá practice firing.

боевáя тéхника war material, matériel.

боевáя традúция combat tradition.

боевáя тревóга battle alarm, alarm, alert.

боевáя тяжёлая авиáция heavy combat aviation.

боевáя химúческая машúна *See* химúческий танк.

боевáя цель tactical purpose; tactical objective.

боевáя часть авиáции combat unit (Avn).

боевáя часть клинкá edge of blade (Saber, Bayonet). *See also* лéзвие.

боевáя чекá взрывáтеля shear pin (Am).

боевáя штурмовáя авиáция combat support aviation.

боевóе взаимодéйствие tactical coordination, tactical teamwork.

боевóе донесéние battle message; battle report, unit report (rendered on initiative of reporting commander).

боевóе задáние combat assignment. *See also* боевáя задáча.

боевóе зажигáтельное срéдство incendiary means, incendiary.

боевóе значéние tactical importance.

боевóе имýщество combat matériel.

боевóе испóльзование tactical employment.

боевóе обеспéчение combat security.

боевóе обслýживание tactical support.

боевóе орýжие weapon. *See also* орýжие.

боевóе отделéние fighting compartment (Tk).

боевóе отравля́ющее веществó war gas.

боевóе охранéние security in combat, combat security; combat outpost. *See also* непосрéдственное боевóе охранéние.

боевóе питáние ammunition supply.

боевóе положéние firing position (of a weapon).

боевóе потрясéние stress of combat.

боевóе применéние tactical employment.

боевóе расписáние order of battle; time schedule (air operations).

боевóе расписáние сил протúвника order of battle of enemy forces; staff tabulation of enemy strength and organization for combat.

боевóе распоряжéние battle instructions.

боевóе распределéние allotment, distribution (Tac).

боевóе распределéние артиллéрии distribution of artillery, tactical distribution of artillery.

боевóе решéние tactical decision.

боевóе свóйство combat quality; combat characteristics.

боевóе смещéние цéлика *See* ходовóй винт цéлика.

боевóе снабжéние combat supply; battle supplies.

боевóе соединéние combat unit.

боевóе сообщéние battle message (ССВР).

боевóе соприкосновéние contact (Tac).

боевóе срéдство combat device; combat means; tactical weapon.

боевóе столкновéние conflict, engagement, encounter.

боевóе химúческое веществó chemical agent, chemical warfare agent.

боевóй *adj* combat, battle, tactical.

боевóй взвод cock notch, sear cam notch; cocking piece sear notch; cocked position (SA).

боевóй вы́лет sortie (Avn).

боевóй вы́ступ cocking notch (Lewis MG).

боевóй вы́ступ боевóй личúнки locking lug (R).

боевóй день field day.

боевóй докумéнт combat document.

боевóй дух fighting spirit.

боевóй заря́д powder charge, propelling charge. *See also* пороховóй заря́д.

боевóй кóмпасный курс compass heading on bombing approach.

боевóй комплéкт unit of fire.

боевóй комплéкт вы́стрелов *See* боевóй комплéкт.

боевóй курс direction of attack, battle route (Tk); course of operational flight, course of combat mission (Avn).

боевóй курс атáки axis of attack, axis of advance.

боевóй лазарéт field hospital.

боевóй обóз combat train.

боевóй óпыт combat experience.

боевóй патрóн ball cartridge.

боевóй полёт combat flight.

боевóй поря́док combat formation; disposition, distribution (for combat).

боевóй поря́док артиллéрии artillery in position.

боевóй поря́док батарéи battery in position.

боевóй приём attack maneuver, tactical form of attack (Tk).

боевóй прикáз field order.

боевóй прикáз артиллéрии artillery order, artillery annex.

боевóй путь run, bomb run, bombing approach.

боевóй разворóт chandelle; climbing turn.

боевóй самолёт combat airplane, tactical airplane.

боевóй санитáр company aid man.

боевóй состáв effectives (Mil).

боевóй тир target range.

боевóй у́гол разворóта прицéла drift angle on bomb run (Avn).

боевóй упóр bolt lock.

боевóй усту́п cut in the receiver walls, recess in the sides of the receiver (pistol).

боевóй учáсток combat zone.

боевóй штык combat bayonet (USSR).

боевóй элемéнт combat element.

боевы́е возмóжности combat capabilities.

боевы́е дéйствия combat action, combat operations, field operations, operations.

боевы́е дéйствия в горáх mountain operations.

боевы́е операции большóго масштáба extensive operations.

боевы́е потéри battle casualties.

боевы́е припáсы ammunition; live ammunition.

боевы́е распоряжéния field instructions.

боевы́е срéдства combat means, weapons; war matériel.

боеготóвность readiness for combat.

боезапáсы battle supplies.

боёк striker, firing pin. *See also* жáло.

боекомплéкт unit of fire.

боёк удáрника striker, firing pin (G).

боепитáние ammunition supply.

боеприпáсы ammunition.

боеспосóбность combat efficiency, combat ability.

боéц fighter, soldier.

боéц без орýжия soldier without arms.

боéц-кавалерúст trooper (Cav).

боéц-наблюдáтель *m* observer.

боéц-сáбельник trooper in saber unit (USSR).

боéц-связúст signal-corps man.

боéц с орýжием soldier with arms.

боéц-специалúст military specialist.

"Боéц-стóй!" "Detail, halt!" (one man, USSR).

бой combat; battle, engagement.

бой авангáрда advance-guard action.

бой авангáрдов *See* бой авангáрда.

бой боевого охранения combat outpost action.

бой в воздухе aerial combat, air combat.

бой в глубине обороны combat in the depth of battle position.

бой в горах mountain combat.

бой в зимних условиях winter combat.

бой в конном строю mounted combat.

бой в лесах combat in woods.

бой в населённых пунктах *See* бой за населённые пункты.

бой в окружении combat to break an encirclement.

бой в особых условиях special operations.

бой в пешем строю dismounted combat.

бой за выигрыш времени holding battle, delaying action.

бой за населённые пункты combat in towns.

бой за населённый пункт combat for an inhabited locality.

бой на истребление battle of annihilation.

бой на окружение encircling battle, battle of encirclement.

бой на уничтожение противника battle of annihilation.

бойница loophole, embrasure, port.

бойня slaughter, carnage; massacre; slaughter house.

бой огнём fire fight.

бой петухов rooster fight (Physical Tng).

бок side.

бок-о-бок side by side.

боковая граница lateral boundary.

боковая дорога side road.

боковая застава flank outpost.

боковая наводка heading correction of airplane approaching target.

боковая походная застава flank guard (of Bn).

боковое движение side step (H).

боковое направление lateral direction.

боковое отделение flank guard (of Co).

боковое отклонение deviation in direction, lateral deviation, deflection error.

боковое охранение flank protection, flank security; side cover (Avn).

боковое рассеивание dispersion in deflection, lateral dispersion, dispersion in width.

боковое сгибание lateral flexion (H).

боковое смещение бомбы cross trail (Bombing).

боковое срединное отклонение deflection probable error.

боковое упреждение lateral lead (Arty).

боковой *adj* lateral, flank, side.

боковой авангард flank detachment, flank guard.

боковой барабанчик windage screw.

боковой ветер cross wind, flank wind, lateral wind.

боковой взрыватель transverse fuze.

боковой вид самолёта passing flight, side view of airplane.

боковой диоптрический принцип side dioptric sight (R).

боковой дозор flank patrol (of Co).

боковой дозорный flank man, flanker.

боковой наблюдательный пункт lateral observation post.

боковой отряд flank guard (of Regt and higher unit).

боковой предохранительный щит shoulder guard (G).

боковой ремень шлей side strap (harness).

боковой уровень *See* боковой уровень прицела.

боковой уровень прицела angle of site level, longitudinal level.

бокс boxing.

боксит bauxite.

болванка pig (of metal).

болезнь disease, illness, sickness, ailment.

болеутоляющее средство analgesic.

болотистая местность marshland, marshy terrain.

болотистый *adj* marsh, marshy, swampy.

болото marsh, swamp.

болото-зыбун *n* spongy marsh.

болт bolt (Mech).

болтанка bump, bumpiness (Avn).

боль pain, ache.

больница hospital (Gen Hosp).

больница для душевнобольных insane asylum.

больница с постоянными койками fixed bed hospital.

больной sick; patient, medical case.

больной *adj* sick, ill.

большак *See* грунтовая дорога государственного значения *and* большая дорога.

большая дорога highway.

большая скорость high speed.

большой big, large, great; heavy (losses).

большой барабан bass drum.

большой отмах front sign (Semaphore).

большой палец thumb.

большой привал long halt, long rest halt.

большой угол изображения large angular field, great angular field.

большой шанцевый инструмент entrenching sets, vehicle tools.

бомба bomb.

бомба замедленного действия delayed-action bomb.

бомба-листочек incendiary leaf (Bombing).

бомба немедленного действия instantaneous bomb.

бомбардир bombardier.

бомбардирование с хода bombing with a straight-in approach.

бомбардировать v bomb.

бомбардировка bombardment .

бомбардировка с воздуха See бомбёжка.

бомбардировочная авиационная дивизия bombardment division (Avn).

бомбардировочная авиация bombardment aviation.

бомбардировочная авиация дальнего действия long-range bombardment aviation.

бомбардировочная группа bombardment formation.

бомбардировочная эскадрилья bombardment group.

бомбардировочный adj bombardment, bomber.

бомбардировочный налёт bombing raid, air raid.

бомбардировочный расчёт bombing probability calculations.

бомбардировочный самолёт See бомбардировщик.

бомбардировщик bomber, bombardment airplane.

бомбёжка bombing, bombardment (Avn).

бомбёжка с воздуха See бомбёжка.

бомбить v bomb (Avn).

бомбовая нагрузка bomb load.

бомбовоз See бомбардировщик.

бомбовый люк bomb-bay door.

бомбовый удар bombing attack.

бомбодержатель m bomb rack.

бомбомёт bomb thrower (device).

бомбометание bombing, release of bombs.

бомбометание ночью night bombing.

бомбометание одиночными бомбами individual release (Bombing).

бомбометание по звеньям bombing by flights.

бомбометание по расчёту времени bombing on the ETA, bombing on the estimated time of arrival.

бомбометание по-самолётно individual bombing.

бомбометание с бреющего полёта minimum altitude bombing; hedge-hop bombing, low-level skip bombing.

бомбометание с горизонтального полёта horizontal bombing, level bombing.

бомбометание с кабрирования bombing in zoom following dive.

бомбометание с малых высот minimum altitude bombing; low-altitude bombing.

бомбометание с пикирования dive bombing.

бомбометание с планирования glide bombing.

бомбометание строем formation bombing.

бомбомётчик bomb thrower (man).

бомбосбрасыватель m bomb release mechanism, bomb release assembly.

бомбо-штурмовой удар combined bombing and strafing attack.

бора bora.

борная кислота boric acid.

борода ствола recoil lug (G).

бородок punch (Tech).

бороться v fight, struggle; wrestle; combat.

борт side (ship, truck, etc.); rim.

борт автомашины side of motor vehicle; side of truck.

бортжурнал log book.

борт-механик aerial engineer, flight engineer.

бортовая броня side plating, side armor (Tk).

бортовая передача side transmission, side drive, final drive (Tk).

бортовое освещение external lighting system (Avn).

бортовой визир drift indicator.

бортовой навигационный визир drift-meter.

бортовой фрикцион side clutch (Tk).

бортовые часы mpl aircraft clock.

борт-техник See борт-механик.

борьба wrestling; struggle, strife, fight; combatting, fighting.

босиком adv barefoot.

бочить go sideways (H).

бочка cask, barrel; roll (Avn).

бочкообразное изображение barrel-shaped image.

брак marriage; condemned property; rejects; factory rejects.

браковáть sort out rejects; condemn (declare unfit for use); reject (as unfit for service).

брáндер fire raft.

брандспóйт fuel tube (flamethrower); firehose nozzle.

брасс breast stroke.

братáние fraternization.

брáтская могúла common grave.

брать *v* take; seize, capture; get; clear (barrier); move, assume position (Drill).

брать *v* **в вúлку** bracket.

брать винтóвку на изготóвку raise rifle into position.

брать в клещú gain a pincer hold (Tac).

брать в плен capture, take prisoner.

брать *v* **в стóрону** uncover (Drill).

брать дистáнцию take distance; take interval (flying formation).

брать на буксúр tow, take in tow.

брать на мýшку take aim, take sight.

брать *v* **на передкú** limber.

брать направлéние take a direction; take a heading; take a course, take a bearing.

брать направлéние по кóмпасу orient oneself by compass.

брать на себя́ pull backward (controls).

брать на себя́ отвéтственность assume responsibility.

брать орýжие на плечó shoulder arms.

брать повóдья pick up the reins.

брать под наблюдéние subject to observation, observe.

брать под обстрéл subject to fire.

брать препя́тствие clear an obstacle (Cav).

брать рýки на бёдра place hands on hips.

брать с бóя carry, take by force.

брать штýрмом take by storm.

брáунинг Browning pistol.

бревнó log; horizontal beam (gymnasium).

бред delirium.

брезéнт paulin, tarpaulin; canvas.

брезéнтное ведрó canvas bucket, canvas folding bucket.

брезéнтовый *adj* canvas, tarpaulin.

брешь breach, gap.

брéющий полёт contour flying, hedge hopping, buzzing.

бригáда brigade.

бригáда врачéй medical officers' detail (USSR).

бригáда локомотúва *See* паровóзная бригáда.

бригáдный *adj* brigade.

бригáдный парк brigade park; brigade train.

бригветврáч brigade veterinarian (USSR).

бригврáч brigade surgeon.

бригинтендáнт brigade quartermaster.

бризáнтное взрывчáтое веществó high explosive.

брúзы термúческого происхождéния thermal winds.

брикéт briquet (fuel).

брúтва razor.

брúтвенный нóжик safety razor blade.

брóвка откóса rim of escarpment, rim of slope.

брод ford.

брóдо-мостовáя переправа stream-crossing operation by means of bridges and fording. *See also* **десáнтная переправа.**

бромбензилцианúд brombenzylcyanide.

брóмо-серéбряная пластúнка silver bromide plate (Photo).

бронеавтомобúль *m* armored car.

бронеавтомобúльная рóта armored car company (USSR).

бронеавтомобúльный взвод armored car platoon (USSR).

бронеавтомобúльный дивизиóн armored car battalion (USSR).

бронеавтомобúльный полк armored car regiment (USSR).

бронеавтомобúльный эскадрóн *See* **бронеавтомобúльная рóта.**

бронебáшня armored turret, turret.

бронебóйная голóвка armor-piercing cap.

бронебóйная гранáта armor-piercing shell.

бронебóйная пýля armor-piercing bullet.

бронебóйно-зажигáтельная пýля armor-piercing incendiary bullet.

бронебóйные боеприпáсы armor-piercing ammunition.

бронебóйный *adj* armor-piercing.

бронебóйный наконéчник armor-piercing cap.

бронебóйный патрóн armor-piercing cartridge.

бронебóйный снаря́д armor-piercing projectile, armor-piercing shell.

бронебóйщик antitank rifleman.

броневáя бáшня armored turret, turret.

броневáя засáда ambush by armored force.

броневáя машúна armored car.

броневзвод *See* броневой взвод.
броневик *See* броневой автомобиль.
броневое покрытие armor plating, armor.
броневое средство armored means, armored weapon.
броневой armored; mechanized.
броневой автомобиль armored car.
броневой вагон armored railcar.
броневой взвод armored platoon (USSR).
броневой катер *See* бронированный катер.
броневой корпус armored hull (Tk).
броневой лист armored plate.
броневойска armored troops; mechanized troops.
броневые силы armored forces; mechanized forces.
бронедрезина armored handcar (RR).
бронеединица armored element; mechanized element.
бронекатер *See* бронированный катер.
бронемашина armored car.
бронепаровоз armored locomotive, armored engine.
бронеплита armor plate.
бронеплощадка armored railway mounting; armored car, artillery car (armored train).
бронепоезд armored train.
бронесила armored force.
бронетанковая артиллерия armored artillery.
бронетанковая часть armored unit, tank unit.
бронетанковое средство armored means, armored weapon.
бронетранспортёр armored carrier.
бронецель armored target.
бронечасть armored force, armored unit.
бронеэскадрон armored troop.
бронза bronze.
бронзовый *adj* bronze.
бронирование armor plating.
бронированная машина armored car.
бронированный armored, armor-plated.
бронированный катер armored cutter (Nav).
бронированный клин armored wedge, armored prong, armored spearhead.
бронированный транспорт armored carrier; armored transport (transportation means).
бронировать *v* armor.
бронировка armoring, plating.
бронхи bronchi.
бронхит bronchitis. .
броня armor.

бросать *v* throw, cast; abandon, leave; leave behind.
бросать в бой throw into combat, throw into battle.
бросать поводья drop the reins.
бросаться rush, dash, fling oneself; plunge.
бросаться в атаку launch an attack.
бросаться влево shy off to the left (H).
бросаться вперёд plunge ahead, rush ahead.
бросаться вправо shy off to the right (H).
бросаться в штыки launch a bayonet assault.
бросаться стремглав *v* dart.
бросок throw; dash; rush, short bound (Tac).
бросок в прорыв rush into the breach; launching into the breach.
бросок в штыки bayonet assault.
брус cake (of soap); whetstone; beam, girder. *See also* брусья.
брусовка large square file (tool).
бруствер breastwork, parapet.
брусчатая мостовая stone block pavement.
брусья parallel bars (gymnasium).
брутто gross weight.
брызговик fender (Mtr vehicles).
брыкаться kick (H).
брюки trousers.
брюхо abdomen, belly.
брючный ремень leather waist belt.
брюшной тиф typhoid fever.
бугор hillock, mound; knoll.
будить wake, awake; arouse.
буер iceboat.
буква letter (alphabet).
буквопечатающий аппарат telegraph printer, teletypewriter.
буквопечатающий телеграф teletypewriter, teleprinter (CCBP). *See also* буквопечатающий аппарат.
букса axle-bearing, axle bearing box (RR).
буксир towboat, tug; tow, towing; tow rope. *See also* буксировщик.
буксирная серьга towing yoke, tow hook.
буксирный *adj* towing, tow.
буксирный автомобиль *See* буксировщик.
буксирование *See* буксировка.
буксировка towing.
буксировка лыжников ski joring.
буксировщик tractor, prime mover; towing truck.

буксир отстающих supporting disabled comrades on the march.

буксируемая мишень towed target, tow target.

буксование slippage.

булыжная мостовая cobblestone pavement.

бульдозер bulldozer.

бум horizontal beam (gymnasium).

бумага paper; document.

бумажная изоляция cotton cover, c. c. (Elec).

бур boring bit (tool).

бурав drill (tool).

буран *See* метель.

бурение drilling.

бурение колодцев well drilling.

буровая шашка *See* подрывная шашка.

буря storm, gale.

буссоль compass; compass azimuth, magnetic azimuth, aiming circle; base deflection. *See also* геодезическая буссоль.

буссоль основного направления base deflection (Arty).

буссоль основного орудия compass of the base piece (Arty).

буссоль-угломер *f* aiming circle.

бутылка bottle.

буфер buffer; bumper (RR).

буфер удвоитель buffer and doubler (Rad).

быстро quickly, rapidly; promptly.

быстродвижущаяся цель fast-moving target.

быстродействующая телеграфия high-speed telegraphy.

быстродействующие средства связи rapid means of communication, rapid communications.

быстро-исчезающая цель fleeting target, transient target, transitory target.

быстро меняющаяся обстановка fast-moving situation, rapidly moving situation.

быстроподвижные войска highly mobile troops.

быстроподвижные средства highly mobile means.

быстроподвижные части highly mobile units.

быстро появляющаяся и исчезающая цель fleeting target, transient target, transitory target.

быстро появляющаяся цель fleeting target.

быстро скрывающаяся цель fleeting target; disappearing target.

быстрота speed, rapidity; velocity; promptness.

быстрота отбива quickness of parry (Bayonet Drill).

быстрота передачи speed of transmission (Sig C).

быстрота развития действий impetus of action.

быстрота укола quickness of thrust (Bayonet Drill).

быстротечный бой rapidly moving combat.

быстроходное средство fast-moving means; fast-moving weapon.

быстроходность high mobility, high speed.

быстроходный трактор high-speed tractor.

быстроходный транспорт high-speed transport (means of transportation).

быстрый rapid, fast; prompt.

быстрый аллюр rapid gait.

быстрый разворот quick turn (Avn).

быстрый темп fast tempo; speed, rapidity.

бытовые деньги subsistence allowance.

быть в боях see action.

бюджет budget.

бюджетные денежные средства appropriated funds, budget funds.

бюджетный год fiscal year.

бюллетень погоды weather message.

В

вага splinter bar.

вагон car, railcar, railroad car.

вагон-гондола gondola (RR).

вагонетка push car (RR).

вагонная мастерская car shop (RR).

вагонная радиостанция railway radio set (USSR); railway radio station (USSR).

вагонный сарай car shed (RR).

вагон-платформа *m* flatcar (RR).

вагон с грузом для распределения вдоль линии peddler car, ferry car (RR).

вагóн-холодѝльник refrigerator car (RR).

в администратѝвном порядке by means of administrative action.

вáжный *adj* important, significant; grave; dignified.

вазелѝн vaseline.

вáкуум vacuum.

вáкуумная пóмпа vacuum pump.

вакцѝна vaccine.

вакцинáция vaccination.

вал shaft.

валёк swingletree.

вáленки felt boots.

вал мотóра drive shaft, shaft.

валýн boulder.

вальтрáп *See* вольтрáп.

вáнна tub, bathtub.

вар tar, pitch.

вáрежки mittens.

вариáнт version; variant.

вариомéтр climb indicator, vertical speed indicator; variometer (Rad, Elec).

вáрка cooking.

вáссермановская реáкция Wassermann test.

вáта absorbent cotton.

"В атáку!" "Charge!" (mounted and dismounted combat USSR).

ватерпáс bubble level, water level.

ватт watt.

ваттчáс watt per hour.

в боевóй обстанóвке in the field; before the enemy.

вброд by fording. *See also* переправляться вброд.

введéние сѝворотки administration of serum.

ввёртывать screw in.

вверх up, overhead; upward, upwards.

вверх по рекé upstream.

вверхý *adv* above, overhead.

ввинтѝть *See* ввѝнчивать.

ввѝнчивать *v* screw in.

ввод lead-in (wire); commitment (Tac).

ввод антéнны antenna lead-in.

ввод в бóй commitment to combat.

ввод в пéтлю going into a spiral (Avn).

ввод в штóпор going into a spin (Avn).

вводѝть bring into, introduce; lead in (Elec); march into.

вводѝть в бóй commit to action.

вводѝть в дéйствие make effective, put into effect; bring into action (Tac).

вводѝть в заблуждéние mislead.

ввóдный прóвод lead-in (Rad).

ввод резéрвов commitment of reserves.

ввязываться в бóй be drawn into combat.

в глубинé in depth; in the background.

в глубинý in depth (direction); deep into.

вглубь in depth (direction).

в головé at the head (of a formation).

в гóру *adv* uphill.

вдáвленность фрóнта reentrant (Tac).

"В две шерéнги, стрóйся!" "In two ranks, fall in!"

в дисциплинáрном порядке by means of disciplinary action.

вдоль *adv* along, by, lengthwise.

вдох breath inhaled, inspiration, inhalation.

вдыхáтельный клáпан inlet valve.

ведéние carrying on, leading, conducting; management, administration.

ведéние огня conduct of fire, delivery of fire.

ведéние перепѝски handling of correspondence.

ведóмая детáль driven part (Mech).

вéдомость account; list, return, table.

вéдомость дефéктов unsatisfactory report (of equipment).

вéдомство department (governmental subdivision).

ведóмый дѝск driven disk (Mech).

ведóмый лётчик pilot of succeeding plane (Formation).

ведóмый самолёт succeeding airplane (in formation flight).

ведрó bucket.

ведýщая грань нарéза driving edge of land (G).

ведýщая детáль driving part (Mech).

ведýщая ось driving axle.

ведýщее звенó leading flight.

ведýщее колесó driving wheel, drive sprocket.

ведýщее колесó шассѝ main wheel (landing gear).

ведýщий leader (in a formation).

ведýщий дѝск driving plate (Mech).

ведýщий лётчик leading pilot (Formation).

ведýщий поясóк rotating band (Am).

ведýщий самолёт leading airplane.

вéер fan; sheaf (Arty).

"Вéер!" "Open up formation!" (Avn).

вéер действѝтельного поражéния sheaf covering the target without sweeping.

веерообрáзный *adj* fan-shape, fan-shaped.

вéер разрывов sheaf of bursts, sheaf of fire, series of bursts.

вéер сплошнóго поражéния sheaf covering the target without sweeping.

вéер с распределéнием разрывов sheaf of distributed fire.

вéер сýженный по ширинé цéли sheaf converged to fit the target.

вéжливость courtesy, politeness.

вездехóд *See* **вездехóдный автомобиль.**

вездехóдная лéнта *See* **вездехóдная цепь.**

вездехóдная машина *See* **вездехóдный автомобиль.**

вездехóдная цепь caterpillar band, caterpillar chain.

вездехóдность *See* **повышенная проходимость.**

вездехóдный автомобиль full track-laying vehicle.

вéко eyelid.

вековóй ход изменéния углá магнитного склонéния trend of magnetic declination.

вéктор vector.

велúкий great.

величинá size, magnitude; quantity, value (Math).

величинá отклонéния size of deviation, size of error (Arty).

величинá перебéжки length of rush.

величинá скачкá length of bound (Arty); interval (range or direction bound, Arty).

величинá сýточного перехóда length of day's march.

велосипéд bicycle.

велосипедист bicyclist.

вéна vein (Anatomy).

венерúческая болéзнь venereal disease.

венéц halo (Met); coronary band (H).

вéно wooden ammunition case.

вентилúровать ventilate.

вентилятор cooling fan, fan, ventilator.

вентиляциóнная систéма ventilating system.

вентиляциóнное отвéрстие ventilation port.

вентиляция ventilation.

вéнчик coronary band, coronet; shoulder (Med).

вéнчик удáрника mainspring shoulder, striker locking sleeve (R).

верблюд camel.

вербовáть *v* recruit.

вербóвка recruitment.

верёвка cord, rope, string.

веретенó throttling bar (G).

веретенó тóрмоза откáта control rod, throttling rod, throttling bar (G).

верúтельные грáмоты credentials, letters of credence.

вернýть *vtr* **положéние** return to original position, return to original attitude (Avn).

вернýться return, come back, get back.

вернýться в обычное состояние regain normal state.

вернýться в первоначáльное положéние recover to starting position.

вéрный *adj* sure; true, right, correct; faithful, loyal; safe, reliable.

вéрный на ходý surefooted (H).

верньéр vernier.

верньéрная шкалá vernier dial.

верньéрный конденсáтор vernier capacitor.

вероятная ошибка probable error (Arty).

вероятное боковóе отклонéние deflection probable error.

вероятное отклонéние probable error (Arty).

вероятное отклонéние в дáльности range probable error.

вероятное отклонéние разрывов height-of-burst probable error.

вероятность probability, likelihood, chance.

вероятность попадáния probability of hitting, probabilities of hits (Bombing).

вероятность прóмаха probability of missing (Bombing).

вероятный *adj* probable, likely.

верстá verst (1.067 km, 0.6629 mi). *See also* **двухвёрстка; трёхвёрстка.**

вертикáль vertical, vertical line.

вертикáль бросáния vertical from release point to the ground (Bombing).

вертикáльная антéнна vertical antenna.

вертикáльная аэрофотосъёмка *See* **вертикáльная фотосъёмка.**

вертикáльная гóрка vertical zoom (Avn).

вертикáльная мáска vertical drape (Cam).

вертикáльная навóдка laying for elevation, laying for range.

вертикáльная ось directional axis, vertical axis.

вертикáльная пáра звукоприёмников elevation horns (Sound collector).

вертикáльная плóскость vertical plane.

вертикáльная попрáвка vertical pointing correction (AAA).

вертика́льная ско́рость rate of climb.
вертика́льная ско́рость подъёма *See* вертика́льная ско́рость.
вертика́льная сто́йка vertical strut (Ap).
вертика́льная фе́рма vertical framework.
вертика́льная фотосъёмка vertical photography.
вертика́льная черта́ vertical hair (in optical sight).
вертика́льная шка́ла се́тки reticle range scale.
вертика́льно vertically.
вертика́льно-возду́шные пото́ки vertical motions (Met).
вертика́льное движе́ние vertical motion.
вертика́льное кольцо́ vertical circle (Instruments).
вертика́льное опере́ние fin, vertical stabilizer (Avn).
вертика́льное пики́рование vertical dive (Avn).
вертика́льное положе́ние vertical position.
вертика́льное полотни́ще vertical panel (ССВР).
вертика́льное рассе́ивание vertical dispersion.
вертика́льное смеще́ние vertical offset (Arty).
вертика́льное упрежде́ние principal vertical deflection angle, vertical lead (AAA).
вертика́льный *adj* vertical.
вертика́льный градие́нт vertical gradient.
вертика́льный манёвр vertical maneuver (Tac).
вертика́льный обстре́л vertical field of fire, vertical fire.
вертика́льный срез vertical face (Arty); vertical cut (Cons).
вертика́льный стабилиза́тор fin (Ap).
вертика́льный у́гол vertical angle.
вертика́льный у́гол вы́лета vertical jump.
вертика́льный фотосни́мок vertical photograph.
вертлю́г pintle, pivot; cradle (mount).
верту́шка vane.
верфь dockyard, ship-yard.
верх top.
ве́рхнее дистанцио́нное кольцо́ upper time train ring (time fuze).
ве́рхнее крыло́ upper wing.
ве́рхнее ложево́е кольцо́ upper band (R).

ве́рхнее перо́ боево́й пружи́ны upper arm of the mainspring (revolver).
ве́рхнее строе́ние моста́ superstructure (Bdg).
ве́рхнее строе́ние полотна́ ballast section (RR).
ве́рхние ра́мки коро́ба top cams in the breech casing sides (Maxim MG).
ве́рхний upper.
ве́рхний вы́ступ хвоста́ затво́ра feed operating stud (Lewis MG).
ве́рхний па́лец top pawl (Maxim MG).
ве́рхний спуск sear (Maxim MG).
ве́рхний стано́к лафе́та top carriage (G).
ве́рхний щит ору́дия top shield (G).
ве́рхняя анта́бка lower band swivel, stock ferrule swivel (R).
ве́рхняя бокова́я полоса́ upper side band (Rad).
ве́рхняя плита́ магази́на magazine plate (Lewis MG).
ве́рхняя по́лка top capstrip (Ap).
ве́рхняя то́чка пе́тли top of a loop (Avn).
ве́рхняя часть upper part.
верхова́я езда́ riding, horseback riding.
верхова́я ло́шадь mount, riding horse, saddler.
верхо́вное кома́ндование supreme command.
верхо́вный supreme.
верхо́вный главнокома́ндующий commander in chief.
верхово́й mounted soldier; rider.
верхово́й *adj* mounted, riding; upstream, situated upstream.
верхо́м *adv* on horseback, mounted; astride.
верши́на peak, summit.
верши́на вы́ступа apex of salient.
верши́на траекто́рии summit of trajectory.
верши́на угла́ vertex of angle.
вес weight.
вес боево́го заря́да weight of the charge (Am).
вес ви́нто-мото́рной гру́ппы fixed power plant weight.
весе́нняя распу́тица spring thaw.
весло́ oar, scull, paddle.
весна́ spring (season).
весово́й знак weight mark.
вес порожнём light weight (RR).
вес порохово́го заря́да weight of the charge (Am).

вес пустóго самолёта empty weight of airplane, basic weight of airplane.

вес снарядá weight of the projectile.

вестú lead, conduct, direct; manage; carry on.

вестú бой conduct combat.

вестú борьбý fight, carry on a fight; struggle.

вестú в атáку lead into attack.

вестú войнý wage war.

вестú зáпись keep records; make notes.

вестú наблюдéние observe, conduct observation.

вестú на длúнном поводý lead on a loose rein.

вестú наступлéние conduct an offensive.

вестú обзóр See вестú наблюдéние.

вестú оборóну conduct defense.

вестú огóнь conduct fire, deliver fire.

вестú опрóс interrogate.

вестú переговóры negotiate; carry on conversations (Sig C).

вестú передáчу transmit (Sig C).

вестú приём receive (Sig C).

вестú развéдку reconnoiter.

вестú учёт carry an account of.

вестовóй orderly.

весы́ mpl balance, scales.

весь all, the whole.

ветвь branch; sapling.

вéтер wind.

ветеринáрная пóмощь veterinary aid.

ветеринáрная слýжба veterinary service.

ветеринáрная часть veterinary unit; veterinary detachment.

ветеринáрная эвакуáция evacuation of animals.

ветеринáрная эвакуáция гóном evacuation of animals on foot.

ветеринáрное имýщество veterinary equipment.

ветеринáрное лечéбное заведéние veterinary establishment.

ветеринáрное состоя́ние sanitary condition (of animals).

ветеринáрное учреждéние veterinary installation.

ветеринáрно-профилактúческие мероприя́тия veterinary prophylactic measures.

ветеринáрно-санитáрный надзóр veterinary and sanitary supervision.

ветеринáрно-фéльдшерский пункт veterinary aid station.

ветеринáрные срéдства veterinary facilities.

ветеринáрный adj veterinary.

ветеринáрный врач veterinarian.

ветеринáрный инстрýктор veterinary instructor.

ветеринáрный лазарéт veterinary hospital.

ветеринáрный надзóр veterinary supervision.

ветеринáрный осмóтр veterinary inspection.

ветеринáрный персонáл veterinary personnel.

ветеринáрный пост veterinary station.

ветеринáрный состáв veterinary personnel.

ветеринáрный фéльдшер veterinary technician.

ветлазарéт veterinary hospital.

вéтошка patch (for weapon cleaning).

вéтошь rags; patches (cleaning of weapon).

вéтреный windy.

ветровóе зондúрование wind sounding.

ветровóе стеклó windshield.

ветровóй adj wind.

ветровы́е явлéния wind phenomena.

ветрозащúтная мáска face mask (winter warfare).

ветрозащúтное стеклó windshield.

ветромéр wind direction and velocity indicator.

ветроулáвливатель m rudder air scoop (Balloon).

ветрочёт aircraft computer.

ветря́к vane, windvane.

вéтряная мéльница windmill.

ветря́нка arming vane, vane (Am); wind vane (Met Instruments).

вéтряный adj wind.

вéха stake.

веховáть stake out.

вéчер evening.

вечéрний adj evening.

вечéрняя заря́ retreat (routine garrison service).

вечéрняя повéрка evening roll call (USSR).

вещевóе довóльствие clothing allowance.

вещевóй аттестáт copy of individual clothing and equipment record (USSR).

вещевóй мешóк haversack.

вещéственные доказáтельства real evidence; exhibits (trial, Law).

веществó substance, stuff.

вéщи пéрвого срóка dress equipment.

вещь thing, object.

в завúсимости от обстанóвки depending on the situation.

взаимная выручка   mutual help, comradeship.

взаимная индуктивность   mutual inductance.

взаимная индукция   mutual induction.

взаимная огневая поддержка   mutual fire support.

взаимная оптическая связь   two-way visual communication.

взаимная поддержка   mutual support.

взаимное прикрытие   mutual covering (Fire).

взаимный   mutual, reciprocal.

взаимодействие   coordination; cooperation, mutual support.

взаимодействовать   cooperate.

взаимодействующие соединения   cooperating units.

взаимозаменяемость   interchangeability.

взаимозаменяемые колёса   interchangeable wheels.

взаимозаменяемый   interchangeable.

взаимоотношение   relationship, relation, co-relation.

взаимопомощь   mutual assistance.

взамен   instead of, in return for, in exchange for.

взбираться   climb, mount.

взведение курка   cocking the piece, cocking the hammer.

взвесить   See взвешивать.

взвешивание   weighing.

взвешивать   weigh; consider; appraise, evaluate, estimate.

взвод   platoon.

взвод батальонной артиллерии   heavy-weapons platoon.

взвод боевого питания   ammunition platoon (Arty).

взвод боевого снабжения   See взвод боевого питания.

взвод боепитания   See взвод боевого питания.

взвод в две линии   platoon in two-line formation (USSR).

взвод в линию отделений   platoon in squad columns in line (Inf); platoon in line of sections (Tk).

взвод в линию пулемётов   platoon with machine guns in line (USSR).

взвод звуковой разведки   sound-ranging platoon.

взводить курок   cock, cock the piece, cock the hammer.

взвод конных разведчиков   platoon of mounted scouts (USSR).

взвод курка   cocking the piece, cocking the hammer.

взводная колонна   platoon column.

взводная линия   platoon line.

взводный   platoon leader.

взводный adj   platoon.

взводный патронный пункт   platoon ammunition supply point.

взводный район   platoon defense area.

взвод оптической разведки   flash-ranging platoon.

взвод питания   See взвод боевого снабжения.

взвод продтранспорта   supply transportation platoon (USSR).

взвод прожекторов   searchlight platoon.

взвод ромбом   platoon in diamond formation (USSR).

взвод связи с конницей   artillery liaison platoon (cavalry division).

взвод связи с пехотой   artillery liaison platoon (Inf division).

взвод связи штаба дивизиона   liaison platoon of artillery battalion headquarters (USSR).

взвод снабжения батальона   battalion supply platoon (USSR); battalion administrative and supply group.

взвод станковых пулемётов   machine-gun platoon (USSR); light machine-gun section.

взвод топоразведки   topographic platoon (observation Bn).

взвод углом вперёд   platoon formation in squad columns with one squad forward (Inf); platoon in wedge formation (Tk).

взвод углом назад   platoon formation in squad columns with one squad back (Inf); platoon in inverted wedge formation (Tk).

взвод управления   headquarters section, headquarters platoon.

взвод управления батареи   battery headquarters platoon, battery detail.

взвод управления дивизиона   artillery battalion headquarters.

взвод управления роты   company headquarters.

взвод фотозатвора   shutter trigger.

вздваивание рядов   doubling of ranks (Drill, USSR).

вздваивать v   double.

взимать штраф   collect a fine.

взламывать   crack, break open.

взламывать v оборону   crack defense dispositions.

взлезáние climbing.

взлёт take-off (Avn).

взлетáть take to the air, take off.

взлёт гóркой zooming.

взлётная зóна take-off area.

взлётная лúния take-off line (airdrome, USSR).

взлётная полосá runway for take-off (USSR).

взлётно-посáдочная полосá runway (Avn).

взлёт с боковы́м вéтром cross-wind take-off.

взлёт с попýтным вéтром downwind take-off.

взлёт стрóем formation take-off.

взлóманная брешь gap, penetration, breach.

взмáхивать v swing, wave.

взмывáние ballooning (Ap).

взнýздывать bit (H).

взорвáть v See взрывáть.

взрыв explotion, blast; burst.

взрывáтель m fuze, percussion fuze; firing device (demolitions).

взрывáтель гранáты grenade fuze.

взрывáтель замéдленного дéйствия delay fuze.

взрывáтель мгновéнного дéйствия instantaneous action fuze, instantaneous fuze, nondelay fuze.

взрывáтель нажúмного дéйствия pressure-firing device (antitank mine).

взрывáтель наступнóго дéйствия pressure-firing device (antipersonnel mine).

взрывáтель натяжнóго дéйствия pull-firing device (antipersonnel mine).

взрывáтель осколóчного дéйствия point detonating fuze, instantaneous fuze.

взрывáтель постоя́нного дéйствия See взрывáтель фугáсного дéйствия.

взрывáтель удáрного дéйствия See взрывáтель фугáсного дéйствия.

взрывáтель фугáсного дéйствия delay-action fuze, delay fuze.

взрывáть v blow up, blast.

взрывнóе препя́тствие mined obstacle

взрывпакéт explosive package, demolition package.

взры́вчатое веществó explosive.

взры́вчатое веществó нормáльной мóщности high explosive.

взры́вчатое веществó понúженной мóщности low explosive.

взры́вчатый adj explosive.

взыскáние fine, forfeiture; punishment, penalty.

взя́тка bribe.

взя́точничество bribery.

взять See брать.

виадýк viaduct.

вибрáтор vibrator.

вибрáтор вóющей бóмбы See сирéна вóющей бóмбы.

вибрáция vibration.

вибрáция кры́льев wing vibration.

вибрúровать v vibrate.

вид air; kind, type, class; sight, view; appearance; form, shape; intention; species.

вид боевы́х дéйствий type of warfare.

вид бóя type of combat.

вид дéйствия type of operation.

вид довóльствия class of supplies; type of allowance.

вúдеть see, view.

вúдимая цель visible target.

вúдимость appearance; visibility.

вúдимые размéры кóрпуса самолёта airplane length (Gunnery).

вúдимые размéры кóрпуса тáнка tank length (Gunnery).

вúдимый visible, apparent.

вúдимый ориентúр visual reference (Avn).

вúдимый разря́д visible discharge (Elec).

вид мáрша type of march.

вид огня́ form of fire.

видоискáтель m view finder.

вид сбóку side view.

вид свéрху top view.

вид сзáди rear view.

вид спéреди front view.

вид транспóрта type of transportation.

вúза visa.·

визúр drift, sight; boresight.

визúр-искáтель m дальномéра open sight.

визúрная лúния line of sighting.

визúрная тóчка point of sight.

визúрная трубá telescopic sight.

визúрная трýбка прицéла collimator.

визúрование sighting; pointing (Surv).

визúровать v sight; head (Avn).

визуáльная воздýшная развéдка visual air observation.

визуáльная ориентирóвка orientation by visual means.

визуáльная развéдка visual reconnaissance.

визуа́льное наблюде́ние visual observation.

визуа́льно-инструмента́льный ме́тод самолётовожде́ния combined method of air navigation by means of pilotage and instrument flying.

визуа́льный visual.

визуа́льный индика́тор visual indicator (Avn instrument).

ви́лка fork; plug (Rad); bracket (Arty).

виля́ние хвосто́м fishtail (Avn).

вина́ guilt.

вино́вность guilt.

винт screw; propeller (Ap).

винт домкра́т screw jack.

винт зажи́много кольца́ clamp ring-screw (Lewis MG).

винт крепле́ния прикла́да butt tang screw (Lewis MG).

винтова́я крива́я spiral curve.

винтова́я стя́жка screw coupling.

винтова́я тя́га propeller thrust.

винто́вка rifle.

винто́вка-автома́т f See автомати́ческая винто́вка.

винто́вка "за спино́й" rifle slung on back.

винтово́й adj spiral; screw; propeller.

винто́вочный залп volley (Inf Tac).

винто́вочный миниатю́р-полиго́н miniature rifle range.

винто́вочный ого́нь rifle fire.

винто́вочный патро́н rifle cartridge.

винто́вочный полиго́н rifle range.

винт око́вки заты́льника прикла́да butt plate screw (Lewis MG).

ви́нто-мото́рная гру́ппа power plant (Ap).

винтообра́зная наре́зка helical groove.

винтполиго́н See винто́вочный полиго́н.

винт с изменя́емым в полёте ша́гом controllable-pitch propeller.

винт с изменя́емым ша́гом adjustable-pitch propeller.

винт с постоя́нным ша́гом See винт с фикси́рованным ша́гом.

винт с фикси́рованным ша́гом fixed-pitch propeller.

винт упо́ра front guard screw (R).

вира́ж horizontal turning maneuver (Avn).

вира́ж с кре́ном vertical bank (Avn).

ви́рус virus.

вис hang (gymnasium).

висе́ть hang; be suspended.

вискозиме́тр viscosimeter.

висо́к pl виски́ temple (Anatomy).

висо́чная тесьма́ temple harness strap (gas mask).

вис сза́ди back hang arms extended (gymnasium).

вис стремгла́в inverted front hang (gymnasium).

вися́чее чу́чело swinging dummy (bayonet drill).

вися́чий hanging, suspended.

витами́н vitamin.

вито́к turn (of coil).

вихрево́е движе́ние vortical motion, vortex.

вихрево́й vortical.

вихрево́й смерч tornado vortex.

вихревы́е то́ки eddy currents.

вихрь m eddy; whirl (Met).

вклад deposit (of money).

вкладно́й ствол liner, lining tube.

вкла́дывать v insert; return, replace.

вкла́дыш подши́пника bearing insert (Mech).

вклине́ние wedging in; break-in (Tac).

включа́ть include, incorporate; switch on, connect (Elec).

включа́ться tap (Tp).

включа́ть ште́псель plug in (Elec).

включе́ние tapping; inclusion, incorporation; switching on, connection (Elec); infiltration (march).

включе́ние в провода́ tapping wires (Tp).

включе́ние предохрани́теля putting the machine gun at "safe."

включённые ла́мпочки освеще́ния pilot lights on (Rad).

"В коло́нну по два станови́сь!" "Form column of twos!"

"В коло́нну по два стро́йся!" "Form column of twos!"

вла́га moisture.

владе́лец owner.

владе́ть own, possess; command, have command of; control.

владе́ть лы́жами master ski technique.

вла́жность humidity, dampness.

вла́жность по́роха residual moisture in powder.

вла́жный adj damp.

вла́жный тума́н fog.

вла́сти authorities.

власть power, authority, rule.

вле́во to the left, to one's left.

"Вле́во — отбе́й!" "Parry left!"

влечь за собо́й entail; draw (penalty).

влива́ние infusion; injection.

влия́ние influence; authority; prestige.

влия́ть influence, have an influence on, affect.

вложе́ние inclosure (Correspondence).

вменя́ть в обя́занность impose upon one as obligation or duty.

вме́сте together, at the same time.

вмеша́тельство intervention.

вне outside, outside of; out of; beyond.

внеаэродро́мный полёт local flight (outside of local flying area).

вневойсковая подгото́вка military training for civilians.

вне доро́г adv cross-country.

внедре́ние inculcation, instillation, indoctrination; introduction (into); insertion.

внедря́ть inculcate, instill, indoctrinate; introduce (into); insert.

внеза́пная ата́ка surprise attack.

внеза́пно suddenly, unexpectedly.

внеза́пное нападе́ние surprise attack.

внеза́пно появля́ющаяся цель target of opportunity.

внеза́пность surprise, unexpectedness; suddenness.

внеза́пность ата́ки surprise by unexpected attack.

внеза́пный sudden; unexpected, surprise.

внеза́пный ого́нь surprise fire.

внеза́пный уда́р sudden attack, sudden blow.

внеочередно́й о́тпуск emergency furlough.

внепла́новый unplanned; unscheduled; contingent.

внеполётная подгото́вка ground training (Avn).

в непосре́дственной свя́зи in close coordination.

вне преде́лов досяга́емости out of range.

внесе́ние попра́вок amendment, amending.

вне слу́жбы off duty.

вне соприкоснове́ния out of contact.

внесро́чное донесе́ние special report, aperiodic report.

внести́ замеша́тельство cause confusion, confuse.

вне стро́я not in formation.

внеуче́бное вре́мя time free from training.

внешко́льный extracurricular.

вне́шнее ориенти́рование relative orientation (Photo).

вне́шние операцио́нные ли́нии exterior lines (Strategy).

вне́шний external, exterior, outward; surface, superficial.

вне́шний пост post of exterior guard.

вне́шний самолёт wing plane (formation).

вне́шний указа́тель external indicator (CCBP).

вне́шний фланг exterior flank.

вне́шняя бали́стика exterior ballistics.

вне́шняя отчётность financial reports for higher echelons.

вне́шняя охра́на exterior guard.

вниз down, downward.

вниз по тече́нию downstream.

внизу́ beneath, below, under.

внима́ние attention; regard, notice; consideration.

"Внима́ние!" "Attention to orders!" (signal).

внима́тельный attentive; alert.

вноси́ть carry into, bring in; enter (Bookkeeping); introduce (a motion, etc); include.

вноси́ть затуха́ние v attenuate (Rad).

внудре́с codress (CCBP).

вну́треннее ориенти́рование absolute orientation (Photo).

вну́треннее сопротивле́ние plate resistance (Elec).

вну́треннее устро́йство interior organization, interior structure.

вну́треннее хозя́йственное обслу́живание interior supply service of a unit.

вну́треннее хозя́йство interior administration.

вну́тренние операцио́нные ли́нии interior lines (Strategy).

вну́тренний adj internal, interior, inner, inside, inward; domestic.

вну́тренний карау́л interior guard.

вну́тренний контро́ль interior administrative control.

вну́тренний фланг inner flank.

вну́тренний ше́нкель inward leg (Horsemanship).

вну́тренности fpl intestines.

вну́тренняя бали́стика interior ballistics.

вну́тренняя организа́ция interior organization.

вну́тренняя отчётность accounting records of internal administration; bookkeeping of internal administration.

вну́тренняя охра́на interior guard.

вну́тренняя перегоро́дка bulkhead; turret shield (Tk).

вну́тренняя связь intercommunication.

внутренняя служба   routine garrison duty.

внутри   in, inside, within.

внутривенное введение медикаментов   intravenous injection.

внутриокружной перелёт   flight within one military district.

внутри-служебный   intra-service (ССВР).

внутританковый   intratank.

внутрь   into, inside, inward, into the depth of.

во время   during.

вогнутость дужки   camber (Ap wing).

вогнутый adj   concave.

вода   water.

вода негодная для питья   unpotable water.

в одиночном порядке   one by one.

водитель m   driver, operator of motor vehicle.

водитель паровоза   engineer, pilot (RR).

водительский состав   drivers, driver personnel (MT).

водить   See вести.

водка   vodka.

водная администрация   inland waterway service.

водная преграда   water obstacle, water barrier, river line.

водное пространство   body of water.

"В одну шеренгу, стройся!"   "In one rank, fall in!"

водные коммуникации   See водный путь.

водные сообщения   water communications.

водный adj   water, aquatic; hydrous (oxides).

водный путь   waterway; water route.

водный рубеж   river line.

водобоязнь   rabies.

водоём   water reservoir; swimming place, swimming pool.

водоизмещение   displacement, tonnage.

водокачка   water works.

водолаз   diver.

водоналивной элемент   wet cell.

водонапорная башня   water tower.

водонепроницаемый   waterproof, water-resistant, water-tight.

водоносный горизонт   water table.

водоносный слой   saturated zone, water bearing layer.

водоотвод   draining ditch.

водоподъёмное здание   See водокачка.

водопой   watering (of animals); watering place (for animals); horse-pond.

водопровод   water piping; water works.

водопроводная сеть   water works system, water system.

водопроводный инструмент   plumber's tool.

водоразборочный пункт   water distribution point.

водораздел   watershed, divide.

водород   hydrogen.

водоснабжение   water supply.

водоспускная труба   waste pipe.

водосток   drain; sump; watercourse; thalweg.

водохранилище   water reservoir, storage cistern.

водочистительный   water purifying.

водяная мельница   water mill.

водяное охлаждение   water cooling.

водяной насос   water pump (engine).

водяной смерч   waterspout (Met).

водяные пары   water vapor.

воевать   wage war.

военветфельдшер   veterinary technician.

военизировать   train civilians in military subjects; militarize, put on military footing.

военинженер   See военный инженер.

военкомат   See военный комиссариат.

военкор   See военный корреспондент.

военная автотранспортная повинность   compulsory placement of motor vehicles at the disposal of military authorities, motor car conscription.

военная академия   war college.

военная власть   military authorities.

военная дисциплина   military discipline.

военная добыча   captured matériel.

военная доктрина   doctrine of war.

военная дорога   supply road within the army service area; line of communications.

военная железная дорога   military railway, military railroad.

военная игра   war game.

военная история   military history.

военная карта   military map.

Военная Коллегия Верховного Суда СССР   military division of the supreme court of the USSR.

военная контрабанда   contraband of war.

военная машина   military motor vehicle.

военная надобность   military necessity.

военная необходимость   military necessity; war emergency.

военная обстановка   military situation.

военная подготовка military training.

военная потребность *See* военная надобность.

военная продукция war production.

военная прокуратура Judge Advocate General's Department; staff judge advocate's office.

военная промышленность war industry.

военная сеть military circuit (ССВР).

военная служба military service.

военная тайна military secret.

военная техника war matériel.

военная фотограмметрия military photogrammetry.

военная хитрость stratagem; artifice, deception.

военная цель military objective; military target.

военно-автомобильный транспорт army motor transport (transportation means).

военно-ветеринарная служба veterinary service.

военно-ветеринарное довольствие veterinary supplies (Mil).

военно-ветеринарное управление veterinary service of the Medical Department.

военно-ветеринарный состав military veterinary personnel.

Военно-Воздушные Силы Army Air Forces; air forces.

военновоздушный флот air arms of army and navy.

военно - географический справочник military geographical reference book.

военноголубиная станция loft, pigeon loft.

военнодорожный отряд unit of transportation corps.

военное ведомство Military Establishment.

военное вооружение armament, war material.

военное время time of war, wartime.

военное голубеводство Signal Corps pigeon breeding.

военное дело military science.

военное железнодорожное имущество military railway property.

военное звание military rank.

военное искусство military art.

военное мастерство combat skill, military skill.

военное начальство military command.

военное право military law.

военное снабжение military supply.

военное собаководство Army dog breeding.

военное хозяйство military economy; military administration; military property.

военноинженерное дело military engineering, army engineering.

военноинженерное имущество *See* военноинженерное оборудование.

военноинженерное оборудование engineering equipment.

военноконская повинность compulsory horse draft, horse draft for military service.

военнолечебное заведение Medical Department installation.

военно-медицинский состав military medical personnel.

военноморской флот navy.

военнообязанный person subject to military service. *See also* военнообязанный запаса.

военнообязанный запаса reservist.

военнопленный prisoner of war.

военнополевая юстиция military justice in the field; administration of military justice in the field.

военно-политическая подготовка military and political training.

военнопочтовая голубиная станция *See* военноголубиная станция.

военнопочтовая станция Army post office.

военнопочтовая часть army postal unit.

военнопродовольственная база military supply base.

военно-ремонтная лошадь remount.

военносанитарная служба medical service, army medical service.

военносанитарное довольствие medical supplies.

военносанитарное управление Medical Department.

военносанитарный поезд *See* санитарный поезд.

военнослужащий serviceman, military man, person in the military service.

военностроительное управление army engineer department (USSR).

военностроительный отдел engineer division.

военнотехническая академия technical war college.

военнотехническая литература military technical literature.

военнотехнический состав military technical personnel.

военнотехни́ческое ве́домство technical department (Mil, USSR).

военнотехни́ческое управле́ние *See* военнотехни́ческое ве́домство.

военнотопографи́ческие ча́сти topographic units.

военнотра́нспортные ча́сти transportation units.

военноуче́бное заведе́ние military school.

военноуче́бный пункт center for military training for civilians.

военнофина́нсовое управле́ние finance department.

военнофина́нсовый отде́л finance section.

военнохими́ческая слу́жба army chemical service.

военнохими́ческие боеприпа́сы chemical ammunition.

военнохими́ческий склад chemical depot.

военнохими́ческое де́ло chemical warfare.

военнохими́ческое дово́льствие chemical supplies.

военнохими́ческое иму́щество chemical warfare equipment.

военнохими́ческое снабже́ние chemical supply, chemical supplies.

военнохими́ческое сре́дство chemical agent, chemical warfare agent.

военнохозя́йственная де́ятельность administrative activity (Mil); administrative functions (Mil).

военнохозя́йственная снабже́нческая часть service company, division quartermaster service.

военно-хозя́йственное снабже́ние quartermaster supply; quartermaster supplies.

военнохозя́йственный взвод service platoon.

военнохозя́йственный обо́з quartermaster train.

военнохозя́йственный соста́в administrative personnel, service personnel.

Вое́нные Возду́шные Си́лы Рабо́че Кретсья́нской Кра́сной А́рмии Workers and Peasants Red Army's Air Forces.

вое́нные де́йствия military operations.

вое́нные доро́ги military roads.

вое́нные зна́ния military knowledge.

вое́нные опера́ции military operations.

вое́нные сообще́ния military transportation lines; military communications.

вое́нный *adj* military, war, martial, army.

вое́нный автомоби́ль military motor vehicle.

вое́нный аэродро́м military airdrome.

вое́нный бараба́н snare drum.

вое́нный биле́т registration certificate, draft card.

вое́нный бино́кль field glass.

вое́нный врач medical officer.

вое́нный городо́к cantonment, military post.

вое́нный грим camouflage make-up, skin tonedown.

вое́нный груз military load, military cargo.

вое́нный докуме́нт military document, military record.

вое́нный зубно́й врач dental officer.

вое́нный инжене́р army engineer.

вое́нный комиссариа́т *See* Наро́дный Коммиссариа́т Оборо́ны.

вое́нный комисса́р ча́сти military unit commissar (USSR).

вое́нный кора́бль warship.

вое́нный корреспонде́нт war correspondent.

вое́нный нача́льник military commander.

вое́нный объе́кт military objective.

вое́нный о́круг service command.

вое́нный о́рден military decoration.

вое́нный призмати́ческий бино́кль prismatic field glass.

вое́нный прокуро́р judge advocate; trial judge advocate.

вое́нный самолёт military airplane.

вое́нный сле́дователь investigating officer (Mil Law).

вое́нный сове́т war council.

вое́нный суд military court.

вое́нный трибуна́л military tribunal (USSR).

вое́нный трибуна́л а́рмии military tribunal of army (USSR).

вое́нный трибуна́л диви́зии division military tribunal (USSR).

вое́нный трибуна́л ко́рпуса corps military tribunal (USSR).

вое́нный трибуна́л о́круга military tribunal of service command (USSR).

вое́нный трибуна́л фро́нта military tribunal of army group (USSR).

вое́нный шпиона́ж espionage.

вое́нный юри́ст judge advocate.

военто́рг army exchange.

военфе́льдшер medical noncommissioned officer.

вожа́тый соба́к dog's master, master of war dogs.

вожде́ние leading, guiding; driving.

вожде́ние войск troop leading.

во́жжи *fpl* driving line.

возбуди́тель *m* driver, exciter (Elec).

возбуди́тель пожа́ра incendiary.

возбужда́ть energize; generate; excite (Elec).

возбужда́ть подозре́ние arouse suspicion.

возбужда́ющая ступе́нь driver (Elec).

возбужде́ние excitement; excitation (Elec).

возбужде́ние по́ля field excitation (Elec).

возведе́ние препя́тствий erection of obstacles.

возводи́ть construct, build, erect.

возводи́ть в сте́пень raise to power (Math).

возврати́ться *See* возвраща́ться.

возвра́тная пружи́на driving spring (MG). *See also* возвра́тно-боева́я пружи́на.

возвра́тная пружи́на што́ка operating rod spring (R).

возвра́тно-боева́я пружи́на mainspring, recoil spring.

возвра́т че́рез зе́млю ground return.

возвраща́ть *v* на ро́дину repatriate.

возвраща́ться *v* return.

возвраще́ние return; restitution; reversion.

возвраще́ние в строй return to duty.

возвыше́ние elevation.

возвы́шенное ме́сто high ground.

возвы́шенность elevation; height (of terrain).

возвы́шенный бе́рег high bank.

возглавля́ть head, be at the head of.

возде́йствие influence, sway, interference, effect, pressure.

возде́йствовать influence, affect, have effection.

во́здух air, atmosphere.

воздухоочисти́тель *m* air cleaner.

воздухопла́вание aerostatics, aerostation.

воздухопла́вательная ста́нция base for lighter-than-air aircraft (USSR).

воздухопла́вательная часть balloon unit; airship unit.

воздухопла́вательные ча́сти balloon troops; airship troops.

воздухопла́вательный aeronautical; airship navigation.

воздухопла́вательный отря́д balloon detachment, airship detachment.

воздухоприёмник air scoop.

воздухофло́т *See* военновозду́шный флот.

возду́шная артиллери́йская разве́дка artillery air observation.

возду́шная ата́ка air attack.

возду́шная ба́за base established by high bursts; airbase.

возду́шная боле́знь airsickness.

возду́шная ды́мка damp haze, haze.

возду́шная заса́да aerial ambush.

возду́шная ка́мера air mixing chamber (Mtr).

возду́шная контрата́ка aerial counter-attack.

возду́шная ли́ния overhead line (Tp, Tg).

возду́шная ма́сса air mass.

возду́шная навига́ция air navigation.

возду́шная оборо́на aerial defense.

возду́шная обстано́вка air situation.

возду́шная опа́сность danger of air attack.

возду́шная разве́дка air reconnaissance, air observation.

возду́шная связь aviation liaison.

возду́шная ско́рость airspeed.

возду́шная ско́рость плани́рования gliding speed (Avn).

возду́шная среда́ surrounding air (Met).

возду́шная стрельба́ aerial fire (Avn).

возду́шная тра́сса airway (route).

возду́шная трево́га air alarm, air alert, air raid alert.

возду́шная фотографи́ческая разве́дка air photographic reconnaissance.

возду́шная фотосъёмка aerial photography.

возду́шная цель air target, aerial target.

возду́шная эмболи́я aeroembolism.

возду́шная я́ма air hole, air pocket.

возду́шно-деса́нтная диви́зия airborne division.

возду́шно-деса́нтная опера́ция airborne operation.

возду́шно-деса́нтный *adj* airborne.

возду́шно-деса́нтный отря́д airborne detachment.

возду́шное загражде́ние balloon barrage, barrage.

возду́шное наблюде́ние air observation, aerial observation.

возду́шное наблюде́ние оповеще́ние и связь aircraft warning service.

возду́шное нападе́ние air attack.

возду́шное оповеще́ние air-raid warning.

возду́шное охлажде́ние air cooling.

воздушное пространство air space, air.
воздушное сопротивление air resistance.
воздушное течение air current.
воздушное транспортирование air transportation, transportation by air.
воздушное фотографирование aerial photography.
воздушно-химическая тревога air-and-gas alarm.
воздушно-химическое нападение air-and-gas attack.
воздушные силы air forces.
воздушные тормоза dive brakes, dive flaps, air brakes.
воздушный *adj* air, aerial.
воздушный базис air base (Aerial Photo).
воздушный бой air fighting, air combat.
воздушный винт aircraft propeller, propeller, airscrew.
воздушный десант airborne landing; airborne landing force.
воздушный дозор air patrol.
воздушный зазор air gap (Rad).
воздушный конденсатор air capacitor.
воздушный корабль aircraft, airborne vehicle.
воздушный накатник pneumatic recuperator, air recuperator (G).
воздушный налёт air raid.
воздушный парад aerial parade, aerial review.
воздушный поезд glider train.
воздушный покров blanket of air.
воздушный поток airstream, airflow.
воздушный противник air enemy.
воздушный путь airway.
воздушный разведчик reconnaissance airplane; scouting-observation airplane (Navy).
воздушный разрыв air burst.
воздушный резервуар air reservoir (G).
воздушный репер high burst, check point in high-burst registration.
воздушный слой air layer.
воздушный снимок aerial photograph.
воздушный термометр air thermometer; thermometer.
воздушный тормоз air brake (Mech).
воздушный транспорт air transport; air transportation.
воздушный фартук barrage cable net (AA obstacle).
воздушный фиктивный репер high-burst center used as a check point.
воздушный флот *See* военновоздушный флот.
воздушный фотоснимок air photograph.

возимая артиллерия portée artillery.
возимые запасы unit reserves (supply).
возимый *adj* portée (Arty); carried, transported, conveyed.
возимый боевой комплект unit ammunition reserves.
возимый огнемёт wheeled flamethrower.
возимый шанцевый инструмент entrenching sets, vehicle tools.
возить carry, transport, convey, haul.
возка transporting.
возлагать entrust, assign.
возлагать задачу assign mission.
возлагать ответственность impose responsibility.
возложенная задача assigned mission.
возмездие retaliation, revenge.
возмещать ущерб make reparation for loss or damage.
возмещение compensation, reimbursement.
возмещение стоимости reimburse (for lost property).
возможности *fpl* possibilities; capabilities.
возможность opportunity, chance, possibility.
возможный possible.
возмущающие силы disturbing factors.
вознаграждение compensation; pay, wages, salary.
возникновение origin, beginning, rise; breaking out.
возобновить *See* возобновлять.
возобновление resumption, renewal; restoration.
возобновлять resume, renew, begin again; restore.
возражение objection.
возраст age.
возрастание increase.
возрастать *v* increase.
воин warrior, soldier.
воинская вежливость military courtesy.
воинская дисциплина military discipline.
воинская команда detail, party.
воинская обязанность military duty.
воинская повинность conscription, compulsory military service, draft.
воинские почести military honors.
воинские преступления military offenses; offenses against military order and discipline; military crime.
воинский багаж military baggage.
воинский поезд troop train.

во́инский эшело́н transportation grouping, unit echelon (USSR).

во́инское зва́ние grade, rank.

во́инское мастерство́ See вое́нное мастерство́.

во́йлок felt (fabric).

война́ war, warfare.

война́ на уничтоже́ние проти́вника war of annihilation.

войска́ troops, forces.

войска́ вое́нных сообще́ний Transportation Corps.

войска́ вспомога́тельного значе́ния auxiliary troops.

войска́ свя́зи signal communication troops; signal troops; communication troops.

войскова́я авиа́ция organic aviation of corps, division, and regiment (USSR).

войскова́я артилле́рия organic artillery of corps, division, regiment, and battalion (USSR).

войскова́я зени́тная артилле́рия antiaircraft artillery employed with other forces.

войскова́я коло́нна column of troops.

войскова́я ко́нница organic cavalry of corps, division, and regiment (USSR).

войскова́я мимикри́я blending (Cam).

войскова́я пово́зка military vehicle.

войскова́я разве́дка army reconnaissance.

войскова́я разве́дывательная авиа́ция organic reconnaissance aviation of corps, division, and regiment.

войскова́я часть military unit (corps and lower).

войскова́я шко́ла military training school, troop school.

войсково́е звено́ вое́нной доро́ги communications of division and corps areas.

войсково́е иму́щество military property.

войсково́е инжене́рное де́ло army engineering.

войсково́е подразделе́ние See подразделе́ние.

войсково́е соедине́ние See соедине́ние.

войсково́е учрежде́ние unit establishment, unit installation.

войсково́е хозя́йство administration procedures in corps and lower units; unit administration.

войсково́й adj military, army (of corps and lower units).

войсково́й артиллери́йский склад ordnance depot (for corps and lower units).

войсково́й инжене́р unit engineer.

войсково́й команди́р unit commander.

войсково́й нача́льник See войсково́й команди́р.

войсково́й обо́з unit train (corps and lower units).

войсково́й приёмник unit reception center (USSR).

войсково́й райо́н combat zone excluding army service area.

войсково́й ремо́нт organizational maintenance (first and second echelon).

войсково́й самолёт airplane forming a part of the organic aviation of corps, division, or regiment.

войсково́й склад division and corps depot.

войсково́й тра́нспорт organic transport (corps, division, and lower units).

войсково́й тыл division and regiment service areas.

войсково́й хозя́йственный о́рган supply agency (of corps and lower units).

войсково́й штаб unit staff, unit headquarters.

войсковы́е запа́сы unit supplies.

войсковы́е ремо́нтные мастерски́е army repair shops.

войсковы́е тыловы́е учрежде́ния rear establishments of corps and lower units.

войти́ See входи́ть.

вокза́л station, railroad station, railroad depot.

вол ох.

волды́рь m blister.

волна́ wave; assault wave (Tac). See also радиоволна́.

волна́ оповеще́ния warning net frequency, warning frequency.

волна́ разры́ва burst wave.

волни́стая ли́ния undulating line.

волни́стое желе́зо See гофриро́ванное желе́зо.

волнова́я анте́нна wave antenna.

волнова́я ата́ка attack in waves.

волнова́я тео́рия цикло́нов wave theory of cyclones.

волново́е сопротивле́ние characteristic impedance, surge impedance.

волновы́е колеба́ния wave vibration.

волноме́р гетероди́нный frequency meter.

во́лны модули́рованные звуково́й частото́й tone modulated waves.

волоку́ша travois.

волосно́й гигро́метр hair hygrometer.

во́лосы hair.

волочащаяся антенна trailing antenna, trailing wire antenna.

"Вольно!" "Rest!"; "At ease!".

вольнонаёмный civilian employee; camp retainer.

вольнонаёмный состав civilian employees, contract personnel.

вольные движения free movements.

вольт vault (H); volt (Elec).

вольтижировка vaulting (H).

вольтижировочная лошадь vaulting horse.

вольтижировочное седло vaulting saddle (H).

вольтметр voltmeter.

вольтова дуга electric arc.

вольтрап saddlecloth.

вольфрамовая сталь tungsten steel.

вольфрамовый adj tungsten. See also тунгстеновый.

воля will, will power; freedom, liberty; power.

воодушевлять inspire; raise the spirit of.

вооружать arm, supply with arms; turn against.

вооружение armament.

вооружение группового пользования crew-served weapons.

вооружение пришедшее в негодность worn-out matériel.

вооружённое вмешательство armed intervention.

вооружённое восстание armed uprising.

вооружённые силы armed forces.

вооружённый adj armed, under arms; combat, military.

вооружённый нейтралитет armed neutrality.

в оперативном отношении operationally; strategically.

вопрос question, query; problem.

ворваться break into, penetrate.

ворваться в прорыв break into the gap, push through the gap.

воронка shell hole, crater; funnel; cone; belt guide (MG).

ворот winch, windlass; collar.

воротник collar.

восковка tracing paper, tracing cloth; overlay.

воскресенье Sunday.

воспаление inflammation.

воспаление лёгких pneumonia.

воспалительное состояние inflammatory condition.

воспитание education; training.

воспитательное воздействие educational effect.

воспитывать educate; train.

воспламенение inflammation, ignition.

воспламенитель m igniter. See also запал.

воспламеняемость inflammability.

воспламеняющий механизм See воспламенитель m.

воспламеняющийся inflammable.

восполнять потери replenish losses; replace losses, replace casualties.

воспрепятствовать prevent, hinder, hamper; deny.

воспретить See воспрещать.

воспрещать forbid, prohibit; interdict.

воспрещение prohibition, withholding (of privileges); interdiction.

воспрещение отлучек restriction to limits.

восстанавливать re-establish, reconstitute; rebuild, restore, reconstruct; reinstate; reproduce; turn against.

восстанавливать положение restore the situation.

восстановительная работа rehabilitation work, reconstruction work.

восстановительная хирургия restorative surgery, reconstructive surgery.

восстановление restoration, readjustment, renovation, rehabilitation, reconstruction.

восстановление запасов replenishment of supplies.

восстановление здоровья recovery (Med).

восстановление порядка restoration of order.

восстановленный фронт reorganized front.

восстановлять reestablish; reconstitute, restore; reconstruct, rebuild; rehabilitate.

восстановлять запасы replenish supplies.

восток east.

восточное склонение east declination.

восточный eastern, east; oriental.

восход солнца sunrise.

восходящая бочка climbing roll (Avn).

восходящая ветвь ascending branch (of trajectory).

восходящий поток воздуха up-current, up-draft, rising current.

восьмёрка figure eight.

в отрыве apart from; independently.

вошь louse.

воющая бомба screaming bomb (German).

воюющая сторона belligerent party.

воюющий *adj* belligerent.

вперёд forward, ahead, forth, onward.

"Вперёд!" "Forward!".

впереди in front of, ahead of, before.

впередилежащая местность foreground.

впечатление impression, influence, effect.

в письменном виде in writing.

вплавь by swimming.

вплотную close, up to.

в поводу at the lead (Cav).

в подчинении subordinate to, under the command of.

в полевых условиях in the field.

вполне fully, entirely, wholly, quite.

в порядке подчинённости through channels.

в порядке службы in line of duty.

в походе on the march; during the march.

вправо right, to the right, to one's right.

"Вправо — Отбей!" "Parry right!"

враг enemy, foe.

враждебная деятельность hostile activity.

врасплох by surprise, unawares.

врач physician, doctor.

врач военно-воздушных сил flight surgeon.

врачебная комиссия medical board.

врачебная помощь medical care, medical assistance.

врачебное вмешательство medical attention.

врачебное наблюдение medical observation.

врачебный контроль sanitary control.

врач-специалист specialist (Med).

вращательная скорость rotative speed.

вращательное движение rotation, rotatory motion.

вращать rotate.

вращаться rotate, turn, revolve, run, gyrate.

вращающаяся головка панорамы rotating head of panoramic telescope.

вращающаяся катушка moving coil.

вращающаяся пулемётная башня rotating machine-gun turret.

вращающаяся часть орудия rotating parts of gun.

вращающееся контактное устройство turret collector ring.

вращение rotation, gyration, revolution, turn.

вращение снаряда rotation of projectile.

вращение через крыло rolling (Avn).

вредитель *m* saboteur.

вредительство sabotage; subversive activity.

вредное сопротивление parasite drag (Avn); loss resistance (Rad).

врезаться wedge into, break in.

временная огневая позиция temporary firing position.

временная остановка огня temporary halt in firing, suspension of firing.

временная схема temporary sketch.

временно temporarily, provisionally.

временное оборудование temporary installation.

временное расстройство душевной деятельности temporary insanity.

временно исполняющий обязанности acting (temporary duty).

временный temporary, provisional.

временный аэродром temporary airdrome.

временный караул temporary guard.

временный полевой устав tentative field service regulations.

временный пост discontinuous post.

временный пропуск temporary pass; class "B" pass.

временный успех temporary success.

время *n* time. *See also* **во время.**

время года season (of year).

время запаздывания установки трубки time interval between fuze setting and firing.

время падения бомбы time of fall of the bomb, time of fall (Aerial Bomb).

время полёта *See* **время полёта снаряда.**

время полёта снаряда time of flight (Ballistics).

время составления сообщения time of origin of message (ССВР).

врубка notching.

"В ружьё!" "Take arms!"

"В руку!" "Trail arms!"

вручную by hand, manually.

"В ряды стройся!" "Form single ranks!" (to re-form from "double ranks").

всадник rider, mounted soldier, horseman.

всасывающая труба intake tube.

всасывающий насос suction pump.

всасывающий патрубок *See* **всасывающий трубопровод.**

всáсывающий трубопровóд intake manifold.

всеволновóй приёмник all-wave receiver.

всеóбщая вóинская обязанность selective service, conscription.

всеóбщий universal.

вскок jump mount (gymnasium).

вскрывáть open; break; tear open; disclose; lance; perform autopsy.

вскрывáть цель disclose target, discover target.

вскрытие opening; breaking; tearing open; post-mortem examination, autopsy; lancing.

вслéдствие in consequence of, owing to.

вспомогáтельная авиáция auxiliary aviation (USSR).

вспомогáтельная антéнна sensing antenna (Direction Finding); spare antenna.

вспомогáтельная задáча See дополнúтельная задáча.

вспомогáтельная лúнза auxiliary lens (Photo).

вспомогáтельная тóчка навóдки auxiliary aiming point.

вспомогáтельная тóчка прицéливания auxiliary aiming point.

вспомогáтельное визúрное приспособлéние open sight (Arty).

вспомогáтельные войскá auxiliary troops.

вспомогáтельные слýжбы auxiliary services; special services.

вспомогáтельный adj auxiliary.

вспомогáтельный генерáтор auxiliary generator.

вспомогáтельный докумéнт supplementary document.

вспомогáтельный наблюдáтельный пункт auxiliary observation post.

вспомогáтельный ремéнь subsidiary sling (to secure rifle while skiing); auxiliary leather strap (to secure rifle while firing).

вспомогáтельный удáр secondary attack, holding attack.

вспор uprise, upstart (gymnasium).

вспрыскивание сыворотки injection; administration of serum.

вспышка flash, flare; outbreak, outburst; ignition (Mtr).

вставáть get up, stand up; stand up for, defend; rise.

вставлять штéпсель plug in (Elec).

встать See вставáть.

"Встать!" "Up!"

встать во весь рост stand erect.

встать в первоначáльное положéние recover, recover to starting position.

встать на маршрýт set the course (Avn).

"Встать, смúрно!" "Attention!" (command to sitting men to stand at attention, USSR).

в стóрону in the direction of.

в стóроны to the side; to the sides.

встрéча meeting, encounter; reception.

встрéча по расчёту plotted interception (Avn).

встрéча с протúвником encounter, engagement (Tac).

встречáть сопротивлéние encounter resistance.

встрéчное движéние head-on movement.

встрéчное наступлéние See встрéчный бой.

встрéчное сражéние See встрéчный бой.

встрéчное столкновéние See встрéчный бой.

встрéчный бой meeting engagement.

встрéчный вéтер head wind.

встрéчный марш greeting march (Music).

встрéчный удáр counterblow, counterattack.

вступáть enter; join; become a member of.

вступáть в бой enter into combat, join battle.

вступáть в соприкосновéние make contact (with enemy).

вступúтельные испытáния entrance examinations.

вступлéние introduction (to a book, article, etc); joining, becoming a member of; entry.

в судéбном порядке judicially, by means of court action.

всхолмлённая мéстность rolling country, rolling terrain.

в тактúческом отношéнии tactically; from the tactical viewpoint.

в течéние during.

вторáя кабúна rear cockpit (Ap).

вторжéние intrusion; invasion.

вторúчная обмóтка secondary winding (Elec).

вторúчная обрабóтка ран secondary treatment of wounds, definitive treatment of wounds.

вторúчное кровотечéние secondary hemorrhage.

вторúчный фронт secondary front (Met).

вторичный шов secondary suture.

вторник Tuesday.

второе отделение staff section No. 2, personnel section (regiment and lower units, USSR).

второе управление самолёта second set of controls (Ap).

второй second.

второй детектор second detector.

второй круг second circle over airdrome awaiting landing.

второй лётчик co-pilot.

второй (2-й) отдёл section No 2 of a general staff, personnel section (USSR). *See also* строевой отдёл.

второй помощник оперативного отдёла second assistant of chief of operations section (USSR).

второй унос swing pair (Animal Trans).

второй эшелон полкового обоза rear echelon of regimental train.

2-й (второй) эшелон штаба rear echelon (Hq).

в тороках strapped to the saddle.

второстепённая графическая сеть supplementary control (Surv).

второстепённая цель secondary target, objective of lower priority.

второстепённое направлёние direction of secondary attack.

второстепённый secondary.

втулка bushing, sleeve (Mech); hub (Ap).

втулка возвратной пружины mainspring collet (Lewis MG).

втулка воздушного винта propeller hub.

втулка колеса hub cap.

втулка отражателя ejector hub (Lewis MG).

втулка снаряда adapter (Am).

втыкать *v* stick in, drive in; insert.

втягиваться в бой be drawn into battle.

втянутость в state of being seasoned (Mil).

вулканизация vulcanization.

вулканическая дымка volcanic haze.

вулканическая пыль volcanic ashes, volcanic dust.

в упор point blank.

вход entrance; input (Rad).

входить enter, go into, come into, penetrate; be a part of, belong to.

входить в связь establish contact, make contact, gain contact (with friendly troops).

входить в соприкосновёние establish contact, make contact, gain contact (with enemy).

входить в состав be included, be comprised.

входное отверстие trap door; hatch (Ap).

входное полное сопротивлёние input impedance.

входной контур input circuit.

входной трансформатор input transformer.

входные данные basic data (Arty).

входящая переписка incoming correspondence.

входящая почта incoming correspondence.

вхождёние в облака entrance into the overcast.

вхождёние в связь establishment of communication.

вхолостую idly.

вчера yesterday.

в шифрованной форме in cipher.

выбивать oust, evict, drive out, eject (Tac); knock out, force out; strike (a medal, etc).

выбирать select, choose, pick out; elect; recover (Avn).

выбирать мёртвый ход take up the lost motion, take up the slack.

выбитый из строя *adj* put out of action.

выбоина nick, indentation, low spot in road.

выбор selection, choice; election.

выбор огневых позиций selection of firing positions.

выбраковка condemnation, rejection.

выбрасыватель *m* extractor (SA); cartridge-case extractor (G).

выбрасывать throw out, throw away, discard; throw into, forward (Tac); bail (Prcht); extend (arm or leg); fire (from job); waste.

выбрасывать десант land a parachute force.

выбрасывать *v tr* на парашютах land by means of parachutes.

выбрасывать резёрвы throw in reserves.

выбрасываться bail out (Prcht).

выбрать *See* выбирать.

выбросить *See* выбрасывать.

выбросить винтовку вперёд throw the rifle forward (Drill).

выбросить вперёд throw forward, throw out.

выброситься *See* выбрасываться.

выброска throwing out, pushing out, moving forward; establishing in forward areas (depots, etc.); bailing out (Prcht); dropping, landing (Prcht); dispatch.

выброска авиадесанта *See* выброска десанта.

выброска десанта dropping of a parachute force.

выбывать depart; leave; quit.

выбывать из строя become a casualty; be put out of action, be knocked out (matériel).

выбывший из строя casualty; missing from the ranks.

выверенная лента compared tape (Surv).

выверенная прицельная линия zeroed line of sighting, adjusted line of sighting.

выверенный adjusted, set (instrument).

выверка adjustment.

выверка прицельной линии bore sighting.

выверять *v* adjust, set (instrument).

вывести *See* выводить.

выветривание erosion, weathering.

вывих dislocation (Med).

вывод conclusion, deduction, inference; bringing out; withdrawal; lead (Tech). recovery (Avn).

вывод из обстановки estimate of the situation.

вывод из пике *See* вывод из пикирования.

вывод из пикирования pull out (Avn).

вывод из строя disabling, knocking out.

выводить lead out, take out.

выводить из строя knock out, put out of commission, put out of action.

выводить караул turn out the guard

выводить орудие на позицию bring out the gun.

выводка *See* выводка лошадей.

выводка лошадей leading out (H).

вывод на себя evacuation by supporting carry.

выводная антенная труба antenna sleeve guide (Ap).

выводная трубка ejection tube (MG).

выводной soldier escorting prisoners.

вывод разрыва на линию наблюдения bringing the burst to the observing line.

вывод раненых supporting carry.

вывоз evacuation; exports.

вывозной полёт training flight.

выгнать drive out, oust.

выговор reprimand (Mil Law).

выговор в предписании written reprimand.

выговор в приказе reprimand published in special order.

выговор перед строем reprimand in front of troops (Mil Law, USSR).

выгодная цель profitable target, remunerative target, favorable target.

выгодный *adj* favorable, advantageous; profitable.

выгружать unload, detrain, detruck, disembark.

выгрузка detraining, detrucking, unloading.

выгрузочная станция detraining station.

выгрузочный район detrucking area.

выдавать distribute; issue; betray, give away; impersonate; extradite.

выдача distribution; issue, issuance; issued items; betrayal, giving away; extradition.

выдвигать advance, push forward; pull out, take out; put forward, bring forth; promote (in a job).

выдвигаться *v intr* push out.

выдвижение advance, movement forward; forwarding.

выдвижение пулемёта на руках в разделённом виде moving dismounted gun by hand.

выдвижение пулемёта на руках в собранном виде moving mounted gun by hand.

выдвижной *adj* sliding.

выдвижной окуляр adjustable eyepiece.

выдвижной прицел sight with extensible shank.

выдвижной сердечник plunger.

выдвинуть *See* выдвигать.

выдвинуть ногу на выпад lunge forward on leg.

выделение apportioning, allotment, setting aside; detailing; selection; secretion, excretion.

выделение пота sweating, perspiring.

выделенный designated, specified, detailed.

выделять assign, detail; discriminate.

выделяться *v* stand out.

выдёргивать *v* pull out.

выдерживание holding off (landing); leveling off (take off); holding, maintaining.

выдерживать дистанцию maintain distance.

выдержка stamina, physical fitness; exposure time, exposure (Photo).

выдернуть штык withdraw the bayonet.

выдох exhalation, expiration.

выдыхательный клапан outlet valve.

выíезд departure; trip, ride.

выíездить ло́шадь break (H).

выíездка breaking (H).

выíезд на пози́цию moving to position, movement into position, going into position (Arty).

выезжа́ть на пози́цию move to position, go into position.

выíем groove.

выíемка cut (road); recess; taking out; seizure (Law); hollow, groove.

выíем ло́жи grasping groove (R).

выжига́ние burning.

выжига́ние неприя́теля burning out enemy personnel (flame-throwing operation).

выжида́ние вы́стрела withholding of fire.

выжида́ние це́ли swinging ahead of target.

выжида́тельная пози́ция intermediate position (Tk).

выжида́тельная та́нковая пози́ция See выжида́тельная пози́ция.

выжида́тельный райо́н intermediate position area (Tanks).

выжида́ть wait, wait for opportunity.

выздора́вливающий convalescent case.

вы́здороветь recuperate, recover.

выздоровле́ние convalescence, recovery.

вы́зов call, calling; call sign (semaphore).

вы́зов в суд summons; subpoena.

вы́зов огня́ call for fire, request for fire.

вы́зов се́ти net call (CCBP).

вызыва́ть call, call for, call out; send for; arouse, create; provoke; cause.

вызыва́ть ого́нь v call for fire, request fire.

вызыва́ть подозре́ние See возбуди́ть подозре́ние.

вызыва́ть пожа́р start fire, set afire.

вызывна́я цепь ringer circuit (Tp).

вызывно́е приспособле́ние calling device, ringer (Tp).

вы́играть вре́мя gain time.

вы́игрыш вре́мени gaining of time. See also бой за вы́игрыш вре́мени.

вы́кладка infantry pack.

выкла́дывать знак display sign.

выключа́тель m circuit breaker.

выключа́тель аккумуля́тора storage battery switch (Elec).

выключа́тель батаре́и battery switch (Elec).

выключа́тель зажига́ния ignition switch.

выключа́тель освеще́ния light switch; blackout switch (Tk).

выключа́тель пода́чи то́плива fuel cut off.

выключа́тель пусково́й боби́ны booster coil switch.

выключа́ть disconnect, turn off, switch off.

выключа́ть зажига́ние switch off the ignition.

выключе́ние предохрани́теля putting the gun at "ready"; putting the gun in action.

вы́колотка punch, drift (Tech).

"выку́ривание" неприя́теля smoking out enemy personnel (CWS).

вы́лазка sortie, sally.

вы́лет v take off; sortie (Avn).

вылив но́й авиацио́нный прибо́р airplane spray tank.

вымога́тельство extortion.

вы́мпел drop-message container.

вынесе́ние moving forward, advancing; carrying away; enduring.

вы́нос stagger (Ap); suspension (H).

вы́нос вручну́ю arms carry to the rear, manual transport to the rear (Med).

выноси́ть move out; advance.

выноси́ть пригово́р pronounce sentence.

вы́нос кры́льев stagger (Ap).

выно́сливость endurance, hardiness; soundness (H).

выно́сливый hardy, enduring.

вы́нос ра́неных carry of wounded.

вы́нос то́чки наво́дки lead (Moving target).

вы́нос то́чки прице́ливания See вы́нос то́чки наво́дки.

вы́нудить See вынужда́ть.

вынужда́ть force.

вы́нужденная остано́вка emergency stop.

вы́нужденная поса́дка forced landing, emergency landing.

вы́нужденный adj forced, enforced, compulsory; emergency.

вы́нужденный манёвр alternative procedure (Avn).

вы́нужденный маршру́т hazardous course of flight dictated by tactical situation (Avn).

вы́нужденный прыжо́к emergency jump (Prcht).

вы́пад lunge.

вы́печка baking.

вы́писать v discharge (from hospital).

вы́писка extract (of documents); discharge (from hospital).

выполнéние execution, fulfillment, carrying out, accomplishment, achievement. *See also* исполнéние.
выполнéние дóлга fulfillment of duty.
выполнéние задáния performance of mission.
выполнéние задáчи accomplishment of mission.
выполнéние обязанностей performance of duty; fulfillment of obligation.
выполнéние отбива execution of parry.
выполнять execute, perform, carry out.
выполнять задáчу execute mission, accomplish mission.
выполнять развéдку execute reconnaissance, perform reconnaissance.
выправка bearing, appearance; smartness, good posture.
выправлять straighten; level off (Avn).
выпрыгивание bailing out (Avn).
выпрягáние unhitching.
выпрягáть unhitch.
выпрямитель *m* rectifier (Elec).
выпрямитель для измерéния тóка антéнны antenna meter rectifier.
выпрямительная лáмпа rectifier tube, rectifying tube.
выпрямлённый ток rectified current.
выпрямлять straighten, keep straight.
выпуклый convex.
выпускáть шассú extend landing gear.
выпускнáя антéнна trailing antenna.
выравненные полóтнища alined panels (ССВР).
вырáвнивание alignment, alinement; leveling off (Avn); balance (Elec).
вырáвнивание самолёта на посáдку leveling off for landing, leveling out.
вырáвниватель *m* leveling mechanism.
вырáвниваться *v intr* в затылок cover (Drill).
вырáвнивающий конденсáтор padding capacitor.
выражáть express, make clear.
выражéние expression; indication; facial aspect, look; phrase, idiom.
вырваться escape; break out (Tac).
вырез cut, notch; recess.
вырез магазúна notch cut in the upper front end of the magazine (pistol).
выруливание taxiing out.
выруливать *v* taxi out.
выручка gain, profit; mutual help; rescue.
вырыть dig, dig out, dig up, excavate, exhume.

высадка debarkation, landing; disembarkation; detraining; detrucking.
высадка десáнта landing, landing operation, amphibious operation; landing of air-landing force.
высáживать debark, land; land by air.
высáживать *v tr* десáнт land an air-landing force; land (amphibious operation).
высáживать с самолётов *tr* disembark from airplanes, land from aiplanes.
высáживаться с самолёта deplane.
выскáкивание jumping out.
выслать *See* высылáть.
выслéживать *v* stalk, track (follow); spy.
выслуга срóчной службы completion of regular military service (USSR).
высмотреть spot, trace.
высóкая манёвренность superior maneuverability.
высóкая подвúжность high mobility.
высóкая температýра high temperature; fever.
высóкая цель high target.
высóкая частотá high frequency, radio frequency.
высóкий high, tall.
высóкий вáкуум high vacuum.
высóкий прыжóк high jump.
высокó *adv* high.
высокогóрная болéзнь mountain sickness.
высокогóрная зóна high mountain zone.
высокогóрные таблицы стрельбы high mountain firing tables.
высóкое бомбардúрование high altitude bombing, high level bombing.
высóкое напряжéние high voltage, high tension.
высококвалифицúрованный лётчик highly skilled pilot.
высококучевые облакá altocumulus.
высокó-легúрованная сталь high-alloy steel.
высокоóмный *adj* high resistance (Elec).
высокоплáн high wing monoplane.
высокорасполóженное крылó high wing.
высокоскóростный истребúтель high-speed fighter.
высóко-слóистые облакá altostratus.
высóко-частóтная связь по проводáм carrier transmission (Elec).
высотá height, altitude.
высотá бомбометáния altitude of release (Bombing).
высотá в хóлке height (H).

высота коробки биплана gap (biplane).
высота облачности ceiling, ceiling of clouds.
высота разрыва height of burst.
высота самолёта altitude of airplane (AAA). *See also* угол места.
высота тона pitch of tone.
высота точки height of site (Arty).
высота траектории maximum ordinate.
высота укрытия height of mask.
высотная стереоаэрофотосъёмка aerial stereoscopic photography.
высотная съёмка *See* высотная фотосъёмка.
высотная фотосъёмка high-altitude photography.
высотность мотора high altitude performance of engine (Avn).
высотный high-altitude.
высотный барограф altigraph. *See also* высотописец.
высотный мотор high-altitude engine.
высотный ориентир check point of known elevation (Arty).
высотный полёт high-altitude flight.
высотный прыжок high-level jump.
высотный экипаж high-altitude crew.
высотомер altimeter; height finder (AA).
высотописец altigraph.
выставление часовых posting of sentinels.
выставлять маяк post a marker (person).
выставлять ногу extend leg.
выстраивание рядов forming of ranks.
выстраивать караул form the guard.
выстраивать смену караульных form relief (guard duty).
выстраиваться aline.
выстрел shot; round; report (sound).
выступ lug; cam; projection; salient.
выступать start, set out, depart, march off, leave; jut out, project, protrude.
выступать в разведку depart on a reconnaissance mission.
выступ верхнего пера боевой пружины notched end of mainspring (revolver).
выступ замыкателя затвора breech lock cam (MG).
выступление departure, setting forth.
выступ спусковой тяги trigger yoke (pistol).
выступы кожуха затвора locking ribs (pistol).
высшая инстанция higher authority. *See also* вышестоящая инстанция.
высшая мера социальной защиты

extreme measure of social protection (USSR), capital punishment.
высшая точка peak.
высшая школа верховой езды high school of horsemanship.
высшее воинское соединение large unit (division, corps, separate brigade, USSR).
высшее командование higher command.
высшее соединение higher unit.
высший highest, higher; supreme.
высший командир superior commander.
высший начальник superior commander; higher commander.
высший начальствующий состав *See* генералы.
высший пилотаж highly skilled piloting (Avn).
высший штаб higher staff, higher headquarters.
высылать send, send out; dispatch; banish, exile.
высылка dispatching, sending, sending out; deportation; banishment, exile.
вытекать flow out, flow from; follow, result.
вытравливать *v* bleach.
вытягивание extension.
вытягивание колонны formation of column.
вытягивать *v* stretch.
вытягивать батареи form batteries in column formation.
вытяжное кольцо rip cord ring, rip cord grip (Prcht).
вытяжной парашютик pilot parachute.
вытяжной путь sorting track, track (RR).
вытяжной трос rip cord (Prcht).
выучка training, study, skill.
выхлоп exhaust.
выхлоп мотора engine exhaust.
выхлопная труба exhaust pipe.
выхлопной газ exhaust gas.
выхлопной клапан exhaust valve.
выхлопной коллектор exhaust manifold; exhaust collector.
выхлопной патрубок exhaust pipe.
выход exit, outlet, way out, egress; coming out.
выход в лагерь leaving for camp.
выход в поле tactical walk.
выход в тыл противника gaining of enemy's rear.
"Выходи!" "Dismount!" (Tk).
выход из боя disengagement, withdrawal from action, breaking off combat.

выход из крена   recovery from bank (Avn).

выход из окружения   break out of encirclement.

выход из пикирования   pull out (Dive bombing).

выход из строя   leaving ranks; leaving formation; dropping out (Avn).

выходить за пределы власти   exceed authority.

выходить из строя   leave ranks; leave formation, drop out (Avn).

выход на разведку   departure on a reconnaissance mission.

выход на цель   approach to the target (Avn).

выходная лампа   output tube (Rad).

выходная мощность   output power (Rad).

выходная ступень   output stage (Rad).

выходное полное сопротивление   output impedance.

выходное пособие   mustering out pay.

выходной день   day off.

выходной контур   output circuit.

выходной пентод   output pentode.

выходной трансформатор   output transformer.

выходные зажимы   output terminals (Elec).

вычесть   subtract.

вычисление   computation, calculation.

вычисление исходных данных   computation of initial data.

вычислитель m   computer, member of a computing and plotting section (observation Bn).

вычислительное отделение   computing section (USSR), computing and plotting section.

вычислительный взвод   computing platoon (USSR).

вычислять   calculate, compute, figure up, figure out.

вычитание   subtraction.

вычитать v   subtract.

вышедшее из строя орудие   unserviceable gun.

вышедший из строя танк   disabled tank.

вышестоящая инстанция   higher authority.

вышестоящий   superior, higher.

вышестоящий командир   higher commander.

вышестоящий штаб   higher headquarters, headquarters of higher echelon.

вышечный парашют   captive canopy (Prcht tower).

вышибной заряд   burster (Arty); propelling charge (Mort).

вышибной патрон   ignition cartridge (mortar).

вышка   tower.

вышмыг   hand balance (Gymnastics).

выявить   See выявлять.

выявление   exposing; finding out, determining.

выявлять   expose, make apparent; find out.

выяснение личности   identification (of person).

выяснение обстановки   development of situation, clarification of situation.

выяснять   clarify; ascertain.

выяснять обстановку   develop the situation.

вьюк   pack (Animal transport).

вьюк боевых колёс   wheels pack (Pack Arty, USSR).

вьюк люльки   cradle pack (Pack Arty, USSR).

вьюковожатый   pack driver, packer.

вьюк патронов   ammunition pack (Pack Arty).

вьюк ствола   tube pack (Pack Arty, USSR).

вьюк хоботовой части орудия   trail pack (Pack Arty, USSR).

вьюк щита орудия   shield pack (Pack Arty, USSR).

вьючить v   pack (Animal Trans).

вьючка   packing (Animal Trans).

вьючная артиллерия   pack artillery.

вьючная лошадь   pack horse.

вьючная радиостанция   pack radio set.

вьючно-горная артиллерия   pack artillery.

вьючно-горная батарея   pack battery of mountain artillery, mountain battery.

вьючное животное   pack animal.

вьючное кольцо   cantle ring.

вьючное приспособление   pack equipment (Animal Trans).

вьючное седло   packsaddle.

вьючно-колёсный строй   pack-and-wagon formation.

вьючно-патронный ящик   ammunition box (pack transport).

вьючный adj   pack.

вьючный мул   pack mule.

вьючный обоз   pack train.

вьючный транспорт   pack train, pack transportation.

вязкий soggy; viscous.
вязкий грунт swampy ground, swampy soil, soggy ground.

вязкость viscosity.
вялость sluggishness; flabbiness.
вялый негатив soft negative.

Г

гаагская конвенция Hague convention.
габарит gabarit; over-all dimensions.
габаритная высота over-all height.
габаритная длина over-all length.
габаритная ширина over-all width.
гавань port, harbor.
гаечный ключ для надульника barrel mouthpiece spanner (Lewis MG).
газ gas; poison gas.
"Газ!" See "Газы!"
газоанализатор fuel mixture indicator, exhaust gas analyzer (Mtr).
газобаллонная атака chemical cloud attack, cloud gas attack.
газобаллонное нападение See газобаллонная атака.
газовая атака gas attack.
газовая война gas warfare.
газовая волна gas cloud.
газовая гангрена gas gangrene.
газовая дисциплина gas discipline.
газовая камера See газовая камора.
газовая камора gas chamber (Lewis MG); gas cylinder.
газовая постоянная gas constant (Met).
газовая тревога gas alarm.
газовое давление gas pressure.
газовое нападение See газовая атака.
газовое отверстие ствола gas port (SA).
газоволновая атака See газобаллонная атака.
газовый adj gas.
газовый баллон дирижабля gas cell (Ash).
газовый патрубок gas regulator (automatic R).
газовый поршень gas cylinder piston.
газовый регулятор gas regulator (SA).
газовый цилиндр gas cylinder (Lewis MG); piston (operating rod, automatic R, USSR).
газогенератор producer, gas generator.
газойль m Diesel oil.
газомёт chemical projector.
газонаполненный gas-filled.
газоопределитель m chemical agent detector kit; gas detection device.
газоотвод steam escape tube (MG).

газоотравленный adj gassed, gas casualty.
газосветная лампа glow lamp, glow discharge tube.
газоубежище gasproof shelter.
газоулавливатель m gas sampling device.
газофильтр gas filter, filter (CWS).
"Газы!" "Gas!"
гайдроп guide rope.
гайка nut (mechanical).
гайка втулки propeller retaining nut.
гайка ударника firing spring stop (76 mm. gun).
галеты biscuits.
гало halo (Met).
галоп gallop.
галоп на месте canter without gaining ground.
галоп на трёх ногах canter on three legs.
галопом at the gallop.
галоп спереди назад canter to the rear.
галос See гало.
гальванизация galvanization.
гальванизированная пуля electroplated bullet.
гальванический элемент primary cell.
гальванопластика electroplating.
галька pebble.
ганаш lower jaw (H).
гангрена gangrene.
гараж garage.
гарантия guarantee.
гармоника accordion; harmonic (Rad).
гармонический adj harmonic.
гармонический анализ harmonic analysis.
гарнизон garrison.
гарнизонный караул interior guard.
гарнизонный устав garrison duty regulations (USSR).
гарнизон опорного пункта holding garrison.
гасить extinguish; neutralize (Tac).
гать corduroy road.
гаубица howitzer.
гаубица большой мощности heavy howitzer, high-power howitzer.

гáубица на железнодорóжной устанóв- ке railway howitzer.

гáубичная артиллéрия howitzers, howitzer artillery.

гáубичная батарéя howitzer battery.

гáубичное орýдие See гáубицá.

гауптвáхта guardhouse.

гашéние extinguishing; neutralization (fire).

гвардéец guardsman (member of elite unit, USSR).

гвардéйская часть guard unit (elite unit, USSR).

гвардéйский adj guard (elite).

гвоздь m nail.

гексóд hexode, six element tube.

гектáр hectare.

гéлий helium.

геликóптер helicopter.

гелиогрáф heliograph, sunshine recorder.

гелиотрóп heliotrope (instrument).

геморрóй hemorrhoids.

генерáл general (officer).

генерáл áрмии general, full general.

генерáл-лейтенáнт lieutenant general.

генерáл-майóр major general.

генерáл полкóвник colonel general (USSR).

генерáлы general officers.

генерáльное наступлéние general offensive, all-out offensive; all-out attack.

Генерáльный Штаб War Department General Staff.

генерáльный штаб Крáсной Áрмии General Staff of the Red Army.

генерáтор generator, dynamo.

генерáтор высóкого напряжéния high-voltage generator.

генерáтор колебáний oscillator.

генерáторная лáмпа oscillator tube.

генерáтор перемéнного тóка alternator, a. c. generator.

генерáтор постоя́нного тóка direct-current generator, d. c. generator.

генерáтор стабилизи́рованный квáрцем crystal-controlled oscillator.

генерáтор тóка generator (Elec).

генерáтор электрóнных колебáний electron oscillator.

генери́ровать generate.

гéнри henry (Elec).

генштáб See генерáльный штаб.

географи́ческая долготá longitude.

географи́ческая координáта geographical coordinate.

географи́ческая широтá latitude.

географи́ческие координáты geographic coordinates.

географи́ческий geographic.

географи́ческий áзимут true azimuth.

географи́ческий меридиáн true meridian, geographic meridian.

географи́ческое положéние geographical position.

геодези́ческая координáта geodetic coordinate.

геодези́ческая ли́ния geodetic line.

геодези́ческая тóчка geodetic point.

геодези́ческий знак geodetic sign, geodetic symbol; military symbol (Mil Surv).

геодези́ческий катáлог geodetic index map.

геодези́ческий отря́д geodetic detachment (USSR).

геодези́ческий треугóльник geodetic triangle.

геодéзия geodesy.

геометри́ческая прогрéссия geometrical progression.

геометри́ческая сеть geometric grid, perspective grid.

геометри́ческая фигýра geometric figure.

геометри́ческий шаг винтá geometrical pitch of a propeller.

геомéтрия geometry.

геофи́зика geophysics.

геофизи́ческая обсерватóрия geophysical observatory.

гептóд pentagrid tube.

герметизáция gasproofing.

герметúческая кабúна pressure cabin (Avn).

герметúческая укýпорка hermetic packing.

герметúческий hermetical.

герои́зм heroism.

герои́ческий пóдвиг heroic deed, feat of arms; gallantry in action.

герц cycle per second.

гетерогéнный heterogeneous.

гетеродúн beat-note, heterodyne note.

гетеродúнный волномéр heterodyne wavemeter.

гетеродúнный генерáтор beat frequency oscillator.

гетеродúнный приём heterodyne reception.

гетеродúнный приёмник heterodyne receiver; beat receiver.

гúбель ruin, destruction; loss; wreck.

гúбкая шéя light neck (H).

гúбкий flexible, elastic; pliable; nimble, supple; resourceful; yielding, pliant.

гúбкий манёвр flexible maneuver.

гúбкий экрáн flexible shielding.

гибкое управление flexible control (Tac).
гибкость flexibility, elasticity; pliability; nimbleness, suppleness; resourcefulness.
гибкость маневрирования flexibility of maneuver.
гибкость огня flexibility of fire.
гигиена hygiene, sanitation.
гигиенический hygienic, sanitary.
гигрограф hygrograph.
гигрометр hygrometer.
гигроскопический hygroscopic.
гигроскопический уровень hygroscopic level.
гидравлическая колонна water column, water crane, water pillar (RR).
гидравлический компенсатор hydraulic recoil brake (G).
гидравлический тормоз hydraulic brake.
гидравлический тормоз отката hydraulic recoil brake.
гидравлическое сопротивление при накате hydraulic resistance to counterrecoil.
гидравлическое сопротивление при откате hydraulic resistance to retarded recoil.
гидроаэродром seaplane port.
гидроаэроплан See гидросамолёт.
гидрография hydrography.
гидрология hydrology.
гидролодка flying boat.
гидро-метеорологическая служба hydro-meteorological service (USSR).
гидро-пневматический накатник hydro-pneumatic recuperator.
гидропульт sprinkler, sprinkling pump, stirrup pump.
гидропульт-ведро bucket-type sprinkling pump.
гидропульт-костыль m stirrup pump.
гидросамолёт seaplane.
гидротехническая часть engineer water-supply unit.
гидротехнические части engineer water-supply troops.
гильберт gilbert (Elec).
гильза cartridge case; shell case.
гильза гнезда sleeve of jack (Elec).
гильзовое распределение sleeve valve.
гимнаст gymnast.
гимнастёрка pull-over tunic.
гимнастика calisthenics, gymnastics, setting-up exercises.
гимнастические туфли canvas slippers, sneakers.
гимнастический снаряд gymnastic apparatus, gymnastic appliance.

гипербола hyperbola (Math).
гиперболическая функция hyperbolic function (Math).
гипотенуза hypotenuse.
гипсовать apply cast.
гипсовая повязка plaster cast.
гирополукомпас See гироскопический полукомпас.
гироприбор gyro instrument.
гироскоп gyroscope.
гироскопический компас gyro compass, gyroscopic compass.
гироскопический полукомпас directional gyro.
гистерезис hysteresis.
глава chapter; head, chief.
главная линия снабжения main supply road (ССВР). See also основной маршрут.
главная масса main body, bulk.
главная масса артиллерии main body of the artillery, bulk of the artillery.
главная обязанность chief duty.
главная полоса обороны battle position.
главная полоса сопротивления See главная полоса обороны.
главная точка principal point (Photo).
главная цель primary target.
Главное военно-санитарное управление Medical Department.
главное командование high command.
главное направление decisive direction, direction of main effort, direction of main attack.
главное оружие principal weapon, basic weapon.
главное сопротивление main defensive effort.
главные детали main parts.
главные силы main forces, main body.
главный chief, principal, main, primary.
главный аэродром main airdrome.
главный вокзал main station (RR).
главный компас D navigator's compass.
главный купол парашюта canopy (Prcht).
главный маршал родов войск Field Marchal of Branch of Service (USSR).
главный оборонительный рубеж main line of resistance.
главный ориентир principal landmark.
главный путь main track, main line.
главный разделительный знак long break (ССВР).
главный удар main effort; main attack, decisive attack.

гла́вный фрикцио́н main clutch (Tk).

гла́вный фронт front (Met).

гла́дкая подко́ва calkless horseshoe.

гла́дкая ска́чка flat race.

гла́дкий кана́л ствола́ smooth bore.

гла́дкий се́ктор затво́рного гнезда́ slotted sector of breech recess (G).

гла́дкий се́ктор по́ршня slotted sector of breechblock, plain sector of breechlock.

гладкоство́льный *adj* smooth-bore.

глаз eye.

глазно́е я́блоко eyeball.

глазно́й *adj* eye.

глазно́й дио́птр diopter scale.

глазной зри́тельный ба́зис eye base (Photo).

глазоме́р estimation of distance by eye; estimation by eye.

глазоме́рная съёмка eye sketching, eye work, hasty sketching, field sketching (Surv).

глазоме́рное определе́ние estimation by eye.

глазоме́рное определе́ние да́льности range estimation, range estimation by eye.

глазоме́рное определе́ние расстоя́ний *See* глазоме́рное определе́ние да́льности.

глазоме́рный чертёж eye sketch, sketch.

гла́сис glacis.

гле́тчер glacier.

гли́на clay.

гли́нистый грунт clayey ground.

глиноби́тный пол earthen floor, floor of clay bound with crushed rock (Stable).

глисса́да glide path (Avn).

глисса́дная систе́ма слепо́й поса́дки instrument landing system.

глисса́дный индика́тор glide path indicator.

глисса́дный переда́тчик glide path transmitter.

глисса́дный посадочный прибо́р instrument landing indicator.

глицери́н glycerine.

глубина́ depth. *See also* в глубину́, в глубине́.

глубина́ ата́ки depth of attack.

глубина́ боево́го поря́дка depth of battle formation, depth of formation for combat.

глубина́ бо́я depth of combat; depth of combat area.

глубина́ де́йствия depth of action, depth of operation.

глубина́ коло́нны depth of column.

глубина́ модуля́ции percentage of modulation (Rad).

глубина́ наре́за depth of groove (rifling).

глубина́ оборо́ны depth of defense, depth of defense dispositions.

глубина́ построе́ния depth of formation.

глубина́ похо́дной коло́нны depth of route column.

глубина́ предме́та depth of object (Photo).

глубина́ преодолева́емых бро́дов fording depth (vehicle).

глубина́ промерза́ния depth of freezing.

глубина́ проника́ния penetration, depth of penetration.

глубина́ проти́вника depth of enemy's dispositions.

глубина́ расположе́ния depth of disposition (Tac).

глубина́ ре́зкости изображе́ния depth of field (Photo).

глубина́ стро́я depth of formation.

глубина́ ты́ла depth of rear area.

глубина́ тылово́го райо́на *See* глубина́ ты́ла.

глуби́нный аэродро́м rear airdrome.

глубо́кая ата́ка deep attack.

глубо́кая возду́шная разве́дка strategic air reconnaissance.

глубо́кая змейка S-ing with steep banks (Avn).

глубо́кая поса́дка seat with crotch deep in the saddle.

глубо́кая разве́дка distant reconnaissance.

глубо́кая спира́ль steeply banked spiral, tight spiral (Avn).

глубо́кая цель deep target.

глубо́кий deep, in depth; distant (reconnaissance); profound.

глубо́кий вира́ж steep turn, steeply banked turn.

глубо́кий крен steep bank (Avn).

глубо́кий налёт deep raid; deep thrust (Tac).

глубо́кий тыл zone of the interior.

глубо́кий уда́р deep thrust, deep attack.

глубоко́ deeply.

глубо́кое дыха́ние deep breathing.

глубо́кое приседа́ние deep-knee bend position; assuming deep-knee bend position; squatting.

глухо́й deaf; wild (uninhabited); desolate, lonely.

глухо́й ряд blank file (Drill).

глухота́ deafness.

"Глуши́!" "Stop engine!" (MT).

глуши́тель *m* muffler (Mtr).

глуши́тель колеба́ния vibration absorber.

глюко́за glucose.

гнездо́ nest; jack, jack for plug; seat, socket, receptacle; housing.

гнездо́ для боево́й пружи́ны mainspring housing (firearms).

гнездо́ для капсю́ля cartridge pocket.

гнездо́ защёлки магази́на magazine catch seat (pistol).

гнездо́ ле́нты feed belt loop.

гнездо́ сопротивле́ния pocket of resistance.

гние́ние rot, rotting.

гние́ние стре́лки thrush (Vet).

гни́лостный микро́б pus bacterium.

гной pus.

гно́йная ра́на septic wound.

гно́йный purulent, pussy; septic.

Г-обра́зная анте́нна gamma type antenna.

говори́ть *v* speak, talk, say, tell.

говя́дина beef.

год year.

годи́чный де́нежный о́тпуск annual appropriation.

го́дность fitness, suitability; validity.

го́дный *adj* fit, suitable, proper; valid.

го́лая про́волока *See* го́лый про́вод.

голени́ще legging top.

го́лень shin; leg, gaskin (H).

голова́ head. *See also* в голове́.

голова́ коло́нны head of column.

голо́вка cap, head, nose, point (Am).

голо́вка дистанцио́нной тру́бки head of time fuze.

голо́вка панора́мы rotating head of panoramic telescope.

голо́вка подъёмного винта́ прице́ла sight elevating screw head.

голо́вка разрезно́й чеки́ magazine catch lock head (pistol).

голо́вка реоста́та rheostat knob (Elec).

голо́вка снаря́да head of projectile.

голо́вка трено́ги tripod head.

голо́вка шо́мпола ejector rod head (revolver).

головна́я батаре́я battery in forward position.

головна́я волна́ *See* балисти́ческая волна́.

головна́я вту́лка adapter (Am).

головна́я запря́жка directing vehicle (truck-drawn Arty).

головна́я заста́ва advance party.

головна́я маши́на leading vehicle.

головна́я похо́дная заста́ва *See* головна́я заста́ва.

головна́я цель prone target.

головна́я часть снаря́да ogive, head of projectile.

головно́е звено́ leading element, leading flight (Avn).

головно́е охране́ние frontal security.

головно́й *adj* head; advance, forward, front; leading.

головно́й бое́ц leading soldier.

головно́й бомбардиро́вщик leading bomber.

головно́й взвод head platoon, leading platoon.

головно́й взвод артпа́рка forward section of a mobile artillery park (USSR); train section of a division ammunition train (USA).

головно́й дозо́р point (of advance guard); frontal security patrol.

головно́й мозг brain.

головно́й отря́д advance guard support.

головно́й склад advance depot (USSR).

головно́й телефо́н headphone, earphone, headset.

головно́й убо́р headgear.

головно́й эшело́н leading echelon.

головны́е тыловы́е учрежде́ния forward supply establishments.

головны́е ча́сти forward elements.

головокруже́ние dizziness, vertigo.

"Го́лову закро́й!" "Protect head!" (command calling for position with rifle overhead at low horizontal, bayonet drill, USSR).

го́лод hunger, famine.

гололёд clear ice, glazed frost, glaze.

гололе́дица *See* гололёд.

го́лос voice; vote.

голосова́я связь communication by voice.

голосовы́е свя́зки vocal cords.

голубегра́мма pigeon message.

голуби́ная по́чта pigeon post, pigeon communication service.

голуби́ная связь pigeon communication.

го́лубь *m* pigeon.

го́лубь свя́зи carrier pigeon.

го́лый про́вод bare wire.

гомоге́нный homogeneous.

гомогра́фия homography.

гон *See* ветерина́рная эвакуа́ция го́ном.

гондо́ла gondola (RR; Ash).

гондо́ла дирижа́бля gondola, car (Ash).
гонио́метр goniometer.
го́нки races.
гонорре́я gonorrhœa.
гора́ mountain. *See also* в го́ру.
горе́ние burning, combustion.
горизо́нт horizon; sky line; horizontal plane.
горизонта́льная бо́чка roll (Avn).
горизонта́льная ви́димость horizontal visibility.
горизонта́льная да́льность horizontal range, map range.
горизонта́льная диагра́мма напра́вленности horizontal radiation pattern.
горизонта́льная ма́ска flattop (Cam).
горизонта́льная наво́дка laying for direction, pointing in direction, traversing.
горизонта́льная па́ра звукоприёмников azimuth horns (sound collector).
горизонта́льная пло́скость horizontal plane.
горизонта́льная пло́скость це́ли horizontal plane of site.
горизонта́льная прое́кция horizontal projection.
горизонта́льная ско́рость horisontal speed (Avn).
горизонта́льная составля́ющая horizontal component.
горизонта́льная черта́ horizontal hair (in optical sight).
горизонта́льная шкала́ се́тки бино́кля horizontal reticle scale.
горизонта́льно-ба́зисная систе́ма horizontal base system (Surv).
горизонта́льное положе́ние horizontal position.
горизонта́льное смеще́ние horizontal offset (Arty).
горизонта́льное упрежде́ние lateral lead, lateral deflection angle (AAA).
горизонта́льный horizontal, level, flat.
горизонта́льный аэросни́мок vertical photograph.
горизонта́льный обстре́л horizontal field of fire; horizontal fire.
горизонта́льный паралла́кс X-parallax, horizontal parallax.
горизонта́льный полёт level flight, horizontal flight.
горизонта́льный разма́х horizontal stroke (bayonet drill).
горизонта́льный стабилиза́тор horizontal stabilizer (Ap).
горизонта́льный у́гол horizontal angle.

горизонта́льный у́гол вы́лета lateral jump (Ballistics).
горизонти́рующий механи́зм horizontal leveling mechanism.
горизо́нт ору́дия horizontal plane through the point of departure, horizontal plane through the origin.
горизо́нт то́чки horizontal plane through a given point.
гори́стая ме́стность mountainous terrain, mountainous country.
го́рка hill, hillock; mound; zoom (Avn); humpyard (RR).
го́рло throat; throttle, windpipe (H).
горлови́на throat (RR); elbow nozzle (gas mask).
горлово́й *adj* throat.
го́рная артилле́рия mountain artillery.
го́рная батаре́я mountain battery.
го́рная боле́знь mountain sickness.
го́рная война́ mountain warfare.
го́рная диви́зия mountain division.
го́рная доро́га mountain road.
го́рная пу́шка mountain gun.
го́рная разрабо́тка mine, quarry.
го́рная цепь mountain range.
горни́ст trumpeter, bugler (Inf).
го́рно-доли́нные бри́зы valley and mountain breezes.
го́рное ору́дие mountain gun.
го́рное снаряже́ние equipment for mountain warfare.
горнострелко́вая диви́зия mountain infantry division (USSR).
горнострелко́вый полк mountain rifle regiment (USSR).
го́рные лы́жи touring skis, mountain skis.
го́рный *adj* mountain.
го́рный бриз mountain breeze, katabatic breeze.
го́рный ве́тер *See* го́рный бриз.
го́рный прохо́д mountain pass.
го́рный райо́н mountainous region.
го́рный релье́ф mountain relief line.
го́рный хребе́т mountain ridge, ridge.
го́род city, town.
городо́к small town; training ground.
городска́я желе́зная доро́га street railway, trolley line.
го́рочный локомоти́в pusher engine, hump engine, trimmer engine (RR).
горт strap (harness).
горта́нь larynx.
горчи́чный газ mustard gas.
горшо́к pot.
горю́чая смесь carburetor mixture.
горю́чее fuel; combustible.

горюче-смазочный материал fuel and lubricants, class III and III(A) supplies.
горючий *adj* combustible, inflammable.
горячая лошадь fiery horse, impetuous horse.
горячая пища hot meals, cooked meals.
горячий *adj* hot; hot-tempered, hot-blooded; intense (work).
госпитализация hospitalization.
госпиталь *m* hospital.
госпитальная карта clinical card, clinical record.
госпитальная часть hospital unit.
господство domination, mastery.
господство в воздухе mastery of the air.
господствующий ветер prevailing wind.
государственная граница international boundary.
государственная тайна secret of state.
государственное преступление offense against the state; crime against the state.
государство state (nation).
готовальня drawing set.
готовность readiness.
готовность к действию readiness for action.
готовность к походу readiness for march.
готовый к действию ready for action, ready to fight, in condition to fight.
гофрированная обшивка corrugated covering, corrugated skin.
гофрированная трубка corrugated hose.
гофрированное железо corrugated iron.
грабёж larceny committed in the presence of one entitled to possession (USSR); robbery with slight violence and committed for the first time (USSR).
гравий gravel.
гравийная дорога gravel road.
град hail (Met).
градиент gradient.
градиент давления pressure gradient.
градиентный ветер gradient wind.
градиент потенциала potential gradient (Elec).
градиент температуры temperature gradient.
градуирование calibration.
градуировать calibrate.
градус degree (measurement).
гражданин citizen.
гражданская авиация civil aviation.
гражданская война civil war.
гражданская карта civil map.

гражданская сеть commercial circuit (ССВР).
гражданские власти civil authorities.
гражданские линии civil airways.
гражданские органы власти *See* гражданские власти.
гражданский *adj* civilian.
гражданский служащий civilian employee.
гражданский транспорт civilian transport; civilian traffic.
гражданское лицо civilian.
гражданское население civilian population.
гражданство citizenship.
грамотность literacy.
грамотный literate.
граната hand grenade; shell (for a light gun).
граната с осколочным взрывателем shell with a point detonating fuze, shell with a superquick fuze.
граната ударного действия offensive grenade.
гранатная сумка grenade-carrying bag.
гранатный огонь shellfire.
гранатометание grenade throwing.
гранатомётная группа grenade-launcher detachment.
гранатомётное отделение grenade-launcher squad.
гранатомётчик rifle grenadier, grenade thrower.
гранёный штык fluted bayonet, thrusting bayonet; quadrangular bayonet (USSR).
граница boundary, border, frontier, limit.
граница лётного поля airport boundary.
граница между фронтами lateral boundary of army group.
граница тыла rear boundary of rear area.
границы переправы по направлению boundaries of zone of action in crossing.
границы переправы по ширине frontage of crossing, crossing front.
грань edge.
грань нареза edge of the land (rifling).
графа column.
график graph.
график движения march graph.
график марша *See* график движения.
графит graphite.
графический graphic, graphical.
графический метод graphic method (Top).
графический способ *See* графический метод.

графический способ переноса огня по карте rapid plotting of shift (Arty).

графический способ переноса огня по угловому плану plotting of shift by means of range deflection fan.

графическое определение determining by graphical means.

графическое трансформирование graphical restitution method (Photo).

графление ruling (drawing).

гребёнка затвора operating lever, breech-operating cam lever, rotating lug (G).

гребень m crest; lug.

гребень закрытия top of the mask, crest of the mask (Arty).

гребень колеса wheel flange (RR).

гребень лопасти затворной задержки thumb piece of the slide stop (pistol).

гребень стебля затвора bolt guide and locating lug (one piece, R, USSR).

гребень трака guide lug (Tk).

гребень шеи crest of neck, crest (H).

грейдер grader (Rd).

грейдерная дорога See профилированная дорога.

грелка heater.

гремучая ртуть mercury fulminate.

гремучий газ fire damp.

гремучий студень blasting gelatine.

гренадёр rifle grenadier, grenade thrower.

грибовидный стержень obturator spindle with mushroom head (Am).

грибок upper part of closing cap (time fuze, USSR).

грива mane.

Гриническое время Greenwich Time.

грипп grippe.

гроб coffin, casket.

гроза thunderstorm.

грозовая туча See грозовое облако.

грозовое облако thundercloud.

грозовой разряд discharge (Met).

грозовые облака cumulonimbus clouds.

гром thunder.

громить v pound, harry, hammer.

громить по частям defeat in detail.

громкий loud.

громкоговоритель m loudspeaker.

громоздкий bulky; unwieldy; cumbersome; complicated.

громоотвод lightning rod, lightning arrester, lightning conductor.

громоотводная полоса lightning arrester strip, protector block (Tp).

грубая наводка rough laying.

грубая посадка rough landing.

грубая установка coarse setting.

грубое направление See грубая наводка.

грубое приближение rough approximation.

грубый rough, coarse, approximate.

грудная клетка thorax, chest.

грудная мишень kneeling target (range).

грудные перемычки breast straps (Prcht).

грудь chest, breast.

груженный loaded.

груз freight, load, cargo; consignment.

груз большой скорости fast freight.

грузик cord weight (Tp); shot bag, small weight (Prcht packing).

грузовая автомашина motor truck, truck.

грузовая баржа freight barge.

грузовая машина truck, motor truck.

грузовая перевозка freight transportation; cargo transportation.

грузовая площадка foot plate (ski).

грузовая станция freight station (RR).

грузовая тара aerial delivery container.

грузовик truck.

грузовик-самосвал dump truck.

грузовик среднего тоннажа 1½-4 ton truck.

грузовик-трактор tractor-truck.

грузовое свидетельство bill of lading (RR).

грузовой adj cargo, load.

грузовой автомобиль truck.

грузовой вагон See товарный вагон.

грузовой мешок non-parachute delivery container (Avn).

грузовой парашют cargo parachute, delivery unit; cargo canopy.

грузоотправление freight shipment.

грузоподъёмник hoist.

грузоподъёмность pay load capacity, load capacity; maximum allowable load.

грузоподъёмность моста load-carrying capacity, bridge capacity.

грузчик stevedore; cargador.

грунт ground, soil.

грунтовая дорога dirt road, earth road.

грунтовая дорога государственного значения national dirt road (USSR).

грунтовой участок See грунтовой участок военной дороги.

грунтовой участок военной дороги road net section of line of communications (USSR).

группа group.

группа артиллерии разрушения group of artillery for destruction.

группа дальнего действия general support artillery group.

группа кода code group (CCBP).

группа обеспечения covering force, screening force.

группа поддержки конницы direct cavalry-support artillery group, direct support artillery group.

группа поддержки пехоты direct infantry support artillery group, direct support artillery group.

группа полотнищ panel group (CCBP).

группа разграждения mine clearing party, gap clearing party.

группа танков дальнего действия general support tank group.

группа танков поддержки пехоты direct infantry-support tank group, direct support tank group.

группа управления command group.

группировка grouping; disposition, distribution.

группировка резервов disposition of reserves, distribution of reserves.

группировка сведений classification of information.

группировка сил distribution of forces.

группировка тела body flow (Gymnastics).

групповая защита collective defense.

групповая посадка formation landing (Avn).

групповая принадлежность крови blood type.

групповая стрельба collective firing, collective fire.

групповая химическая защита collective protection against chemical attack.

групповая цель collective target.

групповое бомбометание formation bombing.

групповое бомбометание залпами salvo formation bombing.

групповое бомбометание одиночными бомбами volley formation bombing.

групповое бомбометание сериями train formation bombing.

групповое оружие crew-served weapon.

групповое руление formation taxiing (Avn).

групповое тренирование group training, collective training.

групповой adj group, collective.

групповой бой See групповой воздушный бой.

групповой воздушный бой formation air combat.

групповой пилотаж formation flying (Avn).

групповой прыжок mass jump (Prcht).

групповой ружейный огонь collective rifle fire.

групповой фигурный пилотаж formation acrobatics (Avn).

грыжа hernia.

грызло bit, mouthpiece (bridle).

грязевой щиток fender.

грязезащитное крыло See грязевой щиток.

грязь dirt, mud.

губа lip.

губительно adv destructively; fatally.

губительные потери prohibitive casualties.

губительный adj destructive, deadly, fatal.

губка sponge.

гудок siren, whistle.

гужевая тяга animal traction, wagon transportation.

гужевой adj animal-drawn.

гужевой транспорт animal-drawn transport.

гурт drove, herd.

гурт скота herd of cattle.

гусеница caterpillar, track (mechanized).

гусеничная машина full-track vehicle, track-laying vehicle.

гусеничный автомобиль track-laying motor vehicle, track-laying vehicle.

гусеничный лафет track-laying carriage (G).

гусеничный трактор track-laying tractor.

гусеничный транспортёр track-laying carrier.

гусеничный ход tracks (Tk).

гусиное сало goose-grease (winter warfare).

густой adj dense, thick.

густой туман dense fog, thick fog.

густота движения density of traffic.

гуськом adv tandem, in file, in single file.

Д

давать *v* give; provide; let; allow.

давать бой give battle, offer battle.

давать газ advance the throttle, increase power.

давать заключёние give an opinion.

давать *v* **корм** feed (animals).

давать линию run a line (Тр).

давать ногу push the rudder pedal forward, give it rudder.

давать ногу до отказа apply full rudder (Avn).

давать обратную ногу push the opposite rudder pedal forward, give it opposite rudder.

давать отпор repel, repulse, beat off.

давать показание testify.

давать полный газ open the throttle wide.

давать сигнал give a signal; execute a signal (ССВР).

давать удары beat (pulse).

давать шенкеля increase pressure of lower legs (Riding).

давать шлейф run a lateral, run a local (Тр).

давать *v* **шпоры** spur.

давить press; squeeze; crush; run over.

давлёние pressure.

давлёние в каморе chamber pressure.

давлёние воздуха air pressure.

давлёние газов pressure of gases.

давлёние на грунт ground pressure (Тk).

давлёние на хобот pressure on the trail (Arty).

давлёние пороховых газов pressure of powder gases.

давлёние форсирования pressure to overcome the inertia of the projectile.

давность prescription; statute of limitation.

дактилоскопический отпечаток fingerprint.

далёкий remote, distant, far.

дальнее наблюдёние distant observation.

дальнее огневое нападёние distant concentration (Arty).

дальний distant.

дальний артиллерийский обстрёл long-range artillery fire.

дальний огонь long-range fire.

дальний предёл вилки over limit of bracket (Arty).

дальний тыл *See* глубокий тыл.

дальнобойная артиллёрия long-range artillery.

дальнобойная батарёя long-range battery.

дальнобойная пушка long-range piece, long-range gun.

дальнобойное орудие long-range gun.

дальнобойное срёдство long-range weapon.

дальнобойность maximum effective range.

дальнобойный long-range.

дальномёр range finder.

дальномёр-высотомёр combined height and position finder.

дальномёрная рёйка stadia rod.

дальномёрная шкала range scale (of range finder).

дальномёрный пост светометрических батарёй flash-ranging observation post.

дальномёр с окулярной сёткой stadia.

дальномёрщик range-finder operator.

дальномёрщик-наблюдатель *m* *See* дальномёрщик.

дальность range, distance.

дальность действительного огня effective range (Fire).

дальность дёйствия range (distance).

дальность командир-цель observer-target distance.

дальность наблюдёния depth of observation, range of observation.

дальность обзора *See* дальность наблюдёния.

дальность огня range of fire.

дальность орудие-цель gun-target distance.

дальность планирования range at economic speed (Avn).

дальность по карте map range.

дальность полёта range of flight.

дальность прямого выстрела point-blank range.

дальность радиопереговоров effective working range (Rad).

дальность радиосвязи range of radio communication.

дальность разрыва burst range.

дальность стрельбы distance from the gun to the point of impact or burst.

дальнофокусный *adj* long-focal, long-focus.

дальнофокусный фотографический аппарат long-focal-length camera.

дальняя вёха far stake, far aiming post.

дáльняя развéдка distant reconnaissance, long-distance reconnaissance.

дáльняя цель distant target.

дáмба causeway; dam; embankment.

дáнные information (ССВР); data.

дáнные для открытия огня initial data (Firing).

дáнные для стрельбы firing data.

дáнные оперативного порядка facts of operational importance.

дáнные развéдки reconnaissance data, intelligence.

дáнные тыла administrative data.

дáнный adj given; under consideration.

дáта date (time); data (ССВР).

дать See давáть.

дáча ration; forage ration.

дáча наркóза administration of anesthesia.

дáча стáрта take-off clearance.

двéрца door.

двигатель m engine, motor.

двигатель внутреннего сгорáния internal-combustion engine.

двигатель Дизеля See дизель.

двигатель с воздушным охлаждéнием air-cooled engine.

двигать v tr move.

двигаться v intr move.

двигаться v в нóгу march in step, march in cadence.

двигаться скачкáми move by bounds.

двигаться цéпью move as skirmishers.

двигающаяся цель moving target.

движéнец trainman.

движéние movement, motion; traffic.

движéние в два слéда two tracks (H riding).

движéние вне дорóг cross-country movement. See also полевáя езда.

движéние вóздуха air movement.

движéние вперёд forward movement, advance, advancing.

движéние в поводу leading, movement at the lead, marching at the lead.

движéние в похóдной колóнне movement in march column formation.

движéние зáда вперёд movement from rear to front (H).

движéние на вьюках pack transportation.

движéние на колёсах movement by vehicles.

движéние нóчью movement at night.

движéние пéреда назáд movement from front to rear (H).

движéние передáч handling of traffic (ССВР).

движéние перекáтами leapfrogging.

движéние по дорóгам road movement; movement on roads.

движéние по мéстности cross-country movement.

движéние по рубежáм advance by bounds, movement by bounds.

движéние пригнувшись crouching movement.

движéние скачкáми See движéние по рубежáм.

движéния на лыжах movements on skis.

движéния на снегостýпах movements on snowshoes.

движитель m running gear (vehicle).

движóк slide.

движóк прицéльной рáмки rear-sight slide.

движущая сила motive power.

движущаяся цель moving target.

движущийся moving, mobile.

движущийся объéкт moving objective.

двинуть See двигать.

двойнáя бóчка double roll (Avn).

двойнáя óчередь отправлéния dual precedence (ССВР).

двойнóе управлéние dual control (Avn).

двойнóй double, dual.

двойнóй интервáл extra line feed (ССВР); double interval.

двойнóй пневмáтик dual tire.

двойнóй подвижнóй загрaдительный огóнь rolling barrage spread between two batteries.

двойные клещи double pincers.

двойные колёса dual wheels.

двор court, yard, courtyard.

двуголóвый рельс double-head rail.

двузнáчная грýппа кóда two-figure code group (ССВР).

двукóлка two-wheeled cart.

двунóга bipod, bipod mount.

двусмысленность ambiguity.

двусторóннее наблюдéние See сопряжённое наблюдéние.

двусторóннее переговóрное приспособлéние two-way radio.

двусторóнний two-sided; two-way.

двусторóнний договóр bilateral contract; bilateral treaty.

двусторóнний охвáт double envelopment.

двусторóнняя групповáя телефóнная связь conference circuit; conference call.

двусторо́нняя радиосвя́зь two-way radio communication.

двусторо́нняя связь two-way communication.

двусторо́нняя связь в полёте two-way air-ground communication.

двутавро́вая ба́лка I-beam; H-iron.

двутавро́вое желе́зо H-iron, double T-iron.

двухбатаре́йный adj two-battery.

двухвёрстка military map drawn to the scale of 1:84,000.

двухвёрстная ка́рта See двухвёрстка.

двухдивизио́нный adj two-battalion (Arty), two-squadron (Cav).

двухжи́льный шнур two-conductor cord, twisted pair (Tp).

двухки́левый хвост double tail, twin tail.

двухколе́йная доро́га two-track road.

двухколе́йная желе́зная доро́га double-track railway.

двухлонжеро́нное крыло́ two-spar wing.

двухло́пастный винт two-bladed propeller.

двухме́стный истреби́тель biplace fighter.

двухме́стный самолёт two-seater, two-seater plane, two-place airplane, biplace plane.

двухмото́рный adj twin-engined, two-engined.

двухмото́рный самолёт twin-engine plane, twin-engined plane, two-engine plane.

двухоруди́йный adj two-gun.

двухподко́сный мост double-lock spar bridge (with four struts, USSR).

двухполуперио́дное выпрямле́ние full wave rectification.

двухполуперио́дный выпрями́тель full wave rectifier (Elec).

двухпрово́дная ли́ния double wire line, metallic circuit (Tp).

двухпрово́дная прово́дка See двухпрово́дная ли́ния.

двухсло́йный ого́нь zone fire with range spread between two batteries.

двухсло́йный подвижно́й загради́тельный ого́нь See двойно́й подвижно́й загради́тельный ого́нь.

двухсме́нный пост post of two reliefs (USSR).

двухкство́льный adj twin-barrel, double-barrel.

двухсторо́ннее обуче́ние bayonet and

physical training in two ranks facing each other.

двухсторо́нний See двусторо́нний.

двухступе́нчатый нагнета́тель two-speed supercharger.

двухта́ктная ступе́нь push-pull stage (Rad).

двухта́ктный adj two-stroke (Engine).

двухта́ктный дви́гатель two-cycle engine.

двухша́жный ход one-step (skis).

двухшере́ножный строй two-rank formation.

двухъя́русный adj two-tier; double-deck (bus, etc).

двухэта́жный ваго́н double-deck car.

деблокиро́вочная гру́ппа block removing party (Engr).

дебуши́рование debouchment.

дебуши́ровать debouch.

девиацио́нная коро́бка compensating chamber (instrument, compass).

девиа́ция deviation.

дегазацио́нное иму́щество decontamination equipment.

дегазацио́нно-обмы́вочный пункт decontamination post.

дегазацио́нные ча́сти decontamination units).

дегазацио́нный прибо́р decontaminating apparatus (CWS).

дегазацио́нный пункт See дегазацио́нно-обмы́вочный пункт.

дегаза́ция decontamination.

дегази́ровать decontaminate.

деграда́ция стабилиза́тора angle between the wing chord and horizontal stabilizer chord.

дегресси́вная фо́рма порохово́го зерна́ degressive form of granulation.

дегтево́й макада́м tar macadam.

дежу́рная room for persons on duty.

дежу́рная сестра́ duty nurse.

дежу́рная часть picket guard (emergency duty).

дежу́рный officer on duty, enlisted man on duty.

дежу́рный adj on duty, duty.

дежу́рный команди́р duty officer.

дежу́рный по карау́лам officer of the day.

дежу́рный по коню́шням stable sergeant.

дежу́рный по ку́хне kitchen sergeant (USSR).

дежу́рный по полётам flying control officer; airdrome officer.

дежу́рный по по́лку regimental duty officer (USSR).

дежу́рный по пу́нкту сбо́ра донесе́ний duty sergeant at messenger section of signal center.

дежу́рный по свя́зи duty signal officer; duty communication officer.

дежу́рный по стре́льбищу safety officer.

дежу́рный по шта́бу duty officer at rear echelon of headquarters.

дежу́рство tour of duty, duty.

дезерти́р deserter.

дезинсе́кция delousing, disinfestation.

дезинфе́ктор disinfectant; disinfector (person).

дезинфекцио́нная ка́мера disinfector, disinfection plant.

дезинфекцио́нное сре́дство disinfectant.

дезинфе́кция disinfection, fumigation.

дезинфици́ровать disinfect, fumigate.

дезинфици́рующий раство́р disinfectant.

дезинформа́ция misinformation; dissemination of false information.

дезка́мера See дезинфекцио́нная ка́мера.

дезодори́рующее сре́дство deodorant, deodorizer.

дезорганиза́ция disorganization.

дезорганизо́ванный adj disorganized.

дезориенти́ровать mislead.

де́йствие act (Law); action, operation; performance (Tech); movement (Drill); effect.

де́йствие га́зов gas effect.

де́йствие перека́тами leapfrogging.

действи́тельная вое́нная слу́жба active service.

действи́тельная пло́тность взры́вчатого вещества́ specific density of an explosive.

действи́тельная слу́жба See действи́тельная вое́нная слу́жба.

действи́тельность actuality, reality; effectiveness.

действи́тельность огня́ effectiveness of fire.

действи́тельный adj real, actual, factual; effective, effectual; efficient; active, operating, in force, valid.

действи́тельный ого́нь effective fire.

действи́тельный репе́р visible check point, ground check point.

де́йствия npl action, activity; operations.

де́йствия аванга́рда advance-guard action.

де́йствия авиа́ции air activity.

де́йствия в высокого́рных усло́виях high mountain combat, mountain operations.

де́йствия в леса́х combat in woods.

де́йствия войск military operations.

де́йствия в осо́бых усло́виях special operations.

де́йствия в пусты́нных степя́х desert operations.

де́йствия зимо́й winter operations, combat in snow and extreme cold.

де́йствия ко́нницы cavalry operations.

де́йствия на коне́ mounted operations.

де́йствия накоротке́ close-range action.

де́йствовать operate, act; work, function; have effect or influence on; be operative.

де́йствовать v акти́вно act aggressively.

де́йствовать огнём use fire, employ fire.

де́йствовать самостоя́тельно act independently.

де́йствующая а́рмия field forces, army in the field.

де́йствующая высота́ effective height (of an antenna).

де́йствующая си́ла acting force (Physics).

де́йствующая си́ла то́ка effective current, root-mean-square current.

де́йствующие войска́ troops in the field.

де́йствующий зако́н law in force.

де́йствующий си́лой отда́чи blowback-operated, recoil-operated.

дека́брь m December.

декорати́вная маскиро́вка decoys, deceiving camouflage.

декре́тное вре́мя local standard time, legal time.

де́лать make, do, perform.

де́лать вдыха́ние inhale.

де́лать вы́дох exhale.

де́лать v перевя́зку dress, bandage.

де́лать поворо́т make a turn; execute facing, face.

де́лать v све́чку rear (H).

де́латься be made, be done; become, get.

делега́т delegate; agent, agent corporal; liaison agent.

делега́т кома́ндования See офице́р свя́зи кома́ндования.

делега́т свя́зи liaison agent. See also офице́р свя́зи.

делега́т свя́зи авиа́ции air support liaison officer.

делега́тская связь command and staff liaison.

деле́ние division (Math); graduation (instruments).

деле́ние прице́ла sight graduation unit.

деле́ние угломе́ра azimuth micrometer scale unit, mil.

деле́ние у́ровня elevation scale unit, mil.

дели́тель напряже́ния voltage divider.

дели́ть *v* divide.

де́ло business, matter, act, deed; cause; fight, engagement, skirmish; file (letters, etc.); case (Law).

делопроизводи́тель *m* clerk; chief clerk.

делопроизво́дство office management; office work.

демаски́ровать unmask, reveal, uncover, disclose.

демаскиро́вка disclosing, revealing.

демаскиру́ющий при́знак revealing sign.

демобилиза́ция demobilization.

демобилизи́ровать demobilize.

демодуля́ция demodulation, detection.

демонстрати́вная ата́ка demonstration, demonstration attack.

демонстрати́вный demonstrative; demonstration.

демонстрати́вный налёт feint raid, decoy air raid, diversion air raid.

демонстра́ция demonstration.

деморализи́ровать demoralize.

денатурализа́ция denationalization, denaturalization.

де́нежная компенса́ция monetary allowance (in lieu of rations and quarters).

де́нежная награ́да monetary reward.

де́нежная опера́ция fund transaction, fiscal operation; fiscal activities.

де́нежное дово́льствие monetary allowance; pay and allowances.

де́нежные сре́дства funds.

де́нежные удержа́ния pay deductions; forfeiture of pay.

де́нежный аттеста́т certificate issued to serviceman transferred to another unit indicating date to which he has been paid.

де́нежный журна́л cash book, cash blotter, cash account.

де́нежный о́тпуск monetary allowance, fund allotment.

де́нежный перево́д money order.

де́нежный учёт money record, money account, fund accounting.

де́нежный я́щик cash box.

денни́к stable box.

день *m* day.

де́ньги *f pl* money.

депе́ша telegraph message, telegram.

депо́ depot; repair shop (RR); roundhouse (RR).

депози́т deposit.

дёргание пово́дьев jerking (H).

дере́вня village.

де́рево tree; wood (logs, boards, etc).

де́рево-земляна́я огнева́я то́чка *See* ДЗОТ.

дереву́шка small village.

деревя́нная накла́дка hand guard (R). *See also* ство́льная накла́дка.

деревя́нная обши́вка wood revetment, cut-timber revetment.

деревя́нная платфо́рма log platform.

деревя́нное перекры́тие overhead timber cover.

деревя́нно-ре́льсовая доро́га *See* лёжневая доро́га.

деревя́нный wooden.

деревя́нный винт wooden propeller.

деревя́нный мост wooden bridge.

деревя́нный щит plywood board (Photo).

держа́ва power (sovereign state).

держа́ние пово́дьев holding the reins; method of holding reins.

держа́тель *m* bracket; socket.

держа́ть hold, keep; hold up, hold back; carry (goods in a shop).

держа́ть в поводу́ hold by the bridle.

держа́ть го́лову в сто́рону carry head sideways (H).

держа́ть пово́дья hold the reins.

держа́ть под огнём keep under fire.

держа́ть связь maintain communication; be in contact, keep in touch.

дерза́ть *v* dare.

де́рзость audacity, boldness.

дерива́ция drift (Ballistics).

дёрн sod, turf. •

деса́нт landing force; landing operation, landing.

деса́нт бронепо́езда armored-train-borne party (USSR).

деса́нтная ба́ржа landing barge.

деса́нтная гру́ппа air-borne landing force; amphibious landing force.

деса́нтная опера́ция landing operation.

деса́нтная перепра́ва stream-crossing by means of ferrying, ferrying operation. *See also* бро́до-мостова́я перепра́ва.

деса́нтная пехо́та air-borne infantry.

деса́нтник member of air-borne landing force; member of amphibious landing force.

десна́ gum.

дестабилизи́рующий моме́нт destabilizing moment.

десятивёрстка military map drawn to the scale of 1:420,000.

десятидневка ten-day week (USSR).

десятиперая мина ten-blade-fin rocket (Am).

десятичная дробь decimal fraction.

десятичный термометр centigrade thermometer.

деталь detail; part (Mech, Tech).

детально in detail.

детальное ведение разведки detailed reconnaissance.

детектирование detection; demodulation (Elec).

детектор detector; demodulator (Elec).

детекторная лампа detector tube.

детонатор detonator.

детонационная сеть detonating net.

детонация detonation.

детонация рабочей смеси detonation, knock (Mtr).

детонировать detonate.

детонирующее вещество detonating explosive.

детонирующий шнур detonating cord, primacord.

дефект defect, deficiency, shortcoming, blemish, fault.

дефект изоляции insulation failure.

дефиле defile (Top).

деформация distortion (Mech); deformation; deformity; disguising (Cam).

деформация бумаги paper distortion (Photo).

деформировать deform, distort; disguise (Cam).

децентрализация decentralization.

децентрализованное управление decentralized control • See also **расчленённое управление.**

децентрализовать *v* decentralize.

децентрация decentration (Math).

децентрация самолёта out-of-trim condition, unbalanced condition (Ap).

децибел decibel.

дециметровые волны microwaves; very high frequencies; quasi-optical waves.

дешифрирование deciphering, decoding; photographic interpretation.

дешифрирование аэроснимков aerial photograph interpretation, aerial photograph reading.

дешифрировать decryptograph, decode, decipher.

дешифрование *See* **дешифрирование.**

дешифровка аэрофотоснимков *See* **дешифрирование аэрофотоснимков.**

дешифровка тени interpretation of the shadow (Aerial Photo).

дешифровщик interpreter (Photo); specialist examiner of aerial photographs; cryptographer.

деяние act; action; offense (Law).

деятельность activity, work, action.

джек jack (Elec).

джигитовка djigitovka, trick riding.

ДЗОТ earth-and-timber pillbox.

диагноз diagnosis.

диагноз погоды weather diagnosis.

диагностика diagnosis.

диагностическое исследование diagnostic procedures.

диагносцировать make diagnosis, diagnose.

диагональ diagonal.

диагональный *adj* diagonal.

диаграмма diagram, graph.

диаметр diameter.

диапазон band, range, coverage (of frequency).

диапазон волн *See* **диапазон радиоволн.**

диапазон высоты altitude bracket, range of altitude (Bombing).

диапазон помехи jamming frequencies.

диапазон радиоволн wave range, frequency range, frequency coverage.

диапазон скоростей air speed bracket, range of air speeds (Bombing).

диапазон частот frequency range, frequency coverage (Rad).

диапазон частот речи speech frequency range.

диапозитив diapositive (Photo).

диатермия diathermy.

диафрагма diaphragm.

диафрагма баллонета ballonet diaphragm.

диафрагма ирис iris diaphragm.

дивветврач division veterinarian.

диввврач division surgeon.

диверсионная работа sabotage activity.

диверсия diversion (Mil); act of sabotage.

дивизион artillery battalion; squadron (Cav).

дивизион бронепоездов unit of two armored trains (USSR).

дивизионная артиллерийская ремонтная мастерская division ordnance workshop.

дивизионная артиллерия division artillery.

дивизионная конница division cavalry.

дивизионная сеть divisional communication net (USSR).

дивизио́нный division, divisional; battalion (Arty); squadron (Cav).

дивизио́нный ветерина́рный врач division veterinarian.

дивизио́нный го́спиталь division hospital.

дивизио́нный инжене́р division engineer.

дивизио́нный интенда́нт division quartermaster.

дивизио́нный обо́з division trains; artillery battalion train.

дивизио́нный парк division ammunition train.

дивизио́нный пункт медици́нской по́мощи clearing station.

дивизио́нный пункт медпо́мощи *See* дивизио́нный пункт медици́нской по́мощи.

дивизио́нный райо́н division area.

дивизио́нный склад division depot.

дивизио́нный тыл division service area.

дивизио́нный тылово́й райо́н *See* дивизио́нный тыл.

дивизио́н разве́дывательной слу́жбы observation battalion.

диви́зия division.

дивинжене́р division engineer.

дивинтенда́нт *See* дивизио́нный интенда́нт.

ди́зель *m* Diesel engine.

ди́зельный дви́гатель *See* ди́зель.

дизенте́рия dysentery.

дина́мика dynamics.

дина́мика бо́я momentum of combat, impetus of battle, pace of battle.

дина́мика маневри́рования impetus of maneuver.

динами́т dynamite.

динами́ческая метеороло́гия dynamic meteorology.

динами́ческая тру́бка pitot tube.

динами́ческий dynamic.

динами́ческое давле́ние во́здуха dynamic air pressure. *See also* ско́ростный напо́р.

динамомаши́на dynamo.

динатро́нный генера́тор dynatron oscillator.

дио́д diode, two-electrode tube (Rad).

дио́дное детекти́рование diode detection.

дио́птр diopter.

диоптри́ческий прице́л open sight.

диплома́т diplomat.

дипломати́ческие сноше́ния diplomatic relations.

дипломати́ческий diplomatic.

дипломати́я diplomacy.

дипо́ль *m* dıpole, doublet (Rad).

дипо́ль Ге́рца Hertz antenna, doublet antenna.

дире́ктор director.

директри́са general trace line (Eng). *See also* директри́са стрельбы́.

директри́са стрельбы́ directrix.

дирекцио́нное направле́ние orienting line (Arty).

дирекцио́нный у́гол grid azimuth, Y-azimuth.

дирекцио́нный у́гол основно́го направле́ния *See* буссо́ль основно́го направле́ния.

дирижа́бль *m* dirigible, airship.

дирижа́бль жёсткой систе́мы rigid airship.

диск disk.

ди́сковая диафра́гма disk diaphragm (Photo).

дисково́й *See* ди́сковый.

ди́сковый *adj* disk, disk-type; drum.

ди́сковый аэрофотозатво́р rotary disk shutter (Photo).

ди́сковый магази́н drum magazine.

ди́сковый сигна́л disk signal (RR).

ди́сковый фрикцио́н disk-type clutch.

дискредити́рование discrediting, bringing discredit.

дислока́ция disposition, distribution, location.

диспе́рсия dispersion.

диспе́тчер dispatcher; train dispatcher (RR).

диспе́тчерская вы́шка control tower.

диспе́тчерский стол dispatcher's office.

дистанцио́нная грана́та time shell.

дистанцио́нная стрельба́ time fire.

дистанцио́нная тру́бка time fuze (Am).

дистанцио́нная тру́бка двойно́го де́йствия combination fuze.

дистанцио́нное управле́ние remote control.

дистанцио́нный бараба́н range drum (of gun sight).

дистанцио́нный ко́мпас remote-indicating compass.

дистанцио́нный кран gas regulator (Mort).

дистанцио́нный обстре́л time fire.

дистанцио́нный снаря́д time shell.

дистанцио́нный соста́в time-fuze composition, time train.

дистанцио́нный уда́рник concussion plunger, time plunger (Am).

диста́нция distance; range.

дистанция между машинами inter-vehicular distance.

дистанция последнего броска assaulting distance.

дистанция прямого выстрела See дальность прямого выстрела.

дистанция стрельбы See дальность стрельбы.

дистиляция distillation.

дисторсия distortion; curvilinear distortion (Photo).

дисциплина discipline.

дисциплина водоснабжения water discipline.

дисциплина движения See дисциплина марша.

дисциплина марша march discipline.

дисциплина огня fire discipline.

дисциплина радиопереговоров radio discipline, observation of radio silence.

дисциплинарная ответственность liability to disciplinary action.

дисциплинарное взыскание disciplinary punishment.

дисциплинарный порядок See в дисциплинарном порядке.

дисциплинарный проступок minor offense (subject to disciplinary punishment).

дисциплинарный устав code of disciplinary punishments (USSR).

дисциплинированность discipline.

дисциплинированный disciplined.

дифениламинхлорарсин diphenylamine-chlorarsine. See also адамсит.

дифенилхлорарсин diphenylchlorarsine.

дифференциал differential gearing, differential.

дифференциальное исчисление differential calculus.

дифференциальное реле differential relay.

дифференциальное управление элеронами differential aileron linkage arrangement.

дифференциальное уравнение differential equation (Math).

дифференциальные элероны differential ailerons.

дифференцирование differentiation.

дифференцировать differentiate.

дифосген diphosgene.

дифракция diffraction.

диффузия diffusion.

диэлектрик dielectric.

диэлектрическая постоянная dielectric constant.

длина length.

длина волны wave length.

длина вытянутой руки arm's length.

длина колонны length of column.

длина окружности circumference.

длина отката length of recoil.

длина перебежки length of rush.

длина пробега самолёта length of landing run (Avn).

длина разбега take-off distance.

длина хода нарёза pitch of rifling.

длина шага нарёза See длина хода нарёза.

длинная база long base (Surv).

длинноволновый передатчик long-wave transmitter.

длиннофокусный аэрофотоаппарат long focal-length camera.

длиннофокусный объектив long focal-length lens.

длинные волны long waves, low-frequency waves (Rad).

длинный long, lengthy.

длинный повод loose rein.

длинный свет long flash (flashing light).

длинный укол long thrust with arms stretched out (Bayonet, USSR). See also основной укол.

"Длинным — коли!" "Long thrust!" (USSR). See длинный укол.

длительная выдержка long exposure.

длительное воздействие continued exposure, heavy exposure, severe exposure (CWS).

длительное движение long march.

длительное сопротивление sustained resistance, prolonged resistance.

длительность duration, length (of time).

длительность полёта duration of flight.

длительность службы duration of service (Mech).

длительный sustained, prolonged, protracted, long; durable.

длительный бой sustained combat, protracted combat.

длительный сигнал long flash; dash (signal).

дневальный orderly (mess attendant, etc.).

дневальный по конюшням stable orderly.

дневальный санитар male nurse on duty.

дневка day's halt; day's rest.

дневная наводка day pointing (Arty).

дневная разведка daylight reconnaissance, daytime reconnaissance.

дневник diary, journal.

дневной adj day, day-time, day's, of a day.

дневнóй бомбардирóвщик day bomber.
дневнóй зáработок day's wages, per diem rate of pay.
дневнóй полёт day flight.
дневнóй сигнáл day signal (RR).
днúще тáнка hull floor, tank floor.
дно bottom.
дно гúльзы cartridge base.
дно корóбки пулемёта bottom plate (MG).
дно снарáда base of projectile.
добáвка See добавлéние.
добавлéние addition, supplement.
добáвочный additional, supplementary.
добáвочный áдрес supplementary address (ССВР).
добáвочный заголóвок supplementary heading (ССВР).
добивáть crush, finish off; smash up.
добивáться achieve, attain, secure; get hold of (someone).
добирáться reach, succeed in reaching, get at.
добúть See добивáть.
добúться See добивáться.
добúться успéха attain success.
дóблесть valor.
Д-обрáзная прáжка D-ring.
добровóльная áвка voluntary return to duty.
добровóльное поступлéние на воéнную слýжбу voluntary enlistment.
доброкáчественность good quality.
добросóвестность conscientiousness.
добывáть свéдения obtain information, secure information.
довéренность power of attorney.
довéрие trust, confidence.
довернýть вéер See доворáчивать вéер.
доводúть lead; bring to.
доводúть до концá complete, accomplish, consummate.
довóльствие supplies; subsistence.
довóльствовать maintain; supply with food; mess.
довóльствоваться v с котлá mess.
довóльствующий óрган supply agency.
доворáчивать вéер shift the sheaf (Arty).
доврачéбная пóмощь first aid, emergency treatment.
догнáть See догонáть.
договáривающиеся государства contracting powers.
договóр treaty, pact; contract, agreement.

договóренность proper understanding, personal understanding.
договóр о ненападéнии non-aggression pact.
догонáть catch up with, overtake.
дождевúк See дождевóе пальтó.
дождевóе пальтó raincoat.
дождевые облакá nimbus.
дождемéр rain gage.
дождлúвый rainy.
дождь m rain.
дождь ливневóго харáктера heavy thundershower.
дóза dose.
дозапрáвка машúн горючим refuelling.
дозарядúть See дозарядúть орýжие.
дозарядúть орýжие load a partially filled clip (R).
дознáние inquiry, investigation (Law).
дозóр patrol.
дозóрная слýжба patrol duty.
дозóрно-охранúтельная развéдка search patrol reconnaissance (Avn).
дозóрный member of a patrol.
дозóрный самолёт patrol plane.
дозóр полевóго караýла outguard patrol.
доказáтельство proof; evidence.
доклáд lecture, address; report, recital, advice (Mil).
доклáд об обстанóвке recital of the situation, advice on the situation.
доклáдчик lecturer; adviser (Mil). See also являться доклáдчиком.
доклáдывать report, make an oral report, recite, advise; annonce; add.
доклáдывать обстанóвку report on the situation, advise on the situation.
доктрúна doctrine.
докумéнт document.
документáция documentation.
долг debt; duty.
долговéчность life (of machine, etc).
долговрéменная огневáя тóчка See ДОТ.
долговрéменная фортификáция See долговрéменное укреплéние.
долговрéменное укреплéние permanent fortification.
долговрéменный lasting; permanent.
долгосрóчное предсказáние long-range forecast, long-term forecast.
долгосрóчный long, long-term.
долготá longitude.
должнúк debtor.
должностнóе лицó official, functionary, public servant.

должностно́е преступле́ние offense in performance of public office.

до́лжность functions, office, position.

доли́на valley.

доли́нный бриз valley breeze, anabatic breeze.

доложи́ть *v* *See* докла́дывать.

долото́ chisel.

дом house.

дома́шний аре́ст arrest in quarters.

домкра́т jack (Mech).

дом о́тдыха convalescent center, convalescent camp.

дом офице́рского соста́ва officers' quarters.

донесе́ние message, report.

до́нная часть снаря́да base of shell.

до́нный взрыва́тель base fuze.

до́нор blood donor.

доно́с informing, denunciation.

доноси́ть report, make a report; inform (against); carry up to.

доноси́ть по кома́нде report through channels.

доньева́я вту́лка base plug (Am).

дообору́дование укрепле́ний strengthening of fortifications.

доoperaцио́нный preoperative.

доотказа́ as far as it will go, as far as possible, fully.

дополни́тельная зада́ча secondary mission, additional mission.

дополни́тельная огнева́я зада́ча secondary fire mission.

дополни́тельная пози́ция supplementary position.

дополни́тельная попра́вка угла́ прице́ливания на у́гол ме́ста це́ли superelevation, angle of superelevation.

дополни́тельная разве́дка additional reconnaissance, supplementary reconnaissance.

дополни́тельно additionally, extra, with reinforcement; complementarily.

дополни́тельное направле́ние огня́ secondary direction of fire (fire plan).

дополни́тельный *adj* additional, supplementary, extra; complementary.

дополни́тельный окла́д жа́лованья additional pay, additional compensation.

дополни́тельный приёмник spare receiver (Rad).

дополни́тельный се́ктор secondary target area, contingent zone of fire.

дополни́тельный у́гол supplement, supplementary angle; complement, complementary angle.

дополни́тельный цвет complementary color.

дополни́тельный шум interference (Rad).

дополня́ть complete; add, complement.

допризы́вная вое́нная подгото́вка premilitary training.

допризы́вная подгото́вка *See* допризы́вная вое́нная подгото́вка.

допризы́вник person under military age.

допро́с interrogation, questioning.

до́пуск allowance, tolerance; admittance.

допусти́мая нагру́зка permissible load, allowable load.

допусти́мая погре́шность в экспози́ции tolerance in exposure (Photo).

допусти́мость доказа́тельств admissibility of evidence.

допусти́мый permissible, admissible.

доразве́дка *See* дополни́тельная разве́дка.

доразве́дка це́лей additional reconnaissance of targets.

доро́га road. *See also* вне доро́г.

доро́га госуда́рственного значе́ния national road, national highway.

доро́га облегчённого ти́па light railway.

доро́га окружно́го значе́ния regional road.

доро́га райо́нного значе́ния district road.

доро́га с ка́менной оде́ждой *See* оде́тая доро́га.

доро́га с кана́тной тя́гой funicular.

доро́жная ви́лка road fork.

доро́жная кана́ва road ditch.

доро́жная ка́рта road map.

доро́жная маши́на road-building machine.

доро́жная сеть road net.

доро́жная труба́ culvert.

доро́жное полотно́ *See* полотно́ доро́ги.

доро́жное сооруже́ние road structure, roadway structure.

доро́жно-коменда́нтская слу́жба roads commandant's service (USSR).

доро́жно-мостово́е де́ло road and bridge engineering.

доро́жно-мостово́е иму́щество road and bridge equipment.

доро́жно-мостовы́е рабо́ты road and bridge works.

доро́жно-позицио́нное иму́щество engineer road and construction equipment.

доро́жно-строи́тельный материа́л road construction materials.

дорóжные рабóты road works.
дорóжные услóвия condition of roads; march conditions.
дорóжный знак route marker, traffic sign.
дорóжный катóк roller, road roller.
дорóжный предупреди́тельный знак warning sign (Traffic).
доскá board, plank.
доскá прибóров instrument panel.
доскóк landing and bending the knees (Gym).
дослóвная формулирóвка verbatim phrasing.
досмóтр care (Vet).
доставáть touch; reach; get, procure.
достáвка delivery.
доставлéние delivery; furnishing; procuring.
доставля́ть deliver; furnish; procure.
достáточно enough, sufficiently, adequately.
достáточный sufficient, adequate, satisfactory.
достигáть obtain; achieve, reach.
достигáть успéха achieve success, attain success.
достижéние reaching; achievement, attainment.
достижéние успéха achievement of success, attainment of success.
достижéние цéли attainment of objective.
достовéрная цель known target.
достовéрность authenticity, truth, reliability.
достовéрность свéдений reliability of information, credibility of information.
достовéрность свидéтеля credibility of witness.
достовéрный authentic, authoritative; trustworthy, reliable, certain.
достóинство dignity; quality; merit.
достóинство попадáния value of hit (Target practice).
дóступ access, approach, admission, admittance.
достýпный available, accessible, achievable.
достýпный диапазóн available frequency range.
досылáние снаря́да seating the projectile, forcing home the projectile.
досылáтель m feed rib (Degtyarov MG).
досылáть снаря́д force home the projectile.
досы́л снаря́да See досылáние снаря́да.

досяга́емость extreme range.
досяга́емость орýдия gun range.
досяга́емость по высотé extreme vertical range.
ДОТ reinforced-concrete pillbox.
дохóд income, proceeds, receipts, collections.
дрáться v fight.
древеси́на wood pulp.
древéсный ýголь charcoal.
дрéвко flagpole, staff shaft, pikeshaft.
дрéвко флáга flagstaff.
дрези́на hand car (RR).
дрéмлющая инфéкция latent infection.
дренáж drainage.
дренáжная трубá drain pipe.
дренáжная трýбка drain tube.
дрессировáть train (Anl).
дрессирóвка training (Anl).
дроби́ть v split, subdivide.
дроблéние splitting; dissipation, dispersion (Tac).
дробь shot (firearm); fraction (Math). See also барабáнная дробь.
дробя́щее взры́вчатое веществó high explosive.
дровá npl firewood.
дросселировáть v throttle.
дрóссель m holding coil, retardation coil (Elec); choke coil, throttle.
дрóссель высóкой частоты́ radio-frequency choke, high-frequency choke.
дрóссельная заслóнка throttle, throttle valve, throttle butterfly valve.
дрóссель с желéзным сердéчником iron-cored choke coil.
другóй other, another, different.
дуб oak.
дуби́на club.
дубликáт duplicate.
дубли́рование duplication.
дубли́рование срéдств свя́зи duplication of communication facilities.
дубли́ровать v parallel, duplicate (Sig Com).
дубли́рующее срéдство alternating means, auxiliary means (Sig Com).
дугá shaftbow (Harness, USSR); roof bow (Mtr vehicle); pintle yoke (MG mount); arc (Elec).
дугá траектóрии arc of trajectory.
дугá ýровня arc of gunner's quadrant.
дуговáя свáрка arc welding.
дуговóй паз semicircular slot.
дуговóй передáтчик arc transmitter, spark transmitter.

дуговой подъёмный механизм   *See* секторный подъёмный механизм.

дуговой разряд   arc discharge.

дуло   muzzle (firearms).

дульная волна   muzzle wave, gun wave.

дульная скорость   muzzle velocity.

дульная часть   chase; muzzle end.

дульная энергия   muzzle energy.

дульное пламя   muzzle flash.

дульный огонь   *See* дульное пламя.

дульный срез   muzzle face.

дульный тормоз   muzzle brake.

дульце гильзы   cartridge mouth.

думать   think, believe.

дуплексная связь   duplex operation.

дуралюминиевые трубы   duralumin tubing.

дуралюминиевый остов   duralumin frame.

дуралюминий   duralumin.

дурная лошадь   difficult horse.

дуть   *v* blow.

дух   spirit.

духовой оркестр   brass band, band.

душ   shower (bath).

душевая   shower room.

душевная болезнь   mental disease; insanity.

дым   smoke; smoke cloud (CWS).

дымзавеса   *See* дымовая завеса.

дымный след   smoking trace.

дымовая граната   *See* ручная дымовая граната.

дымовая завеса   smoke screen.

дымовая труба   chimney, stack, funnel.

дымовая шашка   smoke pot.

дымовое действие   smoke effect (CWS).

дымовое средство   smoke agent (CWS).

дымовой манёвр   employment of tactical smoke.

дымовой отсек   smoke compartment (Tac).

дымовой прибор   smoke generator.

дымовой снаряд   smoke shell, smoke projectile.

дымообразующее вещество   smoke agent.

дымопуск   smoke screening.

дымоход   flue, funnel.

дымящаяся серная кислота   pyrosulphuric acid.

дыхание   breathing, respiration, breath.

дыхательная маска   breathing mask, oxygen mask.

дышать   breathe.

дышло   pole (of vehicle).

дышловой подвес   neck yoke (harness).

дюйм   inch.

дюна   dune, sand dune.

дюралюмин   duralumin.

дюралюминий   duralumin.

дюралюминовый   *adj* duralumin.

Е

еда   food; meal.

единая топографическая сеть   common grid system.

единица   unit; element; figure one.

единица измерения   unit of measurement.

единица мощности   power unit.

единичная очередь отправки   single precedence (CCBP).

единогласный   unanimous.

единое командование   unified command.

единое целое   coordinated whole.

единообразие   uniformity.

единообразный   *adj* uniform, standard.

единство командования   unity of command.

едкий   caustic; corrosive.

ёж   hedgehog (animal; portable obstacle).

ежегодно   *adv* yearly.

ежегодный   *adj* yearly.

ежедневная дача   daily allowance, standard daily allowance.

ежедневно   *adv* daily.

ежедневный   *adj* daily.

ежемесячно   *adv* monthly.

ежемесячный   *adj* monthly.

езда   drive, ride; driving, riding.

езда без стремени   riding without stirrups.

езда верхом   horseback riding, riding.

ездить   drive, ride; travel.

ездить верхом   ride (horseback).

ездить рысью   ride at the trot.

ездовой   driver (H-drawn Arty).

ездовой коренного уноса   *See* ездовой корня.

ездовой корня   driver of the wheel pair (H-drawn Arty).

ездовой первого уноса   lead driver (H-drawn Arty).

ездовóй перéднего унóса *See* ездовóй пéрвого унóса.

ездовóй срéднего унóса swing driver (H-drawn Arty).

"Ездовы́е — Сади́сь!" "Drivers mount!" (USSR).

ездóк rider, horseman.

ель spruce.

ёмкостное сопротивлéние capacitive reactance.

ёмкость capacity (volume); capacitance (Elec); container.

ёмкость антéнны antenna capacitance.

ёмкость коммутáтора capacity of switchboard.

ёмкость руки́ hand capacity (Rad).

ёмкость тóпливных бáков fuel capacity.

естéственная крéпость natural fortress.

естéственная мáска natural mask.

естéственная маскирóвка natural concealment; camouflage by use of natural materials.

естéственное закры́тие natural cover.

естéственное препя́тствие natural obstacle.

естéственное прикры́тие natural cover.

естéственное противотáнковое препя́тствие natural tank obstacle.

естéственное рассéивание fire dispersion.

естéственное укры́тие natural cover.

естéственный natural, not artificial.

естéственный горизóнт natural horizon.

естéственный грунт natural ground.

естéственный маскирóвочный материáл natural camouflage materials.

естéственный ориенти́р natural means of orientation; natural reference point; landmark.

естéственный скры́тый подхóд naturally covered approach.

естéственный укры́тый пóдступ *See* естéственный скры́тый подхóд.

есть eat.

ефрéйтор private first class .

éхать *See* éздить.

Ж

жáжда thirst.

жáло sting. *See also* жáло взрывáтеля.

жáлоба complaint.

жáлобщик complainant.

жáлованье salary, pay, wages, compensation.

жáловаться gripe, grumble, complain; appeal.

жáло взрывáтеля firing pin of a fuze.

жалюзи́ louver.

жар fever, temperature. *See also* жарá.

жарá heat (weather); hot weather.

жáркий hot, sultry; fierce (fight).

жаропонижáющее срéдство febrifuge, antipyretic (Med).

жгут tourniquet.

ждать wait, await, expect.

желбáт *See* железнодорóжный батальóн.

железá gland (Anat).

желéзная дорóга railroad, railway.

желéзная дорóга кóнной тя́ги *See* кóнка.

железнодорóжная артиллéрия railroad artillery.

железнодорóжная блокирóвка block system (RR).

железнодорóжная вéтка branch line (RR).

железнодорóжная кáсса ticket office, ticket window.

железнодорóжная ли́ния railway line, rail line.

железнодорóжная магистрáль main line, trunk railway.

железнодорóжная мастерскáя railway repair shop, railway shop, railway workshop.

железнодорóжная перевóзка transportation by rail; rail movement, troop movement by rail; shipment by rail.

железнодорóжная сеть network of railroads, rail net.

железнодорóжная сигнализáция railroad signaling system.

железнодорóжная стáнция railroad station.

железнодорóжная устанóвка railway mount (Arty).

железнодорóжник railroad man.

железнодорóжное движéние railroad traffic.

железнодорóжное оборýдование railway equipment, railroad equipment.

железнодорóжное полотнó roadbed (RR).

железнодорóжные войскá railway troops.

железнодоро́жный *adj* railroad, railway, rail.

железнодоро́жный батальо́н railway battalion.

железнодоро́жный мост railway bridge, railroad bridge, rail bridge.

железнодоро́жный объе́кт rail target, railroad target.

железнодоро́жный парк railroad yard, rail yard.

железнодоро́жный перее́зд railroad crossing, crossing; grade crossing, level crossing (RR).

железнодоро́жный полк railway regiment (USSR).

железнодоро́жный путь railway track, rail track.

железнодоро́жный сигна́л railway signal.

железнодоро́жный тра́нспорт railway transportation, rail transportation.

железнодоро́жный у́зел railway center, rail center, railroad junction.

железнодоро́жный уча́сток railway division (Mil). *See also* **железнодоро́жный уча́сток вое́нной доро́ги.**

железнодоро́жный уча́сток вое́нной доро́ги military railway section of line of communication (USSR).

железнодоро́жный центр railway center, rail center.

желе́зный *adj* iron.

желе́зный лом scrap iron.

желе́зный серде́чник iron core.

желе́зо iron; bit (bridle).

железобето́н reinforced concrete.

железобето́нная доро́га reinforced concrete road.

железобето́нная огнева́я то́чка concrete-and-steel emplacement.

железобето́нный *adj* reinforced-concrete.

желе́зо-ни́келевый аккумуля́тор Edison storage cell.

желобо́к slot; groove.

жёлтый yellow.

жёлтый фо́сфор yellow phosphorus.

желу́док stomach.

желу́дочное заболева́ние gastric disease.

желудочнокише́чная боле́знь gastrointestinal disease.

жёлчный пузы́рь gall bladder.

Жене́вская конве́нция Geneva Convention.

же́нщина-врач *f* woman doctor.

жердь perch, rod, stake.

жеребёнок foal.

жеребе́ц stallion, horse.

же́ртва sacrifice; victim.

жёсткая оборо́на rigid defense.

жёсткая самолётная анте́нна fixed aircraft antenna.

жёсткая тя́га push-and-pull rods, push-and-pull tubes (Ap).

жёсткий stiff, hard, rigid, tough.

жёсткий лафе́т gun carriage without recoil mechanism.

жёсткий экра́н solid metal shield, rigid shield (Rad).

жёсткое крепле́ние cable binding (skis).

жёсткое седло́ plain flap saddle.

жёсткое управле́ние push-and-pull rod controls.

жёсткость stiffness, rigidity, toughness.

жёсткость траекто́рии rigidity of the trajectory.

жесто́кая бомбардиро́вка heavy bombardment.

жесто́кий cruel.

жесто́кий шторм storm (Beaufort scale).

жесть tin plate.

жестя́нка tin can, can.

жестяно́й *adj* tin, tin-plated.

жечь burn, scorch.

жива́я связь messenger communication.

жива́я си́ла manpower, personnel; kinetic energy.

жива́я си́ла снаря́да *See* **ду́льная эне́ргия.**

жива́я цель personnel target, live target.

живо́й living, live, alive; spirited, vigorous, animated; vital; vivid, real, true, lifelike.

живо́й скот livestock.

живо́т abdomen, belly; stomach.

живо́тная тя́га animal traction.

живо́тное animal.

живо́тный жир animal fat, animal grease.

живо́тный у́голь animal charcoal.

живу́честь vitality, ability to survive; accuracy life (of G).

жи́дкий *adj* fluid, liquid; thin.

жи́дкий во́здух liquid air.

жи́дкое то́пливо liquid fuel.

жи́дкостное охлажде́ние liquid cooling.

жи́дкость fluid, liquid; fluidity, liquidity; thinness.

жи́зненный центр vital point.

жизнь life, existence, living.

жиклёр jet.

жи́ла sinew; vein, lode (Top).

жи́лка strand (Elec).

жило́е помеще́ние living quarters.

жило́е строе́ние dwelling house.

жир fat, grease, suet.

жи́рный fat, greasy, oily.

жирогоризо́нт gyro-horizon, flight indicator.

жироско́п gyroscope.

жироскопи́ческий gyroscopic.

жи́тель *m* inhabitant, resident.

жить live, exist; reside.

жо́лоб chute (Lewis MG).

жо́лоб для возвра́тной пружи́ны recoil spring seat (pistol).

журна́л magazine, periodical; ledger; log, logbook, journal (Mil).

журна́л боевы́х де́йствий war diary, military diary.

журна́л взыска́ний company punishment book.

журна́л взыска́ний и поощре́ний company punishment and commendation book (USSR).

журна́л вое́нных де́йствий war diary, military diary.

журна́л наблюде́ния observer's reports, observation journal.

журна́л пого́ды weather log.

журна́л разве́дки observer's book (Rcn).

журна́л це́лей objective folder.

З

"Заамуни́чивай!" "Harness!"

заамуни́чивать harness (Arty).

забе́ливать *v* blaze (a tree).

забива́ть drive in *or* into, hammer in, pound in; fill up, stop up, choke up.

заблаговре́менная разве́дка timely reconnaissance.

заблаговре́менно *adv* beforehand, in advance, ahead of time; in time.

заблаговре́менный *adj* timely.

заблужде́ние error, error of judgment, misconception.

забо́ина indentation (recess).

забола́чивание inundation, flooding (as an obstacle).

забола́чивать inundate, flood (as an obstacle).

заболева́емость morbidity (Med).

заболева́ние disease, sickness, illness.

заболева́ть *See* заболе́ть.

заболе́ть become sick, take sick.

заболе́ть душе́вной боле́знью become insane.

заболо́ченный уча́сток inundated area, flooded area (as an obstacle).

забо́р fence.

забо́та fear, apprehension; trouble, worry; care.

забо́титься take care of.

забра́сывать throw; neglect, abandon; land by parachute, drop by parachute.

заброса́ть *See* забра́сывать.

зава́л block (obstacle); road-block; abatis.

заведе́ние institution; establishment, installation.

заве́домо deliberately, with full knowledge, knowingly.

заве́дующий superintendent.

заве́дующий артилле́ри́йским снабже́нием ordnance officer (CCBP).

заве́дующий ме́стом заключе́ния prison warden.

заве́дующий столо́вой mess officer.

заве́ренная ко́пия true copy, certified copy.

заве́ртка latch.

заверша́ть *v* complete.

заве́са curtain; screen; screening force; reconnaissance screen; screening, screening mission. *See also* **операти́вная заве́са** *an*d **дымова́я заве́са**.

завести́ *See* заводи́ть.

завеща́ние will, testament.

завинто́ванный кана́л threaded bore.

завинто́ванный пенёк ствола́ threaded end of barrel (revolver).

зави́нчивать *v* screw.

зави́сеть depend.

зави́сеть от усло́вий обстано́вки depend on the situation.

зави́симость dependence, dependency. *See also* **в зави́симости от обстано́вки**.

завихре́ние backwash; eddy.

завихрённая полоса́ turbulent airflow, unsteady airflow.

заво́д factory, plant, mill, works; winding; starter.

"Заводи́!" "Start engine!" (Mtr).

заводи́ть wind; start (engine); lead (far away, into a trap, etc).

заво́дка мото́ра starting the engine.

заводна́я ло́шадь led horse.

заводна́я пружи́на wind spring.

заводна́я рукоя́тка crank (Mtr vehicle).

завоевáние conquest.
зáвтра tomorrow.
зáвтрак breakfast.
завуал́ированный veiled, fogged (Photo).
завуал́ированный негат́ив fogged negative.
завязáть *See* завязывать.
завязка боевых действий beginning of combat activities.
завязка боя initial engagement, beginning of combat, joining of battle.
завязывать tie, tie up, knot; join, engage (Mil).
завязывать бой join battle, join action, engage the enemy.
загибáть фланг назáд refuse the flank.
загиб флáнга назáд refusing of flank.
заглушáть drown, muffle, quench.
заглушéние drowning, muffling, quenching.
зáгнутая вниз полосá рáмки butt end of the frame (revolver).
заговóр plot, conspiracy.
загóн corral.
загорáние catching fire, burning; lighting.
загорáться catch fire; light.
заготóвить *See* заготовлять.
заготóвка procurement, supply.
заготовлéние procurement, procuring.
заготовлять procure, obtain a supply of.
заград́ительные огнń obstruction lights (airdrome).
заград́ительный огóнь barrage, barrage fire.
заград́ительный огóнь артиллéрии artillery barrage.
заград́ительный отряд covering detachment, screening detachment.
заград́ить *See* заграждáть.
заграждáть barricade, obstruct, stop, block, stand in one's way.
заграждáющий полосовóй фильтр band elimination filter (Rad).
заграждéние obstacle, barrier, obstruction, entanglement.
загромождáть *v* block, jam.
загромождéние дорóги traffic congestion.
загружáть load to full capacity.
загружáть атмосфéру obstruct the atmosphere, overload the radio frequency spectrum.
загружéние *See* загрузка.
загрузка loading to full capacity.
загрязнéние fouling, pollution, infection.
зад back, rear; rump; hindquarters (H).
задáние mission; assignment.

зáданная высотá given altitude, specified altitude.
зáданная скóрость desired speed, specified speed.
зáданный specified, prescribed, indicated, desired.
зáданный курс specified course.
зáданный ýгол given angle (Math).
задáча problem (Math); mission, task; function.
задáча Гáнзена two-point problem (Surv).
задáча мáрша objective of the march.
задáча на кáрте map problem.
задáча на плáне large-scale map problem.
задáча по развéдке intelligence mission; reconnaissance mission.
задáча по связи liaison mission.
задáча Потенóта three-point problem (Surv).
задающий генерáтор master oscillator, M. O. (Rad).
задвńжка bolt; shutter (Photo).
задевáние grazing, brushing.
задержáние apprehension, detention, arrest.
задéрживать stop, halt, contain, stem; delay, retard; hinder; suspend, hold up; apprehend, detain, arrest.
задéрживать дыхáние hold the breath.
задéрживать наступлéние halt the advance, stop the advance, delay the advance.
задéрживать огóнь hold fire.
задéржка containing, stoppage; delay; suspension, holding up.
задирáние головы stargazing (H).
задńр самолёта nose up.
зáднее ведýщее колесó гýсеницы rear drive sprocket (Tk).
зáднее колесó rear whell.
зáднее сидéние rear seat, back seat.
зáдние нóги hind legs (H); hind feet (H).
зáдний rear, back, hind.
зáдний борт back panel, tail gate (Mtr vehicle).
зáдний кожýх радиáтора rear radiator casing.
зáдний ланжерóн rear spar.
зáдний план background.
зáдний промéрщик rear tapeman (Surv).
зáдний сноп разлёта оскóлков base spray.
зáдний ýгол проходńмости angle of departure (Mtr vehicle).
зáдний фонáрь rear lamp, tail light (vehicle).

за́дний ход reverse, reversing gear; reverse motion.

за́дний ход заря́дного я́щика caisson, caisson body.

за́дняя каби́на rear cabin, rear compartment, rear cockpit.

за́дняя кро́мка trailing edge.

за́дняя кро́мка це́ли far edge of target (Bombing).

за́дняя кру́тость око́па rear slope (trench).

за́дняя лука́ седла́ cantle (saddle).

за́дняя нога́ трено́ги tripod trail leg.

за́дняя пове́рхность ло́пасти blade back (Ap).

за́дняя полусфе́ра rear hemisphere.

за́дняя рессо́ра rear spring.

за́дняя сте́нка back panel (Mtr vehicle).

за́дняя шере́нга rear rank.

задроссели́рованный мото́р throttled engine, engine throttled back.

заду́льный ко́нус muzzle blast.

задыми́ть See задымля́ть.

задымле́ние blanketing with smoke, smoke screening.

задымля́ть blanket with smoke, screen with smoke.

задыха́ться gasp for breath, be out of breath, choke, suffocate.

заеда́ние jamming (Tech).

зае́зд turn (H-drawn transport).

заезжа́ть по дуге́ turn in an arc of a circle.

заём loan, borrowing.

заже́чь See зажига́ть.

зажже́ние ignition.

зажива́ние healing.

зажива́ние ран closure of wounds.

заживле́ние closing, healing.

зажига́лка lighter; gas burner, gas burner assembly (flamethrower).

зажига́ние ignition.

зажига́тельная а́мпула See а́мпула.

зажига́тельная артиллери́йская грана́та incendiary shell.

зажига́тельная бо́мба incendiary bomb.

зажига́тельная бо́мба рассе́ивающего де́йствия scatter-type incendiary bomb.

зажига́тельная бо́мба сосредото́ченного де́йствия intensive-type incendiary bomb.

зажига́тельная буты́лка See противота́нковая ручна́я зажига́тельная грана́та.

зажига́тельная грана́та incendiary shell.

зажига́тельная грана́та сосредото́чен-

ного де́йствия intensive-type incendiary shell.

зажига́тельная ми́на incendiary trench-mortar shell.

зажига́тельная пу́ля incendiary bullet.

зажига́тельная раке́та incendiary rocket.

зажига́тельная руже́йная грана́та incendiary rifle grenade.

зажига́тельная ручна́я грана́та incendiary grenade, incendiary hand grenade.

зажига́тельная сига́ра Ше́еле Schehle incendiary cigar.

зажига́тельная стрела́ incendiary dart.

зажига́тельное вещество́ incendiary; incendiary agent.

зажига́тельное де́йствие incendiary effect.

зажига́тельное сре́дство incendiary, incendiary means.

зажига́тельные боеприпа́сы incendiary ammunition.

зажига́тельный adj incendiary.

зажига́тельный патро́н incendiary cartridge.

зажига́тельный снаря́д incendiary projectile, incendiary shell.

зажига́тельный снаря́д рассе́ивающего де́йствия scatter-type incendiary projectile.

зажига́тельный снаря́д сосредото́ченного де́йствия intensive-type incendiary projectile.

зажига́тельный соста́в igniting composition, incendiary composition.

зажига́ть set fire to, set on fire, light; strike (a match).

зажига́ющий электро́д spark plug, spark gap.

зажи́м clamp; clutch; terminal (Elec); binding post (Tp).

зажима́ть в клещи́ See брать в клещи́.

зажи́м буссо́ли needle release plunger (compass).

зажи́м заземле́ния ground terminal.

зажи́м ли́мба стереотрубы́ vertical-spindle clamping lever of battery commander's telescope.

зажи́м на верху́ балло́на cap, shield (of radio tube).

зажи́мное кольцо́ clamp ring.

зажи́мный винт clamping screw, tightening screw.

заземле́ние grounding, ground connection, ground (Elec).

заземля́ть v ground (Elec).

зазо́р clearance, headspace, interstice, chink.

зазубрина notch (Mech); burr.

зайти *See* **заходить.**

заказ order (for commodity).

заказное письмо registered letter.

закал tempering (metal); hardening, seasoning (men). *See also* **закалённость.**

закалённая сталь hardened steel.

закалённость hardness, temper (of metal); immunity to hardships; vigor.

закалённый hardened, seasoned (of men); tempered (of metal).

закалка *See* **закал.**

закалять harden, season (of men); temper (of metal).

закалять физически harden, season (of men).

заканчивать finish, complete.

закат sunset.

закидка refusal to clear obstacle (H riding).

заклёпка rivet.

заклёпка верхней плиты магазина magazine top plate rivet (Lewis MG).

заклёпка возвратной пружины mainspring rivet (Lewis MG).

заклёпывать *v* rivet, clinch.

заклинение wedging in, flinging in a wedge.

заклинившийся снаряд jammed round (G).

заклиниться jam, become wedged.

заключать conclude; imprison, confine.

заключать в тюрьму imprison.

заключать договор make a treaty; make a contract.

заключать между шенкелями и поводьями enclose between the hands and legs (H riding).

заключать мир conclude peace; sign a peace treaty.

заключать под стражу place in confinement, confine.

заключение finding, deduction; conclusion; opinion; motion; imprisonment.

заключённый prisoner (imprisoned).

заключительная часть сообщения message ending (CCBP).

закодированный coded, designated by a code name.

закодировать encode.

закон statute, law.

законность legality, lawfulness.

законные требования lawful demands.

законный представитель legal representative.

законный приказ lawful command, lawful order.

закон Ома Ohm's law.

закон ошибок law of errors (Math).

закон рассеивания снарядов law of dispersion (Ballistics).

закопка кабеля burying of cable.

закраина гильзы cartridge flange, cartridge rim.

закрепительный винт clamping screw, clamp screw.

закрепить *See* **закреплять.**

закрепиться *See* **закрепляться.**

закрепление fastening; consolidation (Tac).

закрепление за собой consolidation (Tac).

закреплённые рули locked controls.

закреплённый огонь в точку fixed fire, point fire, concentrated fire.

закреплять fix, attach, fasten; consolidate, make secure; earmark, assign; freeze (hold in place).

закреплять рули lock the controls.

закрепляться be fixed, be attached, be fastened; consolidate one's position; be earmarked, be assigned; be frozen (held in place).

закругление rounding; curvature, curve.

закрывать close, shut; obstruct; cover; shut off.

закрывать огонь obstruct friendly fire.

закрывать прорыв close the gap (breakthrough operation).

закрываться heal, close (wound).

закрывающая пружина полуавтоматического затвора closing spring (on a semiautomatic breech mechanism).

закрылок wing flap.

закрытая кабина closed cab (Mtr vehicle); closed cabin, closed cockpit.

закрытая местность close country, close terrain.

закрытая позиция covered position, indirect laying position.

закрытие cover, shelter.

закрытие брешей closing of gaps.

закрытое заседание суда closed session (of court).

закрытое место defiladed area.

закрытый closed, shut; closed down.

закрытый автомобиль sedan.

закрытый манеж riding hall.

закрытый тир gallery (range).

закрыть *See* **закрывать.**

закупоривание corking, stopping; jamming, congesting.

залегáть drop to prone position under enemy fire.

залёгшая пехóта infantry lying flat against the ground under enemy fire.

залéчь *See* залегáть.

залив bay, gulf.

заливочный насóс priming pump.

залóг guarantee; pawn; advance deposit; bail; appearance bond.

залóжник hostage.

залп salvo (Arty); volley (Inf). *See also* огневóй залп.

залп бéглого огня volley (Arty).

зáлповое бомбометáние salvo bombing.

зáлповое бомбометáние по-самолётно individual airplane salvo.

зáлповый огóнь volley fire (Inf Tac).

замаскирóванная цель concealed target, camouflaged target.

замаскирóванный camouflaged, concealed, disguised.

замаскирóванный ход сообщéния concealed communication trench.

замаскировáть camouflage, conceal, disguise.

замáх swinging of arm (Gym).

замáх штыкóм swinging of bayonet for assault.

замедлéние slowing down, deceleration.

замéдленная автоматическая регулирóвка усилéния delayed automatic volume control, d. a. v. c. (Rad).

замéдленная бóчка slow roll.

замéдленное дéйствие delayed action (fuze).

замедлитель *m* delay element (Am); retarder (RR).

замедлитель ружéйной гранáты time fuze (rifle grenade).

замедлять slow down, retard, slacken; delay.

замéна relief (Mil); replacement, change, substitution.

заменять relieve (Mil); take the place of; substitute, replace.

замерзáние freezing.

замерзáть *v* freeze. *See also* замёрзнуть.

замёрзнуть freeze to death. *See also* замерзáть.

заместитель *m* deputy, substitute; deputy commander, commander's replacement, second-in-command.

заместитель командира взвóда platoon sergeant.

заместитель командира отделéния assistant squad leader.

заместитель командира полкá regimental executive.

заместитель начáльника штáба deputy chief of staff (USSR).

заместитель председáтеля воéнного трибунáла vice-president of military tribunal (USSR).

замéтка notation, note; mark.

замéтный предмéт conspicuous object, landmark.

замечáние remark; mild reprimand (Mil Law, USSR); admonition.

замечáть notice, observe; take note of; remark.

замешáтельство embarrassment; confusion.

замещéние replacement.

замирáние fading (Rad).

зáмкнутый close, closed.

зáмкнутый ход closed traverse.

замкнýть *See* замыкáть.

замкóвый number 1 (Gun crew).

"За мной!" "Follow me!"

"За мной, в змéйку!" "Squad column, follow me!" (USSR).

замóк bolt (Maxim MG); lock.

заморáживание blocking; freezing.

замóчные рычаги side levers of feed block (MG).

замундштýчивать put on curb bit (H).

замыкáние нáкоротко short circuit (Elec).

замыкáтель *m* locking stud (Degtyarov Auto R); fuze (Elec).

замыкáтель затвóра breech lock (MG).

замыкáтель кожухá радиáтора radiator casing locking piece (Lewis MG).

замыкáть *v* lock; close (file).

замыкáть *v* нáкоротко short circuit, "short".

замыкáть цепь close (a circuit).

замыкáющая машина rear car; trail car.

замыкáющая шпилька ствóльной корóбки receiver locking pin (Lewis MG).

замыкáющий file closer.

замыкáющий командир trail officer (march formation).

замыкáющий самолёт last plane in formation.

зáмысел бóя purpose of action, commander's combat intention.

занесéние на чёрную дóску blacklisting (disciplinary punishment), USSR.

занести *See* заносить.

занимáть occupy, capture, seize.

занимáть боевóй порядок assume combat formation, deploy.

занимáть оборóну occupy a defensive position, take up a defensive position.

занимáть первонача́льное положе́ние recover, recover to starting position (Calisthenics).

занимáть пози́цию occupy a position.

занимáть положе́ние take up a position, assume battle formation, assume combat formation; assume position.

занима́ться гимна́стикой do physical exercises, do calisthenics, exercise.

занóс See сне́жный занóс.

заноси́ть enter, inscribe, record.

заня́тие occupation (Mil; Genl); capture; seizure; taking up (position).

заня́тие пози́ции occupation of position.

заня́тия classes, training.

заня́тия в пóле field exercises.

за́нятый occupied, taken; busy (occupied); engaged.

заня́ть See занима́ть.

заокеа́нский transocean, transoceanic.

зао́чный пригово́р sentence in absentia, sentence by default.

за́пад west.

за́падное склоне́ние west declination.

за́падный western, west.

западня́ trap, ambush.

запа́здывание зву́ка sound lag.

запа́здывание по фа́зе lag, phase lag (Elec).

запа́здывать be late.

запа́здывающий по фа́зе ток lagging current.

запа́л igniter, igniting fuze, fuze.

запа́л нака́ливания filament igniter (electric blasting cap).

запа́льная и́скра ignition spark.

запа́льная свеча́ spark plug.

запа́льная смесь igniting mixture, igniting charge, igniting powder, igniter.

запа́льное отве́рстие vent (through the breechblock).

запа́льный стака́н booster casing (Arty).

запа́с store, supply, stock, fund, reserve; reserve corps.

запа́с боевы́х припа́сов See запа́с боеприпа́сов.

запа́с боеприпа́сов ammunition supply.

запа́с второ́й катего́рии second category of reserve corps (USSR).

запа́с горю́чего fuel reserve, fuel in storage.

запа́с на колёсах rolling reserves.

запасна́я волна́ spare channel, alternate channel (Rad).

запасна́я пози́ция alternate position.

запасна́я тóчка навóдки auxiliary aiming point (Arty).

запасна́я часть spare part; depot unit (USSR).

запаснóй adj reserve, spare, extra; depot (of unit); alternate; emergency.

запаснóй аэродрóм alternate airdrome.

запаснóй кома́ндный пункт alternate command post.

запаснóй компле́кт крепле́ния complete spare binding (skis).

запаснóй наблюда́тельный пункт alternate observation point.

запаснóй окóп alternate trench, supplementary trench.

запаснóй парашю́т reserve parachute.

запаснóй путь siding, side track.

запаснóй у́зел свя́зи alternative signal center (USSR).

запасны́е войска́ reserve corps troops (USSR).

запа́сный See запаснóй.

запа́с патрóнов ammunition supply (SA).

запа́с пе́рвой катего́рии first category of reserve corps (USSR).

запа́с прóчности allowance for safety (Arty).

запа́с хóда rated cruising range, number of miles without refueling.

запа́сы supplies.

за́пах smell; odor.

запеленгова́ть determine direction (Rad).

запеча́тывать v seal.

запира́ть lock, fasten.

запира́ющие ла́пки затво́ра locking lugs of the bolt (Lewis MG).

записа́ть See запи́сывать.

за́писи полевóго журна́ла field data (Surv).

запи́ска note, memorandum.

записна́я кни́жка notebook.

запи́сывать write down, take notes on; list, include in a list.

запи́сывающий recorder.

за́пись entry, record; entering, recording, posting.

за́пись кома́нд recording of commands.

за́пись це́лей recording of targets.

за подлицó adv level, flush with.

за пóдписью over the signature of.

заполне́ние бла́нка filling out a form, accomplishment of a form.

заполне́ние полевóй рисóвкой bridging (Photo).

заполни́тель m filler.

заполня́ть fill in, fill out.

запóр constipation.

запотевание dimming (glass, metal).

запояско́вая часть снаря́да base of shell.

запра́вить *See* **заправля́ть.**

запра́вка adjustment (of Clo); refueling, servicing.

запра́вка горю́чим refueling.

запра́вка маши́ны *See* **запра́вка.**

заправля́ть adjust (Clo); refuel, service.

запра́вочный пункт refueling point.

запре́тная зо́на restricted area, prohibited area. *See also* **запре́тная зо́на огня́.**

запре́тная зо́на огня́ safety zone.

запреща́ть prohibit, forbid, interdict, ban, enjoin.

запреще́ние prohibition, interdiction, veto, banning, injunction.

запро́с request (of information), inquiry.

"Запряга́й!" "Hitch!"

запряга́ть *v* hitch.

запря́жка team (H).

запря́жка цу́гом four-in-hand (animal Trans).

запу́гивание intimidation.

запу́гивать frighten, terrorize, intimidate, terrify.

запуска́ть neglect; start (Mtr).

за́пуск дви́гателя start, starting (Mtr).

запча́сть *See* **запасна́я часть.**

запыла́ть burst into flames.

запя́стье wrist; knee, knee joint (H).

за́работная пла́та salary, wages, pay, compensation.

заража́ть communicate (feeling, etc); infect; contaminate.

зараже́ние contamination, infection.

зараже́ние кро́ви blood poisoning.

заражённый райо́н *See* **уча́сток заражё́ния.**

заражённый уча́сток *See* **уча́сток заражё́ния.**

зара́зная боле́знь contagious disease, communicable disease.

зара́зно-больно́й sick with a communicable disease.

зара́зные заболева́ния communicable diseases.

зара́зный оча́г center of infection.

зара́нее beforehand, in advance, ahead of time, in time.

зара́нее наме́ченная цель predetermined objective, predetermined target.

зара́нее утверждённый prearranged, predetermined.

зарегистри́рованный докуме́нт classified document (CCBP).

заржа́вленный rusty; corroded.

за́росли *fpl* thicket.

зару́бка notch.

зару́ливать taxi in.

зарыва́ть bury.

зарыва́ть в зе́млю bury, bury in ground.

зары́тие хо́бота seating of the trail (G).

заря́ dawn; reveille; retreat.

заря́д charge, load (Elec); charge, filler, loading (Am).

заря́д земли́ ground potential.

заряди́ть *See* **заряжа́ть.**

заря́дка charge, charging (Elec); warming-up exercises.

заря́дка аппара́та loading (camera).

заря́дная ка́мора powder chamber.

заря́дная ста́нция charging section (Rad).

заря́дное напряже́ние charging voltage.

заря́дное отве́рстие loading slot (MG).

заря́дное отве́рстие затво́ра loading hole (G).

заря́дное устро́йство battery charger.

заря́дно техни́ческая ба́за battery charging station (Sig C, USSR).

заря́дный генера́тор battery charging generator.

заря́дный карту́з powder bag, cartridge bag (Arty).

заря́дный лото́к loading tray (G).

заря́дный ток charging current.

заря́дный я́щик caisson (Arty).

заря́ды одно́й па́ртии charges of the same lot.

заряжа́емый с ду́ла muzzle loaded.

"Заряжа́й!" "Load!"

заряжа́ние loading (Am); charging (Elec).

заряжа́ть load (Wpns); charge (Elec).

заряжа́ющий loader, number 2 (Arty).

заса́да ambush, ambuscade, trap.

за́светло before nightfall.

засве́чивание state of being light-struck (Photo); state of becoming light-struck (Photo).

засвиде́тельствовать certify, authenticate.

заседа́ние meeting, session.

засе́ка abatis; forest prohibited from felling.

засека́ть determine by intersection (Surv).

засекре́чивать make secret.

засе́чка intersection (Surv).

засе́чка по зву́ку sound-ranging location.

засе́чка радиоста́нций radio position finding, radio direction finding, directional intercept.

засе́чка це́лей на дли́нной ба́зе long-base method, long-base intersection.

засе́чка целе́й на коро́ткой ба́зе short-base method, short-base intersection.

засе́чка це́ли location of target by intersection.

заска́кивать v snap.

засло́н screen, screening force, covering detachment; stone parapet (fortification).

заслоня́ть v screen, shield.

заслу́ги merits.

заслу́шивать hear a report, listen.

заснаря́дное простра́нство initial air space (Ballistics).

засну́ть See засыпа́ть.

"За́ спину!" "Pack on back, place!" (USSR); "Sling arms on back!" (USSR).

заста́ва outpost; outpost support. See also бокова́я заста́ва and ты́льная заста́ва.

заставать враспло́х See застига́ть враспло́х.

заста́вить See заставля́ть.

заставля́ть compel, force, oblige.

застёгивать button, button up, hook.

застёгивать v постро́мки hook traces (harness).

застёжка коро́ба top cover catch (Maxim MG).

застёжка хомута́ upper half of clamping collar (MG mount).

застига́ть враспло́х take by surprise.

засто́й stagnation, deadlock, standstill.

засто́пориться v stop.

застрева́ние sticking, jamming, wedging.

застрева́ть v stick, jam, wedge.

застрели́ть kill by shooting.

застря́ть v See застрева́ть.

застыва́ть congeal, freeze.

за́суха drought.

засу́шливость See за́суха.

засыпа́ть fall asleep.

зата́пливать light fire, make fire, kindle; flood, inundate.

затво́р bolt, bolt assembly; slide (pistol); breechblock, breechlock, breech mechanism; shutter (Photo).

затво́рная заде́ржка bolt stop (R); slide stop (pistol).

затво́рная ра́ма breechblock carrier, block carrier (G), slide (Maxim MG), lock frame (Browning MG).

затво́рное гнездо́ breech recess (G).

затво́р ору́дия breechblock, breechlock.

затемне́ние darkness; obscuration; dim-out, blackout.

зати́шье quiet, lull, calm.

затопи́ть See зата́пливать.

затопле́ние flooding, inundation.

зато́р bottleneck, congestion, traffic congestion, jam.

зато́чка ги́льзы extracting groove (cartridge).

затра́вочное отве́рстие cartridge vent.

затра́та expenditure.

затра́чивать expend, spend.

затре́бование requisition, request.

затрудне́ние difficulty; embarrassment, embarrassing situation.

затрудне́ние с дыха́нием difficulty in breathing.

затрудни́тельный difficult, embarrassing.

затрудня́ть make difficult, hamper, handicap, impede.

затуха́ние extinction, fading out, tapering off (Rad). See also затуха́ние в простра́нстве.

затуха́ние в простра́нстве attenuation (Rad).

затуха́тель m See затуха́тель колеба́ний.

затуха́тель колеба́ний oscillation damper.

затуха́ющие во́лны damped waves.

затуха́ющие колеба́ния damped oscillations.

затуха́ющий damped (Rad).

заты́лок pl заты́лки nape of neck, rear of head; poll (H).

заты́лок прикла́да butt (R).

заты́лок ра́мки револьве́ра revolver butt.

заты́льник back plate.

заты́льник прикла́да See заты́лок прикла́да and око́вка заты́льника прикла́да.

затя́гивать pull tight, stretch over, tighten; close (gap).

затя́гивать брешь close the gap.

затяжна́я оборо́на protracted defense.

затяжно́й adj protracted.

затяжно́й вы́стрел hangfire.

заусе́ница cuticle; bur (roughness).

захва́т seizure, capture.

захва́т в ви́лку bracketing (Arty).

захва́т враспло́х taking by surprise.

захва́т инициати́вы seizure of initiative.

захвати́ть seize, take, grasp; capture.

захвати́ть цель в ви́лку bracket the target.

захва́т ствола́ clip (G barrel).

захва́т це́ли ви́лкой bracketing the target.

захва́тчик usurper, invader.

захва́т шту́рмом taking by storm.

захва́тывать инициати́ву seize the initiative.

захва́тывающий разры́в burst that can be sensed (shrapnel).

захва́т "языка́" seizure of prisoner able to supply information (USSR).

захлебну́ться *See* захлёбываться.

захлёбывание наступле́ния bogging down of attack, foundering of attack.

захлёбываться choke on a liquid; bog down, founder (attack, assault).

захо́д approach (Avn); going in.

заходи́ть visit, drop in; call for; set (of the sun etc); envelop (Mil); approach (Avn).

заходи́ть в тыл к проти́внику gain enemy's rear.

заходи́ть на поса́дку approach for landing.

захо́д на маршру́т getting on course (Ap).

захо́д на поса́дку landing approach.

захо́д на цель approach to target.

захо́д сза́ди attack from the rear (Avn).

захо́д со́лнца sunset.

заходя́щий фланг enveloping flank; marching flank (Drill).

захожде́ние *See* захожде́ние плечо́м.

захожде́ние плечо́м wheeling, wheel (Drill).

заце́п выбра́сывателя extractor claw (pistol), extractor hook (R).

зацепи́ть *See* зацепля́ть.

зацепле́ние coupling (Mech).

зацепля́ть hook, catch.

зацепля́ться *v* mesh.

зачасту́ю often, frequently.

зачёт credit (for accomplishment); test, examination (school).

зачётная стрельба́ firing for record.

зачётное упражне́ние exercise for record.

зачётный полёт check flight, check ride.

зачисле́ние enrollment, enlistment, enlisting (Army); including (in the office staff, in the accounts); entrance (into service).

зачи́стить *See* зачища́ть.

зачи́стка лошаде́й grooming (H).

зачища́ть *v* clean; skin (wire); groom (H).

зашифро́ванный cryptographed, enciphered, encrypted (CCBP).

зашифрова́ть encipher.

защёлка clamp, latch, catch.

защёлка боево́й личи́нки extractor gib (MG).

защёлка кры́шки магази́нной коро́бки floor plate catch (R).

защёлка магази́на magazine catch (pistol); magazine latch (Lewis MG); floor plate catch (R).

защёлка скобы́ прикла́да butt latch (Lewis MG).

защёлка ствола́ barrel locking spring (MG).

защёлка шестерни́ возвра́тной пружи́ны gear stop (Lewis MG).

защи́та defense, protection.

защи́та от поме́х noise suppression, interference elimination (Rad).

защи́тная мазь protective ointment (CWS).

защи́тная ме́ра protective measure.

защи́тная наки́дка individual protective cape (CWS).

защи́тная оде́жда protective clothing (CWS).

защи́тник defender, defense counsel.

защи́тное окра́шивание camouflage paint, camouflage painting.

защи́тное перекры́тие protective overhead cover.

защи́тное стекло́ cover glass, front door glass.

защи́тные сре́дства protective means (CWS).

защи́тные чулки́ protective stockings (CWS, USSR), protective socks, protective leggings (CWS, USA).

защи́тный protective; khaki.

защи́тный тент protective tent (CWS, USSR).

защи́тный цвет khaki.

защища́ть defend, protect.

зая́вка requisition (supply); call, request (for support).

зая́вка на истре́бование notification of requirements.

зая́вка по веде́нию огня́ call for fire, requst for fire.

заявле́ние application, declaration, statement.

заявля́ть announce, declare, state.

заявля́ть *v* **отво́д** challenge (Law).

звезда́ star.

звёздное вре́мя star time, sidereal time.

звёздный налёт converging attack (Avn).

звездообра́зная пружи́на spider-type spring.

звездообра́зный дви́гатель radial engine.

звено́ link; team; flight (Avn unit); echelon, element in supply chain.

звено́ гу́сеницы See трак гу́сеничной ле́нты.

звено́ подво́за link in supply chain, element in the supply chain.

звено́ санита́ров носи́льщиков team of two litter bearers.

звено́ свя́зи communications link (Sig C).

звено́ управле́ния headquarters squadron (Avn).

зве́рства n pl atrocities.

звоно́к ring; bell.

звук sound.

звук вы́стрела report (firearms).

звукоба́за sound-ranging base.

звукова́я волна́ sound wave.

звукова́я дисципли́на sound discipline.

звукова́я засе́чка See засе́чка по зву́ку.

звукова́я кату́шка voice coil.

звукова́я кома́нда command by audio-signal.

звукова́я маскиро́вка See звукова́я дисципли́на.

звукова́я разве́дка sound ranging.

звукова́я связь sound communication.

звукова́я сигнализа́ция sound signaling.

звукова́я сигнализа́ция положе́ния шасси́ landing gear warning device, landing gear warning horn.

звукова́я частота́ audio frequency (Rad).

звуковзво́д sound ranging platoon.

звуково́й sound, acoustic.

звуково́й репе́р check point determined by sound-ranging method.

звуково́й сигна́л audio signal.

звукодешифро́вщик oscillogram reader.

звукомаскиро́вка See звукова́я дисципли́на.

звукометри́ческая батаре́я sound-ranging battery (USSR).

звукометри́ческая разве́дка See звукова́я разве́дка.

звукометри́ческая ста́нция sound-ranging observation post.

звукометри́я See звукова́я разве́дка.

звукопеленга́тор sound locator.

звукопо́ст sound-ranging observation post (Arty).

звукоприёмник sound collector.

звукопрово́д sound transmission line (sound locator).

звукоразве́дка See звукова́я разве́дка.

звукоте́хник recorder sergeant.

звукоула́вливатель m sound locator, sound locator apparatus.

зда́ние building, structure.

здоро́вье health.

здравоохране́ние preservation of health, protection of health.

зелёный green.

земе́льный уча́сток tract of land.

землено́сный мешо́к sandbag.

землеро́йная маши́на See землечерпа́лка.

землетрясе́ние earthquake.

землечерпа́лка excavator (equipment).

земля́ earth; land; ground, soil, dirt.

земляна́я аппаре́ль ramp (terrain slope).

земляна́я постро́йка earth construction.

земля́нка dugout.

земля́нка истреби́теля revetment for fighter airplane.

земляно́й adj earth, made of earth.

земляно́й вал стре́льбища target butt, bullet stop.

земляно́й грунт original ground, undisturbed soil.

земля́ночный ла́герь cantonment of dugouts.

земляны́е рабо́ты earthworks.

земна́я анте́нна ground antenna.

земна́я пове́рхность surface of the earth.

земна́я радиа́ция terrestrial radiation.

земна́я радиопеленга́торная ста́нция ground direction finding set; ground direction finding station.

земна́я радиоста́нция ground radio set; ground radio station.

земна́я рефра́кция terrestrial refraction.

земна́я цель ground target.

земно́е наблюде́ние ground observation.

земно́й магнети́зм terrestrial magnetism.

земно́й ориенти́р landmark.

земно́й шар globe.

зени́т zenith.

зени́тная артилле́рия antiaircraft artillery.

зени́тная батаре́я antiaircraft battery.

зени́тная мише́нь overhead target.

зени́тная оборо́на antiaircraft defense; antiaircraft protection.

зени́тная пози́ция antiaircraft fire position.

зени́тная пу́шка antiaircraft gun.

зени́тная стрелко́вая ка́рточка antiaircraft range card (USSR).

зени́тная стрельба́ antiaircraft fire.

зени́тная трено́га antiaircraft tripod mount.

зени́тная устано́вка antiaircraft mount.

зени́тная цель *See* возду́шная цель.

зени́тная часть antiaircraft unit, antiaircraft element.

зени́тное ору́дие antiaircraft gun, antiaircraft cannon.

зени́тное приспособле́ние antiaircraft device.

зени́тное пулемётное подразделе́ние antiaircraft machine gun small unit (less than a regiment).

зени́тно-компле́ксный пулемёт multiple antiaircraft machine gun.

зени́тно-пулемётная устано́вка antiaircraft machine gun mount.

зени́тные сре́дства antiaircraft weapons, antiaircraft means.

зени́тный *adj* zenith; antiaircraft.

зени́тный артдивизио́н *See* зени́тный артиллери́йский дивизио́н.

зени́тный артиллери́йский дивизио́н antiaircraft artillery battalion.

зени́тный взвод antiaircraft machine gun platoon (USSR).

зени́тный дивизио́н antiaircraft artillery battalion (USSR).

зени́тный ого́нь antiaircraft fire.

зени́тный прице́л antiaircraft sight.

зени́тный проже́ктор antiaircraft searchlight, antiaircraft artillery searchlight.

зени́тный пулемёт antiaircraft machine gun.

зени́тный пулемётный взвод antiaircraft machine-gun platoon.

зени́тный сна́йпер antiaircraft sniper (USSR).

зени́тный стано́к antiaircraft gun mount.

зени́тчик antiaircraft artilleryman, antiaircraft gunner.

зе́ркало mirror.

зе́ркало-отража́тель *n* mirror reflector (SL).

зерка́льная ка́мера reflex camera.

зерка́льный периско́п mirror periscope, mirror-type periscope.

зерни́стость graininess (Photo).

зерни́стый снег granular snow.

зерно́ grain.

зернофура́ж grain forage.

зигзагообра́зный *adj* zigzag.

зима́ winter.

зи́мний *adj* winter.

зи́мний маскиро́вочный хала́т white parka (Cam).

зи́мний маскхала́т *See* зи́мний маскиро́вочный хала́т.

зи́мний шлем winter helmet.

зимо́вка wintering; winter encampment, winter quarters.

злонаме́ренный malicious.

зло́стное неподчине́ние willful disobedience.

зло́стный willful; malcious.

злоупотребле́ние abuse; misfeasance.

злоупотребле́ние вла́стью misfeasance in office; abuse of power.

злоупотребля́ть *v* abuse.

зме́йка squad column; "S"ing (Avn).

зме́йковый аэроста́т captive balloon.

зме́йковый метеорогра́ф kite meteorograph.

знак sign, marker, symbol.

знак "внима́ние" attention sign (CCBP).

знак конца́ ending sign (CCBP).

знако́миться study, acquaint oneself with (something); meet, make acquaintance of (person).

знако́мство acquaintance, knowledge, familiarity.

знак отве́та answering sign (CCBP).

знак отклоне́ния sense of deviation, sense of error (Arty).

знак отли́чия decoration.

знак разли́чия insignia.

знак разры́ва sense (Arty).

знак состави́теля originator's sign (CCBP).

знамена́тель *m* denominator (Math).

знамено́сец *See* знамёнщик.

знамёнщик color bearer; standard bearer.

зна́мя *n* color, standard; banner.

знать know, have a knowledge, be aware, be informed; be acquainted with; realize.

значе́ние meaning; significance; importance; value (Math).

значи́тельно considerably; significantly.

значи́тельный considerable; significant; important.

зной scorching heat; sultriness.

зов call.

зо́лото gold.

золото́й gold, golden.

зо́на zone, area.

зо́на артиллери́йского огня́ zone of fire (Arty).

зо́на ата́ки zone of attack.

зо́на боевы́х де́йствий combat zone.

зо́на возду́шного бо́я air combat zone.

зо́на возмуще́ния zone of turbulence (Met).

зо́на вре́мени time zone (CCBP).

зóна всех часóв all times zone (ССВР).
зóна гор mountain zone.
зóна дáльнего пулемётного огня́ zone of long-range machine-gun fire.
зóна дéйствий zone of operations.
зóна действи́тельного пораже́ния fifty percent zone.
зóна действи́тельного пораже́ния отде́льного снаря́да effective area of burst.
зóна досяга́емости maximum range.
зóна загради́тельного огня́ zone of barrage.
зóна заграждéний zone of obstacles. See also предпóлье.
зóна зени́тного огня́ antiaircraft artillery gun area.
зóна истреби́тельной авиáции airplane defense area.
зóна молчáния blind spot (Rad).
зóна оборóны zone of defense in depth.
зóна обстрéла zone of fire; maximum burst range.
зóна пилотáжа local flying area.
зóна развéдки zone of reconnaissance.
зóна разры́вов zone of bursts, impact area.
зóна сплошнóго пораже́ния ninety-percent zone, effective beaten zone (Arty).
зонд sound (Met; Med).
зонди́рование sounding.
зонди́ровать sound, probe, search.
зóндовый метеорóграф aerial meteorograph.
зóнтичная антéнна umbrella aerial.
зрачóк pupil (eye).
зрéние sight, vision.
зри́тельная ось visual axis.
зри́тельная связь visual contact; visual communication, visual signal communication.
зри́тельная сигнализáция visual signaling (ССВР).
зри́тельная стáнция visual station (ССВР).
зри́тельная телегрáфия visual telegraphy (ССВР).
зри́тельное наблюдéние visual observation.
зри́тельное телеграфи́рование visual telegraphy (ССВР).
зри́тельные срéдства visual means.
зри́тельный visual.
зри́тельный бáзис See глазнóй зри́тельный бáзис.
зри́тельный зал auditorium, theater.
зри́тельный позывнóй сигнáл visual call sign (ССВР).
зри́тельный сигнáл visual signal.
зуб tooth.
зуб затвóрной задéржки pawl-shaped part of slide stop (pistol).
зубнóй dental, tooth.
зубнóй врач dentist; dental surgeon.
зубнóй тéхник dental technician.
зубоврачéбное имýщество dental equipment, dental supplies.
зубоврачéбный dental.
зубчáтая дугá подъёмного механи́зма elevating rack (G).
зубчáтая передáча See шестерня́.
зубчáтая систéма gear system, gear train.
зубчáтка cogged wheel, pinion, rack wheel.
зубчáтый сéктор подъёмного механи́зма elevating sector (G).
зубчáтый сéктор промежýточной рáмы rocker segment (G).
зýммер buzzer (Elec).
зуммери́ть v buzz.

И

иглá needle; needle bar (of belt loading machine).
иглá для подкóжного впры́скивания hypodermic needle (Med).
игóлка needle.
игрá game, play, playing.
игрáть v play.
игровóе пóле playing field, playing ground (physical training).
идéя idea, notion, concept, conception.
идти́ See итти́.
иерáрхия hierarchy; chain of command.
изаллобáра isallobar.
изанемóна isanemone, isogram of wind velocity.
избегáть avoid, shun; escape, elude.
избежáть See избегáть.
избирáтельность selectivity.
избирáтельность приёма receiver selectivity.
избирáть elect, choose, select.
избрáние election, choice, selection.
избы́ток мóщности excess power, margin of power (Mech).
извести́ть See извещáть.

изве́стный certain, some; well-known, famous; known.

известня́к limestone.

и́звесть lime (Cml).

извеща́ть inform, communicate, notify, advise.

извеще́ние information; notification.

изви́лина bend, curve.

изви́листый jagged, winding, twisting, tortuous, meandering.

извлека́тель *m* ruptured-cartridge extractor; clearing plug (Auto R).

извлека́ть *v* extract.

извлека́ть ко́рень extract a root (Math).

извле́чь *See* извлека́ть.

изги́б bend, curve, twist.

изгиба́ющее уси́лие bending force, bending stress.

изгиба́ющий моме́нт bending moment.

изгна́ние exile, banishment, expatriation, expulsion.

и́згородь fence.

изгото́вка preparation; assuming of position; guard position; ready position.

изгото́вка к стрельбе́ assuming of firing position, taking up of firing position.

изгото́вка к стрельбе́ лёжа assuming prone position.

изгото́вка к стрельбе́ с коле́на assuming kneeling position.

изгото́вка к стрельбе́ сто́я assuming standing position.

изготовле́ние preparation; construction.

изготовля́ть винто́вку к уда́ру штыко́м move rifle into position of guard (bayonet drill).

изготовля́ться к бо́ю assume position of guard; get ready for combat.

изде́ржки *f pl* expense, cost; expenses.

излече́ние cure.

изли́шек surplus, excess.

изли́шний excessive, unnecessary, superfluous.

изложе́ние summary, exposition, account, statement.

излуча́емость emanation, radiation (Rad).

излуча́тель *m* radiator (Rad).

излуча́тельная спосо́бность radiation efficiency (Rad).

излуче́ние emission, radiation.

излу́чина river bend, bend.

изма́тывать harass; wear out.

изма́тывающее отравля́ющее вещество́ harassing agent (CWS).

изма́тывающий ого́нь harassing fire.

изме́на treason.

измене́ние change, modification, alteration.

измене́ние устано́вки change of setting (Arty).

изме́нник traitor.

изме́нническая цель treacherous design (Law).

изменя́ть change, alter, modify; betray.

измере́ние measuring, measurement; dimension.

измере́ние ле́нтой taping (Surv).

измере́ние температу́ры taking of temperature.

измере́ние угло́в просте́йшими приёмами measurement of angles by improvised means.

изме́ренная нача́льная ско́рость instrumental velocity (Ballistics).

измери́тельная ма́рка marker point (Aerial Photo).

измери́тельное отделе́ние survey section.

измери́тельно - пристре́лочный взвод topographic platoon.

измери́тельные рабо́ты measurement (procedure).

измери́тельный ва́лик *See* измери́тельный ва́лик дальноме́ра.

измери́тельный ва́лик дальноме́ра measuring roller of range finder.

измери́тельный прибо́р measuring instrument, measuring device; meter.

измери́тельный стака́н *See* мензу́рка.

измери́тельный ци́ркуль divider, dividers (Inst).

измери́тель ско́рости относи́тельно во́здуха airspeed indicator.

измери́тель сно́са drift indicator.

измеря́ть *v* measure, gage.

и́зморозь hoarfrost, whitefrost, rime.

измо́танность fatigue, exhaustion.

измота́ть *See* изма́тывать.

изнаси́лование rape.

изна́шивание wear, wear and tear, deterioration.

изна́шивать *v tr* wear out.

изно́с *See* изна́шивание.

износи́ть *See* изна́шивать.

изно́с кана́ла ствола́ erosion in the bore (G).

изно́с ору́дия wear of the gun.

изно́шенность ору́дия *See* изно́с ору́дия.

изнуря́ть exhaust, tire out, wear out.

изоба́ра isobar.

изоблича́ть expose (Law).

изображе́ние image, picture.

изобретение invention.
изогнутость curvature; flexion.
изогона isogone.
изолиния isoline.
изолирование isolation; . insulation; placing in quarantine.
изолированное направление single direction (Tac).
изолированный объект isolated objective.
изолированный провод insulated wire.
изолировать isolate; insulate; quarantine.
изолирующее покрытие антенны antenna insulator.
изолирующий лак insulating varnish.
изолятор isolation ward; insulator.
изолятор высокого напряжения high-voltage insulator.
изоляционная панель insulating panel.
изоляционная пластинка-подкладка lower insulation plate.
изоляционный материал insulating material.
изоляция isolation; insulation; quarantine.
изотерма isotherm.
изотермический isothermic.
изотермия isothermy.
изохрона isochrone.
израсходование spending; expenditure.
изувечить cripple; maim, maul.
изучать study, learn, analyze.
изучение study; analysis.
изучение местности study of terrain.
изучение обстановки analysis of the situation.
изъятие exception, exemption; withdrawal (from files); immobilization (of money); immunity (Law).
икра ноги calf (of leg).
ил silt, rock flour.
иллюстрация схемами illustration by diagrams, illustration by charts.
именной список personnel roster, roll.
иметь право have the right, be entitled.
иметься полностью be up to operating level (Supply).
имитация simulation; imitation.
имитация звука sound imitation.
имитация огня simulation of fire (Cam).
имитация стрельбы See имитация огня.
имитировать imitate; simulate.
Иммельман Immelmann, Immelmann turn.
иммунизация immunization.
иммунитет immunity (Med).
импровизация improvisation.
импровизованный improvised.
импульс impulse, pulse (Rad).

импульсная пружина номеронабирателя dial impulse spring (Tp).
импульсный разряд discharge, impulse discharge (Elec).
имущественное преступление crime against property.
имущественный ущерб injury to property.
имущество belongings, property; equipment, stock.
имущество связи signal communication equipment, signal equipment.
имя n name, first name; fame, reputation. See also от имени.
инвалид invalid, disabled.
инвалидность disability, invalidism.
инварная проволока invar rope (Surv).
инварная штриховая лента invar tape (Surv).
инвентарь m inventory, physical inventory, stock record, stock record account.
инвёрзор projection camera for producing ratio prints or rectified photographs (USSR).
инверсия температуры inversion condition (Met).
индекс index.
индивидуальная гимнастика individual calisthenics, individual setting-up exercises.
индивидуальная защита individual protection.
индивидуальная маска individual camouflage, individual mask.
индивидуальная химическая защита individual protection against chemical attack.
индивидуальное вооружение individual weapons.
индивидуальное тренирование individual training.
индивидуальное убежище individual shelter.
индивидуальный adj individual.
индивидуальный пакет See индивидуальный санитарный пакет.
индивидуальный перевязочный пакет See индивидуальный санитарный пакет.
индивидуальный противохимический пакет individual gas casualty first-aid kit.
индивидуальный санитарный пакет first-aid packet.
индивидуальный химпакет See индивидуальный противохимический пакет.
индикатор indicator (Mech; Cml).

индика́тор настро́йки tuning indicator.

индика́торная диагра́мма indicator diagram.

индика́торная мо́щность indicated power.

индика́торная мо́щность дви́гателя indicated horsepower.

индика́тор резона́нса resonance indicator.

индукти́вная кату́шка induction coil; spark coil.

индукти́вная нагру́зка inductive load.

индукти́вная обра́тная связь inductive feedback.

индукти́вная связь inductive coupling.

индукти́вное сопротивле́ние inductive reactance.

индукти́вно свя́занный inductively coupled.

индукти́вность inductance.

индукти́вный inductive.

индукти́рованное напряже́ние induced voltage.

индукти́ровать induce (Elec).

инду́ктор generator. *See also* ручно́й генера́тор.

инду́кторный вы́зов *See* телефо́нный аппара́т с инду́кторным вы́зовом.

инду́кторный телефо́нный аппара́т telephone with inductive ringing, magneto telephone set, local battery telephone set.

инду́кторный ток generator current.

индукцио́нная кату́шка induction coil.

и́ней hoarfrost, whitefrost, rime.

инерцио́нный взрыва́тель inertia fuze, setback-action fuze.

инерцио́нный уда́рник plunger (Arty).

ине́рция inertia.

инжене́р engineer.

инжене́рная подгото́вка engineer training.

инжене́рная разве́дка engineer reconnaissance.

инжене́рная рекогносциро́вка *See* инжене́рная разве́дка.

инжене́рная слу́жба engineer service.

инжене́рное вооруже́ние engineer armament.

инжене́рное де́ло engineering.

инжене́рное иму́щество engineer equipment.

инжене́рное обеспе́чение adequate provision of engineer means.

инжене́рное обору́дование. engineer equipment.

инжене́рное обору́дование ме́стности organization of the ground by engineer work.

инжене́рное препя́тствие engineer obstacle, artificial obstacle.

инжене́рное противота́нковое препя́тствие artificial antitank obstacle.

инжене́рное снабже́ние engineer supply; engineer supplies.

инжене́рное сооруже́ние engineer construction.

инжене́рное сре́дство engineer means.

инжене́рно-техни́ческие войска́ technical troops (engineer troops, armored troops, communication troops and chemical troops, USSR).

инжене́рно-техни́ческие рабо́ты *See* инжене́рные рабо́ты.

инжене́рно-техни́ческие сре́дства *See* инжене́рное сре́дство.

инжене́рные войска́ corps of engineers; engineer troops.

инжене́рные загражде́ния engineer obstacles, artificial obstacles.

инжене́рные рабо́ты engineering work.

инжене́рные ча́сти engineer units. *See also* инжене́рные войска́.

инжене́рный *adj* engineer, engineering.

инжене́рный батальо́н engineer battalion.

инжене́рный городо́к engineer training ground.

инжене́рный обо́з engineer train.

инжене́рный соста́в engineer personnel.

инициати́ва initiative.

инициати́вные де́йствия activity characterized by initiative, activity showing initiative.

инициати́вный *adj* possessing quality of initiative.

инициати́вный команди́р commander with quality of initiative.

иницийи́рующее взрыв́чатое вещество́ initiator; detonating agent.

инкреме́нт increment (Rad).

инкримини́ровать incriminate.

инкуба́ция incubation.

иностра́нец alien, foreigner.

иностра́нный foreign, alien.

иноходе́ц pacer (H).

и́ноходь pace, amble (H).

инспе́ктор inspector.

инспе́кторский смотр inspection; inspection review.

инста́нция authority, instance.

инструкта́ж instruction (procedure).

инструкти́ровать instruct.

инстру́ктор instructor.

инстру́ктор-лётчик instructor-pilot.

инстру́кция instruction.

инструме́нт instrument, tool.

инструмента́льная разве́дка *See* артиллери́йская инструмента́льная разве́дка.

инструмента́льное самолётовожде́ние instrument navigation (Avn).

инсули́н insulin.

интегра́льное исчисле́ние integral calculus.

интегри́рование integration (Math).

интегри́ровать integrate (Math).

интенда́нт quartermaster.

интенда́нт диви́зии division quartermaster.

интенси́вность intensity.

интенси́вность бо́я intensity of combat.

интенси́вность движе́ния traffic density, volume of traffic.

интенси́вность лучеиспуска́ния radiation efficiency.

интенси́вный intensive, intense.

интенси́вный ого́нь intense fire.

интерва́л interval, space.

интерва́л до то́чки паде́ния horizontal distance between the point of burst and the level point.

интерва́л ме́жду пово́зками intervehicular interval.

интерва́л на длину́ вы́тянутой руки́ normal interval (formation).

интерва́л на ширину́ ладо́ни close interval (formation).

интервало́метр intervalometer.

интерва́л разры́ва burst interval.

интерве́нция intervention.

интере́с interest, attention; significance.

интерни́рование internment.

интерни́ровать *v* intern.

интерполи́рование interpolation, interpolating.

интерполя́ция interpolation.

интерсе́птор interceptor (Ap wing).

интерфере́нция interference (Rad, Tech, Aerodynamics).

интерфери́ровать interfere.

интравено́зное перелива́ние intravenous infusion.

инфекцио́нная боле́знь infectious disease, communicable disease.

инфекцио́нное отделе́ние communicable disease department.

инфекцио́нные больны́е patients with communicable diseases.

инфекцио́нные осложне́ния septic complications.

инфекцио́нный infection, infectious, contagious, communicable.

инфекцио́нный го́спиталь communicable disease hospital.

инфекци́рованная ра́на infected wound.

инфе́кция infection.

инфлюэ́нца influenza.

информа́тор informer.

информацио́нная радиоста́нция radio-intelligence station, radio-intercept station.

информацио́нная ста́нция *See* информацио́нная радиоста́нция.

информацио́нный *adj* informational, informative, information.

информа́ция information.

информа́ция о пого́де weather information.

информи́ровать inform.

инфракра́сный infrared.

инъе́кция injection.

ио́д iodine.

ио́н ion.

иониза́тор ionizer.

иониза́ция ionization.

ионизи́рованный слой ionized layer.

ио́нная ла́мпа gas tube (Rad).

ионосфе́ра ionosphere.

иприт yperite, mustard gas.

ири́совая диафра́гма iris diaphragm.

иск claim; suit; action.

искажа́ть *v* distort.

искаже́ние disfiguration, deformation, distortion.

искаже́ние за релье́ф ме́стности image distortion due to ground relief, relief distortion, displacement of images caused by relief, displacement due to relief (Photo).

иска́тель *m* pick up light, forward light (SL).

иска́ть seek out, look for, search for; strive.

исключа́ть exclude; except.

исключе́ние exclusion, exception.

исключе́ние из слу́жбы dishonorable discharge; dismissal from service.

исключённый адреса́т exempted addressee (CCBP).

исключи́тельно для служе́бного по́льзования restricted (CCBP).

исключи́тельный exceptional, abnormal, unusual.

и́скра spark.

искривле́ние deformity.

искрово́й переда́тчик spark transmitter (Rad).

искровой разряд spark discharge.

искрогасительное сопротивление spark suppressor (Rad).

искрогасительный конденсатор spark condenser, spark suppression condenser.

искроулавливатель *m* spark arrester, spark catcher.

искусственная антенна dummy antenna, artificial antenna (Rad).

искусственная маскировка artificial concealment, camouflage by use of artificial material.

искусственная цепь phantom circuit (Sig Com).

искусственное дыхание artificial respiration.

искусственное заграждение artificial obstacle.

искусственное перекрытие artificial overhead cover.

искусственное препятствие artificial obstacle.

искусственное рассеивание по фронту sweeping (MG).

искусственное сооружение artificial construction, artificial feature, cultural feature.

искусственные движения artificial gaits (H).

искусственный artificial.

искусственный горизонт artificial horizon.

искусство art; skill.

искусство верховой езды horsemanship.

искусство управления leadership.

испанская рысь Spanish trot.

испанский шаг Spanish walk (H).

испарение evaporation, vaporization.

испарина light perspiration.

испаритель *m* evaporator.

исподние брюки drawers (underwear).

исполнение performance; carrying out, execution.

исполнение в движении execution of movements in marching (Drill).

исполнение на месте execution of movements from halt (Drill).

исполнение обязанностей performance of duty. *See also* **при исполнении обязанностей.**

исполнение служебных обязанностей performance of duty; execution of office, line of duty.

исполнение сообщений executing messages (CCBP).

исполнитель *m* one who executes, one

who performs (an order, mission, etc.); principal (Criminal Law).

исполнительная команда command of execution.

исполнительный лист attachment, levy.

исполнительный орган executive agency.

исполнительный сигнал executive signal (CCBP); signal of execution.

исполнять execute, carry out, perform.

исполняющий обязанности acting (prefix to title).

использование utilization, use, employment.

использование местности utilization of terrain features, use of terrain for military purposes, use of terrain.

использование успеха exploitation of success.

использовать utilize, use, make use of, exploit.

испортить spoil, damage.

испорченный *adj* out of order.

исправить *See* **исправлять.**

исправление repairs, correction, improvement; amendment.

исправленный corrected, improved, repaired, revised, reformed.

исправлять correct, improve, repair, revise, reform.

исправная машина serviceable machine; serviceable car; serviceable airplane.

исправная слышимость good readability (CCBP).

исправное состояние good working condition.

исправность punctuality, exactness; serviceability, good condition (mechanical).

исправный punctual, exact; serviceable, in good working order.

испражнения *npl* feces, stool.

испытание examination, test; trial.

испытание в барокамере altitude chamber test.

испытание материалов fatigue test for materials.

испытание на разрушение destructive test (Tech).

испытание на сопротивление resistance test (Tech).

испытательная лаборатория testing laboratory.

испытательная передача test transmission (CCBP).

испытательный прибор test equipment.

испытывать *v* test.

исследование крови blood examination, blood test.

истекать expire, elapse.

истекать кровью bleed; lose blood (Med).

истечь *See* **истекать.**

истинная воздушная высота true altitude (Avn).

истинная воздушная скорость true air speed.

истинная высота полёта absolute altitude, true altitude.

истинный азимут true azimuth.

истинный меридиан true meridian, geographic meridian.

истинный север true north.

исторический формуляр historical record (Mil).

история болезни case history, medical record.

источник source; spring.

источник водоснабжения source of water supply, water distribution point.

источник информации source of information.

источник переменного тока alternating current source, A.C. source.

источник помехи source of interference (Rad).

источник света source of light.

источник тока generator (Elec).

истощать drain, exhaust; deplete; wear out.

истребитель *m* destroyer; fighter, fighter airplane. *See also* **танко-истребитель.**

истребитель-бомбардировщик *m* fighter-bomber.

истребительная авиация fighter aviation.

истребительная команда commando (unit).

истребительная эскадрилья fighter group (Avn).

истребительный destructive; destroyer; fighter (Avn).

истребительный авиационный полк fighter wing.

истребительный отряд mopping up detachment (for elimination of enemy airborne personnel).

истребительный противотанковый артиллерийский полк tank destroyer regiment.

истребитель прикрытия escort fighter, escorting fighter.

истребитель свободного действия fighter on sweep mission.

истребитель танков tank destroyer.

истребить *See* **истреблять.**

истреблять destroy, exterminate, annihilate.

исход outcome, result, end.

исход боя outcome of battle.

исходная линия initial line (march technique); line of departure.

исходная позиция *See* **исходное положение.**

исходная танковая позиция attack position (Tk).

исходная точка position of target at observation.

исходная установка прицела initial elevation, initial sight setting.

исходное время initial time, starting time.

исходное положение original attitude (Ap). *See also* **исходное положение для атаки.**

исходное положение для атаки assembly position, jump-off position, departure position; position in readiness (TD); attack position (Tk).

исходные данные initial data.

исходные топографические данные initial topographical data.

исходные установки *See* **исходные данные.**

исходный *adj* initial, starting, original; departure.

исходный момент instant of observation (Arty).

исходный пункт initial point (march technique).

исходный пункт маршрута point of departure (Avn).

исходный район для наступления departure area (Tac).

исходный рубеж line of departure; initial line (march technique).

исходный угломер initial deflection (Arty).

исходный час H-hour.

исходящая бумага outgoing communication.

исходящая переписка outgoing correspondence.

исходящая почта *See* **исходящая переписка.**

исчезновение disappearance.

исчисленная дальность computed range.

исчисленная стрельба conduct of fire by computation of initial data.

исчисленный огневой вал rolling barrage advancing according to prearranged time schedule.

исчислять calculate.

итог total; total number (CCBP).

итти v go, walk, move.

итти в ногу march in step, march in cadence.

итти в обход make a detour, bypass; execute a turning movement.

итти в поводу *See* итти в руке.

итти в руке go in hand (H).

"Итти не в ногу!" "Route step, march!"

итти пешком march on foot, walk.

итти свободно pass unimpeded (Rad).

июль *m* July.

июнь *m* June.

К

кабан boar; cabane (Ap).

кабан управления элероном aileron horn rib (Ap).

кабанчик управления horn, control horn (Ap).

кабель *m* cable; field wire.

кабельная линия cable line; field wire line.

кабель со свинцовой обложкой lead-covered cable.

кабина пилота pilot's cabin, cockpit.

кабина самолёта cabin (Ap).

кабинка cabin, compartment.

кабинные огни cabin lights (Ap).

каблограмма cablegram, cable.

каблук heel (part of shoe). *See also* пятка.

кабрирование pitching (Avn).

кабрировать v pitch.

кабрирующий момент pitching moment (Avn).

кавалерийская бригада cavalry brigade.

кавалерийская дивизия cavalry division.

кавалерийская лошадь cavalry horse, mount.

кавалерийская радиостанция cavalry radio set.

кавалерийская разведка cavalry reconnaissance, reconnaissance by horse cavalry.

кавалерийская часть cavalry unit.

кавалерийский *adj* cavalry.

кавалерийский дивизион squadron (Cav).

кавалерийский корпус cavalry corps.

кавалерийский отряд cavalry detachment.

кавалерийский полк cavalry regiment.

кавалерийский рейд cavalry raid.

кавалерийское соединение cavalry unit. *See also* соединение.

кавалерист cavalryman, trooper.

кавалерия cavalry, horse cavalry.

кавбригада *See* кавалерийская бригада.

кавдивизия *See* кавалерийская дивизия.

кавполк *See* кавалерийский полк.

кавсоединение *See* кавалерийское соединение.

кавычки quotation marks; quote, unquote (CCBP).

кадмий cadmium.

кадр cadre; frame (Rad).

кадровик regular army soldier.

кадровый belonging to regular army.

кажущаяся мощность apparent power (Elec).

кажущаяся ошибка apparent error.

кажущийся apparent.

кажущийся курсовой угол angle of approach (AAA).

казак Cossack.

казарма barracks.

казарменная кровать bunk (bed).

казарменное помещение *See* казарма.

казачий *adj* Cossack.

казачий полк Cossack regiment (USSR).

казённая собственность government property.

казённая часть breech (G).

казённик breech ring (G); horizontal cylinder actuating block (revolver, USSR).

казённое обмундирование clothing issued for use in the military service.

казённый *adj* government.

казённый срез орудия breech face (G).

казна treasury.

казначей treasurer; disbursing officer, finance officer, fiscal officer, agent officer.

казначейство treasury, finance office.

кайма копыта horny laminae (H).

калибр caliber; gage, standard.

калибрирование calibration.

калибрировать calibrate.

калибр канала ствола caliber of bore.

калибровка calibration.

калибромер caliber gage.

калибр орудия caliber of the piece.

калибр ствола *See* **калибр канала ствола.**
калий potassium.
калорийность nutritional value, caloric value.
калория calorie.
кальсоны *See* **исподние брюки.**
кальций calcium.
каменистый rocky, stony.
каменистый грунт rocky ground.
каменная кладка насухо laying of stone without binder (Cons).
каменный *adj* stone, made of stone.
каменный уголь coal.
камень *m* stone, rock.
камера chamber; air tube; inner tube; cell (prison); bag (Mech).
камера пневматики *See* **камера шины.**
камера сжатия compression volume, compression space.
камера шины inner tube, tire tube.
камнемёт fougasse made with rock and explosive.
камнепад rockfall, rockslide.
камора chamber, powder chamber.
камора барабана cylinder chamber (revolver).
камора ствола gun chamber, powder chamber.
кампания campaign.
камуфлет camouflet.
камуфлированная окраска *See* **камуфляжная окраска.**
камуфлировать *v* camouflage (CCBP).
камуфляж camouflage. *See also* **камуфляжная окраска.**
камуфляжная окраска camouflage paint, camouflage painting.
камфара camphor.
камфора *See* **камфара.**
камыш reed, cane, rush, matgrass.
канава ditch.
канал canal, channel.
канализационная сеть sewerage system.
канализация sewerage.
канал связи communication channel.
канал ствола bore (firearms).
канал ствольной коробки boltway (R).
канал стержня переменного сечения throttling groove (recoil mechanism).
канат cable, rope.
канатная дорога suspension cableway, cable road.
канцелярия office; orderly room.
канцелярские принадлежности stationery and office supplies.
канцелярский *adj* clerical, office.
канцелярский труд clerical work.

капельмейстер band leader; band commander.
капельный метод drip method (Med).
капитальный ремонт major repairs, overhauling.
капитан captain.
капитулировать capitulate.
капитуляции *f pl* capitulations (International Law).
капитуляция capitulation, surrender.
капля drop.
капонир caponier.
капор hood (H).
капот cowling.
капотаж nose over (Avn).
капот двигателя engine cowling.
капотировать *v* nose over (Avn).
капсуль *m* **микрофона** microphone unit (Tp).
капсюль *m* percussion cap.
капсюль взрывателя fuze primer, percussion primer.
капсюль-воспламенитель *m* percussion cap (pull fuze).
капсюль-детонатор *m* blasting cap.
капсюльная втулка primer cup.
капюшон hood (Clo); cowl.
карабин carbine; snap hook.
караван caravan; convoy (Nav).
карандаш pencil, lead pencil.
карантизация quarantine, placing in quarantine.
карантин quarantine.
карать punish.
караул guard.
караульная будка sentry box.
караульная служба guard duty.
караульная собака sentry dog, watch dog, guard dog.
караульная форма одежды uniform for guard duty (USSR).
караульное помещение guardhouse, guardroom.
караульный private of the guard.
караульный наряд guard detail.
карболка carbolic acid.
карбюратор carburetor.
карбюратор Зенит Zenith carburetor.
карбюраторный двигатель gasoline engine.
карданное сочленение universal joint.
карданный вал cardan shaft.
каркас frame (Cons); chassis (Tp).
карликовый светофор dwarf signal (RR).
карман pocket.
карманная батарея flashlight battery.
карманный фонарь flashlight.

ка́рта map, chart; card; playing card.
ка́рта в горизонта́лях contour map.
ка́рта в штриха́х hachure map.
ка́рта ма́рша road map with emphasized march data.
ка́рта обстано́вки situation map.
ка́рта пого́ды weather map.
ка́ртер crankcase.
карте́чное де́йствие canister effect (Arty).
карте́чный ого́нь canister fire.
карте́чный снаря́д See карте́чь.
карте́чь canister, case shot.
карти́на picture.
карти́нная пло́скость plane perpendicular to the line of aim (Arty).
картогра́мма cartogram.
картографи́ческие материа́лы cartographic material.
картографи́ческий cartographic, cartographical.
карто́нная мише́нь pasteboard target.
картоте́ка card file.
карто́фель m potatoes.
ка́рточка card; photograph.
ка́рточка противота́нкового огня́ antitank range card.
ка́рточная систе́ма card system (office procedures).
карту́з cap (headgear); powder bag.
карту́зное заряжа́ние See разде́льное заряжа́ние.
карту́шка ко́мпаса compass card.
карье́р full-speed gallop, run, racecourse gallop.
каса́ние touching.
каса́тельная tangent (line).
каса́тельная к траекто́рии при то́чке встре́чи line of impact.
каса́тельная к траекто́рии при то́чке паде́ния line of fall.
каса́ться affect, concern; touch.
ка́ска See стально́й шлем.
кассе́тный бомбодержа́тель cluster adapter (Bmr).
касто́ровое ма́сло castor oil.
катало́г catalog.
катапу́льта catapult (Avn).
катастро́фа catastrophe, accident.
категори́чески categorically, positively.
катего́рия category, class, type.
кате́т side adjacent to the right angle of a right triangle.
кате́тер catheter.
катетериза́ция catheterization.
катки́ mpl wheels (MG).

като́д cathode.
като́дный луч cathode ray.
като́дный осциллогра́ф cathode-ray oscillograph.
като́к roller (Tk); skating rink (ice).
кату́шка spool, reel; coil (Elec).
кату́шка индукти́вности inductance coil; inductor.
кату́шка нагру́зки loading coil (Elec).
кату́шка с возду́шным серде́чником air-core coil.
кату́шка с отво́дами tapped coil; tapped inductance.
каучу́к crude rubber.
кача́ющаяся часть ору́дия tipping parts of a gun.
кача́ющаяся часть систе́мы tipping parts (G mount).
кача́ющийся аэрофотоаппара́т camera mounted on a floating suspension (Aerial Photo).
кача́ющийся прице́л rocking bar sight.
кача́ющийся рыча́г rocker arm (G mount).
ка́чественный qualitative.
ка́чество quality.
ка́чество крыла́ efficiency of the wing (Ap).
ка́шель m cough.
кашта́н chestnut (Gen; H).
"К бо́ю!" "On guard!" (bayonet drill).
квадра́нт quadrant; clinometer; gunner's quadrant.
квадра́т square (Math).
квадра́тная се́тка fire control grid.
квадра́тное уравне́ние quadratic equation.
квадра́тный ко́рень square root.
квадра́т ско́рости velocity squared.
квазипериоди́ческий adj quasiperiodical.
квалифика́ция qualification.
квалифици́рованный медсоста́в skilled medical personnel.
квалифици́рованный соста́в specialized personnel.
кварта́л city block; neighborhood (part of city); quarter, trimester (three months).
кварти́ра apartment. See also кварти́ры.
кварти́рное дово́льствие quarters in kind.
кварти́рно-коммуна́льные де́ньги rental allowance; monetary allowance in lieu of quarters, fuel and light; allowance for quarters; commutation of quarters.
квартирова́ть reside; be billeted, be quartered.

кварти́ры billets, quarters. *See also* кварти́ра.

квартирье́рская разве́дка reconnaissance by quartering party; reconnaissance by billeting party.

квартирье́рский разъе́зд quartering party, billeting party.

квартирье́ры *m pl* quartering party, billeting party.

кварц quartz; crystal, crystal filter.

ква́рцевый генера́тор crystal-controlled oscillator.

ква́рцевый криста́лл quartz crystal.

кве́рху up, upward.

квита́нция receipt, voucher; acknowledgment (Rad Com).

кеньги́ *f pl* warm overshoes, fur-lined overshoes.

керами́ческий *adj* ceramic.

керне́ние crimp (cartridge).

кероси́новая ла́мпа kerosene lamp, oil lamp.

кероси́новое освеще́ние lighting by kerosene.

килова́тт kilowatt.

килова́ттчас kilowatt-hour.

килоге́рц kilocycle per second.

киломе́тр kilometer.

километри́ческое затуха́ние attenuation constant.

киломе́тровая се́тка 1,000-meter grid.

килоци́кл в секу́нду kilocycle per second, kilocycle.

кильва́терный строй formation in column, formation in trail.

киль самолёта fin, vertical stabilizer.

кинемато́граф *See* кино́.

кинематографи́ческий cinematographic.

кинематогра́фия motion pictures.

кинети́ческая эне́ргия kinetic energy.

кинжа́л dagger.

кинжа́льное де́йствие *See* кинжа́льный ого́нь.

кинжа́льное ору́дие traditore gun, gun emplaced for delivery of short-range surprise fire.

кинжа́льный загради́тельный ого́нь traditore barrage, short-range surprise flanking barrage.

кинжа́льный ого́нь traditore fire, short-range surprise flanking fire.

кинжа́льный пулемёт traditore machine gun, machine gun emplaced for delivery of short-range surprise flanking fire.

кино́ movies, theater.

кипре́гель *m* telescopic alidade, plane table alidade.

кипяти́льник vessel used to boil water.

кипяти́ть *v* boil.

кипято́к boiling water.

кипячёная вода́ boiled water.

кирка́ pick (tool).

ки́рко-моты́га pick mattock.

кирпи́ч brick.

кислоро́д oxygen.

кислоро́дная ма́ска oxygen respirator, oxygen mask.

кислоро́дная поду́шка oxygen apparatus (pillow-type, USSR).

кислоро́дные прибо́ры oxygen equipment.

кислоро́дный аппара́т oxygen apparatus.

кислоро́дный прибо́р *See* кислоро́дный аппара́т.

кислота́ acid.

кисло́тная батаре́я acid-type storage battery, acid-type battery.

кисло́тный фона́рь acid battery lantern.

кисть руки́ wrist.

кише́чник intestines.

кише́чный intestinal.

клавиату́ра keyboard.

кла́виша key (of keyboard); figure key (ССВР).

кла́дка crib (Bdg).

кладова́я pantry; storage room, storeroom.

кладова́я огнеприпа́сов ammunition storeroom.

кладовщи́к storekeeper.

кла́пан valve (Mech); drop indicator (Тр); flap.

кла́панная коро́бка valve box.

кла́панная пружи́на valve spring.

кла́пан су́мки carrier flap (gas mask).

класс class.

классифика́ция classification.

классифици́ровать *v* class, classify.

кла́ссный ваго́н passenger car (RR).

класть put, put down, lay.

клево́к graze (Arty).

клеёнка oilcloth.

клеймо́ brand, seal, stamp, mark.

клем батаре́й battery terminal (Elec).

кле́мма binding post, terminal.

клёпанный *adj* riveted.

клёпка riveting.

кле́тка cage; square (of grid).

клещи́ *f pl* pincers; pincer movement; double envelopment; hames.

кли́зма enema.

кли́мат climate.

климати́ческие усло́вия climatic conditions.

климати́ческий по́яс climatic belt.

климатоло́гия climatology.

клин wedge; vee, vic (formation, Avn).
кли́ника clinic.
клини́ческий ана́лиз clinical examination; clinical diagnosis.
клини́ческий стол dispensary table.
клини́ческое обсле́дование clinical observation.
кли́нкерная мостова́я brick pavement.
клинко́вый штык knife-bayonet.
клиново́е гнездо́ затво́ра breech recess for sliding-wedge breechblock.
клиново́й затво́р sliding-wedge-type breech mechanism.
клино́к blade (cutting part).
клино́к ша́шки saber blade.
кли́ренс ground clearance (vehicle).
кли́чка nickname; name (animals).
клуб club (organization).
ключ key; spring (water).
ключ га́зового регуля́тора gas regulator key (Lewis MG).
ключ для замыка́ния це́пи trigger, hand key (signal lamp).
ключи́ца collarbone.
ключ к ши́фру key (to a code).
ключ-отве́ртка m wrench-screwdriver, combination wrench.
кни́га book.
кни́га арестованных guard book; prisoners roster.
кни́га больны́х daily sick report, sick book.
кни́га дежу́рного пи́саря incoming record sheet.
кни́га дозна́ний record of investigations (Mil Law, USSR).
кни́га жа́лоб complaint book (USSR).
кни́га наря́дов на слу́жбу duty roster.
кни́га об аресто́ванных guard book. See also кни́га арестованных.
кни́зу downward.
"К ноге́!" "Order, arms!"
кно́пка button; thumbtack; snap fastener.
кно́пка бомбосбра́сывателя bomb release button.
кно́пка переключа́теля switch, button switch (Elec).
кно́почный переключа́тель pushbutton switch.
коаксиа́льный ка́бель See концентри́ческий ка́бель.
коали́ция coalition.
кобу́р See кобура́.
кобура́ holster; saddle pocket.
кобы́ла mare.
кобы́лка filly.
ко́ванный forged (Metallurgy); shod (H).

ко́вка forging, hammering; shoeing, horseshoeing.
коволю́м порохо́вы́х га́зов covolume of powder gases.
ко́вочная ве́домость shoeing record (H).
ко́вочный гвоздь horseshoe nail.
ко́вочный инструме́нт shoeing tools.
ко́вочный кузне́ц horseshoer, farrier.
код code.
коде́ин codeine.
ко́декс code (Law).
коди́рование coding, encoding.
коди́рованная ка́рта code map, coded map; map with coded coordinates.
коди́рованная связь communication by signal code.
коди́рованная сигнализа́ция signalling in code.
коди́рованный encoded, coded, in code.
коди́рованный разгово́р telephone conversation in code.
коди́ровать v code.
код Мо́рзе Morse code.
ко́довая гру́ппа encoded group (CCBP).
ко́довая на́дпись coded marking.
ко́довое назва́ние code designation.
ко́довое сообще́ние code message (CCBP).
ко́довый adj code.
ко́довый команди́рский планше́т commander's coded firing chart.
кодогра́мма code message.
код сигнализа́ции signal code.
код соста́вленный посре́дством соедине́ния поло́тнищ combined panel code (CCBP).
ко́жа leather; skin.
ко́жаный adj leather.
ко́жаный бу́фер buffer (range finder).
ко́жный покро́в skin and hair (H).
кожу́х jacket, water jacket, barrel jacket; sheepskin coat.
кожу́х на за́днюю ось rear axle housing cover.
кожу́х прожектора protective cap, protective cover (SL).
кожу́х ствола́ jacket (G, MG).
козёл buck (male goat, Gym); bounce, bouncing, porpoise (Ap); trestle.
козли́ть v buck (H); bounce (Ap).
ко́злы mpl driver's box; trestle; stacks (R).
козырёк visor; light blindage; windshield (Ap).
ко́йка bunk; bed (hospital).
ко́йко-дни patient days (hospitalization).
кокаи́н cocaine.

кок винта́ propeller spinner (Ap).

кол stake, pole, picket.

ко́лба bulb (Rad).

колеба́ние vacillation; hesitation; oscillation; variation.

колеба́ние температу́ры temperature variation.

колеба́ния свя́занных ко́нтуров oscillations in coupled circuits (Rad).

колеба́тельный ко́нтур oscillating circuit, oscillatory circuit.

колеба́тельный ко́нтур анте́нны oscillating contour of antenna.

колеба́ться vacillate; hesitate, oscillate; vary.

коле́йная доро́га tread road.

коле́йно-лежневая доро́га *See* **коле́йная доро́га**.

коле́йный мост treadway bridge.

коле́нная ча́шка kneecap, patella; stifle (H).

коле́но knee; leg (of traverse, Surv).

коле́но трено́ги tripod leg.

коле́нчатый вал crankshaft (Mech).

коле́нчатый вы́ступ спусково́го крючка́ trigger nose (revolver).

колёсная доро́га road for vehicular traffic.

колёсная маши́на wheeled motor vehicle.

колёсная пово́зка wheeled vehicle.

колёсная ши́на из ста́ли steel tire.

колёсно-гу́сеничный автомоби́ль convertible motor vehicle.

колёсно-гу́сеничный танк convertible tank.

колёсное движе́ние wheeled traffic.

колёсное шасси́ wheel-type landing gear.

колёсные гру́зы loads transported in wheeled vehicles.

колёсные носи́лки wheeled litter carrier.

колёсный автомоби́ль wheeled motor vehicle.

колёсный инструме́нт wheelwright's tool(s).

колёсный косты́ль tailwheel.

колёсный тра́нспорт wheel transport (means of transportation).

колесо́ wheel.

колесоотбо́й *See* **колесоотбо́йный брус**.

колесоотбо́йный брус curb, curbing (Bdg).

колея́ track; tread.

"Коли́!" "Thrust!" (bayonet).

ко́лики *f pl* colic.

коли́чественный quantitative.

коли́чество quantity, amount, number.

коли́чество потре́бных артиллери́йских средств artillery requirements.

коллекти́вное вооруже́ние crew-served weapons.

колле́ктор commutator (Rad).

коллима́тор collimator (Arty).

коллимацио́нная оши́бка collimation error.

коллимацио́нная пло́скость horizontal collimation, collimation plane.

коллима́ция collimation (Arty).

коло́да pack (of cards); block, log.

коло́дец well (water); shaft, pit (Mining).

колодио́нная ма́ло-чувстви́тельная пласти́нка collodion wet plate (Photo).

коло́дка shoetree; wheel chock, chock.

коло́дочный то́рмоз shoe brake, block brake.

коло́нна column.

коло́нна по восьми́ column of eights (USSR).

коло́нна по два column of twos.

коло́нна по одному́ single file, rifle squad in column; section column (Arty).

коло́нна по три column of threes.

коло́нна по четы́ре column of fours.

коло́нна по шести́ column of six (USSR).

коло́нный путь cross-country route of march.

ко́лотое ране́ние puncture wound; puncture, hole.

ко́лото-ре́заное ране́ние puncture-and-incised wound.

коло́ть prick, stab, jab.

колпа́к cap; hood (pilot Tg).

колпа́к бронеба́шни cupola (Tk).

колпа́к для слепы́х полётов instrument flying hood.

колпа́к тру́бки waterproof cover (Am).

колпачо́к small cap; waterproof cover (Am).

ко́лышек peg; pin, wooden pin; chaining pin (Surv).

кольцева́я кана́вка тру́бки powder-train groove (fuze).

кольцева́я шкала́ traversing dial (Browning MG).

кольцево́й желобо́к тру́бки *See* **кольцева́я кана́вка тру́бки**.

кольцево́й капо́т *See* **кольцево́й обтека́тель**.

кольцево́й обтека́тель ring cowling (Avn).

кольцево́й око́п circular emplacement.

кольцевóй паз ring slot (pistol barrel, USSR).

кольцевóй прицéл ring-type sight, ring sight.

кольцó ring, circle; disk (ski poles).

кольцó барабáна azimuth micrometer (panoramic telescope).

кольцó барабáна отражáтеля elevation micrometer (panoramic telescope).

кольцó барабáна угломéра See кольцó барабáна.

кольцó для револьвéрного ремня́ swivel ring (revolver).

кольцó угломéра azimuth circle, plateau (panoramic telescope).

кольцó устанóвки по глазáм focusing ring (telescope).

колю́чая прóволока barbed wire.

кóма coma.

комáнда command (order); party (small group) See also по комáнде.

комáнда бронепóезда armored train crew.

комáнда гóлосом command by voice.

комáнда для произвóдства стрельбы́ See комáнда для стрельбы́.

комáнда для стрельбы́ fire command, fire order.

комáнда замыкáния trail party.

комáнда-сигнáл f command signal (USSR).

комáнда сигнáлам command by signals.

комáнда тáнка tank crew.

командúр officer; commander; commanding officer.

командúр артиллерúйского дивизиóна artillery battalion commander.

командúр артиллерúйской батарéи battery commander.

командúр батальóна battalion commander.

командúр батарéи battery commander.

командúр бáшни turret commander (Tk).

командúр бригáды brigade commander.

командúр взвóда platoon leader.

командúр взвóда обóза полкá regimental transport officer.

командúр дивúзии division commander.

командúр дивизиóна battalion commander (Arty); squadron commander (Cav).

командúр звенá flight commander (Avn).

командúр карау́ла commander of the guard; officer of the guard.

командúр кóрпуса corps commander.

командúр лётчик pilot in command.

командúр машúны vehicle commander.

командирóванный attached, detached for service, on a mission.

командировáть detach (Mil); detach for service involving travel outside of place of permanent duty.

командирóвка detached service; detached duty; detached service involving travel outside of place of permanent duty; detaching for such service; travel connected with such service; order for such service and travel; certificate of such service and travel.

командúр огневóго отделéния battery executive (firing battery commander).

командúр орýдия gun commander, chief of piece section (Arty).

командúр отделéния squad leader.

командúр отделéния развéдки battery reconnaissance officer.

командúр отделéния свя́зи battery communication officer (USSR).

командúр полкá regimental commander.

командúр прожéкторного взвóда searchlight platoon commander.

командúр-развéдчик reconnaissance officer.

командúр-регулирóвщик control officer (march technique).

командúр рóты company commander.

командúр свя́зи signal officer; communication officer; communications officer (Avn).

командúрская бáшенка cupola with commander's seat (Tk).

командúрская машúна command car, command truck. See also автомобúль комáндования.

командúрская развéдка commander's reconnaissance.

командúрский adj commander's, command.

командúрский код commander's code, command code.

командúрский наблюдáтельный пункт commander's observation post.

командúрский наблюдáтельный пункт дивизиóна battalion commander's observation post (Arty).

командúрский разъéзд battery commander's party.

командúрский самолёт command plane.

командúрский танк command tank.

командúрское наблюдéние commander's observation.

командúр стрелкóвого кóрпуса corps commander.

командúр тáнка tank commander.

командир хозяйственного отделения supply officer, S-4 (Arty battalion).
командир части commanding officer.
командир штаба staff officer.
командир эскадрона troop commander.
командная связь command liaison.
командно-штабная поездка staff ride.
командные огни airdrome signal lights.
командный *adj* commanding, command.
командный пункт command post.
командный состав commanding personnel.
командование commanding, exercise of command; command (authority); commanding officer, commander; command element. *See also* высшее командование *and* главное командование.
командовать command, order; dominate.
командующая высота commanding elevation.
командующий армией army commander.
командующий местный предмет *See* командующий пункт.
командующий парадом commander of troops (review).
командующий пункт commanding feature (Top).
комбат *See* командир батальона.
комбатр *See* командир батареи.
комбинация combination.
комбинезон overalls.
комбинированная установка combination gun mount.
комбинированный ветрочёт combined navigation and bombing computer.
комбинированный ключ combination tool.
комбинированный указатель поворота turn-and-bank indicator .
комбриг *See* командир бригады.
комвзвод *See* командир взвода.
комдив *See* командир дивизии.
комель *m* лопасти propeller root.
комендант commandant.
комендант аэродрома airdrome commandant (USSR).
комендант города garrison commandant (USSR); post executive (USA) .
комендант железнодорожного участка railway division commandant (USSR).
комендантская служба headquarters commandant's service.
комендантский взвод штаба (USSR) headquarters company (USA).
комендант штаба headquarters commandant.
комиссар commissar (USSR).
комиссариат commissariat (USSR).

комиссия commission, committee, board.
комитет committee; board (CCBP).
комкор *See* командир корпуса.
коммуникации *f pl* lines of communication, communications.
коммуникационные линии *See* коммуникации.
коммуникационные пути lines of communication, routes of communication.
коммутатор switching central, switchboard.
коммутация interconnection (Tp).
коммутировать interconnect (Tp).
комната room.
комната для отдыха dayroom.
"Ко мне!" "Assemble!" (extended order drill).
компактная цель concentrated target.
компарированная лента *See* выверенная лента.
компас compass.
компасный курс compass course.
компенсатор replenisher (recoil mechanism); auxiliary device on the balanced surface, balance, extension surface (Ap).
компенсация compensation.
компенсировать balance, compensate.
компетентный competent, qualified, expert, authoritative.
комплекс complex; set of exercises; course.
комплексная установка multiple mounting (MG).
комплексное число complex number.
комплект set (group of things).
комплект боеприпасов unit of fire.
комплект выстрела complete round.
комплект выстрелов unit of fire.
комплектование building up; recruitment (Army); building up to prescribed strength (Mil).
комплектовать *v* build up; recruit (Army); build up to prescribed strength (Mil).
комплект снаряжения set of equipment.
комполк *See* командир полка.
компонент component.
компрессор *See* тормоз отката.
компрессорная станция pneumatic power plant, compressing central station; motorized air compressor.
компромисс compromise.
комсостав *See* командный состав.
комсоставское седло officer's saddle.
конвективный процесс *See* конвекция.
конвекционный ток convection current.
конвекция convection.
конвенция convention, treaty.

конве́рт envelope.
конвои́рование escorting.
конво́й escort.
конво́йная слу́жба convoy service, convoy duty.
конво́йный member of an escort; member of a convoy.
конденса́тор condenser, capacitor.
конденса́тор настро́йки tuning capacitor.
конденса́тор настро́йки анте́нны antenna tuning capacitor.
конденса́торная анте́нна condenser antenna.
конденса́торный блок capacitor, condenser.
конденса́ция condensation.
конду́ктор conductor (RR).
конду́кторная брига́да See поездна́я брига́да.
конево́дство horse breeding.
коне́ц end; tip; over (CCBP).
коне́ц ба́зы base end station (Arty).
коне́ц букв end of letters (CCBP).
коне́ц вы́хода end of exhalation.
коне́ц движе́ния end of motion.
коне́ц крыла́ wing tip (Ap).
коне́ц ло́пасти blade tip (Ap).
коне́ц переда́чи end of transmission (CCBP).
коне́ц сообще́ния final instructions, message ending (CCBP).
коне́чная доста́вка final delivery (CCBP).
коне́чная переда́ча final drive (Mtr vehicle).
коне́чная ста́нция terminal, terminal station (RR).
коне́чная цель ultimate objective.
коне́чно-вы́грузочная ста́нция railhead.
коне́чности f pl limbs, extremities (Body).
коне́чный terminal; final, last; ultimate; finite (Math).
кони́ческая га́йка taper nut.
кони́ческая зубча́тка подъёмного меха́низма elevating cone worm (Arty).
кони́ческая переда́ча bevel gear.
кони́ческая шестерня́ поворо́тного меха́низма traversing pinion (Arty).
кони́ческий conical, conic.
кони́ческий скат forcing cone (G).
кони́ческий скат ка́моры chamber cone.
ко́нка horse-drawn streetcar, horsecar; horse-drawn street railway.
ко́нная а́рмия horse cavalry army (USSR).
ко́нная артиллери́йская часть horse-artillery unit.
ко́нная артилле́рия horse artillery.
ко́нная ата́ка mounted attack.

ко́нная батаре́я horse-artillery battery.
ко́нная пово́зка horse-drawn vehicle.
ко́нная разве́дка mounted reconnaissance.
ко́нная тя́га horse traction.
ко́нная цель mounted target, mounted objective.
ко́нник See кавалери́ст.
ко́нница cavalry, horse cavalry.
конноартиллери́йский дивизио́н horse-artillery battalion.
конного́рная артилле́рия mountain horse artillery.
ко́нно-пулемётное отделе́ние machine-gun squad (Cav).
ко́нно-пулемётный adj machine-gun (Cav element).
ко́нный adj mounted; cavalry; horse; horse-drawn.
ко́нный бой mounted combat.
ко́нный дозо́р mounted patrol.
ко́нный ордина́рец mounted orderly.
ко́нный пост mounted post.
ко́нный посы́льный mounted messenger, horse messenger.
ко́нный разве́дчик mounted scout.
ко́нный разъе́зд mounted patrol.
ко́нный строй mounted formation.
ко́нный тра́нспорт horse transport.
ко́нный уда́р mounted attack; charge (Cav).
коново́д horseholder (Cav).
"Коново́ды!" "Bring up led horses!"
конову́зный кана́т picket rope (H).
конову́зь picket line.
консе́рвы m pl canned goods; goggles.
ко́нская амуни́ция horse harness.
ко́нские хвосты́ mare's tails (Met).
ко́нский adj horse.
ко́нский противога́з horse gas mask.
ко́нский соста́в horses, mounts.
ко́нское снаряже́ние horse equipment.
консолида́ция consolidation.
консолиди́ровать consolidate.
конста́нтан constantan.
конста́нтная про́волока constantan wire.
конструи́ровать v design.
констру́ктор constructor; designer.
констру́кция design; construction.
констру́кция ору́дия type of gun.
констру́кция самолёта airplane structure; airplane construction.
ко́нсул consul.
консульта́ция consultation.
конта́кт contact.
конта́ктная пружи́на contact spring.
конта́ктная щётка brush (Elec).
континге́нт contingent.

континент continent.

континентальная арктическая масса arctic continental mass.

континентальная воздушная масса continental air mass.

континентальная полярная масса polar continental mass.

континентальная тропическая масса tropical continental mass.

континентальная экваториальная масса equatorial continental mass.

контрабанда contraband; smuggling.

контрартиллерийская подготовка See артиллерийская контрподготовка.

контраст contrast.

контрастный снимок contrasting negative, hard negative (Photo).

контрастный цвет See дополнительный цвет.

контратака counterattack.

контратаковать v counterattack.

контрбатарейная разведка counterbattery intelligence.

контрбатарейный огонь counterbattery fire, counterbattery.

контрведущая грань нареза See холостая грань нареза.

контргайка lock nut.

контрмеры fpl countermeasures.

контрнаступление counteroffensive.

контролировать control, check, supervise.

контроль m control, check.

контрольная лампа pilot lamp, pilot light.

контрольная очередь trial burst (MG).

контрольная площадка бронепоезда armored-train gondola.

контрольная разведка reconnaissance for determination of results of air attack, bomb damage assessment reconnaissance.

контрольная серия выстрелов trial salvo.

контрольная станция control station (CCBP).

контрольное подслушивание supervision (Tp).

контрольное сосредоточение огня по реперу check concentration (Arty).

контрольно-приёмная станция net-control station (Rad).

контрольно-пропускной пункт examining post.

контрольно-регулировочный пункт See контрольно-пропускной пункт.

контрольный adj control.

контрольный бленкер control blinker.

контрольный патрон test cartridge.

контрольный полёт flight test, check flight.

контрольный пункт control point (Traffic).

контроль стрельбы trial fire; verification fire.

контрподготовка counterpreparation.

контрразведка counterintelligence; counterreconnaissance.

контррельс flange rail, wing rail, guardrail.

контртанковый antitank.

контрудар counterblow, counterstroke, counterthrust (Tac).

контрштток throttling bar.

контузия contusion; shell shock.

контур circuit (Elec); contour, outline.

контурная антенна loop antenna.

контурная карта planimetric map.

контурная мишень See силуэтная мишень.

контурная точка contour point (Surv).

контурный фотоплан line sketch (Aerial Photo).

контуры системы огня structure of network of coordinated fires.

конус cone.

конус разлёта пуль cone of dispersion, shrapnel cone.

конфигурация configuration.

конфиденциальный confidential.

конфиденциальный материал confidential material; classified material (CCBP).

конфискация confiscation.

конфликт conflict.

концевая дуга wing-tip bow (Ap).

концевая нервюра tip rib (Ap).

концентраты mpl concentrated food; compressed forage.

концентрическая атака converging attack.

концентрический concentric.

концентрический кабель coaxial cable.

концентрический манёвр converging maneuver, converging movement.

концентрическое наступление converging offensive.

кончать finish, terminate.

конь m horse, mount; vaulting horse (Gym).

коньки mpl ice skates.

конюшенный порок stable vice.
конюшня stable; stabling.
координата coordinate.
координатная мерка plotting scale; right-angled scale, coordinate scale.
координатная сетка grid.
координатный север grid north.
координатомер coordinate scale.
координаты опорных точек coordinates of control points.
координация coordination.
координирование See координация.
копать v dig, dig up, dig out, excavate.
копёр pile driver.
копирка See копировальная бумага.
копировальная бумага carbon paper.
копировальный станок printer, contact-printing machine (Photo).
копия copy, duplicate.
копыто hoof.
корабль m ship (Nav; Avn).
корветврач corps veterinarian.
корврач corps surgeon.
корда longe, longeing rein (H).
кордит cordite.
кордон cordon, linear defense.
коренная постромка wheeltrace (harness).
коренной унос wheel pair (Arty).
корень m root; wheel pair (Animal transport).
корешок stub (of a receipt).
корзина аэростата basket (Ash).
корзинка панорамы telescope socket (panoramic sight).
корзинка стебля прицела See корзинка панорамы.
коридор corridor; compartment of terrain.
коринтендант corps quartermaster.
коричневый brown.
корм feed; forage.
кормление feeding, feed.
кормушка feedbox, manger.
короб зарядного ящика caisson chest (Arty).
коробка возвратной пружины mainspring casing (Lewis MG).
коробка вспомогательного визирного приспособления housing of the open sight.
коробка для шестерней traversing gear case (G).
коробка зубчатой передачи gear casing.
коробка контактного кольца slip ring box (Tk).
коробка крыльев wing cell, wing cellule.

коробка панорамы azimuth worm housing (panoramic telescope).
коробка передач transmission case.
коробка поворотного механизма traversing mechanism housing.
коробка прицела telescope mount (panoramic sight).
коробка реле relay box (Tk).
коробка скоростей See коробка передач.
коробка-сумка accessory chest.
коробление warping.
короб передка limber chest (Arty).
короб пулемёта breech casing (MG).
коробчатая нервюра box rib.
коробчатое железо U-iron.
коробчатый магазин box magazine.
коробчатый станок box trail carriage (G).
коромысло yoke (Mech); sear (automatic R).
коромысло клапанного управления rocker arm (Tk).
короткая база short base (Surv).
короткая волна short wave.
короткая вспышка See короткая очередь.
короткая выдержка brief exposure, short exposure (Photo).
короткая очередь short burst, short burst of fire (MG).
короткий short, brief.
короткий повод short reins (Horsemanship).
короткий свет short flash (flashing light).
короткий сигнал short signal (CCBP).
"Коротким — коли!" "Short thrust!"
коротко snappily; shortly.
коротковолновая радиостанция short-wave radio set, short-wave radio station.
коротковолновая связь short-wave communication.
коротковолновой adj short-wave.
коротковолновой передатчик short-wave transmitter.
коротковолновой приёмник short-wave receiver.
коротковолновый See коротковолновой.
короткое замыкание short circuit.
короткое плечо рукоятки lower side of handle (Maxim MG).
корпус body, trunk; hull (Tk); corps (unit).
корпус гильзы cartridge body.
корпусная артиллерия corps artillery.

корпусная дальнобóйная артиллéрия long-range corps artillery (USSR).

корпусная кóнница corps cavalry.

корпусный *adj* corps.

корпусный артиллерийский полк corps artillery regiment.

корпусный ветеринáрный врач corps veterinarian.

корпусный инженéр corps engineer.

корпусный обóз corps train.

корпусный трáнспорт corps transport (Trans means).

корпусный тыл corps service area.

корпус панорáмы shank of panoramic telescope.

корпус прожéктора searchlight chassis.

корпус самолёта fuselage.

корпус снарядa body of projectile, body of shell.

корпус тáнка hull (Tk.)

корпус устанóвок adjustment plate (panoramic sight).

корпус фотоаппарáта body of the camera.

корректирование correction, rectification. *See also* корректирование огня.

корректирование огня adjustment; adjustment of fire.

корректировать *v* adjust (Arty); correct, make corrections, rectify.

корректировать огóнь adjust fire.

корректирóвка adjustment, adjustment of fire.

корректирóвочная авиáция artillery fire-directing aviation, aerial spotters.

корректирóвщик artillery fire-directing plane, aerial spotter.

коррéктор *See* коррéктор звукоулáвливателя.

коррéктор звукоулáвливателя rectifier, acoustic corrector (of sound locator).

корректýра proofreading; adjustment (Arty).

корректýра направлéния direction adjustment, deflection correction.

корректýра прицéла range correction.

корреспондéнция correspondence.

коррóзия corrosion.

"К орýжию!" "Fall in on stacks!"; "Fall in on weapons!"

корчёвка пней stumping, clearing of stumps; stump blasting.

корыстные соображéния mercenary motives (Law).

корытное желéзо *See* корóбчатое желéзо.

косáя чертá slant (CCBP).

кóсвенная улика circumstantial evidence (single item of proof).

кóсвенно *adv* indirectly, obliquely; partially; in a roundabout way.

кóсвенные доказáтельства circumstantial evidence.

косéканс cosecant.

кóсинус cosine.

космические лучи cosmic rays.

косогóр slope (of hill).

косóе направлéние oblique direction.

косóе сближéние oblique approach (Tac).

косóй *adj* oblique, slanting, indirect; askew; cross-eyed.

косóй вéтер oblique wind, quartering wind.

косóй размáх oblique stroke (Hand-to-hand fighting).

косоприцéльный огóнь oblique fire.

костёр open fire, campfire, fire.

костник splint (Vet).

костыль *m* crutch; tailskid (Ap); spike (RR); toggle (harness).

кость bone.

костяк skeletal system.

косынка gusset plate (Tech).

косяк óбода felly.

котёл kettle; boiler, steam boiler.

котелóк pot, kettle; meat can.

котéльный цех boiler shop (RR).

котловина hollow (Top).

кóфе coffee.

кофеин caffeine.

кочегáр stoker, fireman.

кочýющая огневáя тóчка roving weapon.

кочýющее орýдие roving gun.

кочýющий ambulant, wandering, roving.

кóшка cat; grapnel, pick-up device (ground-air communication); grappling hook (mine warfare).

коэфициéнт coefficient, factor, modulus.

коэфициéнт безопáсности factor of safety (Tech).

коэфициéнт вероятности probability factor.

коэфициéнт вéса заряда coefficient of weight of charge (Ballistics).

коэфициéнт вéса снаряда coefficient of weight of projectile (Ballistics).

коэфициéнт взаимной индýкции mutual inductance.

коэфициéнт врéдного сопротивлéния parasite drag coefficient.

коэфициéнт "К" factor K. *See also* перенóс огня мéтодом коэфициéнта "К".

коэфицие́нт лобово́го сопротивле́ния drag coefficient.

коэфицие́нт модуля́ции modulation factor (Rad).

коэфицие́нт мо́щности power factor.

коэфицие́нт перегру́зки dynamic factor, load factor.

коэфицие́нт подъёмной си́лы lift coefficient.

коэфицие́нт поле́зного де́йствия efficiency (Tech).

коэфицие́нт поле́зного де́йствия винта́ propeller efficiency.

коэфицие́нт поле́зного де́йствия ору́дия efficiency of the gun.

коэфицие́нт сопротивле́ния resistance coefficient.

коэфицие́нт удале́ния r/R factor, reduction coefficient (Arty).

коэфицие́нт усиле́ния amplification factor, mu.

коэфицие́нт фо́рмы form factor (Ballistics).

кра́ги fpl leggings.

кра́дучись adv stealthily, by stealth.

кра́жа larceny, theft.

край edge, rim; verge, brink; region.

кра́йние во́лны limiting frequencies (Rad, USSR).

кран crane (hoist); tap, faucet.

кра́ска color, paint, dye.

краскомаскиро́вка camouflage painting.

краскомёт paint spray gun.

Кра́сная А́рмия Red Army.

кра́сная медь See медь.

кра́сная раке́та red smoke flare.

красноарме́ец Red Army private; Red Army man (USSR).

красноарме́йская кни́жка soldier's individual pay record (USSR).

кра́сный adj red.

Кра́сный Крест Red Cross.

кра́сный фо́сфор red phosphorus.

кра́ткий adj brief, short; summary; concise, condensed, compact.

кратковре́менный adj of short duration, short, transitory.

кратковре́менный сигна́л short flash, dot (Sig C).

краткосро́чное предсказа́ние пого́ды short-range forecast, short-term forecast (Met).

краткосро́чный short, short-term.

кра́ткость brevity.

кра́тное число́ multiple (Math).

края́ ма́ски edges of facepiece (gas mask).

креди́т credit.

кре́йсер cruiser; escort fighter (Avn).

кре́йсеровская авиа́ция escort aviation.

кре́йсерская ско́рость cruising speed.

кремалье́ра rack-and-pinion, rack-and-pinion device.

крен bank (Avn).

крени́ть bank, heel, careen.

креноме́р bank indicator, lateral inclinometer (Avn).

крепи́тельная га́йка што́ка piston-rod nut.

крепи́ть fix, affix, fasten.

кре́пкий strong, firm, hard, tough, robust, sturdy.

кре́пкий ве́тер moderate gale (Beaufort scale).

крепле́ние fastening; binding, lashing (tying).

крепле́ние гру́зов lashing loads, fastening loads.

крепле́ние лыж ski binding.

кре́пость strength (Tech); fortress.

кре́пость в седле́ strength of seat (horsemanship).

крепя́щая пове́рхность retaining surface.

крестѐц sacrum (Anat); croup (H).

кресто́вина стре́лки frog (RR).

крестообра́зная фо́рма cruciform shape.

кре́шер crusher gage, interior pressure gage.

крива́я curved line, curve.

крива́я давле́ния pressure curve.

крива́я ду́жки camber (Ap).

кривизна́ curvature.

кривизна́ траекто́рии curvature of trajectory.

криво́й crooked, bent, curved.

криволине́йный adj curvilinear.

криволине́йный полёт curvilinear flight (Avn).

кривоши́п crank, crankshaft.

кри́зис crisis.

кри́зисный моме́нт опера́ции critical phase of action, crisis of action.

крик shout, cry, scream; shouting.

криптографи́ческая охра́на cryptographic security (ССВР).

кристалли́ческий фильтр crystal filter.

крити́ческая ско́рость critical speed.

крити́ческий adj critical; making criticism, discriminating; decisive.

крити́ческий моме́нт бо́я decisive phase of combat, critical phase of battle, crisis of action.

крити́ческий у́гол critical angle.

критический угол атаки critical angle of attack.

кровать bed.

кровеносная система circulatory system (Anat).

кровеносный сосуд blood vessel.

кровоизлияние hemorrhage, internal hemorrhage.

кровообращение blood circulation.

кровоподтёк bruise.

кровопотеря blood loss.

кровотечение hermorrhage, external hemorrhage.

кровоточащий *adj* bleeding.

кровоточить *v intr* bleed.

кровохаркание blood spitting.

кровь blood.

кровяное давление blood pressure.

кровяной *adj* blood, bloody.

кровяной сгусток blood clot.

кроки *n indecl* sketch (map substitute).

кроки линий wiring sketch; line route map.

кроки местности topographic sketch.

кроль *m* crawl stroke.

кромка edge, rim.

кромка гильзы *See* закраина гильзы.

кромка обтекания trailing edge (Ap).

кронштейн bracket (Tech).

кронштейн прицела sight bracket (G).

круг circle.

круг для верховой езды riding ring.

круглый *adj* round.

круг обязанностей scope of duty.

круговая дисциплина circuit discipline (CCBP).

круговая оборона all-around defense, perimeter defense.

круговое наблюдение all-around observation.

круговое охранение all-around security, all-around protection.

круговой *adj* circular.

круговой обжим гильзы crimp (cartridge).

круговой обзор all-around field of view.

круговой обстрел all-around fire.

круговращение circulation; rotation.

кругозор field of view, visible horizon; range of perception.

кругом *adv* about face; around, roundabout.

"Кругом!" "About, face!"

"Кругом марш!" "To the rear, march!"

кругооброот circuit, cycle; round trip, turnaround, shuttling.

кружение circling, turning.

кружка tin cup, cup.

кружный путь *See* обходный путь.

кружок disk (cartridge).

круп croup (Med; H).

крупа uncooked cereal; graupel (Met).

крупная операция large-scale operation.

крупное соединение large unit (brigade or larger, USSR).

крупнокалиберная артиллерия large-caliber artillery, heavy-caliber artillery.

крупнокалиберный large-caliber, heavy-caliber, heavy.

крупнокалиберный пулемёт heavy machine gun, large caliber machine gun.

крупнокапельный дождь heavy rain, heavy showery precipitation.

крупномасштабная карта large-scale map.

крупномасштабный аэрофотоснимок large-scale aerial photograph.

крупный *adj* large, big, large-scale; large-grained; important, significant.

крутая траектория curved trajectory, steep trajectory.

крутизна steepness.

крутизна нареза twist of rifling.

крутизна откоса slope (fortification).

крутизна траектории steepness of trajectory, curvature of trajectory.

крутое пикирование steep dive (Avn).

крутой steep, abrupt; sharp; sudden.

крутой берег steep bank.

крутой вираж steep turn.

крутой подъём steep ascent, abrupt elevation.

крутой скат steep slope.

крутой спуск steep descent, steep slope.

крутой штопор normal spin, ordinary spin.

круча abrupt slope, precipice.

крушение wreck.

крылатка impeller (Avn).

крыло wing (bird, Ap); fender (MT).

крыло седла skirt, flap (Saddle).

крыло с работающей обшивкой shell wing, stressed skin wing (Ap).

крыло-чайка *n* gull wing.

крылья семафора semaphore vanes.

крылья стабилизатора stabilizing fins, stabilizing vanes (Mortar shell).

крытый навес umbrella shed (RR).

крыша roof.

крышка lid, cover, top plate.

крышка короба breech casing cover (MG).

крышка коробки подъёмного механизма worm wheel housing cover (G).

крышка магазинной коробки   floor plate, magazine base.

крышка отражателя   ejector cover (Lewis MG).

крышка подавателя   feed cover (Lewis MG).

крышка подающего механизма   *See* крышка подавателя.

крышка подшипника   bearing cap.

крышка рукоятки   magazine base (pistol).

крышка фотообъектива   lens cap (camera).

крюйс-пеленг   cross bearing (Avn).

крюк   hook; detour.

крючок   hook.

крючок выбрасывателя   extractor hook (Lewis MG).

кряж   ridge (low mountains).

кувырок   roll (Gym).

кузнец   blacksmith.

кузнечная мастерская   blacksmith shop.

кузнечно-слесарная мастерская   metal-work shop.

кузнечный инструмент   blacksmith's tools.

кузница   forge.

кузов   body, vehicle body.

кулак   fist; striking force (Tac).

кулачковое действие   cam action.

кулачковый вал   camshaft.

кулачковый паз   cam slot (Lewis MG).

кулачок   cam.

кулон   coulomb (Elec).

кульбит   somersault, handspring (Gym).

кульверт   culvert.

культурно-просветительная работа   recreation and education work.

культурный   cultured, civilized; cultural.

культурный отдых   recreation combined with educational activities.

культя   amputation stump.

купание   bathing; swimming.

купол   cupola; dome-shaped peak (Top).

купол парашюта   parachute canopy.

курвиметр   curvometer.

курган   mound, tumulus.

курок   cocking piece (R); firing hammer, percussion hammer (G); hammer (SA).

курс   course.

курсант   student, cadet.

курсант-лётчик   aviation cadet; student pilot.

курс лечения   course of medical treatment.

курсовая черта   lubber line.

курсовой угол   angle of approach.

курсовой угол орудия   horizontal angle between direction of target and course of the gun.

курсовой угол цели   target angle (CA, AAA).

курс стрельб   course in marksmanship.

курс цели   course of target.

курьер   courier; messenger (CCBP).

куст   bush, shrub.

кустарник   bush, underbrush.

кухня   kitchen.

кучеводождевые облака   cumulonimbus.

кучевые облака   cumulus, cumulus clouds, cumuliform clouds.

кучно   compactly.

кучность боя   *See* кучность огня.

кучность огня   accuracy of fire.

кучность попадания   accuracy of hits.

кювет   *See* дорожная канава.

Л

лаборант   laboratory technician.

лаборатория   laboratory.

лабораторная палатка   laboratory tent.

лабораторное обследование   laboratory examination.

лабораторный   *adj* laboratory.

лавина   avalanche.

лавка   bench; store.

лагерная линейка   camp boundary, camp boundary line.

лагерная палатка   tent, heavy tent.

лагерная стоянка   encampment.

лагерное расписание   plan of assignment of camp areas to units.

лагерное расположение   camp site.

лагерные дороги   roads within camp area; road net of camp area.

лагерный   *adj* camp; encampment.

лагерный караул   camp interior guard.

лагерь   *m* camp; encampment.

лагерь для военнопленных   prisoner of war camp.

ладонь   palm (of hand); hand (measure).

лазанье   climbing.

лазарет   veterinary hospital.

лазить   *v* climb.

лайнер   liner (Arty).

лак   lacquer, varnish.

лакриматор lacrimator, tear gas.
ламинарный слой laminar flow (Aerodynamics).
лампа lamp; tube (Rad).
лампа для однополупериодного выпрямления halfwave rectifying tube.
лампа для преобразования частоты mixing tube; mixer (Rad).
лампа-жёлудь acorn tube (Rad).
лампа накаливания incandescent lamp.
лампа прожектора lamp (SL).
лампа с косвенным накалом indirectly heated tube (Rad).
лампа со стеклянным баллоном glass tube (Rad).
лампа с переменной крутизной variable-mu tube (Rad).
лампа с питанием постоянным и переменным током See лампа с универсальным питанием.
лампа с универсальным питанием AC-DC tube.
ламповая панель tube socket, socket (Rad).
ламповая станция vacuum tube transmitter.
ламповый приёмник tube receiver.
ламподержатель m lamp holder.
лампочка light bulb.
лампочка накаливания incandescent lamp.
лампочка освещения lamp; light bulb.
ландшафт landscape.
лансада pointe, lançade (Horsemanship).
лапка lug.
лапки fpl bracket (Mech).
лапчатый предохранитель взрывателя fuze safety clamps.
латунь brass.
лафет gun carriage, gun mount.
лафетная ось See боевая ось.
лафет с раздвижными станинами split trail carriage.
лебёдка winch, capstan; tackle.
левая резьба left-handed thread.
"Левое плечо вперёд!" "Column right, march!"
левофланговый left flank man.
левофланговый adj left-flank.
левша m, f left-handed person.
левый adj left, near; left-hand.
левый повод left rein, near rein.
легенда legend, marginal data.
легированная сталь steel alloy.
лёгкая артиллерия light artillery.
лёгкая бомбардировочная авиация light bombardment aviation.

лёгкие lungs.
лёгкий light; easy; slight.
лёгкий бег trot (man).
лёгкий блиндаж light blindage.
лёгкий бомбардировщик light bomber, light bombardment airplane.
лёгкий ветер slight breeze (Beaufort scale).
лёгкий самолёт light airplane.
лёгкий танк light tank.
легко больные slightly sick.
легкобомбардировочная авиация light bombardment aviation.
легковая машина passenger car.
легковой танк See лёгкий танк.
легко воспламеняющийся highly inflammable.
легкогорючее вещество readily inflammable substance.
лёгкое закрытие light cover.
лёгкое оружие small arms.
лёгкое перекрытие light overhead cover.
лёгкое переправочное имущество light stream-crossing equipment.
лёгкое сооружение hasty field fortification.
лёгкое стрелковое оружие light infantry weapons.
лёгкое убежище light shelter.
лёгкое укрытие See лёгкое закрытие.
легко пострадавшие slightly injured.
легко раненые slightly wounded.
лёгкость lightness; easiness.
лёд ice.
ледник glacier.
ледовая разведка ice reconnaissance.
ледорез ice-apron, icebreaker.
ледоруб ice pick; ice axe.
ледяная гора See айсберг.
ледяная корка ice coating.
ледяной налёт icing, ice coating.
ледяной покров ice cover, ice coating.
ледяной слой layer of ice.
лёжа in a reclining position; in prone position.
лежать lie, recline; rest (as of responsibility).
лежачие раненые litter wounded.
лежачий litter case, recumbent case.
лежачий adj lying, prostrate; recumbent, litter.
лёжень m sill (bridge).
лезвие edge (cutting tools and weapons).
лезвие штыка edge of bayonet blade.
лейкопласт leucoplast, adhesive plaster.
лейкопластырная повязка adhesive elastic bandage.

лéйнер *See* лáйнер.

лейтенáнт second lieutenant.

лекáло template, templet, draftsman's curve.

лéкарский помóщник medical technician.

лекáрство medicine, medication, remedy.

лекпóм *See* лéкарский помóщник.

лени́вец track idler (Tk).

лéнта ribbon, band; belt, feed belt; tape (measuring, teletypewriter, etc); tape length.

лéнта патрóнов *See* патрóнная лéнта.

лéнта переговóров teletypewriter tape carrying recorded conversations.

лéнта-расчáлка tie rod (Ap).

лéнточное питáние belt feed.

лéнточный пóрох strip-type powder.

лéнточный тóрмоз band-brake.

лéнчик saddletree, saddleframe.

лепестóк фотозатвóра diaphragm leaf, iris leaf (Photo).

лес forest, wood.

леси́стая мéстность wooded terrain.

леси́стый райóн wooded area.

леснáя мéстность wooded country, wooded terrain.

леснáя поля́на glade.

леснóй бой combat in woods.

леснóй завáл abatis in wood.

леснóй райóн forest area.

лесоматериáл timber, lumber.

лесопи́лка sawmill.

лéстница ladder; staircase.

летáльный *adj* lethal, fatal.

летáтельные аппарáты лéгче вóздуха lighter-than-air aircraft.

летáтельные аппарáты тяжелéе вóздуха heavier-than-air aircraft, aerodynes.

летáтельный аппарáт aircraft.

летáть *v* fly.

летáть с брóшенными руля́ми fly handsoff.

Летáющая Крéпость Flying Fortress, B-17.

летáющая лóдка flying boat.

летéть *See* летáть.

летнáб air observer, aerial observer, aircraft observer.

лётная едини́ца air unit.

лётная кáрта flight map.

лётная рабóта air work, aerial work; flight activities.

лётная слýжба flying duty; flight service.

лётная слýжба погóды aviation weather service.

лётная шкóла aviation school.

лéтний *adj* summer.

лéтний маскирóвочный халáт summer camouflage robe (USSR).

лётное звáние aeronautical rating.

лётное пóле airfield, flying field.

лётное происшéствие aircraft accident.

лётно-полевáя сýмка navigation case (Avn).

лётносъёмка aerial photography.

лётносъёмочная рабóта aerial camera work.

лётно-такти́ческие учéния tactical flight training.

лётные кáчества flying characteristics.

лётный *adj* flight, flying.

лётный состáв flying personnel, flight personnel.

лётный строй flight formation.

лётный шлем aviator's helmet.

лётный экипáж air crew.

лéто summer.

летóвка summering; summer camp; summer encampment.

летýчая пóчта scheduled messenger service.

летýчка leaflet; message dispatched by scheduled messenger service; mobile installation, emergency installation (maintenance, evacuation, etc).

лётчик airman, pilot.

лётчик-истреби́тель *m* fighter pilot.

лётчик-наблюдáтель *m* air observer, aerial observer, aircraft observer.

лётчик-охóтник pilot on sweep mission.

лечéбная гимнáстика therapeutic gymnastics, corrective exercises.

лечéбная пóмощь medical aid.

лечéбное заведéние medical installation.

лечéбное учреждéние *See* лечéбное заведéние.

лечéбно-санитáрное обслýживание rendering of medical and sanitary aid.

лечéбно-эвакуациóнный докумéнт field medical record.

лечéбный medical; therapeutic, therapeutical.

лечéние cure; therapy; treatment, curative treatment.

лечéние рáдием radium therapy.

лечи́ть treat, administer treatment.

лечь *See* ложи́ться.

лжесвидéтельство perjury.

ли́вень *m* heavy rain, torrential rain; shower.

лигни́т lignite, brown coal.

лидди́т *See* мелини́т.

ликвида́ция liquidation; termination; suppression, stamping out.

ликвиди́ровать liquidate; terminate; suppress; stamp out.

лима́н slough, slew (formed at the estuary of a river).

лимб limb (scale).

лимб дальноме́ра azimuth circle of range finder.

лимб стереотрубы́ azimuth circle of battery commander's telescope.

лимо́нка fragmentation hand grenade.

лине́йка ruler. *See also* **ла́герная лине́йка.**

лине́йная высота́ разры́ва linear height of burst.

лине́йная оборо́на linear defense.

лине́йная ско́рость linear speed.

лине́йное искаже́ние linear distortion.

лине́йное отстава́ние trail (Horizontal Bombing).

лине́йное расположе́ние linear disposition, linear distribution (Tac).

лине́йное упрежде́ние linear lead (AAA); aiming allowance (Dive Bombing).

лине́йные зажи́мы line terminals (Elec).

лине́йный marker, guidon bearer.

лине́йный *adj* linear; line.

лине́йный боево́й поря́док linear combat formation.

лине́йный зажи́м binding post (Tp).

лине́йный конденса́тор line condenser (Tp).

лине́йный монтёр lineman.

лине́йный про́вод line wire (Tp).

лине́йный усили́тель linear amplifier.

лине́йный щито́к main frame, main distributing frame (Tp).

ли́нза lens (Optics).

ли́ния line; .10 inch, 2.54 mm. *See also* **трёхлине́йный** *and* **трёхлине́йная винто́вка.**

ли́ния боево́го ку́рса plane's heading (Aerial Bombing).

ли́ния боево́го пути́ ground track, plane's course over ground (Aerial Bombing).

ли́ния боковы́х отклоне́ний line perpendicular to the plane of position (Arty).

ли́ния броса́ния line of departure (Ballistics).

ли́ния визи́рования line of sight, line of sighting.

ли́ния возвыше́ния line of elevation (Ballistics).

ли́ния высоково́льтной переда́чи high-voltage line.

ли́ния вы́стрела line of elevation; line of present position (AAA).

ли́ния желе́зной доро́ги *See* **железнодоро́жная ли́ния.**

ли́ния зре́ния line of sight (Optics).

ли́ния наблюде́ния observing line; line of observation (outpost position).

ли́ния наво́дки gun-aiming point line.

ли́ния оборо́ны часте́й сторожево́го охране́ния outpost line of resistance.

ли́ния огня́ firing line (range; Tac).

ли́ния охране́ния outpost line.

ли́ния паде́ния line of fall (Ballistics).

ли́ния полувзво́дных коло́нн line of sections.

ли́ния поса́дочных огне́й row of marker lights.

ли́ния предвари́тельного ста́рта holding line (Airdrome).

ли́ния предупрежде́ния outer line of aircraft warning service.

ли́ния прице́ливания line of aim; line of sight (Aerial Bombing); sighting axis (Dive Bombing).

ли́ния пути́ самолёта course (Avn).

ли́ния разры́ва line of site of burst, line of site of impact; front, surface of discontinuity (as projected on meteorological map).

ли́ния разры́вов line of bursts (barrage). *See also* **прижима́ться к ли́нии разры́вов.**

ли́ния свя́зи line of communication, line of signal communication.

ли́ния си́льного то́ка power line.

ли́ния сопротивле́ния line of resistance.

ли́ния сторожево́го охране́ния *See* **ли́ния охране́ния.**

ли́ния то́ка высо́кого напряже́ния high-tension line.

ли́ния ты́ла rear boundary, rear boundary of service area.

ли́ния уточне́ния minimum outer extension of aircraft warning service (USSR).

ли́ния фро́нта front line, line of battle.

ли́ния це́ли gun-target line, line of site, line of position.

ли́ра digit (estimation of distance by eye).

лист leaf; sheet, page.

листва́ foliage.

ли́ственный deciduous (Botany).

листово́е желе́зо sheet iron, plate iron.

листово́й серде́чник laminated core.

ли́сья нора́ cave shelter. *See also* **стрелко́вая ячейка** *and* **одино́чный око́п.**

лита́я ба́шня cast turret (Tk).

литáя сталь cast steel.
лѝтий lithium.
литрáж мотóра engine displacement.
лѝтровая мóщность metric HP per liter of piston displacement.
лихорáдка fever.
лѝхость snappiness, briskness, smartness; dash, daring, mettle.
лицевáя сторонá face (surface).
лицó face; person.
лицóм в пóле facing the field.
лѝчная гигиéна personal hygiene.
лѝчная книжка See красноармéйская книжка.
лѝчная командѝрская развéдка personal reconnaissance, personal reconnaissance by commander.
лѝчная перепѝска personal correspondence, personal mail.
лѝчная развéдка See лѝчная командѝрская развéдка.
лѝчная рекогносцирóвка See лѝчная командѝрская развéдка.
лѝчно personally, in person.
лѝчное наблюдéние personal observation.
лѝчное общéние personal contact.
лѝчное орýжие hand arms.
лѝчное снаряжéние individual equipment, accouterments.
лѝчность person, individual; personality; identity.
лѝчные вéщи personal belongings.
лѝчный personal, individual.
лѝчный знак identification tag.
лѝчный нóмер Army serial number, serial number.
лѝчный отличѝтельный знак оперáтора operator's personal sign (ССВР)
лѝчный состáв personnel.
лишáть deprive, take away, withhold.
лишéние deprivation, withholding, forfeiture. See also лишéния.
лишéние свобóды restraint of a man's liberty, imprisonment, confinement.
лишéния privations, hardships. See also лишéние.
лѝшний superfluous, unnecessary, spare, extra, excessive.
лѝшний расхóд waste.
лоб pl лбы forehead.
лóбная тесьмá forehead harness strap (gas mask, USSR).
лобовóе сопротивлéние head resistance, drag.
лобовóй пулемёт bow gun (Tk).
ловéц звýков sound observer.

ловѝть на мýшку draw a bead on, aim
ловѝть цель track the target, stalk the target.
лóвкий skillful, adroit, dexterous, deft.
лóвкость skill, deftness, dexterity.
ловýшка trap.
логарѝфм logarithm.
логарифмѝческая линéйка slide rule.
логарифмѝческая шкáла logarithmic scale.
лóдка boat.
лóдка-волокýша small boat-shaped travois.
лодьжка tumbler; cocking lever (Browning MG).
лóжа box (Theater); lodge (masonic); stock, stock group (R).
ложбѝна small ravine, hollow.
лóже See лóжа.
ложевóе кольцó band (stock, R). See also вéрхнее ложевóе кольцó and нѝжнее ложевóе кольцó.
"Ложѝсь!" "Down!" (Drill).
ложѝться lie, lie down; recline; assume prone position; fall (projectile).
ложѝться в вирáж go into a turn (Avn).
ложѝться на курс take a course.
ложѝться на пóвод lean on the bit, go behind the bit (H).
лóжка spoon.
лóжная атáка feint, feint attack.
лóжная нервюра false rib (Ap).
лóжная нервюра носкá крылá nose rib (Ap).
лóжная перепрáва demonstration crossing.
лóжная позѝция decoy position, dummy position.
лóжная цель decoy target.
лóжное движéние demonstration movement, demonstration maneuver.
лóжное орýдие decoy gun, dummy gun (Arty).
лóжное укреплéние decoy fortification, dummy works.
лóжные дéйствия feint. See also демонстрáция.
лóжный adj false, wrong; dummy, decoy, simulated.
лóжный аэродрóм decoy airdrome.
лóжный манёвр огнём demonstration by maneuver of fire.
лóжный наблюдáтельный пункт dummy observation post, decoy observation post.
лóжный ночнóй аэродрóм night decoy airdrome.

ложный окоп dummy trench, decoy trench.

ложный перенос огня demonstration by transfer of fire.

ложный предмет dummy, decoy.

ложный пункт See **ложный наблюдательный пункт.**

ложный слух false rumor.

лоза twig (Gen; Cav; Tg).

локализация localization; location; location of interference (Rad).

локализировать localize; locate.

локомотивное депо engine house, roundhouse.

локоть *m* elbow.

локтевая связь lateral liaison.

локтевой упор elbow rest.

локтевой уступ berm (trench).

лом crowbar.

ломаная линия broken line.

ломать break, break down, smash, demolish.

лом металла scrap metal.

лонжерон See **лонжерон крыла** *and* **лонжерон фюзеляжа.**

лонжерон крыла wing spar, spar.

лонжерон фюзеляжа longeron (fuselage).

лопасть винта propeller blade.

лопасть пропеллера See **лопасть винта.**

лопасть разобщителя flat face of the disconnector (pistol).

лопата shovel.

лопатка shoulder blade, shoulder; pioneer shovel, entrenching shovel.

лорингофон See **танкофон.**

лоток tray; shell tray; open-top drain (RR).

лошадиная сила horsepower.

лошадиная тяга horse traction.

лошадь horse.

лошадь-левша left-footed horse.

лощина gully, draw (Top).

луг meadow.

лужёный провод tinned wire.

лука river bend; curvature of shore. See also **лука седла.**

лука седла pommel; cantle. See also **передняя лука** *and* **задняя лука.**

луна moon.

лупа reading glass, magnifying glass.

луч ray; beam.

луч антенны beam of the antenna.

лучевая артерия radial artery.

лучеиспускание radiation.

лучистая энергия radiant energy.

луч прожектора beam of the projector, searchlight beam.

лучший better; best.

лыжа ski.

лыжевоз ski-bearer, ski-holder (USSR).

"Лыжи на плечо!" "Shoulder skis!"

"Лыжи под руку!" "Secure skis under arm!" (USSR).

"Лыжи составь!" "Stack skis!"

лыжная команда ski party.

лыжная мазь ski wax.

лыжная палка ski pole.

лыжная подготовка ski training.

лыжная установка ski mount (a mount on skis).

лыжник ski trooper, ski soldier, skier.

лыжник-посыльный ski messenger.

лыжница woman skier. See also **лыжня.**

лыжное дело skiing (skill).

лыжное имущество ski equipment.

лыжное шасси ski-type landing gear.

лыжные ботинки ski boots.

лыжные ремни leather binding (ski).

лыжные сани ski sled.

лыжный *adj* ski.

лыжный инвентарь See **лыжное имущество.**

лыжный переход ski march.

лыжня ski trail, ski track.

льгота exemption; advantage, privilege.

льгота по семейному положению dependency exemption (Mil Service, USSR).

льготник exempt (person).

льготный тариф reduced fare.

люди people, human beings, men. See also **человек.**

людское пополнение replacements, replacement, personnel replacement.

люизит lewisite.

люк hatch, port, trap door.

люкс lux (Photometry).

люлька cradle (G).

люфт play, lost motion.

лягаться kick (H).

лягающаяся лошадь kicker (H).

ляжка thigh; quarter, buttock (H).

лямка strap.

M

магазин store; magazine (storage; loading device); detachable magazine (SA).

магазинная винтовка magazine rifle.

магазинная защёлка floor plate catch.

магазинная коробка magazine (SA).

магазинное питание magazine feed.

магазйнный ящик magazine container (Lewis MG).

магистраль trunk line; trunk circuit.

магнетйзм magnetism.

магнетйческий See **магнйтный.**

магнёто magneto, magneto generator.

магниевый adj magnesium.

магний magnesium.

магнйт magnet.

магнйтная буря magnetic storm.

магнйтная воспрнймчивость power pack.

магнйтная настройка permeability tuning.

магнйтная проводймость permeance (magnetic).

магнйтная проницаемость permeability (magnetic).

магнйтная стрёлка magnetic needle.

магнйтная цепь magnetic circuit.

магнйтное пóле magnetic field.

магнйтное склонёние declination, magnetic declination, magnetic variation.

магнйтные возмущёния magnetic disturbances.

магнйтные помёхи magnetic disturbances.

магнйтный magnetic.

магнйтный áзимут magnetic azimuth.

магнйтный меридиáн magnetic meridian.

магнйтный кóмпас magnetic compass.

магнйтный курс magnetic course.

магнйтный пёленг magnetic bearing.

магнйтный пóлюс magnetic pole.

магнйтный сёвер magnetic north.

магнйтный тахóметр magnetic tachometer.

магнитодвйжущая сйла magnetomotive force.

мазут fuel oil.

мазь salve.

май May.

майка See **футбóлка.**

майóр major (rank).

макадáм macadam, macadam road.

макарóнный пóрох single-perforated powder, monoperforated-type powder.

макёт dummy, decoy; mock up; model.

максимáльная скорострёльность maximum rate of fire (characteristics of a weapon).

максимáльная скóрость maximum speed.

максимáльное напряжёние огня maximum intensity of fire.

максимáльный maximum, highest possible, utmost.

максимáльный темп огня maximum rate of fire (Firing).

максимáльный термóметр maximum thermometer.

мáксимум maximum, top limit.

мáлая высотá low altitude.

мáлая лопáта See **мáлая пехóтная лопáта.**

мáлая надувнáя лóдка pneumatic reconnaissance boat.

мáлая пехóтная лопáта intrenching shovel.

мáлая скóрость low speed, slow speed.

мáлая триангуляция minor triangulation.

мáлая хирургйя minor surgery.

мáленький small, little, slight.

маловáжный unimportant.

малозамётный barely perceptible, barely noticeable.

малокалйберная винтóвка small bore rifle.

малокалйберная зенйтная артиллёрия light antiaircraft artillery.

малокалйберная пушка small-caliber gun (Arty).

малокалйберное орудие small-caliber piece.

малокалйберный small-caliber; small bore.

малокалйберный патрóн small-bore cartridge.

малокалйберный тир small-bore range.

маломóщный adj low-power.

малоподвйжный slow moving; sedate.

мáлый small.

мáлый привáл short halt.

мáлый топóр hatchet.

мáлый шáнцевый инструмёнт individual intrenching tools.

малярйя malaria, malarial fever.

манёвр maneuver; movement; action.

манёвр боеприпáсами maneuver of ammunition.

манёвренная войнá war of movement, mobile warfare, open warfare.

манёвренная глубинá depth of maneuver.

манёвренная оборóна mobile defense.

манёвренная обстанóвка mobile situation.

манёвренная операция operation of maneuver.

манёвренная подвйжность See **манёвренность.**

манёвренная сйла maneuvering force.

манёвренное взаимодёйствие maneuverable cohesion.

манёвренное пóле training field.

манёвренное сражёние See **манёвренный бой.**

манёвренность maneuverability.

манёвренные возмо́жности capabilities for maneuver.

манёвренные спосо́бности maneuvering ability. *See also* **манёвренные возмо́жности.**

манёвренные усло́вия moving situation, mobile situation, maneuvering situation.

манёвренный maneuvering, maneuver; mobile.

манёвренный бой battle of maneuver.

манёвренный кула́к mass of maneuver, maneuvering mass, maneuvering force.

манёвренный парк *See* **манёвровый парк.**

манёвренный эшело́н maneuvering element.

манёвр и ого́нь fire and movement.

маневри́рование maneuvering.

маневри́рование огня́ maneuvering of fire, maneuvering of fire power.

маневри́ровать *v* maneuver.

маневри́ровать в обхо́д execute a turning movement; execute an enveloping maneuver.

манёвровый парк marshalling yard.

манёвровый парово́з yard engine.

манёвр огнём maneuver of fire, maneuver of fire power.

манёвр огнём и колёсами maneuver by fire and movement (Arty).

манёвр путе́й подво́за distribution of supply roads.

манёвры *mpl* maneuvers.

мане́ж riding hall.

мане́жный гало́п canter.

манипули́ровать *v* key (Tg, Rad).

манипуля́тор key (Tg, Rad).

манипуля́торное реле́ keying relay.

манипуля́ция keying (Rad, Tg).

мано́метр pressure gage, manometer.

мано́метр для горю́чего fuel pressure gage.

мано́метр для сма́зочного oil-pressure gage.

мано́метр ма́сла *See* **мано́метр для сма́зочного.**

ма́рганец manganese.

ма́рганцевый ка́лий potassium permanganate.

мареогра́ф mareograph.

ма́рка trade mark, make, brand; postage stamp; token.

ма́рка по́роха type of powder, trade name of powder (Am).

маркиро́вка marking.

ма́рля gauze (Med).

мароде́р marauder.

мароде́рство marauding; larceny committed on the battle-field by taking property found on killed or wounded (Mil Law, USSR).

март March.

мартинга́л martingale (harness).

марш march.

ма́ршал marshal (Mil rank).

Ма́ршал Сове́тского Сою́за Marshal of the Soviet Union.

ма́ршевая дисципли́на march discipline.

ма́ршевая коло́нна march column.

ма́ршевая ско́рость rate of march.

ма́ршевая часть march unit.

ма́ршевое построе́ние march formation.

ма́ршевый *adj* march.

ма́ршевый поря́док order of march.

марширова́ть *v* march.

марш-манёвр maneuver-march.

маршру́т itinerary; route; flight course, route to be flown.

маршру́тная аэрофотосъёмка *See* **маршру́тная фотосъёмка.**

маршру́тная фотосъёмка photography of flight lines, photography of routes indicated by flight line.

маршру́тный полёт flight with prescribed itinerary.

ма́ска mask, cover; facepiece (gas mask).

ма́ска с кислоро́дным аппара́том oxygen respirator, oxygen mask.

ма́ска "уж" drape (Cam, USSR).

маскдисципли́на *See* **маскиро́вочная дисципли́на.**

маскиро́ванная пози́ция concealed position, camouflaged position.

маскирова́ть camouflage, conceal, screen; disguise.

маскиро́вка camouflage; concealment; disguise.

маскиро́вка шу́ма suppression of noise; sound discipline.

маскиро́вочная дисципли́на camouflage discipline.

маскиро́вочная оде́жда camouflage clothing.

маскиро́вочная сеть camouflage net.

маскиро́вочная те́хника technique of camouflage.

маскиро́вочная часть camouflage unit.

маскиро́вочное иму́щество camouflage equipment.

маскиро́вочное мероприя́тие camouflage measure.

маскиро́вочные войска́ camouflage troops.

маскиро́вочные рабо́ты camouflage work.

маскиро́вочный *adj* camouflage.

маскиро́вочный батальо́н camouflage engineer battalion.

маскиро́вочный инструме́нт camouflage implements.

маскиро́вочный ковёр drape (Cam).

маскиро́вочный костю́м camouflage suit.

маскиро́вочный манёвр camouflage effort; demonstration maneuver.

маскиро́вочный материа́л camouflage material.

маскиро́вочный хала́т camouflage robe.

масккостю́м *See* маскиро́вочный костю́м.

маскматериа́л *See* маскиро́вочный материа́л.

масксе́ть *See* маскиро́вочная сеть.

маскхала́т *See* маскиро́вочный хала́т.

маскчехо́л slip-on cover (Cam).

маслёнка oiler, oil can (lubricating device); oil cup, grease cup (receptacle).

ма́сло butter; oil, lubricating oil.

маслоотсто́йник sump (Mech).

ма́сляная амортиза́ция oleo gear, oleo strut (Ap).

ма́сляная кра́ска oil paint.

ма́сляная по́мпа oil pump.

ма́сляная турби́нка hydraulic motor.

ма́сляно-пневмати́ческий амортиза́тор oleo-pneumatic shock absorber, air and oil shock absorber.

ма́сляный бак oil tank.

ма́сляный мано́метр oil pressure gage.

ма́сляный насо́с oil pump (Mtr).

ма́сляный охлади́тель oil cooler. *See also* ма́сляный радиа́тор.

ма́сляный радиа́тор *See* ма́сляный охлади́тель.

ма́сляный термо́метр oil temperature gage.

ма́сляный фильтр oil filter.

ма́сса mass; lot; crowd.

ма́сса снаря́да mass of projectile.

масси́рование massing.

масси́рованно in mass.

масси́рованное примене́ние employment of a massed means.

масси́рованное примене́ние та́нков employment of massed tanks.

масси́рованный massed.

масси́рованный налёт saturation air raid, mass air attack.

масси́рованный на́тиск pressure by massed forces.

масси́рованный ого́нь massed fire, concentrated fire.

масси́рованный уда́р concentrated thrust, concentrated attack.

масси́ровать *v* massage; mass.

ма́ссовая та́нковая подде́ржка mass tank support.

ма́ссовый *adj* mass.

мастерска́я shop, workshop.

мастерска́я-лету́чка mobile repair shop.

мастерска́я ти́па "А" "A"-type mobile repair shop (for repairs not exceeding one hour, USSR).

мастерска́я ти́па "Б" "B"-type mobile repair shop (for repairs exceeding one hour, USSR).

масшта́б scale, yardstick; scope.

масшта́б ка́рты map scale.

масшта́бная лине́йка scale rule.

масшта́бный коэфицие́нт magnification ratio, scale ratio.

мат mat.

материа́л material.

материа́лы для дегаза́ции decontamination materials, decontamination supplies.

материа́льная обеспе́ченность adequacy of supply with матéриел.

материа́льная часть matériel, equipment.

материа́льное обеспе́чение adequate provision of matériel.

материа́льно-техни́ческая обеспе́ченность adequacy of supply with matériel and technical equipment.

материа́льно-техни́ческое обеспе́чение adequate provision of matériel and technical equipment.

материа́льные сре́дства matériel; supplies.

материа́льный уще́рб damage, damage to property, injury to property; losses in matériel.

мате́рия material, fabric.

мате́рчатая ле́нта web ammunition belt, fabric ammunition belt.

мате́рчатое покры́тие fabric covering (Ap).

мате́рчатый *adj* fabric, cloth.

ма́тка housing (tripod mount).

ма́тка подъёмного механи́зма housing of the elevating nut, elevating nut (G).

ма́товая бума́га matte paper (Photo).

ма́товое стекло́ opal glass.

мах swing (Gym); stride (H).

махови́к flywheel.

махови́к для враще́ния стереотрубы́ в

вертикальной плоскости elevation knob of battery commander's telescope.

маховик поворотного механизма traversing handwheel.

маховик подъёмного механизма прицела *See* маховик прицела.

маховик прицела range drum knob (gun sight).

маховичок handwheel.

маховичок подъёмного механизма elevating handwheel.

маховичок тонкой наводки стереотрубы azimuth adjusting-worm knob of battery commander's telescope.

мачта mast, tower.

мачта с оттяжками guyed mast.

машина machine, engine; locomotive; motor vehicle, car; ship (Avn).

машина высокой частоты radio-frequency oscillator.

машина для связи liaison car (USSR).

машина для специальных нужд special equipment motor vehicle.

машина общего назначения general purpose motor vehicle.

машина специального назначения special purpose motor vehicle.

машина технического назначения special motor vehicle.

машинизированная пехота *See* механизированная пехота.

машинист engineer (RR); machinist, machine operator.

машинистка typist (woman).

машинка для набивки патронной ленты belt loading machine, belt filling machine.

маяк lighthouse; beacon (Avn); marker, guide (person); traffic sign. *See also* радиомаяк.

маятник pendulum.

мгла mist.

мегагерц *See* мегацикл в секунду.

мегацикл в секунду megacycle per second, megacycle.

мегом megohm.

мегометр megohmmeter.

медаль medal.

медальон identification tag.

медикамент drug, medicine, medication.

медико-санитарный батальон medical battalion; medical squadron (Cav).

медицина medicine, medical science.

медицинская комиссия medical board.

медицинская помощь medical aid.

медицинская сестра nurse; army nurse.

медицинский medical.

медицинский врач surgeon (Mil).

медицинский начальник surgeon (Mil); commander of medical unit.

медицинский осмотр physical examination.

медицинский персонал medical personnel.

медицинский пункт aid station.

медицинское имущество medical equipment.

медицинское обследование medical inspection.

медицинское обслуживание medical attendance, rendering of medical aid.

медицинское оснащение medical equipment.

медленно горящий огнепроводный шнур slow burning powder train. *See also* огнепроводный шнур.

медленный slow.

медленный темп low speed; slow cadence.

медлить be slow; procrastinate.

медная сетка copper mesh (Elec).

меднозакисный выпрямитель copper oxide rectifier.

медные потери copper losses.

медный *adj* copper.

медпомощь medical aid.

медпункт *See* медицинский пункт.

медсанбат medical battalion; medical squadron (Cav).

медснабжение medical supply; medical supplies.

медь copper.

межбоевая пауза lull in the fighting, lull in combat.

междугородная линия toll line, long-distance line (Tp).

междугородный кабель trunk cable.

междужелезное пространство air gap (Elec).

междулинзовый затвор between-the-lens shutter (Photo).

международная свеча standard candle (Optics).

международное право international law.

международный *adj* international.

междуэлектродная ёмкость inter-electrode capacitance.

мелинит melinite.

мелиоратор meliorator.

мелкий small, minute; shallow.

мелкий ремонт minor repairs, light maintenance.

мелкомасштабная карта small-scale map.

мелкомасштáбная фотосъёмка small-scale photography.

мелкомасштáбный small-scale.

мелкомасштáбный аэрофотоснимок small-scale aerial photograph.

мель shoal, shallow.

мéльница mill.

мельхиóр nickel silver.

мельхиóровая оболóчка gilding metal jacket (bullet).

мембрáна membrane; diaphragm (Elec, Mech).

мéнзула plane table (instrument).

мéнзульная съёмка plane-table survey.

мéнзульный ход plane-table traverse (Surv).

мензýрка measuring glass.

менингит meningitis.

менять v change, shift; exchange, barter.

меняться v change; veer, shift.

мéра measure; gage; degree.

мéра взыскáния punishment, sanction.

мéра маскирóвки See маскирóвочное мероприятие.

мéра прóчности орýдия factor of safety (G).

мéра социáльной защиты measure of social protection (USSR), punishment.

мéра тóчности modulus of precision (Gunnery).

мёрзлый грунт frozen ground.

мёрзнуть v freeze.

меридиáн meridian.

мéрин gelding.

мéрная лéнта measuring tape.

мéрная цепь surveyor's chain.

мероприятие step, measure.

мёртвая ворóнка dead space (AAA).

мёртвая пéтля normal loop (Avn).

мёртвая тóчка dead center.

мёртвая цель inanimate target, material target.

мёртвое врéмя See рабóтное врéмя.

мёртвое препятствие fixed obstacle.

мёртвое прострáнство dead space, dead area.

мёртвый вес net weight.

мёртвый кóнус cone of silence (Rad).

мёртвый кóнус обзóра blind angle (Ap).

мёртвый мартингáл standing martingale buckled on to the rings of the snaffle.

мёртвый ýгол dead angle.

мёртвый ход backlash, play.

мéры безопáсности safety measures; security measures.

мéры защиты protective measures, defensive measures.

мéры обеспéчения security measures, protective measures.

мéры охранéния security measures.

мéры предосторóжности precautionary measures.

мéстная атáка local attack.

мéстная оборóна local defense.

мéстная противовоздýшная оборóна local air defense.

мéстная стычка local engagement.

мéстное врéмя local time.

мéстное населéние inhabitants, local population; local civilian population.

мéстное обезбóливание local anesthesia.

мéстное соглашéние local arrangement (CCBP).

мéстность ground, terrain; locality. See also движéние по мéстности.

мéстные влáсти local authorities.

мéстные войскá service troops of the zone of the interior (USSR).

мéстные óрганы влáсти local government agencies.

мéстные срéдства local resources.

мéстные услóвия local conditions.

мéстный ground.

мéстный вéтер local wind.

мéстный житель resident, local inhabitant.

мéстный ливень local shower.

мéстный предмéт landmark, terrain feature.

мéстный приём local reception, local-station reception (Rad).

мéсто place, spot, location; space, room.

мéсто высадки debarkation point; landing point (air-landing operation).

мéсто для укрытия shelter, cover.

мéсто жительства See местожительство.

местожительство residence, address.

мéсто заключéния place of confinement.

мéсто комáндного пýнкта location of command post.

местонахождéние location, whereabouts.

мéсто перепрáвы crossing place, crossing point.

местоположéние site, emplacement, position, location.

местоположéние цéли target location.

мéсто привáла halt site, halt area.

мéсто приземлéния landing surface (Gym); landing place (from air).

мéсто призыва induction station.

мéсто прорыва area of breakthrough.

месторасположение *See* местоположе́ние.

ме́сто расположе́ния *See* местоположе́ние.

ме́сто сбо́ра assembly point, assembly area.

ме́сто соверше́ния преступле́ния place of crime, locus criminis.

ме́сяц month; moon.

ме́сячный окла́д monthly pay, monthly salary.

мета́лл metal.

металлиза́ция самолёта bonding (Rad).

металлизи́ровать *v* bond (Rad).

металли́ческая ла́мпа metal tube (Rad).

металли́ческая ле́нта metallic belt (MG).

металли́ческий *adj* metal, metallic.

металли́ческое покры́тие metal covering.

металло́ид metalloid.

мета́ние throwing, tossing.

мета́ние ручны́х грана́т grenade throwing.

мета́тельная маши́на throwing machine, catapult.

мета́тельное взры́вчатое вещество́ low explosive, propellant.

мета́тельный заря́д propelling charge.

мете́ль drifting snow; blizzard.

метеогра́ф meteorograph

метеорогра́ф *See* метеогра́ф.

метеоро́лог meteorologist, weather man.

метеорологи́ческая бу́дка weather-instrument shelter.

метеорологи́ческая сво́дка weather report; meteorological message, metro message.

метеорологи́ческая слу́жба meteorological service, weather service.

метеорологи́ческая ста́нция meteorological station, weather station.

метеорологи́ческие да́нные meteorological data, metro data.

метеорологи́ческий meteorological.

метеорологи́ческий журна́л weather log.

метеорологи́ческое наблюде́ние weather observation.

метеороло́гия meteorology.

метеосво́дка *See* метеорологи́ческая сво́дка.

метеоста́нция *See* метеорологи́ческая ста́нция.

метилдихлорарси́н methyldichlorarsine.

ме́ткий ого́нь accurate fire (well-aimed fire).

ме́ткость accuracy (of practice).

ме́ткость попада́ния *See* ме́ткость стрельбы́.

ме́ткость стрельбы́ accuracy of practice, accuracy of the shoot.

ме́тод method, way.

ме́тод анагли́фов multiplex system (Photo).

ме́тод ангармо́ники anharmonic-ratio method, double-ratio method, cross-ratio method.

ме́тод Бе́сселя *See* спо́соб Бе́сселя.

ме́тод Бро́ка Brock process.

ме́тод веде́ния стрельбы́ *See* те́хника огня́.

ме́тод двойно́го проекти́рования double projection method (Mapping).

методи́ческий methodical.

методи́ческий ого́нь deliberate fire.

ме́тод коэффицие́нта "К" *See* перено́с огня́ ме́тодом коэффицие́нта "К".

ме́тод мига́ния flicker method (Photo).

ме́тод модуля́ции method of modulation, modulating method (Rad).

ме́тод огня́ form of fire.

ме́тод переда́чи те́кста method of transmitting text (ССВР).

ме́тод перехва́тывания intercept method (ССВР).

ме́тод подвижно́й оборо́ны tactics of mobile defense.

ме́тод после́довательного приближе́ния approximate method.

метр meter.

мех fur; bellows.

механиза́ция mechanization.

механизи́рованная тя́га mechanized traction.

механизи́рованная часть mechanized unit.

механизи́рованное соедине́ние mechanized unit. *See also* соедине́ние.

механизи́рованные войска́ mechanized troops.

моханизи́рованные сре́дства mechanized means; mechanized weapons.

механизи́рованный mechanized.

механизи́рованный деса́нт armored-car-borne party, armored-car-borne landing force. *See also* та́нковый деса́нт.

механизи́рованный разъе́зд mechanized patrol, armored patrol.

механизи́ровать mechanize.

механи́зм mechanism.

механи́зм вертика́льной наво́дки elevating mechanism.

механи́зм выпуска шасси́ landing-gear retracting mechanism.

механи́зм затво́ра shutter mechanism (Photo).

механи́зм сцепле́ния coupling mechanism, coupling arrangement (Mech).

механи́зм управле́ния control mechanism.

механи́ческая дистанцио́нная тру́бка mechanical time fuze.

механи́ческая лопа́та power shovel.

механи́ческая очи́стка mechanical purification.

механи́ческая смесь physical mixture.

механи́ческая тя́га mechanical traction.

механи́ческий mechanical.

механи́ческий коэффицие́нт поле́зного де́йствия mechanical efficiency.

механи́ческое повреждёние mechanical damage.

мехвойска́ See механизи́рованные войска́.

мехово́е кра́ги fur leggings.

мехсре́дства *npl* See механизи́рованные сре́дства.

мехтя́га See механи́ческая тя́га.

мехча́сть See механизи́рованная часть.

меша́ть interfere, hinder, hamper; disturb; stir, mix.

меша́ющий переда́тчик jamming station (Rad).

мешо́к bag, sack.

мешо́к с землёй sandbag.

мига́ние blinking; flicker (Rad).

мига́ть *v* wink; blink; flicker (Rad).

ми́делевое сече́ние midship section.

ми́дель *m* midship.

мизи́нец little finger.

микроампе́р microampere.

микро́б microbe, germ.

микро́метр micrometer.

микроме́тренный винт See микрометри́ческий винт.

микрометри́ческий винт micrometer, micrometer screw; tangent screw (theodolite).

микроско́п-микро́метр micrometer microscope.

микротелефо́нная тру́бка handset (Tp).

микрофара́да microfarad.

микрофо́н microphone.

микрофо́нная цепь microphone circuit.

микрофо́нный ка́псюль transmitter element, microphone unit.

микрофо́нный усили́тель speech amplifier.

мили́ция militia; police (USSR). See *also* рабо́че-крестья́нская мили́ция.

миллиампе́р milliampere, mils.

миллиамперме́тр milliammeter.

миллиба́р millibar.

миллиметро́вка graph paper.

мимикри́я mimicry; blending (Cam).

ми́на mine; mortar shell.

ми́на заме́дленного де́йствия delayed-action mine.

ми́на-сюрпри́з *f* booby trap.

миниатю́р-полиго́н miniature range.

минима́льный термо́метр minimum thermometer.

ми́нимум minimum.

мини́рование installation of mines, laying of mine fields; placing of explosive charges.

мини́рованное ме́сто mined locality.

мини́рованное по́ле See ми́нное по́ле.

мини́ровать mine, lay mines; place explosive charges.

ми́нное загражде́ние mine obstacle, mine belt.

ми́нное по́ле mine field.

ми́нный тра́льщик mine sweeper.

минова́ть by-pass, pass by, clear, leave behind; avoid.

миноиска́тель *m* mine detector.

миноме́т mortar, trench mortar.

миноме́тное отделе́ние mortar squad.

миноме́тный *adj* mortar (Hv Wpns).

миноно́сец torpedo boat.

миноподрывно́е загражде́ние mine obstacles.

миноула́вливатель *m* mine detector.

ми́нус minus; short (Arty).

ми́нусовый *adj* minus.

мину́та minute.

мир peace; world, universe.

мира́ж mirage.

ми́рное вре́мя peacetime.

ми́рное положе́ние peacetime conditions.

ми́рный peaceful; peacetime; peace.

ми́рный догово́р treaty of peace.

мирова́я война́ world war.

мирово́й *adj* world.

мише́нное по́ле rifle range, target range.

мише́нь target (Range).

мла́дший younger, youngest, junior; lower.

мла́дший врач battalion surgeon.

мла́дший лейтена́нт commissioned rank below that of second lieutenant (USSR).

мла́дший нача́льствующий соста́в See сержа́нтский соста́в.

мла́дший сержа́нт sergeant.

мни́мое число́ imaginary number (Math; Elec).

многожильный stranded (Elec).

многожильный проводник multiple conductór.

многокаскáдный усилитель cascade amplifier (Rad).

многокóвшевый экскавáтор multibucket excavator.

многокрáсочная кáрта multicolor map.

многокрáтная связь multiplex operation (Rad).

многокрáтный *adj* multiple.

многолонжерóнное крылó multispar wing.

многоméстный самолёт multiplace airplane.

многомотóрный самолёт multiengine airplane.

многообъективная фотокáмера multilens camera.

многообъективный аэрофотоаппарáт *See* многообъективная фотокáмера.

многоугóльник polygon.

многоцелевóй самолёт multipurpose plane.

многоцилиндровый двигатель multicylinder engine.

многочисленный numerous, manifold.

многоярусый огóнь tiers of fire (Tac).

множитель *m* factor (Math); multiplier.

множительный прибóр duplicating machine.

мо mho (Elec).

мобилизациóнный запáс equipment and supplies for mobilization.

мобилизациóнный план mobilization plan.

мобилизáция mobilization.

мобильность mobility.

могила grave, burial place.

модерáтор накáта *See* регулятор накáта.

модернизированный упрощённый взрывáтель pull fuze, pull firing device.

модулированная волнá modulated wave.

модулированные незатухáющие вóлны modulated continuous waves, M.C.W. (Rad).

модулированный modulated.

модулировать modulate.

модулируемый усилитель modulated amplifier.

модулирующая частотá modulating frequency.

модулятор modulator.

модуляторная лáмпа modulator tube.

модуляторный дрóссель modulating choke, modulation reactor.

модуляция modulation.

модуляция в маломóщной ступéни low-level modulation.

модуляция выходнóй ступéни high-level modulation.

модуляция по амплитýде amplitude modulation.

модуляция скóрости velocity modulation.

мозáиковая мостовáя mosaic pavement.

мозаичная фотосхéма strip mosaic.

мозг brain.

мозóль corn (Med).

моклóк point of the hip, haunch, hip (H).

мокрéц malanders (Vet).

мокрóта sputum.

мóкрый wet, sodden.

молéкула molecule.

молниенóсная войнá lightning war.

мóлния lightning, bolt of lightning.

молокó milk.

мóлот sledge hammer; hammer (tool).

молотóк hammer (tool).

молóчное стеклó *See* мáтовое стеклó.

момéнт moment, instant; moment (Mech).

моментáльная выдержка instantaneous exposure (Photo).

моментáльная экспозиция *See* моментáльная выдержка.

момéнт вылета time when projectile leaves the muzzle, instant of departure.

момéнт сбрáсывания бóмбы instant of bomb release.

монокóк monocoque.

монокулярное зрéние monocular vision.

монокулярный дальномéр coincidence range finder.

моноплáн monoplane.

моноплáн-парасóль *m* parasol monoplane.

моноплáн с низким расположéнием крыльев low-wing monoplane.

моноплáн со срéдним расположéнием крыльев midwing monoplane.

монтáж mounting; assembly (Mech, Photo).

монтáж на непрозрáчной оснóве slotted template method (Photo).

монтáж на прозрáчной оснóве plot on a transparent sheet.

монтáжная линéйка straightedge (Photo).

монтáжная схéма wiring diagram.

монтáжный стол mounting board.

монтировать mount, assemble (Mech, Photo).

морáльное воздéйствие moral influence.

моральное действие moral effect.

моральное подавление disorganization of morale.

моральное состояние morale.

моральные силы moral strength.

моральный *adj* moral; morale.

морда muzzle (of animal).

море sea.

мороженый *adj* frozen, cold-storage.

мороз cold weather, frost.

моросящие осадки light precipitation.

моросящий дождь drizzle.

морская авиация naval aviation.

морское побережье seashore.

морской *adj* sea, marine, maritime, naval, nautical.

морской бриз sea breeze.

морской десант amphibious landing; amphibious landing force.

мортира mortar (G).

мортирка launcher, grenade launcher.

морфий morphine.

мост bridge.

мостик footbridge.

мостик сопротивлений *See* мостик Уитстона.

мостик Уитстона Wheatstone bridge.

мостки *mpl* walkway.

мостовая pavement.

мостовое звено bridge unit.

мосток-прицепка *m* detachable ramp.

мост переменного тока alternating-current bridge, a. c. bridge.

мотив motive, reason; motif.

мотивировка motivation, reason, justification.

мотовоз internal combustion locomotive.

мотодинамо dynamotor.

мотомеханизированная разведка armored reconnaissance; motor reconnaissance.

мотомеханизированное боевое средство motorized and mechanized combat means.

мотомеханизированное соединение motorized and mechanized unit. *See also* соединение.

мотомеханизированные войска motorized and mechanized troops.

мотомеханизированный *adj* motorized and mechanized.

мотомеханизированный разъезд armored patrol; motor patrol.

мотомехвойска *See* мотомеханизированные войска.

мотомехсоединение *See* мотомеханизированное соединение.

мотомехчасти motorized and mechanized troops.

мотомехчасть motorized and mechanized unit.

мотопехота motorized infantry.

мотопонтон utility powerboat.

мотор motor, engine.

мотор воздушного охлаждения air-cooled engine.

мотор жидкостного охлаждения liquid-cooled engine.

моторизация motorization.

моторизованная артиллерия motorized artillery.

моторизованная пехота motorized infantry.

моторизованная хлебопекарня bakery truck, mobile bakery.

моторизованные войска motorized troops.

моторизованные противотанковые средства motorized antitank means, motorized antitank weapons.

моторизованные части motorized units, motorized troops.

моторизованный motorized.

моторизованный транспорт motorized transport (means of transportation).

моторизованный эшелон motor serial, motor echelon.

моторист engine mechanic; airplane engine mechanic.

моторная гондола engine nacelle.

моторная пила power-driven saw.

моторная рама *See* моторная установка.

моторная установка engine mount.

моторное отделение engine compartment (Tk).

моторный прибор engine instrument.

мотострелковая бригада motorized infantry brigade.

мотострелковое соединение motorized infantry unit. *See also* соединение.

мотоцель motor target.

мотоцикл motorcycle.

мотоциклист motorcyclist.

мотоцикл с коляской motorcycle with sidecar.

мотыга mattock.

мотыль *m* crank (Maxim MG).

мох moss.

моча urine.

мочевой пузырь urinary bladder.

мочеотделительный аппарат urinary system.

мочеполовые органы urinogenitals.

мошённичество swindle; fraud.

мошóнка scrotum.
мóщная лáмпа high-power tube.
мóщная радиовещáтельная стáнция high-power broadcast transmitter; high-power broadcasting station.
мóщная усилúтельная лáмпа power amplifier tube.
мóщность power, might, force.
мóщность двúгателя engine power.
мóщность мотóра See мóщность двúгателя.
мóщность огня́ fire power.
мóщность рассéиваемая в анóдном кóнтуре anode dissipation, plate dissipation.
мóщный adj powerful, mighty.
мóщный огóнь heavy fire.
мóщный передáтчик high-power transmitter.
мощь power, might.
мрак darkness.
мужелóжство sodomy between men.
мýжество courage.
мужскóй половóй óрган penis.
музыкáльный musical.
музыкáльный инструмéнт musical instrument.
музыкáнт bandsman, musician.
музыкáнтский взвод dismounted band.
мукá flour.
мул mule.
мультиплáн multiplane.
мультиплéкс multiplex (Aerial Photo).
мундштýк tip (cigarette); cigarette holder; bit (pipe); mouthpiece (wind instrument); curb bit; curb bridle (USSR).

мундштýчить put on curb bit.
мундштýчная цепóчка curb chain.
мундштýчное желéзо See мундштýчное удúло.
мундштýчное удúло curb bit.
мундштýчные поводá See мундштýчные повóдья.
мундштýчные повóдья mpl curb reins.
мускулатýра muscular system, muscles, musculature.
муссóн monsoon (wind).
мýфта muff; sleeve, coupler (Mech).
мýфта возврáтной пружúны mainspring collet (Lewis MG).
мýфта гáзовой кáморы gas cylinder tube (Degtyarov automatic R).
мýфта óси качáния рычагá operating lever collar (howitzer).
мýшка front sight.
мы́за farm.
мы́ло soap.
мыс cape (Top).
мыт strangles (Vet).
мы́шечная систéма muscular system.
мы́шечный muscular.
мы́шца muscle.
мя́гкие ткáни soft tissues (Anatomy).
мя́гкий грунт soft ground, soft terrain.
мя́гкое креплéние cross-country harness, toe-binding (skis).
мя́киш heel (H).
мяснóй adj meat.
мя́со meat.
мя́со в бúтом вúде packed meat.
мятéж mutiny.
мяч ball (for sports).

Н

набивáть fill, load; stuff.
набúвка loading, filling; stuffing.
набúвка сáльника recoil stuffing box (howitzer).
набúвочное кольцó See обтюрáторное кольцó.
набирáть gather, collect; compose, set up (Printing).
набирáть высотý gain altitude, climb.
набирáть скóрость gain speed.
наблюдáемая цель observed target.
наблюдáемый observed.
наблюдáемый огневóй вал observed rolling barrage.
наблюдáемый огóнь observed fire.
наблюдáтель m observer.

наблюдáтель за вóздухом air guard, air sentry, air scout, air sentinel, antiaircraft lookout.
наблюдáтельная щель lookout slit, observation slit, vision slit.
наблюдáтельное врéмя observing interval.
наблюдáтельный óрган observation agency (Rcn).
наблюдáтельный пост observation point.
наблюдáтельный пункт observation post (Arty); observation station (Flash and Sound Ranging). See also наблюдáтельный пост.
наблюдáтель-стрелóк aircraft observer gunner.

наблюда́ть observe, keep under observation; supervise.

наблюда́ть на слух observe by hearing.

наблюде́ние observation; surveillance; supervision.

наблюде́ние пого́ды weather observation.

наблюде́ние с во́здуха air observation, observation from air.

набо́р composition (printing); set, kit.

набо́р высоты́ climb, climbing, gaining of altitude.

набо́р инструме́нтов tool set; tool kit.

набо́р пово́дьев shortening the reins.

наведе́ние orientation, orienting the light (SL); directing, leading, guiding (to target or objective, Tac). *See also* наво́дка.

наведённая телефо́нная ли́ния attached telephone line.

наве́с shed.

наве́сная стрельба́ plunging fire, curved fire.

наве́сная траекто́рия curved trajectory.

наве́сный ого́нь plunging fire, curved fire.

навести́ *See* наводи́ть.

наве́тренная сторона́ upwind side, windward side.

наве́тренный *adj* upwind, windward.

навигацио́нное обору́дование navigation equipment.

навигацио́нные огни́ navigation lights, position lights, running lights.

навигацио́нный прибо́р navigation instrument. *See also* аэронавигацио́нный прибо́р.

навигацио́нный расчёт navigational computation.

навига́ция navigation.

навига́ция по небе́сным ориенти́рам celestial navigation.

навига́ция по отсчёту dead reckoning.

навигра́ф navigraph.

навинтова́ть *vtr* thread (Mech).

наводи́ть orient the light (SL); lay, point, train (Arty).

наво́дка laying, pointing, training (Arty). *See also* наведе́ние.

наво́дка ли́нии hook up a line (wire Comm).

наво́дка моста́ bridging.

наво́дка ору́дия laying the piece, pointing the piece.

наво́дка по небе́сным свети́лам laying by astronomical method (Gunnery).

наво́дка по отража́телю case I pointing, direct laying.

наво́дка по у́ровню indirect laying for elevation, case III pointing.

наво́дка свя́зи hooking-up communication line or system.

наводне́ние flood, inundation; flooding.

наво́дчик gunner, pointer.

наво́дчик пулемёта gunner (MG).

наводя́щий вопро́с leading question.

на́волочка case, cover; pillow case.

на́вык habit, routine; experience, practice.

навя́зывать бой force battle on the enemy.

нага́вка horse boot.

нага́н Nagant revolver.

нага́р fouling.

на-гла́з by sight (in measurement).

нагла́зная дуга́ eyebrow (H).

нагла́зники *mpl* blinders (bridle).

нагля́дные посо́бия visual aids.

нагля́дный пока́з demonstration (instruction).

нагнёт sore (Vet); collar back sore; saddle gall.

нагнета́тель *m* supercharger.

нагнета́тельный насо́с force pump.

нагото́ве in readiness, on the alert.

награ́да reward.

награжде́ние award, awarding.

нагрева́ние heating.

нагрева́тельный прибо́р heating apparatus.

нагру́дная шле́йка breast collar (harness).

нагру́дник breastplate (harness); plastron (Fencing).

нагру́дный электри́ческий фона́рь electrical chest lamp.

нагружа́ть *v* load (put freight on).

нагру́зка load; loading (freight); stress.

надева́ть put on, don (Clo).

надёжность reliability, dependability.

надёжный reliable, dependable, sure, safe.

надзе́мное храни́лище above-ground magazine.

надзо́р surveillance, supervision, watch.

нади́р nadir.

надлежа́щая власть competent authority.

надлежа́щая подсу́дность competent jurisdiction.

на́добность *See* потре́бность.

надо́лбы *mpl* post obstacles; steel-beam post obstacle.

на́дпись inscription; indorsement (Mil Correspondence).

надувна́я ло́дка pneumatic boat.

надувнóй поплавóк pneumatic float.

надýльник muzzle attachment, barrel mouthpiece.

надхвáт overhand grasp (Gym).

наéздник rider; breaker (of H).

наждáк emery.

наждáчная бумáга emery paper.

нажúм pressure.

назáд back, backward, backwards, rearward.

назатýльник center pad, head pad (CWS); shoulder pad (shoulder-arms practice).

назвáние name, designation.

назвáние чáсти designation of unit, official name of unit.

назéмная артиллерúйская развéдка ground artillery observation.

назéмная артиллéрия ground artillery, field artillery.

назéмная батарéя ground artillery battery, field artillery battery.

назéмная оборóна ground defense.

назéмная обстанóвка ground situation.

назéмная развéдка ground reconnaissance.

назéмная стрельбá ground fire, terrestrial fire.

назéмная съёмка See назéмная фотогрáфия.

назéмная тренирóвка preflight training; ground training, ground instruction.

назéмная фотогрáфия ground photography.

назéмная фотосъёмка See назéмная фотогрáфия.

назéмная цель ground target, surface objective.

назéмное наблюдéние ground observation.

назéмное нападéние ground attack, ground assault.

назéмное обеспéчение ground security.

назéмное охранéние See назéмное обеспéчение.

назéмное фотографúрование See назéмная фотогрáфия.

назéмные войскá surface forces, ground forces, ground troops.

назéмные срéдства противовоздýшной оборóны means of air defense located on the ground.

назéмный adj ground, terrestrial.

назéмный вéтер surface wind.

назéмный наблюдáтель ground observer.

назéмный наблюдáтельный пункт ground observation point.

назéмный обстрéл ground fire, terrestrial fire.

назéмный объéкт ground objective, ground target.

назéмный приём ground reception, reception by ground wave (Rad).

назéмный протúвник ground enemy.

назéмный развéдывательный óрган ground reconnaissance agency.

назéмный смерч tornado.

назéмный снúмок ground photograph.

назéмный тумáн ground fog.

назéмный фиктúвный репéр center of impact used as a check point.

назначáть appoint, assign; prescribe, allot; detail.

назначáть в караýл detail for guard duty.

назначáть в наря́д put on detail, detail.

назначáть защúтника assign a counsel.

назначáть лечéние prescribe treatment.

назначéние appointment, assignment; mission, function; allotment; detailing.

назначéние на дóлжность appointment (to position).

назнáченный срок fixed time; deadline.

наибóлее высóкая тóчка закры́тия summit of the mask.

наибóльшая дáльность maximum effective range.

наибóльшее давлéние пóроха maximum powder pressure.

наибóльшее допускáемое давлéние permissible pressure (Interior Ballistics).

наибóльший maximum, largest, greatest, most.

наибóльший прицéл maximum elevation, maximum range.

наибóльший ýгол возвышéния maximum elevation (Arty).

наивы́годнейшая высотá полёта optimum flight altitude.

наивы́годнейший ýгол атáки optimum angle of attack (Avn).

наименовáние name, designation.

наимéньшая дáльность minimum range (Arty).

наимéньшая скóрость полёта minimum flying speed.

наимéньший adj minimum, least.

наимéньший безопáсный прицéл troop clearance, minimum elevation for troop clearance.

наиме́ньший прице́л minimum elevation, minimum range. *See also* **наиме́ньший безопа́сный прице́л.**

наиме́ньший у́гол возвыше́ния minimum quadrant elevation.

наиме́ньший у́гол прице́ливания minimum angle of elevation.

наказа́ние punishment. *See also* **ме́ра социа́льной защи́ты.**

нака́зывать punish.

нака́л heating, heat.

нака́ливать *v* heat.

нака́пливание gradual massing, gradual tactical concentration.

нака́т flat wooden ceiling, flat wooden roofing; counterrecoil.

нака́танный worn, well-worn (ski trail).

нака́тник counterrecoil mechanism; recuperator (of howitzer).

наки́дка cape (Clo).

накидно́й монта́ж rough mosaic.

накла́дка fishplate (RR).

накладна́я bill of lading (RR).

накла́дывать *v* **колеба́ния** heterodyne.

накло́н tilt, cant, inclination.

накло́н боево́й о́си cant, cant of the axle (Arty).

накло́н ме́стности slope, inclination of the ground.

накло́н ме́стности в сто́рону обра́тную ору́дию negative slope (Arty).

накло́н ме́стности в сто́рону ору́дия positive slope (Arty).

накло́нная анте́нна sloping antenna.

накло́нная аэрофотосъёмка *See* **перспекти́вная съёмка.**

накло́нная да́льность slant range (AAA).

накло́нная пло́скость ство́льной коро́бки loading ramp of the receiver (Lewis MG).

накло́нная черта́ slant, slanting line, solidus, virgule.

накло́нный ве́тер air current, wind with a vertical component.

накло́н опти́ческих осе́й inclination of the optical axis.

накло́н траекто́рии inclination of trajectory.

накова́льня anvil.

нако́жная боле́знь skin disease.

нако́л prick mark, pinpoint.

нако́лка pricking, pin pricking.

наконе́чник head, cap (Mech).

наконе́чник возвра́тной пружи́ны recoil spring plug (pistol).

наконе́чник патро́нной ле́нты tag end of the feed belt, brass strip.

наконе́чник ускори́теля accelerator tip (Browning MG).

нако́стник splint (Vet).

накрыва́ть огнём cover by fire.

накрыва́ющая гру́ппа bracketing salvo, bracketing volley.

налага́ть impose (punishment, fine); load (pack on animal).

нала́женное управле́ние efficient management; efficient control.

нала́женный well running, well organized.

нала́живать organize, shape up, get under way.

нале́во to the left, left; on the left, on the left hand.

"Нале́во!" "Left, face!"; "By the left flank, march!"

на́ледь thin ice coating; port coating (Skis).

налёт raid, air raid; onslaught.

нали́в windgall (Vet).

нали́чие presence, existence; availability.

нали́чие вы́стрелов status of ammunition.

нали́чие запа́сов status of supplies.

нали́чные де́ньги cash.

нали́чные запа́сы supplies on hand.

нали́чный расчёт payment in cash, cash payment, cash transaction.

нало́бник brow band (bridle).

нало́г tax.

нало́говая мо́щность rated horsepower.

наложе́ние application, applying (Med); imposition.

наложе́ние взыска́ния imposition of penalty.

наложе́ние вью́ка loading a pack on an animal.

"На лы́жи станови́сь!" "Mount skis!"

намагни́тить *See* **намагни́чивать.**

намагни́чивать magnetize.

на ма́рше on the march, in marching.

нама́тывать *v* spool, wind.

наме́рение intention, intent, purpose.

"На ме́сте!" "Mark time, march!" (while marching).

"На ме́сте ша́гом-марш!" "Mark time, march!" (from halt).

наме́тить *See* **намеча́ть.**

наме́тка пла́на prior planning; projection of plan; outline of plan.

намеча́ть *v* mark; plan, project, outline.

намеча́ть объе́кты select objectives, select targets.

намеча́ть це́ли *See* **намеча́ть объе́кты.**

намо́рдник muzzle (curb).

наму́шник front sight cover.

нанесе́ние plotting (on map, etc).

нанесе́ние побо́ев assault and battery, battery (Law).

нанести́ See наноси́ть.

наноси́ть plot (on map, etc).

наноси́ть гла́вный уда́р strike decisive blow; deliver main attack, deliver decisive attack.

наноси́ть побо́и commit assault and battery, commit battery.

наноси́ть пораже́ние defeat, inflict defeat.

наноси́ть поте́ри inflict losses.

наноси́ть уда́р strike, strike a blow, deliver an attack.

наноси́ть v уко́л thrust (bayonet).

наноси́ть уще́рб damage, inflict damage, cause damage.

напада́ть attack, assault, assail.

нападе́ние aggression, onslaught, attack, assault.

"На пе́рвый и второ́й — рассчита́йсь!" "By twos, count off!"

наплавно́й мост floating bridge.

"На плечо́!" "Left shoulder, arms!"

наполня́ющее приспособле́ние loading tool (Lewis MG).

напомина́ние reminder; warning (Mil Law, USSR).

напо́ристость aggressiveness.

напра́вить See направля́ть.

направле́ние direction; heading.

направле́ние ата́ки direction of the attack.

направле́ние ве́тра wind direction.

направле́ние гла́вного уда́ра decisive direction, direction of main effort, direction of main attack.

направле́ние гла́вной ата́ки See направле́ние гла́вного уда́ра.

направле́ние движе́ния direction of movement; direction of march; heading.

направле́ние де́йствий direction of operations.

направле́ние наступле́ния direction of attack.

направле́ние но́са самолёта heading (Aerial Nav).

направле́ние обстре́ла See направле́ние огня́.

направле́ние огня́ direction of fire.

направле́ние отби́ва direction of parry (bayonet drill).

направле́ние подхо́да к це́ли direction of approach to target (Avn).

направле́ние полёта course (Avn).

направле́ние поступле́ния радиоволны́ direction of received waves (Rad).

направле́ние свя́зи signal communication line connecting higher headquarters with a particular subordinate echelon (USSR).

направле́ние сно́са direction of drift (Avn).

напра́вленная анте́нна directional antenna.

напра́вленная переда́ча See ориенти́рованная переда́ча.

напра́вленное де́йствие See напра́вленность.

напра́вленность directivity, directional effect (Rad).

напра́вленность де́йствия See напра́вленность.

напра́вленный радиома́як directive radio beacon.

напра́вленный сигна́л directional signal.

направля́ть v direct.

направля́ть свет align the light (CCBP).

направля́ться head, go toward; be directed, be guided.

направля́ть штык point the bayonet.

направля́ющая вту́лка barrel bushing (pistol).

направля́ющая затво́ра See направля́ющая сте́бля затво́ра.

направля́ющая патро́на cartridge guide.

направля́ющая пла́нка regulating plate.

направля́ющая сте́бля затво́ра boltway (Lewis MG).

направля́ющая часть directing unit, base unit.

направля́ющее колесо́ idler wheel, idler.

направля́ющее ребро́ лю́льки guiding slot of the cradle (G).

направля́ющие вы́ступы ка́моры guide lips of the chamber (Lewis MG).

направля́ющий guide (Drill).

направля́ющий бое́ц See направля́ющий.

направля́ющий взвод base platoon, directing platoon.

направля́ющий пулемёт directing gun (MG).

направля́ющий рельс guard rail (RR).

направля́ющий свет directional light (CCBP).

направля́ющий сте́ржень hammer spring plunger.

направля́ющий сте́ржень возвра́тной пружи́ны driving spring rod (Browning MG); recoil spring guide (pistol).

направля́ющий фланг marching flank (Drill).

"Напра́во!" "Right, face!"; "By the right flank, march!"

напра́во to the right, right; on the right, on the right hand.

напряга́ть stiffen, make stiff; strain.

напряже́ние stiffness; effort, intensity, tension; strain, fatigue; stress (Mech); voltage, potential.

напряже́ние батаре́и battery voltage.

напряже́ние огня́ intensity of fire, volume of fire.

напряже́ние ору́дия firing stress (G).

напряже́ние подогре́ва heater voltage.

напряже́ние при разо́мкнутой це́пи open-circuit voltage, no-load voltage.

напряже́ние сил effort.

напряже́ние смеще́ния grid bias (Rad).

напряже́ние экрани́рующей се́тки screen voltage (Rad).

напряже́ние электри́чества potential (Elec).

напряжённость intensity, tension; strain.

напряжённость огня́ See напряже́ние огня́.

нараста́ние сил gradual and steady increase of forces (Tac).

нараста́ющий intensified, gaining momentum.

нараста́ющий уда́р mounting attack.

нара́щивание See нара́щивание сил.

нара́щивание сил gradual and steady increasing of forces (Tac).

нара́щивать си́лы increase forces gradually and steadily (Tac).

наре́з thread (screw, etc); groove (rifling).

наре́зка rifling.

нарезна́я часть ствола́ rifled portion of the bore.

нарезно́е ору́дие rifled gun.

нарезно́й се́ктор гнезда́ для затво́ра thread in breech recess (G).

нарезно́й се́ктор по́ршня thread sector of breechblock (G).

нарезно́й ствол rifled bore, rifled tube, rifled barrel.

"На реме́нь!" "Sling arms!"

нарко́з narcosis.

нарко́м See наро́дный комисса́р.

наркома́т See наро́дный комиссариа́т.

наро́дный комисса́р people's commissar, secretary (cabinet member).

наро́дный комисса́р вое́нно-морско́го фло́та People's Commissar of the Navy (USSR); Secretary of the Navy (USA).

наро́дный комиссариа́т People's Commissariat (USSR); Department (Govt USA).

наро́дный комиссариа́т вое́нно-морско́го фло́та People's Commissariat of the Navy (USSR); Navy Department (USA).

наро́дный комиссариа́т оборо́ны People's Commissariat of Defense (USSR); War Department (USA).

Наро́дный комисса́р оборо́ны People's Commissar of Defense (USSR); Secretary of War (USA).

на́рты fpl pulka, Arctic sled (Anl-Dr).

нару́ждрес plaindress (CCBP).

нару́жный outward, external, exterior, outer, outside.

нару́жный пост exterior guard post.

нару́жный фланг exterior flank.

нару́жный ше́нкель outward leg (Horsemanship).

нарука́вные зна́ки sleeve insignia.

наруша́ть disrupt; upset; break; violate.

наруша́ть связь disrupt communications.

наруше́ние disruption, upsetting; breaking; violation, infraction.

наруше́ние вое́нных пра́вил violation of military rules and regulations.

наруше́ние дисципли́ны infraction of discipline, breach of discipline.

наруше́ние зако́на violation of law.

наруше́ние огнево́й систе́мы dislocation of fire system.

наруше́ние прися́ги violation of oath.

наруше́ние ты́ла disorganization of the rear.

наруши́тель m violator.

на́ры fpl plank-bed (USSR).

нары́в boil.

нары́вное отравля́ющее вещество́ blister gas, vesicant.

наря́д detail (duty).

наря́д вне о́череди extra fatigue.

наря́д в охране́ние security detail.

наря́д карау́лов detailing of guard; details for guard.

наря́д на слу́жбу detailing for duty.

наряжа́ть v detail.

наседа́ть push, press on, press hard.

наседа́ющий проти́вник pursuing enemy, pressing enemy.

населе́ние population, inhabitants.

населённый пункт inhabited locality.

насечённый knurled; serrated.

насе́чка knurl, knurling; serration.

наси́лие violence.

наси́лие над ли́чностью нача́льника assaulting a superior officer.

насо́с pump.

насо́с для нака́чивания шин tire pump.

насо́с ускоре́ния accelerating pump.

наспи́нный парашю́т back-pack parachute.

наст frozen crust upon snow.

наставле́ние instruction; manual; field manual.

насти́л floor, flooring.

насти́льная траекто́рия flat trajectory.

насти́льность flatness (of trajectory, fire, etc.).

насти́льный ого́нь flat fire, flat trajectory fire.

насти́льный прыжо́к broad jump.

насто́йчивость persistence, perseverance.

настра́ивать v tune.

настра́иваться be tuned to.

настра́иваться на волну́ tune in (Rad).

настрое́ние mood; spirit.

настро́енный ано́дный ко́нтур tuned plate circuit.

настро́йка tuning.

настро́йка анте́нны antenna tuning.

настро́йка одно́й ру́чкой single-dial tuning.

наступа́тельная зада́ча offensive mission.

наступа́тельная мощь offensive power, offensive strength.

наступа́тельная опера́ция offensive operation, offensive action.

наступа́тельные де́йствия offensive action, offensive operations.

наступа́тельный боево́й поря́док combat formation for offensive action.

наступа́тельный бой offensive combat.

наступа́тельный дух offensive spirit.

наступа́тельный марш march to the front, march toward the enemy.

наступа́тельный о́браз де́йствий offensive line of action.

наступа́ть advance, move forward; attack, be on the offensive.

наступа́ть с фро́нта make a direct attack, attack frontally.

наступа́ющий attacker, attacking force.

наступле́ние attack, fire fight; offensive; advance.

наступле́ние во́лнами advance by attack waves.

на́сыпь fill; embankment, bank, parapet.

насыща́ть saturate.

насыще́ние saturation.

насы́щенность saturation, state of being saturated.

насы́щенность огня́ volume of fire, density of fire.

нате́льная руба́ха undershirt.

нате́льное бельё underwear.

натира́ть v ма́зью rub in ointment; wax (Ski).

на́тиск pressure.

натоща́к on empty stomach.

натрениро́ванность physical fitness; trained condition.

на́трий sodium.

натурализа́ция naturalization.

натура́льный паёк See натура́льный продово́льственный паёк.

натура́льный продово́льственный паёк rations in kind.

натыка́ться run into.

натя́гивать tighten, stretch.

натяже́ние tension.

натяже́ние гу́сеницы track tension (Tk).

натяже́ние спу́ска trigger pull.

натяжна́я про́волока guy wire.

натяжно́й изоля́тор strain insulator.

на у́ровне on level with; abreast.

нау́чно-испыта́тельный полиго́н proving ground.

нау́шники ear muffs; earphones; headset (Tp); listener's helmet (sound locator).

находи́ть find, discover.

находи́ться в оборо́не be on the defensive.

находи́ться на излече́нии undergo treatment (in a hospital, etc.).

нахо́дчивость resourcefulness.

наце́ливать aim at, direct against, dispose against (Tac).

наце́ливаться take aim, aim; be aimed at, be directed against, be disposed against (Tac).

наце́ливать уда́р aim the blow, aim the thrust, direct the attack.

национа́льная вражда́ race enmity, race hatred.

национа́льная рознь racial disunity, racial discord.

национа́льное меньшинство́ national minority.

национа́льные предрассу́дки racial prejudice.

нача́ло start, beginning, initiation, commencement; basis.

нача́ло ата́ки commencement of attack.

нача́ло бо́я initiation of battle, commencement of combat.

начало военных действий opening of hostilities.

начало координат origin of coordinates.

начало траектории origin of trajectory.

начальная скорость initial velocity, muzzle velocity.

начальная скорость снаряда *See* **начальная скорость.**

начальная станция initial station (Tp, USSR).

начальная точка initial point; origin (Surv).

начальная точка хода place mark (Top).

начальник chief, commander, head; superior.

начальник артиллерии artillery officer; artillery commander.

начальник артиллерии дивизии division artillery commander.

начальник артиллерии корпуса corps artillery commander.

начальник артиллерии полка regiment artillery commander.

начальник боевого питания ordnance officer; munitions officer.

начальник боевого питания полка regimental munitions officer.

начальник ветеринарной службы полка regimental veterinarian.

Начальник Военных Воздушных Сил РККА Commanding General of the Army Air Forces.

начальник гарнизона garrison commander, post commander.

начальник генерального штаба Chief of Staff of the Army.

начальник главного военно-санитарного управления surgeon general.

начальник железнодорожной дистанции division superintendent (RR).

начальники родов войск и служб chiefs of arms and services, special staff.

начальник караула commander of the guard.

начальник колонны column commander.

начальник направления связи officer in charge of signal communication line connecting higher headquarters with a particular subordinate echelon (USSR).

начальник обоза train commander (unit Trans).

начальник оперативного отдела chief of operations section (USSR), assistant chief of staff G-3 (USA).

начальник оси связи officer in charge of the axis of signal communication (USSR).

начальник отдела тыла chief of the supply and evacuation section (USSR), assistant chief of staff G-4 (USA).

начальник отдела штаба chief of a staff section (USSR), assistant chief of staff (USA).

начальник радиостанции radio officer.

начальник разведки intelligence officer, reconnaissance officer.

начальник разведывательного отдела chief of intelligence section (USSR), assistant chief of staff G-2 (USA).

начальник санитарной службы surgeon (Mil).

начальник санитарной службы дивизии division surgeon.

начальник санитарной службы полка regimental surgeon.

начальник связи communication officer; signal officer, communications officer (Avn); signal officer (CCBP).

начальник связи дивизии division signal officer.

начальник связи полка regimental communication officer.

начальник связи штаба армии army signal officer.

начальник службы chief of service.

начальник службы связи communication officer (CCBP). *See also* **начальник связи.**

начальник станции stationmaster.

начальник узла связи officer in charge of the signal center (USSR).

начальник химической службы chemical officer; gas officer.

начальник химической службы полка regimental gas officer.

начальник хозяйственного довольствия supply officer, S-4.

начальник штаба chief of staff.

начальник штаба полка regimental executive.

начальник штаба по тылу chief of the supply and evacuation section (USSR), assistant chief of staff G-4 (USA).

начальное направление initial direction.

начальный initial, first; elementary.

начальный период боя initial stage of battle, opening phase of battle.

начальствующий состав commissioned and noncommissioned personnel. *See also* **рядовой состав.**

начарт *See* **начальник артиллерии.**

начартдив *See* **начальник артиллерии дивизии.**

начарткор *See* **начальник артиллерии корпуса.**

начертáние outline, sketch, tracing, contour.

начертáние передне́го крáя contour of the main line of resistance, trace of the main line of resistance.

начертáть draw, trace, outline, sketch.

начинáть begin, start, commence, initiate.

начсвя́зи *See* начáльник свя́зи.

нашаты́рный спирт ammonia solution.

нашéствие invasion.

наши́льник pole chain (harness).

нащу́пывать feel, explore by touching; probe (Tac).

неавтомати́ческая кáмера manually operated camera.

неблагоприя́тный unfavorable, disadvantageous, unpropitious.

нéбо sky.

небрéжность carelessness.

небью́щееся стеклó safety glass.

невéрное показáние false statement, false testimony.

неви́димая цель unobserved target.

невинóвность innocence (Law).

невмешáтельство nonintervention.

невозмóжность impossibility.

невооружённый unarmed.

невооружённый глаз naked eye.

невреди́мый unscathed.

неврóз neurosis.

невя́зка mismatching; error of closure (Surv).

негати́в negative (Photo).

негати́вная плóскость negative plane (Photo).

негóдный unserviceable (matériel); unfit (person); worthless.

недéля week.

недеформи́рующаяся плёнка low-shrinkbase film.

недодéржка underexposure (Photo).

недозвóленная передáча unauthorized transmission (CCBP).

недолёт short (Arty).

недолётная траектóрия trajectory of a short (Arty).

недонесéние о преступлéнии misprision of crime.

недооцéнка underestimation.

недоразумéние misunderstanding; confusion.

недостáток lack; disadvantage; fault; defect.

недостáча shortage.

недостовéрная цель indistinct target.

недосту́пный inaccessible; beyond the range (of fire).

недосягáемый unattainable.

недоу́здок halter (H).

недочёт deficiency, fault; defect.

незави́симая ли́ния прицéливания independent line of sight.

незави́симое возбуждéние separate excitation (Rad).

незави́симость independence.

незави́симый independent.

незакóнное дéйствие unlawful act, illegal act.

незакóнное собрáние unlawful assembly.

незакóнный illegal, unlawful.

незамерзáющая смесь antifreeze mixture.

незатухáющие вóлны continuous waves, c. w. (Rad).

незатухáющие колебáния sustained oscillations, undamped oscillations.

незащити́мая пози́ция untenable position.

незащищённый unprotected; defenseless.

незащищённый гóрод open city.

незнáние закóна ignorance of law.

незнáние фáкта ignorance of fact (Law).

неизвéстный unknown.

неизлечи́мая болéзнь incurable disease.

неисполнéние приказáний failing to obey order, disobedience of order, disobedience of command.

неиспрáвность unserviceability; inaccuracy; inefficiency; defect, deficiency; malfunction, being out of order.

неиспрáвные патрóны faulty ammunition.

нейтрализáция neutralization.

нейтрализовáть neutralize.

нейтралитéт neutrality.

нейтрáльная при́месь inert material (in powder).

нейтрáльное положéние руле́й controls in neutral position.

нейтрáльный neutral.

нейтрáльный áтом neutral atom.

нейтрáльный дым screening smoke.

нейтроди́нный конденсáтор neutralizing capacitor.

некомплéкт shortage (of supplies, etc).

некрутóй склон easy slope.

нелинéйное искажéние harmonic distortion.

немáя кáрта outline map.

немéцкий забóр double-apron fence.

немодули́рованный unmodulated.

ненаблюдáемая цель unobserved target.

ненаблюдáемый объéкт unobserved target, unobserved objective.

нéнависть hatred.

ненапра́вленная анте́нна nondirectional antenna.

ненастро́енная анте́нна untuned antenna, aperiodic antenna.

необно́шенная о́бувь shoes that have not been broken in.

необходи́мая оборо́на self-defense (Law).

необходи́мые материа́льные сре́дства essential supplies.

необходи́мый necessary, indispensable; essential.

необъе́зженная ло́шадь unbroken horse.

необяза́тельный optional.

неоднокра́тная повто́рность continual repetition.

неожи́данное нападе́ние surprise attack.

неожи́данность unexpectedness, suddenness, surprise.

нео́н neon.

нео́новая ла́мпа neon lamp, neon tube.

неопра́вданные поте́ри unjustified losses, unjustified casualties.

нео́пытность inexperience.

неосла́бный unremitting, relentless; continual.

неосторо́жность imprudence, rashness, carelessness, negligence.

неотвя́зное пресле́дование See неотсту́пное пресле́дование.

неотло́жная опера́ция emergency operation, immediate surgery.

неотло́жная по́мощь immediate attention, emergency treatment.

неотсту́пное пресле́дование relentless pursuit.

неотсту́пный pressing, relentless, unrelenting; continual.

непараллельный ве́ер open sheaf.

неповинове́ние disobedience.

неповину́ющаяся ло́шадь jibber (H).

непого́да bad weather, inclement weather.

неподви́жная оборо́на static defense, defense in place, rigid defense.

неподви́жная огнева́я заве́са See неподви́жный загради́тельный ого́нь.

неподви́жная при́зма панора́мы Amici prism (of panoramic telescope).

неподви́жная цель stationary target, fixed target.

неподви́жность immobility, fixity.

неподви́жный stationary, fixed.

неподви́жный загради́тельный ого́нь standing barrage.

неподви́жный конта́кт stationary contact.

неподви́жный па́лец приёмника belt holding pawl (MG).

неподви́жный пост возду́шного наблю-де́ния, оповеще́ния и свя́зи fixed air warning station.

неподви́жной пулемёт fixed machine gun, fixed gun.

неподви́жный фланг pivot flank (Drill).

неподгото́вленный unprepared, not ready.

неподлежа́щий эвакуа́ции nontransportable (casualty).

неподчине́ние insubordination.

неподчине́ние суде́бному постановле́нию contempt of court.

непо́лный incomplete.

непоража́емое простра́нство dead space.

непоси́льная цель target beyond the range.

непосре́дственная бли́зость immediate proximity.

непосре́дственная зада́ча immediate task.

непосре́дственная подде́ржка direct support, close support, immediate support.

непосре́дственная связь See в непосре́дственной свя́зи.

непосре́дственно directly, closely, immediately; spontaneously.

непосре́дственное боево́е охране́ние combat outpost.

непосре́дственное взаимоде́йствие close cooperation.

непосре́дственное визи́рование direct sighting.

непосре́дственное наблюде́ние direct observation.

непосре́дственное обеспе́чение close-in protection.

непосре́дственное охране́ние local security.

непосре́дственное прице́ливание direct aiming.

непосре́дственное соприкоснове́ние direct contact (Tac).

непосре́дственный direct, close, immediate; spontaneous.

непосре́дственный нача́льник immediate commander.

непосре́дственный поме́р measurement on the ground.

непосре́дственный уда́р direct assault, direct thrust.

непра́вильная дробь improper fraction.

непра́вильный incorrect, improper.

непревзойдённый unsurpassed.

непреклонность steadfastness, resoluteness.

непреры́вная огнева́я подде́ржка continuous fire support.

непрерывная разведка continuous reconnaissance.

непрерывная связь uninterrupted signal communication, uninterrupted communication.

непрерывно without interruption.

непрерывное наблюдение continuous observation; surveillance.

непрерывность боепитания uninterrupted flow of ammunition supply.

непрерывность наблюдения continuity of observation.

непрерывность огня continuity of fire.

непрерывность разведки continuity of reconnaissance.

непрерывный continuous, uninterrupted, unbroken; unceasing, incessant.

непрерывный огонь sustained fire, continuous fire.

неприкосновенная дача продовольствия emergency ration, reserve ration.

неприкосновенный запас emergency supplies, emergency stores.

неприкосновенный продовольственный запас See **неприкосновенная дача продовольствия**.

неприступный inaccessible; impregnable.

неприцельный огонь unaimed fire.

неприятель m enemy.

неприятельский enemy, hostile.

неприятельский берег enemy side of the river, hostile bank; far bank.

неприятельский тыл hostile rear.

непробиваемый пулей bulletproof.

непроезжий impassable for vehicles.

непрозрачная основа opaque base (Photo).

непромокаемое пальто raincoat.

непромокаемый waterproof, weatherproof.

непроходимый impassable.

непроходимый вброд unfordable.

непрямая наводка indirect laying; pointing case III (CA).

неразорвавшийся снаряд dud shell, dud.

неразрыв dud.

нерв nerve.

нервная система nervous system.

нервное оцепенение nervous shock.

нервно-психический neuropsychiatric.

нервность nervousness.

нервный nervous.

нервюра rib (Cons).

нержавеющая сталь stainless steel.

неровная площадка rough field.

неровный грунт uneven ground.

несводка mismatch (in assembly of mosaics).

несвоевременный untimely, ill-timed, inopportune, unseasonable; not prompt.

несгораемая касса safe (box).

несекретная переписка unclassified correspondence.

несение службы performance of duty.

несовершеннолетний minor (nonage).

несовершенство imperfection.

несовпадающие колебания out-of-phase oscillations.

неспешно deferred (operational priority, CCBP).

нестандартные условия стрельбы nonstandard ballistic conditions.

нестационарный unsteady (Elec).

нести perform, carry (duties, etc); bear (responsibility, etc). See also **носить**.

нести ответственность be responsible, bear responsibility.

нести потери suffer losses, take casualties.

нести службу serve, perform the duties of.

нестойкое отравляющее вещество nonpersistent chemical agent.

нестроевая служба limited service.

нестроевой noncombatant.

нестроевой adj noncombat, limited-service.

несущая волна carrier wave.

несущая лошадь runaway (H).

несущая поверхность airfoil (Ap).

несущая частота carrier frequency.

несущий трос flying wire.

несчастный случай accident.

нетабельные вещи items not included in tables of basic allowances.

неточность inaccuracy, lack of precision, inexactitude.

нетранспортабельный nontransportable.

неубирающееся шасси fixed-type landing gear, fixed landing gear, nonretractable landing gear.

неуверенность uncertainty; lack of self-confidence.

неувязка lack of alignment, lack of coordination; mismatch.

неудача failure.

неудачная атака unsuccessful attack, abortive attack.

неудачный unsuccessful.

неукреплённый unfortified.

неуправляемый аэростат nondirigible aerostat, balloon.

неуспех failure.

неустанно constantly.
неустойчивость instability.
неустойчивый unstable.
неутомимо tirelessly.
неуязвимость invulnerability.
нефоскоп nephoscope.
нефть crude oil; oil, petroleum.
нефтяное масло lubricating oil.
нехватка shortage, scarcity, lack.
нечётное число odd number.
нечистоты *fpl* excreta, sewage; sewage disposal.
неэвакуируемый nontransportable (casualties).
неэлектропроводный *adj* nonconductor, dielectric.
неявка в срок failure to repair at the fixed time, failure to report at the fixed time.
нивелирный знак benchmark (Surv).
нивелирный ход level line (Surv).
нивелирование leveling.
нивелировать *v* level.
нивелировочный винт leveling screw.
нижестоящий начальник subordinate commander.
нижестоящий штаб lower headquarters, lower echelon.
нижнее дистанционное кольцо lower time-train ring, graduated time-train ring (time fuze).
нижнее крыло lower wing (Ap).
нижнее ложевое кольцо lower band (R).
нижнее перо боевой пружины lower arm of the mainspring (revolver).
нижнее строение полотна subgrade (RR).
нижний откидной щит apron, apron shield (G).
нижний палец belt holding pawl (MG).
нижний спуск trigger (Maxim MG).
нижняя антабка butt swivel.
нижняя конечность lower extremity (Anatomy).
нижняя полка bottom capstrip (Ap).
нижняя тесьма lower harness strap (gas mask USSR).
низкая облачность low ceiling (Met).
низкая частота low frequency, audio frequency.
низкий разрыв low burst.
низкое бомбардирование low-altitude bombing, low-level bombing.
низкое напряжение low tension, low voltage.
низкоплан low-wing monoplane.

низкорасположенное крыло low wing (Ap).
никелевый *adj* nickel.
никель *m* nickel (metal).
нимб nimbus.
нисходящая ветвь descending branch (of trajectory).
нисходящий поток воздуха down current, down draft.
нитка thread (Clo).
нитка резьбы screw thread.
нитроглицерин nitroglycerin.
нить накала filament (Elec).
нить подогрева heater, filament.
ничейная земля no man's land.
ниша niche; recess (trench, etc).
ниша для снарядов ammunition pit, ammunition recess.
новобранец recruit.
новокаин novocain.
нога leg; foot.
ногавка *See* нагавка.
нож knife.
ножка leg (of table, etc); prong, pin (of radio tube).
ножницы scissors; scissors kick (Swimming).
ножницы для резки проволоки wire-cutters, wire-cutting pliers.
ножное управление pedal control.
ножны scabbard, sheath.
ножные обхваты leg straps (Prcht).
ноздря nostril.
номенклатура nomenclature.
номенклатурные заявки requisition by standard nomenclature.
номер number (Genl; member of gun crew).
номера орудия numbers of the piece crew.
номер личного знака number of identification tag.
номерной диск *See* номеронабиратель *m*.
номеронабиратель *m* dial (Tp).
номер партии lot number.
номер полевой почты APO number.
номинальная мощность rated power, rated horsepower.
номинальное напряжение rated voltage.
номинальный ток rated current.
номограмма alignment chart, nomogram (Photo).
нониус vernier.
норма allowance, rate; standard.
норма готовности time limits (Arty).
нормаль normal, perpendicular.

нормáльная колея́ standard gage (RR).

нормáльная нагрýзка normal load.

нормáльная посáдка normal landing (Avn).

нормáльная прóфиль *See* окóп нормáльной прóфили.

нормáльная скóрость normal speed.

нормáльный normal, regular, standard.

нормáльный аллю́р normal gait.

нормáльный заря́д normal charge (Am).

нормáльный интервáл proper interval, prescribed interval.

нормáльный перехóд normal march period.

нормáльный темп аллю́ра normal speed of gait, normal rate of gait, normal gait.

нóрма огня́ rate of fire.

нóрма расхóда quota of expenditure, rate of expenditure.

нóрма сýточного расхóда боеприпáсов unit of fire, day of fire.

нормати́в standard (criterion).

норови́стая лóшадь restive horse.

нос nose; bow.

нóсик собáчки nose of the hand (revolver).

нóсик шептáла sear nose tip (pistol).

носи́лки litter, stretcher.

носи́лочный больнóй litter case, non-ambulant case.

носи́лочный пострадáвший recumbent casualty, transportable casualty.

носи́мый запáс продовóльствия individual reserve ration.

носи́мый огнемёт *See* рáнцевый огнемёт.

носи́мый шáнцевый инструмéнт individual entrenching tools.

нóска wearing; carrying.

носкóвый заги́б upturn (skis).

носкóвый конéц лы́жи ski tip.

носкóвый ремéнь toe strap (skis).

носовáя часть *See* лобовáя часть.

носовóй *adj* nasal.

носóк, *pl* носки́ sock; toe, tip, forward end.

носóк крылá nose rib (Ap).

носóк лы́жи *See* носкóвый конéц лы́жи.

нос самолёта nose (Ap).

ночёвка *See* ночлéг.

ночлéг night halt; night shelter.

ночнáя авиаразвéдка night air reconnaissance.

ночнáя артиллери́йская подготóвка night artillery preparation.

ночнáя бомбардирóвка night bombing.

ночнáя истреби́тельская авиáция night fighter aviation.

ночнáя развéдка night reconnaissance.

ночнáя стрельбá night firing.

ночнáя тóчка навóдки night aiming point.

ночнáя фотогрáфия night photography.

ночнóе бомбометáние night bombing.

ночнóе дежýрство night duty.

ночнóй *adj* night.

ночнóй бой night fighting, night combat.

ночнóй бомбардирóвщик night bomber.

ночнóй марш night march.

ночнóй налёт night raid (Avn).

ночнóй пóиск night raid.

ночнóй полёт flight during hours of darkness, night flying, night flight.

ночны́е дéйствия night actions,· night operations.

ночь night.

ношéние wearing; carrying.

ноя́брь *m* November.

нрáвственная си́ла moral strength.

нýжды needs.

нулевáя ви́лка contradiction (Arty).

нулевáя ли́ния прицéливания line of sighting at zero settings.

нулевáя подъёмная си́ла zero lift.

нулевáя устанóвка zero setting.

нулевóе направлéние zero line.

нулевы́е биéния zero beat.

нуль zero, cipher.

нýльпункт zero point.

нумерáция numbering.

нумерáция частéй numbering of units, assigning of numbers to units.

нумеровáть *v* number, put numbers on.

нутрéц ridgling.

нырнýть *See* ныря́ть.

ныря́ть *v* dive.

О

обвáл cave in; landslide, rockslide.

обвёртывание wrapping.

обвинéние accusation; indictment; charge.

обвини́тель *m* prosecutor; accuser.

обвини́тельное заключéние indictment, information; charge sheet.

обвини́тельный пригово́р sentence of conviction (USSR).

обвиняемый defendant, accused.

обед dinner.

обезбо́ливание anesthetization, anesthesia.

обезвре́дить *See* обезвре́живать.

обезвре́живать neutralize (Tac); render harmless.

обезопа́сить make secure, make safe, guard.

обезору́живать disarm.

обеспе́чение security, protection; act of securing, adequate provision, insurance.

обеспе́чение охра́ны слу́жбы свя́зи communication security (CCBP).

обеспе́чение свя́зи securing of signal communication, adequate provision for signal communication.

обеспе́чение ты́ла protection of the rear, security of the rear.

обеспе́чение успе́ха insurance of success.

обеспе́чение фла́нга flank protection, flank security.

обеспе́ченная ви́лка verified bracket (Arty).

обеспе́ченная нулева́я ви́лка verified contradiction (Arty).

обеспе́чивать secure, insure; protect.

обеспе́чивать перепра́ву secure a crossing.

обеспе́чивающий засло́н covering force, protective force.

обеспе́чивающий элеме́нт security element.

обеспе́чить *See* обеспе́чивать.

обжа́лование appeal, appealing.

обжи́г kilning.

обжи́м для ка́псюля cap crimper.

обзо́р field of view, view; review, survey.

о́блако cloud.

о́бласть region; province, territory; field, domain.

о́бласть опа́сных разры́вов zone of effective bursts.

о́блачная ма́сса cloud mass.

о́блачная пого́да cloudy weather.

о́блачная систе́ма cloud system.

о́блачное не́бо overcast sky.

о́блачность cloudiness, overcast.

о́блачный покро́в sky coverage, cloud coverage.

обледене́лый ice-covered, icy.

обледене́ние formation of ice, icing.

обли́ческий *adj* oblique.

обли́ческое движе́ние oblique movement.

обложе́ние taxation; imposition (of tax, fine, etc); investment (Mil).

обложи́ть tax, impose (tax, fine, etc); invest (fortress).

обло́жка folder, wrapper; cover (of book, etc).

обложно́й дождь steady rain.

обложно́й снег steady snow.

обма́н deception, deceit, fraud; feint.

обма́нные де́йствия deceptive activities. *See also* ло́жные де́йствия.

обма́нывать deceive, mislead; defraud.

обма́тывать wrap; wind; cover (a wire).

обме́н exchange, barter; exchange of messages (Sig C).

обме́нный пункт supply relay point, distributing point.

обмерза́ние formation of a cover of ice.

обмора́живание freezing, frostbite.

обмо́тка wrapping; winding; covering (of a wire); puttee.

обмо́тка возбужде́ния field winding (Elec).

обмо́тка трансформа́тора transformer winding (Elec).

обмо́тка я́коря armature winding (Elec).

обмундирова́ние clothing (Mil).

обмыва́ть wash, wash off; bathe (wound).

обмы́вка washing, washing off; bathing (of wound).

обмы́вочно-дегазацио́нный пункт decontamination station.

обнажа́ть bare; expose (Tac); draw (saber).

обнаже́ние unmasking, baring, denudation; exposing (Tac); drawing (a saber).

обнажённый bare; exposed (Tac) .

обнажённый фланг exposed flank.

обнаро́довать promulgate.

обнаруже́ние discovery, disclosure, detection, spotting, locating, revealing.

обнару́живать reveal, discover, detect, spot, locate, find out.

обогре́в heating apparatus; heating capacity. *See also* обогрева́ние.

обогрева́ние warming up.

о́бод rim; felly; frame (snow shoes).

о́бодовый реме́нь шлей breeching (Harness).

ободо́к rim.

обо́з train (Mil).

обо́з батальо́нной артилле́рии battalion artillery ammunition train (USSR).

обо́з боево́го снабже́ния combat train.

обо́з второ́го разря́да kitchen and baggage train, "B" train, field train (USSR).

обознача́ть designate, mark, indicate; signify, denote.

обознача́ть шаг на ме́сте mark time.

обозначе́ние designation, marking, indication; mark, sign.

обо́зный wagoner.

обо́з пе́рвого разря́да "A" train, combat train (USSR).

обо́з полка́ regimental train.

обо́з полково́й артилле́рии regimental artillery ammunition train (USSR).

обо́з шта́ба See штабно́й обо́з.

обо́йма clip (Am); magazine (pistol).

обойти́ v See обходи́ть.

оболо́чка envelope, cover; jacket (bullet).

оборо́на defense, defensive; defensive position.

оборони́тельная зада́ча defensive mission.

оборони́тельная ли́ния defensive line.

оборони́тельная пози́ция defensive position.

оборони́тельная полоса́ defensive area of a large unit; section of main battle zone (defense in depth, USSR).

оборони́тельное де́йствие defensive operation, defensive action.

оборони́тельное расположе́ние defensive disposition, defensive formation.

оборони́тельное сраже́ние defensive battle.

оборони́тельные возмо́жности defensive capabilities, defense capabilities.

оборони́тельные ме́ры defensive measures.

оборони́тельные рабо́ты construction of protective works.

оборони́тельные сооруже́ния defensive installations.

оборони́тельный defensive, defense.

оборони́тельный бой defensive combat, defensive action.

оборони́тельный о́браз де́йствий defensive line of action.

оборони́тельный райо́н defense area (of battalion or smaller unit).

оборони́тельный райо́н ро́ты company defense area.

оборони́тельный рубе́ж defensive line, line of defense, line of resistance.

оборони́тельный рубе́ж сторожево́го охране́ния outpost line of resistance.

оборони́тельный уча́сток regimental defense area.

обороноспосо́бность See обороно-усто́йчивость.

обороноусто́йчивость defensive power.

обороня́ть defend.

обороня́ться be on the defensive; resist, offer resistance.

обороня́ющиеся островки́ pockets of resistance.

обороня́ющийся defender (Tac).

оборо́т revolution (Mech); reverse, reverse side; turn (figurative).

оборо́т вперёд forward circle (Gym).

оборо́т наза́д backward circle (Gym).

оборудова́ние setting up; organization (of ground); outfitting; installations, equipment.

оборудова́ние ме́стности organization of the ground.

оборудова́ние пози́ции organization of position.

оборудова́ние по́ля бо́я organization of the ground.

обору́довать set up; organize (ground); fit out, install, equip.

обо́чина shoulder (Rd).

обраба́тывать work out, develop; winnow; analyze; process.

обрабо́тка treatment, working out; winnowing; analysis; processing.

обрабо́тка ран dressing of wounds.

о́браз де́йствий line of action.

образе́ц sample; example.

образова́ние formation, establishment, creation; education.

образова́ние облако́в cloud formation.

образова́ть create, establish, form.

обра́тная засе́чка resection (Surv).

обра́тная резьба́ left-handed thread.

обра́тная связь feedback (Rad).

обра́тная си́ла зако́на retroactivity (Law).

обра́тная ча́йка inverted gull wing (Avn).

обра́тная электродви́жущая си́ла back electromotive force, counter electromotive force, opposing electromotive force.

обра́тно пропорциона́льный inversely proportional (Math).

обра́тный adj reverse.

обра́тный порожня́к returning empties, empties returning (vehicles).

обра́тный путь return run, return trip.

обра́тный скат reverse slope.

обраще́ние address, appeal; transformation; circulation; handling, treatment; reduction (Math).

обре́з доро́ги roadside.

обры́в rupture, break; precipice, bluff.

обры́вистый steep, abrupt, precipitous.

обры́в свя́зи break of communication.

обсле́дование survey, investigation, exploration; examination (Med).

обслу́живание servicing, service, maintenance.

обслу́живать maintain, service; serve; accommodate.

обслу́живающий персона́л operating personnel; servicing personnel, maintenance personnel.

обстано́вка situation.

обстоя́тельства *npl* circumstances, situation, conditions.

обстре́л field of fire; fire, shelling.

обстре́ливаемый уча́сток shelled area, area under fire.

обстре́ливать *v* fire on, shell, subject to fire.

обстре́л пло́щади zone fire; area fire.

обстре́л це́ли fire of target.

обтека́емая сто́йка streamline strut (Ap).

обтека́емая фо́рма streamlined shape.

обтека́ние by-passing (Genl, Tac). *See* **обтека́ние во́здухом.**

обтека́ние во́здухом airflow around a body.

обтека́тель *m* fairing, cowling.

обтека́тель винта́ propeller spinner.

обтека́тель возду́шного винта́ *See* **обтека́тель винта́.**

обтека́тель каби́ны лётчика cockpit cowling.

обтека́тель но́са крыла́ nose fairing (Ap).

обтека́тель фюзеля́жа fuselage fairing.

обтека́ть *v* flow around (Genl, Tac).

обтюра́тор obturating device, obturator.

обтюра́торное кольцо́ obturating ring.

обтюра́торный затво́р rotary disk shutter (camera).

обтюра́ция obturation.

о́бувь footgear.

обуче́ние training, instruction.

обхва́т в пя́сти bone measurement (H).

обхо́д detour; turning movement, turning, wide envelopment; envelopment.

обходи́ть by-pass; turn the flank, turn, execute turning movement; envelop.

обхо́дная доро́га circuitous route, detour.

обхо́дное движе́ние turning movement.

обхо́дные пути́ свя́зи alternate routes of communication.

обхо́дный манёвр turning maneuver, wide envelopment.

обхо́дный путь *See* **обхо́дная доро́га.**

обшива́ть revet, plank; plate.

обши́вка skin (Ap); covering; reveting, revetment; plating.

обши́рный spacious, broad, vast; extensive.

о́бщая батаре́я common battery (Tp).

о́бщая волна́ common frequency (Rad).

о́бщая поса́дка mounting of all personnel of gun squad.

о́бщая схе́ма general plan; block diagram (Rad).

о́бщая та́ктика grand tactics.

о́бщая центра́льная батаре́я *See* **о́бщая батаре́я.**

общевойскова́я разве́дка general reconnaissance.

общевойскова́я рекогносциро́вка *See* **общевойскова́я разве́дка.**

общевойсково́е соедине́ние unit of combined arms, large unit.

общевойсково́й *adj* combined arms.

общевойсково́й бой combat of combined arms.

общевойсково́й команди́р commander, commander of unit of combined arms, commander of large unit.

общевойсково́й нача́льник *See* **общевойсково́й команди́р.**

общевойсково́й штаб staff of large unit (division and corps, USSR); headquarters of large unit (division and corps, USSR).

о́бщее контрнаступле́ние general counteroffensive.

о́бщее усиле́ние overall gain (Rad).

обще́ние contact.

общетакти́ческая разве́дка general tactical reconnaissance.

общеуголо́вное преступле́ние civil offense.

общеядови́тое отравля́ющее вещество́ systemic poison, blood and nerve poison.

о́бщий general, common.

о́бщий боево́й прика́з complete field order.

о́бщий вы́зов general call (CCBP).

о́бщий знамена́тель common denominator.

о́бщий план overall plan, general plan.

о́бщий суд civil court.

объедине́ние уси́лий unity of effort.

объединённое управле́ние centralized control.

объединя́ть unite, unify; integrate; encompass.

объе́зд detour.

объе́зженная ло́шадь broken horse.

объе́кт object, target, objective.

объекти́в objective lens (Photo).

объекти́в повы́шенной светоси́лы high-speed lens.

объём volume, scope, quantity.

объём движе́ния density of traffic.

объём заря́дной ка́моры volume of powder chamber, chamber capacity.

объявле́ние announcement, statement; declaration, proclamation; advertisement; poster.

объявле́ние войны́ declaration of war.

объявле́ние мобилиза́ции issue of mobilization order (USSR).

объявля́ть announce, notify; declare, proclaim; advertise.

объявля́ть на вое́нном положе́нии declare martial law.

объявля́ть незави́симость proclaim independence.

обыкнове́нное спе́шивание dismounting with horses mobile.

обыкнове́нный гало́п regulation gallop, maneuvering gallop.

обыкнове́нный ремо́нт routine repairs.

о́быск search (Law).

обы́скивать *v* search (Law; PW).

обя́занность duty, function.

обяза́тельная вое́нная слу́жба compulsory military service.

обяза́тельный obligatory, compulsory, binding.

обяза́тельство commitment, obligation.

обя́зываться undertake, contract, obligate oneself, assume obligation.

овёс oats.

овладева́ть seize, occupy, take possession; master.

овладе́ние seizure, capture; gaining possession; mastering.

о́вощи vegetables.

овра́г ravine.

овра́жек gully, small ravine.

огло́бля shaft, thill.

огнева́я возмо́жность fire capacity, fire capability, fire possibility.

огнева́я вспы́шка burst of fire.

огнева́я гру́ппа base of fire (Tac).

огнева́я де́ятельность fire activity.

огнева́я едини́ца fire unit.

огнева́я заве́са curtain of fire.

огнева́я зада́ча fire mission.

огнева́я заса́да fire ambush, ambushing by fire.

огнева́я зени́тная пози́ция antiaircraft fire position.

огнева́я кома́нда fire command, fire order.

огнева́я маскиро́вка *See* **артиллери́йская маскиро́вка.**

огнева́я мощь fire power.

огнева́я оборо́на fire defence.

огнева́я подгото́вка preparation fire.

огнева́я подде́ржка fire support.

огнева́я подде́ржка контрата́ки fires to support a counter-attack.

огнева́я пози́ция fire position, position.

огнева́я пози́ция ору́дия gun position, gun emplacement.

огнева́я полоса́ band of fire.

огнева́я прегра́да fire obstacle, fire barrier.

огнева́я производи́тельность fire effect, fire efficiency.

огнева́я связь fire liaison.

огнева́я си́ла fire power, fire strength.

огнева́я систе́ма organization of fire, fire system.

огнева́я то́чка firing point, point of origin of fire, weapon in its emplacement. *See also* **огнева́я пози́ция.**

огнево́е взаимоде́йствие mutual fire support, fire cooperation.

огнево́е возде́йствие fire effect; fire interference.

огнево́е де́йствие fire action, fire effect.

огнево́е загражде́ние fire barrage, barrage.

огнево́е нападе́ние fire assault, concentration.

огнево́е окаймле́ние box barrage.

огнево́е окруже́ние encirclement by fire.

огнево́е пехо́тное сре́дство infantry fire weapon.

огнево́е плани́рование fire planning.

огнево́е превосхо́дство fire superiority, fire ascendancy.

огнево́е при́данное сре́дство attached fire weapon.

огнево́е противота́нковое сре́дство antitank fire weapon.

огнево́е соде́йствие fire support, fire assistance.

огнево́е сопровожде́ние fire accompaniment.

огнево́е сопротивле́ние resistance by fire.

огнево́е сре́дство fire means, fire weapon.

огнево́е тре́бование call for fire, request for fire.

огнево́е фланки́рование flanking by fire.

огнево́й *adj* fire, firing.

огнево́й барье́р barrier of fire, curtain of fire.

огнево́й бой fire fight.

огнево́й вал rolling barrage.

огнево́й взвод батаре́и firing battery.

огневой залп fire power, weight of metal fired by a unit in 1 minute.

огневой мешóк pocket of fire.

огневой налёт fire onslaught, concentration.

огневой отсéк fire compartment (fire pocket).

огневой очáг *See* **огневáя тóчка.**

огневой перевéс *See* **огневóе превосхóдство.**

огневой планшéт firing chart, battery chart.

огневой разъéзд reconnaissance party for selection of battery position.

огневой резéрв reserve of fire, reserve fire power.

огневóй рубéж firing line.

огневóй фугáс flame fougasse.

огневóй шквал rafale, fire storm.

огневые зенитные срéдства antiaircraft fire means, antiaircraft weapons.

огневые припáсы ammunition.

огневые срéдства сопровождéния accompanying fire weapons.

огнегасительное срéдство fire extinguisher.

огнемёт flame thrower.

огнеметáтель *m* flame-thrower operator.

огнемётная смесь flaming mixture.

огнеопáсная жидкость inflammable liquid.

огнепитáние *See* **питáние боеприпáсами.**

огнеприпáсы *mpl See* **огнестрéльные припáсы.**

огнепровóдный шнур time fuze, safety fuze, Bickford fuze.

огнестóйкий fireproof.

огнестóйкое помещéние fireproof premises.

огнестрéльное оружие firearms.

огнестрéльное ранéние gunshot wound.

огнестрéльные припáсы *mpl* ammunition. *See also* **боеприпáсы.**

огнестрéльные припáсы артиллéрии artillery ammunition.

огнетушéние extinguishing of fire, putting out fire.

огнетушитель *m* fire extinguisher, extinguisher.

огнеупóрный fireproof.

оголённый фланг exposed flank.

оголóвье bridle; headstall.

огóнь *m* fire.

"Огóнь!" "Fire!"; "Commence firing!"

огóнь авиáции aerial fire (Avn).

огóнь в глубину searching fire.

огóнь в промежутки fire through gaps (between friendly troops).

огóнь в тóчку fixed fire under difficult observation when the range is not well determined. *See also* **закреплённый огóнь в тóчку.**

огóнь зáлпами fire by simultaneous discharge of the guns of a battery.

огóнь и манёвр fire and movement, fire and maneuver.

огóнь лёгкого оружия small-arms fire.

огóнь на воспрещéние interdiction fire.

огóнь на дáльние дистáнции long-range fire.

огóнь на запрещéние *See* **огóнь на воспрещéние.**

огóнь на окаймлéние box barrage fire.

огóнь на подавлéние neutralization fire.

огóнь на поражéние fire for effect.

огóнь на разрушéние destruction fire.

огóнь на уничтожéние annihilation fire.

огóнь на флáнге fire flanking the area in front of friendly troops.

огóнь на ходу marching fire, assault fire.

огóнь непрямóй навóдкой indirect fire.

огóнь отдéльными очередями salvo fire (Arty).

огóнь по движущейся цéли fire on a moving target.

огóнь по площадям zone fire.

огóнь прямóй навóдкой direct fire.

огóнь с измéренных дистáнций fire from determined distances.

огóнь с рассéиванием в глубину *See* **огóнь в глубину.**

огóнь с рассéиванием по фрóнту traversing fire, sweeping fire.

огóнь с рассéиванием по фрóнту и в глубину combined traversing and searching fire.

огóнь с хóда *See* **огóнь на ходу.**

огóнь чéрез свои войскá overhead fire.

ограждáть enclose, fence in; guard, keep safe; defend.

ограничéние limitation, restriction, curb.

ограниченная видимость restricted visibility.

ограниченная задáча *See* **ограниченная цель.**

ограниченная цель limited objective.

ограниченно гóдный limited service man.

ограниченный limited.

ограничивать limit, restrict; confine.

ограничитель *m* positioning stop (Browning MG).

ограничитель полосы приземления landing strip marker.

огульное продвижение вперёд headlong advance.

одежда clothing, clothes; revetment.

одежда крутостей revetment of slopes.

одержать победу win victory, achieve victory, gain victory.

одётая дорога surfaced road, surfaced highway, paved road. *See also* шоссе.

одеяло blanket.

одинарный подвижной заградительный огонь *See* однослойный подвижной заградительный огонь.

одиночная стрельба single-shot fire.

одиночная цель point target.

одиночное бомбометание individual release (Bombing).

одиночное обучение individual training.

одиночный individual; single.

одиночный боец individual fighter, individual soldier.

одиночный огонь fire at will, individual fire.

одиночный окоп foxhole; rifle pit.

одиночный порядок *See* в одиночном порядке.

одиночный самолёт individual airplane, individual airplane and its crew.

одновременно simultaneously.

одновременный simultaneous, synchronous.

однозначная группа кода one figure code group (ССВР).

однозначное число single numeral.

одноковшевый экскаватор shovel dredger.

одноколейная железная дорога single-track railway.

одноместный истребитель single-place fighter.

одноместный самолёт single-place airplane.

одноминутный теодолит one-minute transit (instrument).

одномоторный истребитель single-engine fighter.

одномоторный самолёт single-engine airplane.

однообъективная фотокамера single-lens camera.

одноподкосный мост single lock spar bridge.

однополупериодное выпрямление half-wave rectification.

однополупериодный выпрямитель half-wave rectifier.

однопроводная линия ground return circuit, one-wire line (Тр, Тg).

однопроводная связь ground return circuits.

однородность uniformity, homogeneousness; similarity.

однородный homogeneous, uniform; similar.

однослойный огонь zone fire by single battery.

однослойный подвижной заградительный огонь rolling barrage by single battery.

одностороннее движение one-way traffic.

одностороннее наблюдение unilateral observation.

односторонняя связь one-way communication.

одноцилиндровый двигатель one-cylinder engine.

одношереножный строй single-rank formation.

одноякорный преобразователь rotary converter.

оживальная часть снаряда ogive.

оживальный ogival.

ожидание waiting; expectation, anticipation.

ожог burn; shot cutting edge of silhouette (target practice).

озёрное дефиле lake defile.

озеро lake.

означать mean; signify; indicate.

озноб chill (Med).

оказание первой помощи giving first aid, administering first-aid treatment, application of first aid.

оказание сопротивления offering resistance.

оказывать первую помощь render first aid.

оказывать помощь render assistance, help; render treatment (Med).

оказывать сопротивление offer resistance.

окаймление bordering, skirting; boxing in (Tac).

окаймление дымовой завесой boxing in with smoke screen, boxing in with smoke barrage.

окаймлять border, skirt; box in (Tac).

окаймляющий огонь box barrage.

окáпывание *See* самоокáпывание.

окáпывать entrench, dig in.

окáпывать *v* рвом ditch.

окáпываться dig in.

окисле́ние oxidation.

окисли́тель *m* oxidizer, oxidizing agent.

óкись oxide.

óкись углеро́да carbon monoxide.

окклюди́ровать *v* occlude (Met).

окклю́зия occlusion (Met).

оккупáция occupation (of enemy territory).

оккупи́рованная террито́рия occupied territory, occupied areas.

оккупи́рвать occupy (International Law).

оккупи́рующая áрмия army of occupation.

оклáд жáлованья rate of pay.

оклики́ть *v* challenge.

окно́ в облакáх rift in clouds.

окно́ затво́ра ejection port (pistol).

окно́ отражáтеля window of panoramic telescope.

окно́ приёмника feedway (MG).

око́вка заты́льника приклáда butt plate.

око́вка ло́пасти пропе́ллера propeller tipping.

око́льный путь detour, circuitous route.

оконе́чность tip, end.

оконту́ривание contouring (Aerial Photo).

окончáние completion, conclusion; end; expiration.

окончáние стрельбы́ cessation of fire.

окончáтельная побе́да final victory, decisive victory.

окончáтельная ско́рость terminal velocity, final velocity; striking velocity.

окончáтельный final, irrevocable.

окончáтельный ход closing stroke (Lewis MG).

око́п ditch; trench; fire trench; emplacement.

око́п для стрельбы́ сто́я standing-type trench.

око́пная систе́ма trench system.

око́п непо́лной про́фили shallow trench.

око́пно-позицио́нные рабо́ты construction of field fortifications.

око́п нормáльной про́фили standard trench.

око́пные рабо́ты construction of trenches.

око́пный периско́п battery commander's periscope.

око́п по́лной про́фили complete-type trench.

око́п с наве́сом trench with light overhead cover.

окрáина suburb, outskirts, edge.

окрáска paint.

окре́стности *f pl* suburbs, outskirts, environs.

окре́стность neighborhood, environs, vicinity.

о́крик challenge.

окружáть surround, encircle.

окруже́ние surrounding; encirclement, encircling maneuver.

окружнáя желе́зная доро́га belt line (RR).

окружнáя шко́ла-пито́мник вое́нного голубево́дства regional breeding and training loft (USSR).

окружнáя шко́ла-пито́мник вое́нного собаково́дства regional breeding and training kennel (USSR).

окру́жность circumference, circle.

оксиди́рование oxidation.

октáн octane.

октáновое число́ octane rating, octane number.

октáнт octant.

октя́брь *m* October.

окуля́р eyepiece (Optics).

окуля́рная рáковина *See* окуля́р.

окуля́рная трубá eyepiece assembly.

окуля́рная тру́бка панорáмы eyepiece of panoramic telescope.

окуля́рный микроме́тр ocular micrometer.

оле́ум *See* дымя́щаяся се́рная кислотá.

о́лово tin.

оловя́ный *adj* tin.

ом ohm.

омедне́ние coppering (Am).

оми́ческое сопротивле́ние ohmic resistance.

омме́тр ohmmeter.

опáсное направле́ние critical direction (Tac).

опáсность danger, peril.

опáсный dangerous, perilous, critical.

операти́вная внезáпость strategic surprise.

операти́вная глубинá *See* операти́вная глубинá оборо́ны.

операти́вная глубинá оборо́ны depth of defense extending to zone of army reserves (USSR).

операти́вная гру́ппа maneuvering force. *See also* операти́вная гру́ппа шта́ба.

операти́вная гру́ппа шта́ба command group.

оперативная завеса counterreconnaissance screen.

оперативная зона *See* **оперативная зона обороны.**

оперативная зона обороны zone of army reserves (Defense in depth, USSR).

оперативная информация operational information; information of strategic nature.

оперативная карта operations map.

оперативная карта связи communication operations map.

оперативная комната operations office.

оперативная маскировка operational camouflage.

оперативная оборонительная зона *See* **оперативная зона обороны.**

оперативная переброска operational shift (of troops).

оперативная плотность марша relation of the number of axial roads available for a tactical march to the number of divisions moved.

оперативная подвижность operational mobility.

оперативная радиосвязь tactical radio communications.

оперативная разведка strategic reconnaissance.

оперативная сводка G-3 periodic report; S-3 periodic report; communique (Mil).

оперативное донесение battle message; battle report, operational report.

оперативное значение operational importance; tactical importance.

оперативное направление operational direction; strategic direction.

оперативное отделение operations and training section, S-3.

оперативное отношение *See* **в оперативном отношении.**

оперативное решение operational decision; strategic decision.

оперативное соединение strategic unit.

оперативно-стратегическое взаимодействие фронтов tactical and strategical team work of army groups.

оперативность operativeness; operational importance.

оперативно-тактическая доктрина operational and tactical doctrine.

оперативно-тактическая задача operational and tactical problem.

оперативно-тактический operational and tactical.

оперативно-тактический взгляд operational and tactical concept.

оперативно - тактическое взаимодействие operational and tactical cooperation.

оперативные резервы strategic reserves; general reserves.

оперативные соображения operational considerations.

оперативный effective; operations, operational; strategic, strategical.

оперативный авангард strategic advance guard.

оперативный вылет combat sortie.

оперативный дежурный officer on duty in the operations section of a headquarters.

оперативный документ field document, operations document.

оперативный манёвр operational maneuver; strategic maneuver.

оперативный марш tactical march of an army or army group (USSR). *See also* **тактический марш.**

оперативный отдел operations and training section, G-3.

оперативный плацдарм base of operations.

оперативный приказ operations order, field order.

оперативный прорыв strategic breakthrough.

оперативный простор maneuvering space.

оперативный пустырь strategic gap.

оперативный успех operational success.

оператор operator.

оператор зрительной сигнализации visual operator (CCBP).

операционная operating room (Med).

операционное направление *See* **оперативное направление.**

операционный operations, operational; strategic; operating (Med); surgical.

операционный год fiscal year.

операционный разрез кожи incision (Med).

операционный стол operating table (Med).

операция operation, action.

операция прорыва break-through operation.

опережать *v* **по фазе** lead (Elec).

опережающий по фазе ток leading current.

опережение overtaking; advance (Mtr).

опережение зажигания advanced ignition (Mtr).

опережение по фазе lead (Elec).

оперсвóдка *See* оператúвная свóдка.

опúлки *fpl* sawdust.

опирáться rest on, lean on, be anchored to; place weight on.

описáние description, account.

опúсывать кривýю describe a curve.

óпись inventory, list, schedule.

оплáта payment.

оповещáть inform, notify, warn.

оповещéние notification; warning; warning system.

опознавáние identification; recognition.

опознавáние пóдлинности authentication (CCBP).

опознавáние самолётов aircraft identification.

опознавáтельная процедýра recognition procedure (CCBP).

опознавáтельное полóтнище identification panel; marking panel.

опознавáтельные дáнные identification data (CCBP).

опознавáтельный *adj* identification; recognition.

опознавáтельный знак identification mark, marking.

опознавáтельный круг circle marker (airdrome).

опознавáтельный сигнáл recognition signal.

опознáние identification; recognition.

опóмниться come to, collect oneself; recover (Tac).

опóр *See* скакáть во весь опóр.

опóра командúрской бáшенки cupola race (Tk).

опóра лафéта float (G mount).

опóра манёвра pivot of maneuver.

опóра мостá *See* устóй мостá.

опóрная втýлка удáрника firing spring stop (Howitzer).

опóрная плитá миномéта base plate (Mort).

опóрная повéрхность bearing surface.

опóрная повéрхность гýсеницы ground contact (Tk).

опóрная сеть system of topographical control points, field control.

опóрная тóчка control point (Surv).

опóрный катóк suspension wheel, volute suspension wheel, bogie wheel, bogie roller (Tk).

опóрный кóнус centering slope (G).

опóрный пункт *See* опóрный пункт оборóны *and* опóрная тóчка.

опóрный пункт оборóны strong point, pivot of defense, tactical locality, center of resistance.

опóрный ýзел *See* опóрный пункт оборóны.

оправдáние excuse, justification; acquittal, exoneration.

оправдáтельный докумéнт voucher, supporting paper.

оправдывать support, substantiate; acquit, exonerate.

оправля́ться relieve oneself (Sanitation); straighten one's clothing; recover, recuperate, convalesce.

опрáшивать *v* question, interrogate, interview.

определéние definition; determination, ruling.

определéние зóны zone description (CCBP).

определéние координáт тóчки measuring coordinates of a point.

определéние местоположéния location, position finding.

определéние разнобóйности calibration.

определéние расстоя́ния до цéли range determination.

определя́ть define; determine, rule.

определя́ть в процéнтах express as a percentage, designate in percentage.

определя́ть на-глáз estimate by eye.

опрокúдывать overthrow.

опрокúдывающаяся вагонéтка dump car (RR).

опрóс interrogation, questioning.

опрóсный шнур answering cord (Tp).

опрóсный штéпсель answering plug (Tp).

óптика optics.

óптико-механúческое трансформúрование optical rectification (Photo).

оптúческая алидáда telescopic alidade.

оптúческая батарéя *See* батарéя оптúческой развéдки.

оптúческая ось optical axis.

оптúческая развéдка flash ranging; flash reconnaissance.

оптúческая связь visual communication.

оптúческая сигнализáция visual signaling.

оптúческий дальномéр self-contained range-finder.

оптúческий микрóметр eyepiece for optical centering (Theodolite).

оптúческий перискóп battery commander's periscope.

оптúческий пост flash-ranging observation station.

оптический прибор optical device, optical instrument.
оптический прицел optical sight, telescopic sight.
оптический сигнал visual signal.
оптический сигнальный прибор visual signaling equipment.
оптический фотовизир vertical viewfinder.
оптическое изображение optical image.
оптическое имущество optical equipment, visual communication equipment.
опустошение devastation.
опушка trimming (Clo); fringe, edge (of forest).
опыт experience; experiment.
опытная мобилизация test mobilization.
опытная стрельба experimental fire, experimental firing, test shooting.
опытная траектория experimental trajectory.
опытность experience; proficiency.
опытный adj experienced, seasoned; experimental, test.
опытный самолёт experimental airplane.
оранжевый adj orange (color).
орган organ (Anatomy, publication); agency, medium; element.
орган артиллерийской разведки artillery reconnaissance element.
орган боевого охранения combat security element.
орган боевого питания ammunition supply agency.
организационное несовершенство deficiency in organization.
организация organization.
организация боя organization for combat.
организация Красного Креста Red Cross agency.
организация обороны organization for defense; organization of a battle position.
организация огня organization of fire.
организация питания боеприпасами organization of ammunition supply.
организация связи establishment of signal communication system; establishment of signal communication; establishment of contact with friendly troops.
организованная система огня organized fire system.
организованное наблюдение organized observation, planned observation.
организованность system of organization, organization; good organization.
организованный огонь organized fire.

организовать organize; organize well; prepare, plan; put in order, regularize; establish.
организовать бой organize combat.
организовывать оборону organize defense.
орган охранения security agency.
орган разведки reconnaissance agency.
орган снабжения supply agency.
орган управления agency of command, command agency, command element.
органы гражданской власти civil authorities.
органы здравоохранения health agencies.
органы местной власти local authorities.
органы размножения reproductive system (H).
органы регулирующие движение traffic control agencies.
органы тыла rear agencies, administrative agencies.
органы управления мотора engine controls.
органы управления самолёта flight controls.
органы управления штаба staff agencies.
органы чувств sense organs (Anat).
орден order, decoration.
ординарец orderly; messenger.
ординарная фотосъёмка photography of a single-course flight.
ордината ordinate.
ориентир landmark, orienting point, reference point, check point (Arty).
ориентир-буссоль m declinator.
ориентирная схема geographical index; map code.
ориентирование orientation, orienting.
ориентированная передача directional transmission.
ориентировать v orient.
ориентироваться orient oneself, find out one's position, find one's bearings.
ориентировка orientation, finding one's bearings.
ориентировочная дальность azimuthal distance.
ориентировочная точка orientation point (Aerial Photo).
оркестр orchestra; band, military band.
оркестровое имущество musical property.
оркестровый adj orchestra; band.
орографический дождь orographic rain.
орографический туман orographic fog.

ортогона́льная прое́кция orthogonal projection.

ортогона́льные координа́ты orthogonal coordinates.

ортопеди́ческий го́спиталь orthopedic hospital.

ортоско́п orthoscope.

ортоскопи́ческий объекти́в orthoscopic lens, rectilinear lens, distortionless lens.

ортохромати́ческая пласти́нка orthochromatic plate (Photo).

ортохромати́ческая эму́льсия orthochromatic emulsion (Photo).

ортохромати́ческий orthochromatic.

ору́дие gun, cannon, piece.

ору́дие бли́жнего бо́я close combat weapon (Arty).

ору́дие в охране́нии outpost gun.

ору́дие головно́й запря́жки gun of leading carriage (Arty).

ору́дие на железнодоро́жой устано́вке railway gun.

ору́дие подде́ржки та́нков tank supporting gun.

ору́дие противота́нковой оборо́ны antitank defense weapon.

ору́дие равне́ния directing vehicle (Arty drill); base vehicle (Arty drill).

ору́дие скреплённое вну́тренней трубо́й built-up gun with liner.

ору́дие скреплённое ко́льцами hooped gun.

ору́дие скреплённое про́волокой wire-wrapped gun.

ору́дие с незави́симой ли́нией прице́ливания gun with independent line of sight.

ору́дие сопровожде́ния accompanying gun.

ору́дие сопровожде́ния та́нков tank-accompanying gun.

ору́дие та́нковой подде́ржки tank supporting gun.

ору́дийная запря́жка field artillery horse team; carriage (Arty).

ору́дийная о́чередь See **артиллери́йская о́чередь.**

ору́дийная платфо́рма gun platform.

ору́дийная площа́дка floor surface of gun emplacement.

ору́дийная пово́зка gun vehicle (portée Arty, USSR).

ору́дийная устано́вка gun mount.

ору́дийное вре́мя laying interval.

ору́дийное отделе́ние gun section.

ору́дийный adj gun, cannon.

ору́дийный вы́стрел gun shot; gun report.

ору́дийный ма́стер artillery armorer.

ору́дийный око́п gun emplacement, gun pit.

ору́дийный передо́к limber, gun limber.

ору́дийный расчёт gun squad, gun crew.

ору́дийный ствол gun barrel tube.

ору́дийный тра́ктор prime mover; artillery prime mover.

ору́дийный щит gun shield.

оруже́йная мастерска́я ordnance repair shop, small-arms repair shop.

оруже́йник armorer's assistant.

оруже́йное ма́сло See **руже́йная сма́зка.**

оруже́йный ма́стер small-arms armorer.

ору́жие бли́жнего бо́я close combat weapon, close combat weapons.

ору́жие насти́льного де́йствия flat-trajectory weapon(s).

ору́жие рукопа́шного бо́я hand arms.

оса́да siege, investment.

оса́дки mpl precipitation (Met).

оса́дки ли́вневого хара́ктера showers (Met).

оса́дки моро́сящего хара́ктера drizzle, light precipitation.

оса́дная артилле́рия siege artillery.

оса́дное ору́дие siege gun.

осажда́ть invest, besiege.

оса́живать step back; back (a horse, vehicle).

оса́живаться settle down (structure); dig in (G).

осведомле́ние information.

осведомлённость state of being well informed; knowledge.

освети́тельная бо́мба illuminating bomb (USSR).

освети́тельная раке́та illuminating flare.

освети́тельная раке́та на парашю́те parachute flare.

освети́тельная сеть lighting system.

освети́тельное де́йствие illuminating effect.

освети́тельное сре́дство light source.

освети́тельный материа́л illuminating equipment.

освети́тельный прибо́р lighting device.

освети́тельный снаря́д illuminating shell, star shell.

освеща́ть цель illuminate the target.

освеще́ние illumination (lighting; lighting up).

освеще́ние це́ли illumination of target.

освобождáть free, liberate, release, emancipate; exempt; empty.

осевáя лúния center line, axis.

осевáя чекá linchpin.

осевóе расстоя́ние distance between the origin and the intersection of line of departure with a vertical passing through a given point on the trajectory.

оседáющий цилúндр взрывáтеля *See* **разгибáтель взрывáтеля.**

оседлáть saddle; place oneself astride (Tac).

оселóк oilstone, whetstone.

óсень fall, autumn.

осéчка misfire.

óси рассéивания axes of dispersion zone, axes of pattern (Arty).

óси самолёта axes of an aircraft.

оскóлок fragment, splinter.

оскóлок снаря́да shell splinter, shell fragment; splinter.

оскóлочная бóмба fragmentation bomb.

оскóлочная гранáта fragmentation grenade.

оскóлочное дéйствие splinter effect, fragmentation effect (Arty).

оскóлочно-химúческий снаря́д combined fragmentation and gas shell, chemical high-explosive shell.

оскóлочный взрывáтель point detonating fuze, superquick fuze.

оскóлочный снаря́д fragmentation shell.

оскорблéние дéйствием assault and battery; assaulting.

оскорблéние насúльственным дéйствием *See* **оскорблéние дéйствием.**

оскорбля́ть *v* insult.

ослаблéние weakening, loosening, slackening (action upon something).

ослабля́ть weaken; loosen, relax, slacken.

ослеплéние blinding.

ослепля́ть *v* blind.

осложнéние complication.

осмóтр inspection, control, check; search.

осмотрúтельность circumspection, caution.

оснащáть rig, equip, fit out.

оснащéние rigging, equipping, outfitting.

оснóва basis, foundation; base sheet (Photo).

основáние founding; foundation (of building); basis; authority (military correspondence); base (Math); motive, reason.

основáние защёлки магазúна magazine catch bore (G).

основáние мýшки front sight base.

основáние отвóда cause for challenge (Law).

основáние прицéла rear sight fixed base.

основнáя буссóль base deflection.

основнáя волнá fundamental frequency.

основнáя группирóвка principal grouping.

основнáя дорóга *See* **основнóй маршрýт.**

основнáя задáча principal mission; primary function; main problem.

основнáя зóна оборóны main battle zone (defense in depth, USSR).

основнáя коммуникáция протúвника enemy's main line of communication.

основнáя манёвренная сúла main body of maneuvering force, main body of main attack force.

основнáя мáсса main bulk, main body.

основнáя оборонúтельная зóна *See* **основнáя зóна оборóны.**

основнáя оборонúтельная полосá main battle position, battle position; regimental battle positions (section of main battle zone, defense in depth, USSR).

основнáя огневáя позúция primary fire position.

основнáя опóрная сеть field control, ground control (Surv).

основнáя плóскость base plate (theodolite).

основнáя позúция primary position.

основнáя стóйка position of attention, position of the soldier.

основнáя тактúческая зóна *See* **основнáя зóна оборóны.**

основнáя устанóвка zero setting. *See also* **нулевáя устанóвка.**

основнáя частотá fundamental, fundamental frequency.

основнáя шкалá traversing dial (Browning MG mount).

основнóе направлéние decisive direction, direction of main effort, direction of main attack; base line (Arty); principal direction (fire plan).

основнóе направлéние стрельбы́ principal direction of fire.

основнóе орýдие base piece, directing gun.

основнóе подразделéние basic tactical unit, basic unit.

основнóе снаряжéние base filling (Am).

основнóй main, basic, primary.

основнóй аэродрóм base airdrome.

основнóй боевóй элемéнт basic combat element.

основнóй квадрáт flat top (Cam net).

основнóй маршрýт principal supply road, main supply road.

основнóй оклáд жáлования base pay.

основнóй ориенти́р base point.

основнóй при́нцип basic doctrine; doctrine.

основнóй тóрмоз service brake (Tk).

основнóй угломéр base deflection.

основнóй укóл long thrust (bayonet).

"Основнóй укóл, остáться на выдёргивании — коли́!" "Long thrust, withdraw, remain in position, thrust!"

основны́е си́лы main forces, main body.

осóбая противотáнковая пози́ция supplementary antitank fire position (Arty, USSR).

осóбые ви́ды бóя special operations.

осóбый special; distinctive; particular, separate.

оставáться remain, stay.

оставлéние leaving, abandonment.

оставлéние огневóй пози́ции evacuation of the firing position.

оставля́ть leave behind, abandon, forsake, quit.

останáвливать stop, bring to a halt, check.

останáвливать кровотечéние control bleeding, arrest hemorrhage.

останóвка stop, halt.

останóвка огня́ cessation of fire. See also врéменная останóвка огня́.

останóвка стрельбы́ See останóвка огня́.

остáточное затухáние overall attenuation; net loss.

остаю́щаяся деформáция strain in excess of the elastic limit, permanent strain, permanent deformation.

осторóжность caution, care, prudence, discretion.

óстрая обстанóвка critical situation (Tac).

остриё штыкá point of bayonet.

óстров island.

островóк small island, islet.

острожелýдочное заболевáние diarrheal disease.

остронастрóенный приёмник sharply tuned receiver.

остротá настрóйки sharpness of tuning.

óстрый ýгол acute angle.

óстрый ýгол приклáда toe, toe of butt.

остря́к стрéлки switch point (RR).

осуждáть v convict; condemn (Gen).

осуждённый convicted, convict.

осýшка drainage.

осуществлéние realization, accomplishment, execution, fulfillment.

осуществля́ть carry out, execute (mission, plan).

осуществля́ть окружéние achieve encirclement.

осцилогрáмма oscillogram; oscillograph curve, oscillograph pattern.

осциллогрáф oscillograph.

осциллоскóп oscilloscope.

осыпáние crumbling (of soil).

ось axle, shaft, spindle; axis.

ось абсци́сс X-axis.

ось барабáна cylinder arbor (revolver).

ось боковóго рассéивания axis of lateral dispersion, axis of dispersion in deflection.

ось вращéния axis of rotation.

ось движéния axis of movement.

ось жёсткости elastic axis.

ось защёлки шестерни́ gear stop pin (Lewis MG).

ось канáла ствола́ орýдия axis of the bore (G).

ось координáт coordinate axis.

ось кры́шки cover pin (Browning MG).

ось куркá firing hammer pin (G); hammer pin (pistol); trigger shaft (howitzer).

ось лоды́жки cocking lever pin (MG).

ось мýфты возврáтной пружи́ны mainspring collet pin (Lewis MG).

ось наступлéния axis of advance, axis of attack.

ось ординáт Y-axis.

ось отхóда axis of retirement.

ось пáльца ползунá приёмника belt-feed pawl pin (Browning MG).

ось перемещéния комáндного постá axis of displacement of command post.

ось поворóтов vertical axis (Ap).

ось прицéльной рáмки rear-sight leaf joint pin.

ось продвижéния See ось наступлéния.

ось проéкции projection axis.

ось рáмки антéнны axis of loop antenna.

ось рассéивания axis of dispersion.

ось рассéивания по высотé axis of vertical dispersion.

ось рассéивания по дáльности axis of dispersion in range.

ось рукоя́тки затвóра operating lever spindle (Arty).

ось ры́сканья vertical axis (Ap).

ось рычагá подаю́щего механи́зма приёмника belt-feed lever pivot (MG).

ось свя́зи axis of signal communication.

ось серьги link pin (pistol).

ось собáчки hand pivot (revolver).

ось спусковóго крючкá trigger pin.

ось спусковóго рычагá sear pin.

ось удáрника striker fixing pin (Lewis MG).

ось упóра шестерни *See* **ось защёлки шестерни.**

ось ускорителя accelerator pin (MG).

ось шепталá sear pin (pistol).

отбив parry (bayonet).

отбивáть repulse, drive back, beat off, beat back, repel; recapture; knock off; parry (bayonet).

отбивáть атáку beat off an attack.

"Отбив влéво!" "Parry left!" (Bayonet drill).

"Отбив вниз налéво!" "Parry down left!" (USSR).

"Отбив вниз напрáво!" "Parry down right!" (USSR).

"Отбив впрáво!" "Parry right!" (bayonet drill).

"Отбив впрáво, остáться на отбиве!" "Parry right, remain in position!" (USSR).

"Отбив впрáво, укóл!" "Parry right, thrust!" (USSR).

"Отбив впрáво, укóл, остáться на выдёргивании!" "Parry right, thrust, withdraw!" (USSR).

отбитие *See* **отражéние.**

отбóй all-clear signal, cease-firing signal; ring off, recall (Tp).

"Отбóй!" "Cease firing!"; call an hour after retreat (USSR).

отбóйный сигнáл recall signal, ring-off signal (Tp).

отбóр sorting.

отбóрный *adj* choice; picked, crack.

отбóр рáненых sorting of wounded.

отбóчка flank mount (Gymnasium).

отбрáсывать toss aside; throw (a shadow); reflect; throw back (Mil).

отбытие departure.

отвáга daring, courage.

отверждённое горючее thickened fuel.

отверждённый бензин *See* **сгущённый бензин.**

отвéрстие hole, opening, aperture, orifice.

отвéрстие затвóра shutter opening (camera).

отвéрстие объектива lens aperture (camera).

отвéрстие отражáтеля ejector port (Lewis MG).

отвёртка screwdriver.

отвéсный steep, sheer, abrupt; perpendicular, upright, vertical.

отвéт response, reply.

ответвлéние offshoot, branch, ramification; turn-out (RR).

ответвляющаяся дорóга branch road.

отвéтные мероприятия countermeasures.

отвéтный удáр counterblow.

отвéтственная огневáя полосá primary target area, normal zone of fire, sector of responsibility.

отвéтственность responsibility.

отвéтственность в дисциплинáрном порядке liability to disciplinary action.

отвéтственность по закóну legal responsibility.

отвéтственный responsible; important; liable, amenable.

отвечáть *v* answer, reply; correspond, match; be responsible.

отвлекáть draw off, divert.

отвлекáть внимáние divert attention, distract attention.

отвóд challenge (Law).

отвóд воды drainage; forcing water into a different channel.

отвóдка панорáмы throw-out lever, worm release lever (panoramic sight).

отвóдка стереотрубы throwout lever (battery commander's telescope).

отвóд квартир assignment of quarters.

отвóд от срéдней тóчки center tap (Elec).

отвóд тóка tap, tapping (Elec).

отвоевáть *v* regain, wrest from.

отдавáемая мóщность power output.

отдавáть return, give back; give; issue (orders), kick, recoil (SA).

отдавáть повóдья slacken the reins.

отдавáть рýчку от себя push the control stick forward.

отдавáть себé отчёт be aware, realize; be conscious of something.

отдáча return, giving back; kick, recoil (SA); giving, issuance (of orders); efficiency (Rad). *See also* **сила отдáчи, отдáча ствóла** *and* **коэффициéнт полéзного дéйствия.**

отдáча ствóла blowback.

отдéл department, division; staff section (division and higher unit).

отделéние section; staff section (regiment and lower unit).

отделéние взвóда боевóго питáния ammunition section (Arty).

“Отделéние в змéйку стрóйся!” “Squad column!”

“Отделéние влéво разверни́сь!” “As skirmishers left!”

“Отделéние впрáво разверни́сь!” “As skirmishers right!”

отделéние для аккумуля́торов battery compartment (Tk; Elec).

“Отделéние, налéво, разомкни́сь!” “Take interval to the left, march!”

“Отделéние, налéво, сомкни́сь!” “Assemble to the left, march!”

“Отделéние, напрáво, сомкни́сь!” “Assemble to the right, march!”

отделéние развéдки See развéдывательное отделéние.

отделéние свя́зи signal communication staff section (regiment or smaller unit, USSR). See also отделéние свя́зи с пехóтой and отделéние свя́зи с кóнницей.

отделéние свя́зи с кóнницей liaison section attached to cavalry unit (Arty).

отделéние свя́зи с пехóтой liaison section attached to infantry unit (Arty).

отделéние ты́ла supply and evacuation section, S-4.

отделéние тя́ги battery limber section.

отделéние управлéния driving compartment (Tk).

отделéние шифровáльно - штабнóй слýжбы cryptographic section.

отделéние штáба staff section (regiment and lower units).

отделённый adj squad.

отделённый команди́р squad leader.

отдéл кáдров personnel section (of general staff).

отдéл свя́зи signal communication section (General Staff, USSR).

отдéл ты́ла supply and evacuation section, G-4.

отдéл штáба staff section (division and higher units).

отдéльная авиациóнная эскадри́лья separate group (Avn).

отдéльная кавалери́йская бригáда separate cavalry brigade.

отдéльная кавалери́йская диви́зия separate cavalry division.

отдéльная кавбригáда See отдéльная кавалери́йская бригáда.

отдéльная кавдиви́зия See отдéльная кавалери́йская диви́зия.

отдéльная рóта separate company.

отдéльное орýдие single gun.

отдéльное распоряжéние fragmentary order.

отдéльный separate, individual, detached, isolated.

отдéльный бóец individual soldier.

отдéльный кавалери́йский дивизиóн separate squadron (Cav).

отдéльный понтóнный батальóн separate engineer ponton battalion.

отдéльный самолёт individual airplane.

отдéльный эскадрóн separate troop.

отделя́ть separate, divide off; segregate.

отдешифри́рованный decoded, deciphered; interpreted (Photo).

óтдых rest; rest period.

отдыхáть v rest.

отжи́мная стрéлка automatic switch (RR).

óтзыв reference (recommendation); recall; reply (countersign); answering sign (Semaphore).

откáз refusal; failure (Mech).

откáз мотóра engine failure.

откáзывать v refuse; fail (Mech).

откáзываться от конвéнции denounce a convention.

откáт recoil (Arty).

откáтные чáсти recoiling parts.

откáтываться назáд roll back; fall back (Tac).

откидная двéрца hinged door (Tk).

откидная зáдняя стéнка tail gate (MT).

откидная кóйка convertible bed, convertible bunk.

откла́дывать postpone; set aside.

откла́дывать расстоя́ние lay off a distance.

откла́дывать ýгол construct an angle.

отклонéние deviation, error, dispersion error (Arty); deflection (Aerial Gunnery; Rad).

отклонéние в дáльности See отклонéние по дáльности.

отклонéние по дáльности range deviation, longitudinal deviation, longitudinal error (Arty).

отклонéние разры́вов deviation of the bursts.

отклоня́ть v deflect; decline.

отклоня́ть рýчку влéво push the control stick to the left (Ap).

отклоня́ть рýчку впрáво push the control stick to the right (Ap).

отклоня́ться deviate, digress.

отклоня́ющая при́зма refracting prism.

отклоня́ющие пласти́ны deflecting plates (Rad).

отклоня́ющиеся во́лны frequency deviation.

отключа́ть disconnect.

отко́с slope, slant, incline.

отко́сный реме́нь quarter strap (harness).

открепля́ть unstrap; unfasten.

открыва́ть unveil (monument); open, open up; expose; disclose, reveal; uncover; discover.

открыва́ть ого́нь *v* open fire.

откры́тая анте́нна open antenna, open-ended antenna.

откры́тая каби́на cockpit, open cockpit (Ap).

откры́тая ме́стность open terrain, flat terrain, exposed area, open country, open area.

откры́тая переда́ча transmission in the clear.

откры́тая пози́ция open position; direct-laying position.

откры́тая радиопереда́ча clear text transmission (Rad).

откры́тая цель open target.

откры́тие unveiling (monument); opening; discovery.

открытие огня́ opening of fire.

откры́то frankly, straightforwardly; in the open, in an exposed position.

откры́тое ра́дио radio message in clear.

откры́тое разбира́тельство public trial.

откры́тый frank, straightforward; unveiled (monument); open, exposed, unprotected; overt (Law).

откры́тый автомоби́ль passenger car (open model).

откры́тый бой open warfare.

откры́тый мане́ж riding pen.

откры́тый пассажи́рский ку́зов open-type body (MT).

откры́тый перело́м open fracture (Med).

откры́тый прице́л open sight.

откры́тый свет open light (CCBP).

откры́тый текст plain text, clear text, plain language.

откры́тый уча́сток open stretch of ground.

откры́тый фланг open flank, exposed flank.

откры́тым те́кстом in the clear (Sig Com).

откры́ть ого́нь *See* открыва́ть ого́нь.

отли́в low tide.

отли́чный excellent, perfect.

отло́гая стрельба́ flat fire.

отлога́я траекто́рия flat trajectory.

отло́гий sloping, declivitous; gentle (slope).

отло́гий подъём gentle ascent.

отло́гий спуск gentle descent.

отло́гость slope, declivity *See also* отко́с.

отло́гость траекто́рии flatness of trajectory.

отложе́ние де́ла continuance (Law); adjournment (Law).

отлуча́ться leave; absent oneself, stay away.

отлуча́ться со двора́ go on pass, leave on pass.

отлуча́ться с поста́ leave post.

отлу́чка со двора́ pass (leave).

отма́х separative sign (Semaphore).

о́тмель sandbank.

отме́на пригово́ра reversal of sentence.

отменя́ть repeal, rescind; remit in whole (punishment).

отмеря́ть *v* measure off.

отме́тка mark; notation; reading (on an instrument).

отме́тка наво́дки пулемёта referring the machine gun.

отме́тка ору́дия referring the gun; deflection setting corresponding to the referring point.

отмеча́ние ору́дия referring the piece.

отмеча́ние стрельбы́ registration (Arty).

отмеча́тель *m* marker.

отмеча́ться *v* record a direction, refer (Arty).

отмеча́ться буссо́лью по ору́дию refer the aiming circle on the piece.

отмороже́ние becoming frostbitten.

отно́с бо́мбы range, actual range (Bombing).

относи́тельная вла́жность relative humidity.

относи́тельная высота́ полёта indicated altitude relative to the take-off point.

относи́тельная ско́рость relative speed.

относи́тельный вес заря́да load ratio, ratio between the weight of the charge and the weight of the projectile.

относи́тельный путь снаря́да travel of projectile in relation to any point in the bore.

отноше́ние ratio; relation, attitude.

отноше́ние сигна́л-поме́ха signal-noise ratio, signal-to-noise ratio (Rad).

отойти́ *See* отходи́ть.

отопле́ние heating.

отпеча́ток print (Photo).

отползать crawl away; crawl back; crawl aside.

отправитель *m* sender; transmitter (Rad).

отправительная антенна transmitting antenna.

отправка sending, dispatching, dispatch.

отправление departure (of trains). *See also* отправка.

отпуск furlough, leave; issue, allotment; file copy.

отпускаемые суммы allotted funds.

отпускать let go, dismiss, discharge; release; allot, issue; set an edge (to sword).

отпускник soldier on furlough.

отпускной билет furlough papers.

отпуск по болезни sick leave.

отработанный газ exhaust gas.

отравление poisoning, contamination.

отравлять poison, contaminate.

отравляющее вещество war gas. *See also* боевое отравляющее вещество.

отравляющее вещество нарывного действия blister gas, vesicant.

отравляющий *adj* toxic, poison.

отражатель *m* reflector (Optics); rotating head (panoramic telescope); cartridge ejector (Lewis MG); extractor (G). *See also* отсечка-отражатель.

отражательная призма reflecting prism.

отражательный выступ ejector point (R).

отражатель обоймы clip ejector (Lewis MG).

отражать repel, repulse, beat off; reflect (Optics).

отражать огнём beat off by fire.

отражение repelling, repulse, beating off; reflection (Optics).

отражённая волна reflected wave (Rad).

отражённый свет reflected light.

отрезать *v* cut off.

отрезать путь отступления cut off retreat.

отрезок segment (of a line); cut (slice).

отрезок времени time lapse, time interval.

отрицание denial.

отрицательная величина negative value (Math).

отрицательная обратная связь negative feedback, degeneration (Rad).

отрицательная пластина negative plate (Rad).

отрицательный negative; unfavorable.

отрицательный вынос крыла negative stagger (Ap).

отрицательный момент negative moment, counterclockwise moment (Mech).

отрицательный угол возвышения quadrant elevation below the horizontal, angle of depression (Ballistics).

отрицательный угол вылета negative angle of jump (Ballistics).

отрицательный угол места цели negative angle of site, negative angle of position, angle of depression (Ballistics).

отрицательный угол местности *See* отрицательный угол места цели.

отрицательный электрод negative electrode.

отрог lateral ridge, spur.

отросток branch (Тр).

отрыв breaking away; disengagement; separation; distance. *See also* в отрыве.

отрывать tear off; dig.

отрывать окоп dig a trench.

отрываться disengage, break away, break contact.

отрывка digging, excavation.

отрыв от земли take off, final breaking of contact with the ground (Avn).

отрыв от противника disengagement (Tac).

отряд detachment; squadron (AAF); unit.

отряд для действий в предполье *See* отряд обороны предполья.

отряд обороны предполья outpost, outpost detachment.

отсекать cut off, sever, isolate, box in.

отсекающий зуб отсечки-отражателя interrupter (to prevent the coming up of more than one cartridge at a time into the feedway, R, USSR).

отсекающий огонь *See* отсечный огонь.

отсек для элементов battery compartment (Elec).

отсеченный огонь *See* отсечный огонь.

отсечка-отражатель *f* ejector (R).

отсечная дымовая завеса box smoke barrage.

отсечная позиция switch position.

отсечный огонь box barrage; interdiction fire.

отсрочка deferment; postponement.

отставание lagging, falling behind, dropping behind; straggling.

отставание по фазе lag, lagging phase (Elec).

отставать *v* lag, fall behind, drop behind, straggle.

"Отста́вить!" "As you were!"
отста́вший straggler.
отста́ивать defend successfully; win out.
отстёгивать unhook; unbutton.
отсто́йник settling basin, settling tank (Water Purification).
отстопо́рить unlatch.
отстоя́ть defend successfully, save by fighting; be at a distance.
отстре́ливаться v return fire.
отступа́тельный марш retrograde movement.
отступа́тельный марш-манёвр retrograde maneuver march, retrograde defensive.
отступле́ние deviation, digression; retreat (Tac).
отсу́тствие lack; absence.
отсу́тствовать lack; be absent; fail to appear.
отсчёт reading (of an instrument).
отсчётный микроско́п reading microscope.
о́ттепель thaw.
оттесня́ть press back.
оття́гивать draw off; divert (Tac).
оття́гивать тру́бку shorten the fuze.
отхо́д retirement, withdrawal; projection of the gun-observer line on the observing line or the vertical plane containing it.
отходи́ть withdraw, fall back, retire (Tac).
отходи́ть с бо́ем fight a running battle, retreat with continuous resistance.
отхо́д от рубежа́ к рубежу́ retirement by bounds.
отхо́жее ме́сто latrine.
отхо́жий ро́вик straddle trench.
отцепля́ть uncouple (Mech).
отчёт account, report.
отчётная ка́рточка hasty sketch (Mil).
отчётность books, accounting records. See also счетово́дство.
отчисле́ние deduction.
отъёмный штык detachable bayonet.
отыска́ние повреждё́ний trouble shooting (Rad).
оты́скивать search for, look for; find out, spot, detect, discover, locate.
оты́скивать цель locate the target.
отягча́ющие вину́ обстоя́тельства aggravating circumstances.
офице́р officer, commissioned officer.
офице́р свя́зи liaison officer; liaison officer from subordinate to higher headquarters; liaison officer between adjacent units.
офице́р свя́зи кома́ндования liaison officer from higher to subordinate headquarters.
офице́рский соста́в commissioned personnel (company and field officers).
официа́льное призна́ние recognition de jure.
офо́рмленная фотосхе́ма controlled mosaic.
оформля́ть execute (a document).
охва́т envelopment, close envelopment.
охва́тывать envelop, outflank.
охва́тывать наблюде́нием survey, overlook, command a view of.
охва́тывающее движе́ние enveloping maneuver.
охва́тывающий уда́р enveloping attack, envelopment, outflanking action.
охлажда́ть v cool.
охлажда́ющая жи́дкость cooling liquid.
охлажда́ющая среда́ cooling agent.
охлажде́ние cooling.
охо́тник hunter; volunteer, volunteer for a hazardous military mission; pilot on sweep mission; flying crew on sweep mission; airplane on sweep mission. See also экипа́ж-охо́тник and лётчик-охо́тник.
охо́тничий мартинга́л running martingale (H).
охо́тничье ружьё shotgun.
охра́на guard, escort; close protection.
охране́ние security detachment, security.
охране́ние фла́нгов flank guard, flank security.
охрани́тельная разве́дка combat security by air patrols (mountain warfare, USSR).
охрани́тельный патру́ль air patrol on combat security mission (mountain warfare, USSR).
охраня́ть protect, guard.
охраня́ющая часть security detachment, security force.
охраня́ющий дозо́р security patrol.
охраня́ющий о́рган security detachment.
оце́нивать appraise, put a price on; appreciate, value; estimate.
оце́нивать на-гла́з estimate by eye.
оце́нивать обстано́вку estimate the situation.
оце́нивать усло́вия ме́стности evaluate terrain.
оце́нка evaluation, estimation; appraisal, estimate, judgment.
оце́нка ме́стности terrain appreciation, terrain evaluation.
оце́нка обстано́вки estimate of the situation, evaluation of the situation.

очáг сопротивлéния center of resistance, point of resistance, pocket of resistance.

óчень крéпкий вéтер fresh gale (Beaufort scale).

очереднóй óтпуск scheduled furlough, scheduled leave.

очерёдность proper sequence; priority.

очерёдность огня́ sequence of fire.

óчередь one's turn; waiting line; burst (MG); salvo (Arty).

óчередь бéглого огня́ volley (Arty).

óчередь несéния слýжбы tour of duty.

óчередь отпрáвки precedence, priorities (ССВР).

очи́стка воды́ water purification.

очищáть *v* clean; clear; mop up.

очищáть от проти́вника clear of the enemy, mop up.

очищéние cleaning; clearing; mopping up.

очки́ *mpl* glasses; eyepieces (gas mask); goggles.

очки́ с ды́мчатыми стёклами sunglasses.

óчная стáвка confrontation (Law).

ошеломля́ть stun (Tac).

оши́бка error, mistake, blunder.

оши́бка радиопеленгáтора radio direction-finding error.

ощущéние полётов sense of flight, feeling of flight.

П

пáдаль carrion; dead animal.

пáдать *v* fall, drop; decrease.

пáдающий луч incident ray (Optics).

гáдающий свет incident light.

падéние fall, dropping; crash (Avn); decrease.

падéние давлéния reduction of pressure (Met).

падéние листóм falling leaf (Avn).

падéние напряжéния *See* **падéние потенциáла.**

падéние потенциáла voltage drop, potential drop.

падéние температýры с увеличéнием высоты́ lapse condition (Met).

паёк food ration.

пажи́лина мостá curb, curbing (Bdg).

паз undercut, slot, groove, recess.

пáйка soldering.

пакгáуз warehouse.

пакéт package, packet.

пáкля oakum.

палáта hospital ward.

палáтка tent.

палáточное полóтнище shelter half.

палáточное расположéние camp (site).

палáточные принадлéжности tent equipment.

пáлец finger, toe; pawl.

пáлец ползунá приёмника belt feed pawl (MG).

пáлец трáка track link pin (Tk).

палисáд palisade, stockade.

пáлка stick; cane; pole (ski).

пальбá firing.

пальтó overcoat.

пáльцы магази́на magazine pawls (Lewis MG).

пáльцы приёмника pawls (MG).

панéль panel.

панéль крылá wing panel.

пáника panic.

пани́ческий panicky.

панорáма panorama; panoramic sight, panoramic telescope.

панорáма мéстности landscape.

панорами́ческий прицéл *See* **панорáма.**

панорами́ческий фотосни́мок *See* **панорáмный сни́мок.**

панорами́ческое фотографи́рование *See* **панорáмная съёмка.**

панорáмная кáмера panoramic camera, wide-ángle camera, view camera.

панорáмная мишéнь landscape target.

панорáмная съёмка wide-coverage photography, wide-angle photography.

панорáмная фотосъёмка *See* **панорáмная съёмка.**

панорáмный аэрофотоаппарáт *See* **панорáмная кáмера.**

панорáмный сни́мок wide-coverage photograph.

пантóграф pantograph.

пантографи́рование plotting with a pantograph.

панхромати́ческая пласти́нка panchromatic plate (Photo).

панхромати́ческая плёнка panchromatic film.

папирóса cigarette.

пáпка folder; file.

пар steam, vapor.

пáра couple; pair.

парáбола parabola.

параболѝческий parabolic.

параболѝческий рефлéктор parabolic reflector (Optics).

парáд parade, review.

парализовáние протѝвника immobilization of the enemy.

парализовáть incapacitate; paralyze.

паралѝч paralysis.

параллáкс parallax.

параллáкс смещéния target offset, observer displacement.

параллéль parallel, parallel line.

параллéльное включéние parallel circuit, shunt connection (Elec).

параллéльное преслéдование parallel pursuit, encircling maneuver.

параллéльные брускѝ parallel bars (Gymnasium).

параллéльный adj parallel.

параллéльный вéер parallel sheaf.

параллéльный резонáнсный кóнтур parallel resonant circuit.

парапéт parapet (Eng).

пáра сил couple (Mech).

парафѝн paraffin.

парашю́т parachute.

парашютѝровать v parachute.

парашютѝст parachutist.

парашю́тная вы́шка parachute tower.

парашю́тная ракéта parachute flare.

парашю́тные качéли landing trainer (Prcht).

парашю́тный городóк combined parachute trainer (including jumping platforms, trampoline trainer, and suspended harness, USSR).

парашю́тный десáнт parachute force; parachute landing.

парашю́тный прыжóк parachute jump.

парашю́т-сидéние m seat-pack parachute.

парéние soaring.

парѝровать parry, ward off, frustrate.

парк park, depot; train; parking place.

парк-стоя́нка park (parking place).

парламентáрский флаг flag of truce.

парламентёр parlementaire.

пáрная жѝла pair (Tp).

пáрная запря́жка team of a single pair.

пáрный дозóр two-man patrol.

пáрный пост double post.

паровáя тя́га steam traction.

паровóз engine, locomotive.

паровóзная бригáда engine crew (RR).

паровóзная бу́дка cab (RR).

паровóзное здáние engine house, roundhouse (RR).

парóль m password. See also опознавáтельный сигнáл.

парóльный сигнáл See опознавáтельный сигнáл.

парóм ferry.

парóмная перепрáва crossing by ferry.

пароотвóдная кишкá See пароотвóдная тру́бка.

пароотвóдная тру́бка steam escape tube (MG).

пароотвóдное отвéрстие steam hole (MG).

пароотвóдный шланг steam escape hose (MG).

парохóд steamer, steamboat.

партéрная гимнáстика calisthenics.

партизáн partisan, guerrilla.

партизáнская войнá guerrilla warfare.

партизáнский adj partisan, guerrilla.

партизáнский отря́д guerrilla force; guerrilla detachment.

партизáнское движéние guerrilla movement, partisan movement.

пáртия боеприпáсов lot of ammunition.

парусѝна canvas.

парусѝновое ведрó canvas bucket.

пáспорт passport; log (Tech).

пáспорт инструмéнта log (instrument, vehicle, etc).

пассáж passage (H).

пассажѝр passenger.

пассажѝрская стáнция passenger station.

пассажѝрский автомобѝль passenger car.

пассѝвная оборóна passive defense.

пассѝвная противовозду́шная оборóна passive air defense.

пассѝвное срéдство противотáнковой оборóы passive means of antimechanized defense.

пассѝвность passiveness.

пассѝвные мероприя́тия passive measures.

патрóн cartridge; round (Am); socket (Elec).

патрóнная двукóлка ammunition cart.

патрóнная корóбка ammunition box.

патрóнная лéнта ammunition belt, feed belt.

патрóнная су́мка cartridge box.

патрóнная ткáная лéнта web feed belt, web ammunition belt.

патрóнник chamber (Ord).

патрóнный предохранѝтель cartridge fuse (Elec).

патро́нный пункт *See* пункт боево́го пита́ния.

патро́нный я́щик ammunition chest, ammunition box.

патронта́ш bandoleer.

па́трубок-тройни́к angletube (gas mask).

патрули́рование patrolling.

патрули́рование в во́здухе air patrolling.

патрули́ровать *v* patrol.

патру́ль *m* patrol. *See also* возду́шный патру́ль.

патру́ль разве́дывательной авиа́ции patrol of observation aviation.

па́уза pause, break, interval; lull.

пах groin.

пая́ть *v* solder.

педа́ль pedal; rudder bar (Ap).

педа́ль акселера́тора accelerator pedal.

педа́ль ножно́го управле́ния rudder bar, rudder pedal (Ap).

педа́ль фрикцио́на clutch pedal.

пека́рня bakery.

пе́ленг bearing (Nav).

пеленга́торная радиоста́нция position finding radio set; position finding radio station.

пеленга́торная ста́нция position finding set; position finding station (Rad; Sound Ranging).

пеленга́торный *See* пеленги́рующий.

пеленга́ция direction finding, position finding.

пеленги́рование *See* пеленга́ция.

пеленги́ровать take a bearing, take bearings.

пеленги́рующие приспособле́ния direction finding equipment.

пеленги́рующий *adj* direction finding, position finding.

пеницилли́н penicillin.

пе́нсия pension.

пентагри́д pentagrid tube.

пенто́д pentode.

пень *m* stump (tree).

пе́рвая по́мощь first aid.

пе́рвая ско́рость low-speed gear, low gear (Mtr).

пе́рвая суди́мость first offense.

перви́чная обмо́тка primary winding, primary coil, primary.

перви́чная цепь primary circuit.

перви́чное напряже́ние primary voltage.

первонача́льная перевя́зка temporary dressing (Med).

первонача́льная по́мощь temporary care (Med).

первонача́льное положе́ние starting position (Gymnasium).

первонача́льное расположе́ние initial disposition (Tac).

первонача́льный *adj* original, initial, primal; elementary.

пе́рвый first; primary, principal; best.

пе́рвый дете́ктор first detector (Rad).

пе́рвый (1-й) отде́л section No. 1 of a general staff, operations section (USSR). *See also* операти́вный отде́л.

пе́рвый помо́щник операти́вного отде́ла first assistant to chief of operations section (USSR).

пе́рвый уно́с lead pair (Animal Trans).

пе́рвый эшело́н assault wave, assault echelon.

пе́рвый эшело́н шта́ба forward echelon (Hq).

перебази́роваться shift the base.

перебе́жка rush (Tac); bound (Tac).

перебе́жчик deserter from enemy ranks; deserter to the enemy.

перебива́ть kill, kill off; smash up; interrupt, interpose (in Com); interfere (Rad).

перебо́й unevenness, irregularity; interruption, stoppage, delay; trouble (Mech); jam (Rad).

перебо́рка overhaul.

перебра́сывать throw over; shift, transfer, move (Tac); cross, take across, carry across (Tac).

перебро́ска throwing over; moving, transfer, shifting, shift; crossing, taking across, carrying across (Tac).

перева́л pass, mountain pass.

перева́ливание weaving (Vet).

переве́рнутое изображе́ние inverted image.

переве́рнутый полёт inverted flight.

переве́с overweight; preponderance, odds, superiority.

переве́с ду́льной ча́сти muzzle preponderance.

перево́д translation; transfer; post-office money order; circular parry, counter (Fencing).

перево́дина stringer (Bdg).

переводи́ть translate; transfer, shift; send money by post-office money order.

переводи́ть стре́лку move a pointer (dial); throw the switch (RR).

перево́дчик translator, interpreter; change lever (auto R).

перевози́ть move, convey, transport.

перево́зка movement, transportation, conveyance; troop movement (by rail, motor, etc).

перево́зка на самолётах transportation by aircraft, transportation by air.

перево́зочный докуме́нт shipping instrument (document).

переворо́т че́рез крыло́ half roll.

перевя́зка dressing, bandaging, ligature.

перевя́зочная dressing room.

перевя́зочные сре́дства See перевя́зочный материа́л.

перевя́зочный adj dressing.

перевя́зочный материа́л dressings, surgical dressings.

перевя́зочный пункт aid station.

перевя́зывать v dress (Med).

перегово́рная радиосигна́льная табли́ца prearranged radio signal code.

перегово́рная табли́ца prearranged message code.

перегово́рная тру́бка interphone.

перегово́рный аппара́т See перегово́рная тру́бка.

перегово́рный паро́ль authenticator code.

перегово́рный прибо́р See перегово́рная тру́бка.

перегово́рщик parlementaire.

перегово́ры mpl negotiations; conversation (Sig Com).

перегора́ть burn out (Elec).

перегоро́дка partition, bulkhead; diaphragm (of shrapnel).

перегре́в overheat, overheating.

перегружа́ть v overcharge (Elec); overload; reload.

перегру́зка overcharge (Elec); overload; overloading; reloading.

перегру́зочная платфо́рма transfer platform (RR).

перегру́зочный прибо́р accelerometer (Ap).

перегруппиро́вка regrouping, redistribution, reorganization (Tac).

перегруппиро́вка в сто́рону redisposition from one flank to another (Tac).

перегруппиро́вываться v int regroup.

передава́ть render; transmit; report, communicate, tell; hand over, turn over, pass on; convey.

передава́ть v ключо́м key (Tg, Rad).

передава́ть v по ра́дио radio.

переда́точное число́ transmission ratio, gear ratio (Mech).

переда́точный механи́зм accessory drive (Mech).

переда́точный пункт transfer point.

переда́тчик transmitting station, transmitter, radio transmitter.

переда́тчик для одно́й боково́й полосы́ single side-band transmitter.

переда́ча rendering; transmittal, transmission; handing over, turning over; conveying; present (to prisoners), relief in kind.

переда́ча для хо́да вперёд forward transmission gear.

переда́ча неподви́жных изображе́ний facsimile transmission.

переда́ча све́дений неприя́телю giving intelligence to the enemy.

переда́ча сигна́лов transmission of signals.

переда́ча с не́сколькими вы́зовами multiple call transmission (CCBP).

передаю́щая анте́нна transmitting antenna.

передаю́щая радиоста́нция transmitting radio station. See also переда́тчик.

передаю́щая ста́нция See передаю́щая радиоста́нция.

передвига́ть move, displace, shift.

передвига́ться move, be displaced, be shifted.

передвига́ться броска́ми move by rushes, move by short bounds.

передвиже́ние movement, displacement.

передвиже́ние войск troop movement; administrative march.

передвиже́ние перека́тами leapfrogging.

передвиже́ние скачка́ми advance by bounds.

передвижно́й обмы́вочно-дегазацио́нный пост mobile decontamination station.

переде́ржка overexposure (Photo).

пере́днее коле́но knee, knee joint (H).

пере́днее стекло́ windshield.

пере́днее управле́ние front drive (Tk).

пере́дний adj forward, advance, front; leading, head.

пере́дний кожу́х радиа́тора front radiator casing (Lewis MG).

пере́дний край forward edge. See also пере́дний край оборо́ны.

пере́дний край оборони́тельного рубежа́ сторожево́го охране́ния outpost line of resistance.

пере́дний край оборони́тельной полосы́ See пере́дний край оборо́ны.

пере́дний край оборо́ны main line of resistance.

пере́дний край полосы́ загражде́ний outpost line of resistance.

передний край полосы обороны *See* передний край обороны.

передний лонжерон крыла front spar (Ap).

передний помёрщик head tapeman (Surv).

передний скат forward slope.

передний срез затвора face of breech-block.

передний угол проходимости angle of approach (Mtr vehicle).

передний унос lead pair (Arty).

передний ход зарядного ящика caisson limber.

передняя кромка leading edge (Ap).

передняя крутость front slope, forward slope.

передняя лука pommel (saddle).

передняя поверхность лопасти blade face, thrust face (Ap).

передняя шеренга front rank.

передовая армейская зона zone of army outpost positions (defense in depth, USSR).

передовая база advance base.

передовая зона *See* передовая зона обороны.

передовая зона обороны outpost area. *See also* армейская передовая оборонительная зона *and* передовая армейская зона.

передовая оборонительная зона *See* передовая зона обороны.

передовая позиция forward position.

передовая разведка forward observation.

передовая часть forward element, leading element. *See also* первый эшелон.

передовой leading, forward, advanced, advance, primary.

передовой армейский склад forward army depot, advance army depot.

передовой артиллерийский наблюдатель forward artillery observer.

передовой аэродром advanced landing field, forward area airdrome.

передовой ветеринарный пункт veterinary aid station.

передовой край обороны *See* передний край обороны.

передовой медпункт aid station.

передовой наблюдатель forward observer.

передовой наблюдательный пункт forward observation post; forward observation point.

передовой перевязочный пункт *See* передовой медпункт.

передовой пост санитарного транспорта advanced ambulance loading post.

передовые отряды *See* передовые части.

передовые части advance troops, forward elements, leading elements.

передок limber.

передышка respite, breathing time; short rest, short halt.

переезд crossing, grade crossing (RR); passage; transit.

переезд на другую позицию movement to a new position, displacement (Arty).

переезжать change residence, move; run over; cross over.

перезарядка recharge, recharging, reloading.

перезаряжание recharging, reloading.

перезаряжать *v* recharge, reload.

перейти *See* переходить.

перекаливать *v* overheat.

перекат leapfrog; roll over (Gym). *See also* движение перекатами.

перекат на плечах shoulder circle (Gym).

перекатывать орудие move the gun by hand, manhandle the piece.

перекидное действие plunging effect (Arty fire).

перекладина bar; crossbeam.

перекличка roll call.

переключатель *m* switch; ignition switch.

переключательный винт inverter knob (theodolite).

переключение switching; reassignment, reallotment (of troops for combat).

переключение скоростей gear shifting.

перековать reshoe (H).

перековка reshoeing (H).

перекрестие cross hairs, reticle.

перекрестие клинкового штыка bayonet guard.

перекрестие панорамы reticle of panoramic telescope, cross hairs of panoramic telescope.

перекрёстная модуляция cross modulation; cross talk.

перекрёстное движение intersecting movement.

перекрёстный обстрел *See* перекрёстный огонь.

перекрёстный огонь cross fire, interlocking fire.

перекрёстный опрос cross examination.

перекрёстный пулемётный огонь machine-gun cross fire.

перекрёстный стрелко́вый ого́нь   rifle cross fire.

перекрёсток intersection, crossroads, road intersection.

перекрёсток доро́г *See* перекрёсток.

перекре́щивание intersection, intersecting.

перекрыва́ние объекти́ва overlapping position (Photo).

перекрыва́ть overlap, cover mutually.

перекры́тие overlap, overlapping; overhead cover.

перекры́тие доро́ги road surfacing, road surface.

перелесо́к copse, thicket.

перелёт over (Arty); cross-country flight.

перелётная траекто́рия trajectory of an over (Arty).

перелива́ние кро́ви blood transfusion.

перело́м abrupt change, turning point, crisis; fracture (Med); break.

перело́мная опера́ция decisive operation.

перема́лывать grind, grind up, chew to pieces (Tac).

перема́тывать rewind film, cable, etc.

перема́тывающий механи́зм winding mechanism (camera).

переме́на change, shift.

переме́на пози́ции change of position.

переме́на руле́й change of control function, reverse of controls (Avn).

переме́нная величина́ variable, variable quantity.

переме́нное сопротивле́ние rheostat, variable resistor.

переме́нное фо́кусное расстоя́ние interchangeable focal length (Photo).

переме́нный *adj* variable, changeable; alternating.

переме́нный аллю́р alternating gait (March Technique).

переме́нный конденса́тор variable capacitor.

переме́нный конта́кт variable switch, tapped switch.

переме́нный отка́т variable recoil.

переме́нный ток alternating current.

перемёт бо́ком cartwheel (gymnasium).

перемеща́ть displace, move, transfer, shift.

перемеще́ние displacement, movement, transfer, shift.

перемеще́ние войск troop movement.

перемеще́ние це́нтра давле́ния center of pressure travel.

перемеще́ние шта́ба changing location of headquarters, transfer of headquarters, displacement of headquarters.

переми́рие armistice.

перемодули́ровать overmodulate.

перемодуля́ция overmodulation.

перемы́чка crosspiece, bonding strip.

перенасыще́ние supersaturation.

перенаце́ливать re-aim, change a mission in the course of its execution.

перено́с carrying over (something); shifting; disengage (Fencing).

переноси́ть endure; carry over; shift (weight).

переноси́ть на ка́рту plot on map.

переноси́ть ого́нь transfer fire, shift fire; lift fire.

перено́сная желе́зная доро́га portable railroad.

перено́сная радиоста́нция portable radio set, portable set.

перено́сное загражде́ние portable obstacle.

перено́сный portable.

перено́сный приёмник portable receiving set.

перено́сный фона́рь portable lantern.

перено́с огня́ transfer of fire, shift of fire; lifting of fire.

перено́с огня́ ме́тодом коэфицие́нта "К" K-transfer.

перено́с огня́ от репе́ра transfer of fire by application of correction determined from registration.

перено́с огня́ спо́собом коэфицие́нта К *See* перено́с огня́ ме́тодом коэфицие́нта "К."

перено́счик carrier (of infection).

перено́сье оголо́вья noseband (bridle).

переориенти́рование reorientation (Surv).

переосвиде́тельствование reexamination (Med).

переоце́нивать overestimate, overrate.

перепи́ска correspondence.

перепи́счик copyist; typist.

переподчине́ние reallotment, reassignment (of troops for combat).

переполза́ние creeping over, crawling over; creeping (Tac); crawling (Tac).

переполза́ние лёжа на лы́жах crawl (Skiing).

переполза́ние на получетвере́ньках creeping (Tac).

переполза́ние по пласту́нски crawling (Tac).   ;

переполза́ние с лы́жами "на получетвере́ньках" bear walk (Skiing) .

переползать crawl over; creep over; crawl (Tac); creep (Tac).

переползать по пластунски creep (Tac).

переправа stream crossing, crossing; ferrying.

переправа вброд fording, crossing by fording.

переправа вплавь crossing by swimming.

переправа по льду crossing on ice.

переправляться cross, get across (river, mountain, etc).

переправляться вброд v ford.

переправляться через реку cross a river.

переправочное дело tactics and technique of stream crossing

переправочное имущество stream-crossing equipment.

переправочное средство stream-crossing means.

перерастание overgrowth, surpassing in growth; development (Mil).

перерасход overexpenditure; overdraft; overexertion.

перерезать cut; cut off; cut up; kill; butcher, massacre.

перерезать коммуникации cut lines of communications, sever lines of communications.

перерыв interruption, break; lull.

перерыв между стрельбами lull in firing.

перерыв связи interruption of signal communication, breakdown of signal communication.

пересечение intersection (of lines, etc).

пересечение дорог crossroads, road intersection.

пересечённая местность broken terrain, broken ground; rugged terrain.

пересечённо-лесистая местность broken and wooded terrain.

перестраивать v tr change formation.

перестраиваться execute an evolution, pass from one formation to another; shift, change position in flight formation.

перестрелка exchange of shots, skirmish.

перестроение evolution, change of formation; shifting of flight formation.

переступать overstep; cross, step over; move in alternating motions.

пересылка forwarding; sending, delivery.

пересыщение supersaturation.

перетонит peritonitis.

перехват interception, intercept; regrasping (of weapon, etc).

перехватывание See перехват.

перехватывать v intercept; regrasp (weapon, etc).

переход transition; passage; march, day's march; duration of march, march period.

переход границы crossing the border.

переходить go over; cross.

переходить вброд v ford.

переходить в наступление pass to the offensive, turn to the offensive.

переходить из одного аллюра в другой change gait.

переходить к обороне pass to the defensive, turn to the defensive.

переходить через мост cross by bridge; cross the bridge.

переход на поражение switching to fire for effect (Arty).

переход на сторону врага desertion to the enemy.

переходное сопротивление contact resistance.

переходный разговор cross talk (Tp).

перечень m list, roll; catalogue, register, inventory, schedule.

перечисление listing, enumerating, enumeration.

перешеек isthmus.

периметр perimeter.

период stage, phase, period.

период боя combat phase, phase of battle, stage of combat.

период затишья quiet spell, quiet period, pause.

периодический periodical, periodic, recurrent.

период сосредоточения concentration period.

перископ periscope.

перископический прицел винтовки sniper-scope.

перистокучевые облака cirrocumulus.

перистослоистые облака cirrostratus.

перистые облака cirrus, cirrus clouds.

перифразировка paraphrasing (cryptographic security).

пермаллой permalloy.

перманганат potassium permanganate.

перочинный нож penknife.

перпендикуляр normal, perpendicular.

перпендикулярный adj perpendicular.

персонал personnel.

перспектива perspective.

перспективная аэросъёмка *See* перспективная съёмка.

перспективная аэрофотосъёмка *See* перспективная съёмка.

перспективная камера oblique camera.

перспективная плоскость *See* картинная плоскость.

перспективная проекция perspective projection (Photo).

перспективная сеть perspective grid.

перспективная съёмка oblique photography.

перспективная фотосъёмка *See* перспективная съёмка.

перспективное изображение perspective representation.

перспективное фотографирование perspective photography, oblique photography (act).

перспективный аэроснимок oblique photograph, perspective photograph.

перспективный снимок *See* перспективный аэроснимок.

перспектограф perspectograph.

перспектометр perspectometer.

перфорация perforation.

перчатки gloves.

песок sand.

песчаная буря dust storm; sand storm.

песчаная местность sandy terrain.

песчаный грунт sandy soil.

петарда torpedo (RR); magazine powder charge, powder magazine (time fuze).

петлица buttonhole; collar tab.

петля buttonhole; hanger; loop; slip knot, noose; hinge; collar (Tech); wrist strap (ski pole).

пехота infantry.

пехотинец infantryman, infantry soldier.

пехотная дивизия infantry division.

пехотная разведка infantry reconnaissance.

пехотное орудие infantry cannon, infantry-accompanying weapon.

пехотное оружие infantry weapon(s).

пехотное полотнище marking panel.

пехотные части infantry units; infantry troops.

пехотный *adj* infantry, rifle, foot.

пехотный батальон infantry battalion, rifle battalion.

пехотный командир infantry commander.

пехотный кулак infantry striking force.

пехотный огонь infantry fire.

пехотный полк infantry regiment, rifle regiment.

печатание контактных отпечатков contact printing (Photo).

печатание проектированием printing by projection, projection printing (Photo).

печать *noun* press (newspaper publishing, etc); seal; stamp.

печь oven, stove.

пешая атака dismounted attack.

пешая колонна dismounted column.

пешая разведка dismounted reconnaissance.

пешая разведывательная партия dismounted reconnaissance party.

пешеходный мостик footbridge.

пешие войска foot troops.

пеший member of gun crew mounted on chest (H-Dr Arty). *See also* пеший посыльный.

пеший *adj* dismounted; foot.

пеший боец dismounted soldier.

пеший бой dismounted combat.

пеший порядок dismounted formation.

пеший посыльный runner, foot messenger; dismounted messenger.

пеший разведчик dismounted scout.

пеший связной dismounted orderly.

пеший строй dismounted formation (Drill).

пещера cave.

пик peak (of mountain).

пика lance.

пике dive (Avn).

пикирование diving (Avn).

пикировать *v* dive (Avn).

пикирующая авиация diving aviation.

пикирующая атака diving attack.

пикирующий бомбардировщик dive bomber.

пиковая величина тока peak current.

пиковая мощность peak power.

пиковое значение peak value (Elec).

пикофарада micromicrofarad, $\mu\,\mu$.

пикриновая кислота picric acid.

пила saw.

пилот pilot.

пилотаж pilotage.

пилотажная зона local flying area.

пилотажный прибор flight instrument.

пилотирование piloting.

пилотка garrison cap.

пилот-паритель *m* glider pilot.

пилотское сидение pilot's seat.

пинцет tweezers.

пирамида pyramid. *See also* пирамида для винтовок.

пирамида для винтовок arms rack.

пиранометр pyranometer.

пиротехническая лаборатория pyrotechnic laboratory.

писарь *m* clerk, army clerk.

писсуар urinal.

пистолет-пулемёт submachine gun.

письменное донесение written report.

письменное обращение communication (correspondence).

письменное сведение statement in writing.

письменное сообщение written communication, written message.

письменный вид *See* в письменном виде.

письменный документ written matter, written document.

письменный стол desk.

письмо letter.

питание feeding; subsistence; messing; supply.

питание боеприпасами ammunition supply.

питательный пункт field mess.

питать feed; mess; supply, furnish.

питающий провод feeder, transmission line (Rad, Тр).

пить *v* drink.

питьё drinking; drink.

питьевая вода drinking water, potable water.

питьевой режим water discipline.

пишущая машинка typewriter.

пища food.

пищеварительный аппарат digestive system.

пищевая раскладка rations allotment, computation of rations.

пищевые концентраты food concentrates.

пищик *See* зуммер.

плавать swim; travel by water; be able to float on water, float.

плавающий танк amphibian tank, amphibious tank.

плавкий предохранитель fuse (Elec).

плавно smoothly.

плавное обтекание smooth airflow.

плавный вывод smooth recovery (Avn).

плазма plasma.

плакат poster.

пламегаситель *m* flash hider.

пламя *n* flame.

план plan, scheme; schedule; layout; map.

план боевых действий tactical plan, operational plan, combat plan, plan of action, plan of operations.

план боя plan of battle.

планёр glider.

планирование gliding; planning.

планировать plan; glide (Avn); lay out (ground).

планировать *v* на посадку glide to landing.

планировать связь prepare plans for employment of signal agencies.

планировка layout; planning.

плановая аэрофотосъёмка vertical photography.

плановая таблица table (annex to combat order).

плановая таблица автоперевозки motor march table.

плановая таблица боя combat table, combat chart (annex to field order, USSR).

плановая таблица перевозки march table; troop movement table.

плановая фотосъёмка vertical photography.

плановое фотографирование vertical photographing.

планово-перспективная аэрофотосъёмка vertical and oblique photography, trimetrogon aerial photography.

плановый planned, scheduled.

плановый аэроснимок *See* плановый аэрофотоснимок.

плановый аэрофотоснимок vertical aerial photograph.

плановый снимок *See* плановый аэрофотоснимок.

план огня fire plan.

план огня артиллерии artillery plan of fire.

планомерно according to plan.

планомерность arrangement according to plan, execution according to plan.

планомерный according to plan, planned.

планомерный отход orderly withdrawal.

план отхода plan of retirement.

план разведки reconnaissance plan; intelligence plan, G-2 plan.

план связи plan of signal communication, plan for signal communication, communication plan.

план снабжения supply plan.

планшет plane-table board, plotting board (Surv). *See also* огневой планшет.

планшет мензулы drawing board of plane table.

планшет с радиальными сетками bilateral chart (Arty).

планшет-фотоплан controlled mosaic.

пластина plate (flat piece).

пласти́на аккумуля́тора battery plate (Elec).

пласти́нка plate (Photo).

пласти́нчатая пружи́на plate spring, laminated spring, flat spring.

пласти́нчатая пружи́на подава́теля cover extractor spring (Browning MG).

пласти́нчатый аэрофотоаппара́т plate camera.

пласти́ческая опера́ция plastic operation.

пластма́сса plastic, plastic material.

пла́стырь *m* adhesive tape.

пла́та payment, compensation; panel (Tp).

пла́та для ключе́й key shelf (Tp).

пла́тина platinum.

пла́тиновый *adj* platinum.

пла́тная нагру́зка pay load.

пла́то plateau.

платфо́рма platform; flat car (RR).

плацда́рм staging area, base of operations; bridgehead; beachhead.

плащ-пала́тка *m* shelter tent.

плебисци́т plebiscite.

плеври́т pleurisy.

плен captivity.

плене́ние capture (of PW).

плёнка film.

плённый prisoner, prisoner of war.

плёночный аэрофотоаппара́т film camera, roll-film camera.

плете́нь *m* hurdle, wattle fence.

плетнёвая обши́вка brush revetment.

плечева́я ля́мка pack suspender (haversack); shoulder strap. *See also* **плечевы́е ля́мки.**

плечева́я портупе́я Sam Browne belt.

плечева́я тесьма́ cloth shoulder strap, web shoulder strap; shoulder strap (gas mask).

плечево́й *adj* shoulder.

плечево́й реме́нь leather shoulder strap, leather carrying strap.

плечево́й суста́в point of shoulder (H).

плечево́й упо́р прикла́да stock rest.

плечевы́е ля́мки shoulder straps (Prcht).

плечо́ shoulder; true arm, arm (H).

плечо́ динами́ческой па́ры arm of couple (Mech).

плове́ц swimmer; swimmer trot (H).

плову́чая ба́за floating base.

плову́чая батаре́я floating battery (USSR).

плову́честь buoyancy.

пло́мба inlay, filling; leaden seal.

пло́ский рефле́ктор plane reflector (Photo).

пло́ский хребе́т flat ridge (mountains).

пло́ский што́пор flat spin (Avn).

плоского́рие tableland; highland.

плоскостный рису́нок planimetric sketch.

плоскосто́пие flatfoot.

пло́скость plane (Geom); level.

пло́скость боево́го пути́ vertical plane passing through ground track (Bombing).

пло́скость броса́ния plane of departure (Arty).

пло́скость враще́ния винта́ propeller-disk area.

пло́скость вы́стрела plane of fire.

пло́скость ку́рса це́ли vertical plane containing the course of target (AAA).

пло́скость ме́ста це́ли plane of site.

пло́скость наблюде́ния vertical plane containing observing line.

пло́скость наблюде́ния ме́ста це́ли plane of site from observation post.

пло́скость наво́дки vertical plane containing the gun-aiming point line.

пло́скость прице́ливания vertical plane containing the line of aim.

пло́скость пути́ vertical plane through the airplane's ground track (Bombing).

пло́скость разры́ва vertical plane containing the line of site of burst.

пло́скость симметри́и plane of symmetry.

пло́скость стрельбы́ plane of fire (Ballistics). *See also* **пло́скость це́ли.**

пло́скость угломе́ра plane perpendicular to the axis of the azimuth circle.

пло́скость уко́ла plane of penetration of bayonet.

пло́скость це́ли plane of position.

плот raft.

пло́тик из поплавко́в pneumatic ponton raft.

плоти́на dam.

пло́тник carpenter.

пло́тнично-столя́рная мастерска́я carpenter shop.

пло́тность density; compactness, solidness.

пло́тность артиллери́йских средств density of artillery means (Tac).

пло́тность во́здуха air density.

пло́тность заряжа́ния density of loading.

пло́тность негати́ва density of negative (Photo).

пло́тность огня́ density of fire.

пло́тность пото́ка flux density (Elec).

пло́тность то́ка current density (Elec).

пло́тный снег compact snow.

плоха́я ви́димость poor visibility.

плохо́й bad, poor.

площа́дка landing (on stairs); court (games); platform. *See also* **грузова́я площа́дка** *and* **поса́дочная площа́дка.**

площа́дка для контро́льного у́ровня clinometer plane.

площадна́я аэрофотосъёмка area photography.

площадна́я фотосъёмка *See* **площадна́я аэрофотосъёмка.**

площадно́е аэрофотографи́рование area photographing.

площадно́е фотографи́рование *See* **площадно́е аэрофотографи́рование.**

пло́щадь square (in a town); area, surface.

пло́щадь вертика́льного опере́ния vertical tail area (Ap).

пло́щадь винта́ projected propeller area.

пло́щадь ки́ля fin area (Ap).

пло́щадь крыла́ wing area (Ap).

пло́щадь ло́пасти projected propeller-blade area.

пло́щадь огнево́го покры́тия field of fire.

пло́щадь омета́емой пове́рхности propeller-disk area.

пло́щадь рассе́ивания area of dispersion.

плуг-канавокопа́тель *m See* **плуг-око-покопа́тель.**

плуг-окопокопа́тель *m* ditching plow, ditcher.

плу́нжер ствола́ barrel plunger (MG).

плюс plus; over (Arty).

плю́совый *adj* plus.

плыть *See* **пла́вать.**

пневма́тик pneumatic tire.

пневма́тика pneumatics. *See also* **пневма́тик.**

певмати́ческая ши́на *See* **пневма́тик.**

пневмати́ческий pneumatic.

пневмати́ческий уравнове́шивающий механи́зм pneumatic equilibrator (G).

пневмо́ния pneumonia.

по-батаре́йно by battery (Arty).

побе́г desertion; absence without leave for more than six days or more than two days during maneuvers, etc. (USSR); escape (of prisoner).

побе́да victory.

побере́жье littoral; coast line; shore line.

по́вар cook (man).

поведе́ние behavior, conduct.

поведе́ние самолёта в во́здухе behavior of an airplane in flight.

пове́рка audit, auditing; verification; checking.

пове́рка нулевы́х устано́вок checking of zero settings.

пове́рхностная волна́ ground wave.

пове́рхность surface.

пове́рхность земли́ earth's surface.

пове́рхность разде́ла atmospheric discontinuity surface, surface of discontinuity (Met).

пове́рхность разры́ва front, atmospheric discontinuity surface (Met).

пове́рхность соприкоснове́ния с по́чвой ground contact (Tk).

поверя́ть audit; verify, check.

пове́стка summons, subpoena.

по ве́тру leeward, downwind.

повзво́дно by platoons.

пови́нность service, duty to the state, obligation.

повинове́ние obedience.

по́вод occasion, reason, ground, cause; halter (H); rein (bridle). *See also* **пово́дья, чумбу́р** *and* **в поводу́.**

повода́ *mpl See* **пово́дья.**

пово́док leash (for dog).

пово́дья *mpl* reins (bridle)

пово́зка vehicle.

пово́зочный wagoner.

повора́чивать *v* turn.

повора́чивать разговóрный выключа́тель operate the handset switch (Tp).

повора́чиваться *v* turn, face.

повора́чивающаяся при́зма dove prism (of panoramic telescope).

поворо́т turn, facing.

поворо́т в движе́нии facing in marching.

поворо́т ве́ером step turn on the level (Skiing).

поворо́т ве́ером в движе́нии step turn on the level in marching (Skiing).

поворо́т ве́ером на ме́сте step turn on the level from halt (Skiing).

поворо́т захожде́нием плечо́м step turn on snowshoes.

поворо́т на ме́сте facing from halt, facing.

поворо́т на ме́сте — пересту́пом *See* **поворо́т ве́ером.**

поворо́тный круг turntable (RR).

поворо́тный механи́зм traversing mechanism (G); steering gear, steering mechanism (vehicle).

поворо́тный стол turntable (sound locator).

поворо́тный треуго́льник wye, Y (RR).

поворо́т "че́рез но́гу круго́м" kick turn (Skiing).

повреждать *v* spoil, damage, injure.

повреждение injury, damage.

повседневная форма одежды uniform for servicemen off duty.

повседневный *adj* daily, every day; routine.

повторение repetition; reiteration; recurrence.

повторная атака repeated attack.

повторная судимость second offense.

повторное сопротивление characteristic impedance (Rad).

повторный *adj* repeated, recurrent, reiterated.

повторный обстрел *See* повторный огонь.

повторный огонь recurrent fire.

повторять repeat, reiterate.

повторяться be repeated, be reiterated; recur.

повысить *See* повышать.

повышать develop, improve; heighten, raise, increase; promote.

повышающий трансформатор step-up transformer.

повышение improvement; rise, raise, increase; promotion.

повышение по службе promotion.

повышенная проходимость cross-country ability, cross-country performance (vehicle).

повышенная точность high degree of accuracy, high precision.

повязка bandage, dressing.

погибать *v* perish; be killed.

поглотитель *m* absorber.

поглотитель-уголь *m* absorbing charcoal (CWS).

поглощать absorb.

поглощающий колодец drainage pit (trench).

поглощение absorption.

поглощение волны wave absorption (Rad).

погода weather.

поголовно to a man; without exception.

погон башни turret race (Tk).

погонный метр linear meter.

погоны shoulder straps (uniform).

погоня chase, pursuit.

пограничник frontier guard, frontier soldier.

пограничные войска frontier troops (USSR).

пограничный слой boundary layer (Aerodynamics).

погреб cellar.

погребение burial; funeral.

погребок для боеприпасов ammunition recess, ammunition niche (trench).

погрешность error.

погрузка loading (of freight).

погрузной тупик freight terminal (RR).

подаватель *m* follower, magazine follower; feed-operating arm (Lewis MG); extractor (Browning MG).

подавать serve (at table); give; bring up; move, push; connect to (Mech, Sig C).

подавать команду give a command.

подавать сигналы signal, give signals.

подавать телеграмму send a telegram.

подавать шлейф run lateral circuit.

подавление overwhelming; suppression; neutralization.

подавление огнём neutralization, neutralization by fire.

подавлять overwhelm; suppress; neutralize (by fire).

подавлять цель neutralize the target.

подавляющий *adj* overwhelming.

подача giving; moving, pushing; bringing up; connecting to (Tech, Sig C).

подача передков bringing up the limbers.

подача сигналов signaling, giving signals.

подача шлейфа running of lateral circuit.

подающий механизм magazine mechanism (R).

подающий механизм приёмника belt feed mechanism.

подбаза sub-base.

подбивать knock out; cripple, damage.

подбирать *v* match; collect, pick up.

подбирать *v* живот pull in stomach.

подбор selection; assortment.

подбородник throat latch (bridle).

подбородный ремень chin strap. *See also* подбородник.

подбородок chin.

подбородочная часть противогаза chin pocket of facepiece, chin vest (gas mask).

подбородочный ремень *See* подбородный ремень.

подбрюшник belly band.

подвал basement.

"По два — стройся!" "Form column of twos, march!" (from marching, USSR).

подвергаться наказанию suffer punishment, be subjected to punishment.

подвес hanger (pack Arty).

подвеска suspension.

подвеска кабеля overhead installation; making overhead installation.

подвесная дорога suspension railway.

подвесная система парашюта parachute harness.

подвесна́я теле́жка suspension bogie (Tk).

подвесны́е ля́мки risers (Prcht).

подве́тренная сторона́ lee side, leeward side, downwind side.

подве́тренный *adj* leeward, downwind.

подве́шивать ли́нию про́волочной свя́зи make an overhead installation.

подвздо́х flank (H).

по́двиг heroic deed, exploit.

по движе́нию часово́й стре́лки *See* по часово́й стре́лке.

подвижна́я артиллери́йская мастерска́я mobile artillery repair shop.

подви́жная голуби́ная ста́нция mobile loft (pigeon Comm).

подвижна́я гру́ппа mobile group; mobile force, mobile elements.

подвижна́я зени́тная артилле́рия mobile antiaircraft artillery.

подвижна́я кату́шка moving coil, voice coil (Elec).

подвижна́я мастерска́я mobile repair shop.

подвижна́я оборо́на mobile defense.

подвижна́я огнева́я заве́са *See* подвижно́й загради́тельный ого́нь.

подвижна́я радиоста́нция mobile radio set, mobile radio station.

подвижна́я устано́вка vehicular mount.

подви́жная цель moving target.

подвижна́я часть mobile unit.

подвижно́е огнево́е загражде́ние rolling barrage, creeping barrage.

подвижно́е охране́ние mobile security.

подвижно́е чу́чело для уко́лов movable thrusting dummy (bayonet drill).

подвижно́й mobile; movable; moving; flexible, fluid (situation, etc); sliding (contact); traveling (crane); rolling (stock).

подвижно́й бой battle of maneuver.

подвижно́й го́спиталь mobile hospital.

подвижно́й загради́тельный ого́нь rolling barrage, creeping barrage.

подвижно́й запа́с mobile reserves (supply).

подвижно́й обмы́вочный пункт mobile decontamination station (CWS).

подвижно́й огнево́й вал *See* подвижно́й загради́тельный ого́нь.

подвижно́й пост security patrol.

подвижно́й пост возду́шного наблюде́ния оповеще́ния и свя́зи mobile aircraft warning post.

подвижно́й противота́нковый резе́рв mobile antitank reserve.

подвижно́й пулемёт flexible machine gun.

подвижно́й резе́рв mobile reserve.

подвижно́й соста́в rolling stock (RR).

подви́жность mobility.

подви́жность огня́ mobility of fire.

подвижны́е войска́ mobile troops, mobile force.

подвижны́е пласти́ны переме́нного конденса́тора moving plates of variable capacitor, rotor plates.

подвижны́е сре́дства свя́зи mobile means of signal communication (messengers, agents, mobile radio stations).

подвижны́е части moving parts, recoiling parts (Auto Wpns); mobile troops.

подви́жный *See* подвижно́й.

подво́да horse and wagon.

подводи́ть ли́нию run line to.

подводи́ть на жела́тельное направле́ние canalize (Tac).

подво́дный ка́бель submarine cable.

подво́з supply, bringing up of supplies; transport.

подвози́ть bring up (by any conveyance).

подгоня́ть urge on, spur on, hurry; adjust, fit.

под го́ру downhill.

подготови́тельное заседа́ние суда́ court proceeding in chambers.

подготови́тельные мероприя́тия preparatory measures.

подготови́тельный preparatory.

подгото́вка groundwork; preparation; training.

подгото́вка да́нных computation of initial data, preparation of fire (Arty).

подгото́вка исхо́дных да́нных *See* подгото́вка да́нных.

подгото́вка к бо́ю preparation for combat.

подгото́вка к откры́тию огня́ preparation for fire.

подгото́вленность preparedness, fitness.

подгото́вленный ого́нь prearranged fire.

подготовля́ть prepare, get ready.

подготовля́ть огнём fire a preparation.

подгру́ппа *See* артиллери́йская подгру́ппа.

поддава́ться на коммута́тор be connected to the switchboard, be tied into switchboard.

подде́лка forgery; counterfeiting.

поддержа́ние maintenance (discipline, contact, etc).

поддержа́ние свя́зи maintenance of communication.

поддёрживание свя́зи *See* поддержа́ние свя́зи.

поддёрживать support; maintain.

поддёрживать ата́ку support an attack.

поддёрживать *v* огнём support by fire.

поддёрживать связь maintain contact, maintain liaison; maintain signal communication.

поддёрживающая авиа́ция supporting aviation.

поддёрживающая артилле́рия direct-support artillery.

поддёрживающее огнево́е сре́дство supporting fire means, supporting weapon, fire-support weapon.

поддёрживающие сре́дства усиле́ния reinforcing means in direct support, reinforcing weapons in direct support.

поддёрживающий като́к track-supporting roller, track roller, support roller, track-support roller (Tk).

поддёржка support.

поддо́нник base filler (bullet).

поджига́ть set on fire.

поджо́г burning, arson.

подзе́мная анте́нна buried antenna.

подзе́мная ми́на land mine.

подзе́мная телефо́нная ли́ния underground telephone line.

подзе́мный subterranean, underground; buried (wire Com).

подзе́мный анга́р underground hangar.

подкали́берный снаря́д subcaliber projectile.

подкла́дка lining (Clo); tie plate (RR). *See also* подкла́дка фотосхе́мы.

подкла́дка под сошни́к trail support.

подкла́дка фотосхе́мы mosaic mountant.

подко́ва horseshoe.

подко́ва с шипа́ми calk shoe (H).

подко́вный инструме́нт horseshoer's tools.

подко́вывать shoe (H).

подко́жное введе́ние медикаме́нтов hypodermic injection.

под конво́ем under guard.

подко́с support, strut.

подко́сная систе́ма мосто́в spar-bridge construction system.

подко́сное крыло́ монопла́на semi-cantilever wing.

подко́сный мост spar bridge.

подкрепле́ние reinforcement.

подкры́льный фа́кел landing flare (Ap).

по́дкуп bribery.

подлежа́ть исполне́нию call for action, have to be executed.

подлежа́ть отве́тственности be responsible; be liable, be subject.

подлежа́щий о́рган proper authority.

по́длинник original.

по́длинный *adj* original.

подлицо́ *See* за подлицо́.

подло́г forgery.

подмёт underswing (gymnasium).

подмы́шка armpit.

поднима́ть raise, lift; pick up, lift up; start; start (someone) off; move off, start up; arouse; break (into a faster gait).

поднима́ть дымову́ю заве́су lay a smoke screen.

поднима́ть ка́рту mark a map; overprint a map.

поднима́ться ascend, go up, climb; rise; arise; take off (Avn).

поднима́ть трево́гу give alarm.

поднима́ть *v* хвост lift tail (Avn).

подно́жье foot, base (of Mt). *See also* подо́шва.

подно́жка running board, footboard.

подно́с tray; bearing, carrying (up to).

подно́счик *See* подно́счик патро́нов.

подно́счик патро́нов ammunition bearer.

подо́бный треуго́льник similar triangle.

под обстре́лом under fire.

подогре́в heater (appliance); preheating (Mtr).

подозрева́ть suspect; distrust.

подозре́ние suspicion; distrust.

подозри́тельное лицо́ suspicious-looking person.

подотчётное лицо́ accountable person.

подотчётные су́ммы accountable funds.

подо́шва sole (of shoe, of foot); foot, base (of Mt).

подо́шва це́ли base of target.

подпи́сывать sign.

по́дпись signature. *See also* за по́дписью.

подпле́чье forearm (H).

подполко́вник lieutenant colonel.

подпо́лье underground, underground movement.

подпру́га cinch, cincha; girth (H).

подпуска́ть allow to approach.

подразделе́ние subdivision, element, small unit (unit lower than regiment, USSR). *See also* кру́пное подразделе́ние *and* ме́лкое подразделе́ние.

подро́бность detail, particular.

подро́бный detailed, particularized.

подру́чная ло́шадь off horse.

подру́чные сре́дства means at hand, improvised means, emergency means.

подру́чный *adj* on hand, at hand; improvised, emergency.

подры́в blasting, blowing up, demolition; undermining.

подрыва́ть blast, blow up, demolish; undermine.

подры́в вла́сти undermining of authority.

подрывна́я маши́нка blasting machine, exploder.

подрывна́я ша́шка demolition block (explosive). *See also* ша́шка.

подрывно́е де́ло demolition tactics and technique.

подрывно́е иму́щество blasting equipment, demolition equipment.

подрывно́й *adj* blasting, demolition.

подрывно́й заря́д demolition block; explosive charge.

подрывно́й инструме́нт blasting implements, demolition implements.

подрывны́е рабо́ты demolitions (activities).

подседе́льная ло́шадь near horse.

подско́к hop (gymnasium).

подслу́шивание eavesdropping; listening, listening in, interception, intercept.

подслу́шивать телефо́нный разгово́р tap wire, intercept telephone conversation.

подслу́шивающая радиоста́нция intercept station (Rad).

подста́вка prop, support.

подста́вка под ды́шло pole prop (H-drawn vehicle).

подставля́ть place under; place near, draw close to; substitute (Math); expose (Tac).

подстано́вка под ды́шло *See* подста́вка под ды́шло.

подста́нция subordinate station, outstation (ССВР); subsidiary exchange (Тр).

подсти́л *See* подсти́лка.

подсти́лка bedding.

подсти́лочная соло́ма straw for bedding (stable management).

подсти́лочный материа́л material for bedding (stable management).

подстрека́тель *m* accessory before the fact.

подстрека́тельство instigation.

подстрели́ть wound by a shot; shoot down.

подстро́ечный конденса́тор aligning capacitor, trimming capacitor.

по́дступ approach, avenue of approach, route of approach.

подсуди́мый defendant, accused.

подсу́дность jurisdiction.

подсу́мок *See* патронта́ш.

подсчи́тывать count up, reckon, calculate.

подтверди́ть *See* подтвержда́ть.

подтвержда́ть confirm, corroborate; acknowledge.

подтвержда́ть получе́ние acknowledge receipt.

подтвержде́ние approval, confirmation; acknowledgment.

подтропи́ческий subtropical.

подтя́гивание moving up, bringing up (Тас); pulling up; tightening, tightening up, drawing up.

подтя́гивать bring up (Тас); pull up; tighten, tighten up, draw up.

подтя́гивать резе́рвы bring up reserves, move up reserves.

под уздцы́ by the bridle (hold, lead, etc, а Н).

поду́шечная на́волочка pillow case.

поду́шка pillow.

поду́шка обтюра́тора gas-check pad (G).

поду́шка седла́ saddle pad.

поду́шка хомута́ collar pad (harness).

подхва́т underhand grasp.

подхво́стный реме́нь crupper.

подхо́ботовая борозда́ spade trace (G).

подхо́ботовый брус trail-supporting wooden block (G).

подхо́д approach, approach march.

подходи́ть suit, match; approach, arrive, come.

подхо́д к по́лю бо́я approach, approach march.

подхо́д к це́ли approach to target, bombing approach, bomb run.

подхо́д на поса́дку final approach (Avn landing).

подчине́ние subjugation; subordination.

подчинённая едини́ца *See* подчинённая часть.

подчинённая ста́нция subordinate station (ССВР).

подчинённая часть subordinate unit.

подчинённость subordination.

подчинённый subordinate.

подчинённый *adj* subordinate.

подчинённый команди́р subordinate commander.

подчинённый штаб subordinate headquarters.

подчиня́ть subordinate; allot, assign (of units, Tac).

подчи́стка erasure.

подшивать sew underneath, fasten underneath; fasten papers in files, file.

подшипник bearing (Mech).

подшлемник helmet liner.

подъездной путь side track, siding.

подъём climb, ascent, ascension; climbing, hill climbing; upgrade (Top).

подъём ёлочкой herringbone (Skiing).

подъём зигзагом traverse ascent with kick turn (Sking).

подъём карты marking of map; overprinting of map.

подъём лесенкой climbing by side step (Skiing).

подъёмная сила lift, lift force.

подъёмник elevator.

подъёмно-поворотный механизм elevating and traversing mechanism.

подъёмные силы lifting forces.

подъёмный lifting, hoisting; swinging (bridge).

подъёмный винт elevating screw.

подъёмный механизм elevating mechanism, elevation mechanism.

подъём флагов flag hoist (CCBP).

подыматься rise, ascend, climb.

поезд train (RR).

поездная бригада train crew.

поездной указательный сигнал train signal.

поезд прямого сообщения through train.

пожар fire (burning).

пожарная кишка fire hose.

пожарная команда fire company; firefighting party (Mil).

пожарная опасность fire hazard.

пожарная охрана firefighting service.

пожарная сигнализация fire-reporting system.

пожарная служба fire prevention and firefighting service.

пожарная тревога fire alarm.

пожарные части firefighting units.

пожарный автомобиль fire truck.

пожарный гидрант *See* **пожарный кран.**

пожарный кран fire hydrant.

пожарный рукав firehose.

пожарный сигнал fire alarm signal.

позади behind, at the rear of.

позвонок vertebra.

позвоночник backbone, spine, spinal column.

позиционная война position warfare, war of position, trench warfare.

позиционная оборона position defense.

позиционное имущество trench equipment.

позиционное сражение battle of position, siege battle.

позиция position.

позиция главного сопротивления battle position.

позывной *See* **позывной сигнал.**

позывной самолёта plane's call, radio call.

позывной сигнал call sign.

поиск raid (ground warfare). *See also* **поиски.**

поиски *mpl* search, searching. *See also* **поиск.**

поиски разведчиков raid activity, raids.

поисковая партия raiding party.

поить give to drink; water (animals).

поймать catch; pick up, flick (SL); track (target).

показ showing; display.

показание reading (of instrument); testimony. *See also* **показания.**

показание приборов reading (instrument).

показания *npl* indication; data. *See also* **показание.**

показания звукоулавливателя locator data, sound locator data.

показания компаса compass reading.

показания по слуху hearsay evidence.

показатель *m* index; coefficient. *See also* **показатель степени.**

показатель затухания index of attenuation.

показатель преломления index of refraction (Optics).

показатель сопротивления resistance coefficient (Ballistics).

показатель *m* **степени** exponent (Math).

показной *adj* demonstration.

показывать *v* show, display.

покатная местность sloping ground.

покой rest.

покойницкая morgue.

по команде according to command; through channels.

покрытие covering, coverage.

покрытие снимками местности photographic ground coverage.

покупка purchase.

покушение attempt (Criminal Law).

полдень *m* noon, noontime, midday.

поле field; land (rifling); margin.

поле боя battlefield, field of battle, battleground.

полевая армия field army.

полева́я артилле́рия field artillery.

полева́я доро́га field road. *See also* полева́я желе́зная доро́га.

полева́я езда́ cross-country riding (Horsemanship).

полева́я желе́зная доро́га light railway, field railway.

полева́я запи́ска field message.

полева́я кни́жка field message book.

полева́я ку́хня field kitchen.

полева́я па́ртия field party (Surv).

полева́я пое́здка tactical ride.

полева́я пози́ция field position.

полева́я по́чта army postal service.

полева́я пу́шка field gun.

полева́я рабо́та field work (Surv).

полева́я радиосе́ть tactical net.

полева́я радиоста́нция field radio set.

полева́я рекогносциро́вка field reconnaissance.

полева́я слу́жба field service.

полева́я су́мка field bag; map case.

полева́я тяжёлая артилле́рия heavy field artillery.

полева́я фортифика́ция field fortification.

по́ле ви́димости field of view.

полево́е измери́тельное отделе́ние topographic section (of an observation battery).

полево́е оборони́тельное сооруже́ние defensive field work.

полево́е обору́дование шта́бов headquarters field equipment.

полево́е ору́дие *See* полева́я пу́шка.

полево́е укрепле́ние field fortification.

полево́й *adj* field.

полево́й аэродро́м field airdrome.

полево́й бино́кль field glass, binocular.

полево́й гало́п extended gallop.

полево́й дозо́р field patrol.

полево́й журна́л field notebook (Surv).

полево́й ка́бель field cable.

полево́й карау́л outguard.

полево́й око́п hasty trench.

полево́й подвижно́й го́спиталь mobile hospital, hospital station, field hospital.

полево́й ремо́нт field maintenance.

полево́й склад dump, supply dump.

полево́й склад боеприпа́сов ammunition dump.

полево́й телефо́н field telephone.

полево́й телефо́нный аппара́т field telephone set.

полево́й уста́в field service regulations.

полево́й эвакоприёмник *See* полево́й эвакуацио́нный приёмник.

полево́й эвакуацио́нный приёмник corps clearing station (USSR) .

полевы́е войска́ field forces.

полевы́е усло́вия conditions in the field. *See also* в полевы́х усло́виях.

поле́зная грузоподъёмность *See* поле́зная нагру́зка

поле́зная нагру́зка useful load.

поле́зная рабо́та useful work (Mech).

поле́зное сопротивле́ние useful resistance (Elec).

поле́зный useful, profitable, beneficial, helpful.

поле́зный вес pay load.

по́ле зре́ния field of vision, field of view.

по́ле зре́ния объекти́ва field of the lens.

по́ле наре́за land (rifling).

по́ле неви́димости area hidden from observation.

по́ле поме́х area of interferences (Rad).

поле́ сраже́ния *See* по́ле бо́я.

полёт flight (Avn).

полёт больши́х высо́т high-altitude flying.

полёт на ни́зкой высоте́ low-altitude flying.

полётная ка́рта flight map.

полётная фо́рма оде́жды flying clothing.

полётное вре́мя time of flight (Ballistics).

полётное зада́ние flight mission.

полётное испыта́ние flight test.

полётное обмундирова́ние flyer's clothing.

полётный вес gross weight (Ap).

полётный лист aircraft clearance; briefing. *See also* разреше́ние на вы́лет.

полётный строй flight formation.

полёт по земны́м ориенти́рам pilotage, contact flight.

полёт по прибо́рам instrument flying.

по́лзать creep, crawl.

ползу́н stud on feed block lever (MG); rebound slide (Revolver).

ползу́н приёмника belt feed slide (Browning MG).

поли́вка spraying, spray (CWS).

поли́вка отравля́ющими веще́ствами chemical spray, chemical spraying.

полиго́н polygon (Geom); firing ground, range.

полигонометри́ческий ход traverse (Surv).

полино́м polynomial.

поли́тико-просвети́тельная рабо́та educational work.

политическая подготовка orientation training.

политическая разведка political reconnaissance, intelligence relating to morale of enemy forces and the civilian population.

политический political; orientation.

политический отдел education and information section (Hqs USSR).

политический руководитель education and information officer (USSR).

политотдел See политический отдел.

политрук See политический руководитель.

полк regiment.

полка shelf.

полка крыла capstrip (Ap).

полк в линию батальонов regiment in line with battalions in mass formation.

полковая артиллерия regiment artillery.

полковая канцелярия regiment orderly room.

полковая конница regiment cavalry, organic cavalry of infantry regiment (USSR).

полковая пушка regiment artillery gun.

полковая сеть regimental net (Rad).

полковая школа regimental troop school.

полковник colonel.

полковое звено подвоза link in chain of supply serviced by regimental transportation means.

полковой adj regimental, regiment.

полковой ветеринарный врач regimental veterinarian.

полковой ветеринарный лазарет regimental veterinary evacuation hospital.

полковой врач regimental surgeon.

полковой командир See командир полка.

полковой медицинский пункт regimental aid station.

полковой медпункт See полковой медицинский пункт.

полковой миномёт regiment mortar (infantry weapon).

полковой обоз regimental train.

полковой патронный пункт See полковой пункт боепитания.

полковой перевязочный пункт See полковой пункт медицинской помощи.

полковой пункт боепитания regiment ammunition point.

полковой пункт ветеринарной помощи regiment veterinary aid station.

полковой пункт медицинской помощи regiment aid station.

полковой пункт медпомощи See полковой пункт медицинской помощи.

полковой район regimental defense area.

полковой транспорт regimental transport (means of Trans).

полковой тыл regimental service area.

полковой тыловой район See полковой тыл.

полковой штаб regimental staff; regimental headquarters.

полк связи signal regiment (USSR).

полная горизонтальная дальность base of trajectory.

полная деривация drift at point of fall, drift at level point (Ballistics).

полная нагрузка gross load, full load.

полная негодность total disability.

полная подготовка See полная подготовка исходных данных.

полная подготовка исходных данных deliberate preparation of fire.

полная проводимость admittance (Elec).

полная укладка full pack (Inf).

полное время полёта time of flight to the level point (Ballistics).

полное напряжение огня highest intensity of fire, greatest volume of fire.

полное отверстие объектива maximum working aperture (Photo).

полное походное снаряжение full field equipment.

полное сопротивление impedance (Elec).

полное сопротивление антенны overall antenna resistance.

полное сопротивление при разомкнутой цепи open-circuit impedance; open-end impedance, no-load impedance.

полномочие authority; power-of-attorney.

полный stout; full; complete; absolute.

полный заряд normal charge, full charge (Am).

полный круговой обстрел See круговой обстрел.

полный объём цилиндра capacity of a cylinder (Mtr).

полный отмах ending sign (Semaphore).

полный путь снаряда total travel of projectile in the bore.

полный шаг full step.

полный эллипс рассеивания hundred percent rectangle.

"Полоборота налево!" "Half left, face!"; "Left oblique, march!"

"Полоборота направо!" "Half right, face!"; "Right oblique, march!"

половина длины волны half-wave length (Rad).

половинить вилку split the bracket.

половодье high water.

половой аппарат reproductive system (Anat).

половые органы genital organs, genitals,

половые сношения sexual relations.

положение situation, position, condition; state, status; law, statute.

положение вызов ringing position (Тр).

положение для стрельбы firing position (R).

положение для стрельбы лёжа prone position (R).

положение для стрельбы сидя sitting position (R).

положение для стрельбы с колена kneeling position (R).

положение для стрельбы стоя standing position (R).

положение "к бою" position of guard (Fencing).

положение к ноге position of trail arms (at the halt). *See also* **положение у ноги для движения.**

положение на карте location on the map.

положение на плечо position of left shoulder arms.

положение на ремень position of sling arms.

положение опрос answering position (Тр).

положение оружия за спину position of arms slung on back.

положение оружия у ноги position of order arms.

положение противника enemy situation.

положение разговор talk position (Тр).

положение самолёта в пространстве attitude of flight.

положение у ноги *See* **положение оружия у ноги.**

положение у ноги для движения position of trail arms (in marching). *See also* **положение к ноге.**

положительная величина positive value (Math).

положительные свойства advantages.

положительный *adj* positive.

положительный вынос крыла positive stagger (Ap).

положительный момент positive moment, clockwise moment (Mech).

положительный полюс positive pole.

положительный угол возвышения quadrant elevation above the horizontal (Ballistics).

положительный угол вылета positive angle of jump (Ballistics).

положительный угол места цели positive angle of site, positive angle of position.

полозья *mpl* runners (Mech).

поломка breakage; breakdown.

полоса strip, stripe; band, belt; line; area; zone; defense zone (of large unit); subdivision of main battle zone (defense in depth USSR).

полоса армии army defense area.

полоса атаки zone of action.

полоса движения zone of march.

полоса действия zone of action; zone of fire.

полоса для взлёта *See* **взлётная полоса.**

полоса для посадки *See* **посадочная полоса.**

полоса заграждений line of obstacles, band of obstacles, zone of obstacles. *See also* **предполье.**

полоса инженерно-химических заграждений *See* **предполье.**

полоса лучшей половины выстрелов *See* **полоса пятидесяти-процентного попадания.**

полоса наблюдения zone of observation.

полоса наступления zone of advance.

полоса обеспечения *See* **предполье.**

полоса обороны *See* **оборонительная полоса.**

полоса обстрела zone of fire.

полоса огня *See* **полоса обстрела.**

полоса отвода right-of-way.

полоса отчуждения *See* **полоса отвода.**

полоса охранения *See* **полоса сторожевого охранения.**

полоса подходов approach zone (Avn).

полоса препятствий obstacle course (Тng ground).

полоса проволочных заграждений belt of wire entanglements.

полоса промежуточных позиций area of intermediate positions, area of divisional reserves (defense in depth, USSR).

полоса пятидесятипроцентного попадания fifty percent zone.

полоса разведки *See* **полоса разведывания.**

полоса разведывания zone of reconnaissance.

полоса рассеивания zone of dispersion.

полоса руления taxi strip, taxiway.

полоса сторожевого охранения outpost area.

полоса́ часто́т frequency band, band of frequencies (Rad).

поло́сно-заде́рживающий фильтр band elimination filter (Rad).

полоте́нце towel.

поло́тнище cloth, piece of cloth; panel, air-ground liaison panel, air-ground panel.

полотно́ доро́ги roadbed.

полотня́ная обши́вка fabric cover (Ap).

полотня́ный *adj* cloth, linen.

полуавтома́т semiautomatic rifle.

полуавтомати́ческая винто́вка *See* полуавтома́т.

полуавтомати́ческая ка́мера semiautomatic camera.

полуавтомати́ческая стрельба́ semiautomatic fire, single-shot fire.

полуавтомати́ческий *adj* semiautomatic.

полуавтомати́ческий затво́р semiautomatic breech mechanism (Arty).

полуавтомати́ческое ору́жие semiautomatic weapon; semiautomatic weapons.

полуваго́н open-top freight car (RR).

полуваго́н-гондо́ла *m* gondola car.

полуваго́н-хо́ппер hopper-bottom car, hopper car.

полувзво́д section (unit).

полуволно́вая анте́нна half-wave antenna.

полуво́льт demivolt (Horsemanship).

полугрузови́к cargo and personnel carrier truck.

полугрузово́й автомоби́ль *See* полугрузови́к.

полугу́сеничный танк half-track tank.

полузакры́тая пози́ция position defilade.

полукольцо́ D-ring.

полукро́вный *adj* half-bred.

полуоде́ржка half-halt (Horsemanship).

полуперехо́д half day's march.

полуперио́д alternation, half cycle, half-period (Elec).

полуподви́жная зени́тная артилле́рия semimobile antiaircraft artillery.

полуподзе́мное храни́лище igloo-type magazine.

полуприце́п semitrailer.

полупряма́я наво́дка case II pointing (Arty).

полусапоги́ military shoes.

полустациона́рное зени́тное ору́дие semimobile antiaircraft gun.

полусто́йкое отравля́ющее вещество́ semipersistent chemical agent.

полуторапла́н sesquiplane.

получа́тель *m* consignee.

получа́ть receive, obtain, get.

получе́ние receipt, receiving, obtaining.

полуша́рие hemisphere.

полушу́бок fur-lined overcoat.

полшага́ half step.

полы́нья air hole (in ice).

по́льзование use.

по́льзоваться make use of, use, utilize; have use of; profit by, get advantage from.

по́люс pole.

по́люс земно́го магнети́зма terrestrial magnetic pole.

по́люсная надста́вка *See* по́люсный наконе́чник.

по́люсное направле́ние polaric direction, polar direction.

по́люсное отве́рстие парашю́та parachute vent, puckered vent.

по́люсный башма́к *See* по́люсный наконе́чник.

по́люсный наконе́чник pole shoe, pole piece (Elec).

поля́на glade, clearing.

поляриза́ция polarization.

поляризо́ванное реле́ polarized relay.

поляризо́ванный звоно́к polarized ringer (Tp).

поляризо́ванный свет polarized light.

поляризова́ть polarize.

поля́рная возду́шная ма́сса polar air mass.

поля́рная ша́пка polar cap.

поля́рность polarity.

поля́рные координа́ты polar coordinates.

поля́рый во́здух *See* поля́рная возду́шная ма́сса.

поля́рный круг polar circle.

поля́рный фронт polar front (Met).

поме́тка notation, note.

поме́ха hindrance, handicap; interference (Rad). *See also* поме́хи.

поме́хи static (Rad). *See also* поме́ха *and* поме́хи вызыва́емые меша́ющим переда́тчиком.

поме́хи вы́званные симметри́чной частото́й image frequency interference.

поме́хи вызыва́емые интерфере́нцией боковы́х поло́с двух сме́жных кана́лов side-band interference.

поме́хи вызыва́емые меша́ющим переда́тчиком jamming (Rad).

помеша́ть *See* меша́ть.

помеще́ние premises; room.

помеще́ние для жилья́ living quarters.

помеще́ние для хране́ния запа́сов supply room; warehouse.

помилование pardon; mitigation; clemency, mercy.

помкомполка *See* помощник командира полка.

помогать help, assist, aid.

помощник assistant, aid, helper.

помощник водителя assistant driver, relief driver.

помощник военного прокурора assistant judge advocate (USSR); assistant trial judge advocate.

помощник командира полка regimental supply officer, regimental S-4.

помощник наводчика assistant gunner (Arty; MG).

помощник начальника караула sergeant of the guard.

помощник начальника штаба deputy chief of staff (regiment and higher unit, USSR).

помощник начальника штаба по тылу assistant chief of staff G-4.

помощник шофёра *See* помощник водителя.

помощник ящичного number 7 (G crew).

помощь help, assistance, relief, aid.

помпа pump.

понедельник Monday.

понести run, run away (H).

понести потери suffer losses, take casualties, sustain casualties.

понижать *v* напряжение трансформатором step down voltage.

понижающий трасформатор step-down transformer.

понижение reduction, fall, decrease.

понижение снаряда drop (Ballistics).

пониженная видимость reduced visibility.

понимать understand, comprehend; realize.

понос diarrhea.

понтон ponton.

понтонная рота engineer ponton company.

понтонная часть ponton unit, ponton bridge unit.

понтонные войска ponton bridge troops.

понтонные средства ponton equipment.

понтонный *adj* ponton.

понтонный мост ponton bridge.

понтонный парк bridge train.

понтонный полк engineer ponton regiment.

"По одному стройся!" "Form single file, march!" (USSR).

по-орудийно by piece (Arty).

поочерёдно alternately.

поочерёдный *adj* alternate.

поощрение encouragement.

поощрять encourage.

попадание hitting, hit (impact of projectile).

попадать hit, strike, score a hit.

попадать в засаду be ambushed.

попадать в цель hit the target.

попадать под огонь come under fire.

попасть *See* попадать.

поперёк across; crosswise.

попеременно alternately.

поперечина cross bar, transom.

поперечная дорога transverse road; diagonal road.

поперечная нагрузка sectional density (Am).

поперечная ось lateral axis.

поперечная устойчивость lateral stability.

поперечное V dihedral (Ap).

поперечное перекрытие side lap, strip overlap (Photo).

поперечное сечение cross section.

поперечный *adj* lateral, cross.

поперечный масштаб plotting scale.

поперечный паз cross slot, transversal slot.

поперечный ремень шлеи loin strap (harness).

поперечный уровень cross level.

поплавковая камера float chamber (Mtr).

поплавковое имущество flotation equipment.

поплавковое шасси float-type landing gear.

поплавок float.

поплавок карбюратора carburetor float (Mtr).

по плану according to plan.

пополнение replenishment; replacement; replacements.

пополнение потерь replacement of casualties.

пополнять replenish; replace.

по-полувзводно by section.

попона horsecloth, horse blanket.

"По - порядку - рассчитайсь!" "Count off!"; "Call off!" (Arty).

поправка correction, modification.

поправка буссоли declination constant (Arty).

поправка в дальности range correction.

поправка в дальности на изменение начальной скорости velocity adjustment.

поправка в направлении deflection correction.

поправка на боковой ветер correction for lateral wind, correction for cross wind.

поправка на вес снаряда correction for variations from the standard weight of projectile.

поправка на ветер wind correction.

поправка на влияние значительных углов места цели superelevation, angle of superelevation.

поправка на давление воздуха correction for retardation, correction for air density (Ballistics).

поправка на деривацию correction for drift.

поправка на отставание звука acoustic correction (ААА).

поправка направления See поправка в направлении.

поправка на продольный ветер correction for range wind.

поправка на разнобой calibration correction.

поправка на разность горизонтов angle-of site correction.

поправка на смещение observer displacement, target offset.

поправка на температуру воздуха correction for air temperature.

поправка на уступное положение орудия correction for range difference.

поправка на уступ орудия See поправка на уступное положение орудия.

поправка на шаг угломера deflection shift correction (Arty).

поправка угла прицеливания на угол места цели angle of superelevation, superelevation.

поправка угломера deflection difference.

по-пулемётно by piece (MG).

попутный ветер rear wind, following wind, range wind; tail wind (Avn); fair wind.

попхем Popham air ground panel.

попытка attempt, effort.

поражаемая площадь beaten zone; area covered by fire.

поражаемое пространство danger space.

поражать strike at, hit at; defeat, rout.

поражать огнём sweep with fire.

поражать v штыком bayonet.

поражение striking, hitting; defeat, rout.

поражение по частям defeat in detail.

поражение цели destruction of target.

поражённый See поражённый отравляющими веществами.

поражённый отравляющими веществами gas casualty.

по разделениям by the numbers.

порез cut.

порожняк empties (vehicles).

порок vice; defect; stable vice.

порох powder, gunpowder; propellent powder. See also метательное взрывчатое вещество.

порох дегрессивной формы degressive type of powder grain, degressive powder.

пороховая дистанционная трубка powder time fuze.

пороховая мякоть mealed black powder.

пороховое зерно powder grain.

пороховой заряд powder charge, propelling charge.

пороховой погреб powder magazine.

пороховой состав дистанционной трубки time train.

пороховые газы powder gases.

пороховые зёрна с несколькими канальцами multiperforated grain (Am).

порох прогрессивной формы progressive type of powder grain, progressive powder.

порох с постоянной поверхностью горения powder with constant burning surface.

порошок powder (Med).

портативный portable.

портняжная мастерская tailor shop, textile repair shop.

портупея shoulder strap (Sam Browne Belt). See also плечевая портупея.

портфель m briefcase.

портянка foot cloth, square piece of cloth for wrapping feet instead of socks (USSR).

поручать entrust, charge with, delegate; assign.

поручни mpl handrail.

порция portion; ration, ration allowance.

порча damage, spoiling, impairment.

поршень m piston.

поршень затвора breech screw.

поршень тормоза отката piston of the recoil brake.

поршневое кольцо piston ring.

поршневой затвор screw-type breechblock; slotted screw breechblock, interrupted-screw breechblock, eccentric-screw breechblock.

поршневой палец piston pin.

порыв ветра gust, gust of wind.

порывистость ветра gustiness, gustiness of wind.

порядки огня methods of fire.

порядковый номер serial number.

порядок order, formation.

порядок ведения огня order of fire.

порядок времени поступления sequence of receipt (ССВР).

порядок выполнения атаки order of entry of units into action.

порядок движения sequence of troop movement, march sequence, order of march.

порядок определённый законом due process of law.

порядок очереди передач order of preference (ССВР).

порядок подчинённости chain of command. See also в порядке подчинённости.

порядок работы operating procedure.

порядок работы по радио radio procedure, radio operating procedure.

порядок службы See в порядке службы.

порядок снабжения supply procedure.

посадка embarkation, embarking; entrucking; entraining; mounting; seat, military seat, rider's position, position mounted (Horsemanship); landing (Ap).

посадка батареи mounting of battery (Arty).

посадка на точность spot landing (Avn).

посадка на три точки three-point landing, normal landing.

посадка по ветру down-wind landing.

посадка с боковым ветром cross-wind landing.

посадочная площадка landing field, flight strip.

посадочная полоса landing strip, landing runway.

посадочная скорость landing speed.

посадочное Т landing T.

посадочные огни marker lights (Aerodrome).

посадочные фары landing lights (Ap).

посадочный закрылок landing flap.

посадочный пробег landing run.

посёлок settlement, hamlet.

последовательно successively; in series (Elec).

последовательное сосредоточение огня successive concentrations (Fire).

последовательность sequence, consecutiveness; consistency.

последовательный successive, consecutive; consistent.

последствия consequences, results.

послужная карточка soldier's qualification card, qualification card.

послужной список service record.

посмертная награда posthumous award.

пособие allotment, grant.

пособник collaborator; abettor. See also пособник преступления.

пособник преступления accessory after the fact.

посол ambassador.

поспешная оборона deployed defense.

поспешное занятие обороны hasty assumption of the defensive.

поспешный hurried, hasty.

пост post.

поставить See ставить.

поставленная задача assigned mission, given assignment.

поставленное задание See поставленая задача.

постановка в повод collection (Horsemanship).

постановка дымзавесы laying of smoke screen.

постановка заграждений installation of obstacles.

постановка задания See постановка задачи.

постановка задачи assignment of mission.

постановка курка cocking of hammer.

постановка лошади collecting a horse (Horsemanship).

постановка мин sowing mines.

постановка огневых задач assignment of fire missions.

постановка орудия на позицию siting the gun.

постановка пушки на башмаки колёсного тормоза abatage (Arty).

постановление об обыске search warrant.

пост ВНОС See пост воздушного наблюдения оповещения и связи.

пост воздушного наблюдения оповещения и связи aircraft warning post.

постельные принадлежности bedding.

постель пулемёта machine-gun cradle.

постепенный gradual.

постовая ведомость guard report; guard report blank form.

пост оптической связи visual station, visual signaling station.

посторо́нний outsider, stranger.

посторо́нний *adj* extraneous, outside.

постоя́нная constant.

постоя́нная военноголуби́ная ста́нция fixed loft (pigeon Comm).

постоя́нная крутизна́ uniform twist.

постоя́нная фотолаборато́рия fixed photographic laboratory.

постоя́нное жи́тельство permanent residence.

постоя́нное наблюде́ние continuous observation.

постоя́нное сопротивле́ние при отка́те constant recoil, constant total resistance to recoil.

постоя́нный constant, continuous, perpetual; permanent, lasting; regular (Army).

постоя́нный гарнизо́н permanent garrison.

постоя́нный конденса́тор fixed capacitor.

постоя́нный магни́т permanent magnet.

постоя́нный пост continuous post.

постоя́нный свет steady light (CCBP).

постоя́нный ток direct current.

постоя́нный фронт stationary front (Met).

пострада́вший в бою́ battlefield casualty, battle casualty.

пост регули́рования *See* пост регули́рования движе́ния.

пост регули́рования движе́ния traffic control post.

построе́ние construction, building, forming; organization.

построе́ние ма́рша organization of a march column.

построе́ние оборо́ны organization of a battle position, organization of defense.

построе́ние паралле́льного ве́ера formation of parallel sheaf.

построе́ние систе́мы огня́ organization of fire.

построе́ние усту́пом echelon formation.

постро́ить form, build, construct; organize.

постро́ить ве́ер form a sheaf.

постро́йка construction, building.

постро́мка trace (harness).

поступа́ть act, perform, do; treat, deal; behave; come in (of things).

поступа́ть в подчине́ние get under somebody's command, be placed under somebody's command.

поступле́ние receipt, collection, proceeds; coming in, arrival (of things).

посту́пок act (Law).

пост управле́ния control station.

пост управле́ния прожёкторной ста́нции control station (SL Btry).

по́ступь винта́ effective pitch of a propeller.

пост хими́ческой трево́ги gas warning post.

пост целеуказа́ния target-direction indicating panel station (USSR).

посыла́ть *v* вы́зов call (Tg, Tp).

посы́льный messenger, orderly.

посы́льный - мотоцикли́ст motorcycle messenger.

посы́льный-самока́тчик bicycle messenger.

пот perspiration, sweat.

поте́ние sweating.

потенциа́л potential (Elec).

потенциа́л заря́да total energy of propelling charge.

потенцио́метр potentiometer.

поте́ри losses, casualties.

поте́ри на гистере́зис hysteresis losses.

потерпе́вший aggrieved; victim.

потёртость ног soreness of feet.

поте́ря loss; waste (of time).

поте́ря кро́ви loss of blood.

поте́ря свя́зи loss of contact.

поте́ря ско́рости stall, loss of flying speed.

потеря́ть lose.

поте́ря управле́ния loss of control (Mech).

по тече́нию downstream.

потни́к saddle blanket.

пото́к flow; flux (Elec); stream.

пото́к во́здуха airflow.

потоло́к ceiling.

потоло́к самолёта absolute ceiling.

потопля́ть sink, drown.

потребле́ние то́ка current consumption.

потре́бность need, requirement.

потрёпанный mauled (Tac).

потя́гивание stretching (Gym).

по фро́нту in width (Tac); along the front.

похище́ние stealing.

похо́д march, campaign.

похо́дная заста́ва march outpost.

похо́дная коло́нна march column; route column.

похо́дная ку́хня field kitchen.

похо́дная лаборато́рия field laboratory.

похо́дная обстано́вка march conditions, field conditions.

похо́дная пала́тка shelter tent.

походная форма одежды service uniform; field service uniform.

походная фотолаборатория field photographic laboratory.

походное гнездо traveling trunnion bed (Arty).

походное движение march, route march.

походное охранение security on the march, security during movement.

походное положение *See* походное положение орудия.

походное положение орудия traveling position of gun.

походный march, marching; mobile; field (service, etc).

походный денежный ящик field safe.

походный мешок field bag.

походный порядок order of march; march formation, route formation.

походный стопор traveling lock (G).

походный строй march formation, route formation.

походный шаг drill step (USSR). *See also* строевой шаг.

по ходу часовой стрелки *See* по часовой стрелке.

похороны funeral, burial.

по часовой стрелке clockwise.

почва soil, ground.

почвенный термометр earth thermometer, ground thermometer, soil thermometer.

почётный honor, honorable, honorary.

почётный караул guard of honor.

"По четыре становись!" "Form column of fours!" (USSR).

"По четыре – стройся!" "Column of fours, march!" (Inf, USSR).

почин initiative.

починка repair, repairing, mending.

почка kidney; loins (H).

почта mail; postal service; post office.

почтовая корреспонденция letter mail, letter correspondence.

почтовая посылка parcel (Mail).

почтовое отделение mail compartment (Ap).

почтовое учреждение postal establishment.

почтово-телеграфная контора post and telegraph office (USSR).

почтовый *adj* mail, postal.

почтовый адрес post office address.

почтовый вагон mail car (RR).

почтовый голубь homing pigeon.

почтовый самолёт mail plane.

пошёрстная стрелка training point switch (RR).

поэшелонно by echelon.

появление appearance.

появляться emerge; appear, show oneself.

появляющаяся цель bobbing target.

пояс belt; waist; zone.

пояснение comment, remark, explanation.

поясница loin, loins.

поясное время standard time, zone time.

поясной *adj* belt; waist; zone.

поясной ремень leather belt.

пояс-поплавок lifebelt.

правая нарезка right-handed thread.

правая сторона right side, right.

правила ведения сухопутной войны rules of land warfare.

правила движения traffic rules, traffic regulations.

правило rule, regulation.

правило handspike, trail handspike.

правильная дробь proper fraction.

правильность correctness; accuracy.

правильный number 5 (G crew).

правильный right, proper, correct; accurate.

правильный уход right care.

правительственное сообщение government announcement.

правительство government.

право right; law.

право войны law of war.

"Правое плечо вперёд!" "Column left, march!"

правопорядок law and order.

право транзита right of transit.

право убежища right of asylum.

правофланговый right flank man.

правофланговый *adj* right flank.

правый *adj* right; off.

правый повод right rein, off rein.

правый фланг right flank.

практика practice; experience.

практические учебные занятия *See* учебные стрельбы.

практический practical.

практический потолок service ceiling (Avn).

практический режим огня usable rate of fire.

прачечная laundry.

превосходить exceed, surpass; excel, outclass.

превосходные силы superior forces.

превосходный superior, surpassing; outclassing, excellent, first-class.

превосходный противник superior enemy.

превосхо́дство superiority, ascendancy.

превосхо́дство в во́здухе air superiority.

превосхо́дство в си́лах superiority of force.

превосходя́щий superior, overpowering.

превыша́ть exceed, surpass.

превыше́ние вла́сти exceeding one's authority.

превыше́ние преде́лов необходи́мой оборо́ны exceeding limits of self-defense, exceeding the amount of reasonable force in self-defense.

прегра́да barrier, obstacle, obstruction, impediment.

прегражда́ть bar, impede, block.

прегражда́ть путь obstruct, block the way.

предава́ть betray, commit treason.

пре́данность devotion.

преда́тельство betrayal, treachery, treason.

преда́ть суду́ indict, refer for trial.

предбоево́й поря́док approach march formation.

предвари́тельная кома́нда preparatory command.

предвари́тельная разве́дка initial reconnaissance, preparatory reconnaissance, preliminary reconnaissance.

предвари́тельная рекогносциро́вка See предвари́тельная разве́дка.

предвари́тельное распоряже́ние warning order.

предвари́тельное сле́дствие preliminary investigation.

предвари́тельное соглаше́ние prearrangement.

предвари́тельные де́йствия preliminary actions, preliminary operations.

предвари́тельный preliminary, prior; tentative.

предвари́тельный боево́й путь approach (Dive Bombing).

предвари́тельный вы́зов preliminary call (ССВР).

предвари́тельный сго́вор. See сго́вор.

предвари́тельный усили́тель preamplifier.

предго́рье foothills.

преде́л limit.

преде́л безопа́сного удале́ния See преде́л безопа́сного удале́ния пехо́ты.

преде́л безопа́сного удале́ния пехо́ты safety limits for friendly infantry.

преде́л да́льности See преде́л досяга́емости.

преде́л досяга́емости limit of maximum range. See also вне преде́лов досяга́емости.

преде́л досяга́емости луча́ проже́ктора maximum range of searchlight.

преде́л напряже́ния ору́дия stress limit of gun determining its maximum rate of fire.

преде́л теку́чести See преде́л упру́гости.

преде́л упру́гости yield point, elastic limit (Mech).

преде́льная да́льность maximum range, extreme range.

преде́льная диста́нция See преде́льная да́льность.

преде́льная досяга́емость по высоте́ maximum vertical range.

преде́льная кругова́я частота́ cut-off frequency in radians per second.

преде́льная нагру́зка limit load.

преде́льная ско́рость speed limit (Tech; traffic control).

преде́льная техни́ческая но́рма напряже́ния ору́дия See преде́л напряже́ния ору́дия.

преде́льная частота́ cut-off frequency.

преде́льное напряже́ние сил maximum effort.

преде́льный оборони́тельный рубе́ж See преде́льный рубе́ж оборо́ны.

преде́льный ра́диус да́льности radius of action, maximum range.

преде́льный режи́м огня́ maximum usable rate of fire.

преде́льный рубе́ж оборо́ны rear position (mobile defense, USSR).

преде́льный у́гол усто́йчивости factor of stability (of gun carriage).

предкры́лок slate (Ap).

предлага́ть offer, propose; suggest.

предло́г preposition; pretext.

предложе́ние sentence (grammatical); offer; proposal, proposition; suggestion, recommendation; motion (Law).

предме́т object, subject; item, article; topic.

предме́т ко́нского ухо́да grooming tool (H).

предмо́стная пози́ция bridgehead position.

предмо́стное укрепле́ние bridgehead.

предназнача́ть intend, destine.

преднаме́ренный што́пор deliberate spin, intentional spin (Avn).

предосторо́жность precaution.

предотвраща́ть avert, ward off; prevent.

предохрани́тель *m* safety catch, safety lock, safety device, safety; safety piece (G); protector (Tp). *See also* пла́вкий предохрани́тель.

предохрани́тель взрыва́теля safety casing (fuze).

предохрани́тель му́шки *See* наму́шник.

предохрани́тельная приви́вка preventive inoculation, prophylactic vaccination, prophylactic inoculation.

предохрани́тельная чека́ safety cotter pin, safety pin.

предохрани́тельное кольцо́ resistance ring (Am).

предохрани́тельные ме́ры protective measures, preventive measures.

предохрани́тельный precautionary; safety, protective.

предохрани́тельный взвод safety built into cocking cam (R, USSR); half-cock notch (Pistol); safety position (SA).

предохрани́тельный механи́зм затво́ра salvo latch (G).

предохрани́тель прице́ла rear sight cover, rear sight guard.

предписа́ние letter order.

предполага́емые поте́ри estimated casualties, casualty estimate.

предполётная подгото́вка preflight preparation; preflight duties.

предполётный осмо́тр preflight inspection.

предположе́ние assumption, supposition; guess; tentative plan.

предпо́лье forefield, outpost area, organized outpost area.

предприи́мчивость spirit of initiative, initiative.

предпринима́ть ата́ку launch an attack.

предприя́тие plant, factory.

председа́тель вое́нного трибуна́ла president of military tribunal.

председа́тель суда́ president of the court.

предсказа́ние пого́ды weather forecast.

представи́тель *m* representative.

представле́ние representation, formal complaint (Law).

предстоя́щий impending, forthcoming, future, coming, contemplated, anticipated.

предумы́шленность premeditation.

предупреди́тельная ме́ра preventive measure.

предупреди́тельное мероприя́тие *See* предупреди́тельная ме́ра.

предупреди́тельный сигна́л warning signal, caution signal.

предупреди́тельный сигна́льный прибо́р distant signal (RR).

предупрежда́ть notify, warn; prevent; forestall, anticipate.

предупрежде́ние notification, warning; prevention; forestalling, anticipation; admonition (Mil Law).

предусма́тривать foresee, provide, envisage, anticipate.

предусмотри́тельность foresight.

предъяви́тель *m* bearer.

преждевре́менно prematurely.

преждевре́менный premature, untimely.

пре́жняя суди́мость previous convictions; previous offenses, prior offenses.

презервати́в prophylactic rubber, condom.

преиму́щество advantage.

прекраща́ть stop, halt, bring to a halt; discontinue, cease.

прекраща́ть ого́нь cease fire, cease firing.

прекраще́ние вое́нных де́йствий termination of hostilities, cessation of hostilities.

прекраще́ние огня́ cessation of fire.

преломле́ние refraction (Optics).

премирова́ние award of premium payments, award of bonus payments, award of cash rewards.

преоблада́ние ми́нусов predominance of shorts (Arty).

преоблада́ние плю́сов predominance of overs (Arty).

преобразова́тель то́ка converter (Elec).

преобразова́тель *m* частоты́ frequency converter (Rad).

преодолева́ть negotiate, overcome, get over.

преодолева́ть препя́тствия overcome obstacles, surmount obstacles; take obstacles (H).

преодоле́ние overcoming, surmounting; taking (obstacles).

преодоле́ние подъёмов gradability, grade-ascending ability, climbing ability.

препара́т preparation (Med).

препроводи́тельная бума́га letter of transmittal.

препроводи́тельная на́дпись forwarding indorsement.

препровожда́ть transmit, forward.

препя́тствия obstacles, obstructions; flying hazards (Avn).

препя́тствовать prevent, hinder.

прерыва́тель *m* interrupter; chopper (Rad).

прерыва́ть *v* interrupt.

преры́вистые незатуха́ющие во́лны interrupted continuous waves.

преры́вчатость discontinuousness, discontinuity.

преселе́ктор preselector.

пресле́дование persecution; pursuit.

пресле́дование по сле́ду pursuit by means of traces, tracking down in pursuit.

пресле́довать persecute; pursue.

преступле́ние crime, offense.

престу́пная небре́жность criminal negligence.

престу́пник criminal.

престу́пное дея́ние criminal act.

престу́пное приказа́ние unlawful order, unlawful command.

престу́пный *adj* criminal; unlawful.

прете́нзия claim (Law).

префронта́льный дождь rain preceding an advancing front (Met).

прецессио́нное колеба́ние gyroscopic, wobbling, precessional yaw (Ballistics).

прецизио́нный инструме́нт precision instrument.

приба́вленная рысь fast trot.

приближа́ться draw nearer, approach.

приближе́ние drawing nearer, approach, approaching; approximation.

приближённое измере́ние rough measuring.

приблизи́тельный approximate.

прибо́йник rammer.

прибо́йник-досыла́тель *m* loading rammer.

прибо́р device, instrument, apparatus; trimmings (of uniform); cover (for a meal); set (of tools, spare parts, etc).

прибо́р для определе́ния величины́ сно́са drift indicator.

прибо́р для прочи́стки га́зовых путе́й gas cylinder cleaning tool (automatic Wpns).

прибо́р для снаряже́ния ле́нты belt loading machine.

прибо́р для устано́вки тру́бки fuze setter.

прибо́р имити́рующий стрельбу́ sound and flash device for reproducing fire effects (USSR).

прибо́р наблюде́ния води́теля driver's indirect vision device (Tk).

прибо́рная возду́шная ско́рость indicated air speed.

прибо́рная доска́ instrument panel.

прибо́рная ско́рость indicated speed.

прибо́р управле́ния артиллери́йским зени́тным огнём antiaircraft director, data computer.

прибыва́ть arrive, come; swell (of water).

прибы́тие arrival.

прива́л halting place, halt; halt period, rest period during a march.

прива́рочные де́ньги *See* прива́рочный окла́д.

прива́рочный окла́д allowance for subsistence, subsistence allowance, monetary allowance in lieu of rations.

приведе́ние а́рмии на вое́нное положе́ние putting army on war footing, mobilization.

приведе́ние аэрофотосни́мков к одному́ масшта́бу ratio work (Aerial Photo).

приведе́ние в боеву́ю гото́вность bringing into readiness for combat.

приведе́ние изме́ренной ба́зы к горизо́нту correction of base length for slope (Surv).

приведённый аэрофотосни́мок ratio print (Aerial Photo).

приведённый разме́р це́ли dimension of target increased by the radius of crater.

привести́ *See* приводи́ть.

приве́тствие greeting; salute; hand salute.

приве́тствие с ору́жием rifle salute, saber salute.

приви́вка inoculation; vaccination.

привинтна́я голо́вка threaded cap (of a shell).

привлека́ть к суду́ institute criminal proceedings.

приводи́ть bring, lead.

приводи́ть в де́йствие actuate; operate; handle.

приводи́ть в оборони́тельное состоя́ние prepare for defense, organize for defense.

приводи́ть в поря́док put in order, repair.

приводи́ть *v* к молча́нию silence.

приводи́ть к наиме́ньшему знамена́телю reduce to lowest terms, reduce to the lowest denominator.

приводи́ть к оборо́не organize for defense.

приводи́ть к одному́ масшта́бу bring to the same scale.

приводи́ть к прися́ге administer oath.

приводи́ть пригово́р в исполне́ние execute sentence.

приводы управления controls, driving controls.

привычка habit.

привязка tying in (Surv).

привязка к опорной сети tying in with the system of topographical control points.

привязной аэростат captive balloon.

привязной пояс safety belt (Tk).

привязной ремень пилота safety belt (Ap).

привязывать tie; connect, tie in (Surv).

пригвоздить pin down (Tac).

пригласительный сигнал slow speed signal (RR).

приговаривать *v* sentence.

приговор sentence (Law).

пригодное для стрельбы оружие serviceable weapon, serviceable weapons.

пригодность fitness, suitability, usefulness.

пригонка fitting, adaptation, adjustment.

пригонка амуниции adjustment of harness, fitting of harness.

пригонка седла adjustment of saddle.

пригонка снаряжения adjustment of equipment.

пригонять adapt, adjust.

пригород suburb.

приготовление preparation.

приготовление пищи preparation of food.

приготовлять prepare, make ready.

приграничное сражение battle of the frontiers.

придавать *v* add; allot, attach (Tac).

придание направления laying for direction.

приданная артиллерия attached artillery.

приданная артиллерия усиления artillery unit with a reinforcing mission, attached reinforcing artillery.

приданные средства усиления attached reinforcing means, attached reinforcing weapons.

придача attachment, allotment (Tac).

прием method, way; maneuver; receipt (of mail, etc); reception (Genl, Sig C); movement (Drill); count (Drill).

прием боя method of attack.

приемистость двигателя acceleration (Mtr).

приемка acceptance; reception (Sig C).

прием местных станций local reception, local station reception (Rad).

приемная антенна receiving antenna.

приемная комиссия reception board, military reception station.

прием неисправен reception faulty (CCBP).

приемник receiver (Rad); feed block (Maxim MG).

приемник для одной боковой полосы single side-band receiver.

приемник-передатчик transceiver.

приемник с питанием постоянным и переменным током a.c.-d.c. receiver.

приемник с универсальным питанием See **приемник с питанием постоянным и переменным током**.

приемно - передающая радиостанция transmitting-receiving radio station. *See also* **приемник-передатчик**.

приемно-сдаточный пункт prisoners-of-war collecting point.

приемный покой receiving room (Med).

прием обороны method of defense.

приемо-отправной парк receiving-forwarding yard.

приемо-передатчик *See* **приемник-передатчик**.

приемо-передающая радиостанция *See* **приемно-передающая радиостанция** *and* **приемник-передатчик**.

приемо-сдаточный пункт prisoners-of-war collecting point.

приемочное испытание acceptance test.

приемочный парк receiving yard.

прием шлейфа taking over of lateral circuit.

прижимать к земле pin down, pin to the ground (Tac).

прижиматься к линии разрывов hug the artillery barrage.

прижиматься к разрывам снарядов *See* **прижиматься к линии разрывов**.

прижимная доска pressure plate (camera).

прижимный замок пальца поршня piston pin, snap ring (Tk).

приз prize (International Law).

приземление touching the ground, alighting, contact with ground, landing (Avn).

приземляться touch the ground, alight, contact the ground, land.

призма prism.

призма-отражатель field prism (of panoramic telescope).

призматический компас prismatic compass.

призменный бинокль prismatic binocular, prismatic field glass.

признавать обвинение правильным plead guilty.

признак characteristic, sign, indication, evidence.

признание confession.

призовой суд prize court.

призыв draft, induction.

призываемый See призывник.

призывать call up, draft, induct.

призывная комиссия draft board.

призывник draftee, inductee.

призывной возраст military age, draft age.

при исполнении обязанностей in line of duty.

приказ order (command).

приказание order; verbal order.

приказание по связи signal annex.

приказ на атаку attack order.

приказ на марш movement order, march order.

приказ по тылу administrative order.

приказывать give an order to, command.

приклад butt, butt stock.

прикладка assumption of aiming position (shoulder Wpns).

прикладная рамка vacuum plate (camera).

прикладываться See приложиться.

прикольш tent pin.

прикомандировать attach (a person).

прикреплять attach; fasten.

прикрывать cover, protect; escort (Avn).

прикрывать манёвр cover a maneuver (by fire).

прикрывающие части covering force.

прикрывающий гребень covering ridge, covering mask, covering crest.

прикрытие coverage, cover; covering force; escort. See also **авиационное прикрытие**.

прикуска windsucking, cribbing (stable vice).

прикусочная лошадь windsucker, cribber (H).

прикусывание See прикуска.

прилив high tide; lug; barrel lug (pistol).

приложение appendix (book, etc); annex (orders); inclosure (correspondence).

приложиться assume aiming position (shoulder Wpns).

применение employment; application, use, usage; adjustment, adaptation.

применение к местности adaptation to the terrain.

применение огня employment of fire, application of fire.

применение оружия making use of arms, employment of arms.

применение правил application of rules.

применять employ; use, make use of; apply.

применять оружие make use of arms (Mil).

применяться к местности adapt oneself to the terrain.

пример example, instance.

примерное направление стрельбы approximate direction of fire.

примерные нормы standards.

примечание annotation, note.

примус gasoline cooking stove.

примыкать fix; adjoin, abut.

примыкающий adjacent.

принадлежности *fpl* accessories.

принадлежность implement, appliance; accessory materials, accessories; state of belonging to.

принимать accept, receive, take, take on.

принимать беспорядочный характер become disorderly, become a rout (retreat).

принимать бой accept combat.

принимать в сторону uncover (Drill); execute side step. *

принимать меры take measures.

принимать на трензель feel the snaffle.

принимать положение assume the position.

принимать положение "смирно" assume position of attention, come to attention.

принимать решение make a decision, reach a decision.

принимать удар receive the attack.

принимать участие participate.

принуждать force, coerce.

принуждение duress; coercion, constraint, compulsion.

принцип principle, doctrine.

принцип внезапности doctrine of surprise.

принятие решения adoption of own line of action, making one's decision, reaching a decision.

приостанавливать stop, halt, break off (Tac); suspend; stay (Law).

приостанавливать расследование stay investigation (Law).

приостановка suspension; stopping, halting.

приостановка приговора stay of sentence.

припасы *mpl* stores, supplies, provisions.

природа nature.

присвоéние misappropriation; embezzlement.

приседáние bending to squatting position; bending to crouching position.

прислýга crew (Arty).

прислýшиваться listen (for); pay attention to.

присмóтр care.

присоединéние addition; annexation; joining; connection. *See also* **присоединéние антéнны.**

присоединéние антéнны antenna connection.

приспособлéние device, appliance.

приспособлéние для стрельбы́ холостыми патрóнами blank ammunition attachments, blank firing attachments.

приспосóбленный зени́тный пулемёт improvised antiaircraft machine gun.

приспособля́емость adaptability.

приспособля́ть орýжие для стрельбы́ prepare weapon for firing.

приставля́ть нóгу place one foot beside the other (Drill).

приставнóй магази́н detachable magazine.

пристрéливать shoot, kill; adjust a gun.

пристрéливаться adjust fire (Arty).

пристрéлка adjustment, adjustment of fire, fire for adjustment (Arty).

пристрéлка вéера adjustment of distribution.

пристрéлка высоты́ разры́вов adjustment for height of burst.

пристрéлка дáльности adjustment for range, range adjustment.

пристрéлка захвáтом цéли в ви́лку bracketing method of adjustment.

пристрéлка на высóких разры́вах high-burst adjustment.

пристрéлка направлéния adjustment for direction, adjustment of deflection.

пристрéлка по измéренным отклонéниям magnitude method of adjustment.

пристрéлка по наблюдéниям знáков разры́вов *See* **пристрéлка захвáтом цéли в ви́лку.**

пристрéлка по репéру *See* **пристрéлка репéра.**

пристрéлка по самóй цéли adjustment on the target.

пристрéлка приближéнием к цéли непреры́вным огнём creeping method of adjustment.

пристрéлка приближéнием к цéли скачкáми adjustment by range bounds.

пристрéлка репéра registration (Arty).

пристрéлка с пóмощью звуковóй развéдки sound-ranging adjustment.

пристрéлка с пóмощью летнáба adjustment with air observation (Arty).

пристрéлка с сопряжённым наблюдéнием bilateral adjustment (Arty).

пристрéлочная пýля fire adjustment bullet, explosive bullet.

пристрéлочное орýдие registration gun.

пристрéлочный ориенти́р *See* **репéр.**

пристрéлянная дáльность adjusted range.

пристрéлянное орýдие targeted gun, adjusted gun.

пристрéлянные дáнные adjusted data (Arty).

пристрéлянные устанóвки *See* **пристрéлянные дáнные.**

пристрéлянный adjusted (Arty).

пристрéлянный репéр registration point, check point on which fire has been adjusted.

пристрýга girth strap, cincha strap.

при́ступ attack (Med); assault, storm.

приступáть start, begin, set to.

пристяжнóй пóвод coupling rein (harness).

присуждáть adjudge; sentence.

присуждáть к расстрéлу impose sentence of death by shooting.

присýтствие presence; attendance.

присýтствовать be present, attend.

прися́га на вéрность oath of allegiance.

притóк tributary (of river); inflow, influx; flow.

приходный докумéнт receipt; voucher.

приторáчивать attach, affix; secure with a strap.

приурóчивать time, synchronize.

приучáть *v* school, train.

прихóд coming in; receipts, proceeds; debit (Accountancy).

прихóдный докумéнт receipt; voucher.

прицéл sight (sighting device); rear sight; aiming. *See also* **наимéньший прицéл.**

прицéл для бомбометáния bombsight.

прицéл для сбрáсывания бомб *See* **прицéл для бомбометáния.**

прицéливание aiming, pointing, sighting.

прицéливание со станкá aiming with rifle in a rest.

прицéливаться take aim, take sight.

прицéльная дáльность sighting range, maximum effective range.

прицéльная защёлка slide binding screw (R).

прицéльная колóдка rear sight base.

прицéльная линéйка straightedge (instrument).

прицельная линия line of sight, line of sighting.

прицельная панорама *See* панорама.

прицельная планка sight leaf, rear sight leaf.

прицельная прорезь sight notch.

прицельная рамка *See* прицельная планка.

прицельная стрельба aimed fire.

прицельное кольцо graduated circle for range corrections (Maxim MG).

прицельное приспособление sighting mechanism (G); rear sight (R).

прицельный выстрел aimed shot.

прицельный угол vertical angle between the line of aim and line of elevation.

прицельный хомутик rear sight slide.

прицеп trailer (MT).

прицепка trailer (MT); coupling (Trans).

прицепная артиллерия truck-drawn artillery, tractor-drawn artillery.

прицепная повозка *See* прицеп.

причал mooring; mooring rope; mooring place.

причальная мачта mooring mast (Ash).

причина cause, reason.

причинение повреждений infliction of injuries, maiming, mutilation.

причинение себе повреждений self-maiming, self-mutilation.

причинять потери *See* наносить потери.

пробег run; road haul (Trans); cross-country race.

пробег по земле landing run (Avn).

пробивание piercing, penetration.

пробивать pierce.

пробивать дорогу open the way, clear the way, break the way.

пробивать проход slash passage, cut passage.

пробивная сила penetration (Am); shock power, penetrative ability (Tac).

пробивная способность *See* пробивная сила.

пробивное свойство *See* пробивная сила.

пробитие прохода cutting of passage (in wire entanglements).

пробка cork (for bottle); plug (Mech); congestion, jam, bottleneck (Traffic).

пробка в движении traffic jam, traffic bottleneck.

пробка выливного отверстия water plug (MG).

пробковый пыж cork wad.

проблема problem, difficulty.

проблесковое освещение сигналов flashing light and semaphore procedure, signaling by flashing light (RR).

проблесковый огонь flashing light (CCBP).

проблесковый сигнал blinker signal, flash signal.

пробный сигнал test signal (CCBP).

пробоина hole, gap; shell hole.

провал complete failure.

проведение задачи carrying out of mission.

проведение манёвра execution of maneuver.

проведение плана execution of plan.

проверка check, check-up, verification.

проверка боя inspection of shooting qualities of a firearm.

проверка прицельной линии bore sighting.

проверять check, verify.

проверять исправность оружия check condition of arms.

проверять наличие арестованных verify the count of prisoners.

провес dip, sag.

провести *See* проводить.

проветривать air, ventilate.

провешенное направление staked-out direction.

провешивание маршрутов staking out line routes (Tp).

провешивать stake out.

провиант provisions.

провод wire, conducting wire, conductor, cord; line, circuit.

провод заземления ground wire.

провод из твердотянутой меди hard drawn copper wire.

проводимость conductivity.

проводить carry out; conduct; lay (wire line); spend (time).

проводить разведку conduct reconnaissance, make a reconnaissance.

проводить ток conduct a current.

проводка wiring; walking (a horse).

проводка связи installation of wire communication.

проводная связь wire communication.

проводник guide; train porter (RR); conductor (Elec); lead wire (Demolition).

провод с резиновой изоляцией rubber-covered wire.

провод с шёлковой изоляцией silk-covered wire.

провозная способность train density (RR).

провокация provocation; entrapment (Law).

проволока wire.

проволочная линия wire line.

проволочная маскировочная сеть wire camouflage net.

проволочная связь See проводная связь.

проволочная сеть wire net, wire system.

проволочная щётка wire brush.

проволочное заграждение wire entanglement.

проволочное препятствие wire obstacle.

проволочные средства связи means of wire communication.

проволочный каркас wire frame.

проволочный телеграф wire telegraph.

проволочный телефон wire telephone.

прогалина glade.

прогиб крыла buckling (Ap wing).

прогиб лыжи arch of the ski.

прогноз forecast; prognosis (Med).

прогноз погоды See предсказание погоды.

прогон stringer.

прогонные деньги transportation allowance, travel allowance, travel pay.

программа занятий training program.

прогрессивная крутизна нареза increasing twist (of rifling).

прогрессивность горения пороха progressive combustion of powder.

прогрессивный порох progressive powder.

прогрессия progression (Math).

прогрызание неприятельского расположения gradual reduction of enemy positions.

продвигаться move forward, advance, make progress.

продвигаться вперёд с боями fight . forward.

продвижение advance, forward movement.

продвижение вперёд See продвижение.

проделывать проход See пробивать проход.

продовольственное снабжение class I supply; class I supplies.

продовольственно-фуражное довольствие class I supplies, rations and forage.

продовольственный транспорт supply train, class I supplies train (of a large unit).

продовольствие subsistence, supplies, rations.

продолжать continue, carry on.

продолжать наступление press forward, push on, push forward, continue the drive.

продолжение continuation, extension, sequel.

продолжительность duration, length, time; life span (of equipment).

продолжительность беспосадочного полёта endurance (Avn).

продолжительность наката time of counterrecoil.

продолжительность отката total time of retarded recoil.

продолжительность полёта при данном запасе горючего endurance, endurance with given quantity of fuel (Avn).

продольная ось longitudinal axis.

продольная устойчивость longitudinal stability, stability in pitch.

продольное перекрытие forward lap, progressive overlap (Photo).

продольное ребро longitudinal fin (Lewis MG).

продольные пазы затвора slide recoil guideways (pistol).

продольный longitudinal.

продольный обстрел enfilade fire, enfilade.

продольный огонь See продольный обстрел.

продольный путь движения diagonal route of march (connecting two or more axial routes).

продольный разрез longitudinal section.

продувка мотора scavenging of burned gases (Mtr).

продукты mpl products; victuals, foodstuff.

продукты питания victuals.

продукция production.

продфураж class I supplies, rations and forage.

продфуражное довольствие See продовольственно - фуражное довольствие.

проезжать drive by, ride by, pass (of or on conveyance); pass up (of or on conveyance); cover (distance, etc); exercise (H).

проезжая часть дороги traveled way.

проект project; draft; tentative plan.

проективная сетка projection grid (Photo).

проектирование projection.

проекти́роваться *v* be projected.

проектиро́вка layout, laying out, planning.

проекцио́нный фона́рь projector (Optics).

прое́кция projection.

прое́кция Ламбе́рта Lambert projection.

прое́кция Мерка́тора Mercator projection.

прожéктор searchlight.

прожéктор залива́ющего свéта floodlight projector.

прожéктор-иска́тель *m* pick-up light, forward light (AA); searching light (CAC).

прожектори́ст searchlight operator.

прожéкторная ро́та searchlight company (USSR); searchlight battery.

прожéкторная ста́нция searchlight station, searchlight unit, searchlight section.

прожéкторная часть searchlight unit.

прожéкторный автомоби́ль searchlight truck.

прожéкторный взвод searchlight platoon.

прожéктор сопроводи́тель *m* carry light, rear light (AA); illuminating light (CAC).

прожзву́к *See* зени́тный прожéктор.

прожига́ющая си́ла burning efficiency.

прозво́нка ring through (Tp).

прозво́нка конта́ктов ring through the contacts (Tp).

прозво́ночный шнур ring through cord (Tp).

прозво́ночный штéпсель ring through plug (Tp).

прозра́чная осно́ва transparent base (Photo).

производи́тельность efficiency, productivity.

производи́ть perform, execute.

производи́ть дозна́ние make an investigation.

производи́ть контрата́ку counterattack, deliver a counterattack.

производи́ть наблюдéние carry out observation, observe.

производи́ть обхо́д execute turning movement.

производи́ть поворо́т execute facing.

производи́ть развéдку reconnoiter.

произво́дная derivative (Math).

произво́дство execution; production; promotion (to a rank).

произво́дство вы́стрела firing.

произво́дство дел proceeding (Law).

произво́дство поса́дки execution of landing (Avn).

произво́дство стрельбы́ firing.

произво́дство топографи́ческой съёмки surveying.

произво́льный arbitrary.

проинструкти́ровать submit to thorough instruction.

происходи́ть occur, happen; result from.

происшéствие incident, happening, occurrence.

прока́тка rolling (Metallurgy).

прокла́дка laying (wire); running (circuit); laying out (Surv).

прокла́дка аэрофотосъёмочного маршру́та location of flight lines, placing flight lines, locating flight lines, spacing flight lines (Aerial Photo).

прокла́дка ли́нии line construction (Tp, Tg).

прокла́дка ли́ний свя́зи installation of wire line, running of circuit, laying of wire.

прокла́дка на ка́рте plotting (on map).

прокла́дывать lay, break, pave (road, etc); block out (a course).

прокла́дывать доро́гу construct a road; break the trail; pave the way.

прокла́дывать ли́нию свя́зи construct a wire line, run a circuit, lay a wire.

прокла́дывать лы́жню break trail (Ski).

прокла́дывать путь *See* прокла́дывать доро́гу.

прокуро́р district attorney; prosecutor, prosecuting attorney. *See also* вое́нный прокуро́р.

прола́мывать завéсу break through hostile protective screen, break through the enemy screen, break through a hostile security screen.

прола́мывать оборо́ну. *See* прорыва́ть оборо́ну.

про́лежень *m* bedsore.

пролёт span (bridge).

пролета́ть fly, fly past, fly by.

про́мах miss; blunder.

промедлéние delay.

промежу́ток interval.

промежу́ток врéмени time interval.

промежу́точная зада́ча intermediate task.

промежу́точная пози́ция intermediate position.

промежу́точная ра́ма rocker (G).

промежу́точная ста́нция relay station (Rad, Tp, Tg); way station (RR).

промежу́точная частота́ intermediate frequency.

промежу́точный intermediate.

промежу́точный ко́нтур harmonic suppressor, harmonic reducing circuit (Elec).

промежу́точный оборони́тельный рубе́ж intermediate line of defense. *See also* **промежу́точный рубе́ж оборо́ны.**

промежу́точный перегру́зочный пункт supply relay point.

промежу́точный пост connecting post.

промежу́точный пункт *See* **промежу́точный пункт свя́зи.**

промежу́точный пункт сбо́ра донесе́ний messenger relay post.

промежу́точный пункт свя́зи relay point (except for messenger Com).

промежу́точный рубе́ж intermediate line, intermediate terrain line, phase line.

промежу́точный рубе́ж оборо́ны rearward position (mobile defense).

промежу́точный сбо́рный пункт intermediate assembly point; intermediate rallying point.

промежу́точный трансформа́тор interstage transformer, coupling transformer.

промежу́точный уравни́тельный рубе́ж phase line.

промерза́ние freezing through.

проме́рщик tapeman (Surv).

промеря́ть *v* measure.

промеря́ть на ка́рте measure distance on map.

промота́ние unlawful disposition of military property issued to soldiers.

промы́шленная мобилиза́ция industrial mobilization.

промы́шленные поме́хи man-made static, man-made interference; local interference.

проника́ть penetrate, gain access, get inside; pervade.

проникнове́ние penetration, gaining access, getting inside; pervasion.

пропага́нда propaganda.

пропе́ллер propeller, aircraft propeller.

пропорциона́льный ци́ркуль proportional divider (instrument).

пропо́рция ratio, proportion.

про́пуск password; pass.

пропуска́ть pass, let pass; omit.

пропуска́ющий полосово́й фильтр bandpass filter.

пропускна́я спосо́бность handling capacity; traffic capacity, railroad capacity; ton mileage.

прореза́ть *v* cut, cut through.

про́резь slit; notch.

про́резь для ремня́ slot in stock for sling (R, USSR).

про́резь прице́ла rear sight notch.

проруба́ть *v* clear (a passage); slash, slash through, cut through.

про́рубь air hole, hole cut in the ice.

проры́в break, break-through, penetration, breach; escape (of gases).

прорыва́ть оборо́ну break through a position, break through a defense, breach.

прорыва́ться break through; fight one's way (into or out); escape (of gases).

проса́чивание seeping, oozing; infiltration.

проса́чиваться seep through, ooze; infiltrate.

просве́т slot (Photo), clearance.

про́сека lane; clearing (in woods).

просёлок *See* **просёлочная доро́га.**

просёлочная доро́га dirt road, earth road, country road.

проскольза́ть slip through, sneak through.

просма́тривать look through, look all the way through (Genl; Tac observation); examine; survey.

проста́я алида́да open-sight alidade.

проста́я бума́жная изоля́ция single cotton cover.

проста́я шёлковая изоля́ция single silk cover (Elec).

проститу́ция prostitution.

просто́й demurrage.

просто́й *adj* simple, ordinary, plain, elementary.

простота́ simplicity.

простра́нственная ма́рка *See* **измери́тельная ма́рка.**

простра́нство room, space; terrain, ground.

простре́л *See* **простре́ливание.**

простре́ливание shooting through; covering with fire, keeping under fire.

простре́ливать shoot through; cover with fire, keep under fire.

просту́да cold (Med).

просту́пок misdemeanor, minor offense.

простыня́ sheet (bedding).

про́сьба request.

прота́лкивание pushing forward, forcing one's way.

проте́з prosthesis, prosthetic appliance.

протектора́т protectorate.

проте́ст protest; appeal by prosecution (Law, USSR).

про́тив ве́тра upwind, windward.

против движёния часовой стрёлки *See* против часовой стрёлки.

протѝвник enemy, adversary, opponent.

протѝвный вётер head wind, foul wind.

противоаэроплáнная оборóна *See* противовоздýшная оборóна.

противобатарёйная развёдка counter-battery reconnaissance.

противовёс counterweight; counterpoise (Rad).

противовоздýшная оборóна antiaircraft defense, air defense.

противовоздýшное прикрытие мáрша antiaircraft protection on march.

противовоздýшный *adj* antiaircraft.

противовоздýшный артиллерѝйский огóнь antiaircraft artillery fire.

противогáз gas mask; self-contained oxygen breathing apparatus.

"Противогáз — к бóю!" command for holding gas mask in position of readiness (USSR).

"Противогáз — к осмóтру!" "Check mask!"; "Inspect mask!"

противогáзовая корóбка canister (gas mask).

противогáзовая сýмка gas mask carrier.

"Противогáз — сложѝть!" "Replace mask!"

"Противогáз — снять!" "Remove mask!"

противодёйствие counteraction, opposition, reaction.

противодёйствовать counteract, counter, oppose, resist, react.

противодесáнтные операции operations against hostile airborne and amphibious forces.

противодымный фильтр mechanical filter (gas mask).

противозакóнный unlawful, illegal.

противозенѝтный *adj* against antiaircraft.

противозенѝтный манёвр air maneuver against antiaircraft defense, evasive action.

противоипрѝтная одёжда *See* защѝтная одёжда.

противоипрѝтный индивидуáльный пакёт *See* индивидуáльный противохимѝческий пакёт.

противомёра countermeasure.

противомёстный эффёкт antisidetone effect (Tp).

противообледенѝтель *m* deicer, anti-icer.

противооткáтные приспособлёния recoil mechanism, recoil system.

противооткáтный механѝзм counter-recoil mechanism.

противопехóтная мѝна antipersonnel mine.

противопехóтное заграждёние *See* противопехóтное препятствие.

противопехóтное препятствие antipersonnel obstacle.

противопожáрная безопáсность fire prevention, fire safety.

противопожáрная защѝта *See* противопожáрная охрáна.

противопожáрная охрáна fire protection, fire defense.

противопожáрная перегорóдка fire wall.

противопожáрная сигнализáция fire-alarm system.

противопожáрные мероприятия *See* противопожáрные мёры.

противопожáрные мёры fire-prevention measures.

противопожáрный *adj* fire-fighting, fire-prevention.

противопожáрный инвентáрь fire-fighting equipment.

противополóжный бёрег far bank, opposite bank; far shore.

противополóжный по фáзе out of phase (Rad).

противоставлять set against, oppose.

противостолбнячная сыворотка antitetanic serum.

противостоять withstand, hold out against, resist.

противотáнковая артиллёрия antitank artillery, antitank weapons.

противотáнковая батарёя antitank battery.

противотáнковая винтóвка antitank rifle.

противотáнковая мѝна antitank mine.

противотáнковая оборóна antimechanized defense, antitank defense, antimechanized protection.

противотáнковая огневáя завёса antitank barrage.

противотáнковая позѝция antitank position.

противотáнковая пýшка antitank gun; assault gun.

противотáнковая ручнáя зажигáтельная гранáта frangible grenade, Molotov cocktail.

противотáнковая систёма огня *See* систёма противотáнкового огня.

противотáнковая щель slit trench affording antitank protection.

противотáнковое заграждéние antitank obstacle.

противотáнковое наблюдéние antitank observation.

противотáнковое оборýдование мéстности organization of the ground for antimechanized defense.

противотáнковое огневóе заграждéние antitank barrage.

противотáнковое оповещéние antitank warning system.

противотáнковое орýдие antitank gun.

противотáнковое препятствие antitank obstacle, antitank barrier.

противотáнковое ружьё antitank rifle.

противотáнковые огневы́е срéдства antitank fire means, antitank fire weapons.

противотáнковые срéдства antitank weapons, antitank means; antimechanized weapons, means of protection against mechanized attack.

противотáнковый adj antitank, antimechanized.

противотáнковый заградѝтельный огóнь antitank barrage fire.

противотáнковый коридóр antitank terrain corridor.

противотáнковый огóнь antitank fire.

противотáнковый очáг antitank fort.

противотáнковый райóн antitank fortified area. See also противотáнковый очáг.

противотáнковый резéрв antimechanized reserve.

противотáнковый ров antitank ditch.

противохимѝческая защѝта protection against chemical attack.

противохимѝческая оборóна defense against chemical attacks.

противохимѝческий antichemical, antigas.

противохимѝческий пакéт gas casualty first-aid kit.

противохимѝческое оборýдование gas protective equipment.

противохимѝческое убéжище gasproof shelter.

противошёрстная стрéлка facing point switch (RR).

прóтив хóда часовóй стрéлки See прóтив часовóй стрéлки.

прóтив часовóй стрéлки counterclockwise.

протирáние орýжия See чѝстка орýжия.

протирáть v clean (Wpns).

протѝрка cleaning rod.

протóчная водá running water.

протяжéние extent, expanse.

протяжéние по фрóнту frontage.

профессионáльный радиоприёмник commercial receiver (Rad).

профилáктика prophylaxis.

профилѝрованная дорóга graded road.

прóфиль m profile, section.

прóфиль дорóги grade, road grade.

прóфиль крылá wing profile.

прóфиль лóпасти blade section (Ap).

прóфильное сопротивлéние profile drag (Aerodynamics).

прóфиль окóпа trench profile.

прóфиль m полёта flight path altitudes.

прóфиль посáдки flight path angle during landing approach.

прóфиль траншéи See прóфиль окóпа.

прохóд pass, passage.

прохóд в горáх mountain pass.

проходѝмая дорóга passable road.

проходѝмость road performance (vehicle); cross-country performance (vehicle); passableness (terrain); power of terrain penetration (Tac).

проходѝмый passable.

проходѝмый вброд fordable.

проходѝть v pass.

прохождéние passage, passing, clearance; flow (of correspondence).

прохождéние исхóдного пýнкта clearance of the initial point.

прохождéние исхóдного рубежá clearance of the initial line.

процéнт per cent; interest.

процéнтное отношéние percentage.

процéсс course; trial; procedure.

процéсс бóя flow of battle, course of battle.

прочёсывать comb over (an area).

прочѝстка gas cylinder cleaning tool (automatic R).

прóчная оборóна See упóрная оборóна.

прóчно firmly, reliably.

прóчное сопротивлéние орýдия разры́ву elastic strength pressure of gun.

прóчность solidness, durability, strength, stability, firmness, sturdiness.

прóчный solid, durable, strong, resistant, sturdy, firm, stable.

проявѝтель m developing solution, developer (Photo).

проявѝтельный бак developing tank (Photo).

проявительный прибор film-developing equipment.

проявле́ние development (Photo); manifestation, display.

проявля́ть show, display; develop (Photo).

проявля́ть инициати́ву display initiative.

пружи́на spring (Mech).

пружи́на взво́да sear spring.

пружи́на га́зовой ка́моры See пружи́на для ствола́.

пружи́на для ствола́ barrel loop (Lewis MG).

пружи́на затво́рно́й заде́ржки slide stop spring (pistol).

пружи́на защёлки магази́на magazine catch spring (pistol).

пружи́на защёлки скобы́ приклада butt latch spring (Lewis MG).

пружи́на защёлки шестерни́ gear stop spring (Lewis MG).

пружи́на магази́нной защёлки floor plate catch spring (R).

пружи́на о́си спусково́го крючка́ trigger pin spring (MG).

пружи́на па́льца ползуна́ приёмника belt feed pawl spring (MG).

пружи́на плу́нжера barrel plunger spring (MG).

пружи́на подава́теля magazine spring (R, pistol).

пружи́на прице́льной коло́дки rear sight base spring.

пружи́на прице́льной ра́мки rear sight leaf spring.

пружи́на спу́ска See пружи́на спусково́го рычага́.

пружи́на спусково́го рычага́ sear spring.

пружи́на спусково́й тя́ги trigger spring.

пружи́на сто́пора и соба́чки stop and rebound pawls spring (Lewis MG).

пружи́на уда́рника firing pin spring, firing spring.

пружи́на упо́ра подава́теля feed pawl spring (Lewis MG).

пружи́на упо́ра шестерни́ See пружи́на защёлки шестерни́.

пружи́на шатуна́ hammer strut spring (revolver).

пружи́на шо́мпола ejector rod spring (revolver).

пружи́нность elasticity.

пружи́нные весы́ spring balance.

пружи́нный нака́тник spring counter-recoil mechanism, spring recuperator.

пружи́нный переключа́тель jack (Elec).

пружи́нный уравнове́шивающий механи́зм spring equilibrator.

прут rod.

пры́гать v jump.

прыжо́к jump.

прыжо́к с вы́шки tower jump (Prcht).

пря́жка buckle.

пряма́я засе́чка intersection (Surv).

пряма́я ли́ния straight line.

пряма́я наво́дка direct laying, direct pointing, case I pointing.

пря́мо adv straight; straight ahead; directly, squarely.

"**Пря́мо!**" "Forward, march!" (from mark time).

прямо́е визи́рование foresight (Surv).

прямо́е возде́йствие direct effect (Horsemanship).

прямо́е попада́ние direct hit.

прямо́е сообще́ние through traffic, through service, through carriage.

прямо́й straight, direct; immediate, foremost; through (route, train, etc); straightforward.

прямо́й нача́льник superior officer, commanding officer.

прямо́й подъём straight ascent (skis).

прямо́й руже́йный вы́стрел close range shot, battle sight shot.

прямо́й у́гол right angle.

прямо́й уко́л straight thrust (Fencing).

прямолине́йность rectilinearity, straightness; straightforwardness.

прямолине́йный полёт straight course (Avn).

прямоуго́льник rectangle.

прямоуго́льное крыло́ square tip wing.

прямоуго́льные координа́ты rectangular coordinates.

прямоуго́льные о́си rectangular axes.

прямоуго́льный adj rectangular.

прямоуго́льный бипла́н orthogonal biplane.

прямоуго́льный маршру́т rectangular course, rectangular pattern.

прямоуго́льный треуго́льник right triangle.

прямочасто́тный конденса́тор straight-line frequency capacitor.

пря́тать hide, conceal.

психиа́тр psychiatrist, alienist.

психотехни́ческое испыта́ние mechanical intelligence test, test of mechanical ability.

психро́метр psychrometer.

ПТОЗ See противота́нковое огнево́е заграждение.

ПУАЗО See прибо́р управле́ния артиллери́йским зени́тным огнём.

публичное достояние public property, government property.

публичное заседание open session (court).

пугливая лошадь shyer (H).

пуговица button.

пузырёк уровня bubble of the level.

пузырь *m* со льдом ice bag, ice cap.

пулевое ранение gunshot wound.

пулемёт machine gun.

пулемёт для стрельбы через винт synchronized gun.

пулемётная батарея machine-gun battery.

пулемётная башня gunner's turret.

пулемётная двуколка machine-gun cart (two-wheeled).

пулемётная лента *See* патронная лента.

пулемётная огневая группа base of fire (MG).

пулемётная огневая точка machine-gun in its emplacement.

пулемётная очередь burst of machine-gun fire.

пулемётная подготовка machine-gun preparation.

пулемётная принадлежность machine-gun accessories.

пулемётная рота machine-gun company.

пулемётная рота углом вперёд machine-gun company in wedge formation (USSR).

пулемётная рота углом назад machine-gun company in inverted wedge formation (USSR). ·

пулемётная система machine-gun fire system.

пулемётная стрельба machine-gun fire.

пулемётная тачанка tachanka, light horse-drawn vehicle for transportation and mounting of machine guns (USSR).

пулемётная установка machine-gun mount.

пулемётная ячейка machine-gun pit, machine-gun emplacement.

пулемётное гнездо machine-gun nest.

пулемётное отделение machine-gun squad.

пулемётное подразделение machine-gun element, small machine-gun unit (lower than regiment).

пулемётно-пушечный танк tank armed with cannon and machine gun.

пулемётный *adj* machine-gun.

пулемётный батальон machine-gun battalion.

пулемётный взвод machine-gun platoon.

пулемётный обстрел *See* пулемётный огонь.

пулемётный огонь machine-gun fire.

пулемётный парк machine-gun park.

пулемётный полувзвод machine-gun section.

пулемётный расчёт machine-gun crew.

пулемётный ящик gun case (MG).

пулемётчик machine gunner.

пулеулавливатель *m* bullet trap (range).

пульвзвод *See* пулемётный взвод.

пульный вход section of barrel between chamber and origin of rifling.

пульс pulse.

пульсирующее напряжение pulsating voltage; ripple voltage (Rad).

пульсирующий ток pulsating current, ripple current (Rad).

пульт управления control panel (Rad).

пуля bullet.

пуля специального назначения special-purpose bullet (armor-piercing, tracer, etc).

пункт point; post; paragraph.

пункт атаки point of attack.

пункт боевого питания ammunition supply point, ammunition distributing point.

пункт ветеринарной помощи veterinary aid station.

пункт выгрузки *See* пункт разгрузки.

пункт вылета point of departure, take-off point.

пункт высадки debarkation point.

пункт главного удара point of main effort.

пункт медицинской помощи aid station.

пункт медпомощи *See* пункт медицинской помощи.

пункт переправы crossing point.

пункт погрузки entrucking point; entraining point.

пункт посадки embarkation point *See also* пункт погрузки.

пункт разгрузки detrucking point; detraining point.

пункт сбора больных и раненных лошадей veterinary collecting post.

пункт сбора донесений messenger section of signal center (USSR).

пункт сбора легко раненых collecting post for slightly wounded.

пункт обора посыльных messenger post at signal center.

пункт соединения железных дорог railroad junction, railroad hub.

пункт стоянки машин motor park, parking place.

пурга snowstorm; blizzard.

пусковая катушка booster coil (Ap).

пустой *adj* empty.

пустота emptiness; vacuum.

пустыня desert (Top).

путалище stirrup strap.

путевая скорость ground speed (Avn).

путевое довольствие travel allowance.

путевой компас pilot's compass.

путевой сигнальный прибор track signal (RR).

путеец transportation engineer; railroader; trackman.

путемер odometer.

путепровод overbridge, viaduct.

пути обхода routes of envelopment; detours.

пути отхода routes of withdrawal, routes of retirement, escape routes.

пути подхода avenues of approach, routes of approach.

пути сообщения communications.

путлище *See* путалище.

путовой сустав fetlock joint.

путь *m* route, track, path; tract (Med).

путь автоперевозок motorized traffic route.

путь движения route of march.

путь лопасти blade track (Ap).

путь наводки линии line route (Tp, Tg).

путь отступления route of retreat.

путь подвоза supply road; line of supply, axis of supply.

путь подвоза боеприпасов ammunition supply road.

путь подвоза и эвакуации axis of supply and evacuation, supply road.

путь проходимый самолётом за время падения бомбы whole range (Bombing).

путь радиоволн propagation pattern (Rad).

путь руления taxiway.

путь самолёта flight path, track.

путь свободного отката length of free recoil.

путь следования route of march.

путь эвакуации route of evacuation.

пучность antinode, loop (Rad).

пучность тока current loop (Rad).

пучок bundle; beam (Rad, Photo).

пушечная батарея gun battery.

пушечное сало light rust-preventive compound, gun lubricant.

пушечный каземат gun casemate.

пушечный огонь gun fire, cannon fire.

пушечный танк cannon tank.

пушистый снег new snow.

пушка gun, long-barrel gun; cannon (Avn).

пушка большой мощности high-power gun.

пушка на железнодорожной установке railway gun.

пушка среднего калибра medium caliber gun.

пушпульная ступень push-pull stage (Rad).

пыж wad (Am).

пыль dust.

пыльная буря dust storm.

пыльный dusty.

пыльный грунт dusty soil.

пытаться attempt, make an effort, try.

пьезоэлектрический piezo-electric.

пьезоэлектрический кристалл piezoelectric crystal.

пьезоэлектрический микрофон crystal microphone.

пьянство drunkenness.

пьяффе piaffer (Horsemanship).

пясть metacarpus; cannon (H).

пятка heel.

пятка лыжи *See* пяточный конец лыжи.

пятница Friday.

пятно spot; stain, blot, blotch; slur.

пяточный конец лыжи heel of the ski.

пятый отдел section No. 5 of a general staff, supply and evacuation section (USSR). *See also* отдел тыла.

Р

работа work, labor; job; operation, working; function.

работа в манеже riding hall work.

работа на корде lunging a horse.

работа на изгиб bending stress.

работа на поводу close work (Horsemanship).

работать work; operate, run.

работать вхолостую *v* run idle, idle.

работа штаба staff work.

рабо́тающая обши́вка   stressed skin (Ap).

рабо́тающий на инструме́нте   instrument man (Surv).

рабо́тающий по во́льному на́йму   contract employee.

рабо́тное вре́мя   dead time (Arty).

работоспосо́бность   working capacity.

рабо́чая волна́   working wave, working frequency, operating frequency.

рабо́чая дета́ль   operating part (Mech).

рабо́чая ка́рта   base chart (Met); individual situation map (maintained by individual commanders and members of their staffs, USSR).

рабо́чая ка́рта свя́зи   line route map.

рабо́чая нагру́зка пружи́ны   working tension of spring.

рабо́чая оде́жда   work uniform, fatigue uniform, fatigue dress, fatigues.

рабо́чая пло́щадь аэродро́ма   landing and take-off section of an airdrome.

рабо́чая си́ла   manpower.

рабо́чая смесь   air-fuel mixture (Mtr).

рабо́чая то́чка   operating point (Rad).

рабо́чее по́ле   *See* рабо́чая пло́щадь аэродро́ма.

Рабо́че-Крестья́нская Кра́сная А́рмия   Workers and Peasants Red Army.

рабо́че-крестья́нская мили́ция   workers and peasants militia (police USSR).

рабо́че-крестья́нский *adj*   workers and peasants.

рабо́чий   worker.

рабо́чий докуме́нт   work sheet.

рабо́чий объём цили́ндра   swept volume, piston displacement (Mtr).

рабо́чий по́езд   work train.

рабо́чий час   man-hour.

ра́венство   equality; identity.

равне́ние   alinement.

"Равне́ние нале́во!"   "Eyes left!"

"Равне́ние напра́во!"   "Eyes right!"

"Равне́ние на середи́ну!"   "Eyes center!" (USSR).

равни́на   plain (Top).

равнобе́дренный треуго́льник   isosceles triangle.

равнове́сие   balance, equilibrium.

равнове́сие пути́   stability about the vertical axis, stability in yaw (Ap)).

равноде́йствующая   resultant.

равноде́нствие   equinox.

равноме́рная нагру́зка   uniform load (Mech).

равноме́рно   evenly, uniformly.

равноме́рность   evenness, uniformity.

равноме́рные оса́дки   steady precipitation.

равноме́рный   even, uniform.

равносторо́нний треуго́льник   equilateral triangle.

ра́вный   equal, similar, alike.

"Равня́йсь!"   "Dress right, dress!"; "Right, dress, front!" (Arty drill).

равня́ться   aline, dress.

равня́ться *v* в ряда́х   cover, cover down.

радиа́льный артиллери́йский ого́нь   radial fire, all-around defensive fire.

радиа́н   radian.

радиа́тор   radiator.

радиацио́нный тума́н   radiation fog.

ра́дий   radium.

ра́дио   radio.

радиоакти́вное вещество́   radioactive substance.

радиоальтиме́тр   radio altimeter.

радиоаппара́т   radio apparatus.

радиоаппарату́ра   radio equipment.

радиобатальо́н   radio battalion (USSR).

радиовеща́ние   radio broadcasting; broadcast (Rad).

радиовеща́тельный вы́зов   broadcast call (CCBP).

радиовеща́тельный приёмник   broadcast receiver.

радиовожде́ние   *See* радионавига́ция.

радиоволна́   radio wave.

радиогра́мма   radiogram.

радиода́нные   radio operating data.

радиодежу́рство   radio watch (CCBP).

радиозо́нд   radio-sonde, radio meteorograph.

радиокана́л   radio channel.

рдиоко́мпас   radiocompass.

радиоко́мпасная ста́нция   radio direction-finding station.

радиома́чта   radio mast, radio tower.

радиомаши́на   radio truck, radio car.

радиомая́к   radio beacon.

радиометеорологи́ческая слу́жба   radio meteorological service.

радиомикрофо́н   radiomicrophone.

радиомолча́ние   radio silence.

радионавига́ция   radio navigation.

радионаправле́ние   two-station net (Rad Com).

радиообме́н   radio traffic; radio operating procedure, radio procedure.

радиоопера́тор   operator, radio operator.

радиоориентиро́вка   radio orientation.

радиопе́ленг   radio bearing.

радиопеленга́тор   radio direction finder, direction-finder indicator.

радиопеленгáторная стáнция direction-finding station, position-finding station.

радиопеленгáторные устанóвки radio direction-finding equipment.

радиопеленгáция *See* радиопеленгúрование.

радиопеленгúрование radio direction-finding.

радиопеленгóвание *See* радиопеленгúрование.

радиопереговóры radiotelephone conversations.

радиопередáтчик transmitter, radio transmitter.

радиопередáча radio transmission, transmission.

радиопередаюшая стáнция transmitting station, transmitting set.

радиоперехвáт radio intercept.

радиоподразделéние radio communication unit (smaller than regiment).

радиоподслýшивание listening in for radio intelligence.

рáдио-позывнóй сигнáл radio call sign (ССВР).

радиопомéха radio interference.

радиоприём radio reception.

радиоприёмник receiver, receiving set, radio receiver.

радиопрожéктор directional antenna.

радиоразвéдка radio intelligence.

радиоразвéдывательные срéдства position-finding means (Rad).

радиоразговóр radiotelephone conversation.

радиорóта radio company (USSR).

радиосвязь radio communication.

радиосéть radio net.

радиосéть взаимодéйствия liaison net.

радиосéть воздýшного наблюдéния оповещéния и связи aircraft warning and ground control net, combined aircraft warning net and tactical net used by controller in directing fighter aircraft.

радиосéть воздýшной и назéмной развéдки reconnaissance net (USSR).

радиосéть из двух стáнций two-station net (ССВР). *See also* радионаправлéние.

радиосéть комáндования command net.

радиосéть начáльника артиллéрии artillery net (Rad).

радиосéть оповещéния warning net (Rad).

радиосигнáл radio signal.

радиосигнализáция radio signalling.

радиосигнáл тревóги radio alarm signal.

радиосигнáльные таблúцы radio signal code.

радиосигнáльный *adj* radio-signal.

раиослéжка traffic analysis (Rad intelligence).

радиосообщéние radio message.

радиосрéдства radio means, means of radio communication.

радиостáнция radio station; radio set.

радиотелегрáмма radiotelegram.

радиотелегрáф radiotelegraph.

радиотелеграфúст radiotelegraph operator.

радиотелегрáфная связь radiotelegraph communication.

радиотелегрáфное имýщество radiotelegraph equipment.

радиотелегрáфные чáсти radiotelegraph units (USSR).

радиотелефóн radiotelephone.

радиотéхника radio engineering.

радиотрáфик radio traffic.

радиоýзел radio center (part of signal center, USSR).

радиоустанóвка radio installation.

радиофицúровать *v* radio equip.

радиоэкранирóвка radio shielding.

радиоэнéргия radio energy.

радúровать *v* radio.

радúст radio operator.

рáдиус radius; range.

рáдиус дéйствия radius of operation; range (Rad); cruising radius (Avn, Tk).

рáдиус поворóта turning radius (vehicle).

рáдуга rainbow.

разамунúчивание unharnessing.

разбéг run, running start; take-off run (Avn).

разбивáть break, smash, shatter; defeat; lay out (ground); subdivide (lot); pitch (tent, etc).

разбúвка layout (of ground); subdivision (of lot).

разбирáтельство дéла court proceedings, trial.

разбирáть review, analyze, criticize; try (in court); sort, look through; take apart, disassemble, strip, dismantle.

разбирáть орýжие take arms (Drill); disassemble, strip (Wpns).

разбúть на гóлову utterly defeat, rout, put to rout.

разбóй robbery.

разбóр review, analysis, critique; trial (in court); sorting; taking apart, disassembling, stripping, dismantling, dismantlement.

разбóр дéла *See* разбирáтельство дéла.

разбо́рка sorting; taking apart, disassembling, stripping, dismantling.

разбо́рный knock-down, sectional, collapsible.

разбо́рный мост sectional bridge.

разбо́р око́нченного бо́я critique after battle.

разбра́сывать *v tr* scatter, disperse.

разбро́ска сил dispersion of force, dispersion (Tac).

разва́л disintegration.

разва́лины ruins.

разве́данный *adj* reconnoitered.

разведгру́ппа *See* разве́дывательная гру́ппа *and* разве́дывательная па́ртия.

разведдонесе́ние *See* разве́дывательное донесе́ние.

разведе́ние breeding.

разве́дка reconnaissance.

разве́дка бо́ем reconnaissance in force.

разве́дка доро́г road reconnaissance.

разве́дка исто́чников водоснабже́ния water reconnaissance.

разве́дка ме́стности reconnaissance of terrain.

раве́дка мосто́в bridge reconnaissance.

разве́дка наблюде́нием reconnaissance by observation.

разве́дка огнево́й пози́ции reconnaissance for position (Arty).

разве́дка пого́ды weather reconnaissance.

разве́дка пози́ции reconnaissance of position.

разве́дка по ка́рте map reconnaissance.

разве́дка проти́вника reconnaissance of the enemy.

разве́дка противота́нковых препя́тствий reconnaissance of antitank obstacles.

разве́дка пути́ route reconnaissance.

разве́дка свя́зи *See* разве́дка сре́дствами свя́зи.

разве́дка си́лою reconnaissance in force.

разве́дка сре́дствами свя́зи signal intelligence.

разве́дка фотографи́рованием photographic reconnaissance.

разве́дка це́лей reconnaissance of targets.

разведо́рган *See* разве́дывательный о́рган.

разведсво́дка *See* разве́дывательная сво́дка.

разведча́сть *See* разве́дывательная часть.

разве́дчик scout, reconnaissance scout; scout airplane; reconnaissance airplane;

observation aircraft assigned to the artillery; observation airplane. *See also* самолёт разве́дчик *and* разве́дывательный самолёт.

разве́дчик - корректиро́вщик artillery fire-directing plane.

разве́дчик-лы́жник ski scout.

разве́дчик - мотоцикли́ст motorcycle scout.

разве́дчик-наблюда́тель *m* scout-observer (USSR).

разве́дчик-сапёр pioneer-scout (USSR).

разве́дывание scouting; reconnoitering, conduct of reconnaissance.

разве́дывание маршру́тов route reconnaissance.

разве́дывательная авиа́ция observation aviation, reconnaissance aviation.

разве́дывательная авиа́ция да́льнего де́йствия long-range observation aviation (USSR).

разве́дывательная автомаши́на scout car.

разве́дывательная гру́ппа reconnaissance echelon.

разве́дывательная зада́ча reconnaissance mission.

разве́дывательная па́ртия reconnaissance party.

разве́дывательная радиоста́нция radio intelligence station (for position finding and intercept, USSR).

разве́дывательная ро́та reconnaissance company (Mech Cav).

разве́дывательная сво́дка periodic intelligence report; G-2 periodic report.

разве́дывательная слу́жба reconnaissance duty; reconnaissance service.

разве́дывательная схе́ма reconnaissance sketch; intelligence situation map, intelligence map.

разве́дывательная часть reconnaissance unit.

разве́дывательное донесе́ние reconnaissance report; intelligence report.

разве́дывательное отделе́ние military intelligence section, S-2.

разве́дывательное подразделе́ние reconnaissance element.

разве́дывательные де́йствия reconnaissance activities, reconnaissance operations.

разве́дывательные о́рганы reconnaissance agencies.

разве́дывательные сре́дства reconnaissance means, information-gathering means.

разве́дывательный *adj* reconnaissance; observation (Avn).

разве́дывательный ана́лиз analysis of information.

разве́дывательный артиллери́йский дивизио́н observation battalion.

разве́дывательный батальо́н division reconnaissance battalion (USSR).

разве́дывательный бой combat for information, reconnaissance in force.

разве́дывательный дивизио́н *See* разве́дывательный артиллери́йский дивизио́н.

разве́дывательный дозо́р reconnaissance patrol.

разве́дывательный отде́л military intelligence section, G-2.

разве́дывательный по́иск raid (Rcn).

разве́дывательный полёт reconnaissance flight.

разве́дывательный полк observation wing (Avn, USSR); reconnaissance regiment (Mech Cav, USA).

разве́дывательный самолёт reconnaissance airplane; observation airplane.

разве́дывательный танк reconnaissance tank.

разве́дывать reconnoiter.

"Разверни́сь!" "As skirmishers!"

развёрнутый строй line formation (in two ranks, USSR); order in line (Arty); extended mass formation.

разверну́ть *See* развёртывать.

развёртывание unrolling, unfurling, unwrapping; establishment, setting up; squaring (shoulders); turning out (feet); deployment, deploying.

развёртывание се́ти establishing a net, setting up a net (Sig C).

развёртывать unroll, unfurl, unfold, unwrap; establish, set up; square (shoulders); turn out (feet); deploy.

развёртывать носки́ turn out feet.

развёртываться deploy. *See also* развёртывать.

развёртываться для бо́я deploy for combat.

развёртывающий стано́к rectifying attachment for copy camera (Aerial Photo).

разветвле́ние ramification, fork.

развива́ть develop, exploit.

разви́лина fork, forking, furcation; bifurcation.

разви́лок доро́ги road fork.

разви́тие development, progress; exploitation.

разви́тие бо́я progress of battle.

разви́тие наступле́ния progress of attack, development of attack.

разви́тие прорыва exploitation of breakthrough; widening of breech, widening of penetration, extending the gap of penetration.

разви́тие успе́ха exploitation of success.

разво́д divorce; breeding; raising; opening (of bridge); mount, mounting (of guard); post, posting (of sentinel).

разводи́ть divorce; breed; raise; dilute; light (a fire); open (bridge); mount (of guard); post (sentinels).

разво́д карау́лов guard mount, guard mounting.

разводно́й мост drawbridge.

разво́дный мост *See* разводно́й мост.

разводя́щий corporal of the guard.

разворо́т винто́вки canting of rifle.

разворо́т лыж setting skis at angle.

развью́чка unpacking (Pack Arty).

развя́зывание unbinding, untying; decoupling (Elec).

разга́дывать шифр break a cipher.

разгиба́тель взрыва́теля percussion plunger.

разгиба́ть unbend, straighten.

разглаше́ние disclosure; unauthorized disclosure.

разгово́р talk, conversation.

разгово́рная цепь receiving and transmitting circuit, talking circuit (Tp).

разгово́рно-вызывно́й ключ talk-ring key (Tp).

разгово́рный выключа́тель hand-set switch, press-to-talk switch (Tp).

разгово́рный кла́пан press-to-talk switch, lever switch (Tp).

разгово́рный ток talking current (Tp).

разгора́ние кана́ла ствола́ erosion, barrel erosion.

разгражда́ть ми́нные поля́ clear mine fields, sweep mines, remove mines.

разгражде́ние ми́нных поле́й removal of mines, clearing of mine fields, mine sweeping.

разграниче́ние delimitation, demarcation.

разграни́чивать differentiate, delimit.

разграничи́тельная ли́ния dividing line, boundary.

разгро́м rout; destruction.

разгроми́ть *v* rout; destroy.

разгру́зка unloading; detraining; detrucking.

раздава́ть distribute, allot.

раздáтчик distributor (man).

раздáча distribution, allotment.

раздвижнóй ключ adjustable wrench.

раздвижнóй колпáк sliding canopy.

раздевáльня check room; disrobing room (Med).

разделéние огня fire distribution.

разделúтельная ступéнь isolator stage, buffer stage (Rad).

разделúтельный знак separative sign (CCBP).

раздéльное заряжáние separate loading (Am).

разделя́ть divide; separate.

раздражáющее отравля́ющее вещéство harassing gas. *See also* **чихáтельное отравля́ющее вещество.**

раздроблéние comminuted fracture.

раздробля́ть break up, split; comminute (Med).

раздýвшееся орýдие dilated gun, inflated gun.

разжижéние мáсла oil dilution.

разлёт scattering (birds); spray (of splinters, etc).

разлúв flood, overflow.

разлúвочный пункт refueling point, gas station.

различáть distinguish, discern.

разлúчный different.

размагнúчивать *v* demagnetize.

размáх swing.

размáх боевы́х дéйствий scale of military operations.

размáх кры́льев *See* **размáх самолёта.**

размáх манёвров scale of maneuvers.

размáх самолёта span (Ap).

размéр dimension, size, extent, scale.

размéр фрóнта frontage.

размéтка marking, plotting; layout.

размещáть locate, place, arrange; distribute.

размещéние distribution, placement; disposition, arrangement; location.

разминáть limber up.

разминúрование de-mining, mine field clearance.

разминúровать de-mine, remove mines, clear mines.

размúнка stimulating circulation by body movements; setting-up exercises.

размножáть multiply; reproduce.

размножéние reproduction.

размóтка unwinding.

размы́в wash out, scour.

размыкáть цепь open a circuit.

рáзница difference.

разнобóй lack of coordination; discord; calibration error. *See also* **попрáвка на разнобóй.**

разнобóйность variation in shooting qualities of the pieces of a battery.

разноглáсие controversy, disagreement, differences of opinion.

разнóжка straddle dismount.

разнóска пóчты mail delivery.

разнóсная кнúга route delivery book.

рáзность variety, diversity; difference (Math).

рáзность потенциáлов potential difference.

рáзность фаз phase difference (Elec).

рáзность фаз в 180° phase opposition (Elec).

разнýзданная лóшадь unbitted horse.

разнýздывать unbit (H).

рáзный different, various.

разобщённость disconnection, isolation.

разобщённый disconnected, isolated.

разобщúтель *m* disconnector (pistol).

разогрéв *See* **размúнка.**

разогревáть *v* warm up.

"Разойдúсь!" "Dismissed!"

разóмкнутая цепь open circuit.

разóмкнутый строй formation with men at normal or extended interval (USSR).

разóмкнутый ход open traverse (Surv).

разóрванно дождевы́е облакá ragged nimbus clouds.

разóрванно-слóистые облакá fractostratus.

разорвáться *See* **разрывáться.**

разоружáть disarm; dismantle.

разоружéние disarmament; dismantling.

разрабóтка elaboration, working out.

разрежéние decompression; rarefaction.

разрежённый вóздух rarefied air.

разрéз cut, gash, slash; gap; section (drawing).

разрезнáя голóвка разрезнóй чеки slotted head of the magazine catch lock (pistol).

разрезнáя чекá магазúнной защёлки magazine catch lock (pistol).

разрезнóе кольцó стволá locking ring, locking hoop (G).

разрезнóй шплинт пáльца приёмника belt holding pawl split pin (Browning MG).

разрешáть permit, allow, authorize; solve (problem).

разрешáть дéло decide a case.

разрешáющая спосóбность объектúва resolving power of a lens (camera).

разрешающая способность эмульсии resolving power of the emulsion (Photo).

разрешение permit, permission, authorization; solution (of a problem).

разрешение на вылет aircraft clearance.

разрешение самолёту произвести посадку landing clearance.

разрозненная атака uncoordinated attack.

разрозненный uncoordinated, isolated.

разрубать cut to pieces, slash.

разрушающая нагрузка ultimate load (Stress Analysis).

разрушение destruction, demolition.

разрушительный destructive.

разрыв burst; break-off; rupture; gap; discontinuity (Met).

разрывать tear, disrupt, break apart, rupture.

разрываться tear, be torn; burst.

разрыв в створе с целью line shot (Arty).

разрыв выше цели air, air burst above base of target.

разрыв дипломатических сношений severance of diplomatic relations.

разрыв ниже цели below, air burst below base of target.

разрывной заряд base charge (shrapnel), bursting charge.

разрыв снаряда shell burst.

разряд class, category; discharge (Elec, Wpn).

разрядка See разряжание.

разрядник spark gap.

разрядный ток discharge current.

разряжание discharging (Elec); unloading (Am).

разряжать discharge (Elec); unload (Am).

разъединять disconnect; break up, split; separate.

разъезд mounted patrol; passing track (RR).

разъезд огневой позиции See огневой разъезд.

разъезд связи mounted liaison party.

разыгрываться break out (storm, etc); take place (battle).

район region, area, zone. See also район обороны.

район артиллерийских позиций artillery position area.

район аэродрома local flying area.

район бивáков bivouac area.

район заражения contaminated area.

районный regional.

район обороны defense area (of a Bn or smaller unit).

район обороны взвода See взводный район.

район огневых позиций firing position area.

район отдыха See район расположения на отдых.

район расположения на отдых shelter area; rest area.

район сбора assembly area.

район стыка area of contact between two units.

рак crawfish; cancer.

ракета rocket, flare, pyrotechnic signal.

ракета цветного дыма colored smoke flare.

ракетница rocket projector, pyrotechnic projector, pyrotechnic discharger, ground signal projector.

ракетный пистолет Very pistol; signal pistol, pyrotechnic pistol, flare gun.

ракетчик rocket gunner.

рама frame; chassis; body (Tp); panel (Elec). See also промежуточная рама.

рама замка lock frame (MG).

рама затвора breechblock carrier.

рама ствола barrel extension (MG).

рамка frame; receiver (pistol). See also рамочная антенна.

рамка прицела See прицельная планка.

рамка револьвера revolver frame.

рамный рельс stock rail.

рамочная антенна loop antenna.

рамочный прицел leaf sight.

рана wound.

раневая инфекция wound infection.

раневой сепсис See раневая инфекция.

ранение battle injury; wound.

ранение живота abdominal wound.

раненый wounded man.

ранец haversack, knapsack.

ранец парашюта parachute pack.

ранцевая радиостанция portable radio set, walkie-talkie.

ранцевый огнемёт portable flame thrower.

рапорт report.

рапортовать *v* report (orally).

раскалывать break (into fragments); break up, split (Tac).

расквартирование quartering.

раскладка display; apportionment of provisions (Army cooking).

раскладка сигналов panel display (CCBP).

раскодировать decode.

раскос jury strut; brace; truss.
раскрывать open up, unwrap; open; disclose, reveal.
распад disintegration; falling to pieces.
распечатывать unseal; open (mail).
расписание schedule, timetable.
расписание караульного наряда list of guard detail showing reliefs and posts.
расписка receipt, voucher.
расписываться sign, affix one's signature.
расплата pay-off; revenge, retaliation.
распознавание recognition; identification.
распознавать discern, distinguish; recognize, identify.
располагать place, locate, dispose, distribute; have at one's disposal.
располагаться в открытую occupy an open position.
расположение disposition, distribution; location.
расположение биваком bivouacking.
расположение казарменным порядком quartering in barracks.
расположение квартиробиваком close billeting.
расположение на месте disposition of troops for a halt.
расположение по квартирам billeting.
расположенный located, situated.
распорка strut; crossbar; tie beam.
распорка крыла drag strut.
распорка фюзеляжа stay, strut (Ap fuselage).
распорки *fpl* для лыж ski rack.
распорное кольцо магазина magazine spacer ring (Lewis MG).
распорядительная станция regulating station.
распорядительное заседание суда *See* подготовительное заседание суда.
распорядительность administrative ability.
распорядок routine, schedule, order.
распоряжение order, instruction given by chief of staff in behalf of commanding officer.
распоряжение по связи signal operation instruction.
распределение distribution; assignment (duty, targets, etc).
распределение волн *See* распределение частот.
распределение нагрузки distribution of load.
распределение огня fire distribution.
распределение сил distribution of forces.

распределение частот allocation of frequencies, assignment of frequencies.
распределённая ёмкость distributed capacity (Rad).
распределительная коробка junction box.
распределительная станция regulating station.
распределительный вал camshaft.
распределительный пост clearing station.
распределительный пункт distributing point.
распределительный щит distribution switchboard.
распределитель перемотки плёнки film guide.
распределять distribute, allocate, apportion.
распространение propagation; dissemination, spreading.
распространение волн wave propagation (Rad).
распространять propagate; disseminate, spread.
распускать let loose, loosen; let discipline slacken; dismiss (Drill).
распыление spraying; dissipation, scattering, dispersal.
распыленно by driblets.
распылять spray; dissipate, scatter, disperse.
рассвет dawn, sunrise, daybreak.
расседлывать unsaddle.
рассеивание dispersion, dispersal, dissipation, scattering.
рассеивание данного момента dispersion of the moment (Arty).
рассеивание по высоте dispersion in vertical plane (Arty).
рассеивание по дальности dispersion in range, dispersion in depth (Arty).
рассеивание по направлению dispersion in deflection, lateral dispersion (Arty).
рассеивание разрывов dispersion of bursts (Arty).
рассеивание снарядов fire dispersion.
рассеивание траекторий *See* рассеивание снарядов.
рассеиватель *m* diffuser (Optics).
рассеивать disperse, dissipate, scatter.
рассеивающий механизм traversing mechanism (MG).
рассекать *v* cut, split.
расселина cleft, chink, crevice.
рассеянный свет dispersed light.
расслаблять loosen; relax (muscles).

расслéдование investigation, inquiry.
расслéдовать investigate.
рассмáтривать look at, take a view of; examine, consider.
рассмáтривать дéло hear a case, try a case.
рассортирóвка classification, sorting.
рассортирóвывать sort, classify.
расспрáшивать ask questions, make inquiries, interrogate.
расспрóс questioning, interrogation.
рассредотóчение dispersion, dispersal.
рассредотóченное расположéние dispersal, dispersed disposition.
рассредотóченные огневы́е срéдства dispersed fire means, dispersed fire weapons.
рассредотóченный *adj* dispersed, distributed.
рассредотóченный марш по фрóнту и в глубину́ march in open formation.
рассредотóченный огóнь distributed fire.
рассредотóчивать disperse, distribute.
расставля́ть place, arrange, dispose; spread; post (guard).
расстанóвка disposition, distribution.
расстанóвка на посты́ posting of reliefs, posting of sentinels.
расстёгивать unfasten, open, unbutton.
расстоя́ние distance, space, interval.
расстоя́ние по дугé большóго кру́га great-circle distance (Rad).
расстоя́ние скачкá skip distance (Rad).
расстрáивать disorganize, disrupt, upset; detune.
расстрéл execution by shooting.
расстрéливать shoot; execute by shooting; shoot down at close range; wear away (bore of gun); use up (Am).
расстрéливать в упóр shoot down point-blank.
расстрóйка detuning.
расстрóйство disorganization, disruption, disorder, upset.
рассчи́тывать calculate; design; expect; count on, rely on; dismiss, fire.
рассыпáться *v intr* disperse, scatter.
раствóр solution (Cml).
раствори́тель *m* solvent.
раствори́тель нитросостáвов nitro-solvent.
расти́ grow; increase.
растирáть rub, massage; smooth (skis).
расти́тельная маскирóвка living camouflage.
расти́тельность vegetation.

расторгáть договóр break a contract; break a treaty.
расторóпность alertness, smartness, efficiency.
растр grating (Optics).
растрáта embezzlement.
растрáчивать dissipate, waste; embezzle.
растру́б микрофóна mouthpiece (Tp).
растру́б-пламегаси́тель *m See* пламегаси́тель.
растя́гивать *v* stretch.
растяжéние stretching, extension; tension (stress analysis); strain (Med).
растяжéние му́скула muscle strain.
растяжи́мость elasticity.
растя́жка stretching, extension; elongation (of column).
растя́жка соединя́ющая кры́лья биплáна stagger wire (Ap).
растя́нутая рысь fast trot.
расформировáние breaking up, disbandment; breaking (of trains).
расхищéние misappropriation.
расхóд expenditure, consumption.
расхóдный гурт скотá herd of cattle for fresh meat supply.
расхóдование spending, expenditure.
расхóдовать expend, spend, use up, consume.
расхóды *mpl* expenses, expenditures.
расходя́щийся вéер open sheaf.
расхождéние divergence, deviation; discrepancy.
расцéнивать evaluate, appraise.
расцеплéние disconnection.
"Расцепля́й!" "Uncouple!" (Mtr-Dr. Arty).
расчáлка bracing, drag bracing, internal bracing (Ap).
расчáлка крылá bracing wire (Ap).
расчáлочное крылó монопланá wing with external bracing.
расчёт calculation, computation; design (Mech); crew, team. *See also* боевóй расчёт.
расчёт батарéи battery personnel (Arty).
расчёт врéмени timing.
расчёт на движéние march schedule.
расчёт на прóчность stress analysis.
расчётная нагру́зка design load, ultimate load.
расчётная оши́бка error in computation.
расчётная траектóрия computed trajectory.
расчётно-снабжéнческая едини́ца unit of supply.
расчётный спóсоб перенóса огня́ computation of shift (Arty).

расчёт потрéбностей estimate of requirements.

расчёт потрéбности боеприпáсов ammunition estimate.

"Расчёт — станови́сь!" "Squad, fall in!" (MG Drill, USSR).

расчи́стка clearing, clearance.

расчи́стка обзóра clearance of field of view.

расчи́стка обстрéла clearance of field of fire.

расчи́танная попрáвка computed correction.

расчищáть clear, clear away.

расчленéние development (Tac); dispersal (formation); deployment; extension (formation); assumption of staggered formation.

расчленéние в цепь deployment as skirmishers.

расчленённое управлéние decentralized control.

расчленённый марш march in open formation.

расчленённый порядок dispersed formation, maneuvering formation.

расчленённый строй extended order, open formation.

расчленять *v tr* divide, break up, dismember, partition; develop (Tac); disperse (formation); deploy; extend (formation); form staggered formation.

расшáтываться become unsteady, get loose.

расширéние extension, widening, expansion.

расширять extend, widen, expand.

расшифровáние decryptographing, decoding, deciphering; interpretation (Aerial Photo, etc).

расшифрóвывать decryptograph, decode, decipher; interpret (Aerial Photo).

расщéлина crack, fissure; gorge, chasm; crevasse; ravine.

ратификáция ratification.

рациóнный паёк ration.

рáция *See* радиостáнция.

рвáная рáна lacerated wound, tear.

рвáный монтáж mosaic mounted by tearing.

рвать tear, rip; break, sever; vomit.

рвóта vomiting.

реакти́вная кату́шка choke coil, impedance coil.

реакти́вное сопротивлéние reactance.

реакти́вный дви́гатель jet propulsion engine.

реакти́вный снаряд rocket shell.

реáкция reaction.

реализáция realization (accomplishment); converting into money, sale.

реампутáция reamputation.

ребóрд *See* грéбень колесá.

ребрó rib.

ребрó охлаждéния cooling fin, cooling rib (Mtr).

ревéрс reverse (of coin, etc; Mech).

ревмати́зм rheumatism.

револьвéр revolver.

револьвéрная диафрáгма rotating disk, disk diaphragm (Photo).

револьвéрный *adj* revolver; turret (Mech).

ревýн *See* сирéна.

регистрациóнный прибóр recording instrument, recording apparatus.

регистрáция registration, recording, indexing.

регистри́ровать *v* register, record, index.

регистри́рующий аппарáт *See* регистрациóнный прибóр.

регули́рование *See* регулирóвка.

регули́рование движéния traffic management, traffic control, regulation of traffic.

регули́ровать *v* adjust, regulate; control (Traffic).

регулирóвка adjustment, regulation; control (Traffic).

регулирóвка температýры temperature control.

регулирóвка усилéния volume control.

регулирóвочный винт adjusting screw.

регулирóвочный ключ adjusting tool.

регулирóвочный пункт regulating point; control point (Traffic).

регулирóвщик пути́ traffic control man (Mil).

регули́рующий пункт *See* регулирóвочный пункт.

регули́рующий рубéж traffic line; phase line.

регули́рующийся стабилизáтор adjustable stabilizer.

регулярный *adj* regular.

регулятор regulator. *See also* гáзовый регулятор.

регулятор накáта counterrecoil buffer.

регулятор напряжéния voltage regulator.

регулятор откáта recoil buffer.

регулятор тéмбра tone control.

регулятор числá оборóтов двигателя governor (Mtr).

рéдкий rare, infrequent; thin, sparse.

рéдкий лес sparse woods.

рéдкий огóнь slow fire.

редуци́рование reduction (Photo).
рее́стр list; ledger.
рее́чник *See* ре́ечный.
рее́чный rodman (Surv).
режи́м regime; diet, regimen.
режи́м огня́ rate of fire (per piece).
режи́м пита́ния diet.
режи́м полёта all aspects of given flight.
режи́м реки́ habit of river.
ре́жущий уда́р slash.
ре́жущий уда́р сле́ва left slash (bayonet drill, USSR).
ре́жущий уда́р спра́ва right slash (bayonet drill, USSR).
ре́жущий штык knife bayonet.
ре́заная ра́на incised wound, cut.
ре́звость mettle; speed (Cav Tac).
резе́кция resection (Med).
резе́рв reserve.
резе́рв гла́вного кома́ндования general headquarters reserve.
резе́рвные сре́дства reserve means.
резе́рвные сре́дства свя́зи emergency means of communication.
рези́на rubber.
рези́нка eraser.
рези́новая изоля́ция rubber insulation.
рези́новая пласти́нчатая амортиза́ция rubber compression-disk shock absorber.
рези́новая прокла́дка rubber inserts.
рези́новая тру́бка rubber tube, rubber hose; rubber cover, rubber jacket (of wire, cable, etc).
рези́новая шнурова́я амортиза́ция rubber-cord shock absorber.
резисти́вный усили́тель resistance-coupled amplifier.
резици́ровать resect (Med).
ре́зка cutting (process).
ре́зкий sharp, hard; harsh (criticism); biting, cutting (wind).
ре́зкое движе́ние jerk; violent movement, excessive movement.
ре́зкость изображе́ния sharpness of image (Photo).
ре́зкость ко́нтура sharpness of definition (Photo).
резона́нс resonance.
резона́нсная частота́ resonant frequency.
резона́нсный *adj* resonance; resonant.
резона́нсный ко́нтур resonant circuit.
результа́т result, consequence, outcome.
результа́т бо́я outcome of battle.
результа́т обсле́дования findings.
резьба́ винта́ thread of screw.
резьбово́е соедине́ние threaded joint.
рейд raid.
рейди́ровать *v* raid.

ре́йка strip of wood, lath, batten; rod, staff (Surv); rack (Lewis MG).
рейс run; trip, passage; cruise.
рейсши́на T-square.
река́ river.
реквизи́ция requisition, impressment.
рекогносциро́вка reconnoitering, reconnaissance.
рекогносциро́вочная гру́ппа *See* разве́дывательная гру́ппа.
рекогносциро́вочный *adj* reconnaissance, reconnoitering. *See also* разве́дывательный.
рекомендова́ть recommend, advise, suggest.
реконстру́кция reconstruction.
рекру́тский набо́р draft, conscription.
ректа́льно rectally, per rectum.
реле́ relay (Elec).
реле́ заме́дленного де́йствия time-delay relay.
реле́йный прерыва́тель circuit breaker.
релье́ф relief (surface).
релье́ф ме́стности configuration of the ground, ground relief, relief.
рельс rail (RR).
ре́льсовая колея́ gage of track, running gage, rail gage.
ре́льсовый *adj* rail.
ре́льсовый путь track (RR).
ре́льсовый стык rail joint.
ре́льсовый тра́нспорт rail transportation.
ре́льсовый треуго́льник wye, Y (RR).
реме́нь *m* leather strap. *See also* руже́йный реме́нь.
реме́нь подпру́ги cincha strap (harness).
"Реме́нь подтяну́ть!" "Adjust slings!"
ремешо́к small size leather strap; leather locking strap.
ремо́нт repair, refitting; reconditioning; maintenance; remount (supply of horses); remounts (horses).
ремонти́рование remounting (procurement service).
ремо́нтная лету́чка mobile repair shop.
ремо́нтная ло́шадь remount (H).
ремо́нтная мастерска́я repair shop.
ремо́нтно-восстанови́тельные рабо́ты rehabilitation work (Eng).
ремо́нтно-запра́вочный стэнд hard standing; service apron.
ремо́нтный райо́н remount area.
рему́ bump (Avn).
рентге́но-аппарату́ра X-ray apparatus; X-ray equipment.
рентге́новские лучи́ X-rays.
рентге́новский *adj* X-ray, roentgen.

рентгеновский кабинет X-ray room; X-ray section.
рентгеновский снимок X-ray picture.
рентгенограмма roentgenogram.
рентгенологическое обследование X-ray examination.
рентгеноскопия fluoroscopy.
рентгенотехник X-ray technician, roentgenographic technician.
реостат rheostat, variable resistor (Elec).
репарации reparations.
репер check point, registration point, referring point, auxiliary target, registration target.
репица root of the dock, root of tail (H).
репозиция reposition (Med).
репрессалии reprisals.
репрессия repressive measure; measure of reprisal.
репродукционная камера copying camera.
репродукция reproduction.
ресурсы resources.
ретардер *See* замедлитель *m*.
ретуширование retouching (Photo).
ретушь *See* ретуширование.
рефлекс reflex.
рефлекс-камера *See* зеркальная камера.
рефлектор reflector, reflecting projector (Photo).
рефлекторное зеркало reflecting mirror.
рефлекторное освещение illumination by transmitted light.
рефракция refraction.
рецидив relapse (Med); repeated offense.
рецепт prescription, recipe.
речка stream (Top).
речная переправа river crossing.
речная преграда river barrier, river line.
речная сеть river system.
речной *adj* river.
речной десант amphibious landing (river); river-borne landing force.
речной кабель *See* подводный кабель.
речной корабль river vessel.
речной монитор *See* монитор.
речной рубеж river line (Tac).
речные пути сообщения inland waterways.
решать solve (a problem); decide.
решать участь боя decide outcome of battle.
решающая атака *See* решающий удар.
решающее направление decisive direction.
решающее поражение decisive defeat.
решающий decisive, critical, determinative, conclusive.
решающий удар decisive attack.
решение decision, solution (of a problem); verdict.
решение командира commander's decision, decision of the commander.
решение треугольника solution of triangle.
решётка grate; rail fence.
решётчатый мост truss bridge.
решимость *See* решительность.
решительная атака determined attack, determined assault.
решительное контрнаступление determined counteroffensive.
решительное превосходство decisive superiority; overwhelming superiority.
решительное сражение decisive battle.
решительность determination, resolution, resoluteness; decisiveness.
решительный resolute, determined; definitive, decisive, conclusive; critical.
ржавчина rust.
рикошет ricochet.
рикошетировать *v* ricochet.
рикошетный выстрел ricochet (Shot).
римская цифра roman numeral.
рингельноподкосный мост double-lock spar bridge.
риск risk, hazard.
риска gradational mark (of scale).
рискованный risky, hazardous.
рисковать risk, take a chance, hazard, venture.
рисовать обстановку describe the situation.
рисунок drawing; figure, illustration.
ритм rhythm.
ров ditch.
ровик slit trench. *See also* отхожий ровик.
ровная местность flat terrain, even ground, flat ground.
ровная мушка centered front sight.
ровный even; level, flat, smooth; steady.
ровный аллюр even gait of march.
рогатка turnstile; knife rest, cheval de frise.
рогатый скот cattle.
роговая бородавка chestnut (H).
роговой компенсатор horn balance (aerodynamic balanced surface).
род kind; genus; gender.
род войск arm, branch of the army.
родина fatherland, native country.
род огня type of fire.
род оружия *See* род войск.
роды войск и служб arms and services.

рожки боевой личинки extractor horns (Maxim MG).

рожок bugle, horn.

роза ветров wind rose.

розыск search; detection, finding.

рокадная дорога belt road, lateral road.

рокадный *adj* belt, lateral (Rd, RR, etc).

рокадный путь движения lateral route of march.

рокировка castling (Chess); lateral troop movement, shifting of troops along the front.

ролик roller; pulley.

роликовый ключ roller key (Тр).

роликовый подшипник roller bearing.

ромб rhomb (Geometry); diamond formation; box of four (formation, Avn).

ромбическая антенна rhombic antenna.

роса dew.

рост height (Anatomy).

рост давления rise of pressure.

ростовая ячейка standing-type foxhole; standing-type fire position (trench).

рот mouth.

рота company.

рота в две линии rifle company in two lines of platoons (extended order, USSR).

рота в две шеренги company in line (elements formed in two ranks, USSR).

рота в линии взводных колонн company in mass formation.

рота в линии стрелковых взводов rifle company in line of platoons (extended order, USSR).

рота противотанковых ружей antitank rifle company.

рота связи signal company.

рота углом вперёд rifle company in wedge formation (extended order USSR).

ротная школа company troop school.

ротное санитарное гнездо company aid station.

ротный *adj* company.

ротный командир company commander.

ротный миномёт company accompanying mortar, 50-mm. infantry mortar (USSR).

ротный оборонительный район company defense area.

ротный санитар company aid man.

ротор rotor.

роща grove.

ртутный *adj* mercury.

ртутный выпрямитель mercury vapour rectifier.

ртуть mercury.

рубаха shirt.

рубашка jacket (Mech). *See also* **рубаха**.

рубеж boundary; line; terrain line, feature line; critical line; zone (of defense in depth).

рубеж взаимодействия phase line.

рубеж исходного положения line of departure.

рубеж местности terrain line.

рубеж непосредственного соприкосновения line of close contact with the enemy.

рубеж обороны line of defense.

рубеж основного сопротивления *See* **передний край обороны**.

рубеж представления донесений report line.

рубец scar.

рубильник switch, main switch (Elec).

рубить chop, hack, cut down, slash; saber.

рубить *v* **шашкой** saber.

руда ore.

ружейная граната rifle grenade.

ружейная мортирка rifle-grenade discharger, grenade launcher.

ружейная принадлежность rifle accessories.

ружейная смазка rifle lubricating oil; light preservative lubricating oil.

ружейная стрельба *See* **ружейный огонь**.

ружейно-пулемётный огонь small-arms fire.

ружейные приёмы manual of arms for the rifle.

ружейный *adj* rifle; shotgun.

ружейный гранатомёт grenade launcher (R).

ружейный залп volley (Inf).

ружейный огонь rifle fire.

ружейный патрон rifle cartridge.

ружейный ремень gun sling, leather gun sling.

ружейный стрелок rifleman.

ружьё shotgun; rifle, *See also* **винтовка** *and* **охотничье ружьё**.

ружьё-гранатомёт *n See* **ружейный гранатомёт**.

ружьё центрального боя center-fire shotgun.

рука hand; arm (Anatomy).

рукавицы mittens.

руководитель полётов operations officer (airdrome).

руководить direct, guide, manage.

руково́дство leadership, guidance, direction; manual.

рукопа́шный *adj* hand-to-hand.

рукопа́шный бой hand-to-hand combat, hand-to-hand fighting.

рукоя́тка handle; hilt; operating handle; crank handle (Maxim MG); operating lever (G).

рукоя́тка затво́ра bolt handle (R); operating handle, operating lever, operating crank (G).

рукоя́тка затво́рной ра́мы cocking handle (Degtyarov MG).

рукоя́тка перезаряжа́ния bolt handle (Browning MG).

рукоя́тка пистоле́та pistol stock, pistol handle.

рукоя́тка пулемёта *See* ру́чка затыльника.

рукоя́ть *See* рукоя́тка.

рукоя́ть ша́шки hilt of saber.

рулево́е колесо́ steering wheel.

рулево́е управле́ние steering system.

рулевы́е пове́рхности control surfaces.

рулевы́е тя́ги steering linkage.

рулёжка taxiing.

рулёжная доро́жка taxiway.

руле́ние taxiing (Avn).

руле́тка tape, tape measure, measuring tape, tape line.

рули́ть *v* taxi.

руль *m* rudder; steering wheel.

руль высоты́ elevator (Ap).

руль глубины́ *See* руль высоты́.

руль направле́ния rudder (Ap).

руль поворо́та *See* руль направле́ния.

румб rhumb, rumb.

ру́пор megaphone, speaking trumpet; horn (of sound locator).

ру́пор звукоприёмника mouth of the horn, bell of the horn (sound collector).

ру́сский ход walking step, one-step (Skiing).

руче́й stream, brook, creek.

ру́чка knob; handle; crank; pommel (vaulting H, Gym).

ру́чка для заряжа́ния charging handle (Lewis MG).

ру́чка для наполне́ния магази́на magazine filling handle (Lewis MG).

ру́чка затыльника spade handle, spade grip, grip (MG).

ру́чка инду́ктора generator crank (Tp).

ру́чка рукоя́тки затво́ра operating handle (G).

ру́чка управле́ния control knob (Rad); control stick (Ap).

ру́чка управле́ния огнём *See* ру́чка затыльника.

ручна́я грана́та hand grenade.

ручна́я дымова́я грана́та smoke hand grenade.

ручна́я зажига́тельная грана́та incendiary hand grenade.

ручна́я регулиро́вка усиле́ния manual volume control.

ручно́е огнестре́льное ору́жие hand firearms.

ручно́е холо́дное ору́жие *See* холо́дное ору́жие.

ручно́й hand; hand-made; manual.

ручно́й анемо́метр hand anemometer.

ручно́й вы́зов manual call (Tp).

ручно́й генера́тор hand operated generator (Tp).

ручно́й заводно́й механи́зм hand starter, crank starter (Mtr).

ручно́й пулемёт automatic rifle.

ручно́й рыча́г рулево́го управле́ния steering hand lever.

ручно́й сигна́л hand signal.

ручно́й то́рмоз hand brake, screw brake, chain brake.

ручно́й флаг hand flag (CCBP). *See also* флажо́к.

ры́ба fish.

рыво́к jerk, spurt.

рыса́к trotter (H).

ры́сканье yawing (Avn).

рысь trot.

ры́сью at the trot.

ры́твина rut.

рытьё digging.

ры́хлый снег loose snow.

рыча́г lever.

рыча́г переключе́ния переда́ч gear shift lever.

рыча́г подаю́щего механи́зма приёмника belt feed lever (Browning MG).

рыча́г рулево́го управле́ния steering lever (motor vehicle).

рыча́г управле́ния control stick (Ap).

рыча́жный переключа́тель lever switch (Elec).

ряд series (Math); row, a number; file (Drill).

ряд и́мпульсов series of impulses (Rad).

ря́дный мото́р inline engine.

рядово́й private (enlisted man).

рядово́й солда́т *See* рядово́й.

рядово́й соста́в ranks, privates and privates first class.

ряд Фурье́ Fourier's series.

"Ряды́ вздво́й!" "Double ranks!" (USSR).

С

са́бельный *adj* saber.
са́бельный уда́р saber stroke.
са́бельный эскадро́н saber troop (USSR).
сабота́ж sabotage.
"Сади́сь!" "Mount!"
сади́ться take a seat, sit down; shrink; set (sun); land (aircraft).
сала́зки *f pl* slides (G); sled (small).
са́ло fat, suet; grease; lard.
салю́т salute.
салютова́ние холо́дным ору́жием saber salute.
салютова́ть *v* salute.
са́льник gasket; gland, stuffing box.
са́льник га́зовой ка́моры gas chamber gland (Lewis MG).
са́льниковая наби́вка filling plug gasket.
самово́льная отлу́чка absence without leave (for not more than six days or not more than two days during maneuvers, etc, USSR).
самово́льное оставле́ние поста́ abandonment of post.
самово́льное отступле́ние от распоряже́ний willful deviation in execution of orders.
самово́льное присвое́ние зва́ния impersonation.
самово́льный *adj* arbitrary; off-hand; insubordinate; willful, self-willed, deliberate; unauthorized.
самовоспламене́ние self-ignition, spontaneous ignition.
самовраще́ние autorotation.
самодви́жущийся self-propelled.
самоде́ятельность initiative; self-initiated activities.
самозаводя́щийся фотозатво́р self-setting shutter (Camera).
самозапи́сывающий прибо́р *See* самопи́шущий прибо́р.
самозаря́дная винто́вка self-loading rifle, semiautomatic rifle.
самозаря́дный self-loading, semiautomatic.
самозащи́та *See* необходи́мая оборо́на.
самоинду́кция self-induction.
самока́т bicycle.
самока́тная связь bicycle communication.
самока́тчик bicyclist.
самолёт airplane, plane.
самолёт-амфи́бия *m* amphibian airplane, amphibian.

самолёт-бомбардиро́вщик bombardment airplane, bomber.
самолёт-истреби́тель *m* fighter airplane.
самолёт кома́ндования headquarters airplane.
самолёт-корректиро́вщик artillery fire-directing plane, spotter airplane.
самолёт-ли́дер leading airplane, leader.
самолёт наблюде́ния observation airplane.
самолётная анте́нна aircraft antenna.
самолётная пу́шка aircraft cannon.
самолётная радиоста́нция airborne radio set, aircraft radio set.
самолётный приёмник aircraft receiver (Rad).
самолётовожде́ние air navigation.
самолётовы́лет sortie (Avn).
самолёт-освети́тель *m* illuminating airplane, pathfinder.
самолёт-разве́дчик reconnaissance airplane, observation airplane.
самолёт свя́зи liaison airplane, liaison plane.
самолёт-снаря́д flying bomb, robot bomb.
самолёт-торпедоно́сец torpedo bomber, torpedo plane.
самолёт-штурмови́к combat support airplane, attack bomber, antitank airplane.
самолёты кома́ндования headquarters aviation.
самолёты сопровожде́ния support aviation; escort aviation.
самооборо́на self defense.
самоока́пывание intrenching, digging in.
самоотверже́ние disregard of self, self-denial.
самоотве́рженность *See* самоотверже́ние.
самопи́шущий прибо́р automatic recording instrument.
самопла́в improvised float.
самопоже́ртвование self-sacrifice.
самопо́мощь self-help.
саморазгружа́ющийся ку́зов dump body (Trk).
саморазря́д self-discharge (Elec).
самоскрепле́ние ствола́ auto-frettage, self-hooping (G).
самостоя́тельная зада́ча independent mission.
самостоя́тельная ко́нница *See* стратеги́ческая ко́нница.

самостоя́тельное де́йствие independent action.

самостоя́тельность independence.

самостоя́тельный independent.

самостре́льная винто́вка automatic rifle.

самостре́льный automatic (Wpns).

самостя́гивающаяся ши́на puncture-proof tire.

самоуби́йство suicide.

самоупра́вство taking the law into one's own hands.

самохо́дная артилле́рия self-propelled artillery.

самохо́дная пу́шка self-propelled gun.

самохо́дная устано́вка self-propelled mount.

самохо́дное ору́дие self-propelled cannon.

самохо́дные вы́садочные сре́дства self-propelled landing means.

самохо́дный self-propelled, automotive.

самохо́дный лафе́т self-propelled mount (Arty).

санато́рий sanatorium.

са́ни *fpl* sledge, sleigh, sled.

санинстру́ктор *See* **санита́рный инстру́ктор.**

санита́р aid man; orderly (Med).

санитари́я sanitation.

санита́рка aid man (woman); orderly (woman, Med).

санита́рная двуко́лка litter carrier, wheeled litter carrier.

санита́рная едини́ца medical unit.

санита́рная инспе́кция inspection of sanitary conditions, sanitary inspection.

санита́рная ка́рточка emergency medical tag.

санита́рная кома́нда medical detail (USSR).

санита́рная лине́йка ambulance wagon.

санита́рная маши́на medical vehicle; motor ambulance.

санита́рная обрабо́тка medical processing (treatment); sanitary processing (disinfection, fumigation, etc).

санита́рная обстано́вка medical situation.

санита́рная отчётность medical records.

санита́рная по́мощь medical attention, medical attendance.

санита́рная слу́жба medical service.

санита́рная соба́ка casualty dog.

санита́рная часть medical unit. *See also* **санита́рная часть полка́** *and* **санита́рная часть диви́зии.**

санита́рная часть диви́зии division medical unit. *See also* **ме́дико-санита́рный батальо́н.**

санита́рная часть полка́ regimental medical detachment.

санита́рная эвакуа́ция evacuation of human casualties, evacuation.

санита́рно-гигиени́ческие пра́вила sanitary regulations.

санита́рно-гигиени́ческие усло́вия sanitary conditions.

санита́рно-гигиени́ческий sanitary and hygienic, sanitary.

санита́рно - гигиени́ческое состоя́ние sanitary conditions.

санита́рное гнездо́ local aid post; collecting post (company, USSR).

санита́рное дово́льствие medical supplies.

санита́рное иму́щество medical property.

санита́рное лече́бное заведе́ние hospital installation.

санита́рное наблюде́ние medical supervision.

санита́рное неблагополу́чие bad physical condition of troops; unsanitary conditions.

санита́рное обеспе́чение adequate provision for medical service.

санита́рное обору́дование medical equipment.

санита́рное обслу́живание medical service, medical care.

санита́рное состоя́ние *See* **санита́рно-гигиени́ческое состоя́ние.**

санита́рное су́дно hospital ship.

санита́рное учрежде́ние medical installation.

санита́рно-перегру́зочный пункт ambulance loading post.

санита́рно-предупреди́тельное обслу́живание sanitary care.

санита́рно-предупреди́тельные меропри́ятия sanitary measures.

санита́рно-профилакти́ческое обеспе́чение adequate provision for sanitary care.

санита́р-носи́льщик bearer, litter bearer.

санита́рно - эвакуацио́нные сре́дства means for evacuation of human casualties.

санита́рно-эвакуацио́нные учрежде́ния installations for evacuation of human casualties.

санита́рные войска́ medical troops.

санита́рные носи́лки litter.

санита́рные пра́вила sanitary regulations.

санита́рные сре́дства medical means.

санита́рные тре́бования sanitary requirements.

санита́рные усло́вия sanitary conditions.

санита́рный sanitary; hygienic; medical.

санита́рный автомоби́ль ambulance, motor ambulance.

санита́рный ваго́н ward car (RR).

санита́рный врач medical officer in charge of sanitation (USSR).

санита́рный индивидуа́льный паке́т first-aid packet.

санита́рный инстру́ктор instructor in sanitation.

санита́рный надзо́р sanitary supervision, supervision of sanitation.

санита́рный недочёт sanitary defect.

санита́рный носи́льщик *See* **санита́р-носи́льщик.**

санита́рный обо́з medical unit train (USSR).

санита́рный обо́з полка́ medical detachment train.

санита́рный паке́т *See* **санита́рный индивидуа́льный паке́т.**

санита́рный персона́л medical personnel.

санита́рный по́езд hospital train.

санита́рный пост *See* **санита́рный пункт.**

санита́рный пункт aid station.

санита́рный самолёт airplane ambulance, air ambulance.

санита́рный склад medical depot, medical dump.

санита́рный соста́в sanitary personnel (USSR).

санита́рный тра́нспорт medical transport (transportation means).

са́нная устано́вка sledge-runner mount.

са́нно-лы́жная устано́вка ski-sled mount.

санобрабо́тка *See* **санита́рная обрабо́тка.**

санперсона́л *See* **санита́рный персона́л.**

санпо́езд *See* **санита́рный по́езд.**

сантиме́тр centimeter.

сантиме́тровые во́лны centimeter waves, microwaves, quasi-optical waves.

санучрежде́ние *See* **санита́рное учрежде́ние.**

сап glanders.

сапёр general engineer; combat engineer, pioneer.

сапёрная лопа́та long-handle shovel.

сапёрная часть general engineer unit; combat engineer unit.

сапёрно-маскиро́вочное де́ло field fortification (Engineering operation). *See also* **полева́я фортифика́ция.**

сапёрные сре́дства general engineer equipment; combat engineer equipment.

сапёрный *adj* general engineer; combat-engineer; engineer-combat, engineer general service (unit).

сапёрный взвод engineer-combat platoon.

сапёрный проводни́к firing wire (demolitions).

сапёрный разве́дчик pioneer-scout.

сапоги́ boots.

сапо́жная мастерска́я shoe repair shop.

сара́й barn, shed.

са́хар sugar.

сбавля́ть газ throttle back, decrease power (engine).

сбереже́ние сил economy of force; conservation of strength.

сбива́ть shoot down (Avn); knock down, strike down; dislodge, drive from; smash.

сбива́ться с ку́рса get off course.

сби́тие shooting down (Avn); knocking down, striking down; dislodgment, driving from; smashing.

сближа́ться approach (Tac); close in on.

сближе́ние approach, approach march; closing in on.

сближе́ние меридиа́нов convergency of the meridians, grid declination.

сбо́ку sideways; by the side of; on the flank of.

"Сбо́ку прикла́дом — бей!" "Horizontal butt stroke to jaw!" (USSR).

сбор assembly; rally; assemblage; gathering, collecting, assembling; signal for troops to assemble; signal for troops to rally; periodical recall into service for refresher training.

"Сбор!" "Assemble!"; "Rally!".

сбор донесе́ний gathering of messages. *See also* **пункт сбо́ра донесе́ний.**

сбо́рка assembling, assembly (Wpns; Mech).

сбо́рка снаряже́ния assembly of equipment.

сбо́рная табли́ца *See* **сбо́рный лист.**

сбо́рная часть composite unit.

сбо́рное ме́сто *See* **сбо́рный пункт.**

сбо́рный composite; assembled; assembly, rallying, gathering.

сбо́рный лист index map.

сбо́рный пункт assembly point; rallying point; rendezvous point.

сбор све́дений collection of information.

сбра́сывание throwing down, dropping; dumping; throwing off.

сбра́сывать throw down, drop; dump; throw off.

сва́ливание винто́вки canting the rifle.

сва́рка welding.

сва́рный *adj* welded.

сва́рочное желе́зо wrought iron.

сва́я pile (Cons).

сведе́ния information; returns.

сведе́ния о пого́де weather information.

сведе́ния такти́ческого поря́дка tactical information.

свежевы́павший снег fresh snow.

све́жий ве́тер fresh breeze (Beaufort scale).

сверже́ние вла́сти overthrow of authority, overthrow of government.

сверле́ние drilling, boring.

свёртывание кро́ви blood coagulation.

свёртывание радиоста́нции closing down of radio station.

свёртывание свя́зи closing down communication.

свёртывать roll up, fold up; turn off, turn aside; contract, reduce; close down, close up, close; ploy.

сверхдальнобо́йная пу́шка super gun.

сверхлёгкий танк *See* танке́тка.

сверхмгнове́нный взрыва́тель superquick fuze.

сверхме́ткий стрело́к sharpshooter, sniper.

сверхсро́чный soldier serving voluntarily beyond the required period.

сверхсро́чный lasting beyond a specified period; urgent, pressing.

сверхтяжёлый танк superheavy tank.

све́рху from above; from higher headquarters, from higher commander.

сверхчувстви́тельная дистанцио́нная тру́бка *See* сверхчувстви́тельный взрыва́тель.

сверхчувстви́тельный взрыва́тель supersensitive fuze.

сверя́ть verify, compare, collate.

свет light; world.

свети́льник lamp.

све́тлое вре́мя daylight, daylight hours.

светова́я засе́чка flash ranging.

светова́я ре́тушь dodging (Photo).

светова́я сигнализа́ция flashing light, lamp signaling.

светово́е пятно́ light spot, spot of light.

светово́й мая́к light beacon, marker light.

светово́й пото́к stream of light.

светово́й сигна́л lamp signal.

светово́й я́щик photo chamber (lighting device for aiming at night, MG, USSR).

светогра́мма lamp message.

светокопи́рование blueprinting

светоко́пия blueprint.

светомаскиро́вка light discipline (Cam).

светометри́ческий пост flash ranging observation post, flash ranging station.

светоме́трия flash ranging (Arty).

светонепроница́емый light-tight (Photo).

светоотда́ча затво́ра shutter efficiency (Photo).

светопо́ст *See* светометри́ческий пост.

светораспределе́ние light distribution.

светорассея́ние light diffusion, light dispersion.

светосигна́л *See* светово́й сигна́л.

светосигнализа́ция flashing light, lamp signaling.

светосигна́льная кно́пка signal-lamp key.

светосигна́льная раке́та signal rocket, signal flare.

светосигна́льная связь lamp communication.

светосигна́льная ста́нция signal lamp station.

светосигна́льные сре́дства lamp communication means.

светосигна́льный *adj* signal-lamp.

светосигна́льный аппара́т signal lamp equipment; blinker, blinker light.

светосигна́льный прибо́р *See* светосигна́льный аппара́т.

светосигна́льный фона́рь signal lamp, lamp.

светоси́ла candlepower.

светоси́ла объекти́ва speed of the lens (Optics).

светосхе́ма illuminated track diagram, track indicator, track model, track chart indicator.

светофи́льтр filter, light filter.

светофо́р signal light; traffic light.

светочувстви́тельная бума́га light-sensitive paper, sensitized paper (Photo).

светочувстви́тельная ячейка light-sensitive cell (Photo).

светочувстви́тельность sensitivity to light, photosensitivity.

светочувстви́тельный слой light-sensitive layer, photosensitive film.

светоэне́ргия light energy.

светя́щаяся бо́мба illuminating bomb (USSR); illuminating flare.

светя́щийся ко́мпас luminous compass.

светя́щийся след luminous trace (tracer Am).

светя́щийся снаря́д illuminating shell, star shell.

свеча́ candle; spark plug (Mtr); candle power; chandelle (Avn).

свече́ние при га́зовом разря́де glow (Elec).

свиде́тель m witness.

свиде́тельство certificate; evidence.

свине́ц lead (metal).

свини́на pork.

свинцо́вая пу́ля lead ball.

свинцо́вые бры́зги f pl lead splash (spray of metal).

свинцо́вый adj lead, leaden.

свинцо́вый аккумуля́тор lead storage battery, lead battery.

свиса́ющая самолётная анте́нна trailing antenna.

свисто́к whistle.

свищ fistula.

свобо́да freedom, liberty.

свобо́да боевы́х де́йствий See свобо́да де́йствий.

свобо́да де́йствий freedom of action.

свобо́да манёвра freedom of maneuver.

свобо́да простра́нства maneuver room, maneuver space.

свобо́дная атмосфе́ра free air (Met).

свобо́дная охо́та sweep tactics (Avn); sweep mission (Avn).

свободнонесу́щее опере́ние cantilever tail (Ap).

свободнонесу́щий adj cantilever.

свободнонесу́щий монопла́н cantilever monoplane.

свобо́дный adj free.

свобо́дный гало́п extended gallop, hand gallop.

свобо́дный ле́йнер loose liner, removable liner (G).

свобо́дный отка́т free recoil (G).

своди́ть merge, consolidate.

сво́дка resumé, summary, synopsis; periodic report; communiqué.

сво́дка свя́зи signal communication section periodic report (staff, USSR).

своевре́менная доста́вка timely supply, timely delivery.

своевре́менная подде́ржка timely assistance, timely support.

своевре́менно in time, promptly, opportunely.

своевре́менный timely, in time, opportune, well-timed.

свои́ войска́ friendly troops.

свой бе́рег friendly side of river, near bank.

сво́йство attribute, characteristic, property, nature.

свора́чивать turn off (Rad). See also свёртывать.

свя́занные колеба́ния oscillations in coupled circuits.

связна́я маши́на liaison car.

связна́я соба́ка messenger dog.

связно́е выполне́ние See сли́тное выполне́ние.

связно́й orderly.

связно́й посы́льный orderly, messenger.

связу́ющий у́гол connecting angle.

свя́зывать bind; hamper, tie up, link up; contain; connect; establish liaison (with); establish communication (between); couple (Elec).

связь connection, tie, contact; liaison; communication, signal communication; coupling (Elec); linkage (CCBP).

связь всех назначе́ний signal communication of all types.

связь го́лосом communication by voice.

связь голубя́ми pigeon communication.

связь земли́ с во́здухом See связь с авиа́цией.

связь земли́ с самолётами See связь с авиа́цией.

связь ко́нными horse messenger communication, mounted messenger communication.

связь мотоци́клами motorcycle messenger communication.

связь опти́ческой сигнализа́цией visual communication.

связь полотни́щами communication by ground-air panels.

связь по ра́дио radio communication.

связь по телегра́фному про́воду telegraph communication.

связь по фро́нту lateral communication.

связь по цепо́чке communication by connecting file.

связь с авиа́цией air-ground communication.

связь самолётами airplane messenger communication.

связь с анте́нной antenna coupling.

связь светово́й сигнализа́цией lamp communication.

связь с землёй See связь с авиа́цией.

свяще́нник minister of religion, clergyman, priest.

сгиба́ть bend, flex.

сгла́живающий дро́ссель smoothing choke (Elec).

сгово́р agreement; conspiracy; collusion.

сгора́ние combustion.

сгу́сток clot.

сгуще́ние thickening, condensation, condensing.

сгущённое нефтема́сло solid oil.

сгущённый бензи́н thickened gasoline, solidified gasoline.

сдава́ть v tr rent; turn over, hand over, pass on; surrender.

сдава́ться See сдава́ться в плен.

сдава́ться в плен v intr surrender.

сда́точный масшта́б publication scale (Photo).

сда́ча change (money); surrender.

сда́ча в плен не вызыва́ющаяся боево́й обстано́вкой unjustifiable surrender.

сдва́ивать v double.

сдвиг фаз phase shift (Rad).

сдви́нутый по фа́зе out of phase (Rad).

сде́лать See де́лать.

сде́рживать contain, hold; hold back, restrain, check.

сде́рживать ата́ку contain attack.

сде́рживающие де́йствия delaying operations.

сде́рживающий бой delaying action.

се́вер north.

се́верное сия́ние aurora borealis.

се́верный northern, north.

се́верный по́люс North Pole; north pole.

се́веро-восто́к northeast.

се́веро-восто́чный north-eastern, north-east.

се́веро-за́пад northwest.

се́веро-за́падный northwestern, north-west.

седа́лище seat, rear, bottom.

седло́ saddle.

седлови́на saddle (Top).

седло́вка saddling.

седло́ под вью́чку packsaddle.

секре́т secret; listening post.

секретариа́т вое́нного трибуна́ла office of the clerk of the military tribunal (USSR).

секрета́рь m secretary.

секре́тная перепи́ска secret correspondence (USSR).

секре́тность secrecy.

секре́тные све́дения secret information.

секре́тный adj secret.

секре́тным поря́дком secretly, confidentially.

се́ктор наблюде́ния zone of observation.

се́ктор направле́ния огня́ See се́ктор обстре́ла.

се́кторный подъёмный механи́зм elevating rack mechanism.

се́ктор обзо́ра See се́ктор наблюде́ния.

се́ктор обстре́ла zone of fire, sector of fire.

се́ктор огня́ See се́ктор обстре́ла.

се́ктор подъёмного механи́зма elevating rack.

секу́нда second (unit of time).

секундоме́р time-interval recorder, stopwatch.

секу́щая secant.

секциони́рованная кату́шка tapped coil, tapped inductance.

секциони́рованный трансформа́тор tapped transformer.

се́кция division, department; section, compartment (Mech).

селекти́вность selectivity.

селекти́вность приёма receiver selectivity.

селекто́рное управле́ние selector control (Ap).

селе́ние settlement, village, inhabited place.

сели́тра saltpeter.

село́ large village.

се́льская ме́стность rural community.

семафо́р semaphore.

семафо́рная а́збука semaphore alphabet.

семафо́рная переда́ча semaphore transmission.

семафо́рное сообще́ние semaphore message.

семафо́рные бу́квы semaphore characters.

семафо́рный аппара́т semaphore machine (ССВР).

семафо́рный знак semaphore sign.

семе́йство характери́стик family of characteristics (Rad).

се́но hay.

сенситоме́тр sensitometer (Photo).

сентя́брь m September.

се́псис sepsis.

се́ра sulphur.

сервору́ль m control servo.

сервору́ль Флетт́нера Flettner controls.

серде́чник core (Elec; bullet).

се́рдце heart.

сердцебие́ние palpitation.

сердцеви́на вы́стрелов center of impact.

сердцеви́на пу́ли core (bullet).

сердцеви́нная полоса́ effective beaten zone.

сердцеви́нная полоса́ по да́льности effective beaten zone in depth.

сердцеви́нная полоса́ по ширине́ effective beaten zone in width.

серебро́ silver.

сере́бряный *adj* silver.

середи́на center, middle.

сержа́нт staff sergeant; sergeant.

сержа́нтский соста́в noncommissioned officers, noncommissioned personnel.

сери́йная рабо́та batch working (ССВР).

сери́йное бомбомета́ние train release (Bombing).

сери́йное бомбомета́ние по-самолётно train of bombs from single airplane.

сери́йное за́лповое бомбомета́ние train release of bombs in clusters of pairs or threes (single plane or formation bombing, USSR).

се́рия series.

се́рия бе́глого огня́ volley (Arty).

се́рная кислота́ sulphuric acid, vitriolic acid, vitriol.

серьга́ earring; bracket yoke (Mech); barrel link (pistol).

серьёзный serious, grave, important, earnest; thorough.

се́тка net; grid, reticle, reticle pattern.

се́тка изображе́ния grating (Rad).

се́тка от ручны́х грана́т grenade net.

се́тка противове́са bonding mesh, bonding wire (Rad).

се́тка противога́за wire screen separator (gas mask).

се́точная батаре́я grid battery, C-battery, grid-bias battery (Rad).

се́точное детекти́рование grid leak detection, grid detection (Rad).

се́точное напряже́ние grid voltage, grid potential (Rad).

се́точный ко́нтур grid circuit (Rad).

се́тчатый фильтр strainer (Eng).

сеть net, network, system; grid.

сеть аэрологи́ческих ста́нций network of observing stations (Met).

сеть взаимоде́йствия liaison net.

сеть возду́шного наблюде́ния оповеще́ния и свя́зи aircraft warning service net (USSR).

сеть доро́г road net.

сеть желе́зных доро́г railway system, rail net.

сеть загражде́ния balloon cable net (barrage balloon).

сеть опо́рных пу́нктов control (Surv).

сеть про́волочной свя́зи system of wire communication, wire system.

сеть путе́й road net.

сече́ние section (Cons).

сече́ние крыла́ wing section (drawing).

сече́ние ло́пасти blade section.

сжа́тие condensation, compression; contraction.

сжа́тый condensed, concise, brief; compact; clenched, contracted.

сжа́тый во́здух compressed air.

сжига́ние combustion.

сжига́ть burn, burn up.

сза́ди behind; from behind; in the rear of, at the rear of.

сиби́рская я́зва anthrax.

сигна́л signal.

сигна́л ата́ки attack signal.

сигна́л бе́дствия distress signal, SOS.

сигна́л возду́шной трево́ги air alert, air alarm signal, air attack signal.

сигнализацио́нная ла́мпочка signal lamp (Aerial Photo).

сигнализа́ция signaling.

сигнализа́ция про́блесковым све́том signaling by flashing light (ССВР). *See also* светова́я сигнализа́ция.

сигна́л исполне́ния executive signal (ССВР).

сигнали́ст bugler. *See also* труба́ч *and* горни́ст.

сигна́л колеба́ниями крыла́ самолёта wing signal.

сигна́л отбо́я recall signal, ring off signal (Тр).

сигна́л откры́тия огня́ signal to commence firing.

сигна́л перемеще́ния move sign (ССВР).

сигна́л прекраще́ния огня́ signal to cease firing.

сигна́л "путь закры́т" stop signal.

сигна́л "та́нки" antitank warning system signal, mechanized attack signal.

сигна́л трево́ги alarm signal.

сигна́л хими́ческой опа́сности gas alarm signal, gas alert.

сигна́л хими́чекой трево́ги *See* сигна́л хими́ческой опа́сности.

сигна́льная кни́га signal code book.

сигна́льная раке́та signal rocket, signal flare.

сигна́льная систе́ма signal system (RR).

сигна́льная труба́ bugle, trumpet (for calls, USSR).

сигна́льное поло́тнище panel (Sig C).

сигна́льное приспособле́ние signal apparatus.

сигнальный аппарат signal device, signal apparatus. *See also* **светосигнальный аппарат.**

сигнальный диск signal disk (RR).

сигнальный знак signal, sign; route marker, traffic sign.

сигнальный патрон pyrotechnic signal cartridge, signal cartridge; Very cartridge.

сигнальный пистолет Very pistol; signal pistol, pyrotechnic pistol, flare gun.

сигнальный прибор *See* **сигнальный аппарат.**

сигнальный указатель flash index (CCBP).

сигнальный фонарь flashing light (CCBP). *See also* **светосигнальный фонарь** *and* **световая сигнализация.**

сигнальщик signaler.

сидение seat, chair.

сила force, power, strength.

сила атаки power of attack, momentum of attack.

сила ветра wind force, wind strength.

сила лобового сопротивления drag force.

сила огневых средств fire power.

сила огня fire power; intensity of fire.

сила отдачи blow back (SA).

сила света *See* **светосила.**

сила света в свечах *See* **светосила.**

сила света прожектора beam candle-power (SL).

сила сигнала signal strength.

сила сопротивления воздуха total air resistance (Ballistics).

сила сцепления adhesive power (RR).

сила тока intensity of current, current intensity.

сила тока в амперах amperage.

сила трения force of friction, frictional resistance.

сила тяги tractive power.

сила тяжести gravity.

силикатированный макадам silicate-treated macadam.

силовая разведка reconnaissance in force.

силовая установка power plant, power station.

силовой ток flux (Elec).

силовой трансформатор power transformer.

силуэт silhouette.

силуэтная мишень silhouette target.

силы и средства personnel and matériel.

сильная связь close coupling (Rad).

сильное душевное волнение heat of passion (Law).

сильный strong, powerful, intense, vigorous.

сильный ветер strong breeze (Beaufort scale).

сильный огонь heavy fire, intense fire.

сильный шторм whole gale (Beaufort scale).

сименс mho (Elec).

симплексная связь simplex operation.

симптом symptom.

симуляция болезни malingering.

синие консервы goggles with blue lenses.

синий dark blue, navy blue.

синильная кислота hydrocyanic acid.

синоптическая карта synoptic weather map, weather map.

синоптическая метеорология synoptic meteorology.

синус sine (Math).

синусоидальная волна sine wave (Rad).

синхронизатор synchronizing system (MG).

синхронизированный пулемёт synchronized gun.

синхронизирующий сигнал synchronizing impulse, synchronizng pulse (Rad).

синхронная электрическая передача self-synchronous type of electrical data transmission system (AAA).

синхронность работы затворов synchronization of shutters (Aerial Photo).

синька blueprint.

синюшка *See* **синька.**

сирена siren.

сиростратус cirrostratus.

сирус cirrus.

система system, method.

система антенн *See* **система направленных антенн.**

система воздушного наблюдения оповещения и связи set-up of aircraft warning service.

система вызова system of signaling (Tp).

система зажигания ignition system.

система координат coordinate system.

система Лехера Lecher wires, Lecher line.

система наблюдения system of observation.

система направленных антенн antenna array.

система обороны defensive system.

система огня fire system (Arty).

система оповещения warning system.

система орудия cannon system.

система охлаждения cooling system.

система питания fuel system (Eng).

система противотанкового огня anti-tank fire system.

система разведки system of reconnaissance, method of reconnaissance.

система связи signal system.

система секретной связи privacy system (Sig Com).

система смазки oiling system, lubricating system.

система снабжения system of supply, supply system.

систематическая ошибка systematic error.

систематический systematic, systematical; methodical.

система управления огнём fire control system (Arty); system of fire direction (Arty).

сифилис syphilis.

скакательный сустав hock (H).

скакать во весь опор gallop at full speed.

скалистый грунт rocky ground.

скальпель *m* scalpel.

скамейка bench.

скат slant, slope, incline, declivity, descent; gradient; truck, bogie (RR car).

скат гильзы cartridge shoulder.

скатывание sliding down, rolling down; rolling up.

скачка с препятствиями steeplechase.

скачкообразное разложение interlaced scanning (Television).

скачок leap, jump; bound (Gen'l and Tac). *See also* двигаться скачками.

скачок прицела *See* скачок прицелом.

скачок прицелом range bound (Arty fire).

скачок угломера direction bound (Arty fire).

скашивать slope, slant, bevel; mow down.

сквозная дорога axial road.

сквозная железная дорога through line (RR).

сквозная упряжь continuous draft gear (RR).

сквозное движение through movement (RR). *See also* транзитное движение.

сквозное соединение through connection (RR).

сквозной through; transparent.

сквозной маршрут движения *See* сквозной путь движения.

сквозной поезд through train.

сквозной путь движения axial route of march.

сквозной рейс non-stop flight.

скелет skeleton; skeletal system outline; framework.

скелет схемы sketch outline.

склад storehouse, depot.

склад боевого имущества ordnance depot.

склад боеприпасов ammunition depot, ammunition dump, ammunition magazine.

складка местности accident of terrain.

складная вьючная лодка collapsible pack boat (mountain warfare, USSR).

складная фанерная лодка collapsible plywood boat.

складной folding, collapsible.

складной верх folding top (vehicle, etc).

складское помещение store room; warehouse.

склад топлива fuel depot; fuel station (RR).

склад угля coaling station (RR).

складывать put together; stack, pile; unload and put down; fold, fold up; add, add up (Math).

склон slope.

склонение declination.

склонение магнитной стрелки declination, magnetic declination.

скоба iron brace, iron support; iron handle; catch; clamp.

скоба крепления clamp of the binding (skis).

скоба приклада butt tang (Lewis MG).

скобки brackets; parentheses.

сковывание chaining; forging, putting together; pinning down, containing, holding (Tac).

сковывать chain; forge, put together; pin down, contain, hold (Tac).

сковывающая группа holding force.

сковывающая группировка *See* сковывающая группа.

сковывающее направление direction of holding attack, direction of secondary attack.

сковывающий *adj* chaining; pinning down, containing, holding (Tac).

сколоченный hammered together, well-knit, cohesive (of unit or group).

скольжение skidding, sliding, gliding.

скольжение винта slip (of propeller).

скольжение на хвост tail slide.

скользить *v* skid; slide, glide.

скользя́щая пове́рхность running surface (skis, etc).

скользя́щие лы́жи sliding skis, skis (as opposed to snowshoes). *See also* ступа́ющие лы́жи.

скользя́щий затво́р sliding bolt (Auto Wpns).

скользя́щий клиново́й затво́р sliding wedge-type breech mechanism.

скользя́щий шаг sliding step (Skiing).

скопле́ние accumulation; massing; assembly, concentration.

скороподъёмность rate of climb (Avn).

скоропо́ртящиеся проду́кты perishable goods.

скоропреходя́щая цель fleeting target, transient target.

скоростна́я стрельба́ rapid fire.

скоростно́й марш speed march.

скоростно́й напо́р dynamic air pressure.

скоростно́й самолёт high-speed airplane.

скоростре́льное зени́тное ору́дие rapid fire antiaircraft gun.

скорострельность maximum rate of fire for a given gun; cyclic rate of fire; rapidity of fire.

ско́рость speed, velocity.

ско́рость ве́тра wind speed, wind velocity.

ско́рость горе́ния rate of burning.

ско́рость движе́ния rate of march, rate of movement; speed of traffic; speed of movement.

ско́рость затво́ра shutter speed (Photo).

ско́рость набо́ра высоты́ rate of climb (Avn).

ско́рость нака́та velocity of counterrecoil.

ско́рость переда́чи speed of transmission.

ско́рость плани́рования gliding speed.

ско́рость пото́ка во́здуха relative wind.

ско́рость прохожде́ния по ме́стности cross-country speed.

ско́рость самолёта относи́тельно во́здуха airspeed.

ско́рость свобо́дного отка́та velocity of free recoil.

ско́рость снаря́да remaining velocity (Ballistics).

ско́рость стрельбы́ rate of fire.

ско́рость тече́ния velocity of current, swiftness of current.

ско́рость у земли́ ground speed.

скороте́чная обстано́вка fast-moving situation, fluid situation.

скороте́чность fluidity (Tac).

скороте́чный fluid, rapidly moving, fast moving (Tac).

ско́рый по́езд fast train; limited train.

скос slope, slant, bevel; tilt (aerial Photo).

скос пото́ка downwash (Aerodynamics).

скос ствола́ loading ramp (pistol).

ско́тский ваго́н stock car (RR).

скребни́ца currycomb.

скре́па countersignature.

скрепле́ние fastening (Genl; RR); strengthening; countersigning.

скрепле́ние ствола́ built-up method, frettage (G Cons).

скреплённое ору́дие built-up gun.

скреплённый ствол fretted tube (G).

скрепля́ть fasten; strengthen, countersign.

скрепля́ть *v* при по́мощи болто́в bolt (fasten).

скрепля́ющее кольцо́ hoop, locking hoop (G).

скреще́ние crossing, making a cross of or with, interlacing; intermixing; junction, meeting; junction point, meeting point.

скре́щивание crossing, making a cross of or with, interlacing; intermixing; crossbreeding; junction, meeting.

скре́щивать cross, make a cross of or with; interlace; crossbreed.

скру́чивание twisting, rolling; torsion.

скрыва́ть conceal, hide; suppress.

скрыва́ющийся от сле́дствия и суда́ *See* уклоня́ющийся от сле́дствия и суда́.

скры́тая пози́ция concealed position.

скры́тая разве́дка concealed reconnaissance.

скры́тая теплота́ испаре́ния latent heat of vaporization.

скры́тие concealment, hiding; suppression.

скры́тное проникнове́ние penetration by means of stealth, infiltration by means of stealth.

скры́тность stealth, secrecy, furtiveness; reserve, reticence.

скры́тность подхо́да concealment of approach.

скры́тое изображе́ние latent image (Photo).

скры́тое наблюде́ние concealed observation.

скры́тое расположе́ние concealed location.

скры́тое управле́ние *See* скры́тое управле́ние войска́ми.

скры́тое управле́ние войска́ми cryptographic security.

скры́тый hidden, concealed; suppressed.

скры́тый по́дступ concealed route of approach, concealed approach; covered route of approach, covered approach.

скры́тый подхо́д *See* скры́тый по́дступ.

скры́тый путь concealed route.

ску́ченность overcrowding, congestion.

ску́ченный crowded.

сла́бая связь loose coupling.

слаби́тельное laxative.

сла́бое ме́сто weak point, weak spot, sensitive point.

сла́бое сопротивле́ние weak resistance, slight resistance.

сла́бость weakness; feebleness.

слабоу́здая ло́шадь light-mouth horse.

сла́бый weak; feeble.

сла́бый ве́тер gentle breeze (Beaufort scale).

сла́бый грунт soft ground.

слага́ющая component (Math).

сла́женная гру́ппа team, well-coordinated group, smooth-functioning group.

сла́женная рабо́та team work, smoothly functioning work.

сла́женность coordination, smooth functioning, smooth adjustment.

сла́женные де́йствия team work, coordinated action.

сла́женный coordinated, concerted, smoothly functioning.

сла́лом slalom.

сла́мывать break, destroy, overcome.

сле́ва to the left; from the left; at the left, on the left.

сле́ва напра́во from left to right.

след track, trail, scent, spoor.

следи́ть shadow, spy, stalk, track.

сле́дование marching, proceeding, following, sequence.

сле́дование переме́нным аллю́ром marching with alternating periods of lead, walk, and trot.

сле́дование ша́гом moving at the walk.

сле́дователь *m* investigating court officer (USSR). *See also* вое́нный сле́дователь.

сле́довать march, proceed, follow.

сле́дствие investigation (Law).

сле́дующий next, following.

слеже́ние за це́лью tracking (moving target).

слезоточи́вое отравля́ющее вещество́ tear gas, lacrimator.

слепа́я поса́дка instrument landing, blind landing.

слепо́е самолётовожде́ние air navigation by means of instruments.

слепо́й полёт instrument flying, blind flying.

слепота́ blindness.

слива́ться merge, run together; fuse, amalgamate; blend; be combined, be united.

сли́зистая оболо́чка mucous membrane.

сли́тное выполне́ние execution without the numbers (Drill).

сли́яние fusion, merging; amalgamation, blending; confluence; merger.

слове́сное донесе́ние verbal report.

слове́сное приказа́ние verbal order.

слове́сный verbal; oral.

сложе́ние addition.

сложи́ть ору́жие lay down arms.

сложнопересечённая ме́стность heavily broken terrain, heavily broken ground.

сло́жность complexity; intricacy.

сло́жные колеба́ния complex waves.

сло́жный complicated, complex; intricate.

слоистодождевы́е облака́ nimbostratus.

слоистокучевы́е облака́ stratocumulus.

сло́йстые облака́ stratus clouds, stratiform clouds.

слой layer; stratum; lamination.

слой во́здуха air layer, layer of air.

слой разде́ла front (Met).

сломи́ть сопротивле́ние break resistance.

слу́жба service. *See also* вне слу́жбы.

слу́жба ветерина́рной по́мощи veterinary service.

слу́жба вое́нной желе́зной доро́ги military railway service.

слу́жба возду́шного наблюде́ния оповеще́ния и свя́зи aircraft warning service, air-raid warning system.

слу́жба движе́ния train service.

слу́жба замыка́ния trail officer's service.

слу́жба оповеще́ния войск warning service.

слу́жба охране́ния security service.

слу́жба пого́ды weather service.

слу́жба подвижно́го соста́ва rolling stock maintenance service.

слу́жба посы́льных messenger service.

слу́жба предупрежде́ний weather information service.

слу́жба разве́дки reconnaissance duty.

служба регулирования *See* служба регулирования движения.

служба регулирования движения traffic management.

служба санитарной помощи medical service.

служба тревоги warning service.

служба тыла administration, administration in the theater of operations.

службы services (Mil).

службы снабжения supply services.

службы тыла supply services, technical services; administrative services.

служебная записка memo, memorandum; office memorandum.

служебная телефонограмма official telephone message.

служебное дело official business.

служебное преступление violation of duty, dereliction of duty; crime against the service.

служебное сообщение official message; procedure message (CCBP).

служебный *adj* official.

служебный вагон caboose.

служебный переезд travel on official status.

служебный подлог forgery of records by custodian.

служебный сигнал operating signal (CCBP).

служзнак prosign (CCBP).

служить serve; serve as; be in the service (of); be employed.

служить примером serve as an example, be an example.

слух hearing; rumor.

слухач sound observer; outpost set (Sound ranging). *See also* слухачи.

слухачи earphones. *See also* слухач.

случай case, circumstance; incident, event, occurrence; opportunity, chance, occasion.

случайная ошибка accidental error.

случайность chance, accident.

случайный accidental, incidental, chance, casual.

слышать hear.

слышимость audibility.

слышимый audible.

слюда mica.

слюдяной конденсатор mica capacitor.

смазка lubricant, oil, grease; lubrication, oiling, greasing; application, painting (Med).

смазочное вещество *See* смазочный материал.

смазочное масло lubricating oil.

смазочный материал lubricant.

смазывать lubricate, oil, grease; apply, paint (Med).

смазывать *v* мазью apply ointment; wax (skis).

смежные пути adjacent routes.

смежный adjacent, contiguous; neighboring.

смелость bravery, courage, daring.

смелый courageous, daring, brave.

смельчак daredevil.

смена change; relief (Mil); mount, mounting (Guard).

смена аллюра change of gait.

смена караула relief of the old guard by the new guard.

смена обстановки change in the situation.

"Смена, стой!" "Relief, halt!"

сменная катушка plug-in coil.

сменный interchangeable.

сменный объектив interchangeable lens (Camera).

сменный пост runner relay station.

сменять change; relieve.

смертельный fatal, mortal, deadly, lethal.

смертельный исход fatal outcome, death.

смертность mortality.

смерть death.

смерч spout (Met).

смеситель *m* frequency converter (Rad).

смесительная камера карбюратора metering well (Mtr).

смесительная лампа mixer, mixing tube (Rad).

смесь mixture.

смета budget estimate, estimate.

сметать brush aside.

смешанная перевозка troop movement by motor and animal-drawn transport combined.

смешанный mixed, combined.

смешанный боевой порядок combat formation mounted and dismounted combined.

смешанный бой combat mounted and dismounted combined.

смешанный десант landing operation by parachute and air-landing troops combined; landing force composed of parachute and air-landing troops.

смешанный метод combination method (Surv).

смешанный подвоз bringing up supplies by motor and animal-drawn transport combined.

смещаться move, displace, change position (of things).

смещение removal (from a job); changing of position, displacing; change of position (of things); displacement (of things; Arty).

смещение бомбы cross trail (Aerial Bombing).

смещение орудия gun displacement.

смещённый по фазе out of phase.

"Смирно!" "Attention!"

смола resin.

смонтированная фотосхема assembled mosaic (Photo).

смонтированный аэрофотоснимок mounted aerial photograph.

смотр review; inspection.

смотреть face; look, look at, take care of.

смотровая щель vision slit (Tk).

смотровое окно inspection window.

смыкание closing (Drill).

смыкать v close (Drill).

смыкать кольцо окружения complete encirclement, close pincers.

смысл meaning, sense, signification.

смычка contact, connection; bond, union, cooperation, solidarity.

смягчать меру социальной защиты alleviate punishment.

смягчающие вину обстоятельства extenuating circumstances.

смягчающие обстоятельства See смягчающие вину обстоятельства.

снабжать provide, supply, furnish, equip.

снабжение supply, providing, furnishing, equipping; supplies, provisions, equipment.

снабжение боеприпасами ammunition supply.

снабжение водой water supply, water service.

снабжение горючим fuel supply (Mtr).

снабжение имуществом связи signal supply.

снабжение по воздуху supply by air.

снабжение топливом fuel supply (RR, building).

снабженческая перевозка supply movement.

снабженческий аппарат supply agencies, supply system.

снайпер sniper.

снайперская стрельба sniping.

снаряд projectile, shell.

снарядная волна shell wave, ballistic wave, bow wave.

снарядная камора seat of the projectile.

снарядная тракторная прицепка shell trailer (Arty, USSR).

снарядный конус каморы forcing cone, forcing slope (G).

снарядный расходный погреб ammunition magazine.

снаряд обтекаемой формы streamlined projectile.

снарядовая гимнастика gymnastics with apparatus.

снаряд с готовыми выступами See снаряд с постоянными выступами.

снаряд специального назначения special-purpose shell (illuminating, incendiary, leaflet shell, USSR).

снаряд с постоянными выступами studded projectile.

снаряжать equip, fit out; load (magazine, clip, etc).

снаряжение equipment, equipage, outfit; loading (magazine, clip, etc).

снег snow.

снегозадержатель m snow fence; snow fence section.

снегопад snowfall.

снегоструг snowplow.

снегоступы snowshoes.

снегоуборка removal of snow.

снежная целина virgin snow.

снежный adj snow.

снежный буран blizzard.

снежный занос snowdrift.

снежный покров snow cover, snow blanket.

снежный щит See снегозадержатель m.

снижать lower, reduce, decrease; cause to descend (Ap).

снижаться be lowered, be reduced, decrease; descend (Ap).

снижение descent, decrease, reduction, lowering.

снизу from below; from lower headquarters, from lower commander.

снимать take (photograph); rent; remove, take away, take off; wipe out (an enemy post).

снимать копию make a copy, prepare a copy.

снимать линию recover circuit.

снимать орудие с передка unlimber.

снимать осаду raise siege.

сниматься have one's photograph taken; weigh (anchor); be removed, be taken away, be taken off.

снимáть часовы́х remove sentinels; wipe out enemy sentinels.

снимáть штык unfix bayonet.

сни́мок photograph, snapshot.

сноп пуль cone of fire.

сноп траектóрий sheaf of fire, sheaf of trajectories.

снос drift (Ap).

сношéние relation, dealing; intercourse; communication (correspondence).

сношéния с неприя́телем corresponding with the enemy.

сня́тие renting; removal, taking away, taking off; recovering (circuit); raising (siege); unlimbering; weighing (anchor); unfixing (bayonet).

собáка dog.

собáка свя́зи messenger dog.

собаковóдство dog breeding.

собáчка small dog; hand, pawl.

собирáние assembling, gathering, collecting; picking; levying (of taxes).

собирáтельная ши́на bus bar (Rad).

собирáть assemble, gather, collect, call together; pick; levy (taxes).

соблюдáть observe (rules, etc).

соблюдéние observance.

соблюдéние маскирóвки See маскирóвочная дисципли́на.

собрáние gathering, collection; meeting, conference, assembly.

сóбранный галóп See сокращённый галóп.

собрáть лóшадь gather a horse.

сóбственная частотá natural frequency (Rad).

сóбственность property (things).

сóбственные шýмы приёмника normal background noise (Rad).

сóбственный own; personal; proper.

сóбственный бéрег See свой бéрег.

совершáть accomplish, effect, achieve, perform, execute; commit (crime).

совершáть марш execute a march.

совершáть проры́в effect a breakthrough, achieve a breakthrough, make a breakthrough.

совершéнно секрéтная перепи́ска top secret correspondence (USSR).

совершéнство perfection.

совéт council; advice.

совещáние conference, consultation.

совмести́тельство дóлжностéй multiplicity of duties.

совмéстно jointly, together with.

совмéстные дéйствия joint operations; combined operations.

совмéстный joint, combined.

совмéстный удáр combined blow.

совмещéние • superimposition (aerial Photo).

совпадáть coincide.

совпадáющие колебáния in-phase oscillations.

совремéнный contemporary; modern.

совремéнный бой modern combat.

соглáсие consent.

согласовáние coordination; synchronization.

согласóванная атáка coordinated attack.

согласóванная рабóта coordinated work; efficient cooperation.

согласóванность coordination, synchronization, team play.

согласóванность огня́ coordination of fire.

согласóванность по врéмени synchronization, timing.

согласóванный coordinated; synchronized.

согласóвывать coordinate; match.

соглашáться consent, assent, acquiesce, accede, agree (to).

соглашéние agreement. See also сговóр.

согнýть See сгибáть.

согревáние warming, warming up; heating.

содéйствие assistance, cooperation, aid; abetting; support.

содéйствовать assist, cooperate, aid; abet; support.

содержáние maintenance, upkeep; pay, allowance; table of contents; contents.

содержáть contain, include, comprise; support, provide for; keep, maintain.

содержáться под стрáжей be under arrest, be in confinement, be in custody.

содоми́я sodomy.

соединéние connecting, uniting; linking; splicing, joining; connection, union; combination; compound (Cml); unit; command; large unit.

соединéние дел joinder (Law).

соединéние дорóг road junction.

соединéние огня́ convergence of sheaf (Arty).

соединённая процедýра combined procedure (CCBP).

соединённый joint, united; combined (CCBP).

соединённый комитéт слýжбы свя́зи combined communications board (CCBP).

соединённый служебный сигнал combined operating signal (ССВР).

соединительная гофрированная трубка *See* соединительная трубка.

соединительная линия trunk circuit (Тр).

соединительная муфта connecting sleeve.

соединительная планка connecting bar beneath bolt and bolt head which acts as a guide to the cocking piece (R, USSR).

соединительная трубка connecting hose (gas mask).

соединительный винт боковой крышки stock screw (revolver).

соединительный кабель connecting cable.

соединительный провод jumper, jumper wire; connecting wire.

соединительный путь connecting track.

соединительный шнур stay cord, strain cord.

соединять connect, unite; combine; link, splice, join.

соединять проводами connect with wire, wire.

создавать create, originate, found; organize.

сокращать shorten; abbreviate, reduce, decrease; limit, curtail.

сокращение abbreviation, reduction, contraction; curtailment.

сокращение отпуска cutting down furlough time (Mil Law, USSR).

сокращённая документация paper work reduced to minimum.

сокращённая подготовка *See* сокращённая подготовка исходных данных.

сокращённая подготовка без приборов rapid preparation of fire by improvised means, determination of approximate data by improvised means.

сокращённая подготовка глазомерно *See* сокращённая подготовка без приборов.

сокращённая подготовка исходных данных rapid preparation of fire.

сокращённая подготовка по карте rapid preparation of fire from firing chart.

сокращённая подготовка с приборами rapid preparation of fire with aid of instruments, determination of approximate data by means of instruments.

сокращённая рысь slow trot.

сокращённый галоп canter.

сокрушать crush, smash.

сокрушающий удар *See* сокрушительный удар.

сокрушительный удар crushing blow, shattering blow, crippling blow, staggering blow; crushing attack.

сокрытие concealment, withholding.

сокрытие следов преступления concealment of evidence of the crime.

солдат soldier.

солдатская книжка *See* красноармейская книжка.

соленоид solenoid.

солнечная постоянная solar constant.

солнечная радиация solar radiation.

солнечное время sun time, solar time.

солнечный компас sun compass.

солома straw.

соль salt.

соляная кислота chloric acid.

сомкнутый порядок mass formation.

сомкнутый строй close formation with individuals at close interval and units at normal interval (USSR).

сомкнуться *v intr* close.

сомнение doubt.

сомнительный doubtful, dubious.

со многими ступенями multi-stage.

сон sleep.

сонная артерия carotid.

сообразительность mental mobility.

сообщать report, inform, let know, communicate.

сообщаться be connected. *See also* сообщать.

сообщение communication, message.

сооружение building, constructing; building, construction, structure; culture, cultural feature, works of man (Top).

сооружение военного назначения structure for military purposes, military installation.

сооружение полевого типа field fortification, field-type fortification.

соответствие correspondence, conformity.

соответствующий *adj* respective, corresponding; suitable.

соответствующий орган competent authority.

соотношение correlation; proportion, ratio.

соотношение сил correlation of forces, relative strength.

сопка hill, mound; small volcano.

сопоставлять juxtapose.

соприкосновение contact, touch. *See also* вне соприкосновения.

соприкосновение с противником contact with the enemy.

сопроводитель *m* carry light, rear light (AAA SL).

сопроводительная разведка combat security by air patrols (mountain warfare, USSR).

сопровождать escort, convoy; accompany (Tac).

сопровождать огнём и колёсами accompany by fire and movement (Arty).

сопровождать цель track the target; follow the target, carry the target (AAA SL).

сопровождение escort, convoy; accompaniment.

сопровождение цели tracking the target; following the target, carrying the target (AAA SL).

сопротивление resistance, opposition; resistor (Elec).

сопротивление воздуха air resistance. *See also* лобовое сопротивление.

сопротивление заземления ground resistance.

сопротивление излучения radiation resistance.

сопротивление изоляции insulation resistance.

сопротивление контакта contact resistance.

сопротивление нагрузки load resistance.

сопротивление постоянному току ohmic resistance.

сопротивление потерь ohmic loss.

сопротивление поясков rotating band resistance (Ballistics).

сопротивление при высокой частоте high-frequency resistance.

сопротивление утечки сетки grid leak (Rad).

сопротивляемость resistance, power of resistance.

сопряжённое наблюдение combined observation; bilateral observation, bilateral spotting.

сопряжённое фокусное расстояние , conjugate focal distance (Photo).

соразмерять *v* adjust, make correspond, match.

соревнование contest, competition.

сортировка sorting, classification.

сортировочная горка hump, hump yard.

сортировочная станция *See* сортировочный парк.

сортировочное отделение receiving section (hospital).

сортировочный парк classification yard, marshaling yard, sorting yard.

сортировочный эвакуационный госпиталь *See* эвакогоспиталь *m*.

сосед neighbor; adjacent unit.

соседний neighboring, adjacent.

сосна pine tree.

сосняк pine forest.

сосок riveted pin (revolver).

сосредоточение concentration, massing.

сосредоточение огня concentration of fire.

сосредоточение противника concentration of enemy forces.

сосредоточенная сила concentrated forces (Aerodynamics).

сосредоточенность concentration (state of being concentrated).

сосредоточенный lumped, concentrated, intensive, centered; convergent (fire); close (march column).

сосредоточенный веер converged sheaf (Arty).

сосредоточенный заряд concentrated charge.

сосредоточенный марш march in close column.

сосредоточенный огонь convergent fire, converging fire, concentrated fire.

сосредоточенный удар concentrated thrust, concentrated attack.

сосредоточивать *v tr* concentrate, mass, centralize.

сосредоточивать огонь mass fire, concentrate fire.

сосредоточиваться *v intr* concentrate.

состав composition (of troops, etc); personnel, staff; compound; train (RR). *See also* подвижной состав.

составитель *m* originator (CCBP).

составление putting together; making up, formation; composition, compilation; stacking (arms).

составление сообщений drafting of messages.

составлять put together; make up, constitute, form; compile, compose, draft; stack (arms).

составлять каблуки вместе bring the heels together.

составлять оружие в козлы stack arms.

составляющая component (Math; Elec); component force.

составля́ющая переме́нного то́ка alternating-current component, a. c. component.

составля́ющая постоя́нного то́ка direct-current component, d. c. component.

составно́й *adj* composite; component, constituent.

составно́й самолёт composite airplane, pickaback airplane.

составно́й шо́мпол jointed cleaning rod.

соста́в сил composition of forces.

соста́в суда́ composition of court; panel of judges.

"Соста́вь!" "Stack arms!"

состоя́ние condition; state; status (supplies, funds).

состоя́ние атмосфе́ры condition of atmosphere, state of the atmosphere.

состоя́ние войны́ state of war.

состоя́ние запа́сов stock level, status of supplies.

состоя́ние кра́йней необходи́мости state of emergency.

состоя́ние о́блачности amount of cloudiness, cloud cover.

состоя́ние опьяне́ния state of intoxication, state of inebriation.

состоя́ние пого́ды weather conditions, state of the weather.

состоя́ть на вооруже́нии belong to the standard equipment of.

состоя́ть под сле́дствием be under investigation.

состоя́ть под судо́м be sub judice, be under judicial consideration.

состоя́щие на дово́льствии на котле́ men messing with organization.

состре́лка ве́ера adjustment of sheaf (Arty).

состяза́ние contest, competition.

сосу́д vessel (container); blood vessel.

сосу́д аккумуля́тора battery case.

со́тня troop (Cossack Cav).

сотру́дничество cooperation .

сотрясе́ние мо́зга cerebral concussion.

соуча́стие complicity.

соуча́стник accomplice. *See also* посо́бник преступле́ния *and* подстрека́тель *m*.

софо́кусность *See* сопряжённое фо́кусное расстоя́ние.

сохране́ние в та́йне keeping secret.

сохраня́ть save, conserve, maintain, retain, keep.

сочета́ние combining; combination.

сочета́ть combine.

со́шка bipod (automatic R mount). *See also* со́шки.

со́шки *fpl* bipod group. *See also* со́шка.

сошни́к spade (G).

сою́зник ally.

спа́зма cramp (muscular).

спа́йка soldering, soldered place; cohesion, solidarity, unity.

спа́льное помеще́ние sleeping quarters.

спа́ренный пулемёт coaxial machine-gun.

спаса́ться бе́гством flee, take to flight.

спать *v* sleep.

спектр spectrum.

спектро́граф spectrograph.

спектр часто́т spectrum of frequencies, frequency spectrum.

спе́реди in front of, before.

специализа́ция specialization.

специализи́рованный грузови́к special-purpose vehicle, special vehicle.

специализи́рованный грузово́й автомоби́ль *See* специализи́рованный грузови́к.

специали́ст expert; specialist.

специа́льная зада́ча special mission; specific mission.

специа́льная зени́тная устано́вка special antiaircraft mount.

специа́льная инжене́рная разве́дка special engineer reconnaissance.

специа́льная инжене́рная часть special engineer unit.

специа́льная ка́рта special purpose map (for use by special troops or for special missions, USSR).

специа́льная разве́дка special reconnaissance.

специа́льная тари́фная схе́ма special rates (RR, etc).

специа́льное дово́льствие special supplies.

специа́льное обору́дование special equipment.

специа́льность specialty.

специа́льные автомоби́ли special-purpose vehicles (special and special-equipment vehicles).

специа́льные войска́ special troops.

специа́льные маши́ны *See* специа́льные автомоби́ли.

специа́льные о́рганы назе́много наблюде́ния special agencies of ground observation.

специа́льный special, specific, particular, peculiar; special-purpose.

специа́льный зени́тный пулемёт anti-aircraft machine gun.

специа́льный род во́йск branch of special troops.

специа́льный снаря́д *See* снаря́д специа́льного назначе́ния.

специа́льный танк special-purpose tank (USSR).

спе́шенная ко́нница dismounted cavalry.

спе́шенный dismounted.

спе́шенный бое́ц dismounted fighter.

спе́шивание dismounting.

спе́шивание с ба́товкой dismounting with horses linked.

спе́шивать *v tr* dismount.

спе́шиваться *v intr* dismount (Cav).

спеши́ть hasten, hurry, make haste, press on.

спе́шный hasty; urgent, pressing.

спидо́метр speedometer.

спина́ back (Anat).

спи́нка back (furniture, etc).

спинно́й мозг spinal cord.

спинно́й обхва́т back strap (Prcht).

спинно́й реме́нь back strap (harness).

спиномозгова́я анестези́я spinal anesthesia.

спира́ль spiral.

спира́ль Бру́но concertina.

спира́лька connecting slug (Tp).

спира́льная пружи́на spiral spring.

спирт alcohol.

спи́сок list, register, roll; copy, transcript.

спи́сок на уби́тых и пострада́вших casualty list, record of casualties.

спи́сочный соста́в amount of items on hand, number of items on hand.

спи́ца колеса́ spoke (of wheel).

спи́ца курка́ hammer thumbpiece (revolver).

спи́чки matches (for striking fire).

сплав alloy; floatage, floating, transportation by waterways.

сплани́ровать *See* плани́ровать.

сплошно́й continuous, uninterrupted; solid.

сплошно́й фронт continuous front.

споко́йно calmly, tranquilly, peacefully.

споко́йный *adj* calm, tranquil, peaceful, quiet.

споко́йный во́здух still air.

споко́йствие calmness, tranquillity, composure.

сполза́ние creeping down, descending slowly, slipping.

спо́нсон sponson (Tk).

спо́соб method, manner, way, means.

спо́соб Бе́сселя Bessel method (Surv).

спо́соб Га́нзена two-point resection, solution of two-point problem (Surv).

спо́соб кругово́й приёмов direction method (Surv).

спо́соб наиме́ньших квадра́тов method of the least squares.

спосо́бность capacity (ability), aptitude.

спо́соб охлажде́ния cooling system.

спо́соб передвиже́ния mode of transportation.

спо́соб повторе́ний repetition method (Surv).

спо́соб пода́чи feed system.

спосо́бствовать assist; aid, abet.

спосо́бствовать врагу́ *See* спосо́бствовать неприя́телю.

спосо́бствовать неприя́телю relieve the enemy, aid the enemy.

спотыка́ч spiral of loose wire.

спотыка́ющаяся ло́шадь stumbler (H).

спра́ва to the right; from the right; at the right, on the right.

спра́ва нале́во from right to left.

спра́вка information; reference number (correspondence); inquiry; memorandum.

справля́ться consult; inquire; manage, master, cope with.

спра́вочная картоте́ка reference card file.

спра́вочник reference book; directory, guide.

спры́гивание jumping down, jumping off.

спуск downhill run; descent, downgrade, slope; trigger (pistol).

спуска́ть затво́р actuate the shutter (Photo).

спуска́ться descend.

спуск в высо́кой сто́йке downhill run in upright position (Skiing).

спуск в ни́зкой сто́йке downhill run in full-crouch position (Skiing).

спуск в сре́дней сто́йке downhill run in semicrouch position (Skiing).

спуск затво́ра tripping of shutter, release of shutter; release button, release (Photo).

спускова́я пружи́на sear spring (SA).

спускова́я ра́ма trigger guard group, trigger guard assembly (Auto R).

спускова́я скоба́ trigger guard.

спускова́я тя́га trigger bar (SA).

спускoво́й крючо́к trigger.

спусковой механизм trigger mechanism, trigger guard group, trigger housing group; release mechanism (bomb release); fuel discharge valve (flamethrower).

спусковой рычáг sear (SA); thumb trigger (Maxim MG).

спусковой шнур firing lanyard.

спуск флáга lowering the flag.

спýтывать tangle, confuse, mix up, foil.

срабóтанность teamwork.

сравнительная терминолóгия comparative phraseology (CCBP).

сражéние battle, engagement.

средá Wednesday; environment, surroundings; medium; milieu.

срединная ошибка probable error, mean error.

срединное боковóе отклонéние deflection probable error, direction probable error (Arty).

срединное отклонéние See срединная ошибка.

срединное отклонéние по высотé vertical probable error (Arty).

срединное отклонéние по дáльности range probable error (Arty).

срединное отклонéние по дáльности при наклóне мéстности slope probable error (Arty).

срединное отклонéние по направлéнию direction probable error (Arty).

срединное отклонéние разрывов по высотé height-of-burst probable error.

срéдне-арифметическая величинá arithmetical mean.

срéднее врéмя mean time.

срéднее значéние mean value, average value.

срéднее отклонéние mean deviation.

среднекалиберная артиллéрия medium artillery, medium-caliber artillery.

среднемасштáбная кáрта medium-scale map.

среднерасполóженное крылó midwing.

срéдний adj average, medium, mean (Math).

срéдний бомбардирóвщик medium bomber.

срéдний грунт medium soil.

срéдний калибр medium caliber.

срéдний комáндный состáв company officers.

срéдний комсостáв See срéдний комáндный состáв.

срéдний начáльствующий состáв See срéдний комáндный состáв.

срéдний пáлец middle finger.

срéдний танк medium tank.

срéдний унóс swing pair (Animal Trans).

срéдняя аэродинамическая хóрда mean aerodynamic chord.

срéдняя высотá medium altitude.

срéдняя дистáнция midrange.

срéдняя квадратическая ошибка mean square error.

срéдняя квадратичная ошибка See срéдняя квадратическая ошибка.

срéдняя ошибка mean error.

срéдняя скóрость average speed, average rate of speed.

срéдняя скóрость движéния average rate of movement, average rate of march.

срéдняя температýра average temperature, mean temperature.

срéдняя тóчка падéния See срéдняя тóчка попадáния.

срéдняя тóчка попадáния center of impact.

срéдняя тóчка разрывов center of burst (Arty); mean point of burst (Arty).

срéдняя траектóрия mean trajectory.

срéдняя хóрда крылá mean chord of wing.

срéдняя частотá medium frequency.

срéдства борьбы means of fighting; means of combat.

срéдства личной защиты means of individual protection.

срéдства маскирóвки camouflage materials.

срéдства нападéния offensive means.

срéдства перевóзки See срéдства трáнспорта.

срéдства передвижéния See срéдства трáнспорта.

срéдства противогáзовой защиты means of protection against chemicals.

срéдства связи signal means, means of signal communication, signal communication facilities.

срéдства сообщéния See срéдства трáнспорта.

срéдства трáнспорта means of transportation, transportation facilities.

срéдства усилéния reinforcing weapons, reinforcements.

срéдство means, device; weapon; remedy (Med).

срéдство тяги means of traction.

срез cutting; cut; section (drawing); shear (stress).

срезáние клина pinching off wedge, pinching off spearhead.

срезанная растительность cut vegetation.

срез затвора face of the bolt (Lewis MG).

срезывать cut off, cut away, truncate, lop off; pinch off (Tac).

срок deadline; term, period.

срок службы term of service, length of service; duration of service, life (of machine, etc).

сросток detonating cord connection (demolitions).

срочная сводка See срочное донесение.

срочное боевое донесение unit report.

срочное донесение periodic report, report to be rendered at specified times.

срочность urgency.

срочные вещи supplies which are reissued after a fixed period of use (USSR).

срочные данные urgent information.

срочный urgent, pressing; periodic, due at a certain time.

сруб cutting (timber); cut timber, felled timber; wooden frame.

срыв tearing away, snatching; disruption, breaking up; frustration, foiling; upsetting; failure.

срыв атаки breaking up of attack, frustration of attack; failure of attack.

срывать tear away, snatch; break up, upset, disrupt, thwart, frustrate, foil; cause failure.

срыв боевого задания failure of combat mission.

срыв связи interruption of signal communication; failure of signal communication.

срыв струи burble (Aerodynamics).

ссылка reference; deportation.

стабилизатор stabilizer.

стабилизованный кристаллом crystal-controlled.

стабилизованный передатчик crystal-controlled radio transmitter.

стабильная волна stabilized wave, frequency controlled wave (Rad).

стабильная оборона See упорная оборона.

стабильность stability.

стабильность волны frequency stability (Rad).

стабильный фронт stable front, stabilized front.

ставить station, place, put.

ставить в известность notify, make known, inform.

ставить задачу assign a mission.

ставить v на боевой взвод cock.

ставить v на стоянку park.

ставить на холостой ход set to idle running.

ставить v пропеллер на флюгер feather the propeller.

ставка rate (tariff).

стаж professional training time; length of professional experience.

стакан drinking glass, water glass, tumbler.

стакан газового регулятора gas regulator cup (Lewis MG).

стакан регулятора наката dashpot (counterrecoil, G).

стакан снаряда body of projectile.

сталкиваться collide.

сталь steel.

стальная броня steel armor.

стальная мерная лента steel tape (Surv).

стальной adj steel.

стальной канат steel rope, cable.

стальной шлем steel helmet.

стамеска chisel.

стандартная атмосфера standard atmosphere.

стандартное время standard time.

стандартность conformity to standard.

стандартные условия стрельбы standard ballistic conditions.

стандартный adj standard.

стандартный размер standard size.

стандартный семафорный аппарат standard semaphore apparatus (ССВР).

станина лафета trail flask, side plate (G).

станина рамы side plate (MG).

станковый пулемёт machine gun.

"Становись!" "Fall in!"

становиться place oneself; become.

становиться v на дыбы rear (H).

становящаяся на дыбы лошадь rearer (H).

станок mount, mounting (Ord); stall (stable); bench (Mech).

станок лафета gun carriage.

станок орудия gun carriage.

станок с раздвижными станинами split-trail carriage.

станционные сооружения station buildings (RR).

станция station. See also железнодорожная станция.

станция затухающих колебаний See искровой передатчик.

ста́нция незатуха́ющих колеба́ний *See* ла́мповая ста́нция.

ста́нция погру́зки entraining station.

ста́нция подслу́шивания intercept station.

ста́нция снабже́ния railhead.

старт take off; take-off procedure (Avn). *See also* взлёт.

ста́ртер starter (device); flagman (Avn).

ста́ртовая кома́нда alert crew, flag crew (Avn).

ста́ртовая ли́ния starting line (airdrome, USSR).

ста́ртовая у́лица taxi strip (from hangar area to landing area).

ста́ртовый наря́д *See* ста́ртовая кома́нда.

ста́ршая медици́нская сестра́ head nurse, chief nurse.

ста́рший older, oldest; senior, superior; first (lieutenant).

ста́рший ветерина́рный врач senior veterinary officer; veterinarian.

ста́рший врач *See* ста́рший санита́рный врач *and* ста́рший ветерина́рный врач.

ста́рший квартирье́р quartering officer, billeting officer.

ста́рший команди́р higher commander; superior commander; senior commander.

ста́рший красноарме́ец *See* ефре́йтор.

ста́рший лейтена́нт first lieutenant.

ста́рший на батаре́е battery executive.

ста́рший нача́льник superior commander.

ста́рший нача́льствующий соста́в field officers, field officer personnel.

ста́рший по до́лжности senior in command.

ста́рший по́езда road train commander (USSR).

ста́рший проме́рщик chief tapeman, rear tapeman (Surv, USSR). *See also* за́дний проме́рщик.

ста́рший разве́дчик chief scout; senior observer (Arty Rcn).

ста́рший санита́рный врач senior medical officer; surgeon.

ста́рший сержа́нт technical sergeant.

старшина́ *m* master sergeant; first sergeant.

старшинство́ seniority; priority (ССБР).

статисти́ческие да́нные statistical data.

стати́ческая нагру́зка basic load.

стати́ческая тру́бка static tube, Pitot-static tube.

стати́ческая усто́йчивость static stability.

стати́ческий заря́д static charge.

стати́ческое давле́ние static pressure.

стати́ческое давле́ние во́здуха static air pressure.

стати́ческое испыта́ние static test, static load test.

ста́тор stator.

статоско́п statoscope, statiscope.

статья́ paragraph, article.

стациона́рная берегова́я батаре́я fixed coast battery, fixed shore battery.

стациона́рная зени́тная артилле́рия fixed antiaircraft artillery.

стациона́рная оборо́на defense in place, rigid defense, static defense.

стациона́рная про́волочная сеть permanent wire net, permanent wire system (Sig Com).

стациона́рная радиоста́нция fixed ground radio set, fixed ground radio station.

стациона́рная устано́вка fixed mount.

стациона́рная электроста́нция commercial power station; stationary power plant.

стациона́рное зени́тное ору́дие antiaircraft gun on fixed mount, fixed antiaircraft gun.

стациона́рное лече́ние hospitalization.

стациона́рность permanence.

стациона́рный stationary; permanent, fixed.

стациона́рный объе́кт stationary objective, stationary target.

стациона́рный пост fixed post.

стациона́рный сигна́л fixed signal (RR).

ствол trunk (tree); tube, barrel (of firearm).

ствол монобло́к barrel of monobloc construction.

ствол морти́рки rifle grenade, launcher body.

ствол скреплённый кожухо́м jacketed barrel (G).

стволь́ная гру́ппа *See* у́зел ствола́.

стволь́ная коро́бка receiver, receiver group (SA).

стволь́ная накла́дка hand guard (R).

створ alinement (Surv).

сте́бель *m* затво́ра bolt (SA). *See* затво́р

сте́бель прице́ла sight bracket, sight shank (G).

сте́бель разобщи́теля cylindrical part of the disconnector (pistol).

стёганое одея́ло quilt.

стекло́ glass (material).

стеклочисти́тель ветрово́го стекла́ windshield wiper.

стеклянный снаряд frangible grenade.

стеллаж shelving (shelves collectively).

стеноп pin point, pinhole (Photo).

стеноп-камера *m* pinhole camera (Photo).

степень degree, grade, class; power (Math).

степень готовности degree of preparedness.

степень сжатия compression ratio.

степь prairie, steppe.

стереовысотомер stereoscopic height finder.

стереогониометр stereogoniometer.

стереодальномер stereoscopic range finder.

стереокомпараграф stereocomparagraph (Photo).

стереокомпаратор stereocomparator (Photo).

стереометр stereometer.

стереомодель *See* стереоскопическая модель.

стереопара *See* стереоскопическая пара.

стереопланиграф stereoplanigraph.

стереоприбор stereomachine.

стереоскоп stereoscope.

стереоскопическая модель stereoscopic model.

стереоскопическая пара stereoscopic pair.

стереоскопическая рекогносцировка аэрофотоснимков stereoscopic examination of aerial photographs.

стереоскопическая фотография stereoscopic photography.

стереоскопическая фотосъёмка *See* стереоскопическая фотография.

стереоскопический метод stereoscopic method.

стереоскопический фотоаппарат stereoscopic camera.

стереоскопический эффект stereo-effect, stereoscopic effect.

стереоскопическое зрение stereoscopic vision.

стереоскопическое наблюдение stereo-observation.

стереоскопичность stereoscopism.

стереосъёмка *See* стереоскопическая фотосъёмка.

стереотруба battery commander's telescope.

стереофотограмметрическая обработка stereophotogrammetric processing.

стереофотограмметрия stereophotogrammetry.

стереоэффект *See* стереоскопический эффект.

стержень *m* shank, rod, stem.

стержень газового поршня operating rod, gas piston rod, piston rod.

стержень затворной задержки pin of the slide stop (pistol).

стержень *m* клапана valve stem (Mtr).

стержень *m* кольца магазина separator pin (Lewis MG).

стержень *m* магазинной защёлки floor plate pin (R).

стержень *m* пружины уравновешивающего механизма spring rod (G equilibrator).

стержень *m* ударника firing pin holder (G); firing pin rod (Auto R).

стержневая антенна mast antenna.

стержневая самолётная антенна aircraft mast antenna.

стерилизатор sterilizer.

стерилизация sterilization.

стерильный раствор sterile solution.

стеснённый confined, restricted, cramped, limited; hampered.

стетоскоп stethoscope.

стирать erase; wipe, wipe off; wash, launder.

стирка wash, washing, laundry.

стихийное бедствие natural calamity; act of God.

стихия elements (of nature).

стлать spread, stretch; floor, pave, plank, lay out with planks.

стог haystack, hayrick.

стоимость cost, value.

"Стой!" "Cease firing!"; "Suspend firing!" (Arty); "Halt!"

стойка counter (restaurant, etc); position of attention, position of the soldier; pole (rod); tent pole; post, strut (SA). *See also* основная стойка.

стойка крыла strut (Ap wing).

стойка магазина magazine post (Lewis MG).

стойка прицельной колодки rear sight guard (R).

стойка с лыжами position of attention with skis in hand.

стойка ударника striker post (Lewis MG).

стойкий staunch, firm; persistent (Cml).

стойки коробки крыльев *See* стойки между крыльями.

стойки между крыльями interplane struts.

стойкое отравляющее вещество persistent chemical agent.

стойкость stamina, firmness, stability; persistence (Gen'l, Cml).

"Стой, кто идёт?" "Halt! Who's there?"

стойло stall (in stable).

стол table; desk, field desk.

столбняк tetanus.

столбнячная инфекция tetanus infection.

столб стойла heelpost (stable).

столица capital (seat of administration).

столкновение collision; encounter, conflict, clash (Tac).

столовая restaurant; dining room; mess room, mess hall.

столярные работы carpentry (work).

стопа sole of the foot; step (walk); pile; ream.

стопор магазина stop pawl (Lewis MG).

стопорная собачка магазина rebound pawl (Lewis MG).

стопорная шпилька ствольной коробки receiver locking pin (Lewis MG).

стопорный винт locking screw, fixing screw, stop screw.

стоп-сигнал stop light.

сторож watchman.

сторожевая застава outpost support.

сторожевая собака sentry dog, watchdog.

сторожевое охранение outpost, security at the halt, march outpost.

сторожевой отряд outpost, security detachment (at the halt).

сторожка shack, shanty; watchman's hut.

сторона direction; side; party (Law).

стоять stand; be situated, be located; be; stand for; be quartered.

стоять в затылок cover down, cover (Drill).

стоящая волна standing wave (Elec, Rad).

стража guard, watch.

стратег strategist.

стратегическая единица lowest strategic unit (USSR).

стратегическая инициатива strategic initiative.

стратегическая карта strategic map.

стратегическая конница strategic cavalry.

стратегическая оборона strategic defensive.

стратегическая обстановка strategic situation.

стратегическая ошибка strategic error.

стратегические последствия strategic effects.

стратегические причины strategic reasons.

стратегические резервы strategic reserves.

стратегический strategic, strategical.

стратегический ключ strategic key point.

стратегический манёвр strategic maneuver.

стратегический план strategic plan, operational plan.

стратегический пункт strategic point.

стратегический район strategic area.

стратегический тыл zone of the interior.

стратегический успех strategic success.

стратегическое развёртывание strategic deployment.

стратегическое соединение strategic unit.

стратегическое сосредоточение strategic concentration.

стратегия strategy.

стратегия измора strategy of attrition.

стратегия сокрушения strategy of annihilation.

стратосфера stratosphere.

стратус stratus.

страх fear.

страховка insurance; safety precautions, safety measures.

стрела arrow.

стрела зарядного ящика drawbar (caisson).

стрела подъёма crown (Rd).

стрелка arrow; switch (RR); hand (of a clock); needle (of a compass); frog (H).

стрелковая галлерея rifle gallery.

стрелковая дивизия infantry division.

стрелковая карточка range card.

стрелковая подготовка marksmanship training, marksmanship.

стрелковая рота rifle company.

стрелковая ступень firestep.

стрелковая часть infantry unit.

стрелковая ячейка foxhole, rifle pit.

стрелковое вооружение infantry arms.

стрелковое дело musketry.

стрелковое мастерство marksmanship.

стрелковое оружие small arms.

стрелковое отделение rifle squad.

стрелковое пособие small arms manual.

стрелковый adj rifle, infantry.

стрелковый батальон rifle battalion.

стрелко́вый взвод   rifle platoon.

стрелко́вый ко́рпус   army corps, corps.

стрелко́вый ого́нь   small-arms fire.

стрелко́вый око́п   fire trench.

стрелко́вый павильо́н   range house.

стрелко́вый полк   rifle regiment, infantry regiment.

стрелови́дное крыло́   swept-back wing (Ap).

стрелови́дное расположе́ние кры́льев sweepback (Ap).

стрелови́дность кры́льев   See стрелови́дное расположе́ние кры́льев.

стрело́к   rifleman.

стре́лочник   switch tender, switchman.

стре́лочное соедине́ние   See стре́лочный перево́д.

стре́лочный замыка́тель   switch lock.

стре́лочный перево́д   turn-out (RR).

стре́лочный стано́к   switch stand.

стре́лочный указа́тель   switch target (RR).

стрельба́   shooting, firing; fire.

стрельба́ артилле́рии   gunnery; firing (Arty).

стрельба́ вле́во   firing to the left (revolver drill).

стрельба́ вниз   firing downward (USSR, revolver drill).

стрельба́ вперёд   firing to the front (revolver drill).

стрельба́ впра́во   firing to the right (revolver drill).

стрельба́ в промежу́тки свои́х подразделе́ний   fire through gaps between friendly units.

стрельба́ в упо́р   point-blank firing.

стрельба́ из-за фла́нга   fire from behind the flank of friendly troops.

стрельба́ из револьве́ра   pistol firing, revolver firing.

стрельба́ из револьве́ра с упо́ра   firing with pistol rest.

стрельба́ лёжа   firing from prone position.

стрельба́ на да́льность   known-distance firing (range).

стрельба́ наза́д   firing to the rear (revolver drill).

стрельба́ на карте́чь   fire with zero setting of the time fuze.

стрельба́ на одно́м прице́ле   firing with the same range setting.

стрельба́ на пораже́ние   fire for effect.

стрельба́ на ходу́   marching fire.

стрельба́ непрямо́й наво́дкой   indirect fire, fire by case III pointing.

стрельба́ но́чью   night firing.

стрельба́ одино́чными патро́нами single-shot fire, semiautomatic fire.

стрельба́ очередя́ми   salvo fire (Arty); fire by bursts (MG).

стрельба́ по изме́ренным отклоне́ниям fire magnitude method.

стрельба́ по отде́льным це́лям   precision fire.

стрельба́ прямо́й наво́дкой   direct fire, fire by case I pointing.

стрельба́ рикоше́тами   ricochet fire.

стрельба́ с испо́льзованием руже́йного ремня́   firing with the use of gun sling.

стрельба́ с коле́на   firing from kneeling position.

стрельба́ с коня́   firing mounted.

стрельба́ с ме́ста   stationary fire.

стрельба́ со свобо́дной руки́   firing without rifle rest; offhand firing.

стрельба́ с пики́рования   strafing in a dive.

стрельба́ сто́я   firing from standing position.

стрельба́ с упо́ра   firing with rifle rest.

стрельба́ че́рез свои́ войска́   overhead fire.

стре́льбище   range, target range.

стре́льчатое трапецеви́дное крыло́ tapered and swept-back wing (Ap).

стре́ляная ги́льза   empty shell case, empty case, spent case.

стреля́ть   shoot, fire, deliver fire.

стреля́ть в упо́р   conduct point-blank fire.

стреля́ть науга́д   fire at random.

стреля́ющее приспособле́ние   firing mechanism (G).

стреми́тельность   impetuosity; impetus; swiftness.

стреми́тельный   impetuous; swift.

стреми́тельный манёвр   swift maneuver.

стреми́ться   strive for, aim at; aspire.

стремле́ние   desire; inclination, tendency; aspiration.

стре́мя n, стремена́ pl   stirrup (saddle).

стремя́нка   stepladder; rope ladder.

стрептоко́кк   streptococcus.

стригу́щий полёт   tree-top flying.

стри́нгер   stiffener, stringer (Ap).

стро́гая дисципли́на   strict discipline.

стро́гая изоля́ция   solitary confinement, confinement incommunicado.

строева́я вы́правка   soldierly appearance, soldierly bearing.

строева́я кавалери́йская ло́шадь   troop horse.

строева́я подгото́вка   drill (Tng).

строевáя рысь regulation marching trot.

строевáя слýжба combat service.

строевáя часть line unit, combat unit.

строевóе отделéние personnel section, S-1.

строевóе учéние *See* **строевы́е занятия.**

строевóй отдéл personnel section, G-1.

строевóй устáв drill regulations (manual).

строевóй шаг parade step (USSR). *See also* **похóдный шаг.**

строевы́е занятия drill (Exercises).

строéние building, construction, structure.

строи́тельная горизонтáль datum line (design).

строи́тельная тéхника technique of construction, technique of fortification.

строи́тельные рабóты construction work.

строи́тельный материáл building material.

стрóить build, construct; form, line up.

стрóиться form, assemble.

строй formation (Mil). *See also* **вне строя.**

строй в вóздухе flight formation.

строй взвóда platoon formation. *See also* **взвод в ли́нию отделéний, взвод в две ли́нии, взвод рóмбом, взвод углóм вперёд** *and* **взвод углóм назáд.**

строй взвóдной колóнны platoon-column formation.

строй в ли́нию line, formation in line.

строй звенá single flight formation.

строй кли́на wedge formation; Vee formation, Vic formation (Avn).

стройматериáл *See* **строи́тельные материáлы.**

"Стрóйся влéво, шáгом марш!" "Assemble to the left, march!"

"Стрóйся впрáво, шáгом марш!" "Assemble to the right, march!"

стрóпы suspension lines, shroud lines (Prcht).

структýра structure.

струп eschar, scab.

струя́ винтá slipstream (Avn).

студени́стый динами́т gelatin dynamite.

стýжа cold, frost.

стул chair.

ступáющие лы́жи step skis, snowshoes (as opposed to skis). *See also* **скользя́щие лы́жи.**

ступéнчатый поршневóй затвóр step-thread block (G).

ступéнь step (in stairs); degree, phase; grade, rank.

ступéнь высóкой частоты́ radio-frequency stage.

ступéнька step (stairs).

ступéнь промежýточной частоты́ intermediate frequency stage.

ступéнь усилéния высóкой частоты́ radio-frequency amplification stage.

ступи́ца *See* **ступи́ца колесá.**

ступи́ца колесá hub (wheel).

ступи́ца лóпасти boss (Ap propeller).

ступня́ ball of the foot.

стучáть *v* knock.

стык limiting point. *See also* **райóн сты́ка** *and* **рéльсовый стык.**

стык лонжерóна крылá butt, butt-joint (Ap).

стыковáя наклáдка fishplate (RR).

стыковóе соединéние pin connection (RR rails).

стыковóй ýзел крылá wing hinge fitting (Ap).

сты́чка skirmish, clash.

стяжнáя мýфта turnbuckle.

суббóта Saturday.

сублимáция sublimation.

субординáция subordination.

субъéкт вóинского преступлéния person subject to military law.

субъéкт преступлéния person subject to criminal prosecution.

суверенитéт sovereignty.

суверенитéт над воздýшным прострáнством aerial domain.

суголóвный ремéнь crown piece (bridle).

суголóвье crown piece (bridle); bridle whose headstall is composed of crown piece and check pieces (USSR).

сугрóб snowdrift.

суд court (Law).

судéбная фýнкция judicial function.

судéбное заседáние session of court.

судéбное преслéдование prosecution.

судéбное разбирáтельство trial, court proceeding.

судéбное решéние court decision, court order.

судéбное слéдствие trying a case.

судéбные издéржки court costs.

судéбный judicial; court.

судéбный исполни́тель sheriff.

судéбный порядок *See* **в судéбном порядке.**

судéбный пригово́р sentence (Law).

судéбный слéдователь investigation magistrate.

судно vessel (ship); bedpan.

судорога convulsion, cramp.

судоустройство organization of the courts, organization of the judiciary.

суд первой инстанции court of the first instance, trial court.

судья *m* judge, justice.

суета confusion.

сужение narrowing, contraction, restriction.

суженный веер *See* сосредоточенный веер.

суживать narrow down, restrict.

суживать вилку narrow the bracket, split the bracket.

сулема sublimate of mercury.

сульфамидный препарат sulphamide preparation.

суматоха confusion, disorder.

сумерки *fpl* twilight, dusk, nightfall.

сумка pouch; bag.

сумка первой помощи first-aid kit.

сумка противогаза gas-mask carrier.

сумма sum.

сумма моментов sum of the moments.

суммарная поправка total correction.

суммировать summarize.

супергетеродин superheterodyne receiver, superheterodyne.

супергетеродинный приём superheterodyne reception.

супергетеродинный приёмник superheterodyne receiver, superheterodyne.

суперрегенеративный приёмник superregenerative receiver.

суперрегенератор super-regenerative receiver.

супесок sandy ground.

супесь *See* супесок.

супонь hame strap; lower hame strap (harness).

суррогатная антенна improvised antenna.

сустав joint (Anat).

сутки *fpl* civil day, 24-hour period starting at midnight, 24 hours.

суточная дача daily ration.

суточная норма daily rate, daily norm.

суточная потребность day of supply.

суточные деньги subsistence allowance, per diem allowance.

суточный *adj* 24-hour, day's, daily.

суточный комплект unit of fire, day of fire.

суточный паёк daily ration.

суточный переход day's march.

суточный пробег day's run (Mtr vehicle).

суточный ход скорости ветра daily change of wind speed.

суффикс зоны zone suffix (CCBP).

сухари *m pl* crackers, zwieback.

сухая батарея dry-cell battery.

сухожилие sinew, tendon.

сухой *adj* dry.

сухой воздух dry air.

сухой туман dry fog.

сухой элемент dry cell (Elec).

сухопутное командование land command.

сухопутные войска land forces.

сухопутные силы *See* сухопутные войска.

сухопутный *adj* land.

сухопутный самолёт landplane.

сухопутный смерч tornado.

суша land (as opposed to sea).

сушка drying.

существенный substantial.

существующий existing, existent, extant.

сущность substance, essence, nature.

сфера zone; sphere.

сфера вращения винта propeller disk area.

сфера действительного огня zone of effective fire.

сфера огня zone of fire.

сферическая аберрация spherical aberration.

сферическая башня spherical turret (Ap).

сферический рефлектор spherical reflector.

сформировать *See* формировать.

схватка scuffle, fight, skirmish.

схема scheme, diagram, layout, sketch, chart, map substitute; map; connection, arrangement (Rad).

схема взаимодействия plan of cooperation.

схема Гартлея Hartley oscillator circuit.

схема движения *See* план марша.

схема железнодорожного узла schematic layout of rail junction station.

схема Кольпитса Colpitts oscillator.

схема моста bridge circuit (Elec).

схема наблюдения observational diagram, observer's map (USSR).

схема на восковке overlay (on translucent paper): *See also* восковка.

схема на кальке overlay (on translucent cloth). *See also* калька.

схема обороны defensive operations chart, defense plan chart.

схёма организа́ции organization chart.

схёма ориенти́ров range card.

схёма-план контрата́к counterattack operations chart.

схёма пози́ции map of deliberate organization of the ground.

схёма прово́дки wiring diagram (Elec).

схёма про́волочной свя́зи circuit diagram (Sig C).

схёма проти́вника enemy situation map.

схемати́ческий schematic.

схемати́ческий чертёж schematic diagram.

схёма це́лей target sketch.

сходи́ть с ме́ста leave one's position; move.

схо́дни f pl loading ramp; gangplank.

сходя́щиеся ве́тры converging air currents.

сходя́щийся ве́ер converged sheaf.

сходя́щийся ряд converging series (Math).

сце́пка coupling.

сцепле́ние interlocking, locking together; cohesion; coupling (Tech).

сце́пленный конденса́тор ganged condenser (Rad).

сцепля́ть v couple.

сцепля́ться v mesh.

сцепно́й механи́зм coupling mechanism.

счёт count; account; bill, check.

счетверённый пулемёт four-barreled machine gun.

счётная лине́йка slide rule.

счетово́дство bookkeeping, accounting, accountancy.

счётчик meter (measuring device).

счётчик оборо́тов tachometer.

счисле́ние пути́ dead reckoning.

съёзженность good teamwork (H).

съёмка survey; photography; dismounting (Mech).

съёмка ме́стности topographic survey.

съёмный detachable, removable.

съёмный штык detachable bayonet.

съёмочный люк camera hatch (aerial Photo).

съёмочный масшта́б photographic scale.

съестны́е припа́сы food supplies.

съестны́е проду́кты victuals, foodstuff.

сы́воротка whey; serum.

сыпу́чий песо́к loose sand, shifting sand.

сыпь eruption.

сыр cheese.

сыра́я ло́шадь untrained horse, unbroken horse.

сыромя́тный реме́нь rawhide thong, rawhide strap.

сы́рость moisture, dampness.

сырьё raw materials.

Т

таба́к tobacco.

та́бель m table; tables (Adm).

та́бельные ве́щи authorized items, authorized articles, standard items.

та́бельные перепра́вочные сре́дства organic stream-crossing equipment; authorized stream-crossing equipment; standard stream-crossing equipment.

та́бельный tabular; organic, authorized by tables of organization; standard.

та́бель сро́чных донесе́ний table of periodic reports (USSR).

табле́тка tablet (Med).

табли́ца table, chart.

табли́ца бомбардиро́вочного расчёта bombing table.

табли́ца да́льности table of working distance (Тр).

табли́ца ма́рша march table.

табли́ца огня́ fire plan.

табли́ца перерасчёта часо́в time conversion table (ССВР).

табли́ца позывны́х номеро́в telephone directory (Mil).

табли́ца попра́вок на разнобо́й calibration corrections chart.

табли́ца радиосигна́лов radio brevity code.

табли́ца распределе́ния обя́занностей manning table.

табли́ца угло́в возвыше́ния elevation table.

табли́цы стрельбы́ firing tables.

табли́чная то́чка паде́ния See то́чка паде́ния.

табли́чная траекто́рия standard trajectory.

табли́чное среди́нное отклоне́ние probable error as given in the firing tables.

табли́чный у́гол паде́ния See у́гол паде́ния.

табло́ illuminated track diagram, track indicator (RR).

тавро́вая ба́лка T-beam.

таврóвое желéзо T-iron.

таз basin; pelvis.

тáйна mystery; secret.

такт tact; bar (Music); stroke, beat; count, motion (Drill).

тáктик tactician.

тáктика tactics.

тáктика общевойсковóго бóя grand tactics.

тáктика тáнков tank tactics.

тáктико-техни́ческий tactical and technical.

такти́ческая внезáпность tactical surprise.

такти́ческая глубинá оборóны tactical depth of defense dispositions, depth of main battle zone (defense in depth, USSR).

такти́ческая едини́ца tactical unit.

такти́ческая задáча tactical problem; tactical mission, combat mission.

такти́ческая зóна See такти́ческая зóна оборóны.

такти́ческая зóна оборóны main battle zone (defense in depth, USSR). See also основнáя зóна оборóны.

такти́ческая кáрта tactical map, battle map.

такти́ческая оборóна tactical defensive.

такти́ческая оборони́тельная зóна See такти́ческая зóна оборóны.

такти́ческая обстанóвка tactical situation.

такти́ческая оши́бка tactical error.

такти́ческая плóтность мáрша average number of men and vehicles per route in a tactical march.

такти́ческая подви́жность tactical mobility.

такти́ческая подготóвка tactical training, combat training.

такти́ческая развéдка tactical reconnaissance.

такти́ческая сигнализáция tactical signaling (ССВР).

такти́ческие заня́тия tactical training. See also такти́ческое учéние.

такти́ческие потрéбности tactical demands, tactical needs.

такти́ческие соображéния tactical considerations, tactical reasons.

такти́ческие трéбования tactical requirements, combat requirements.

такти́ческий tactical; combat.

такти́ческий десáнт tactical landing; tactical landing force.

такти́ческий зáмысел команди́ра commander's tactical intention.

такти́ческий марш tactical march of corps or smaller unit. See also операти́вный марш.

такти́ческий план tactical plan.

такти́ческий приём tactical method; tactical maneuver.

такти́ческий при́нцип tactical doctrine.

такти́ческий пункт tactical locality.

такти́ческий резéрв tactical reserve, local reserve.

такти́ческий успéх tactical gain, tactical success.

такти́ческое взаимодéйствие See боевóе взаимодéйствие.

такти́ческое дéйствие combat action.

такти́ческое дешифри́рование аэросни́мков tactical interpretation of aerial photographs.

такти́ческое значéние tactical importance, tactical significance.

такти́ческое обоснованиé explanation of tactical purpose.

такти́ческое отношéние See в такти́ческом отношéнии.

такти́ческое подразделéние tactical unit (Bn, Co, Plat, USSR).

такти́ческое решéние tactical decision.

такти́ческое свóйство tactical quality, tactical significance, tactical importance.

такти́ческое учéние tactical exercise.

тáлая пóчва thawed soil.

тáлия waist.

талóн pay voucher.

тамбýр air lock (gasproof shelter).

тампóн tampon.

тампонáда tamponade, tamponage.

тáнгенс tangent (Math).

тáнгенсный прицéл tangent sight.

тáнгенс углá падéния tangent of the angle of fall, slope of fall (Arty).

тангéнта pushbutton switch, press-to-talk switch (Tp).

танк tank (vehicle). See also тáнки.

танк-амфи́бия m amphibian tank.

танкéтка tankette.

тáнки m pl armor (collectively); tank units. See also танк.

тáнки дáльнего дéйствия general-support tank units.

тáнки поддéржки пехóты infantry-support tank units, direct-support tank units.

тáнки резéрва глáвного комáндования reserve tank units, GHQ tank units.

танки́ст tankman.

танк-истреби́тель *m* tank chaser (USSR).

та́нковая артилле́рия armored artillery.

та́нковая ата́ка armored attack, tank attack.

та́нковая боева́я разве́дка initial reconnaissance (Tk).

та́нковая брига́да tank brigade.

та́нковая броня́ tank armor.

та́нковая опа́сность mechanized threat.

та́нковая подде́ржка tank support.

та́нковая пози́ция tank position (USSR).

та́нковая пу́шка tank gun, tank cannon.

та́нковая разве́дка tank reconnaissance.

та́нковая ро́та tank company, armored company.

та́нковая сеть tank net (Sig C).

та́нковая трево́га antitank alert, antitank alarm.

та́нковая часть tank unit.

та́нково-авиацио́нный эшело́н tank-air combat team; tank-air echelon.

та́нковое наблюде́ние оповеще́ние и связь tank warning service, tank warning system.

та́нковое ору́дие *See* та́нковая пу́шка.

та́нковое оснаще́ние equipping with armor, adequate provision of tanks.

та́нковое сраже́ние tank battle, tank action.

та́нковые батальо́ны диви́зий division tank battalions (USSR).

та́нковые ча́сти armored units, armored elements.

та́нковый *adj* tank; armored.

та́нковый бак fuel tank (of a tank).

та́нковый батальо́н tank battalion, armored battalion.

та́нковый боево́й поря́док tank attack formation.

та́нковый взвод tank platoon, armored platoon.

та́нковый деса́нт tank-borne party, tank-borne landing party.

та́нковый ко́рпус tank corps.

та́нковый ого́нь tank fire.

та́нковый око́п tank pit, tank shelter (aircraft defense).

та́нковый пулемёт tank machine gun.

та́нковый резе́рв tank reserve.

та́нковый стробоско́п stroboscope (Tk).

та́нковый шлем tank helmet, crash helmet.

та́нковый эскадро́н armored company, tank company (Mecz Cav).

та́нковый эшело́н armored echelon.

танкодосту́пная ме́стность terrain accessible to tanks, terrain suitable for tank warfare.

танкодосту́пное направле́ние *See* танкоопа́сное направле́ние.

танконедосту́пное препя́тствие tankproof obstacle.

танконедосту́пное укры́тие tankproof cover.

танконедосту́пный tankproof.

танконедосту́пный райо́н tankproof area.

танкоопа́сное направле́ние critical avenue of tank approach, probable lane of tank approach.

танкоопа́сный путь route passable by tanks.

танкостро́ение tank building.

танкостро́итель *m* tank builder.

танкострои́тельство tank-building industry.

танкофо́н interphone (Tk).

танк прорыва break-through tank, assault tank.

танк-разве́дчик reconnaissance tank, scout tank, scouting tank.

танксе́ть tank net (Sig C).

та́ра packing container; tare.

тара́н ram, battering ram.

тара́нить *v* ram, butt.

таре́ль flange of fuze body (time fuze).

тари́ф tariff; rail freight rates.

таска́ть drag, carry, draw, pull; carry away (H).

тахеометри́ческая съёмка *See* мензу́льная съёмка.

тахо́метр tachometer.

тача́нка tachanka, light animal-drawn vehicle for transportation and mounting of machine guns.

твёрдая доро́га hard-surface road.

твёрдость hardness, firmness, solidity; resoluteness.

твёрдый hard, firm, solid; resolute, resolved.

твёрдый грунт hard soil, hard ground.

теа́тр theater.

теа́тр вое́нных де́йствий theater of operations, theater.

теа́тр войны́ theater of war.

текст text.

теку́щая то́чка position of target at any instant; plotted point (AAA).

теку́щее дово́льствие current supplies.

теку́щие потре́бности current requirements.

текущие расходы current operating expenses.

текущий current, present-day; flowing, running.

текущий год calendar year.

текущий ремонт current repairs, current maintenance, routine maintenance.

текущий счёт bank account, checking account, drawing account.

телега telega, wagon, farm wagon.

телеграмма telegram.

телеграф telegraph.

телеграфировать telegraph, send a telegraph message.

телеграфия telegraphy.

телеграфная лента ticker tape (Tg).

телеграфная линия telegraph line.

телеграфная переговорочная станция public telegraph station.

телеграфная связь telegraph communication.

телеграфная станция telegraph station

телеграфно-телефонная связь telephone and telegraph communication, wire communication.

телеграфно-телефонные части telegraph and telephone units (USSR).

телеграфно-телефонный adj telegraph and telephone.

телеграфно-телефонный взвод telegraph and telephone platoon (USSR).

телеграфный telegraph, telegraphic.

телеграфный аппарат telegraph apparatus.

телеграфный передатчик telegraph transmitter; radiotelegraph transmitter. .

телеграфный сигнал telegraph signal.

телеграфный столб telegraph pole.

тележка truck, bogie; hand cart; landing gear, undercarriage.

телемарк telemark, telemark turn.

телеобъектив telephoto lens.

телескоп telescope.

телесное наказание corporal punishment.

телесное повреждение bodily harm; physical damage, injury.

телетайп teletype, teletypewriter.

телефон telephone.

телефонист telephone operator, switchboard operator (man).

телефонистка telephone operator, switchboard operator (woman).

телефония telephony.

телефонная двуколка battery cart.

телефонная линия telephone line.

телефонная переговорочная станция public telephone exchange.

телефонная рота telephone company (USSR).

телефонная связь telephone communication, telephone signal communication, telephonic communication.

телефонная сеть telephone system.

телефонная станция telephone terminal, telephone station.

телефонное подслушивание telephone tapping, listening in on telephone conversations.

телефонно-телеграфная станция telephone and telegraph station (USSR).

телефонно-телеграфный adj telephone-and-telegraph.

телефонные наушники earphones, headphones.

телефонные переговоры telephone conversations.

телефонные средства means of telephone communication.

телефонный adj telephone, telephonic.

телефонный аппарат telephone set, telephone apparatus.

телефонный аппарат с индукторным вызовом telephone with inductive ringing, magneto telephone set, local battery telephone set.

телефонный аппарат с фоническим вызовом telephone using voice-frequency signaling by means of a buzzer, common battery telephone set.

телефонный кабель telephone cable.

телефонный капсюль receiver element, receiver unit.

телефонный конденсатор telephone condenser.

телефонный передатчик telephone transmitter; radiotelephone transmitter.

телефонный перехват telephone intercept.

телефонограмма telephone message (transcribed).

телефон приёмника telephone receiver unit, telephone receiver.

телефон с индукторным вызовом local battery telephone system. See also телефонный аппарат с индукторным вызовом.

телефон с фоническим вызовом common battery telephone system. See also телефонный аппарат с фоническим вызовом.

тело body.

тело пулемёта machine-gun body.

тембр timbre; characteristics of tone.

темля́к sword knot.

темнота́ darkness.

тёмный dark.

темп tempo, time; pace.

темп движéния rate of march, rate of movement; cadence (Drill).

температу́ра temperature.

температу́ра горéния пóроха temperature of the powder at the time of firing.

температу́рное зонди́рование temperature sounding (Met).

температу́рные колебáния oscillations of temperature, temperature variations.

температу́рный градиéнт temperature gradient.

темпи́рованный взрывáтель time fuze.

темп наступлéния rate of advance.

темп огня́ rate of fire.

темп стрельбы́ rate of fire; predicting interval (AAA).

тéндер tender (RR).

теневóе пятнó shadow, shadow spot.

тензиóметр tensiometer.

тент tent. *See also* **палáтка.**

тень shadow; shade.

теодоли́т theodolite; transit.

теодоли́тный ход transit traverse.

теорети́ческий theoretic, theoretical.

теорети́ческий потолóк absolute ceiling.

теóрия theory.

теóрия полёта theory of flight.

тёплая воздýшная мáсса warm air mass.

тепловóз gasoline-mechanical locomotive, light locomotive.

тепловóй ампермéтр hot-wire ammeter.

теплоёмкость heat capacity.

тёплое обмундировáние winter issue, winter clothing.

теплоотдáча radiation (Thermodynamics).

теплопровóдность heat conductivity, thermal conductivity.

теплотá взрывчáтого превращéния heat of formation (Explosive).

теплу́шка box car adapted for transportation of men (RR, USSR); warming station.

тёплый warm; mild (temperature).

тёплый фронт warm front (Met).

терми́т thermit.

терми́тная смесь thermit mixture.

терми́тная шáшка thermit block, thermit stick.

терми́ческий фронт thermal front (Met).

термогрáф thermograph.

термóметр thermometer.

термометри́ческая бýдка instrument shelter (Met).

термóметр-пращ sling thermometer, whirled thermometer.

термóметр сопротивлéния thermoelectric-type thermometer, thermocouple.

термопáра thermocouple.

тéрмос thermos, thermos bottle.

термоэлектри́ческий измери́тельный прибóр thermocouple meter, thermoelectric instrument.

территориáльный при́нцип граждáнства jus soli.

территóрия territory; area.

террористи́ческий акт act of terrorism.

теря́ть lose; waste.

тесни́на gorge (Top); defile.

тет-де-пóн bridgehead.

тетри́л tetryl.

тетрóд four-element tube.

тéхник technician; mechanic.

тéхника technique; matériel, material.

тéхника мáрша march technique.

тéхника огня́ technique of fire.

тéхника полёта flying technique.

тéхника стрельбы́ *See* **тéхника огня́.**

техни́ческая возмóжность technical possibility; technical capability.

техни́ческая вы́учка technical training; technical skill.

техни́ческая маскирóвка artificial concealment, camouflage by use of artificial material.

техни́ческая развéдка technical reconnaissance.

техни́ческая скорострéльность maximum rate of fire; cyclic rate of fire (Auto Wpns).

техни́ческие свóйства technical characteristics.

техни́ческие срéдства technical means.

техни́ческие срéдства маскирóвки artificial means of concealment.

техни́ческие трéбования technical requirements.

техни́ческий *adj* technical.

техни́ческий осмóтр technical inspection.

техни́ческий режи́м огня́ maximum usable rate of fire.

техни́ческое имýщество technical equipment.

техни́ческое описáние technical description.

техни́ческое оснащéние *See* **техни́ческое имýщество.**

техни́ческое снабже́ние technical supply; technical supplies.

тече́ние trend, movement; flow; current (water, air). *See also* вверх по тече́нию *and* вниз по тече́нию.

тече́ние реки́ river current.

течь leak, leakage.

течь *v* run, flow; leak.

тип type (kind).

типово́й по́езд type railway train, standard train.

типовы́е спи́ски адреса́тов distribution lists.

типогра́фия printing shop.

тир rifle range, target range.

тиф typhus.

ти́хий ве́тер light air (Beaufort scale).

тишина́ silence; quiet.

ткань web; fabric; tissue (Biology).

T-обра́зная анте́нна T-antenna, T-type antenna.

T-обра́зное звено́ фи́льтра T-section (Rad).

това́рищ comrade; colleague.

това́рная ста́нция freight yard.

това́рный ваго́н freight car (RR).

това́рный парово́з freight locomotive, freight engine (RR).

тожде́ственность identity.

ток current (Elec).

ток высо́кого напряже́ния high-tension current, high-voltage current.

ток высо́кой частоты́ high-frequency current.

то́ки Фуко́ Foucault currents, eddy currents.

ток коро́ткого замыка́ния short-circuit current.

токовраща́тель *m* pole changer (Tp).

ток подогре́ва heater current.

ток смеще́ния displacement current.

ток холосто́го хо́да no-load current.

тол *See* троти́л.

толка́тель *m* pushrod, valve lifter (Mtr); hump of operating rod (Auto R).

толка́ющий винт pusher propeller.

то́лстый thick, heavy; stout.

то́лстый про́вод heavy-gage wire.

толчо́к push; jerk; beat; impact; jolt.

то́лща thickness (layer).

то́лща сне́га depth of snow.

толщина́ thickness.

толщина́ брони́ armor thickness.

толь *m* tarpaper, waterproof cardboard for roofing, etc.

тон tone (Acoustics).

тон бие́ний beat note (Rad).

то́нкая наво́дка fine laying.

то́нкий thin; fine; slim.

то́нна ton.

тонна́ж, tonnage, ton capacity.

тонне́ль *m* tunnel.

то́пка heating; firebox (RR).

то́пкий swampy.

то́пкий уча́сток swampy area.

то́пкое боло́то swampy marsh.

то́пливо fuel (for heating).

топобатаре́я topographic battery.

топовзво́д topographic platoon.

топографи́ческая да́льность horizontal range, map range.

топографи́ческая ка́рта topographic map.

топографи́ческая опера́ция topographic operation.

топографи́ческая подгото́вка artillery survey.

топографи́ческая привя́зка tying in (Surv).

топографи́ческая рабо́та survey work.

топографи́ческая разве́дка topographic reconnaissance.

топографи́ческая съёмка topographic survey, survey.

топографи́ческие сведе́ния topographic information, topographic data.

топографи́ческий *adj* topographic, topographical, survey.

топографи́ческий взвод topographic platoon.

топографи́ческий гре́бень topographic crest.

топографи́ческий знак benchmark (Top).

топографи́ческий отде́л topographic section (Corps Hq general staff, USSR).

топографи́ческий стереоско́п mirror stereoscope.

топографи́ческий у́гол map angle, horizontal angle.

топографи́чески определённая то́чка control point (Top); place mark (Arty Surv).

топографи́ческое вычисле́ние computing (Surv).

топографи́ческое дешифри́рование аэросни́мков topographic interpretation.

топогра́фия topography.

топоподгото́вка artillery survey.

топоподразделе́ние survey element.

топо́р ax.

топорабо́та surveying, survey work, topographic operation.

топоразвёдка topographic reconnaissance.
топосъёмка topographic survey, survey.
то́рба feedbag.
торже́ственный марш ceremonial march, march in review.
торжество́ celebration; triumph.
торможе́ние braking.
торможённый отка́т retarded recoil.
то́рмоз brake; handicap.
тормози́ть brake, apply a brake; hinder, delay, hamper.
то́рмоз на за́днее колесо́ rear wheel brake.
то́рмоз на пере́днее колесо́ front wheel brake.
тормозна́я коло́дка brakeshoe.
тормозна́я тя́га brake rod.
тормозно́й *adj* brake, braking.
тормозно́й рыча́г brake lever.
тормозны́е устро́йства brake apparatus.
то́рмоз отка́та recoil brake, recoil buffer.
то́рмоз тре́ния *See* фрикцио́нный то́рмоз.
тормозя́щая си́ла braking force.
тормозя́щие де́йствия braking effect.
торока́ *See* в торока́х.
торф peat.
торцева́я нервю́ра butt rib (Ap).
торцо́вая мостова́я wood block pavement.
тота́льная война́ total war.
то́чечная цель point target.
то́чка dot, period, point.
то́чка встре́чи point of impact (Ballistics).
то́чка вы́лета origin of the trajectory; center of the muzzle at the instant of departure.
то́чка вы́стрела present position of target.
то́чка замерза́ния freezing point.
то́чка зре́ния point of view, viewpoint.
то́чка кипе́ния boiling point.
то́чка наво́дки aiming point.
то́чка насыще́ния saturation point.
то́чка паде́ния point of fall, level point (Ballistics). *See also* то́чка встре́чи.
то́чка паде́ния бо́мбы impact point (Bombing).
то́чка пересече́ния point of intersection.
то́чка приземле́ния landing spot (Avn).
то́чка приложе́ния point of application.
то́чка прице́ливания aiming point, point of aim.
то́чка разры́ва point of burst.
то́чка росы́ dewpoint.

то́чка сбра́сывания bomb release point.
то́чка стоя́ния station (Surv).
то́чка стоя́ния основно́го ору́дия directing point.
то́чная бо́мбовая ата́ка precision operation (Bombing).
то́чная настро́йка fine tuning (Rad).
то́чное приземле́ние spot landing.
то́чность precision, accuracy, exactness; punctuality.
то́чность огня́ precision of fire.
то́чность определе́ния расстоя́ния correctness of range estimation.
то́чность отби́ва accuracy of parry (bayonet drill).
то́чность стрельбы́ *See* то́чность огня́.
то́чность уко́ла accuracy of thrust (bayonet drill).
то́чный exact, precise; accurate; punctual.
то́чный ого́нь well-aimed fire.
тошнота́ nausea.
трава́ grass.
тра́верс traverse (Surv, Ft).
траекто́рия trajectory.
траекто́рия бо́мбы bomb trajectory (Bombing).
траекто́рия в безвозду́шном простра́нстве vacuum trajectory.
траекто́рия вы́хода самолёта из пики́рования withdrawal (Dive Bombing).
траекто́рия пики́рующего самолёта, в конце́ кото́рой сбра́сывается бо́мба aiming dive (Dive Bombing).
траекто́рия полёта flight path.
траекто́рия самолёта при вхо́де в пики́рование initial dive (Dive Bombing).
трак shoe, track shoe (Tk). *See also* трак гу́сеницы.
трак гу́сеницы shoe, track shoe (Tk).
тракт main highway.
тра́ктор tractor.
тра́кторный меха́ник automobile mechanic.
тра́ктор-тяга́ч prime mover.
трамва́й street railway; street car, trolley.
трампли́н springboard (Gym).
транзи́т transit.
транзи́тная желе́зная доро́га *See* сквозна́я желе́зная доро́га.
транзи́тное движе́ние through freight movement (RR). *See also* сквозно́е движе́ние.
трансли́ровать *v* relay, rebroadcast, retransmit.
трансляцио́нная ста́нция relaying link, relaying station (CCBP).

трансля́ция transmission; relaying, relay (ССВР).

трансми́ссия transmission.

тра́нспорт transport; transportation.

транспорта́бельность transportability.

траспортёр carrier (combat vehicle).

транспорти́р protractor.

транспортиро́вка transportation, transporting.

тра́нспортная маши́на transport vehicle.

тра́нспортно-деса́нтный самолёт transport plane (for airborne landing).

тра́нспортные войска́ transportation troops.

тра́нспортные сре́дства means of transportation.

тра́нспортный adj transport; transportation.

тра́нспортный автомоби́ль motor carrier, carrier, motor truck, transport vehicle.

тра́нспортный взвод transportation platoon; ammunition section (Arty train).

тра́нспортный самолёт transport plane, cargo plane.

трансформа́тор transformer (Elec); transforming printer (Photo).

трансформа́тор высо́кой частоты́ high-frequency transformer, radio-frequency transformer.

трасформа́тор для согласова́ния сопротивле́ний matching transformer, impedance-matching transformer.

трансформа́тор нака́ла filament transformer.

трансформа́тор промежу́точной частоты́ intermediate-frequency transformer.

трансформа́тор с возду́шным серде́чником air-core transformer.

трансформа́тор с желе́зным серде́чником iron-core transformer.

трансформа́тор с отво́дами tapped transformer.

трансформа́тор с разо́мкнутой магни́тной це́пью air-core transformer.

трансформа́тор частоты́ mixer, frequency converter (Rad).

трансформи́рование transformation. See also трансформи́рование да́нных.

трансформи́рование аэросни́мков transformation printing.

трансформи́рование да́нных relocation (Arty).

трансформи́рование да́нных определя́ющих цель relocation of target (Arty).

трансформи́рование на просве́т making a plot on a transparent sheet (aerial Photo).

трансформи́рованные да́нные relocated data (Arty).

трансформи́ровать transform; relocate (Arty).

трансфу́зия transfusion.

транше́йная систе́ма See око́пная систе́ма.

траншейное ору́дие trench gun.

транше́йный огнемёт trench flame-thrower.

транше́йный периско́п trench periscope.

транше́я· trench, fire-trench.

транше́я непо́лной про́фили shallow trench.

трап sidewalk (Ap).

трапецеви́дное крыло́ tapered wing.

трапецеви́дный tapered.

трапе́ция trapezoid.

тра́сса trace (Ft); plotted line. See also возду́шная тра́сса.

тра́сса возду́шной ли́нии airline route.

трассиро́вка tracing; laying out; staking.

трасси́рующая пу́ля tracer bullet.

трасси́рующая раке́та tracer flare, tracer rocket.

трасси́рующие боеприпа́сы tracer ammunition.

трасси́рующий вы́стрел tracer shot.

трасси́рующий патро́н tracer cartridge.

трасси́рующий снаря́д tracer projectile, tracer shell.

трасси́рующий соста́в tracer composition.

тре́бование demand, requirement; requisition (procurement).

тре́бовать require, demand; requisition (procurement).

трево́га alert, alarm.

тренёр-стрело́к coach (marksmanship).

тре́нзель m snaffle bit; bridoon.

тре́нзельная узде́чка See тре́нзельное оголо́вье.

тре́нзельное оголо́вье snaffle bridle.

тре́нзельное уди́ло snaffle bit.

тре́нзельные повода́ See тре́нзельные пово́дья.

тре́нзельные пово́дья snaffle reins.

тре́нзельные удила́ See тре́нзельное уди́ло.

тре́ние friction.

тре́ние колёс шасси́ о зе́млю ground friction (landing gear).

тре́нинг training, conditioning by diet and exercise.

тренированность training, trained condition.

тренировать *v* train (condition).

тренировка training (conditioning process).

тренировка под колпаком hooded flight training.

тренировочная палка training stick (bayonet drill).

тренировочная парашютная вышка parachute tower.

тренировочное учебное поле training ground.

тренировочный *adj* training.

тренировочный полёт training flight.

тренировочный снаряд trainer, training device.

тренога tripod.

треножная головка tripod head.

третий (3-й) отдел section No. 3 of a general staff, signal communication section (USSR). *See also* **отдел связи.**

третий помощник оперативного отдела third assistant to chief operations section (USSR).

третий унос wheel swing (animal Trans).

треугольник triangle.

трехвёрстка military map drawn to the scale of 1:126,000 (USSR).

трехвёрстная карта *See* **трехвёрстка.**

трёхзначная цифровая группа three-numeral code group.

трёхколёсное шасси tricycle landing gear.

трёхлинейная винтовка .30 cal. rifle, 7.62 mm. rifle.

трёхлинейный *adj* .30 in., 7.62 mm.; .30 cal.

трёхлопастный винт three-blade propeller.

трёхмильная прибрежная полоса three-mile limit (territorial waters).

трёхосный автомобиль three-axle vehicle.

трёхслойный огонь zone fire with range spread between three batteries.

трёхсменный пост guard of three reliefs.

трехфазный ток three-phase current, tri-phase current.

трещина crack, fissure.

трещотка rattle.

триангель *m* brake beam.

триангуляция triangulation.

тригонометрическая сеть control net plotted by method of trigonometric leveling.

тригонометрический пункт bench mark

тригонометрическое нивелирование trigonometric leveling.

тригонометрия trigonometry.

триммер tab, trimming tab.

тринитротолуэн trinitrotoluene, TNT.

триод triode, three-element tube.

трогание с места start (MT).

трок surcingle (Harness).

тропа trail, path, footpath.

тропинка *See* **тропа.**

тропическая воздушная масса tropical air mass.

тропопауза tropopause.

тропосфера troposphere.

тропотить jog (H).

трос cable (rope).

тросы управления control wires, control cables.

тротил trotyl, TNT.

трофеи booty, captured matériel.

трофейное оружие captured weapons.

трофейный captured (matériel).

труба chimney, stack, funnel; tube, pipe; trumpet (Music).

труба переменной плотности compressed air tunnel.

трубач trumpeter, bugler (mounted arms).

трубаческий взвод mounted band.

трубка tube, pipe.

трубка вентури venturi tube.

трубка двойного действия combination fuze.

трубка замочных рычагов side levers bushing (Maxim MG).

трубка пито pitot-static tube; pitot tube.

трубка-секундомер *f* mechanical time fuze.

трубка-тройник *f* angletube (gas mask).

трубка ударника firing-pin housing.

трубопровод pipe line.

трубочная дальность fuze range.

трубчатая распорка tubular strut (Ap)

трубчатый tubular.

трубчатый лонжерон tubular longeron, tubular spar.

трубчатый порох *See* **макаронный порох.**

труга truga, Siberian snowshoe (USSR).

труднодоступная местность difficult terrain.

трудность difficulty.

трудный difficult, hard, complicated.

трудный рельеф *See* **труднодоступная местность.**

трудоёмкость labor consumption.

трудоспособность ability to work, capacity for work, efficiency.

труп body, corpse.

трусы́ shorts, trunks.

тру́щееся соедине́ние friction clutch, friction coupling.

тря́пка rag.

тряси́на spongy marshland.

туале́тная принадле́жность toilet article.

тужу́рка jacket.

ту́ловище trunk (Anatomy).

тума́н fog; gas cloud (CWS).

ту́мбовый стано́к pedestal mount.

ту́ндра tundra.

тунне́ль m tunnel.

тупи́к stub, dead end.

тупико́вая ста́нция stub end station

тупико́вый путь spur track.

тупо́й dull, blunt; obtuse (angle).

тупо́й у́гол obtuse angle.

тупоу́здая ло́шадь hard-mouthed horse, puller.

турби́на turbine.

турбопарово́з turbine locomotive.

турбуле́нтность turbulence (Met).

турбуле́нтный пото́к turbulent flow.

туре́льный пулемёт flexible gun (Ap).

турни́к horizontal bar (Gym).

ту́ча cloud.

ту́ша carcass (Butchery).

туше́ние extinguishing, fire-fighting.

туши́ть braise, stew; put out, extinguish.

тушь India ink.

тща́тельность carefulness, thoroughness.

тща́тельный thorough, detailed, careful.

тыл rear, rear area. See also тылы́.

тыл а́рмии army service area.

тылова́я грани́ца rear boundary.

тылова́я грани́ца а́рмии rear boundary of army service area.

тылова́я зо́на See арме́йская тылова́я оборони́тельная зо́на.

тылова́я оборони́тельная полоса́ rear position, reserve battle position, area of corps reserves (defense in depth, USSR).

тылова́я полоса́ See тылова́я оборони́тельная полоса́.

тылова́я сво́дка G-4 periodic report; S-4 periodic report.

тылова́я часть service element of unit.

тылово́е ополче́ние home guard.

тылово́е санита́рное учрежде́ние rearward medical installation.

тылово́е учрежде́ние rear establishment, rear installation.

тылово́й adj rear, administrative.

тылово́й го́спиталь general hospital, numbered general hospital.

тылово́й о́рган rear establishment, administrative agency.

тылово́й райо́н rear area.

тылово́й райо́н а́рмии army service area.

тылово́й райо́н диви́зии divisional rear area, divisional area.

тылово́й райо́н страны́ zone of the interior.

тылово́й райо́н фро́нта service area of army group (USSR).

тылово́й рубе́ж rearward line.

тылово́й эшело́н rear echelon (of a command).

тыл полка́ regimental rear area.

тыл проти́вника enemy rear.

тыл фро́нта See тылово́й райо́н фро́нта.

тылы́ rear establishments. See also тыл.

ты́льная грани́ца rear boundary.

ты́льная заста́ва rear outpost.

ты́льная кру́тость око́па rear slope (trench).

ты́льная пози́ция rearward position, rear position.

ты́льная похо́дная заста́ва rear party; rear guard (security on the march, Bn, USSR).

ты́льный дозо́р rear guard patrol; rear point.

ты́льный отря́д rear guard (security on the march, Regt, USSR).

ты́льный рубе́ж See тылово́й рубе́ж.

ты́сячная mil.

тюфя́к mattress.

тюфя́чная на́волочка mattress cover.

тя́га traction; traction power; connecting rod (Mech); draft (hauling).

тя́га винта́ propeller thrust.

тяга́ч truck tractor, prime mover.

тя́ги управле́ния control cables, flight-control linkage.

тя́говое живо́тное draft animal.

тя́говое уси́лие tractive effort (Mech).

тя́гово-сцепно́й прибо́р draft gear.

тя́говые приспособле́ния towing device (Tk).

тягота́ burden; hardship.

тяжёлая артилле́рия heavy artillery.

тяжёлая бомбардиро́вочная авиа́ция heavy bombardment aviation.

тяжёлая га́убица heavy howitzer, large-caliber howitzer.

тяжёлая га́убичная артилле́рия heavy howitzers.

тяжёлая морти́ра heavy mortar.

тяжеле́е во́здуха adj heavier-than-air.

тяжёлое ору́дие heavy gun, heavy cannon.

тяжёлое пехóтное ору́жие heavy infantry weapons, infantry accompanying weapons.

тяжёлое стрелкóвое оружие See **тяжёлое пехóтное ору́жие.**

тяжёлое тóпливо heavy fuel oil.

тяжёлое увéчье serious bodily injury.

тяжелó ра́неный severely wounded man, critically wounded man.

тяжёлые огневы́е срéдства heavy weapons.

тяжёлые потéри heavy losses, heavy casualties.

тяжёлые услóвия приёма difficult reception (Rad).

тяжёлый heavy; difficult, hard; grave, serious.

тяжёлый бомбардирóвщик heavy bomber.

тяжёлый грузови́к heavy truck.

тяжёлый танк heavy tank.

тя́жесть heaviness, weight, gravity; load; seriousness.

тяну́ть v pull.

тя́нущий винт tractor propeller.

У

убавля́ть decrease, diminish, lessen, reduce; shorten.

убéжище refuge, asylum; shelter.

убива́ть kill, murder, assassinate.

уби́йство homicide; murder; manslaughter.

убира́ть remove, take away, put away; put in order.

убира́ющееся шасси́ retractable landing gear, retractile landing gear.

уби́тый killed man.

уби́тый adj killed.

убóйная пу́ля deadly bullet, effective bullet.

убóйность deadliness, effectiveness (of fire).

убóйный deadly, effective (fire).

убóйный интерва́л разры́ва burst interval at which 50 per cent of shrapnel balls are deadly.

убóйный оскóлок deadly splinter, effective splinter.

убóй скота́ slaughter, slaughtering (Butchery).

убóрка collection (of casualties); grooming (H); cleaning; removal.

убóрная toilet, lavatory.

у́быль decrease; losses, casualties; battle casualties.

у́быль из строя́ becoming a casualty.

убы́ток loss, damage.

уважи́тельная причи́на valid reason.

ува́л steep slope.

уведомлéние notification.

уведомля́ть inform, notify.

увеличéние increase, enlargement; magnification.

увели́ченный аллю́р increased gait.

увели́чивать v intensify; magnify, increase, enlarge.

увеличи́тельный аппара́т enlarging camera, enlarging projector, enlarger.

увéренность self-assurance, sureness, assurance.

увéчье bodily injury; disability; deformity.

увольнéние dismissal; discharge (Mil).

увольнéние в запа́с transfer to reserve corps.

увольнéние в óтпуск placing on furlough status; placing on leave status.

увольнéние из ча́сти separation from unit (upon discharge or retirement).

увольнéние с воéнной слу́жбы по болéзни medical discharge, discharge for physical reasons.

увольни́тельная запи́ска pass (written authority for absence, Mil).

увя́зка tying up; coordination, tying in, establishment, organization.

увя́зка взаимодéйствия establishment of coordination.

увя́зка вью́ка на седлé lashing pack to saddle.

увя́зка по врéмени synchronization.

увя́зка по рубежа́м coordination on phase lines.

увя́зочный ремéнь lash rope (pack Arty).

увя́зывать tie up; tie in, coordinate; establish, organize.

углерóд carbon (Cml).

углова́я высота́ разры́ва angular height of burst.

углова́я накла́дка See **уголкóвая накла́дка.**

углова́я скóрость angular speed, angular velocity.

углова́я частота́ angular frequency, angular velocity.

угловóе движéние angular motion.

угловое железо angle iron.
угловое перемещение angular travel (AAA).
угловое перемещение цели See угловое перемещение.
угловое расстояние angular distance.
угловое ускорение angular acceleration.
угловой план range-deflection fan (Arty).
углоизмерительный прибор See угломерный инструмент.
угломер azimuth mechanism, azimuth scale; deflection (setting).
угломер-квадрант clinometer and azimuth circle combined (USSR).
угломер-квадрант ружейного гранатомёта grenade launcher sight (R).
угломерная сетка reticle pattern.
угломерная сетка бинокля glass reticle.
угломерный инструмент angular instrument, azimuth instrument.
угломерный круг azimuth circle, azimuth plateau.
угломер основного направления base deflection.
углоначертательный инструмент angle-drawing instrument.
угол corner; angle.
угол азимута azimuth angle.
угол атаки angle of attack.
угол бросания quadrant angle of departure.
угол вертикального обстрела angle between the positions at maximum elevation and maximum depression (G).
угол ветра wind-fire angle.
угол возвышения elevation, angle of elevation (Genl); quadrant angle of elevation, quadrant elevation (Ballistics).
угол встречи angle of impact.
угол вылета angle of jump (Ballistics).
угол выноса stagger angle (Ap).
угол горизонтального обстрела maximun traverse, angle of traverse.
угол горизонтальной наводки firing angle.
угол депрессии angle of depression.
угол деривации drift, drift angle (Ballistics).
угол доворота deflection shift to correct an observed deviation (Arty).
угол заклинения крыльев биплана decalage.
угол запаздывания angle of lag (Elec).
угол засечки angle of intersection (Surv); target angle (CA).

угол зрения angle of view (Photo).
угол зрения объектива angular field of the lens, angle of coverage (Photo).
уголковая накладка angle bar (RR).
угол конвергенции angle of convergence, angle of parallax (Optics).
угол крена angle of roll, angle of bank.
угол максимальной подъёмной силы angle of maximum lift, critical angle, burble point.
угол места See угол места цели.
угол места разрыва angle of site to the burst, site of burst.
угол места цели site, angle of site, angle of position (Arty); angular height (AA).
угол местности See угол места цели.
угол наблюдения места цели angle of site from observation post.
угол набора высоты angle of climb.
угол наибольшей дальности quadrant elevation of maximum range trajectory.
угол наименьшего лобового сопротивления angle of minimum drag (Aerodynamics).
угол наклона angle of tilt (aerial Photo); angle of slope.
угол наклона верхней пули angle of fall of highest ball (of shrapnel cone).
угол наклона касательной inclination of the trajectory.
угол наклона лопасти винта angle of pitch (of a propeller), blade angle.
угол наклона нареза twist, angle of twist (rifling).
угол наклона нижней пули angle of fall of lowest ball (of shrapnel cone).
угол наклона траектории к горизонту flight-path angle.
угол нулевой подъёмной силы angle of zero lift (Aerodynamics).
угол нутации angle of yaw, yaw (Ballistics).
уголовная репрессия penal sanction.
уголовное дело criminal case.
уголовное право criminal law.
уголовно-процессуальный кодекс code of criminal procedure.
уголовный кодекс criminal code.
угол опережения angle of lead (Elec).
угол отклонения руля высоты elevator angle (Ap).
угол отклонения элерона aileron angle.
угол отставания trail angle (Bombing).
угол падения angle of fall (Ballistics); angle between the line of impact and the line of site of impact; angle between

the line of impact and the line of site of burst.

угол переноса angle of shift (Arty).

угол пики́рования dive angle.

угол плани́рования gliding angle, angle of glide.

угол поворо́та base angle (Arty); angle of shift.

угол попере́чного V dihedral angle.

угол прецессии angle of orientation (Ballistics).

угол при це́ли T-angle, target offset; observing angle, observer displacement.

угол прице́ливания elevation, angle of elevation (Ballistics); dropping angle, range angle (Aerial Bombing).

угол разлёта angle of opening (of shrapnel). ·

угол разлёта пуль See угол разлёта.

угол рефра́кции refracting angle, angle of refraction (Optics).

угол ры́сканья angle of yaw (Avn).

угол самолёта angle between the longitudinal axis of an airplane in flight and the horizontal.

угол сближе́ния меридиа́нов grid declination.

угол скака́тельного суста́ва point of the hock.

угол склоне́ния angle of depression.

угол ско́са angle of downwash.

угол сно́са drift angle.

угол сно́са самолёта See угол сно́са.

угол укры́тия site of mask.

угол упрежде́ния drift correction (Avn).

у́голь m carbon; coal.

у́гольное сопротивле́ние carbon resistor.

у́гольный микрофо́н carbon microphone.

у́гольный микрофо́н с зёрнами carbon granule microphone.

у́гольный порошо́к carbon granules (Tp).

у́гольный электро́д carbon electrode.

уго́н ре́льсов creeping of tracks.

угрожа́емый endangered, menaced, threatened; critical.

угрожа́ть threaten, menace, endanger.

угро́за threat, menace.

угро́за соверше́нием наси́лия assault (Law).

удале́ние distance; removal.

удале́ние гребня укры́тия piece-mask range (Arty).

удале́ние це́ли target distance.

удалённый distant; removed.

удаля́ть expel; remove, clear away.

уда́р thrust, blow, stroke; attack.

уда́р авиа́ции air attack.

уда́р в ко́нном строю́ See ата́ка в ко́нном строю́.

уда́р в штыки́ bayonet charge.

уда́р мо́лнии stroke of lightning.

уда́рная гру́ппа main attack force, maneuvering force, mass of maneuver.

уда́рная группиро́вка See уда́рная гру́ппа.

уда́рная си́ла shock power; striking power.

уда́рная стрельба́ percussion fire.

уда́рная тру́бка impact fuze, percussion fuze.

уда́рник firing pin, firing-pin assembly (G; SA); percussion plunger (Fuze); striker (hand grenade, trench mortar fuze).

уда́рно-детона́торная тру́бка point-detonating fuze.

уда́рное де́йствие penetration effect.

уда́рное приспособле́ние percussion mechanism.

уда́рно-спусково́й механи́зм trigger-and-firing mechanism.

уда́рно-тя́говый прибо́р draft gear and buffers.

уда́рный striking, shock; main attack.

уда́рный кула́к striking force, striking echelon.

уда́рный механи́зм firing mechanism; cocking mechanism (Browning MG).

уда́рный прибо́р buffers, buffer gear (RR).

уда́рный снаря́д percussion shell.

уда́рный соста́в priming composition, percussion composition.

уда́рный уда́рник percussion plunger (Am).

уда́р прикла́дом butt stroke.

уда́р прикла́дом вперёд smash (bayonet drill).

уда́р прикла́дом сбо́ку horizontal butt stroke to jaw.

уда́р прикла́дом сни́зу vertical butt stroke.

уда́р с ты́ла See ата́ка с ты́ла.

уда́р с фла́нга See ата́ка с фла́нга.

ударя́ть strike, hit, knock; deal a blow; thrust, attack.

уда́ча luck; success.

уда́чный lucky, fortunate; successful.

удвое́ние частоты́ frequency doubling (Rad).

удво́енный аллю́р next faster gait of march.

удвóитель частотьí frequency doubler.

удéльная влáжность specific humidity.

удéльная мóщность hp. per lb. of weight.

удéльная теплотá specific heat.

удéльное давлéние specific pressure.

удéльный вес specific gravity.

удéльный объём пороховьíх гáзов specific volume of powder gases.

удержáние deduction, withholding; holding, holding on to, retention (Tac).

удержáние прострáнства holding of ground.

удéрживать restrain, deter, keep in check; withhold, retain; hold back, keep back; hold (Mil).

удéрживать напóр withstand pressure, maintain oneself against the enemy.

удилá n pl See удúло.

удúло bit (bridle); snaffle bit.

удлинéние lengthening, prolongation; extension.

удлинéние крылá aspect ratio (Avn wing).

удлинённый заряд elongated charge; Bangalore torpedo.

удлинять lengthen; extend (front, flank, etc).

удóбный comfortable; favorable; convenient.

удóбство рабóты good working conditions.

удовлетворéние satisfaction; providing, supplying.

удовлетворять satisfy; supply, provide.

удостоверéние certificate.

удостоверéние лúчности personal identification, identification, identification papers.

удостоверéние смéрти death certificate.

удушáющее отравляющее веществó choking gas, lung irritant.

ýжин supper.

уздá bridle; snaffle bridle, bridoon.

уздéчка See уздá.

уздцьí See под уздцьí.

ýзел knot; bundle; joint (Mech); junction; center (of communications, etc); group, assembly (Mech); node (Rad).

ýзел дорóг road junction, road hub, road center. See also ýзел коммуникáций.

ýзел коммуникáций communication center.

ýзел креплéния fitting (Mech).

ýзел оборóны strong point, center of resistance.

ýзел путéй See ýзел дорóг and ýзел коммуникáций.

ýзел растяжек крылá drag wire fitting (Ap).

ýзел связи signal center.

ýзел сообщéний See ýзел коммуникáций.

ýзел сопротивлéния center of resistance.

ýзел стволá barrel group.

ýзел ствóльной корóбки receiver group.

ýзел шестернú gear assembly, gear group.

ýзкая колея narrow gage (RR).

ýзкий narrow; tight.

ýзкий обстрéл narrow field of fire.

ýзкий фронт narrow front.

ýзкое мéсто bottleneck (figuratively).

узкоколéйка narrow-gage railway.

узловáя стáнция railroad junction station, central railroad station.

узловáя тóчка объектúва nodal point of the lens.

узнавáть recognize, identify; find out, learn, hear about.

ýзость narrowness; tightness; defile.

уйтú на вторóй круг go around again (Avn). See also вторóй круг.

указáние instruction; directive; provision (Law).

укáзанная фóрма prescribed uniform.

укáзанный adj above-mentioned; prescribed.

указáтель m index; guide, directory; sign marker, indicator; route marker; signpost.

указáтель барабáна See указáтель барабáна угломéра.

указáтель барабáна угломéра azimuth micrometer index.

указáтель дорóг marker, route marker (sign).

указáтель кольцá угломéра azimuth scale index.

указáтель направлéния вéтра wind cone, wind sock, wind T.

указáтель направлéния для навигáции по небéсным светúлам line-of-position computer (Air Nav).

указáтельный пáлец index finger.

указáтель откáта recoil indicator.

указáтель поворóта turn indicator (Ap Inst).

указáтель расположéния signpost.

указáтель скольжéния и поворóта turn-and-bank indicator (Ap Inst).

указáтель скóрости airspeed indicator; speedometer.

указáтель угломéра See указáтель кольцá угломéра.

указа́тель у́ровня прице́ла angle-of-site index, longitudinal level index.

ука́зка pointer; marker.

ука́зывать indicate, point out, show.

ука́тывать smooth, level (by rolling).

укла́дка ка́беля laying of cable.

укла́дка парашю́та packing of parachute.

укла́дка ре́льсов placing of rails.

укла́дочный стол packing table, parachute packing table.

укла́дчик парашю́та parachute rigger.

укло́н declination, slope; bend; aberrations; deviation.

уклоне́ние digression; deviation, aberration; deflection; evasion, avoidance; shirking.

уклономе́р inclinometer (Ap Inst).

уклоня́ться digress; deviate, deflect; evade, avoid; shirk.

уклоня́ться от выполне́ния всео́бщей во́инской обя́занности evade the draft.

уклоня́ться от несе́ния вое́нной слу́жбы evade military service.

уклоня́ться от сле́дствия и суда́ evade justice.

уклоня́ющийся от сле́дствия и суда́ fugitive from justice.

уко́л prick; injection; thrust (bayonet drill).

укомплектова́ние keeping at strength, providing for replacements; filler replacement.

укороче́ние shortening.

укрепле́ние bracing; reinforcing, strengthening; fortification.

укрепле́ние пози́ции strengthening of position, fortification of position.

укреплённая оборо́на fortified defensive position.

укреплённая полоса́ fortified zone.

укреплённый reinforced, strengthened; fortified.

укреплённый райо́н fortified area.

укрепля́ть brace; strengthen; reinforce; fortify.

укрыва́ться hide; conceal oneself; take cover.

укры́тая цель concealed target, unobserved target.

укры́тие cover; concealment.

укры́тие от взо́ров concealment (Tac).

укры́тие от вы́стрелов See укры́тие от огня́.

укры́тие от огня́ cover (Tac).

укры́то in concealment; protectedly.

укры́тое ме́сто concealed locality, protected locality (Tac).

укры́тое сообще́ние concealed route of communication; concealed connecting trench, concealed communication trench.

укры́тый concealed, covered; protected.

укры́тый путь concealed route, concealed road.

уку́порка боеприпа́сов packing of ammunition.

уку́порочный материа́л building materials; corking materials; packing materials.

уку́с bite.

ула́вливать pick-up (Rad); flick (SL).

у́лица street.

у́личный бой street fighting; house-to-house fighting.

уло́вка ruse, trick.

улучша́ть improve.

улучше́ние improvement.

улу́чшенная грунтова́я доро́га improved dirt road, improved earth road.

улу́чшенная доро́га improved road.

ультима́тум ultimatum.

ультравысо́кие часто́ты ultra-high frequencies, supersonic frequencies.

ультракоро́ткая волна́ ultra-short wave.

ультракоротковолно́вая ста́нция ultra short-wave station, ultra-high frequency station.

ультрафиоле́товые лучи́ ultraviolet rays.

уме́лый skillful, expert, adroit.

уме́ние skill, proficiency.

уменьша́ть v decrease, diminish, reduce.

уменьша́ться v fall, drop, decrease.

уменьше́ние fall, drop, decrease; diminution, reduction; lessening.

уменьше́ние ско́рости deceleration.

уменьше́ние сни́мка reduction of the negative.

уменьшённый заря́д reduced charge.

уме́ренный moderate.

уме́ренный ве́тер moderate breeze (Beaufort scale).

уме́ренный по́яс Temperate Zone (Met).

умере́ть v die.

уме́рший deceased, deceased person.

уме́ть be able, know how.

умира́ть See умере́ть.

умножа́ть multiply.

умноже́ние multiplication.

умноже́ние частоты́ frequency multiplication.

умно́житель частоты́ frequency multiplier.

у́мственные ка́чества mental character-istics.

умфо́рмер converter (Elec); rotary con-verter (Elec).

умыва́льная lavatory, washroom.

умыва́ние washing.

у́мысел intent (Law).

умы́шленно intentionally; with intent (Law); with premeditation (Law); will-fully.

умы́шленное уби́йство premeditated murder.

умы́шленное уничтоже́ние willful de-struction.

умы́шленный intentional, premeditated, willful.

универса́льное карда́нное сочлене́ние See карда́нное сочлене́ние.

универса́льные лы́жи all-purpose skis (USSR).

универса́льный головно́й тетри́ловый взрыва́тель universal point detonating tetryl fuze (USSR).

универса́льный инструме́нт See уни-верса́льный теодоли́т.

универса́льный теодоли́т universal the-odolite, repeating theodolite.

унита́рный патро́н fixed round.

унифици́рованный standard, standard-ized, uniform; regularized.

уничтожа́ть abolish; destroy, annihilate, liquidate, exterminate.

уничтоже́ние annihilation, destruction, liquidation, extermination.

уно́с pair of team (excepting wheel pair, H-Dr Arty).

уно́сливая ло́шадь runaway (H).

уно́сная ва́га doubletree.

у́нтер-офице́р noncommissioned officer.

упа́док дисципли́ны deterioration of discipline.

упа́сть *v* decrease, recede, slump; fall, drop.

упира́ться persist; lean against; jib (H).

упира́ющаяся ло́шадь jibber (H).

уплотнённый снегово́й покро́в packed snow.

уплотнённый сне́жный маршру́т im-provised packed-snow road, packed-snow route.

уплотня́ть condense, concentrate, com-press; tramp, trample.

уполнома́чивать authorize.

уполномо́ченный authorized; represent-ative, delegate; authorized agent.

уполномо́ченный зако́ном authorized by law.

уполномо́чивание authorization.

упо́р dead end, stop; prop, support, rest; rifle rest. *See also* в упо́р.

упо́р зубча́той переда́чи See защёлка шестерни́ возвра́тной пружи́ны.

упо́рная оборо́на sustained defense, rigid defense.

упо́рное сопротивле́ние stubborn re-sistance, stiff resistance.

упо́рный unyielding, stubborn, stiff; persistent, dogged, sustained; supporting.

упо́р патро́на cartridge stop (Browning MG).

упо́р подава́теля магази́на feed pawl (Lewis MG).

упо́рство stubbornness; persistence, te-nacity.

упоря́дочивать put in order, arrange.

употребле́ние use, usage.

употребля́ть use, employ, utilize.

управле́ние command, control, direction; tactical control; management; admin-istration; driving, steering; piloting; office.

управле́ние бо́ем tactical control.

управле́ние войска́ми control of troops.

управле́ние гражда́нского возду́шного фло́та Civil Aeronautics Administra-tion.

управле́ние лы́жами control of skis.

управле́ние на расстоя́нии remote control.

управле́ние огнём fire direction, fire control.

управле́ние свои́м те́лом body control.

управле́ние шасси́ landing gear control.

управля́емость controllability.

управля́емый аэроста́т dirigible, diri-gible balloon, airship.

управля́ть *v* command, control, direct, rule; manage, administer; operate; drive, steer; pilot.

управля́ть самолётом operate airplane, pilot airplane, fly.

управля́ющая се́тка control grid.

упражне́ние exercise, training, drill.

упражне́ние на ка́рте map exercise.

упреди́тельное вре́мя travel time of target from position at observation to future position.

упрежда́ть anticipate, forestall.

упрежде́ние anticipation, forestalling; lead (moving target).

упреждённая ли́ния це́ли line of future position (AAA).

упреждённая точка future position, set-forward point (AAA).

упреждённый угол прицеливания angle of superelevation (AAA).

упрощённый взрыватель simplified pull fuze, simplified pull firing device (USSR).

упрощённый трансформатор *See* фонарь приведения.

упругая деформация elastic deformation.

упругий лафёт gun carriage with recoil mechanism.

упругое сопротивление орудия разрыву *See* прочное сопротивление орудия разрыву.

упругость elasticity, resilience.

упряжная лошадь draft horse.

упряжь harness; draft gear (RR).

упрямая лошадь refractory horse.

упускать overlook, miss.

упущёние omission; negligence; neglect.

упущёние по службе neglect of duty.

уравнёние equalization; equation (Math).

уравнивающее устройство equalizer (Rad).

уравнительный рубёж phase line. *See also* промежуточный уравнительный рубёж *and* регулирующий рубёж.

уравновёшивать equilibrate, balance. compensate; trim (Ap).

уравновёшивающий механизм equilibrator.

ураган hurricane (Beaufort scale).

ураганный огонь drumfire, rafale.

уровень *m* level (Gen'l, Inst); standard, stage, degree. *See also* на уровне.

уровень моря sea level.

уровень помех noise level, interference level (Rad).

уровень пути road level (grade).

урожёнец native.

урон casualties, losses.

ус *See* отросток.

усадка shrinkage, contraction, settling.

усадьба homestead; farmstead.

усваивание adoption; assimilation; mastering, learning.

усваивать adopt; assimilate; master, learn.

усвоёние *See* усваивание.

усвоёние приёма gaining a working knowledge of a movement (Drill, Gym).

усилёние intensification, increase; strengthening; reinforcement; amplification, gain (Rad).

усилёние вслёдствие направленности gain (directional antenna).

усилёние высокой частоты radio-frequency amplification.

усилёние мостов bridge reinforcement.

усилёние напряжёния voltage amplification.

усиленная броня reinforced armor.

усиленная нервюра compression rib (Ap).

усиленное спёшивание dismounting with led horses immobile.

усиленный increased, intensified, strengthened, reinforced; amplified (Rad).

усиленный аллюр increased gait.

усиленный заряд supercharge (Am).

усиленный марш forced march.

усиленный наряд reinforced detail.

усиливать increase, intensify; strengthen, reinforce; amplify (Rad).

усиливать огонь reinforce fire.

усилие effort; exertion.

усилитель *m* intensifier; amplifier (Rad); repeater (Tp).

усилитель *m* высокой частоты radio-frequency amplifier.

усилитель *m* класса А class A amplifier (Rad).

усилитель *m* класса АВ class AB amplifier (Rad).

усилитель *m* класса В class B amplifier (Rad).

усилитель *m* класса С class C amplifier (Rad).

усилитель *m* мощности power amplifier.

усилитель *m* на сопротивлёниях resistance coupled amplifier.

усилительная и вещательная установка в местах общёственного пользования public address system.

усилитель *m* низкой частоты audio-frequency amplifier, low-frequency amplifier, audio amplifier.

усилитель *m* постоянного тока direct-current amplifier (Rad, Radar).

усилитель *m* со многими ступенями cascade amplifier.

ускользать slip away (Tac).

ускорёние speeding up, hastening, quickening, acceleration.

ускорёние силы тяжести acceleration of gravity.

ускоренная атака hasty attack.

ускоренная подготовка огня rapid preparation of fire.

ускоренный шаг speed marching step.

ускоритель *m* accelerator (Browning MG).

ускорять speed up, hasten, quicken, accelerate.

ускоряющее напряжение accelerating voltage (Radar).

условие condition; term, stipulation, clause (bargain, treaty, etc).

условия *n pl* conditions, circumstances. *See also* **условие**.

условия боевой обстановки conditions in the field.

условия боя combat conditions.

условия местности conditions of terrain.

условия полёта flight conditions.

условия приёма receiving conditions (Rad).

условная линия reference line, datum line (target designation on map).

условное досрочное освобождение release on parole.

условное название code name.

условное осуждение suspended sentence.

условные сокращения prearranged abbreviations.

условный conditional, provisional; conventional; prearranged.

условный знак conventional sign, arbitrary sign, arbitrary symbol, symbol; prearranged signal.

условный ориентир reference point, datum point (target designation on map).

условный север *See* **координатный север**.

услышать perceive by ear, hear.

усмотрение discretion (Law); consideration, advisement.

уснащать provide with (means of combat).

усовершенствование improvement.

успех success, gain.

успешность successfulness, success.

успешный successful.

устав regulations, statutes, rules; service regulations (manual).

устав внутренней службы unit interior economy regulations (USSR).

устав караульной службы interior guard duty regulations (USSR).

уставное правило provision of service regulations.

уставной *adj* regulation; prescribed; normal.

уставной интервал prescribed interval.

уставные нормы удаления prescribed distances.

устав о воинской дисциплине military discipline regulations (USSR).

усталость металла fatigue of metals.

устанавливать adjust, set; put, place; mount; establish, determine, fix, settle; find out, ascertain.

устанавливать *v* **обратную связь** feed back.

устанавливать связь establish signal communication; establish contact.

установка mount; mounting, setting up, installation.

установка взрывателя fuze setting.

установка мин installation of mines, mine laying.

установка на картечь fuze setting for canister effect, zero setting of fuze.

установка на удар percussion setting of fuze, setting at Safety.

установка прицела sight setting, range setting.

установка пулемёта putting the machine gun into battery.

установка трубки fuze setting.

установка угломера deflection setting (Arty).

установки для поражения data for effect (Arty).

установленная норма prescribed allowance.

установленное время set time.

установленный installed, placed; established, fixed; standard; set; mounted; determined; predetermined, prearranged.

установленный порядок established order.

установочный винт зажимного кольца clamp ring positioning screw (Lewis MG).

установочный угол крыла angle of incidence, angle of wing setting.

установочный угол стабилизатора angle of stabilizer setting.

установочный штифт ударника *See* **ось ударника**.

установщик fuze setter, number 3 (G crew).

установщик трубки fuze setter (device).

устаревший obsolete, out of date.

устно orally, verbally, by word of mouth.

устное донесение oral report, verbal report.

устное распоряжение oral order, verbal order (of CO of company or lower unit).

устный spoken, oral, verbal.

устный приказ verbal order, oral order.

устой support (Tech); stronghold.

устой моста support (Bdg).

устойчивое равновесие stable equilibrium.

устойчивость stability, steadiness, firmness.

устойчивость воздуха air stability.

устойчивость пути directional stability, stability in yaw (Avn).

устойчивость самолёта stability of airplane.

устойчивость частоты frequency stability (Rad).

устойчивый adj stable, steady, firm.

устраивать arrange; install; organize; establish; make arrangements for.

устраивать засаду prepare an ambush, ambush.

устраивать ловушку set a trap.

устранение putting aside; taking away, removal, clearing (of obstacles, etc).

устранение несущей частоты carrier suppression (Rad).

устранять put aside; take away, remove, clear (obstacles, etc).

устранять возбуждение de-energize (Rad).

устранять искажение v correct distortion.

устремляться rush; strive; head for (Avn).

устройство arrangement, layout; installation; organization; working principles; construction; apparatus, device, instrument.

устройство для сдвига фаз phase inverter (Rad).

устройство линии installation of line, installation of circuit.

уступ terrace (Top); element of echelon formation; range difference between a given gun and the most forward gun in a battery.

уступное положение echelon position.

уступное построение echelon formation.

устье estuary, mouth.

усыхание бумаги shrinkage of paper (Photo).

утверждать approve; maintain, hold; affirm, attest; confirm, sanction.

утверждение отвода sustaining of challenge (Law).

утепление insulation (of buildings to conserve heat).

утечка leakage; leak.

утечка сетки grid leak (Rad).

утилизация utilization, use, exploitation.

утиральник See полотенце.

утомление fatigue, tiredness, weariness.

утомлённый fatigued, tired, weary.

утоплять drown; make flush with.

утоплять патрон insert a cartridge into magazine individually (without clip).

уточнение amplification, elaboration, definition in greater detail; making more precise; determination in greater detail.

уточнение обстановки development of situation, defining of situation in greater detail.

уточнённая фотосхема semicontrolled mosaic.

уточнять amplify, elaborate, itemize, make more precise, define in greater detail; determine in detail.

уточнять задачу clarify mission, define mission in greater detail.

уточнять карту elaborate a situation map, post a situation map, work out situation map in detail.

утрамбовывать v tamp, compact, ram.

утрата bereavement; loss.

утренняя заря dawn; reveille.

утро morning.

ухо pl уши ear.

уход departure, leaving; taking care of, care, maintenance.

уходить go away, leave, depart.

уходить из под удара avoid the blow, avoid the attack.

ухо звукоулавливателя horn, sound locator horn.

ухудшать deteriorate, aggravate, worsen.

участвовать take part, participate.

участие participation, taking part.

участник participant; accomplice.

участок sector, section, portion; area, zone; lot (of land); division (RR); regimental defense area.

участок атаки See участок наступления.

участок железных дорог railway division.

участок заражения contaminated area. See also район заражения.

участок местности area.

участок наступления zone of advance.

участок прорыва area of breakthrough.

участок фронта portion of the front, sector of the front.

участь боя outcome of battle.

учащать make more frequent.

учёба studying, learning; drill, training.

учебная граната practice grenade, training grenade.

учебная инструкция training circular.
учебная практика training exercises, training.
учебная тревога practice alert; air raid drill.
учебник textbook, manual.
учебное заведение educational institution, school.
учебное оружие practice weapon, training weapon; practice weapons, training weapons.
учебное поле training ground, rehearsal terrain.
учебное упражнение training exercise.
учебно-тренировочное поле See учебное поле.
учебные боеприпасы practice and drill ammunition.
учебные войска training troops.
учебные занятия lessons, training sessions, training exercises; training.
учебные пособия educational accessories.
учебный adj training; practice; educational.
учебный бронепоезд armored train for training purposes.
учебный патрон dummy cartridge, practice dummy.
учебный план training program; lesson plan.
учебный самолёт trainer, training plane.
учебный сбор refresher training period (reserve corps).

учение drill, exercise, training exercise.
учёт record, account, accounting; discount (Fin); taking into consideration, consideration.
учёт имущества inventory, stock-taking.
учётно-воинский документ discharged soldier's identification document(USSR).
учётное наличие имущества records of stocks on hand.
учинять cause, commit, perpetrate.
учитывать discount (Banking); take inventory; take into consideration, take into account.
учреждение establishment, installation.
учреждения тыла rear installations, installations of the rear.
ушиб bruise, contusion.
ушко lug; eye of a needle; handle; tab, tag; loop; lanyard loop (pistol).
ушко для подвязки шнура screw eye (Tp).
ушко для припайки soldering lug.
ушной adj ear.
ущелье canyon.
ущерб damage, injury, detriment, harm; loss.
уязвимое место vulnerable point.
уязвимость sensitiveness, vulnerability.
уязвимый sensitive, vulnerable.
уяснение understanding, comprehension, realization.

Ф

фаза phase.
фазная скорость phase velocity.
фазное искажение phase shift.
фазный угол phase angle.
фазовая постоянная phase constant.
факел torch.
факт fact.
фактический actual, real, factual.
фактическое наличие stock on hand, quantity on hand.
фактическое признание recognition de facto.
фактор factor.
фальшивый документ false document, forged document.
фамилия surname, family name, last name.
фанера veneer. See also фанера переклейка.
фанера-переклейка plywood.

фанерное покрытие plywood cover.
фантомная цепь phantom circuit (Sig Com).
фара headlight.
фарада farad (Elec).
фармацевт pharmacist.
фарфор porcelain.
фарфоровый изолятор porcelain insulator.
фас face (of salient, Ft).
фасад façade, front.
фасадная линия hangar line.
фашина fascine, faggot.
февраль m February.
фен foehn, foehn wind.
ферма framework; form (metal Cons).
фехтовальная винтовка fencing rifle, dummy rifle (hand-to-hand combat drill, USSR).
фехтование fencing.

фигу́ра figure, shape, form.

фигу́ра пилота́жа acrobatic maneuver (Avn).

фигу́рная мише́нь silhouette target.

фигу́рный вы́рез cam slot (Lewis MG).

фигу́рный заря́д irregularly shaped charge.

фигу́рный пилота́ж aerial acrobatics, acrobatics.

фигу́рный полёт acrobatic flight.

фигу́ры Лиссажу́ Lissajous figures.

фи́дер feeder, transmission line (Rad, Тр).

физзаря́дка morning calisthenics.

фи́зика physics.

физиотерапи́я physiotherapy.

физи́ческая культу́ра physical education.

физи́ческая подгото́вка physical training.

физи́ческий physical.

физи́ческое состоя́ние physical condition.

физкультпа́уза period set aside for calisthenics.

физкульту́ра See физи́ческая культу́ра.

фикса́ж fixing solution (Photo).

фикса́жный бак fixing tank (Photo).

фикса́ция fixation (Med).

фикси́рование fixation (Photo).

фикси́ровать fix (time, in Photo); record (in writing); determine, establish.

фикти́вное сообще́ние dummy message (ССВР).

фикти́вный репе́р center of burst used as a check point.

филёнка panel (board set in frame, sash, etc).

фильтр filter; mechanical filter (gas mask).

фильтр ве́рхних часто́т high-pass filter.

фильтр ни́жних часто́т low-pass filter.

фильтрова́ние filtration, seepage.

фильтрова́ть v filter.

фильтр противога́за gas-mask filter.

фи́нишер parking crewman, alert crewman.

фи́нский нож Finnish knife, hunting knife, trench knife.

фирн firn.

флаг flag.

флажко́вая сигнализа́ция flag signaling.

флажкогра́мма flag message.

фла́жный сигна́л flag signal (ССВР).

флажо́к small-size flag; signal flag, hand flag; guidon; safety lock (built-in trigger guard in R, USSR).

фланг flank.

фла́нги взло́манной бре́ши shoulders of penetration.

фланго́вая ата́ка flanking attack.

фланго́вая контрата́ка flanking counterattack.

фланго́вая пози́ция flanking position.

фланго́вое наблюде́ние flank observation.

фланго́вое направле́ние lateral direction.

фланго́вое охране́ние flank security.

фланго́вый flank man.

фланго́вый adj flank, flanking.

фланго́вый загради́тельный ого́нь flanking barrage.

фланго́вый марш flank march.

фланго́вый неподви́жного фла́нга pivot man.

фланго́вый обстре́л flanking field of fire. See also фланго́вый ого́нь.

фланго́вый ого́нь flanking fire.

фланго́вый охва́т flanking maneuver, flanking action, envelopment.

фланго́вый уда́р See фланго́вая ата́ка.

фране́ль flannel.

фланки́ровать v flank.

фланки́рующее де́йствие flanking movement, flanking maneuver.

фланки́рующий ого́нь flanking fire.

фланки́рующий пулемёт flanking machine gun.

фла́ттер flutter (Ap).

флегматиза́тор adulterant (Am).

фли́гель m wing (building).

флю́гер weathercock, vane, wind vane, weather vane.

флюоресце́нция fluorescence.

флюоресци́рующий экра́н fluorescent screen (Rad).

фля́га canteen (container).

фока́льная пло́скость focal plane.

фокоме́тр focometer, focimeter.

фо́кус focus.

фокуси́ровать v focus.

фокусиро́вка focusing.

фо́кусное расстоя́ние focal distance, focal length.

фо́кусный масшта́б focusing scale.

фо́льварк small-size estate, farm, farmstead.

фо́льга foil, metal in form of thin sheet.

фон background.

фона́рь m lantern, lamp.

фона́рь каби́ны cockpit enclosure, canopy.

фона́рь приведе́ния rectifying camera.

фонд fund.

фонендоскоп phonendoscope (Vet).
фонический аппарат telephone with voice frequency signaling.
фонический вызов voice frequency signaling (Тр).
фонический сигнал audible signal.
фонограф phonograph.
форма form, shape; mold, cast; uniform.
форма боя type of combat.
форма волны wave shape.
форма выражений wording (ССВР). See also формулировка.
формалин formalin.
форма манёвра type of maneuver.
форма сложения build (Н).
формат изображения aspect ratio (Телев).
формирование forming, making up, organizing, activating; newly activated unit.
формировать form, make up, activate, organize.
формула formula.
формулировать formulate.
формулировка formulation; wording.
формуляр form (document); charge card (library); log (Мсch).
формуляр орудия artillery gun book.
формы наступления forms of offensive action.
форсирование forcing (Tac); crossing in force.
форсирование снаряда energy of translation of projectile.
форсированный forced; accelerated.
форсированный марш forced march.
форсированный переход forced day's march.
форсировать v force (Tac); cross in force.
форсировать речную преграду v force a river line.
форсунка injector (Diesel engine).
форт-застава m barrier fort.
фортификационный adj fortification.
фортификация fortification.
фортсооружение fortification.
фосген phosgene.
фосфор phosphorus.
фосфоресценция phosphorescence, afterglow.
фосфористая бронза phosphor bronze.
фосфорная нить luminous direction tape.
фотоаппарат camera (Photo).
фотобомбометание bomb-spot photography for dry runs.
фотобумага photographic paper.

фотограмметр photogrammeter, phototheodolite.
фотограмметрическая лаборатория photogrammetric laboratory (USSR, observation station).
фотограмметрическая работа photogrammetric work.
фотограмметрический процесс photogrammetric process.
фотограмметрия photogrammetry.
фотограф photographer.
фотографирование photographing.
фотографирование отдельных объектов pinpointing, pinpoint photography.
фотографирование с самолёта aerial photography.
фотографическая карточка photograph.
фотографическая оптика photographic optics.
фотографический photographic.
фотографическое наблюдение photographic observation.
фотография photography.
фотодешифровщик aerial photograph interpreter; specialist examiner of aerial photographs.
фотодиафрагма photodiaphragm (camera).
фотокамера жёсткого типа box camera, fixed-focus camera.
фотокинопулемёт camera gun, camera machine gun, aircraft camera machine gun.
фотолаборант laboratory worker (Photo).
фотолаборатория photographic laboratory.
фотолабораторная обработка photographic laboratory work, photographic laboratory processing.
фотоматериал photographic materials.
фотометр photometer.
фотометрия photometry.
фотомонтаж photomontage.
фотон photon.
фотоплан photomap.
фотопулемёт See фотокинопулемёт.
фоторазведка photo reconnaissance, reconnaissance photography for intelligence purposes, photographic reconnaissance, photographic intelligence.
фоторедуктор apparatus for reduction of photographs to scale.
фоторекогносцировка photographic mapping, mapping photography.
фотоснимок photograph.
фотосфера photosphere.
фотосхема mosaic, aerial mosaic.

фотосхема из контактных отпечатков uncontrolled mosaics.

фотосхема из приведённых к масштабу отпечатков mosaic assembled from prints brought to the same scale.

фотосъёмочная работа photographic work.

фотосъёмочный photographic.

фототелеграфия facsimile telegraphy.

фототелеграфная передача facsimile transmission (Rad).

фототеодолит See **фотограмметр**.

фототопография phototopography, photo survey.

фототрансформатор transforming printer (aerial Photo).

фототриангуляция aerial triangulation.

фотоэлектрическая ячейка photoelectric cell.

фотоэлектрический экспонометр photoelectric exposure meter.

фотоэлемент photoelectric cell.

фотоэмульсия photographic emulsion.

френч service coat, blouse.

фрикцион clutch (Mtr).

фрикционный тормоз friction brake.

фронт front; frontage; army group; theater of operations.

фронтальная атака frontal attack.

фронтальное преследование direct pressure (pursuit).

фронтальные кучево-дождевые облака frontal cumulonimbus.

фронтальный frontal.

фронтальный огонь frontal fire.

фронтальный удар See **фронтальная атака**.

фронт батареи battery front (Arty).

фронт веера действительного поражения effective width of sheaf.

фронтовая полоса combat zone.

фронтовой adj front-line, front.

фронтовой тыловой район service area of army group (USSR).

фронтогенез frontogenesis (Met).

фронтолиз frontolysis (Met).

фронт прорыва front of penetration.

фронт разведки extent of front covered by reconnaissance.

фруктовый сад orchard.

фтор fluorine.

фугас fougasse; land mine.

фугас-камнемёт fougasse made with rock and explosive.

фугасная бомба demolition bomb.

фугасная граната high-explosive percussion shell.

фугасное действие blast effect, mining effect, demolition effect.

фуникулёр suspension cableway, cable road.

функциональное подразделение functional element (unit).

функциональный functional.

функционировать v function.

функция function.

фураж forage.

фуражка cap; service cap.

фуражная дача forage ration.

фуражное довольствие forage supplies.

фуражное снабжение forage supply. See also **фуражное довольствие**.

футбол soccer.

футболист soccer player.

футляр аккумулятора battery box (storage battery).

фюзеляж fuselage.

фюзеляж типа монокок monocoque fuselage.

X

халат dressing gown, dressing robe; medical gown; robe (Genl; Cam).

халатное отношение negligent attitude, negligence.

характер character; property; nature, kind.

характер боя nature of combat, nature of operations.

характер заболевания nature of disease.

характеристика characterization; characteristics; performance.

характеристика анодного тока и се- точного напряжения grid-plate characteristic.

характеристика излучения radiation pattern, field pattern (Rad).

характеристика района characteristics of the area.

характеристика самолёта performance characteristics of airplane.

характеристическое сопротивление characteristic impedance (Rad).

характер местности nature of terrain.

характерный местный предмет land-mark.
характерный случай typical case.
характер огня type of fire, form of fire.
характер раны type of wound.
характер цели nature of target.
хват grasp (Gym).
хворост brushwood.
хворостяная выстилка fascine net.
хворостяная гать fascine corduroy road.
хвост tail.
хвост колонны tail of column.
хвостовое колесо tail wheel (Ap).
хвостовое оперение empennage, tail assembly, tail.
хвостовой винт rear guard screw (R).
хвостовой винт крепления приклада See винт крепления приклада.
хвостовой костыль tail skid.
хвостовой огонь tail light (Ap).
хвост рукоятки tail of crank handle (Maxim MG).
хвост эшелона tail of echelon (column).
хердель m hurdle, wattle.
химвзвод chemical platoon.
химвойска chemical troops.
химзаграждение chemical obstacle, chemical barrier.
химик chemist; chemical soldier.
химическая атака chemical attack.
химическая война chemical warfare.
химическая защита protection against chemical attack.
химическая команда decontamination detail.
химическая мина chemical shell (mortar).
химическая опасность danger of gas attack. See also сигнал химической опасности.
химическая подготовка chemical training.
химическая разведка chemical reconnaissance.
химическая свеча gas candle (CWS).
химическая служба Chemical Warfare Service.
химическая тревога gas alarm, gas alert.
химическая часть chemical unit.
химические боеприпасы chemical ammunition.
химические войска chemical troops.
химические средства chemicals, chemical agents; means of chemical warfare.
химический adj chemical, gas.
химческий анализ chemolysis.

химический батальон chemical battalion.
химический взвод chemical platoon.
химический карандаш indelible pencil.
химический миномёт chemical mortar.
химический наблюдатель gas sentinel, gas sentry.
химический поглотитель absorptive chemicals (gas mask).
химический снаряд chemical shell, gas shell.
химический танк gas-spraying tank (vehicle).
химический фугас chemical land mine.
химическое вещество chemical.
химическое заграждение chemical obstacle, chemical barrier.
химическое имущество chemical warfare equipment.
химическое наблюдение chemical observation, gas observation.
химическое нападение gas attack.
химическое обеспечение chemical security.
химическое оповещение gas warning.
химическое оружие gas weapon, chemical weapon; gas weapons, chemical weapons.
химическое отделение chemical squad.
химическое подразделение small chemical unit (Bn and smaller).
химическое препятствие See химическое заграждение.
химическое соединение chemical compound, chemical composition.
химснаряд chemical shell, gas shell.
хинин quinine.
хирург physician-surgeon.
хирургическая обработка surgical processing, surgical treatment.
хирургическая операция surgical operation.
хирургическая помощь surgical care, surgical treatment.
хирургическая сестра surgical nurse.
хирургический госпиталь surgical hospital.
хирургический инструмент surgical instrument.
хирургическое вмешательство surgical interference, surgical intervention.
хирургическое отделение surgical department.
хитрая тактика See военная хитрость.
хладнокровная лошадь cold horse.
хлеб bread.
хлебопёк baker.

хлебопекáрня bakery.

хлопчáтая бумáга cotton.

хлóпья flakes.

хлор chlorine.

хлорацетофенóн chloracetophenone.

хлорпикрúн chlorpicrin.

хлорсульфóновая кислотá chlorsulphonic acid.

хлыст whip, horsewhip, riding whip.

хóбот лафéта trail (G).

хóбот пулемёта machine-gun trail.

ход motion, movement; course (of events); move (chess, cards, etc); run, running (Mech); thread (Mech); stroke (piston); traverse (Surv).

ходáтайство solicitation, petition.

ход бóя course of combat, course of battle.

ход дéйствий course of operations, course of action.

ходúть walk; go (attend); run (clocks, trains, etc); take care of, tend.

ходúть *v* **на лы́жах** ski.

ходовáя часть traction, running gear, final drive assembly (Tk).

ходовóй винт цéлика windage screw.

ход операции course of operation.

ход пóршня stroke (piston).

ход с одновремéнной рабóтой пáлками *See* **ходьбá фúнским стúлем.**

ход сообщéния connecting trench, communication trench, communicating trench.

ход сообщéния зигзáгом zigzag-trace communication trench.

ход сообщéния змéйкой wavy-trace communication trench.

ход сообщéния излóмом octagonal-trace communication trench.

ход сражéния course of battle.

ходьбá в перекúдку two-step skiing.

ходьбá вы́падами marching with long steps, marching with lunging steps (Gym).

ходьбá на лы́жах skiing.

ходьбá на мéсте marking time.

ходьбá фúнским стúлем skiing on the level using both poles simultaneously.

ходя́чий пострадáвший walking casualty.

хозя́йственная машúна administrative vehicle.

хозя́йственное отделéние supply section (unit).

хозя́йственное отделéние батарéи battery maintenance section.

хозя́йственные повóзки administrative vehicles.

хозя́йственные преступлéния crimes against economy of State (USSR).

хозя́йственный economic; administrative.

хозя́йственный аппарáт administrative staff.

хозя́йство economy (national, farm, etc); housekeeping; internal economy (of a unit); farm (agricultural unit); equipment (household, farm).

хóлка withers (H).

холм hill.

холмúстая мéстность hilly ground.

хóлод cold.

холодúльник refrigerator.

холóдная воздýшная мáсса cold air mass.

холóдная прокáтка cold rolling (Tech).

холóдное орýжие arme blanche, silent weapons.

холóдный фронт cold front (Met).

холостáя втýлка adapter plug, shipping plug (Am).

холостáя грань нарéза non-driving edge (Rifling).

холостáя прóбка filling plug (hand grenade).

холостóй патрóн blank cartridge.

холостóй ход idle running, idling.

хомýт saddle (Deghterev MG); yoke; collar (harness).

хомýтик loop (except Avn).

хомýтик прицéла rear sight slide (sighting device).

хомутúна collar pad (harness).

хóппер hopper-bottom car, hopper car.

хор chorus; choir.

хор барабáнщиков и горнúстов field music (Inf).

хóрда chord (Geom).

хорóшая вúдимость good visibility.

хорóший good.

хор трубачéй field music (mounted arms).

хрáбрость courage.

хранéние storage.

хранéние завéдомо крáденого receiving stolen property.

хранúлище storage place.

храповóе колесó cogwheel; ratchet (revolver).

хребéт ridge, mountain ridge.

Христиáния Christiania (Skiing).

хромати́ческая аберра́ция chromatic aberration (Photo).
хро́мовая сталь chrome steel.
хромони́келевая сталь chrome nickel steel.

хромосфе́ра chromosphere (Met).
хромота́ lameness.
хулига́нство malicious mischief.
ху́тор farmstead, homestead.

Ц

ца́пфа pin, trunnion.
цара́пина scratch.
цвет color.
цветна́я фотогра́фия color photography.
цветно́й color, colored.
цветно́й дым colored smoke.
цветны́е мета́ллы nonferrous metals.
цветочувстви́тельность color sensitivity.
це́вьё tipstock, fore stock, fore end of stock; shank of anchor.
це́зий cesium.
целесообра́зно advisably; expediently.
целесообра́зность advisability, expedience.
целесообра́зный advisable; expedient.
целеуказа́ние target designation, assignment of target.
целеустремле́ние See целеустремлённость.
целеустремлённость purposefulness; concentration of effort, unity of effort.
целеустремлённый purposeful.
цели́к rear sight (pistol); windage gage, wind gage, rear sight slide cap (R).
целина́ virgin soil; open country.
целлуло́идная накла́дка acetate cover.
целлуло́идный adj celluloid.
целлуло́идный круг transparent protractor, artillery protractor.
целлуло́идный See целлуло́идный.
це́лое число́ integer (Math).
це́лость wholeness.
це́лый whole, entire, full; integral; unharmed, intact.
цель goal, aim; purpose; target.
цель засечённая по зву́ку sound-located target (Arty).
цельнокорпусный снаря́д one-piece shell.
цельнометалли́ческая констру́кция all-metal construction.
це́льный план overall plan.
цеме́нтно-бето́нная доро́га cement concrete road.
цеме́нтный раство́р cement mortar.
цена́ price; cost.
цена́ деле́ния value of graduation (Inst).

"цена́" па́льца digit, width of finger in mils.
це́нзор censor.
цензу́ра censorship.
це́нность value, worth, price.
це́нные све́дения valuable information.
це́нный valuable.
центр center.
централиза́ция centralization. See also централиза́ция стре́лок и сигна́льных прибо́ров.
централиза́ция стре́лок и сигна́льных прибо́ров centralized traffic control machine (RR).
централизо́ванное управле́ние centralized control. See also централизо́ванное управле́ние стре́лками и сигна́лами.
централизо́ванное управле́ние стре́лками и сигна́лами centralized traffic control (RR).
централизо́ванность centralization (state of centralization).
централизо́ванный ого́нь fire under centralized control.
центра́льная батаре́я common battery (Tp).
центра́льная прое́кция conic projection.
центра́льная ста́нция звуково́й разве́дки sound-ranging central station.
центра́льная ста́нция опти́ческой разве́дки flash-ranging central station.
центра́льная телефо́нная ста́нция telephone central office.
центра́льная телефо́нно-телегра́фная ста́нция central telephone and telegraph office (USSR).
центра́льная тру́бка flash tube, central tube (of shrapnel).
центра́льная шко́ла-пито́мник вое́нного собаково́дства main training and breeding kennel (USSR).
центра́льное проекти́рование conic projection (process).
центра́льный central; key, essential; master (switch).

центра́льный кома́ндный прибо́р director (AAA).

центра́льный междули́нзовый аэрофо́тозатво́р between-the-lens shutter, interlens shutter (aerial camera).

центра́льный переключа́тель master switch.

центра́льный план *See* **центропла́н.**

центра́льный пост звукометри́ческой ста́нции sound central station.

центра́льный пост светометри́ческой ста́нции flash central station.

центр атмосфе́рных поме́х center of atmospheric interferences.

центр давле́ния center of pressure.

центр жёсткости elastic center (stress analysis).

центри́рование centering.

центри́ровать *v* center.

центроархи́в National Archives.

центробе́жная си́ла centrifugal force.

центробе́жный centrifugal.

центро́вка *See* **центри́рование.**

центро́вка самолёта balance, trimming (Ap).

центропла́н wing center panel, wing center section.

центростреми́тельная си́ла centripetal force.

центростреми́тельный centripetal.

центр прое́кции center of projection.

центр рассе́ивания center of impact, center of dispersion.

центр рассе́ивания разры́вов center of burst.

центр свя́зи message center (ССВР).

центр слу́жбы возду́шного наблюде́ния оповеще́ния и свя́зи filter center (AA).

центр тя́жести center of gravity.

центру́ющее утолще́ние bourrelet (Am).

центр э́ллипса рассе́ивания center of impact, center of dispersion.

центр эллипсо́ида рассе́ивания burst center, center of burst.

це́пка *See* **цепо́чка мундштука́.**

цепля́ться *v* cling.

цепна́я переда́ча chain drive (Mtr vehicle).

цепо́чка chain; fuse chain (Maxim MG); connecting file (Liaison).

цепо́чка мундштука́ curb chain.

цепо́чка па́рных посто́в connecting files in pairs.

цепо́чная я́мка curb groove, chin groove (H).

цепь chain; circuit (Elec); wave (Tac); formation as skirmishers; range (mountain).

цепь дозо́рных line of scouts.

цепь звонка́ ringing circuit, ringer circuit (Тр).

цепь зу́ммера buzzer circuit (Тр).

цепь нака́ла filament circuit.

цепь пита́ния микрофо́на primary circuit, microphone circuit, transmitter circuit (Тр).

цепь поступа́ющего вы́зова receiving circuit (Тр).

цепь посы́лки вы́зова transmitting circuit (Тр).

цепь сигна́льного звонка́ signal ringer circuit, ringer circuit.

це́рковь church.

цианоме́тр cyanometer.

цикл cycle.

цикл в секу́нду cycle per second.

циклогене́зис cyclogenesis (Met).

цикло́н cyclone, depression (Met).

цили́ндр cylinder.

цилиндри́ческий по́рох cylindrical-grain powder.

цилиндри́ческий соста́в свети́льника cylindrical collar for lamp.

цилиндри́ческий у́ровень circular level (Inst).

цили́ндр нака́тника counterrecoil cylinder.

цили́ндр то́рмоза *See* **цили́ндр то́рмоза отка́та.**

цили́ндр то́рмоза отка́та recoil cylinder.

цинк zinc.

ци́нка cartridge box.

ци́нковый *adj* zinc.

ци́ркуль *m* compass, compasses (for drawing).

циркуля́ция flow, circulation.

циркуля́ция атмосфе́ры atmospheric circulation.

циркуля́ция во́здуха air circulation.

цисте́рна cistern; tank truck; tank car (RR).

цифербла́т dial.

ци́фра figure, numeral, digit.

цифрова́я гру́ппа numeral code group.

цифрово́й *adj* numeral.

цифрово́й знак numeral sign (ССВР).

цифрово́й код numeral code.

цо́коль *m* base, pedestal; socket, lamp socket.

цо́коль *m* **ла́мпы** tube base (Rad); socket, lamp socket.

цу́гом *See* **запря́жка цу́гом.**

Ч

чай tea.

чайник kettle; teapot.

час hour.

час атаки hour of attack, H-hour.

час начала атаки H-hour.

часовая стрелка hand, pointer (time-piece). *See also* **по часовой стрелке, против часовой стрелки.**

часовня chapel.

часовой sentry, sentinel.

часовой сигнал timing signal (ССВР).

часомер hour meter.

частично partly, in part, partially; piece-meal.

частичный partial, piecemeal.

частная атака local attack.

частная задача individual mission; local mission; special task, specific task.

частная инициатива individual initiative.

частная контратака local counterattack.

частная производная partial derivative (Math).

частное распоряжение по устройству тыла fragmentary administrative order.

частный particular, individual; personal, private; local (attack, etc).

частный боевой приказ fragmentary field order.

частный план fragmentary plan.

частный почин individual initiative.

частный приказ fragmentary order.

частный успех local gain, local success.

часто densely, thickly; frequently, often; quickly, rapidly (of fire).

частота frequency.

частота биений beat frequency.

частота кадров frame frequency (Tele-vision).

частота радиоволн radio frequency, frequency of radio waves.

частота речи voice frequency.

частота элементов изображения video frequency.

частотная модуляция frequency modulation.

частотный спектр frequency spectrum.

частотомер frequency meter.

частый dense, thick; frequent; quick, rapid (fire).

частый огонь rapid fire.

часть part; share; unit, organization (Mil); regiment; separate battalion.

часы *m pl* watch; clock; timepiece.

часы налёта flying time, pilot time, hours flown, hours of flying time.

часы с секундомером stopwatch.

чашка cup.

чашка затвора face of bolt (pistol).

чек check, bank draft.

чека pin, cotter pin; linchpin.

человек man, human being.

челюсть jaw.

чембур *See* **чумбур.**

червяк worm (Genl; Mech).

червяк в коробке прицела cross level-ing worm.

червяк поворотного механизма travers-ing worm.

червяк угломера azimuth worm.

червяк уровня *See* **барабан бокового уровня.**

червячная передача worm gear (Mech).

червячная шестерня поворотного ме-ханизма wormwheel of traversing mechanism.

червячный механизм *See* **червячная передача.**

чердак attic.

чередование alternation, rotation.

череп skull.

чересседельник back band (USSR).

чересседельный ремень *See* **черессе-дельник.**

чёрная ракета black smoke flare.

чернила *n pl* ink.

чернильное пишущее устройство ink recorder (Comm).

чёрный black.

чёрный порох black powder.

черта города city line, city limits.

чертёж drawing (Tech); sketch.

чертёжник draftsman.

чертёжные работы drafting (drawing).

чертить *v* draw, sketch.

черчение drawing (drafting).

чесотка scabies; mange.

честь honor.

четверг Thursday.

четвёртый (4-й) отдел section No. 4 of a general staff, military intelligence sec-tion (USSR). *See also* **разведыватель-ный отдел.**

чёткий clear, distinct; legible; precise, exact.

чёткое выполнение smart execution, precision in execution.

чёткость clarity, distinctness; legibility;

precision; preciseness, exactness.

чётный even (not odd).

чёточная мóлния chapleted lightning, pearl lightning, beaded lightning.

четырёхжи́льный шнур four-conductor cable, four-conductor cord.

четырёхпу́тный *adj* four track.

четырёхта́ктный дви́гатель four-stroke-cycle engine.

четырёхта́ктный процéсс four-stroke cycle (Mtr).

четырёхугóльник quadrangle.

чехóл cover; cowling; scabbard (bayonet); drape (Cam).

чехóл для фля́ги canteen cover.

чехóл прицéла sight-support cover.

чи́сленное превосхóдство superior strength, numerical superiority, superiority in numbers.

чи́сленность strength, numerical strength; quantity, number.

чи́сленный numerical, quantitative.

чи́сленный перевéс *See* **чи́сленное превосхóдство.**

чи́сленный состáв effectives (Mil).

числи́тель *m* numerator (Math).

числó number; day of month, date.

числó ампéр amperage.

числовáя гру́ппа полóтнищ panel numeral group (ССВР).

числó виткóв number of turns (Elec).

числовóй numeral, numerical.

числовóй сигнáл numerical sign (ССВР).

числó Рéйнольдса Reynold's number.

чи́стка cleaning.

чистокрóвная лóшадь thoroughbred (H).

чистотá cleanliness.

чита́льня reading room.

чита́ть read.

чиха́нье sneeze, sneezing.

чиха́тельное отравля́ющее веществó vomiting gas, irritant smoke, sternutator.

член воéнного трибуна́ла member of military tribunal.

чóлка forelock.

чтéние ка́рты map reading.

чувстви́тельность sensitivity.

чувстви́тельность приёмной ста́нции receiver sensitivity.

чувстви́тельность управлéния control touch, feel of the control (Avn).

чувстви́тельность эму́льсии sensitivity of emulsion, emulsion speed (Photo).

чувстви́тельный sensitive; receptive, responsive; painful; substantial, considerable (losses).

чувстви́тельный альтимéтр sensitive altimeter.

чу́вство feeling, sensation, sense, perception.

чу́вствовать feel, sense, perceive.

чугу́н cast iron, pig iron.

чугу́нный *adj* cast-iron.

чужóй foreign, strange; belonging to someone else.

чумбу́р halter rope, halter shank, halter tie rope (harness).

чу́чело dummy.

чу́чело для уда́ров butt stroke dummy.

чу́чело для укóлов thrusting dummy.

Ш

шаблóн template, templet, mold, die, pattern, stencil; stereotype, routine, triteness.

шаблóнный unoriginal, routine, stereotyped, trite.

шаг step, pace; pitch (propeller; screw); walk (gait).

шаг на мéсте marking time.

ша́гом at the walk (gait).

"Ша́гом-марш!" "Forward, march!"; "Quick time, march!"

шаг прицéла range change to stay on the line (Arty).

шаг угломéра deflection shift to stay on the line, deflection shift to keep burst on line, deflection change of r/R times the deviation (Arty).

шаг у́ровня site change to keep burst in the plane of site from observation post (Arty).

ша́йба washer (Mech).

ша́йба оси́ прицéльной ра́мки rear-sight axis pin washer (Lewis MG).

ша́йба ступи́цы колесá hub cap.

шала́ш hut, cabin.

шальна́я пу́ля stray bullet.

шанс chance, opportunity, possibility.

ша́нцевый инструмéнт pioneer tools, entrenching tools, intrenching tools.

ша́пка-уша́нка winter cap (with earflaps).

шар globe, sphere; balloon.

шар-зонд sounding balloon, pilot balloon.

ша́рик ball (Mech).

шáриковая опóра ball race (Mech).
шáриковый подшúпник ball bearing.
шáрить *v* search.
шарнúр hinge.
шарнúрная ось hinge pin.
шарнúрное соединéние toggle joint, hinge joint.
шарнúрный болт hinge bolt.
шарнúрный вáлик поворóтного механúзма traversing handwheel shaft (G).
шаровáры *fpl* breeches.
шаровáя мóлния lightning globe, ball lightning, globular lightning.
шаровáя устанóвка ball mounting.
шаровóй úровень spherical level (Inst).
шаровóй шарнúр ball-and-socket joint.
шарообрáзная шпóра dummy spur, spur with round head.
шаропилóтные наблюдéния pilot-balloon observations.
шар-пилóт pilot balloon.
шассú *n* chassis; landing gear, undercarriage.
шассú в úбранном положéнии retracted landing gear.
"Шассú выпущено" "Gear extended," "Wheels down."
шатýн piston rod, connecting rod; hammer strut (revolver).
шáхматный порядок staggered formation.
шáхта дирижáбля airship pit.
шáхтенный колóдец well, shaft.
шáшка saber; sword. *See also* подрывнáя шáшка.
швéдская стéнка wall with wall bars, wall with wall ladders, prepared wall (Gym).
швéллерное желéзо *See* корóбчатое желéзо.
швóрень *m* pintle.
шворневáя ворóнка pintle hole, lunette.
шворневáя лáпа trail plate, pintle plate.
шворневóй ключ drawbar key.
шворневóй крюк pintle hook.
шевелúться move, stir.
шéйка гúльзы cartridge neck.
шéйка лóжи small of the stock (R).
шéйка приклáда *See* шéйка лóжи.
шёлк silk.
шéнкель *m* leg (Horsemanship).
шептáло sear nose (SA); sear (pistol). *See also* шептáло спýска.
шептáло спýска trigger cam (MG).
шерéнга rank (Drill).
шероховáтость burr, roughness.
шероховáтый rough, coarse.
шест pole, perch.

шестерённая корóбка *See* корóбка зубчáтой передáчи.
шестерня pinion, cogwheel, toothed wheel; gear.
шестиднéвка six-day week (USSR).
шестикрáтное увеличéние six-diameter magnification.
шестипéрая мúна six-blade-fin rocket (Am).
шестовáя лúния pole wire line.
шéя neck.
шúна tire; splint (Med).
шинéль overcoat (Mil).
шинéльная скáтка overcoat roll.
шинúрование splinting (Med).
шип calk; thorn.
ширинá width, breadth.
ширинá аэросъёмочной плóщади lateral ground coverage, lateral coverage (Aerial Photo).
ширинá вéера width of sheaf (Arty).
ширинá ладóни hand's width.
ширинá полосы частóт band width of frequencies.
ширинá приклáда butt width.
ширинá строкú line width (Tg).
ширинá фрóнта frontage.
ширóкая колея broad gage of track.
ширóкая цель wide target.
ширóкий wide, broad, extensive; loose (in size).
ширóкий манёвр wide maneuver.
ширóкий обстрéл wide field of fire.
ширóкий фронт extensive front, broad front, wide front. *See also* оборóна на ширóком фрóнте.
широковещáние broadcast, broadcasting.
широковещáтельная стáнция broadcasting station.
ширококолéйная дорóга broad gage railway, broad gage railroad.
широкоугóльный аэрофотообъектúв wide-angle lens (Aerial Photo).
широкоугóльный фотообъектúв wide-angle lens (Photo).
широтá scope; latitude.
шифр cipher.
шифровáльная охрáна cipher security (CCBP).
шифровáльное отделéние cryptographic section.
шифровáльно-штабнáя слýжба headquarters cryptographic service.
шифровáльщик code clerk.
шифровáние encrypting, enciphering.
шифрóванная радиопередáча cryptographic radio transmission, cryptographed transmission.

шифрованная форма *See* в шифрованной форме.
шифровать encipher.
шифровка cipher, ciphering.
шкала scale (of an instrument); dial.
шкала бокового уровня angle-of-site scale, elevation scale (panoramic telescope).
шкала Бофорта Beaufort scale, Beaufort scale of wind force.
шкала вернье́ра vernier scale. *See also* нониус.
шкала для установки расстояния между трубами бинокля interpupillary distance scale (binocular).
шкала окуляра diopter scale.
шкала отражателя index graduations, elevation indexes (rotating head of panoramic telescope).
шкала рассеивания dispersion scale, dispersion ladder (Arty).
шкала уровня *See* шкала бокового уровня.
шкаловый микроскоп filar microscope.
шкаф для архива file cabinet.
шквал squall.
шквал беглого огня rafale, volley (Arty).
шквалистый ветер *See* шквал.
шквал огня *See* шквал беглого огня.
шквальная подготовка preparation by volley fire.
шквальный огонь *See* шквал беглого огня.
шкив sheave, pulley.
школа school.
школа военного голубоводства training loft for homing pigeons.
школа-питомник военного голубеводства breeding and training loft for homing pigeons.
школа снайпинга sniper school.
шлагбаум gate (RR grade crossing).
шлак dross.
шланг hose (flexible pipe).
шлейка dog harness.
шлейф lateral, lateral circuit.
шлем helmet.
шлея breeching (harness).
шляпка гильзы cartridge head.
шляпка патрона *See* шляпка гильзы.
шнур cord; lanyard.
шнуровая пара cord circuit (Tp).
шнуровой амортизатор shock absorber cord (Ap).
шнуровой брусок jack mounting strip (Tp).
шнуровой грузик cord weight (Tp).
шнуродержатель *m* keyshelf (Tp).

шов seam; suture.
шок shock; clash (mounted combat).
шоковое состояние state of shock.
шомпол cleaning rod (R); ejector rod (revolver).
шопот whisper.
шорка breast collar (harness).
шорная мастерская saddlery (shop).
шорник saddler.
шорох rustle; side tone (Tp).
шоссе surfaced road, surfaced highway, hard-surface road; highway. *See also* шоссированная дорога.
шоссейная дорога *See* шоссе.
шоссированная дорога metalled road.
шофёр motor-vehicle driver, chauffeur.
шпала tie, railroad tie.
шпангоут bulkhead; former (Ap).
шпат spavin (Vet).
шпилька pin, stud.
шпилька выбрасывателя extractor pin (pistol).
шпилька к мерной ленте steel arrow (for use with measuring tape, Surv).
шпилька муфты возвратной пружины mainspring collet pin (Lewis MG).
шпилька пружины спускового рычага sear spring pin (Browning MG).
шпилька соединяющая поршень с рейкой piston connecting pin (Lewis MG).
шпилька ударника firing pin stop (pistol).
шпион spy.
шпионаж espionage.
шплинт оси прицельной рамки rear-sight axis pin split keeper (Lewis MG).
шпора с гладким репейком spur with blunt rowel.
шпоры *f pl* spurs.
шприц syringe.
шпрунт standing martingale buckled on the nose-band (bridle).
шрапнель shrapnel.
шрапнельная пуля shrapnel ball.
шрапнельный стакан shrapnel body.
штаб staff; headquarters.
штаб армии army staff, army headquarters.
штаб батальона battalion staff; battalion headquarters.
штаб бригады brigade staff; brigade headquarters.
штаб войсковой части unit staff; unit headquarters.
штаб дивизии division staff; division headquarters.
штаб дивизиона battalion staff (Arty); battalion headquarters (Arty).

штабель *m* column pile, stack.

штаб-квартира *f* headquarters.

штаб корпуса corps staff; corps headquarters.

штабная работа staff work.

штабная служба staff duty.

штабное подразделение headquarters element, headquarters company.

штабной *adj* staff; headquarters.

штабной автомобиль staff car.

штабной командир staff officer.

штабной обоз headquarters train.

штабной танк command tank; staff tank (USSR).

штабные части headquarters units.

штаб полка regiment staff; regimental headquarters.

штаб части *See* штаб войсковой части.

штадив *See* штаб дивизии.

штакор *See* штаб корпуса.

штамп stamp.

штампованная нервюра stamped rib (Cons).

штамповка stamping.

штангенциркуль *m* beam compass.

штаполк *See* штаб полка.

штарм *See* штаб армии.

штат staff, personnel; Table of Organization; manning table.

штат военного времени war strength.

штат мирного времени peace strength.

штатная артиллерия корпуса organic corps artillery.

штатная войсковая часть organic unit.

штатная должность function provided for by Tables of Organization.

штатная единица organic element.

штатное транспортное средство organic transport means.

штатное число prescribed strength.

штатный staff, personnel; organic; authorized; provided for by Tables of Organization.

штатный состав authorized strength, T/O strength.

штатный транспорт organic means of transportation.

штаты *m pl* tables of organization.

штемпель *m* stamp (imprint).

штепсель *m* plug (Elec).

штепсель для обогрева стекла defroster socket.

штепсельная вилка plug (Elec).

штепсельная вилка микротелефона microphone plug (Tp).

штепсельная розетка plug socket, receptacle.

штиль *m* calm (Beaufort scale).

штифт замыкателя breech lock pin (Browning MG).

штифт защёлки приклада butt latch pin (Lewis MG).

штифт пружины стопора stud on the stop spring (Lewis MG).

штифт ударника striker pin (Lewis MG).

шток operating rod; piston rod; gas piston rod (MG).

шток накатника counterrecoil buffer rod.

шток поршня piston rod.

штопор corkscrew; spin (Avn).

шторка curtain (camera).

шторм strong gale (Beaufort scale).

шторный фотозатвор focal plane shutter (Photo).

штраф fine, forfeit, forfeiture.

штрафная часть disciplinary unit.

штурвал control wheel (Avn).

штурвальное управление wheel control, wheel-type control (Avn).

штурм storm, assault.

штурман navigator.

штурмовая авиация attack aviation, ground attack aviation, combat support aviation.

штурмовая атака close-support attack (Avn); supporting air attack.

штурмовая волна assault wave, assault echelon.

штурмовая группа shock group, shock force.

штурмовик attack airplane, ground-attack airplane, combat-support airplane.

штурмовой боевик *See* штурмовик.

штурмовые действия авиации ground-support action (Avn).

штык bayonet.

"Штыки-примкнуть!" "Fix bayonets!"

штыковая атака bayonet charge.

штыковая ножна bayonet scabbard.

штыковой *adj* bayonet.

штыковой бой bayonet fight.

штыковой удар bayonet stroke, bayonet thrust, bayonet charge.

штыковые ножны *f pl See* штыковая ножна.

штык-тесак knife bayonet.

штыревая антенна supported antenna.

штырь *m* pintle.

шум noise; tumult; side tone (Tp).

шумовóе оформлéние бóя   sound camouflage of combat.

шумовóй фон background noise (Rad).

шунтúрующая кнóпка shunting knob (Tp).

шунтúрующий конденсáтор by-pass condenser (Elec).

шурýп wood screw.

шуршáть *v* rustle.

Щ

щéбень *m* crushed stone, crushed rock.

щекá cheek.

щекá пистолéтной рукоя́тки guard side piece (Lewis MG).

щекá приклáда stock of butt, side of butt stock.

щекóлда latch; pawl.

щекотлúвая лóшадь ticklish horse.

щелевóй элерóн slotted aileron.

щелевóй элерóн тúпа Хéндлей-Пейдж Handley-Page slots (Ap).

щёлок lye.

щелочнóй состáв alkali solution.

щелочнóй фонáрь alkaline battery lantern.

щёлочь alkali.

щелчóк click.

щель slit, slot; interstice; slit trench, special trench.

щель для ружéйного ремня́ *See* прóрезь для ремня́.

щель затвóра shutter slit, light slit (Photo).

щётка brush; fetlock (H). *See also* контáктная щётка.

щёчка рукоя́тки stock (pistol).

щёчный ремéнь cheek piece (bridle).

щит shield.

щúтик feedway cover shutter (Auto R).

щитовáя дорóга tread road.

щитóк контрóльных прибóров instrument panel.

щит пулемёта machine gun shield.

щуп feeler, probing rod (Mine Warfare); sounding pole (ice and snow).

Э

эбонúт ebonite.

эвакогóспиталь *m* evacuation hospital.

эвакоотря́д *See* эвакуациóнный отря́д.

эвакоприёмник clearing station.

эвакопýнкт *See* эвакуациóнный пункт.

эвакуациóнные срéдства means of transportation of the sick and wounded.

эвакуациóнный *adj* evacuation, clearing.

эвакуациóнный отря́д clearing unit.

эвакуациóнный пункт clearing station.

эвакуáция evacuation, clearing.

эвакуáция ручны́м спóсобом evacuation by manual transport.

эвакуúровать evacuate.

эволютúвная скóрость minimum safe maneuvering speed (Avn).

экваториáльная воздýшная мáсса equatorial air mass.

экваториáльная мáсса *See* экваториáльная воздýшная мáсса.

экваториáльный вóздух equatorial air.

эквипотенциáльный катóд indirectly heated cathode.

экземпля́р copy.

экипáж carriage; crew; air crew, flying crew; tank crew.

экипáж-охóтник air crew on sweep mission.

экипирóвка supply, supplying; equipment, fitting out; accouterment.

эклúметр clinometer, inclinometer.

экономáйзер economizer (Mtr).

экономúческая скóрость cruising speed.

экономúческий economic.

эконóмия economy.

эконóмия сил economy of force.

эконóмный economical.

экрáн screen.

экранúрование shielding (Rad).

экранúрованная лáмпа screen-grid tube.

экранúровать *v* screen, shield (Rad).

экскавáтор excavator.

экспедúция expedition.

экспериментáльная аэродинáмика experimental aerodynamics.

экспериментáльная метеорология experimental meteorology.
экспериментáльный experimental.
экспéрт expert; expert witness.
эксплоатацио́нные усло́вия operating
conditions, working conditions.
эксплоатáция exploitation; operation
(Mech).
эксплоатáция побéды exploitation of
victory, exploitation of success.
экспозимéтр See экспономéтр.
экспози́ция exposure (Photo).
экспономéтр exposure meter (Photo).
экспрéсс express train.
экстерриториáльность extraterritoriality.
экстрáкция extraction (Med).
экстраполи́ровать extrapolate.
э́кстренный urgent; express.
э́кстренный слу́чай emergency.
эксцентрицитéт eccentricity (Math).
эксцентри́ческая вту́лка прицéла throw-
out collar (panoramic telescope).
эксцентри́ческий затво́р eccentric-screw
breechblock.
эласти́ческая подвéска volute suspension (Tk).
электризáция electrification.
электризо́ванные препя́тствия electri-
fied obstacles.
электри́ческая доро́га See электри́че-
ская желéзная доро́га.
электри́ческая ёмкость electric capacity.
электри́ческая желéзная доро́га electric
railway.
электри́ческая и́скра electric spark.
электри́ческая лáмпа bulb, electric bulb;
electric lamp.
электри́ческая свáрка electric welding.
электри́ческая связь electrical communication.
электри́ческая сеть освещéния electric
light system.
электри́ческая стáнция power plant
(Elec).
электри́ческая тя́га electric traction.
электри́ческая устано́вка power plant.
электри́ческая цепь electric circuit.
электри́ческая энéргия electric power.
электри́ческий electric.
лектри́ческий верньéр vernier capacitor
электри́ческий потенциáл electric potential.
электри́ческий разря́д electric discharge.
электри́ческий стáртер electric cranking
motor, electric starting motor.
электри́ческий счётчик electric meter.
электри́ческий фонáрик flashlight.

электри́ческий фонáрь electric lantern.
See also электри́ческий фонáрик.
электри́ческое освещéние electric
lighting.
электри́ческое по́ле electric field.
электри́ческое сопротивлéние resistance (Elec).
электри́ческое срéдство свя́зи electrical
means of signal communication.
электри́чество electricity.
электроаку́стика electroacoustics.
электрово́з electric locomotive.
электро́д electrode.
электродви́жущая си́ла electromotive
force.
электродетонáтор electric blasting cap.
электродинáмика electrodynamics.
электродинами́ческий electrodynamic.
электрозаря́д electrical charge.
электро́лиз electrolysis.
электроли́т electrolyte.
электролити́ческий конденсáтор elec-
trolytic condenser.
электромагни́т electromagnet.
электромагни́тная энéргия electromagnetic energy.
электромагни́тное возмущéние electromagnetic disturbance.
электромагни́тное по́ле electromagnetic
field.
электромагни́тные во́лны electromagnetic waves.
электромагни́тный electromagnetic.
электромагни́тный громкоговори́тель
electromagnetic loudspeaker.
электромагни́тный то́рмоз solenoid
brake.
электромагни́тный фотозатво́р electrically operated shutter (Photo).
электромехáник machinist (Elec).
электромото́р electromotor, electric
motor.
электро́н electron.
электро́нная бо́мба See электро́нно-
терми́тная бо́мба.
электро́нная лáмпа vacuum tube.
электро́нная тру́бка cathode-ray tube.
электро́нно-терми́тная бо́мба magnesi-
um-type incendiary bomb, magnesium
bomb.
электро́нный electronic.
электро́нный осциллогрáф cathode-ray
oscillograph.
электро́нный прожéктор cathode-ray
tube.
электрообогревáтельное обмундировáние electrically heated flying clothing.

электрооборудование electrical equipment.

электроосвещéние See **электрическое освещéние.**

электропровóдка electric wiring, wiring.

электропровóдность electrical conductivity.

электросвáрка See **электрическая свáрка.**

электросвязь See **электрическая связь.**

электроскóп electroscope.

электростáнция See **электрическая стáнция.**

электростатический electrostatic.

электростатический заряд electrostatic charge.

электростатический экрáн electrostatic shield (Rad).

электротахомéтр electric tachometer.

электротéхник electrician.

электротéхника electrical engineering.

электрофикáция electrification.

электроэнéргия See **электрическая энéргия.**

элемéнт element; factor; cell (Elec).

элементáрная тáктика minor tactics.

элементáрный elementary, elemental, rudimentary, simple.

элемéнт врéмени time factor.

элемéнт изображéния picture element (Telev).

элемéнт мéстности terrain factor.

элемéнт с жидкостью wet cell (Elec).

элемéнты траектóрии elements of the trajectory.

элерóн aileron.

элерóн типа Фриз Frise aileron.

эллипс ellipse.

эллипсóид рассéивания ellipsoid of dispersion (USSR), dispersion volume.

эллипс рассéивания ellipse of dispersion (USSR), dispersion pattern, rectangle of dispersion.

эллиптический elliptical.

эллиптическое очертáние крылá elliptical wing contour.

эмалирóванный enameled.

эмáль enamel.

эманáция emanation.

эмбáрго embargo.

эмигрáция emigration.

эмиссиóнная повéрхность emitting surface (Rad).

эмиссия emission (Rad).

эмиссия электрóнов electron emission.

эмýльсия emulsion.

энергичные дéйствия vigorous action.

энергичный energetic, vigorous, active.

энéргия energy, vigor, activeness.

энергоснабжéние electric supply.

энтрóпия entropy.

эпидéмия epidemic.

эпидиаскóп epidiascope.

эпизодическая связь sporadic signal communication; sporadic liaison.

эпизодический налёт sporadic raid, sporadic foray.

эпизоóтия epizooty.

эрг erg.

éрстед oersted.

эскадрилья group (Avn unit).

эскадрóн troop (Cav).

эскадрóнный райóн оборóны troop defensive area.

эскадрóн связи signal troop.

эскáрп escarpment, scarp.

эскарпирование steepening of slopes.

эстакáда high-level viaduct.

эстафéта relay race.

эталонирование calibration (Tech).

эталóн частоты frequency standard.

этáп phase, stage; staging area (along lines of communication).

этáп бóя phase of combat, phase of battle.

этáпные войскá communications zone troops.

этáпный райóн staging area.

этилдихлорарсин ethyldichlorarsine.

эфéс hilt; handle (knife bayonet).

эфир ether.

эффéкт effect, result, consequence.

эффективная мóщность effective power (Mtr).

эффективная сила тóка effective current.

эффективность effectiveness, efficiency.

эффективный effective, efficient; operative.

эффективный шаг винтá effective pitch of a propeller.

эхо echo.

эшелóн echelon.

эшелонирование echelonment.

эшелонирование в глубинý echelonment in depth, distribution in depth.

эшелонирование по цéлям echelonment of forces according to objectives.

эшелонированно by echelons.

эшелонированный echeloned.

эшелонировать v echelon.

эшелóн похóдной колóнны serial (March technique).

эшелóн развития прорыва exploiting force (break-through operation).

Ю

юг south.
юго-восто́к southeast.
юго-восто́чный southeastern, southeast.
юго-за́пад southwest.

юго-за́падный southwestern, southwest.
ю́жный southern, south.
юстиро́вка adjustment (Photo).

Я

я́вка appearance, presence, act of reporting (in person).
явле́ние phenomenon.
явля́ться appear; be; make one's appearance; show up; report (in person); constitute, act as.
я́вный clear, evident, obvious.
я́годица buttock.
яд poison.
ядовитоды́мная свеча́ gas candle.
ядовитоды́мный вы́пуск release of irritant smoke.
ядови́тое отравля́ющее вещество́ See общеядови́тое отравля́ющее вещество́.
ядови́тый дым toxic smoke, irritant smoke.
ядро́ kernel; nucleus; bulk, main body.
ядро́ конденса́ции condensation nucleus.
ядро́ прикры́тия main body of the covering detachment.
ядро́ разъе́зда mounted patrol's main body.
я́зва sore; ulcer.
язы́к tongue; language; prisoner of war captured for the purpose of securing military information.
яйцо́ egg.
я́корь m anchor; armature (Elec).
я́корь инду́ктора rotor, armature (Tp).
я́корь магни́та armature of a magnet.
я́корь реле́ tongue of a relay (Elec).

я́корь электромагни́та armature of an electromagnet.
я́ма pit (hole).
янва́рь m January.
я́ркость brilliance, brightness.
я́ростный fierce.
я́рус tier.
я́сная пого́да clear weather.
я́сность clarity.
я́сный adj clear, distinct.
яче́йка nucleus (Biology); cell. See also стрелко́вая яче́йка.
яче́йка для станко́вого пулемёта machine-gun emplacement.
яче́йка для стрельбы́ лёжа skirmisher's trench.
яче́йка для стрельбы́ с коле́на kneeling-type foxhole.
яче́йка для стрельбы́ сто́я standing-type foxhole.
яче́йка управле́ния взво́да command group, platoon headquarters.
яче́я маскиро́вочной се́ти mesh of a camouflage net.
я́щик box, case, chest.
я́щик для патро́нных лент ammunition chest (MG).
я́щик пе́рвой по́мощи first-aid chest.
я́щичная ка́мера box camera.
я́щичная фотока́мера See я́щичная ка́мера.
я́щичный See я́щичный но́мер.
я́щичный но́мер ammunition cannoneer, number 4 (G crew).

APPENDIX I

Military Abbreviations of the U.S.S.R.

These abbreviations are listed in the straight alphabetical order used in the body of the dictionary.

Entries with capital letters precede those with the same letters not capitalized.

Several abbreviations are given in connection with numbers. In such cases the numbers simply illustrate the use of the abbreviations, and the entries themselves are in alphabetical order according to the letters.

Identical abbreviations are listed in the alphabetical sequence of the Russian phrases or words for which they stand.

A

2 A	2-я (вторая) а́рмия	Second Army.
АА	арме́йская артилле́рия	army artillery.
ААО	артавиаотря́д	squadron assigned to artillery mission; squadron of artillery spotters.
ааэ	артиллери́йская авиаци́онная эскадри́лья	group assigned to artillery mission; group of artillery spotters.
11 аб	11-я (оди́ннадцатая) авиаци́онная брига́да	11th Aviation Brigade.
Абд	авто-бронедивизио́н	armored car battalion.
4 абп	4-й (четвёртый) автомоби́льный полк	4th Motor Regiment.
Абр	автоброневая́ ро́та	armored car company.
10 авб	10-я (деся́тая) авиаци́онная ба́за	10th Air Base.
4 авп	4-й (четвёртый) авиаци́онный парк	4th Air Force Supply and Replacement Depot.
АГ	авиаци́онная гру́ппа	air task force.
аг	See АГ.	
АГА	авиаци́онная гру́ппа а́рмии	air task force attached to an army.
АГК	авиаци́онная гру́ппа ко́рпуса	air task force attached to a corps.
5 агр	5-я (пя́тая) автогрузова́я ро́та	5th Motor Transport Company
ад	артилле́ри́йский дивизио́н	artillery battalion.
АДД	артилле́рия да́льнего де́йствия	general-support artillery.
АЗ	аэроста́т возду́шного загражде́ния	barrage balloon.
АЗ	зажига́тельная авиабо́мба	incendiary bomb.
АЗО	авиазени́тная оборо́на	active air defense.
АИР	артиллери́йская инструмента́льная разве́дка	observation battalion operations and procedures.
4 ак	4-й (четвёртый) арме́йский ко́рпус	4th Army Corps.
АМВ	артиллери́йский метеорологи́ческий взвод	meteorological platoon (of an Arty unit).
АМП	артиллери́йский метеорологи́ческий пост	metro section (of an Arty unit).

амп	подразделе́ние аэрометри́ческой слу́жбы	metro service unit.
АО	оско́лочная авиабо́мба	fragmentation bomb.
АП	артиллери́йский полк	artillery regiment.
3/7 ап	3-й (тре́тий) дивизио́н 7-го (седьмо́го) артиллери́йского полка́	3rd Battalion of 7th Artillery Regiment.
3/7 ап	3-й (тре́тий) дивизио́н артиллери́йского полка́ 7-й (седьмо́й) стрелко́вой диви́зии	3rd Battalion of Artillery Regiment of 7th Infantry Division (for written matter and maps, authorized meaning of abbreviation prior to 1942).
7 ап	7-й (седьмо́й) артиллери́йский полк	7th Artillery Regiment.
7 ап	артиллери́йский полк 7-й (седьмо́й) стрелко́вой диви́зии	Artillery Regiment of 7th Infantry Division (authorized meaning of abbreviation prior to 1942).
АПК	артилле́рия подде́ржки ко́нницы	cavalry-supporting artillery, direct-support artillery.
АПП	артилле́рия подде́ржки пехо́ты	infantry-supporting artillery, direct-support artillery.
АР	артилле́рия разруше́ния	artillery for destruction.
АРГК	артилле́рия резе́рва гла́вного кома́ндования	general headquarters artillery, War Department reserve artillery.
АРМ	авторемо́нтная мастерска́я	motor repair shop.
Артиллери́йская гру́ппа АР	артиллери́йская гру́ппа артилле́рии разруше́ния	group of artillery for destruction.
Артиллери́йская гру́ппа ДД	артиллери́йская гру́ппа да́льнего де́йствия	general support artillery group.
Артиллери́йская гру́ппа ПК	артиллери́йская гру́ппа подде́ржки ко́нницы	artillery group in direct support of cavalry.
Артиллери́йская гру́ппа ПП	артиллери́йская гру́ппа подде́ржки пехо́ты	artillery group in direct support of infantry.
Артилле́рия ДД	артилле́рия да́льнего де́йствия	general-support artillery.
Артилле́рия ПК	артилле́рия подде́ржки ко́нницы	cavalry-supporting artillery, direct-support artillery.
Артилле́рия ПП	артилле́рия подде́ржки пехо́ты	infantry supporting artillery, direct-support artillery.
арэ	арме́йская разве́дывательная эскадри́лья	army reconnaissance group (Avn).
АСП	авиасигна́льный пост	panel station.
АСР	автомоби́льная санита́рная ро́та	motorized medical company.
АТБг	автотра́нспортный батальо́н ГАЗ	motor transport battalion of 1½-ton trucks.
АТБз	автотра́нспортный батальо́н ЗИС	motor transport battalion of 3-ton trucks.
АТР	автотра́нспортная ро́та	motor transport company.
АТС	автомати́ческая телефо́нная ста́нция	dial telephone exchange.
АУ	артиллери́йское управле́ние	*See* АУ РККА.

АУ РККА	Артиллерийское Управление Рабоче-Крестьянской Красной Армии	Artillery and Ordnance Department of the Workers and Peasants Red Army.
АФ	фугасная авиабомба	demolition bomb.
АЭР	аэродром	airdrome.
АЭР	аэродромная рота	airdrome company.

Б

БА	батальонная артиллерия	battalion artillery, artillery organic to a rifle battalion.
БАО	батальон аэродромного обслуживания	air base battalion.
6б 35 ап	6-я (шестая) батарея артиллерийского полка 35-й (тридцать пятой) дивизии	6th Battery of Artillery Regiment of 35th Division (authorized meaning of abbreviation prior to 1942).
10 б 7 ап	10-я (десятая) батарея 7-го (седьмого) артиллерийского полка	10th Battery of 7th Artillery Regiment.
бар	бронеавтомобильная рота	armored car company.
БАС	бомбардировочное авиационное соединение	bombardment air force unit.
ббп	ближнебомбардировочный авиационный полк	short-range bombardment wing, tactical bombardment wing.
ббэ	ближнебомбардировочная авиационная эскадрилья	short-range bombardment group, tactical bombardment group.
БВО	Белорусский военный округ	White Russian service command.
БГ	база горючего	fuel supply point.
БЕПО	бронепоезд	(authorized abbreviation prior to 1944). See бепо.
бепо	бронепоезд	armored train.
БЗР	батарея звуковой разведки, батарея звукометрической разведки	sound-ranging battery.
б/к	боевой комплект	unit of fire.
7б 10 кап	7-я (седьмая) батарея артиллерийского полка 10-го (десятого) стрелкового корпуса	7th Battery of Artillery Regiment of 10th Corps.
БКК	боевой компасный курс	compass heading on bombing approach.
БКП	командирский наблюдательный пункт батареи зенитной артиллерии	antiaircraft battery commander's observation post.
БМ	See 7 гап БМ.	
БМП	батальонный медицинский пункт	battalion aid station.
БНП	боковой наблюдательный пункт	lateral observation post.
БО	батальонный обоз	battalion train.
БО	боковой отряд	flank guard.
БОВ	боевое отравляющее вещество	war gas.
БОР	батарея оптической разведки	flash-ranging battery.
БПБ	батальонный пункт боепитания	battalion ammunition supply point.

БПВ	база питания и восстановле́ния	supply and replenishment base.
БПМ	батальо́нный пункт медици́нской по́мощи	battalion aid station.
БПО	ба́нно-пра́чечный отря́д	bath and laundry unit.
БПП	батальо́нный патро́нный пункт	battalion ammunition supply point.
БПТ	батаре́я подде́ржки та́нков	tank-support battery.
БрОП	брига́дный обме́нный пункт	brigade distributing point.
2б 108 сп	2-й (второ́й) батальо́н 108-го (сто-восьмо́го) стрелко́вого полка́	2nd Battalion of 108th Infantry (for Tg transmission, authorized abbreviation prior to 1942). *See* 2/108 сп.
БТР	батаре́я топографи́ческой разве́дки	topographic battery.
БУА	Боево́й Уста́в Артилле́рии	field manual on tactical employment of field artillery.
БУБА	Боево́й Уста́в Бомбардиро́вочной авиа́ции	field manual on tactical employment of bombardment aviation.
БУИА	Боево́й Устав Истреби́тельной Авиа́ции	field manual on tactical employment of fighter aviation.
БУК	Боево́й Уста́в Ко́нницы	field manual on tactical employment of cavalry.
БУП	Боево́й Уста́в Пехо́ты	field manual on tactical employment of infantry.
БХВ	боево́е хими́ческое вещество́	chemical agent, chemical warfare agent.

В

В	восто́к	east.
3 в 5 агр	3-й (тре́тий) взвод 5-й (пя́той) автогрузово́й ро́ты	3rd Platoon of the 5th Truck Company.
ВАП	выливно́й авиацио́нный прибо́р	airplane spray tank.
ВВ	взры́вчатое вещество́	explosive.
ВВА	военновоздушная акаде́мия	Military Aviation College.
ВВП	всео́бщая во́инская подгото́вка	universal military training.
ВВС	вое́нно-возду́шные си́лы	Army Air Forces.
3 вдб	3-я (тре́тья) возду́шно-деса́нтная брига́да	3rd Airborne Brigade.
ВЗР	взвод звуково́й разве́дки, взвод звукометри́ческой разве́дки	sound-ranging platoon.
ВЛП	ветерина́рный лазаре́т полка́	regimental veterinary hospital.
ВМГ	винтомото́рная гру́ппа	power plant (Ap).
ВНО	вое́нно-нау́чные организа́ции	military research institutions.
ВНОС	возду́шное наблюде́ние, опове́щение и связь	aircraft warning service.
ВНП	вспомога́тельный наблюда́тельный пункт	auxiliary observation post.
ВО	вое́нный о́круг	service command.
ВОБ	вычисли́тельное отделе́ние батаре́и	battery computing section.

ВОД	вычислительное отделение дивизиона	artillery battalion computing section.
ВОДРЕМ	поезд по ремонтированию водоснабжения	repair train of water supply installations.
ВОСО	военные сообщения	military roads, communications.
ВП	ветеринарный пост	veterinary aid station.
ВПБ	взводный пункт боевого питания	*See* ВПП.
ВПГ	войсковой подвижной госпиталь	army mobile hospital.
3в 2 понтр	3-й (третий) взвод 2-ой (второй) понтонной роты	3rd Platoon of 2nd Ponton Company.
ВПП	взводный патронный пункт	platoon ammunition supply point.
2в 2 пр 108 сп	2-й (второй) взвод 2-ой (второй) пулемётной роты 108-го (сто восьмого) стрелкового полка	2nd Platoon of 2nd Machine-Gun Company of 108th Infantry.
ВПС	военно-почтовая станция	Army post office.
3в 2 р 108 сп	3-й (третий) взвод 2-ой (второй) стрелковой роты 108-го (сто восьмого) стрелкового полка	3rd Platoon of 2nd Rifle Company of 108th Infantry.
ВРЭ	войсковая разведывательная эскадрилья	organic reconnaissance aviation group of corps, division, and regiment.
1в 35 сапр	1-й (первый) взвод сапёрной роты 35-й (тридцать пятой) стрелковой дивизии	1st Platoon of Combat Engineer Company of 35th Infantry Division.
2 в 2 свр	2-й (второй) взвод 2-й роты связи	2nd Platoon of 2nd Signal Company.
всеобуч	отдел всеобщего военного обучения	Department of Universal Military Training.
ВСНХ	Высший Совет Народного Хозяйства	Supreme Council of National Economy.
ВСП	взвод связи с пехотой	artillery liaison platoon (Inf. division).
2в сэ 8 кп	2-ой (второй) взвод сабельного эскадрона 8-го (восьмого) кавалерийского полка	2nd Platoon of Saber Troop of 8th Cavalry.
ВТ	воздушная тревога	air alert, air alarm.
3 в 2 танр	3-й (третий) танковый взвод 2-й (второй) танковой роты	3rd Tank Platoon of 2nd Tank Company.
ВТР	взвод топографической разведки	topographic platoon (Arty).
2в 2 химр	2-й (второй) взвод 2-й (второй) химической роты	2nd Platoon of 2nd Chemical Company.
ВХС	военно-хозяйственное снабжение	quartermaster supply; quartermaster supplies.

Г

ГАЗ	полуторатонный грузовик	1½-ton truck.
7 гап	7-й (седьмой) гаубичный артиллерийский полк	7th Howitzer Artillery Regiment.

441

7 гап БМ	7-ой (седьмо́й) га́убичный ар-тиллери́йский полк большо́й мо́щности	7th High Power Howitzer Artillery Regiment.
ГАС	головно́й артиллери́йский склад	advance ordnance depot.
ГВПУ	гла́вное военнопромы́шленное управле́ние	bureau of war industry.
5 гв. сбр	5-я (пя́тая) гварде́йская стрелко́вая брига́да	5th Guard Infantry Brigade.
5 гв. сд	5-ая (пя́тая) гварде́йская стрелко́вая диви́зия	5th Guard Infantry Division.
2 гв. ск	2-й (второ́й) гварде́йский стрелко́вый ко́рпус	2nd Guard Army Corps.
7 гидр	7-я (седьма́я) гидротехни́ческая ро́та	7th Engineer Water Supply Company.
ГЛР	го́спиталь для легко́ ра́неных	hospital for slightly wounded.
ГО	головно́й отря́д	advance guard support.
ГОПЭП	головно́е отделе́ние полево́го эвакуацио́нного пу́нкта	advance section of field clearing station.
ГП	гла́вный пост	main post.
ГПЗ	головна́я похо́дная заста́ва	advance party.
ГПЭП	головно́й полево́й эвакуацио́нный пункт	advance field clearing station.
1 гсд	1-я (пе́рвая) го́рно-стрелко́вая диви́зия	1st Mountain Infantry Division.
ГСК	расхо́дный гурт скота́	herd of cattle for fresh meat supply.
ГСМ	горю́чее и сма́зочное ма́сло	fuel and lubricant.
10 гсп	10-й (деся́тый) го́рно-стрелко́вый полк	10th Mountain Infantry.
ГУ	грунтово́й уча́сток	road net section of line of communications.
ГУГВФ	гла́вное управле́ние гражда́нского возду́шного фло́та	Bureau of Civil Aeronautics.
ГУРККА	гла́вное управле́ние РККА	Administrative Department of the Workers' and Peasants' Red Army.
ГЭ	головно́й эта́п	advance staging area (along lines of communication).

Д

Д	дозо́р	patrol.
ДА	дивизио́нная артилле́рия	division artillery.
ДАП	дымообразу́ющий авиаприбо́р	airplane smoke tank.
2 д 7 ап	2-й (второ́й) дивизио́н артиллери́йского полка́ 7-й (седьмо́й) стрелко́вой диви́зии	2nd Battalion of Artillery Regiment of 7th Infantry Division (for Tg Com, authorized abbreviation prior to 1942). *See also* 3/7 ап.
ДАРМ	дивизио́нная артиллери́йская ремо́нтная мастерска́я	divisional artillery repair shop.
дбп	да́льне-бомбардиро́вочный авиацио́нный полк	long-range bombardment wing, strategic bombardment wing.
ДБС	да́льне-бомбардиро́вочное авиацио́нное соедине́ние	long-range bombardment unit, strategic bombardment unit.

дбэ	да́льне-бомбардиро́вочная авиацио́нная эскадри́лья	long-range bombardment group, strategic bombardment group.
ДВ	дымообразу́ющее вещество́	screening agent, smoke agent.
ДВ	дымоотравля́ющее вещество́	irritant smoke.
ДВВ	дробя́щее взры́вчатое вещество́	high explosive.
ДВЛ	дивизио́нный ветерина́рный лазаре́т	division veterinary hospital.
ДГ	дивизио́нный го́спиталь	division hospital.
ДГТС	двусторо́нняя группова́я телефо́нная связь	conference call; conference circuit.
ДД	See АДД, Артилле́рия ДД, Артилле́рийская гру́па ДД, та́нки ДД, ТДД.	
ДД 35 сд	артиллери́йская гру́ппа да́льнего де́йствия 35-й (тридца́ть пя́той) стрелко́вой диви́зии	General Support Artillery Group of 35th Infantry Division.
ДД 10 ск	артиллери́йская гру́ппа да́льнего де́йствия 10-го (деся́того) стрелко́вого ко́рпуса	General Support Artillery Group of 10th Army Corps.
ДЗОТ	де́рево-земляна́я огнева́я то́чка	earth-and-timber pillbox.
ДИ	дивизио́нный инжене́р, дивинжене́р	division engineer.
диап	авиацио́нный полк да́льних истребле́ний	long-range fighter wing.
диэ	авиацио́нная эскадри́лья да́льних истреби́телей	long range fighter group.
ДКА	Дом Кра́сной А́рмии	Red Army Home.
3д 10 кап	3-й (тре́тий) дивизио́н артиллери́йского полка́ 10-го (деся́того) стрелко́вого ко́рпуса	3rd Battalion of Artillery Regiment of 10th Army Corps (for Tg Com). See also 3/10 кап.
ДКБ	доро́жно-коменда́нтский батальо́н	road commandant battalion.
ДКП	дополни́тельный кома́ндный пункт	See ЗКП.
ДКП	команди́рский пункт команди́ра дивизио́на зени́тной артилле́рии	battalion commander's command post (AAA).
ДКР	доро́жно-коменда́нтская ро́та	road commandant company.
ДМ	дивизио́нный меди́цинский пункт	division aid station.
ДМ	нейтра́льная дымова́я хими́ческая ша́шка	screening smoke pot.
ДМП	дивизио́нный меди́цинский пункт	division aid station.
ДНП	дополни́тельный наблюда́тельный пункт	See ВНП.
ДО	дивизио́нный обо́з	division trains; artillery battalion train.
ДОН	да́льнее огнево́е нападе́ние	distant concentration (Arty).
ДОП	дивизио́нный обме́нный пункт	division distributing point.
ДОП/АРТ	See ДОП арт.	
ДОП арт	дивизио́нный обме́нный артиллери́йский пункт	division artillery distributing point.

ДОТ	долговре́менная огнева́я то́чка	reinforced-concrete pillbox.
ДП	дегазацио́нный пункт	decontamination post.
ДП	Дегтярёва пехо́тный	Deghtiarieff automatic rifle.
ДПК	See Та́нки ДПК.	
ДПМ	дивизио́нный пункт медпо́мощи	division aid station.
ДПП	See Та́нки ДПП.	
ДПС	дежу́рный по пу́нкту сбо́ра донесе́ний	duty sergeant at messenger section of signal center.
ДРС	дивизио́н разве́дывательной слу́жбы	observation battalion.
ДРЭ	дальнеразве́дывательная эскадри́лья	long-range observation group (Avn).
ДС	Дегтярёва станко́вый	Deghtiarieff machine gun.
ДС	дежу́рный по свя́зи	duty signal officer; duty communication officer.
ДС	долговре́менное сооруже́ние	permanent construction.
ДШ	дежу́рный по шта́бу	duty officer at rear echelon of headquarters.
ДЭП	доро́жно-эксплоатацио́нный полк	road operating regiment.

3

З	за́пад	west.
ЗА	зени́тная артилле́рия	antiaircraft artillery.
ЗАБ	зажига́тельная авиабо́мба	incendiary bomb.
9 зад	9-й (девя́тый) зени́тный артиллери́йский дивизио́н	9th Antiaircraft artillery Battalion.
зам	замести́тель m	substitute, deputy; commander's replacement, second-in-command.
Зам. КСК	замести́тель команди́ра ко́рпуса	deputy corps commander.
запр	запра́вка горю́чего	refueling.
ЗАЭР	запасно́й аэродро́м	alternate airdrome.
5 зб	5-я (пя́тая) зени́тная батаре́я	5th Antiaircraft Battery.
ЗВ	зажига́тельное вещество́	incendiary agent, incendiary.
4 зенад	4-й (четвёртый) зени́тно-артиллери́йский дивизио́н	4th Antiaircraft Artillery Battalion.
ЗЖД	нача́льник вое́нной доро́ги	chief of line of communications.
ЗИС	трехто́нный грузови́к	3-ton truck.
ЗК	коменда́нт железнодоро́жного узла́	railway junction commandant.
ЗКП	запасно́й кома́ндный пункт	alternate command post.
ЗКУ	коменда́нт железнодоро́жного райо́на	railway division commandant.
ЗНП	запасно́й наблюда́тельный пункт	alternate observation post.
ЗП	запа́сный полк	depot regiment.
ЗП	зени́тный пулемёт	antiaircraft machine gun.
ЗПР	зени́тно-пулемётная ро́та	antiaircraft machine-gun company.
ЗТБ	заря́дно-техни́ческая ба́за	battery charging station (Sig C).

И

ИА	истреби́тельная авиа́ция	fighter aviation.
ИАП	истреби́тельный авиацио́нный полк	fighter wing.
ИАС	истреби́тельное авиацио́нное соедине́ние	large fighter unit.
иаэ	истреби́тельная авиацио́нная эскадри́лья	fighter group.
ИГ	инфекцио́нный го́спиталь	hospital for communicable diseases.
1/10 инжб	1-я (пе́рвая) ро́та 10-го (деся́того) инжене́рного батальо́на	1st Company of 10th Engineer Battalion.
6 инжбат	6-й (шесто́й) инжене́рный батальо́н	6th Engineer Battalion.
инжп 35 сд	инжене́рный парк 35-ой (три́дцать пя́той) стрелко́вой диви́зии	Mobile Engineer Depot of 35th Infantry Division.
ИППГ	инфекцио́нный полево́й подвижно́й го́спиталь	mobile hospital for communicable diseases.
ИПТАП	истреби́тельный противота́нковый артиллери́йский полк	tank destroyer regiment.
ИЭ	истреби́тельная эскадри́лья	*See* иаэ.

К

КА	ко́рпусная артилле́рия	corps artillery.
К 1А	Кома́ндующий 1-й (пе́рвой) а́рмией	First Army Commander.
2 КА	2-ая (втора́я) ко́нная а́рмия	2nd Horse Cavalry Army.
кабшр	ка́бельно-шестова́я ро́та	field and pole wire line construction and operating company.
кад	конноартиллери́йский дивизио́н	horse artillery battalion.
3 као	3-й (тре́тий) ко́рпусный авиацио́нный отря́д	3rd Corps Squadron (Avn).
КАП	ко́рпусный артиллери́йский полк	corps artillery regiment.
3/10 кап	3-й (тре́тий) дивизио́н артиллери́йского полка́ 10-го (деся́того) стрелко́вого ко́рпуса	3rd Battalion of Artillery Regiment of 10th Army Corps (for written matter and maps). *See also* 3д 10 кап.
4 кап	4-й (четвёртый) ко́рпусный артиллери́йский полк	4th Corps Artillery Regiment.
4 кап	артиллери́йский полк 4-го (четвёртого) стрелко́вого ко́рпуса	Artillery Regiment of 4th Army Corps (authorized abbreviation prior to 1942).
КАРМ	ко́рпусная артиллери́йская ремо́нтная мастерска́я	corps artillery repair shop.
КВ	капсю́ль-воспламени́тель *m*	percussion cap (pull fuze).
кв 24 сп	ко́нный взвод 24-го (два́дцать четвёртого) стрелко́вого полка́	Mounted Platoon of 24th Infantry.
КГ	ко́рпусный го́спиталь	corps hospital.
КД	команди́р диви́зии	division commander.

5 кд	5-я (пятая) кавалерийская дивизия	5th Cavalry Division.
КИ	корпусный инженер, коринженер	corps engineer.
КК	компасный курс	compass course.
3 кк	3-й (третий) кавалерийский корпус	3rd Cavalry Corps.
ККД 7	командир 7-й (седьмой) кавалерийской дивизии	7th Cavalry Division commander.
ККК 2	командир 2-го (второго) кавалерийского корпуса	commander of 2nd Cavalry Corps.
ККП 3	командир 3-го (третьего) кавалерийского полка	commander of 3rd Cavalry Regiment.
ККС	контурно-комбинированная аэросъёмка	map production method combining aerial photography and surveying.
1 кнап	1-й (первый) конноартиллерийский полк	1st Horse Artillery Regiment.
4 кнап	конноартиллерийский полк 4-й (четвёртой) кавалерийской дивизии	Horse Artillery Regiment of 4th Cavalry Division (authorized meaning of abbreviation prior to 1942).
КНП	командирский наблюдательный пункт	commander's observation post.
Ком ВВС 1А	командующий военно-воздушными силами 1-й (первой) армии	Commanding General, Air Force of First Army.
КОП	корпусный обменный пункт	corps distributing point.
КОП арт	корпусный обменный артиллерийский пункт	corps ordnance distributing point.
КП	командный пункт	command post.
3/4 кп	3-й (третий) эскадрон 4-го (четвёртого) кавалерийского полка	3rd Troop of 4th Cavalry Regiment.
4/24 кп	4-й (четвёртый) сабельный эскадрон 24-го (двадцать четвёртого) кавалерийского полка	4th Saber Troop of 24th Cavalry (authorized meaning of abbreviation prior to 1942). *See* ¾ кп.
37 кп	37-й (тридцать седьмой) кавалерийский полк	37th Cavalry Regiment.
КПВ	командир прожекторного взвода	searchlight platoon commander.
КПД	коэфициент полезного действия	efficiency (Tech).
КПП	контрольно-пропускной пункт	examining post.
КПТ 4	командир 4-го (четвёртого) танкового полка	commander of 4th Tank Regiment.
КСД 31	командир 31-й (тридцать первой) стрелковой дивизии	commander of 31st Infantry Division.
КСК 3	командир 3-го (третьего) стрелкового корпуса	commander of 3rd Army Corps.
КСП 87	командир 87-го (восемьдесят седьмого) стрелкового полка	commander of 87th Infantry.
К 3 тбр	командир 3-й (третьей) танковой бригады	commander of 3rd Tank Brigade.

КТП 4	команди́р 4-го (четвёртого) та́нкового полка́	commander of 4th Tank Regiment.
кшр	ка́бельно-шестова́я ро́та	field and pole wire line construction and operating company.

Л

8 лаэ	8-я (восьма́я) легкобомбарди́ровочная эскадри́лья	8th light bombardment group.
ЛБА	легкобомбарди́ровочная авиа́ция	light bombardment aviation.
ЛБЕПО	лёгкий бронепо́езд	light armored train.
ЛБП	ли́ния боево́го пути́	ground track, plane's course over ground (Aerial Bombing).
ЛБСВ	лине́йный батальо́н свя́зи	line construction and operation battalion (Sig C).
ЛВО	Ленингра́дский вое́нный о́круг	Leningrad service command.
ЛМН	ма́лая надувна́я ло́дка	pneumatic reconnaissance boat.
ЛПД	ли́ния пристре́лянных да́льностей	line of adjusted ranges.

М

маскр	маскиро́вочная ро́та	camouflage company.
3 маср	3-я (тре́тья) маскиро́вочная ро́та	3rd Camouflage Company.
МЗА	малокали́берная зени́тная артилле́рия	small-caliber antiaircraft artillery.
МЗД	ми́на заме́дленного де́йствия	delayed-action mine.
МЗП	малозаме́тные препя́тствия	barely noticeable obstacles.
минб	миномётный батальо́н	mortar battalion.
МК	магни́тный курс	magnetic course.
МНС	мотомеханизи́рованное соедине́ние	motorized and mechanized unit.
МР	механизи́рованный разъе́зд	mechanized patrol, armored patrol.
МС	механизи́рованное соедине́ние	mechanized unit.
МС5	медико-санита́рный батальо́н	medical battalion; medical squadron (Cav).
4 мсп	4-й (четвёртый) моторизо́ванный стрелко́вый полк	4th Motorized Infantry Regiment.
МСР	ме́дико-санита́рная ро́та	medical company.
МСТ	метеорологи́ческая ста́нция	meteorological station, weather station.
мстб	мостово́й батальо́н	engineer bridge battalion.
МУВ	модернизи́рованный упрощённый взрыва́тель	pull fuze, pull-firing device.

Н

Н–1	нача́льник 1-го (пе́рвого) отде́ла	chief of section No. 1 of a general staff, chief of operations and training section (USSR), assistant chief of staff G-3 (USA).
НАД	нача́льник артилле́рии диви́зии, начартди́в	division artillery commander.

НАК	нача́льник артилле́рии ко́рпуса	corps artillery commander.
НАОП	наставле́ние по огнево́й подгото́вке артилле́рии	artillery manual on gunnery.
НБП	нача́ло боево́го пути́	initiation of the bombing approach.
НГУ	нача́льник грунтово́го уча́стка	chief of the road net section of line of communications.
НД	нейтра́льный дым	screening smoke.
НЗО	неподви́жный загради́тельный ого́нь	standing barrage.
НИС	нача́льник инжене́рной слу́жбы	engineer, unit engineer.
НКП	наблюда́тельный корректиро́вочный пункт зени́тной артилле́рии	antiaircraft artillery fire-direction center.
НКПС	Наро́дный Комиссариа́т Путе́й Сообще́ния	People's Commissariat of Transportation.
НКПТ	Наро́дный Комиссариа́т По́чты и Телегра́фа	People's Commissariat of Postal and Telegraph Services.
ННС	нача́льник направле́ния свя́зи	officer in charge of signal communication line connecting higher headquarters with a particular subordinate echelon.
НО	нача́льник операти́вного отде́ла	chief of operations and training section (USSR), assistant chief of staff G-3 (USA).
НОВ	несто́йкое отравля́ющее вещество́	nonpersistent chemical agent.
НОН	нача́льник осево́го направле́ния свя́зи	officer in charge of the axis of signal communication.
НОС	нача́льник о́си свя́зи	officer in charge of the axis of signal communication.
НП	наблюда́тельный пункт, наблюда́тельный пост	observation post (Arty); observation station (Flash and Sound Ranging); observation point.
НП ОСП	наблюда́тельный пункт команди́ра отделе́ния свя́зи с пехо́той	observation post of commander of liaison section attached to infantry unit (Arty).
НПП	низкополётная полоса́ (высота́ 150 м)	horizontal zone for low-level flying (up to 500 feet).
НПРБ	наставле́ние по подгото́вке к рукопа́шному бо́ю	close combat field manual.
НПС	нача́льник пу́нкта сбо́ра	chief of messenger section of signal center.
НПСШ	наставле́ние по полево́й слу́жбе шта́бов	Staff Field Manual.
НР	нача́льник разве́дывательного отде́ла	chief of military intelligence section (USSR), assistant chief of staff G-2 (USA).
НРВС	нача́льники родо́в во́йск и служб	chiefs of arms and services, special staff.
НС	направле́ние свя́зи	signal communication line connecting higher headquarters with a particular subordinate echelon.
НСД	наставле́ние по стрелко́вому де́лу	field manual of small arms and musketry.

НТ	нача́льная то́чка	origin (Surv).
НТ	нача́льник отде́ла ты́ла	chief of supply and evacuation section (USSR), assistant chief of staff G-4 (USA).
НУС	нача́льник узла́ свя́зи	officer in charge of signal center.
НФП	наставле́ние по физи́ческой подгото́вке	field manual of physical training.
нхс	нача́льник хими́ческой слу́жбы	chemical officer, gas officer.
НШ	нача́льник шта́ба	chief of staff.
НШ 7 сд	нача́льник шта́ба 7-й (седьмо́й) стрелко́вой диви́зии	Chief of Staff of 7th Infantry Division.

0

ОАРАД	отде́льный арме́йский разве́дывательный артиллери́йский дивизио́н	separate army observation battalion.
ОАЭР	основно́й аэродро́м	base airdrome.
ОВ	отравля́ющее вещество́, боево́е отравля́ющее вещество́	war gas.
ОГ	операти́вная гру́ппа	command group; forward echelon, main attack force, maneuvering force.
ОГВФ	объедине́ние гражда́нского возду́шного фло́та	civil aeronautics league.
ОД	операти́вный дежу́рный	officer on duty in the operations section of a headquarters.
ОДП	обмы́вочно дегазацио́нный пункт	decontamination station.
ОЗ	огнево́е загражде́ние	fire barrage, barrage.
1 окб	See 1 окбр.	
1 окбр	1-я (пе́рвая) отде́льная кавалери́йская брига́да	1st Separate Cavalry Brigade.
ОКДВА	Осо́бая Краснознамённая Дальневосто́чная А́рмия	Separate Far Eastern Red-Banner Army.
36 окэ	отде́льный кавалери́йский эскадро́н 36-й (три́дцать шесто́й) стрелко́вой диви́зии	Separate Cavalry Troop of 36th Infantry Division.
ОМС	отделе́ние метеорологи́ческой слу́жбы	meteorological section.
ООД	отря́д обеспе́чения движе́ния	traffic control detachment.
ОП	обме́нный пункт	supply relay point; distributing point.
ОП	огнева́я пози́ция	fire position.
ОР	отде́льный разъе́зд	separate mounted patrol.
ОРАД	отде́льный разве́дывательный артиллери́йский дивизио́н	separate observation battalion.
ОРБ	отде́льный разве́дывательный батальо́н	separate reconnaissance battalion.
ОРД	отде́льный разве́дывательный дозо́р	separate reconnaissance patrol.
ОРМУ	отде́льная ро́та медици́нского усиле́ния	separate company of medical reinforcement.
Ору́дие ТП	ору́дие та́нковой подде́ржки	tank support gun.
ОС	ось свя́зи	axis of signal communication.

ОСК	отделе́ние свя́зи с ко́нницей	liaison section attached to cavalry unit (Arty).
ОСП	отделе́ние свя́зи с пехо́той	liaison section attached to infantry unit (Arty).
ОСТ	общесою́зный станда́ртный те́рмин	USSR standardized term.
ОТ	огнева́я то́чка	firing point, point of origin of fire, weapon in its emplacement.
ОТ	"Отбо́й!"	"All clear!"
отср	отде́льная телегра́фно-строи́тельная ро́та	separate telegraph construction company.
отэр	отде́льная телегра́фно-эксплоатацио́нная ро́та	separate telegraph operating company.

П

П.	помо́щник нача́льника операти́вного отде́ла	assistant chief of operations and training section of a general staff.
П	помо́щник нача́льника операти́вного отделе́ния	assistant S-3 (USSR).
ПА	полкова́я артилле́рия	regimental artillery.
3 пап	3-й (тре́тий) пу́шечный артиллери́йский полк резе́рва гла́вного кома́ндования	3rd Gun Regiment of General Headquarters Reserve.
3 пап БМ	3-й (тре́тий) пу́шечный артиллери́йский полк большо́й мо́щности	3rd Heavy Gun Regiment.
ПАС	передово́й арме́йский склад	advance army depot.
ПБ	передово́й батальо́н	advance-guard battalion.
пбп	пики́рующий бомбардиро́вочный полк	dive bomber wing.
ПВЛ	полково́й ветерина́рный лазаре́т (в кавалери́йских полка́х)	regimental veterinary hospital (Cav).
ПВНОС	пост возду́шного наблюде́ния, оповеще́ния и свя́зи	aircraft warning post; filter center.
ПВО	противовозду́шная оборо́на	antiaircraft defense.
ПВП	передово́й ветерина́рный пост (в кавалери́йских частя́х)	veterinary aid station (Cav).
ПВС	пост возду́шной свя́зи	ground-air liaison post.
ПВХО	противовозду́шная и противохими́ческая оборо́на	antiaircraft defense and defense against chemical attacks.
ПГ	полево́й го́спиталь	field hospital.
ПГС	полоса́ гла́вного сопротивле́ния	battle position.
1 пд	1-ая (пе́рвая) пехо́тная диви́зия	1st Infantry Division.
ПДС	парашю́тно-деса́нтная слу́жба	parachute landing service.
ПЕРП	перегру́зочный пункт	reloading point.
ПЗО	подвижно́й загради́тельный ого́нь, перено́сный загради́тельный ого́нь	rolling barrage, creeping barrage.
ПИ	полково́й инжене́р	regimental engineer.
ПК	See АПК, Артилле́рия ПК, Артиллери́йская гру́ппа ПК, Та́нки ПК, ТПК.	

ПКСП 5	помо́щник команди́ра 5-го (пя́того) стрелко́вого полка́	Supply Officer, 5th Infantry.
ПМ	подрывна́я маши́нка	blasting machine, exploder.
ПМ	пункт медици́нской по́мощи	aid station.
ПМП	полково́й медици́нский пункт	regimental aid station.
ПМП	пункт медици́нской по́мощи	aid station.
ПН-1	помо́щник нача́льника 1-го (пе́рвого) отде́ла	assistant chief of operations and training section of a general staff.
ПНП	передово́й наблюда́тельный пункт	forward observation post.
ПНП	подви́жный наблюда́тельный пост	mobile observation post.
ПНШ	помо́щник нача́льника шта́ба	deputy chief of staff (regiment and higher unit, USSR).
ПО	передово́й отря́д	advance detachment.
ПО	пункт обрабо́тки	processing station.
ПОД	перевя́зочный отря́д диви́зии	division medical detachment.
ПОДРЕМ	по́езд по ремонти́рованию подвижно́го соста́ва (железнодоро́жного)	rolling stock repair train.
Пом НТ	помо́щник нача́льника отде́ла ты́ла	assistant chief of supply and evacuation section of a general staff.
Пом НТ	помо́щник нача́льника отде́ления ты́ла	assistant S-4.
3 понб	3-й (тре́тий) понто́нный бата́льо́н	3rd Engineer Ponton Battalion.
3 понтб	See 3 понб.	
1 понтп	1-й (пе́рвый) понто́нный полк	1st Engineer Ponton Regiment.
2 понтр	2-я (втора́я) понто́нная ро́та	2nd Engineer Ponton Company.
ПОП	перевя́зочный отря́д полка́	regimental medical detachment.
ПО 1 сп	полково́й обо́з 1-го (пе́рвого) стрелко́вого полка́	regimental train of 1st Infantry.
ПП	See АПП, Артилле́рия ПП, Артиллери́йская гру́ппа ПП, Та́нки ПП, ТПП.	
ПП 105	Артиллери́йская гру́ппа подде́ржки 105-го стрелко́вого полка́	Artillery Group in Direct Support of 105th Infantry.
4 пп	4-й (четвёртый) пехо́тный полк	4th Infantry.
ППБ	полково́й пункт боепита́ния	regimental ammunition supply point.
ППВ	передово́й ветерина́рный пункт	veterinary aid station.
ППГ	полево́й подвижно́й го́спиталь	division mobile hospital, hospital station, field hospital.
ППД	пистоле́т-пулемёт систе́мы Дегтярёва	Deghtiareff submachine gun.
ППЛ	поса́дочная площа́дка	landing field; flight strip.
ППЛ	пункт сбо́ра и по́мощи легко́ ра́неным	collecting post and aid station for slightly wounded.
ППМ	полково́й пункт медици́нской по́мощи	regimental aid station.
ППМ	пункт медици́нской по́мощи	aid station.
ППП	полково́й патро́нный пункт	regimental ammunition supply point.
ППП	противопехо́тные препя́тствия	antipersonnel obstacles.
ППС	полева́я почто́вая ста́нция	field post office.

ППШ	передово́й пункт управле́ния	advance command post
ППУ	истоле́т-пулемёт систе́мы Шпа́гина	Shpaghin submachine gun.
ПРИВО	Приво́лжский вое́нный о́круг	Volga service command.
ПРП	пе́шая разве́дывательная па́ртия	dismounted reconnaissance party.
2 пр 19 сп	2-я (втора́я) пулемётная ро́та 19-го (девятна́дцатого) стрелко́вого полка́	2nd Machine Gun Company of 19th Infantry.
ПС	пункт сбо́ра донесе́ний, пункт сбо́ра и отпра́вки донесе́ний	messenger section of signal center.
ПСД	*See* ПС.	
ПСЛ	пункт сбо́ра легко́ ра́неных	collecting post for slightly wounded.
ПСО	после́довательное сосредото́чение огня́	successive concentration (Arty).
ПСТ	передово́й пост санита́рного тра́нспорта	advanced ambulance loading post.
ПСТ	пост санита́рного тра́нспорта	ambulance relay post, ambulance loading post.
ПТ	переговорная табли́ца	prearranged message code.
ПТ	*See* БПТ.	
ПТБ	противота́нковая батаре́я	antitank battery.
2 птд	2-й (второ́й) противота́нковый дивизио́н	2nd Antitank Battalion (Arty).
ПТМ	противота́нковая ми́на	antitank mine.
ПТО	противота́нковая оборо́на	antimechanized defense, antitank defense, antimechanized protection.
ПТОЗ	противота́нковое огнево́е загражде́ние	antitank barrage.
ПТП	противота́нковые препя́тствия	antitank obstacles.
ПТР	противота́нковый райо́н	antitank fortified area.
ПТРД	противота́нковое ружьё систе́мы Дегтярёва	Deghtiareff antitank rifle.
ПТРС	противота́нковое ружьё Си́монова	Simonoff antitank rifle.
ПТРУ	противота́нковой рубе́ж	line of antitank obstacles.
ПУ	Полево́й уста́в	field service regulations.
ПУАЗо́	прибо́р управле́ния артилле́ри́йским зени́тным огнём	antiaircraft director.
ПУМ	пункт уточне́ния маршру́тов	auxiliary filter center for additional information on movements of enemy aircraft.
ПХЗ	пункт уточне́ния маршру́тов	protection against chemical attack.
ПХО	противохими́ческая оборо́на	defense against chemical attack.
ПХОР	ро́та противохими́ческой оборо́ны	chemical defense company.
ПЭ	полево́й эвакоприёмник, полево́й эвакуацио́нный приёмник	corps clearing station (USSR).
пэ/24 кп	пулемётный эскадро́н 24-го (два́дцать четвёртого) кавалери́йского полка́	Machine Gun Troop of 24th Cavalry.
пэ 24 кп	пулемётный эскадро́н 24-го (два́дцать четвёртого) кавалери́йского полка́	Machine Gun Troop of 24th Cavalry. (authorized abbreviation prior to 1942).

пэп	полево́й эвакуацио́нный пункт	clearing station.
пэс 8 кп	полуэскадро́н свя́зи 8-го (восьмо́го) кавалери́й-ского полка́	one half of Signal Troop of 8th Cavalry.

Р

Р	разъе́зд	mounted reconnaissance patrol.
рабр	рабо́чая ро́та	labor company.
РАД	разве́дывательный артилле-ри́йский дивизио́н	observation battalion.
радд 2 А	отде́льный радиодивизио́н 2-й (второ́й) а́рмии	2nd Army Separate Radio Battalion.
рап	разве́дывательный авиацио́н-ный полк	observation wing.
РБ	рабо́чий батальо́н	labor battalion.
РБ	разве́дывательный батальо́н	division reconnaissance battalion.
РГ	разве́дывательная гру́ппа	reconnaissance echelon (tank), reconnaissance detachment.
РГК	резе́рв гла́вного кома́ндова-ния	GHQ reserve.
РД	разве́дывательный дозо́р	reconnaissance patrol.
рд 7 кап	разве́дывательный дивизио́н 7-го (седьмо́го) ко́рпусно-го артилле́рийского полка́	Observation Battalion of 7th Corps Artillery Regiment.
рзап	резе́рвный авиацио́нный полк	depot wing (Avn).
РККА	Рабо́че-Крестья́нская Кра́с-ная А́рмия	Workers' and Peasants' Red Army.
РККФ	Рабо́че-Крестья́нский Кра́сный Флот	Workers' and Peasants' Red Navy.
РО	разве́дывательный отря́д	reconnaissance detachment.
РП	регулиро́вочный пункт	regulating point; control point (Traffic).
РПБ	ро́тный пункт боево́го пи-та́ния	company ammunition supply point.
РПП	ро́тный патро́нный пункт	See РПБ.
РР	рабо́чая ро́та	See рабр.
р/р	ро́та регули́рования	traffic control company.
РРД	ро́та регули́рования движе́ния	See р/р.
РСА	разве́дывательная слу́жба ар-тилле́рии	artillery reconnaissance service.
5 р 19 сп	5-я (пя́тая) стрелко́вая ро́та 108-го (сто восьмо́го) стрелко́вого полка́	5th Rifle Company of 108th Infantry (authorized abbreviation prior to 1942). See 5 ср 19 сп.
РТ	радиота́нк	tank radio station.
3 р 2 химб	3-я (тре́тья) хими́ческая ро́та 2-го (второ́го) хими́ческо-го батальо́на	3rd Chemical Company of 2nd Chemical Battalion.
10 рэ	10-я (деся́тая) разве́дыва-тельная эскадри́лья	10th Observation Group (Avn).

С

С	се́вер	north.
СА·	самохо́дная артилле́рия	self-propelled artillery.
САВО	Сре́дне-Азиа́тский вое́нный о́круг	Middle Asia service command.
4 сапб	4-й (четвёртый) сапёрный батальо́н	4th Engineer Combat Battalion.

4 сапб	сапёрный батальóн 4-го (четвёртого) стрелкóвого кóрпуса	Engineer Combat Battalion of 4th Army Corps (authorized meaning prior to 1942).
сапв 10 кп	сапёрный взвод 10-го (десятого) кавалерийского полкá	Engineer Combat Platoon of 10th Cavalry.
15 сапр	15-я (пятнáдцатая) сапёрная рóта	15th Engineer Combat Company.
15 сапр	сапёрная рóта 15-й (пятнáдцатой) стрелкóвой дивизии	Engineer Combat Company of 15th Infantry Division (authorized meaning of abbreviation prior to 1942).
сапэ 3кд	сапёрный эскадрóн 3-й (трéтьей) кавалерийской дивизии	Engineer Combat Troop of 3rd Cavalry Division.
САС	смéшанное авиациóнное соединéние	composite aviation unit.
САХ	срéдняя аэродинамическая хóрда	mean aerodynamic chord.
саэ	санитáрная авиациóнная эскадрилья	airplane ambulance group.
1 сб	1-й (пéрвый) стрелкóвый батальóн	1st Rifle Battalion.
3/7 свб	3-я (трéтья) рóта батальóна свя́зи 7-й (седьмóй) стрелкóвой дивизии	3rd Company of Signal Battalion of 7th Infantry Division.
3 свб	батальóн свя́зи 3-й (трéтьей) стрелкóвой дивизии	3rd Infantry Division Signal Battalion.
3 свб	3-й (трéтий) батальóн свя́зи	3rd Signal Battalion (authorized meaning prior to 1942).
4 свбк	батальóн свя́зи 4-го (четвéртого) стрелкóвого кóрпуса	Signal Battalion of 4th Army Corps.
свв БЗР	взвод свя́зи батарéи звукометрической развéдки	sound-ranging battery communication platoon.
свв БОР	взвод свя́зи батарéи оптической развéдки	flash-ranging battery communication platoon.
свв БТР	взвод свя́зи батарéи топографической развéдки	topographic battery communication platoon.
свв 4 кап	взвод свя́зи 4-го (четвёртого) кóрпуса артиллерийского полкá	Communication Platoon of 4th Corps Artillery Regiment.
свв танкб	взвод свя́зи тáнкового батальóна	tank battalion communication platoon.
4 свп	4-й (четвёртый) полк свя́зи	4th Signal Regiment.
1 свр	1-я (пéрвая) рóта свя́зи	1st Signal Company. *See also* 3/7 свб.
связьрем	пóезд для ремóнта железнодорóжной свя́зи	railway communications repair train.
5 сд	5-я (пя́тая) стрелкóвая дивизия	5th Infantry Division.
4 ск	4-й (четвёртый) стрелкóвый кóрпус	4th Army Corps.
СКВО	Сéверо-Кавкáзский воéнный óкруг	North Caucasian service command.
СНБ	сопряжённое наблюдéние батарéи	battery combined observation.

454

СНД	сопряжённое наблюде́ние дивизио́на	battalion combined observation.
СНС	назе́мная стереофотограмметри́ческая съёмка	ground stereophotogrammetric photography.
СОВ	сто́йкое отравля́ющее вещество́	persistent chemical agent.
СОТ	скрыва́ющаяся огнева́я то́чка	weapon on disappearing mount in position.
СП	санита́рный пост	aid station.
108 сп	108-й (сто восьмо́й) стрелко́вый полк	108th Infantry.
2/108 сп	2-й (второ́й) батальо́н 108-го (сто восьмо́го) стрелко́вого полка́	2nd Battalion of 108 Infantry.
СПАМ	пункт сбо́ра авари́йных маши́н	collecting point for wrecked motor vehicles.
СПН	сапе́рный пост наблюде́ния	engineer observation post.
5 ср 19 сп	5-я (пя́тая) стрелко́вая ро́та 19-го (девятна́дцатого) стрелко́вого полка́	5th Rifle Company of 19th Infantry.
С/С	ста́нция снабже́ния	railhead.
СС	ста́нция снабже́ния	railhead (authorized abbreviation prior to 1942). *See* C/C.
СССР	Сою́з Сове́тских Социалисти́ческих Респу́блик	Union of Soviet Socialist Republics.
сст	самолёт сопровожде́ния та́нков	tank support airplane.
1 стройб	1-й (пе́рвый) строи́тельный батальо́н	1st Construction Battalion.
СУВ	скры́тое управле́ние войска́ми	cryptographic security.
СУВ	снаряжённый упрощённый взрыва́тель	filled simplified pull fuze.
США	Соединённые Шта́ты Аме́рики	USA—United States of America.
СЭГ	сортиро́вочный эвакуацио́нный го́спиталь	evacuation hospital.
СЭ 35 сд	санита́рно-эпидеми́ческий отря́д 35-й (три́дцать пя́той) стрелко́вой диви́зии	Epidemic-Fighting Medical Detachment of 35th Infantry Division.

Т

тад	тяжёлый артиллери́йский дивизио́н	heavy artillery battalion.
3 танб	3-й (тре́тий) та́нковый батальо́н	3rd Tank Battalion (authorized abbreviation prior to 1942). *See* 3 тб.
Та́нки ДД	та́нки да́льнего де́йствия	general-support tank units.
Та́нки ДПК	та́нки да́льней подде́ржки ко́нницы	general cavalry-support tank units.
Та́нки ДПП	та́нки да́льней подде́ржки пехо́ты	general infantry-support tank units.
Та́нки ПК	та́нки подде́ржки ко́нницы	cavalry-support tank units.
Та́нки ПП	та́нки подде́ржки пехо́ты	infantry-support tank units.
танкр	та́нковая ро́та	tank company, armored company

2 танр	2-я (втора́я) та́нковая ро́та	2nd Tank Company (authorized abbreviation prior to 1942). *See* тр.
TAOH	тяжёлая артилле́рия осо́бого назначе́ния	heavy artillery for special missions.
тап	тяжёлый авиацио́нный полк	heavy wing (Avn).
тап	тяжёлый артиллери́йский полк	heavy artillery regiment.
таэ	тра́нспортная авиацио́нная эскадри́лья	air transport group.
7 таэ	7-я (седьма́я) тяжело́-бомбарди́ровочная эскадри́лья	7th Heavy Bombardment Group (authorized abbreviation prior to 1942).
ТБ	тяжёлый бомбардиро́вщик	heavy bomber.
3 тб	3-й (тре́тий) та́нковый батальо́н	3rd Tank Battalion.
ТБЕПО	тяжёлый бронепо́езд	heavy armored train.
1 тбр	та́нковая брига́да	tank brigade.
ТДД	та́нки да́льнего де́йствия	general-support tank units.
техр	техни́ческая ро́та	technical troops company.
Тнк	танке́тка	tankette.
Тнкр	танке́тная ро́та	light tank company.
ТО	табли́ца огня́	fire plan.
ТО	ты́льное охране́ние	rear security.
ТП	*See* Ору́дие ТП.	
2 тп	2-й (второ́й) та́нковый полк	2nd Tank Regiment.
ТПК	та́нки подде́ржки ко́нницы	cavalry-support tank units.
ТПП	та́нки подде́ржки пехо́ты	infantry-support tank units.
ТППГ	терапевти́ческий полево́й подвижно́й го́спиталь	mobile therapeutical field hospital.
ТР	тра́нспортная ро́та	transportation company.
тр	та́нковая ро́та	tank company, armored company.
трап	тра́нспортный авиацио́нный полк	air transport wing.
ТРГК	та́нки резе́рва гла́вного кома́ндования	GHQ tank units.
ТС	та́нковое соедине́ние	tank unit.
ТС	топографи́ческая слу́жба	topographic service (Army corps).
ТСР	телегра́фно-строи́тельная ро́та	telegraph constructing company.
тэр	телегра́фно-эксплоатацио́нная ро́та	telegraph operating company.

У

УВ	упрощённый взрыва́тель	simplified pull fuze.
УВО	Укра́инский вое́нный о́круг	Ukrainian service command.
УВС	Уста́в Вну́тренней Слу́жбы	routine garrison duty regulations.
УГТ	универса́льный головно́й тетри́ловый взрыва́тель	universal point detonating tetryl fuze (USSR).
УЗ	уча́сток зараже́ния	contaminated area.
УЗА	угломе́р зени́тной артилле́рии	antiaircraft azimuth circle.
УК	Уголо́вный Ко́декс	criminal code.
УКС	Уста́в Карау́льной Слу́жбы	interior guard duty regulations.
УНА-И	унифици́рованный телефо́нный аппара́т с инду́кторным вы́зовом	standard telephone set with inductive ringing.

456

УНА-Ф	унифицированный телефонный аппарат с фоническим вызовом	standard telephone set using voice-frequency signaling by means of a buzzer.
УНС	управление начальника снабжения	headquarters of the chief of supply services.
УПК	Уголовно-Процессуальный Кодекс	code of criminal procedure.
УР	укреплённый район	fortified area.
УС	угол сноса	drift angle.
УС	узел связи	signal center.

X

2 хб	2-й (второй) химический батальон	2nd Chemical Battalion.
2 химб	2-й (второй) химический батальон	2nd chemical battalion (authorized abbreviation prior to 1942). See 2 хб.
химв 10 кп	химический взвод 10-го (десятого) кавалерийского полка	Chemical Platoon of 10th Cavalry.
химв 108 сп	химический взвод 108-го (сто восьмого) стрелкового полка	Chemical Platoon of 108th Infantry.
Химд	химический разведывательный дозор	chemical reconnaissance patrol.
107.мм химм	107мм (сто семи милиметровый химический миномёт	107mm chemical mortar.
5 химр	5-я (пятая) химическая рота	5th Chemical Company (authorized abbreviation prior to 1942). See 5 хр.
химф	химический фугас	chemical land mine.
хппг	хирургический полевой подвижной госпиталь	mobile surgical hospital.
5 хр	5-я (пятая) химическая рота	5th Chemical Company.
ХТ	химическая тревога	gas alarm.

Ц

ЦАГИ	центральный аэрогидродинамический институт	Central Aero-Hydrodynamic Institute.
ЦАКА	Центральный Дом Красной Армии	Central Red Army Home.
цб	центральная батарея	common battery (Тр).
ЦДХО	Центральный Дом Химической Обороны	Central Chemical Defense Administration.
ЦИС	Центральный Институт Связи	Central Signal Communication Institute.
ЦТС	центральная телефонная станция	telephone central office.

Ч

| «Ч» | час начала атаки | H-hour. |
| ЧВС 1А | член военного совета 1-й (первой) армии | member of war council of the 1st Army. |

457

Ш

шап	штурмовóй авиациóнный полк	attack aviation wing, ground attack aviation wing, combat support aviation wing.
шаэ	штурмовáя авиациóнная эскадрúлья	attack aviation group, ground attack aviation group, combat support aviation group.
ШШС	шифровáльно-штабнáя слýжба	headquarters cryptographic service.
3 шэ	3-я (трéтья) штурмовáя эскадрúлья	3rd Attack Aviation Group, 3rd Ground Attack Aviation Group, 3rd Ground Support Aviation Group (authorized abbreviation prior to 1942). *See* шаэ.

Э

Э	этáп	staging area (along lines of communication).
эдс	обрáтная электродвúжущая сúла	back electromotive force.
4э 24 кп	4-й (четвёртый) сáбельный эскадрóн 24-го (двáдцать четвёртого) кавалерúйского полкá	4th Saber Troop of 24th Cavalry (authorized abbreviation prior to 1942). *See* 3/4 кп.
ЭОДВЛ	эвакуациóнное отделéние ветеринáрного лазарéта дивúзии	evacuation section of division veterinary hospital.
ЭО 35 сд	эвакуациóнный отря́д 35-й (трúдцать пя́той) стрелкóвой дивúзии	Clearing Unit of 35th Infantry Division.
1 эр	1-я (пéрвая) электрорóта	1st Electrical Company.
ЭРП	эшелóн развúтия прорыва	exploiting force (break-through operation).
эсв	эскадрúлья свя́зи	liaison group (Avn).
эс 3 кд	эскадрóн свя́зи 3-й (трéтьей) кавалерúйской дивúзии	Signal Troop of 3rd Cavalry Division.

Ю

| Ю | юг | south. |

Я

| ЯД | ядовитодымная химúческая шáшка | irritant smokepot (authorized abbreviation prior to 1942). |
| ЯД | ядовитодымный выпуск | release of irritant smoke. |

458

APPENDIX II

Symbols Used in Ballistics

1. Russian (Including Those with Greek or Roman Letters)

А	текущая точка	position of target at any instant; plotted point (AAA).
*А*в	точка встречи	point of impact.
*А*з	точка выстрела	present position of target.
*А*о	исходная точка	initial point.
*А*у	упреждённая точка	future position, set forward point.
Б	база	base line. *See also* B (Roman).
Б	батарея	location of battery.
Бц	буссоль цели	Y-azimuth, compass of target.
В	срединное отклонение от некоторого направления	probable error.
Вб	боковое срединное отклонение	direction probable error, deflection probable error. *See also* r_z.
Вв	срединное отклонение по высоте	vertical probable error.
Вд	срединное отклонение по дальности	range probable error.
Врв	срединное отклонение разрывов по высоте	height-of-burst probable error. *See also* r_y.
Врд	срединное отклонение разрывов в дальности	range probable error (time fire). *See also* r_x.
*В*у	срединное отклонение по нормали к траектории	direction probable error on the normal to the trajectory.
Д	дальность стрельбы	distance from the gun to the point of impact or burst.
Д	наклонная дальность	slant range (AAA).
Дб	дальность орудие-цель	gun-target distance. *See also* До.
Дв	дальность прямого выстрела	point-blank range.
Дı	горизонтальная дальность, топографическая дальность	horizontal range, map range. *See also* Дх and d.
Ди	исчисленная дальность	computed range.
Дк	дальность командир-цель	observer-target distance.
Дн	дальность наблюдения	depth of observation, range of observation.
До	дальность орудие-цель	gun-target distance. *See also* Дб.
Дп	пристрелянная дальность	adjusted range.
Дн	прицельная дальность	sighting range.
Дх	горизонтальная дальность, топографическая дальность	horizontal range, map range. *See also* Дı and d.
К	наблюдательный пункт	observation post.
Ку	коэфициент удаления	reduction coefficient, r factor.
М	методический огонь	deliberate fire.
Н	огневой налёт	fire onslaught, concentration.

O	орудие	gun, piece.
Π	прибор	station of instrument.
ΠC	поправка на смещение	observer displacement, target off-set. *See also* ω.
ΠC	угол образованный плоско-стью стрельбы и плоско-стью наблюдения	observer target offset.
P	разрыв	point of burst.
C	смещение	displacement.
$C_{\text{в}}$	вертикальное смещение	vertical offset.
C_{∂}	средняя точка разрывов	mean point of bursts.
$C_{\text{у}}$	средняя точка падения, сред-няя точка попадания	center of impact.
C'_{∂}	центр эллипсоида рассеива-ния разрывов	true center of ellipsoid of dispersion.
$C'_{\text{у}}$	центр эллипса рассеивания снарядов при ударной стрельбе	center of dispersion, center of impact.
Tн	точка наводки	aiming point.
T_0	темп огня	rate of fire. *See also* τ_0.
T_{c}	темп стрельбы	rate of fire; predicting interval (AAA). *See also* τ_{c}.
$Ц$	цель	target (Ballistics).
$Ш$	шаг угломера	*See Шу.*
$Шп$	шаг прицела	range change to stay on the line (Arty).
$Шу$	шаг угломера	deflection shift to stay on the line, deflection shift to keep burst on line.
$Шур$	шаг уровня	site change to keep burst in the plane of site from observation post.
$Э$	эллипсоидальная ошибка	error of ellipsoid of dispersion

2. Greek (Including Those with Roman and Russian Letters)

A	азимут	azimuth.
α	дирекционный угол	grid azimuth, y — azimuth.
α	угол прицеливания	angle of elevation.
α	угол укрытия	site of mask.
A_m	буссоль	base deflection.
$\alpha_{\min}$	наименьший угол прицелива-ния	minimum angle of elevation.
α_w	угол ветра (разность между буссолями цели и балисти-ческого ветра)	wind-fire angle (difference be-tween the compass of the tar-get and the compass of the ballistic wind).
β	азимут	azimuth (AAA).
γ	угол вылета	angle of jump.
γ	угол засечки	target angle (CA).
γ	угол сближения меридианов	grid declination.
Δ	ошибка	error (in measurement or result).
Δ	плотность заряжения	density of loading.
δ	магнитное склонение	magnetic declination.

δ	ошибка	error (in measurement or result).
δ	у́гол нута́ции	angle of yaw, yaw.
ΔA_m	попра́вка буссо́ли	declination constant.
$\Delta \alpha$	горизонта́льное упрежде́ние	lateral lead, lateral deflection angle (AAA).
$\Delta \beta$	*See* $\Delta \alpha$.	
$\Delta \varepsilon$	вертика́льное упрежде́ние	vertical lead, principal vertical deflection angle (AAA).
Δs	лине́йное упрежде́ние	linear lead.
ΔX_H	попра́вка в да́льности на измене́нии давле́ния во́здуха на 10 мм	range correction for 10 mm variation in air density.
ΔX_T	попра́вка в да́льности на измене́ние температу́ры во́здуха на 10°	range correction for 10° variation in elasticity.
ΔX_{v_0}	попра́вка в да́льности на измене́ние нача́льной ско́рости на 1% или температу́ры заря́да на 10°	range correction for 1% change of initial velocity or 10° change of temperature of charge.
ΔX_w	попра́вка в да́льности на продо́льный ве́тер ско́рости 10 м/сек	correction for range wind (speed 10 m/second).
ΔZ_w	попра́вка на боково́й ве́тер ско́рости 10 м/сек	correction for lateral wind (speed 10 m/sec.).
ε	у́гол ме́ста це́ли	angle of site, angle of position.
ε	эллипти́ческая ошибка	error in ellipse of dispersion.
θ	у́гол накло́на каса́тельной	inclination of the trajectory.
θ_0	у́гол броса́ния	quadrant angle of departure.
θ_c	у́гол паде́ния, у́гол паде́ния в вертика́льной пло́скости	angle of fall.
Λ	объём порохово́го зерна́	volume of powder grain.
Λ_1	нача́льный объём порохово́го зерна́	initial volume of powder grain.
λ	длина́ отка́та	length of recoil.
λ	ка́жущаяся ошибка	apparent error.
μ	у́гол встре́чи	angle of impact.
ν	у́гол прецéссии	angle of orientation.
ξ	путь нака́та	length of counterrecoil.
Π	пло́тность во́здуха на высоте́ y (при любы́х атмосфе́рных усло́виях)	air density . . . on the altitude y.
Π	си́ла нака́тника	strength of counterrecoil mechanism.
Π_0	нача́льная си́ла нака́тника	initial strength of counterrecoil.
Π_λ	си́ла нака́тника в конце́ отка́та	force of counterrecoil at the end of recoil (Arty).
δ	относи́тельная пове́рхность порохово́го зерна́	relative surface of the powder grain.
δ	прице́льный у́гол	vertical angle between the line of aim and line of elevation.
σ	сре́дняя квадрати́ческая ошибка	mean square error. *See also* E_2.
τ_3	вре́мя запа́здывания вы́стрела	time interval between the fire command and firing.
$\tau_н$	наблюда́тельное вре́мя	observing interval.
τ_0	темп огня́	rate of fire. *See also* T_0.
τ_{op}	оруди́йное вре́мя	laying interval.

461

τ_p	рабóтное врéмя	dead time (Arty).
τ_c	темп стрельбы́	rate of fire; predicting interval (AAA). *See also T_c.*
τ_y	упредúтельное врéмя	travel time of target from position at observation to future position.
τ_y	врéмя запáдывания устанóвки трýбки	time interval between fuze setting and firing.
Φ	гидравлúческое сопротивлéние при откáте	hydraulic resistance to recoil.
Φ'	гидравлúческое сопротивлéние при накáте	hydraulic resistance to counter-recoil.
ϕ	закóн ошúбок	Law of Errors (Math).
ϕ	ýгол возвышéния	quadrant angle of elevation, quadrant elevation.
ψ	относúтельный объём порохóвого зернá	specific volume of powder grain.
ψ	ýгол горизонтáльной навóдки	firing angle.
2ψ	ýгол разлёта	angle of opening (of shrapnel).
ψ_1	ýгол вéтра (рáзность мéжду áзимутом кýрса цéли и áзумутом балистúческого вéтра)	wind-fire angle (difference between the azimuth of the target course and the azimuth of the ballistic wind, AAA).
ψ_2	ýгол вéтра (рáзность мéжду áзимутом балистúческого вéтра и áзимутом цéли)	wind-fire angle (difference between the azimuth of the ballistic wind and the azimuth of the target, AAA).
ω	вес порохóвого заря́да, вес боевóго заря́да	weight of powder charge.
ω	попрáвка на смещéние	observer displacement, target offset. *See also* ПС.
ω	ýгол при цéли	T-angle, target offset, observing angle, observer displacement.

3. Roman (Including Those with Russian and Greek Letters)

a	математúческое ожидáние величины́	expectancy (Math).
B	бáза	base line. *See also* Б.
C	тóчка падéния	point of fall, level point.
c	балистúческий коэфициéнт	ballistic coefficient.
c_q	коэфициéнт вéса снаря́да	coefficient of weight of projectile.
c_ω	коэфициéнт вéса заря́да	coefficient of weight of charge.
d	горизонтáльная дáльность, топографúческая дáльность	horizontal range, map range. *See also* Дx *and* Дι.
d	калúбр снаря́да	caliber of projectile.
d	калúбр стволá	caliber of bore.
d	отхóд	projection of the gun-observer line on the observing line or the vertical plane containing it.
d	срéдняя арифметúческая ошúбка	mean arithmetic error. *See also* E_1.
E	средúнная ошúбка, средúнное отклонéние	probable error (Arty Surv).

Symbol	Russian	English
E_1	сре́дняя арифмети́ческая оши́бка	mean arithmetic error. *See also d.*
E_2	сре́дняя квадрати́ческая оши́бка	mean square error. *See also σ.*
e	плечо́ динами́ческой па́ры	arm of couple (Mech.)
e	толщина́ сгоре́вшего сло́я порохово́го зерна́	thickness of burned layer of powder grain.
e_1	нача́льная толщина́ порохово́го зерна́	initial thickness of powder grain.
f	си́ла по́роха	energy of powder charge.
$F(v)$	фу́нкция сопротивле́ния	function of resistance.
H	высота́ то́чки	height of site.
h	высота́ разры́ва	height of burst.
h	ме́ра то́чности	modulus of precision (Gunnery).
h	устано́вка прице́ла	sight setting.
I	интерва́л разры́ва	burst interval.
i	*See I.*	
i	коэффицие́нт фо́рмы	form factor (Ballistics).
L	путь свобо́дного отка́та	length of free recoil.
l	относи́тельный путь снаря́да	travel of projectile in relation to any point in the bore.
$L_{кн}$	длина́ кана́ла ствола́	length of bore (firearms).
$L_{нр}$	длина́ нарезно́й ча́сти кана́ла ствола́	length of rifle portion of the bore.
m	сте́пень сжа́тия нака́тника	compression ratio of counterrecoil mechanism.
n	показа́тель сопротивле́ния.	resistance coefficient (Ballistics).
o	то́чка вы́лета	origin of the trajectory.
P	вероя́тность	probability. *See also p, q, and Q.*
P	давле́ние на хо́бот	pressure on the trail.
P	курсово́й паиаме́тр	horizontal range to target at nearest position.
p	вероя́тность	probability. *See also q, P and Q.*
p	давле́ние жи́дкости в цили́ндре то́рмоза отка́та	pressure of liquid in the cylinder of recoil brake.
p	давле́ние порохо́вых га́зов	pressure of powder gases.
p_0	нача́льное давле́ние в нака́тнике	initial pressure in counterrecoil mechanism.
$P_{кн}$	си́ла де́йствия порохо́вых га́зов на ствол	pressure of the powder gases in the bore.
$p_{ср}$	сре́днее давле́ние порохо́вых га́зов	average pressure of powder gases.
Q	вероя́тность	probability. *See also q, P, and p.*
q	*See Q.*	
q	вес снаря́да	weight of projectile.
q	курсово́й у́гол це́ли	target angle.
Q_0	вес отка́тных часте́й	weight of recoiling parts.
q_0	курсово́й у́гол ору́дия	horizontal angle between direction of target and course of the gun.
Q_w	теплота́ взры́вчатого превраще́ния	heat of formation (explosive).
$Q_б$	вес ору́дия в боево́м положе́нии	weight of gun in firing position.
$Q_к$	вес кача́ющейся ча́сти ору́дия	weight of tipping parts of a gun.
$Q_п$	вес ору́дия в похо́дном положе́нии	weight of gun in traveling position.
Q_0	вес ствола́	weight of barrel (of firearm).

SYMBOLS USED IN BALLISTICS

R	репе́р	referring point, auxiliary target, registration target.
R	си́ла сопротивле́ния во́здуха	total air resistance (Ballistics).
r	равноде́йствующая нака́та	resultant counterrecoil.
r	ча́стость	frequency.
r_N	среди́нное отклоне́ние по норма́ли к ли́нии це́ли	vertical probable error on the normal to the line of site.
r_x	среди́нное отклоне́ние разры́вов в да́льности	range probable error (time fire). *See also* $Bpд$.
r_y	среди́нное отклоне́ние разры́вов по высоте́	height-of-burst probable error. *See also* $Bpв$.
r_z	боково́е среди́нное отклоне́ние	direction probable error, deflection probable error. *See also* $B6$.
$r_∂$	среди́нное отклоне́ние по ли́нии це́ли	range probable error on the gun-target line.
S	верши́на траекто́рии	summit of trajectory.
S	пове́рхность порохово́го зерна́	surface of powder grain.
S_1	нача́льная пове́рхность порохово́го зерна́	initial surface of powder grain.
s	дуга́ траекто́рии	arc of trajectory.
s	попере́чное сече́ние кана́ла ствола́	cross section of a bore (firearms).
T	по́лное вре́мя полёта	time of flight to the level point. *See also* t^c.
T_1	температу́ра горе́ния по́роха	temperature of powder at the time of firing.
t	вре́мя полёта	time of flight.
t_c	по́лное вре́мя полёта	time of flight to the level point. *See also* T.
$t_н$	продолжи́тельность нака́та	time of counterrecoil.
$t_{от}$	продолжи́тельность отка́та	total time of retarded recoil.
u	ско́рость горе́ния по́роха	rate of burning of gunpowder.
u	ско́рость нака́та	velocity of counterrecoil.
V	ско́рость торможённого отка́та	velocity of retarded recoil.
v	ско́рость снаря́да	remaining velocity.
v_0	нача́льная ско́рость	initial velocity.
v_c	оконча́тельная ско́рость	final velocity; striking velocity.
$v_∂$	ду́льная ско́рость	muzzle velocity.
W	ско́рость свобо́дного отка́та	velocity of free recoil.
W_0	объём заря́дной ка́моры	volume of powder chamber, chamber capacity.
w	абсолю́тная ско́рость снаря́да	velocity of the projectile in the bore.
w_1	уде́льный объём порохо́вых га́зов	specific volume of powder gases.
X	да́льность	range.
X	по́лная горизонта́льная да́льность	base of trajectory. *See also* x_c.
X	путь торможённого отка́та	length of retarded recoil.
x	абсолю́тный путь снаря́да	movement of projectile in the bore with reference to the recoiling parts.
x_c	по́лная горизонта́льная да́льность	base of trajectory. *See also* X.

464

x_s	расстоя́ние по горизо́нту до верши́ны траекто́рии	horizontal range to summit of trajectory.
Y	высота́ траекто́рии	maximum ordinate.
y_s	See Y.	
Z	по́лная дерива́ция	drift in point of fall. See also Z_c:
Z	попра́вка в направле́нии на дерива́цию	deflection correction for drift.
z	дерива́ция	drift.
z	относи́тельная толщина́ сгоре́вшего сло́я порохово́го зерна́	relative thickness of burned layer of powder grain.
z_c	по́лная дерива́ция	drift in point of fall. See also Z_o.

APPENDIX III

Abbreviations Used on Intelligence Maps to Indicate Various Sources of Information

Сведения полученные:

Information obtained by:

А	авиаразведкой	aerial reconnaissance.
АГ	агентурной разведкой	secret agents.
АИР	артиллерийской инструментальной разведкой	operations of observation battalion.
АРТ	артиллерийской разведкой	artillery reconnaissance.
Д	документами	study of enemy documents.
И	инженерной разведкой	engineer reconnaissance.
К	кавалерийской разведкой	cavalry reconnaissance.
КР	командирской разведкой	commander's reconnaissance.
М	показаниями жителей	interrogation of inhabitants.
Н	наблюдением	observation.
П	показаниями пленных	interrogation of prisoners.
ПР	пехотной разведкой	infantry reconnaissance.
РП	радиопеленгацией	radio direction-finding.
Т	танковой разведкой	tank reconnaissance.
ТП	телефонным подслушиванием	telephone tapping.
Ф	фоторазведкой	photographic reconnaissance.
Х	химической разведкой	chemical reconnaissance.

APPENDIX IV

Numbers

Cardinal Numbers

Количественные числительные

оди́н	1	one
два	2	two
три	3	three
четы́ре	4	four
пять	5	five
шесть	6	six
семь	7	seven
во́семь	8	eight
де́вять	9	nine
де́сять	10	ten
оди́ннадцать	11	eleven
двена́дцать	12	twelve
трина́дцать	13	thirteen
четы́рнадцать	14	fourteen
пятна́дцать	15	fifteen
шестна́дцать	16	sixteen
семна́дцать	17	seventeen
восемна́дцать	18	eighteen
девятна́дцать	19	nineteen
два́дцать	20	twenty
два́дцать один	21	twenty-one
три́дцать	30	thirty
со́рок	40	forty
пятьдеся́т	50	fifty
шестьдеся́т	60	sixty
се́мьдесят	70	seventy
во́семьдесят	80	eighty
девяно́сто	90	ninety
сто	100	hundred
ты́сяча	1,000	thousand
миллио́н	1,000,000	million

Ordinal Numbers

Поря́дковые числительные

пе́рвый	1	first
второ́й	2	second
тре́тий	3	third
четвёртый	4	fourth
пя́тый	5	fifth
шесто́й	6	sixth

седьмо́й	7	seventh
восьмо́й	8	eighth
девя́тый	9	ninth
деся́тый	10	tenth
оди́ннадцатый	11	eleventh
двена́дцатый	12	twelfth
трина́дцатый	13	thirteenth
четы́рнадцатый	14	fourteenth
пятна́дцатый	15	fifteenth
шестна́дцатый	16	**sixteenth**
семна́дцатый	17	seventeenth
восемна́дцатый	18	eighteenth
девятна́дцатый	19	nineteenth
двадца́тый	20	twentieth
два́дцать пе́рвый	21	twenty-first
тридца́тый	30	thirtieth
сороково́й	40	fortieth
пятидеся́тый	50	fiftieth
шестидеся́тый	60	sixtieth
семидеся́тый	70	seventieth
восьмидеся́тый	80	eightieth
девяно́стый	90	ninetieth
со́тый	100	hundredth
ты́сячный	1,000	thousandth
миллио́нный	1,000,000	millionth

NOTE: In Russian the decimal point is indicated by a comma. In numbers sets of three figures, separated in English by commas, are separated in Russian by dots or spaces.

APPENDIX V

Weights and Measures

Weight

U.S.S.R. Measures (with abbreviations)	Metric System	U.S. Measures
1 тóнна метрúческая (т)	= (metric ton) 1,000 kilograms	= 1.102 tons (short)
1 цéнтнер (ц)	= 100 kilograms	= 220.50 pounds
1 килогрáмм (кг)	= (kilogram) 1,000 grams	= 2.205 pounds
1 фунт	= (pound) 500 grams	= 1.102 pounds
1 декагрáмм (дкг)	= (decagram) 10 grams	= 0.35 ounce
1 грамм (г)	= (gram)	= 0.035 ounce
1 децигрáмм (дг)	= (decigram) 0.1 gram	= 0.0035 ounce
1 сантигрáмм (сг)	= (centigram) 0.01 gram	= 0.00035 ounce
1 карáт метрúческий	= (metric carat) 200 milligrams	
1 миллигрáмм (мг)	= (milligram) 0.001 gram	
1 микрогрáмм	= (microgram) 0.000001 gram or 0.001 milligram	

U.S. Measures	U.S.S.R. Measures
1 ton (short)	= 0,907 тóнны метрúческой
	= 907,2 килогрáммам
1 pound	= 453,6 грáммам
	= 0,454 килогрáмма
	= 0,908 фýнта
1 ounce	= 28,35 грáммам
	= 0,014 фýнта

Length

U.S.S.R. Measures (with abbreviations)	Metric System	U.S. Measures
1 киломéтр (км)	= (kilometer) 1,000 meters	= 0.621 mile
		= 1,094 yards
		= 3,281 feet
1 метр (м)	= (meter) 100 centimeters	= 1.09 yards
		= 3.28 feet
1 сантимéтр (см)	= (centimeter) 0.01 meter	= 0.393 inch
1 миллимéтр (мм)	= (millimeter) 0.001 meter	= 0.039 inch
1 микрóн	= (micron) 0.000001 meter or 0.001 millimeter	
1 миллимикрóн	= (millimicron) 0.001 micron	

U.S. Measures	U.S.S.R. Measures
1 mile	= 1,609 киломéтра
	= 1.609 мéтрам
1 yard	= 0,914 мéтра
	= 91,44 сантимéтрам
1 foot	= 0,305 мéтра
	= 30,48 сантимéтрам
1 inch	= 2,54 сантимéтрам
	= 25,4 миллимéтрам

Area

U.S.S.R. Measures (with abbreviations)	Metric System	U.S. Measures
1 квадра́тный киломе́тр (км² от кв. км.)	= (square kilometer) 1,000,000 square meters	= 247.1 acres
1 гекта́р (га)	= (hectare) 10,000 square meters	= 2.471 acres
1 ар (а)	= (are) 100 square meters	= 119.6 square yards
1 квадра́тный метр (м² от кв. м.)	= (square meter)	= 1.196 square yards
1 квадра́тный дециме́тр (дм² от кв. дм.)	= (square decimeter) 0.01 square meter	= 10.76 square feet
1 квадра́тный сантиме́тр (см² от кв. см.)	= (square centimeter) 0.0001 square meter	= 0.155 square inch
1 квадра́тный миллиме́тр (мм. от кв. мм.)	= (square millimeter) 0.000001 square meter	= 0.00155 square inch

U.S. Measures	U.S.S.R. Measures
1 square inch	= 6,452 кв. сантиме́трам
	= 645,2 кв. миллиме́трам
1 square foot	= 0,093 кв. ме́тра
1 square yard	= 0,836 кв. ме́тра
1 acre	= 0,405 гекта́ра

Volume

U.S.S.R. Measures (with abbreviations)	Metric System	U.S. Measures
1 куби́ческий метр (м³ от куб. м.)	(cubic meter)	= 35.314 cubic feet = 1.308 cubic yards
1 куби́ческий дециме́тр (дм³ от куб. дм.)	(cubic decimeter) 0.001 cubic meter	= 0.0353 cubic foot
1 литр = 1 куб. дециме́тру (л)	(liter)	= 0.264 gallon = 1.057 quarts (liquid)
1 куби́ческий сантиме́тр (0,000001 куб. ме́тра) (см³ от куб. см.)	(cubic centimeter)	
1 куби́ческий миллиме́тр (мм³ от куб. мм.)	(cubic millimeter)	
1 гектоли́тр = 100 ли́трам (гл.)	(hectoliter)	= 24.42 gallons

U.S. Measures	U.S.S.R. Measures
1 gallon	= 3,785 ли́тра
1 liquid quart	= 0,946 ли́тра
1 cubic inch	= 16,39 куби́ческого сантиме́тра
1 cubic foot	= 0,0283 куби́ческого ме́тра
1 cubic yard	= 0,764 куби́ческого ме́тра
1 fluid ounce	= 29,58 куби́ческим сантиме́трам

Comparative Table of Temperatures

Centi-grade	Fahren-heit	Centi-grade	Fahren-heit	Centi-grade	Fahren-heit
—50	—58	3.3	38	28.9	84
—45	—49	4	39.2	29	84.2
—40	—40	4.4	40	30	86
—35	—31	5	41	31	87.8
—34.4	—30	5.6	42	31.1	88
—28.9	—20	6	42.8	32	89.6
—25	—13	6.7	44	32.2	90
—23.3	—10	7	44.6	33	91.4
—17.8	0	7.8	46	33.3	92
—17	1.4	8	46.4	34	93.2
—16.7	2	8.9	48	34.4	94
—16	3.2	9	48.2	35	95
—15.6	4	10	50	35.6	96
—15	5	11	51.8	36	96.8
—14.4	6	11.1	52	36.7	98
—14	6.8	12	53.6	37	98.6
—13.3	8	12.2	54	37.8	100
—13	8.6	13	55.4	38	100.4
—12.2	10	13.3	56	38.9	102
—12	10.4	14	57.2	39	102.2
—11.1	12	14.4	58	40	104
—11	12.2	15	59	41	105.8
—10	14	15.6	60	41.1	106
— 9	15.8	16	60.8	42	107.6
— 8.9	16	16.7	62	42.2	108
— 8	17.6	17	62.6	43	109.4
— 7.8	18	17.8	64	43.3	110
— 7	19.4	18	64.4	44	111.2
— 6.7	20	18.9	66	44.4	112
— 6	21.2	19	66.2	45	113
— 5.6	22	20	68	45.6	114
— 5	23	21	69.8	46	114.8
— 4.4	24	21.1	70	46.7	116
— 4	24.8	22	71.6	47	116.6
— 3.3	26	22.2	72	47.8	118
— 3	26.6	23	73.4	48	118.4
— 2.2	28	23.3	74	48.9	120
— 2	28.4	24	75.2	49	120.2
— 1.1	30	24.4	76	50	122
— 1	30.2	25	77	51	123.8
0	32	25.6	78	52	125.6
1	33.8	26	78.8	53	127.4
1.1	34	26.7	80	54	129.2
2	35.6	27	80.6	55	131
2.2	36	27.8	82	100	212
3	37.4	28	82.4		

Conversion from Metric System to U.S. System

Kilometers into miles:	Multiply by 64⅗
Meters into yards:	Add 10%
Meters into feet:	Multiply by 3 and add 10%
Centimeters into inches:	Multiply by ⅖
Kilograms into pounds:	Multiply by 2 and add 10%
Liters into gallons:	Divide by 4 and add 5%

Temperature Conversion

Centigrade (Celsius) into Fahrenheit: Multiply by 9/5 and add 32

Fahrenheit into Centigrade: Subtract 32 and multiply by 5/9

APPENDIX VI

Money Table

1 ruble (*sing* рубль *m*, *pl* рубли́) = 100 kopecks (*sing* копе́йка, *pl* копе́йки)

Colloquial Designations of Monetary Units and Coins

полти́нник	=	50 kopecks
четверта́к	=	25 kopecks
пятиалты́нный	=	15 kopecks
гри́венник	=	10 kopecks
пятачо́к	=	5 kopecks

APPENDIX VII

Territorial and Administrative Structure of the U.S.S.R. (as of 1940)

I. The Union of Soviet Socialist Republics (area, 21,371,000 km²; population, 183,267,000; capital, Moscow) is a federation of the following independent republics:

Republics	Capitals	Populations (in thousands)	Респу́блики	Столи́цы
1. Russian Soviet Federated Socialist Republic (R. S.F.S.R.)	Moscow	109,278.6	Росси́йская Сове́тская Федерати́вная Социалисти́ческая Респу́блика (РСФСР)	Москва́
2. Ukrainian S.S.R.	Kiev	38,962.0	Украи́нская С.С.Р.	Ки́ев
3. Byelorussian S.S.R.	Minsk	10,400.0	Белору́сская С.С.Р.	Минск
4. Kazakh S.S.R.	Alma-ata	6,145.9	Каза́хская С.С.Р.	А́лма-а́та
5. Turkmen S.S.R.	Ashkhabad	1,254.0	Туркме́нская С.С.Р.	Ашхаба́д
6. Kirghiz S.S.R.	Frunze	1,459.3	Кирги́зская С.С.Р.	Фру́нзе
7. Uzbek S.S.R.	Tashkent	6,282.0	Узбе́кская С.С.Р.	Ташке́нт
8. Tadzhik S.S.R.	Stalinobad	1,459.3	Таджи́кская С.С.Р.	Сталиноба́д
9. Georgian S.S.R.	Tbilisi	3,542.3	Грузи́нская С.С.Р.	Тбили́си
10. Azerbaidzhan S.S.R.	Baku	3,209.7	Азербайджа́нская С.С.Р.	Баку́
11. Armenian S.S.R.	Erevan	1,281.6	Армя́нская С.С.Р.	Ерева́н
12. Karelo - Finnish S.S.R.	Petrozavodsk	......	Каре́ло-Фи́нская С.С.Р.	Петроза́водск

474

II. The Russian Soviet Federated Socialist Republic consists of:

A. 16 Autonomous Soviet Socialist Republics (A.S.S.R.):

Republics	Capitals	Populations (in thousands)	Респу́блики	Столи́цы
1. Tatar A.S.S.R.	Kazan	2,919.4	Тата́рская А.С.С.Р.	Каза́нь
2. Bashkir A.S.S.R.	Ufa	3,144.7	Башки́рская А.С.С.Р.	Уфа́
3. Dagestan A.S.S.R.	Makhach-kala	930.5	Дагеста́нская А.С.С.Р.	Махачкала́
4. Buriat-Mongol A.S.S.R.	Ulan-Ude	942.2	Буря́то-Монго́льская А.С.С.Р.	Ула́н-удэ́
5. Kabardino-Balkarian A.S.S.R.	Nalchik	359.2	Кабарди́но-Балка́рская А.С.С.Р.	На́льчик
6. Kalmyk A.S.S.R.	Elista	220.7	Калмы́цкая А.С.С.Р.	Эли́ста
7. Komi A.S.S.R.	Syktyvkar	319.0	Ко́ми А.С.С.Р.	Сыктывка́р
8. Crimean A.S.S.R.	Simferopol	1,126.8	Кры́мская А.С.С.Р.	Симферо́поль
9. Mari A.S.S.R.	Yoshkar-ola	579.5	Мари́йская А.С.С.Р.	Йошкар-о́ла
10. Mordvian A.S.S.R.	Saransk	1,188.6	Мордо́вская А.С.С.Р.	Сара́нск
11. Volga-German A.S.S.R.*	Engels	605.5	А.С.С.Р. Не́мцев - Пово́лжья	Э'нгельс
12. North Ossetinian A.S.S.R.	Ordzhonikidze	328.0	Се́веро-Осети́нская А.С.С.Р.	Орджоники́дзе
13. Udmurt A.S.S.R.	Izhevsk	1,220.0	Удму́ртская А.С.С.Р.	Иже́вск
14. Checheno-Ingush A.S.S.R.	Grozny	697.0	Чече́но-Ингу́шская А.С.С.Р.	Гро́зный
15. Chuvash A.S.S.R.	Cheboksary	1,707.0	Чува́шская А.С.С.Р.	Чебокса́ры
16. Yakut A.S.S.R.	Yakutsk	400.5	Яку́тская А.С.С.Р.	Яку́тск

*Abolished 24 September 1945.

B. 6 Autonomous Regions (автоно́мные о́бласти):

Autonomous Regions	Capitals	Populations (in thousands)	Автоно́мные о́бласти	Столи́цы
1. Adygey	Maikop	241.8	Адиге́йская	Майко́п
2. Jewish	Biro-Bidzhan	108.4	Евре́йская	Би́ро-Биджа́н
3. Karachaev	Mikoyan-Shakhar	149.9	Карача́евская	Микоя́н-Шаха́р
4. Oirot	Oirot-Tura	161.4	Ойро́тская	Ойро́т-Тура́
5. Khakass	Abakan	270.7	Хака́сская	Абака́н
6. Cherkess	Cherkess	92.5	Черке́сская	Черке́с

C. 10 National Regions (национа́льные о́круги):

National Regions	Main Cities	Национа́льные о́круги	Гла́вные города́
1. Koriak	Koriak	Коря́кский	Коря́к
2. Chukot	Anadyr	Чуко́тский	Анады́рь
3. Taimyr	Dudinka	Таймы́рский	Дуди́нка
4. Evenkis	Turinsk	Эвенки́йский	Тури́нск
5. Ostiako-Vogul	Samarivo	Остя́ко-Вогу́льский	Сама́риво
6. Yamalo-Nienetz	Salekhard	Яма́ло-Нене́цкий	Салеха́рд
7. Aginsk-Buriat Mongol		Аги́нский Буря́т Монго́льский	
8. Ust-Ordyn (Buriat Mongol)		Усть-Орды́нский Буря́т Монго́льский	
9. Komi-Permyak	Kudimkar	Коми-Пермя́цкий	Кудымка́р
10. Nienetz-Marian	Naryan-Mar	Нене́цкий	Нарья́н-Мар

D. 6 Territories (края́):

Territories	Main Cities	Populations (in thousands)	Края́	Гла́вные города́
1. Altai	Barnaul	294.0	Алта́йский	Барнау́л
2. Krasnodar	Krasnodar	3,172.9	Краснода́рский	Краснода́р
3. Orjonikidze	Voroshilovsk	1,949.3	Орджоники́дзе	Ворошѝловск
4. Krasnoyarsk	Krasnoyarsk	1,940.0	Красноя́рский	Красноя́рск
5. Maritime	Vladivostok	907.2	Примо́рский	Владивосто́к
6. Khabarovsk	Khabarovsk	1,430.9	Хаба́ровский	Хаба́ровск

E. 28 Regions (области):

Regions	Области	Regions	Области
1. Murmansk	Мурманская	15. Tambov	Тамбовская
2. Leningrad	Ленинградская	16. Gorky	Горьковскоя
3. Archangelsk	Архангельская	17. Kirov	Кировская
4. Vologda	Вологодская	18. Kuibishev	Куйбышевская
5. Kalinin	Калининская	19. Saratov	Саратовская
6. Smolensk	Смоленская	20. Stalingrad	Сталинградская
7. Yaroslavl	Ярославская	21. Rostov	Ростовская
8. Ivanovo	Ивановская	22. Sverdlovsk	Свердловская
9. Moscow	Московская	23. Cheliabinsk	Челябинская
10. Tula	Тульская	24. Chkalov	Чкаловская
11. Ryazan	Рязанская	25. Omsk	Омская
12. Orel	Орловская	26. Novosibirsk	Новосибирская
13. Kursk	Курская	27. Irkutsk	Иркутская
14. Voronezh	Воронежская	28. Chita	Читинская

III. The Ukrainian Soviet Socialist Republic consists of 18 Regions (области):

Regions	Области	Regions	Области
1. Kiev	Киевская	10. Nikolayev	Николаевская
2. Zhitomir	Житомирская	11. Voroshilov	Ворошиловская
3. Vinnitza	Винницкая	12. Stalin	Сталинская
4. Chernigov	Черниговскоя	13. Drogobitch	Дрогобычская
5. Kamenetz-Podolsk	Каменец-Подольская	14. Lvov	Львовская
6. Poltava	Полтавская	15. Tarnopol	Тарнопольская
7. Kharkov	Харьковская	16. Luck	Луцкая
8. Dniepropetrovsk	Днепропетровская	17. Peremyshl	Перемышльская
9. Odessa	Одéсская	18. Rovno	Ровенская

IV. The Byelorussian Soviet Socialist Republic consists of 9 Regions (области):

Regions	Области	Regions	Области
1. Vitebsk	Витебская	6. Pinsk	Пинская
2. Minsk	Минская	7. Baranoviche	Барановическая
3. Mogilev	Могилёвская	8. Bielostok	Белостокская
4. Gomel	Гомельская	9. Brest-Litovsk	Брест-Литовская
5. Polyessie	Полесская		

	Capitals		Столицы
V. The Azerbaidzhan Soviet Socialist Republic consists of:	Baku	Азербайджанская Советская Социалистическая Республика:	Бакý

TERRITORIAL AND ADMINISTRATIVE STRUCTURE OF U.S.S.R.

		Capitals		Столи́цы
	A. Autonomous Soviet Socialist Republic of Nakhichevan	Nakhichevan	Нахичева́нская Авто-но́мная Сове́тская Респу́блика	Нахичева́нь
	B. Autonomous Region of Nagorno-Karabakh and several Regions (о́бласти)	Stepanakert	Наго́рно - Карaба́хская (автоно́мная о́бласть)	Степанаке́рт
VI.	The Georgian Soviet Socialist Republic consists of:	Tbilissi	Грузи́нская Сове́тская Социалисти́ческая Респу́блика	Тбили́си
	A. Abkhaz A.S.S.R.	Sukhumi	Абха́зская А.С.С.Р.	Суху́ми
	B. Adjar A.S.S.R. and several Regions (о́бласти)	Batumi	Аджа́рская А.С.С.Р.	Бату́ми
VII.	The Tadjik Soviet Socialist Republic consists of 4 Regions (о́бласти):	Stalinabad	Таджи́кская Сове́тская Социалисти́ческая Респу́блика	Сталинаба́д
	A. Stalinabad		Сталинаба́дская о́бласть	
	B. Leninabad		Ленинаба́дская о́бласть	
	C. Kuliab		Куля́бская о́бласть	
	D. Garm		Га́рмская о́бласть	
	E. Gorno-Badakhshansk (Autonomous Region)		Го́рно-Бадахша́нская (Автоно́мная о́бласть)	
VIII.	The Uzbek Soviet Socialist Republic consists of 5 Regions (о́бласти):		Узбе́кская Сове́тская Социалисти́ческая Респу́блика	
	A. Khorezemsk		Хоре́змская	
	B. Bukhara		Буха́рская	
	C. Tashkent		Ташке́нтская	
	D. Samarkand		Самарка́ндская	
	E. Fergana		Ферга́нская	
	F. Autonomous Soviet Socialist Republic Kara-Kalpak	Nukus (center)	Автоно́мная Сове́тская Социалисти́ческая Респу́блика Кара́-Кал-па́к	Ну́кус (центр)

Note.—All of the other Soviet Socialist Republics consist of Regions (о́бласти).